Triángulo

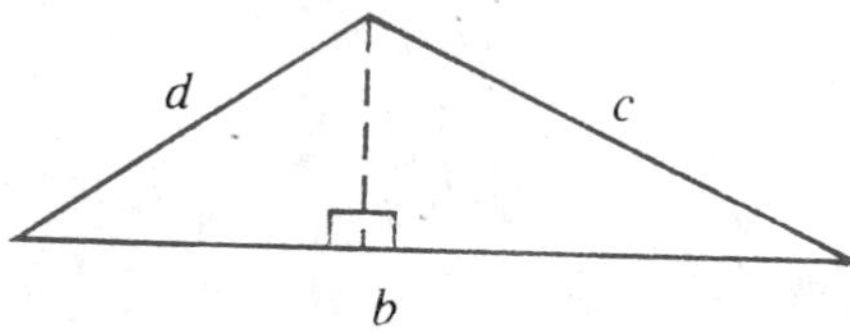

$A = \frac{1}{2}bh \quad P = a + b + c$

A	área
P	perímetro
b	base
h	altura
a, c	lados

Triángulo rectángulo

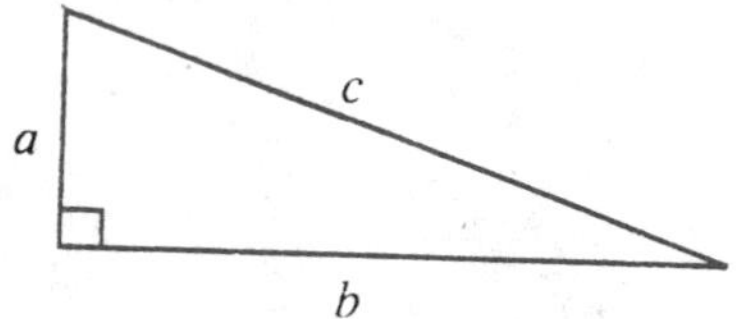

Teorema de Pitágoras: $a^2 + b^2 = c^2$

a,b	catetos
c	hipotenusa

Angulo

Una manera de medir los ángulos es con grados (°).

Un ángulo de 90° se llama ángulo recto.
Un ángulo de 180° se llama ángulo llano.
Un ángulo de 0° a 90° se llama ángulo agudo.
Un ángulo de 90° a 180° se llama ángulo obtuso.
Si la suma de dos ángulos es de 90°, éstos se llaman ángulos complementarios.
Si la suma de dos ángulos es de 180°, los ángulos se llaman suplementarios.
La suma de los ángulos interiores de un triángulo es de 180°.
Si uno de los ángulos de un triángulo es de 90°, éste se llama triángulo rectángulo.

Interés simple

$I = Prt \quad A = P + Prt$

I	interés simple
P	principal
A	monto
r	tasa de interés
t	tiempo (en años)

Temperatura

$$C = \frac{5}{9}(F - 32)$$

$$F = \frac{9}{5}C + 32$$

F	grados Fahrenheit
C	grados Celsius

Distancia, rapidez, tiempo

$d = rt \quad r = \frac{d}{t} \quad t = \frac{d}{r}$

d	distancia
r	rapidez
t	tiempo

ALGEBRA ELEMENTAL

ALGEBRA ELEMENTAL

Alfonse Gobran

Traductor:
Eduardo Ojeda
Universidad Autónoma de Guadalajara
Guadalajara, Jalisco, México

Alberto Rosas Pérez
Revisor Técnico:

Supervisor de Matemáticas
D.G.I.R.E.
Universidad Nacional Autónoma de México (UNAM)

S.A. de C.V.
Grupo Editorial Iberoamérica

Nebraska 199. Col. Nápoles, 03810 México, D.F. Tel. 523 09 94 Fax. 543 11 73

Versión en español de la obra Beginning Algebra
por Alfonse Gobran
Edición original en inglés publicada por PWS-KENT
Publishing Company
Copyright 1990 en Estados Unidos de América.
ISBN 0-534-92443-3

ISBN 968-7270-51-9
Impreso en México

Editor: Nicolás Grepe P.
Productor: Oswaldo Ortiz R.
Fotografía de cubierta: René Burri / Magnum Photos, Inc.

Grupo Editorial Iberoamérica, S. A. de C. V.
Nebraska 199. Col. Nápoles
C. P. 03810 México, D. F.
Teléfono: 5 23 09 94. Fax: 5 43 11 73
e-mail: geimex@mpsnet.com.mx.
http://vitalsoft.org.org.mx/gei
Reg. CANIEM 1382

A mis padres.

PRÓLOGO

Álgebra Elemental, es una introducción a los fundamentos de álgebra para los estudiantes con poco o ningún conocimiento sobre el tema. El texto le da al estudiante una herramienta eficaz para aprender los fundamentos del álgebra durante un trimestres y un semestre. Mis objetivos al preparar este libro fueron presentar claramente al estudiante el material y elaborar lógica y sencillamente los conceptos en cada capítulo.

Enfoque.

Creo que la matemática se entiende mejor si se aplican los conceptos a ejemplos específicos; en consecuencia, este texto remarca el dominio de la destreza algebraica mediante ejemplos. Las explicaciones matemáticas son concisas y las siguen numerosos ejemplos. Tuve gran cuidado en preparar dichos ejemplos, de tal manera que fueran paralelos a los problemas del grupo de ejercicios. En la obra se encuentran más de 8 000 ejercicios de mecanización, que van de fáciles a complejos y convenientemente dosificados.

El planteamiento de los problemas con palabras tiene un lugar especial en mi enfoque con respecto a los fundamentos del álgebra. Se presenta una diversidad de problemas para plantearse con el lenguaje común en forma gradual y se refuerza continuamente dicho procedimiento con numerosos ejercicios. El tema de las expresiones verbales escritas en forma de ecuaciones algebraicas se presenta en el Capítulo 4. Una amplia variedad de problemas planteados en lenguaje común se incluyen también en los Capítulos 7, 8 y 11.

Innovaciones de esta edición.

Se han conservado todas las características que han hecho que Álgebra Elemental tenga tanta aceptación en sus ediciones anteriores. Además, se ha agregado material sobre el redondeo de fracciones decimales en el capítulo 2. En varias secciones se incluyen ahora notas aclaratorias y otros ejemplos para que sirvan de ayuda a los estudiantes. Se incluyen varios problemas nuevos en los ejercicios de repaso de cada capítulo y en los que abarcan varios capítulos. Estos ejercicios nuevos contribuyen a los ya de por sí abundantes tan apreciados por los usuarios del texto.

Que se incluyera este material nuevo fue en respuesta a los comentarios y recomendaciones que proporcionaron profesores de matemáticas. Agradezco a todos ustedes que me mantienen informado sobre las necesidades actuales de su salón de clase. Su información constante es determinante para que este libro siga siendo eficaz en la enseñanza y aprendizaje.

Material auxiliar.

Hay un material muy completo que pueden utilizar quienes adopten esta edición para su curso que incluye:

1. EXPTEST.- Un banco computarizado de exámenes que contiene cientos de preguntas de selección múltiple y que pueden ser editados, reacomodados o amplificados. Los usuarios pueden agregar también sus propias preguntas aldisco. EXPTEST está disponible para computadoras personales IBM y compatibles, tanto en discos de 3 1/2'' como de 5 1/4''. PWS-KENT Publishing Co. dispone de un disco de muestra de EXPTEST (discos de 3 1/2'' y 5 1/4'').
2. Libro de respuestas.- Disponible para los instructores, este suplemento tiene las respuestas a los ejercicios con número par del texto.
3. Banco de exámenes.- Disponible para los instructores, este libro de exámenes modelo ofrece ayuda adicional para examinar a los estudiantes sobre los conceptos algebraicos presentados en el texto.

Agradecimientos

Quiero agradecer a todos aquellos que usan mi libro como ayuda en su trabajo. Mediante sus comentarios al personal de ventas de PWS-KENT y sus respuestas a nuestra encuesta han ayudado en gran medida a la revisión del texto. Agradezco también a las personas siguientes que con sus evaluaciones escritas han contribuido a las ediciones anteriores:

Roger K. Anderson, *West Los Angeles College*; Thomas Arbutiski, *Community College of Allegheny County*; Joseph Cleary, *Massasoit Community College*; Helen H. David, *Diablo Valley College*; James C. Davis, *Mesa College*; Joseph DeBlassio, *Community College of Allegheny County*; Arthur Dull, *Diablo Valley College*; Nancy Hyde, *Broward Community College*; John Lenhert, *Long Beach City College*; Gerald Marlette, *Cuyahoga Community College*; Kalman Mecs, *Community College of Allegheny County*; Juanita O'Donley, *University of Oklahoma*; Ron Pottorff, *Cuyahoga Community College*; Ronald A. Stoltenberg, *Sam Houston State University*; James O. Thomas, *Southern University*; Robert L. Traughber, *Santa Barbara City College*; W. R. Utz. *University of Missouri at Columbia*; Richard Watkins, *Tidewater Community College*.

En especial deseo agradecer a las siguientes personas cuyas evaluaciones por escrito contribuyeron significativamente a esta revisión.

Dr. Charles Cook, *University of South Carolina—Sumter*; Michael Perkowski, *University of Missouri—Columbia*; Dr. Gloria B. Shier, *North Hennepin Community College*; Fred Stiles, *San Antonio College*; Katherine McKenzie, *University of Minnesota*; Richard B. Ruth, Jr. *Shippensburg University*; Nick Nickoloff, *Spokane Falls Community College*.

Por último, expreso mi agradecimiento al cuerpo técnico de PWS-KENT Publishing Company por su ayuda para hacer que este libro tenga el mejor de los éxitos

CONTENIDO

9 EXPONENTES Y APLICACIONES 365

10 RADICALES 365

11 ECUACIONES CUADRÁTICAS EN UNA VARIABLE 389

APÉNDICES 435

RESPUESTAS A LOS EJERCICIOS DE NÚMEROS IMPAR 445

ÍNDICE 524

ALGEBRA ELEMENTAL

CAPÍTULO 1

Conjuntos

1.1

El conocimiento de las matemáticas se ha vuelto esencial en tantos campos de la actividad humana y en tantos aspectos de la vida, que la existencia sin cierta relación con las matemáticas elementales, por lo menos, resulta sumamente difícil.

Los principios de las matemáticas se han utilizado desde los albores de la civilización. La construcción de las pirámides de Giza en Egipto hace más de 5 000 años, constituye un monumento a la habilidad matemática de los ingenieros egipcios de la época. Aunque ellos sólo poseían las herramientas básicas, medían y construían brillantemente. Construyeron figuras geométricas a partir de líneas rectas, trazaron ángulos rectos y establecieron una unidad de medición llamada **codo** (aproximadamente igual a 52.49 cm o $20\frac{2}{3}$ pulgadas).

La aritmética se inicia con la necesidad del concepto del conteo. Si bien es virtualmente imposible establecer con exactitud cuándo entró en uso el proceso de contar, se sabe que el sistema egipcio de jeroglíficos numéricos se remonta al año 3000 a.C.

En la actualidad algunas tribus no poseen nombres para los números, mientras que otras agrupan a todas las cantidades superiores a 1 o 2 en el término "muchos". Suponemos que así fue como se originaron los números. Una vez que las cantidades fueron reconocidas y denominadas, el siguiente paso fue aprender que los mismos números se podían utilizar para contar cualquier colección de objetos. Incluso hoy en día, en algunos países, se utilizan diferentes conjuntos de números para contar distintas clases de objetos, tales como por ejemplo personas, animales, días o árboles. Fue igualmente importante aprender a contar por medio de correspondencias, ya sea con los dedos de las manos o bien colocando piedrecillas en un morral. Llevar la cuenta con los dedos dió lugar al sistema numérico de **base 10** o **decimal**. Probablemente una de las primeras y más importantes formas de correspondencia fue la de contar rebaños de tal manera que el pastor pudiera saber si una oveja se había perdido o un camello había nacido. Fue por la necesidad y el deseo de saber exactamente "cuántos" en palabras, y luego en símbolo, que se desarrollaron los sistemas de numeración.

El sistema egipcio de numeración con jeroglíficos contenía símbolos para los números 1, 10, 100, 1000, etc. Los egipcios utilizaron el principio repetitivo para expresar números entre 1 y la **base**, o sea el 10, y entre **potencias** de la base y escribían los símbolos sin un orden definido.

Los romanos, al igual que los egipcios, emplearon el principio repetitivo en su sistema de numeración de base 10. A diferencia de los egipcios, los romanos hicieron uso del concepto de orden en su esquema. Modificaron su sistema introduciendo símbolos para los números 5, 50, etc., los pasos intermedios de la base.

El **sistema indoarábigo** de numeración se inició con nueve símbolos para representar a los números del 1 al 9 inclusive. El concepto de cero apareció mucho más tarde y se inventó para expresar la cantidad de elementos de una colección carente de objetos. Durante miles de años los matemáticos usaron un espacio vacío en medio de un número para indicar un cero. Alrededor del año 300 a.C. se utilizó un punto para denotar el lugar vacío. Incluso hoy en día, el punto es el símbolo que se emplea en el lenguaje árabe para denotar el número cero. El sistema de numeración indoarábigo es de base 10. A diferencia del sistema egipcio de jeroglíficos y el romano, el indoarábigo es un sistema de *valor posicional*.

En la actualidad se utiliza una extensión y modernización del sistema indoarábigo. Se usan diez símbolos dígitos para representar los números: 0, 1, 2, 3, 4, 5, 6, 7, 8, 9. Estos dígitos se combinan en un sistema de valor posicional para representar cualquier número que se desee expresar.

Cuando se escribe un número, por ejemplo 273, el 3 se encuentra en el lugar de las unidades, el 7 en el de las decenas y el 2 en el de las centenas. Es decir, hay 3 unidades, 7 decenas y 2 centenas.

Los números 1, 2, 3, etc. se llaman **números que se usan para contar** o **números naturales**. Los números 0, 1, 2, etc. se llaman **enteros no negativos**.

1.2 Representación geométrica de los enteros no negativos

A veces es conveniente hacer uso de la geometría para ilustrar algunos resultados importantes del álgebra. Es útil disponer de una representación geométrica de los enteros no negativos. Para este fin, se traza una línea recta y se elige un punto de ella para representar el número cero. Dicho punto se llama **origen**. Se toma otro punto de la recta a cierta distancia y a la derecha del origen, el cual se asocia con el número 1. El segmento de recta que va del origen al punto que representa al número 1 es la unidad de medida y es la **escala** que se emplea sobre la recta. Luego, a una unidad de distancia a la derecha del punto que representa al número 1, se coloca otro punto para representar al 2. Este procedimiento se continúa hasta donde se quiera, estableciéndose así una asociación entre los enteros no negativos y puntos sobre la recta.

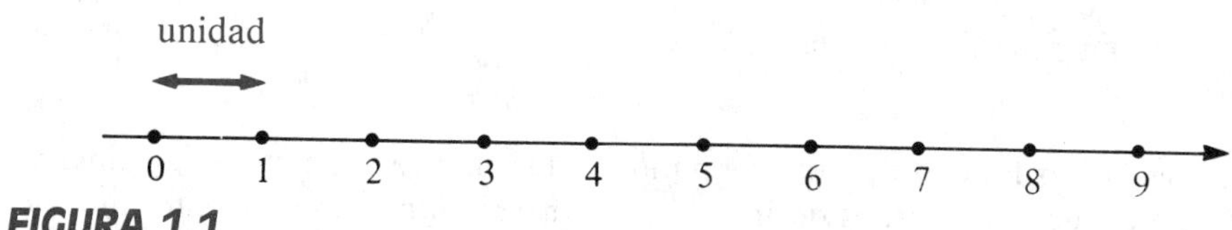

FIGURA 1.1

La Figura 1.1 muestra la **recta numérica**. La flecha al final de la recta indica que se continúa en esta forma y también la dirección en la que aumentan los números. El seg-

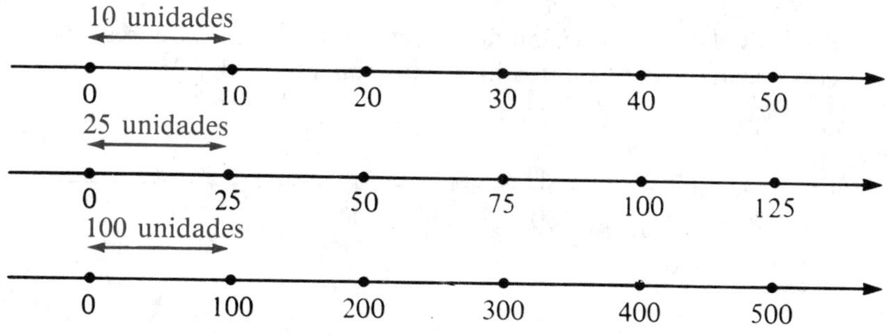

FIGURA 1.2

mento de la recta que representa la unidad de distancia, esto es, la escala empleada en la recta, se toma según convenga (ver Figura 1.2).

Eligiendo una escala conveniente y extendiendo la recta tanto como se requiera, puede asociarse cualquier entero no negativo con un punto único de la recta. Cada punto marcado sobre la recta es la **gráfica** del número correspondiente. Los números se llaman **coordenadas** de los puntos.

Nota Si a y b son las coordenadas de dos puntos cualesquiera de la recta y si la gráfica de b está a la derecha de la de a, entonces b es **mayor que** a, lo cual se denota $b > a$, o a es **menor que** b, que se expresa $a < b$.

Para graficar algunos números, se traza una recta y se elige el origen. Se toma una unidad de distancia conveniente y se muestran los números asociados con algunos segmentos consecutivos de la recta numérica sólo para establecer la escala.

Recuérdese que debe emplearse la misma escala sobre toda la recta numérica.

EJEMPLO Trazar la gráfica de los números 4, 8, 10, 12, 16.

SOLUCIÓN Considérese que cada segmento unitario de la recta representa al 2 (ver Figura 1.3).

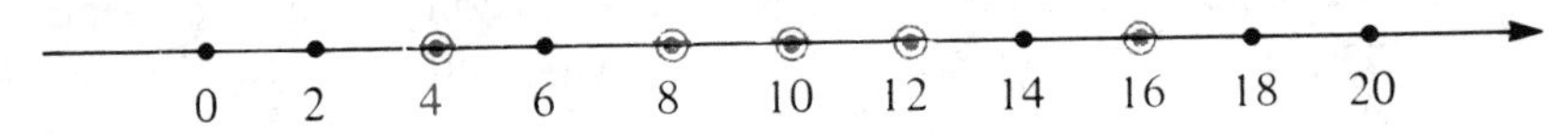

FIGURA 1.3

Para leer las coordenadas de puntos sobre una recta numérica, primero se determina la escala a utilizar, es decir, qué tanto representa cada segmento unitario de la recta.

EJEMPLO Encontrar las coordenadas de los puntos encerrados en círculo en la recta numérica mostrada en la Figura 1.4.

SOLUCIÓN Cada división de la recta numérica dada representa 25; de modo que las coordenadas de los puntos indicados son 150, 275, 325, 425, 475.

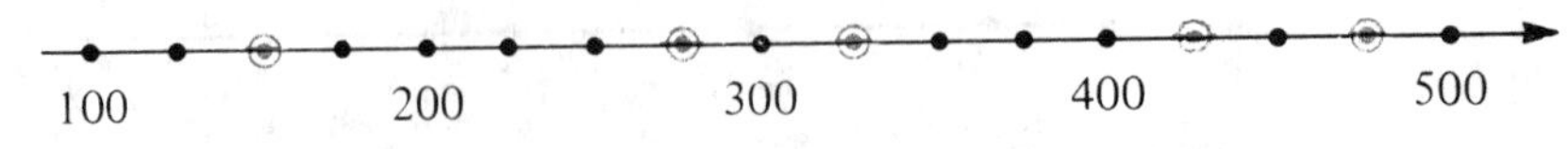

FIGURA 1.4

Ejercicios 1.2

Grafique los números siguientes utilizando una recta numérica diferente en cada problema.

1. 0, 4, 8, 16, 28
2. 0, 6, 9, 15, 18
3. 2, 6, 8, 12, 14
4. 3, 6, 15, 21, 24
5. 7, 14, 28, 35, 42
6. 3, 7, 10, 15, 19
7. 20, 25, 30, 40, 45
8. 40, 42, 48, 52, 54
9. 98, 100, 104, 105, 108
10. 212, 213, 215, 216, 220

Encuentre las coordenadas de los puntos encerrados en círculo en las rectas numéricas mostradas en la Figura 1.5.

11.
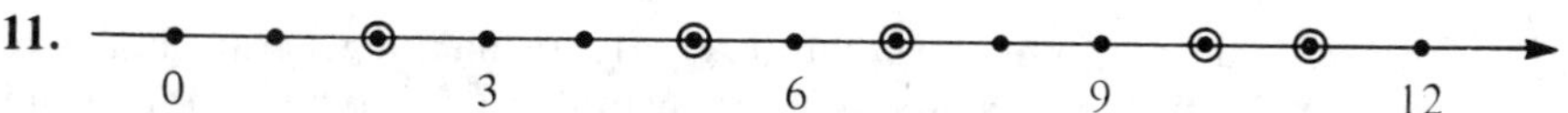

12.
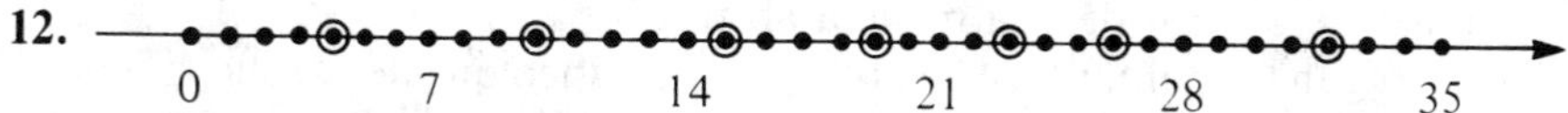

13.
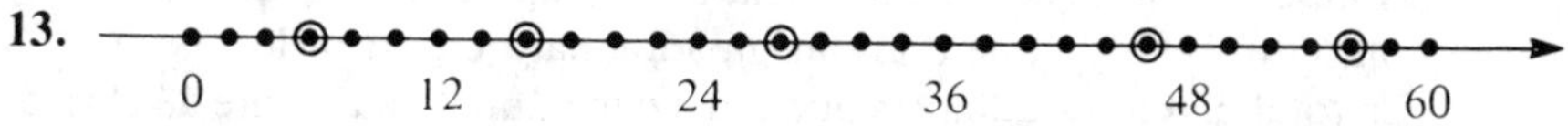

14.

15.
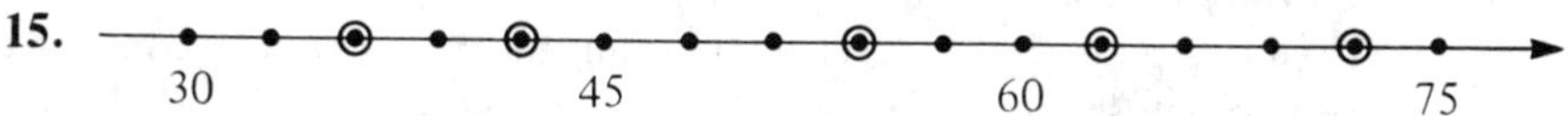

16.
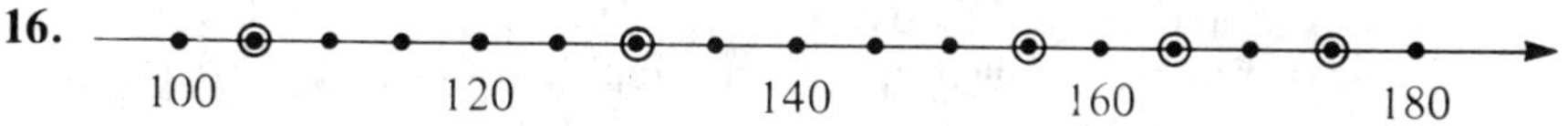

17.

18.

19.

20.
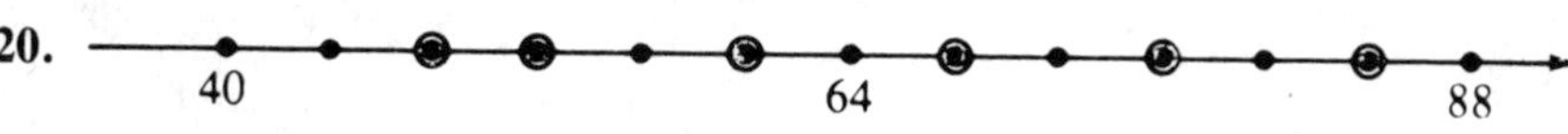

FIGURA 1.5

Si en un mapa cada centímetro (cm) representa 50 kilómetros (km), determine la distancia que separa a cada uno de los siguientes pares de puntos:

21. A y B **22.** A y C **23.** A y D
24. B y C **25.** B y D **26.** C y D

dado que en el mapa $AB = 2$ cm, $AC = 32$ mm (milímetros), $AD = 36$ mm, $BC = 43$ mm, $BD = 51$ mm y $CD = 22$ mm.

1.3 Conjuntos, definiciones y notación

El concepto de **conjunto** ha sido utilizado de forma tan generalizada en todas las matemáticas modernas, que es preciso su conocimiento por parte de todo estudiante de nivel universitario. Los conjuntos son un medio por el cual los matemáticos hablan de colecciones de objetos de una manera abstracta.

Segun G. Cantor (1845-1918), el matemático que desarrolló la teoría de conjuntos, "un conjunto es una agrupación de objetos simples en un todo".

Nótese que no se supone ninguna propiedad uniforme de los objetos que forman un conjunto fuera de que están agrupados para constituirlo.

La totalidad de estudiantes que estén cursando actualmente álgebra elemental, forma un conjunto. La colección formada por una pluma, una silla y una flor es otro conjunto.

Los números 1, 2, 3, etc., constituyen el que se llama **conjunto de los números naturales**, que se denota por N. Los números 0, 1, 2, 3, etc., forman el **conjunto de los enteros no negativos**, denotado por W.

Existen dos maneras de describir un conjunto. La primera consiste en hacer una lista de los objetos que lo componen y separarlos con coma. Dicha lista se escribe entre llaves { }.

Por ejemplo, $A = \{$Marte, Venus, Neptuno$\}$ y $N = \{1, 2, 3, \ldots\}$.

Los tres puntos indican que se continúa en la misma forma.

Nota Se acostumbra emplear letras mayúsculas para representar conjuntos, y minúsculas para los objetos pertenecientes a los mismos.

Si $X = \{a, b, c, d\}$, entonces a, b, c y d se llaman **miembros** o **elementos** del conjunto X.

La notación $a \in X$ se lee "a es un elemento del conjunto X".

Para denotar que un objeto e no es elemento de un conjunto X, se escribe $e \notin X$.

Nota El orden en que se escriban los elementos de un conjunto es indiferente. Por ejemplo, $\{1, 2, 3\}$ y $\{3, 1, 2\}$ definen el mismo conjunto. No es necesario, aunque si conveniente, escribir los números en orden creciente.

Nota

Cuando se hace una lista de los miembros de un conjunto, cada elemento debe escribirse solamente una vez, ya que de lo contrario se estaría haciendo referencia a un mismo miembro en más de una ocasión. El conjunto de numerales del número 83 837 es $\{3, 7, 8\}$.

La segunda manera de describir un conjunto consiste en proporcionar la regla que identifica a sus elementos. Dicha regla se escribe también entre llaves.

$$E = \{\text{todos los números naturales que son múltiplos de } 2\}$$

Cuando un conjunto se define por medio de una regla, ésta debe expresarse con palabras o bien, por brevedad, con símbolos.

DEFINICIÓN Una **variable** es una literal que adquiere varios valores en un problema dado.

Para nombrar a un miembro genérico de un conjunto de números, se emplea una variable tal como x, y, z, m, n, ...

El conjunto X cuyos elementos cumplen una propiedad P se denota por

$$X = \{x|x \text{ tiene la propiedad } P\}$$

lo cual se lee "X es el conjunto de elementos x, tales que x tiene la propiedad P". La barra vertical empleada en la notación anterior es una abreviatura de la expresión "tales que".

EJEMPLO Enumerar los elementos del conjunto $X = \{x|x = 2n—1, \ n \in W\}$.

Primeramente se encuentran los valores que toma n.
n toma los valores 0, 1, 2, 3, ...
Se determinan ahora los valores que adquiere $2n$ ($2n$ significa 2 por n).
$2n$ se obtiene multiplicando cada uno de los números 0, 1, 2, ... por 2.
De modo que $x = 2n$ toma los valores 0, 2, 4, 6, ...
Por consiguiente $X = \{0, 2, 4, 6, \ldots\}$

Nota

$\{x|x = 2n, \ n \in W\}$ se puede escribir como $\{2n|n \in W\}$.

EJEMPLO Enumerar los elementos del conjunto $X = \{x|\bar{x} = 2n, \ n \in W\}$.

Se encuentran los valores que toma n.

n toma los valores 1, 2, 3, 4, . . .
Luego se determinan los valores que adquiere $2n$ que son 2, 4, 6, 8, . . .
Se obtienen ahora los valores que toma $2n - 1$ que son 1, 3, 5, 7, . . .
Así que $X = \{1, 3, 5, 7, \ldots\}$

Nota La expresión $2 < x < 8$, $x \in N$ se refiere a los números naturales *entre* 2 y 8. Es decir, x toma los valores 3, 4, 5, 6, 7.

EJEMPLO Enumerar los elementos del conjunto $X = \{3x | 0 < x < 10, x \in N\}$:

x toma los valores 1, 2, 3, 4, 5, 6, 7, 8, 9.
$3x$ toma los valores 3, 6, 9, 12, 15, 18, 21, 24, 27.
Entonces $X = \{3, 6, 9, 12, 15, 18, 21, 24, 27\}$.

DEFINICIÓN El conjunto que no tiene ningún elemento se llama **conjunto nulo** o **vacío** y se denota por $\emptyset$.

El conjunto de números naturales entre 1 y 2 es vacío. El conjunto de satélites naturales del planeta Venus también lo es.

Ejercicios 1.3

Enumere los elementos de cada uno de los conjuntos siguientes:

1. Los nombres de los días de la semana.
2. Los nombres de los meses del año que tienen exactamente 30 días.
3. Los nombres de los meses del año que tienen exactamente 3i días.
4. Los nombres de las estaciones del año.
5. Los nombres de los continentes de la Tierra.
6. Los nombres de los ríos del mundo que corren de sur a norte.
7. Los nombres de los estados de la Unión Americana que comienza con la letra A.
8. Idem con la letra B.
9. Idem con la letra C.
10. Los nombres de los cinco primeros presidentes de los Estados Unidos.
11. Los números naturales pares entre 1 y 15.
12. Los números naturales impares entre 10 y 30.
13. Los números naturales.
14. Los enteros no negativos.
15. Los números naturales divisibles entre 5.
16. Los números naturales divisibles entre 7.
17. Los números naturales divisibles entre 10.
18. Los números naturales entre 2 y 10 que son divisibles entre 9.

19. Los números naturales entre 40 y 55 que son divisibles entre 15.
20. Los números naturales entre 15 y 25 que son divisibles entre 13.
21. Los números naturales entre 20 y 30 que son divisibles entre 17.
22. Las letras de la palabra Mississippi.
23. Los numerales que forman al número 54 745.
24. Las vocales del alfabeto.
25. Los satélites naturales de la Tierra.
26. $\{x \mid x = n + 4, n \in N\}$
27. $\{x \mid x = n + 7, n \in N\}$
28. $\{x \mid x = 3n, n \in N\}$
29. $\{x \mid x = 5n, n \in W\}$
30. $\{x \mid x = 3n + 1, n \in W\}$
31. $\{x \mid x = 5n + 2, n \in W\}$
32. $\{x \mid x = 4n - 2, n \in N\}$
33. $\{x \mid x = 7n - 3, n \in N\}$
34. $\{2n + 3 \mid n \in W\}$
35. $\{5n + 1 \mid n \in W\}$
36. $\{3n - 2 \mid n \in N\}$
37. $\{6n - 3 \mid n \in N\}$
38. $\{3x \mid x > 4, x \in N\}$
39. $\{4x \mid x < 5, x \in W\}$
40. $\{2x \mid x < 6, x \in W\}$
41. $\{7x \mid x < 1, x \in N\}$
42. $\{2x \mid 2 < x < 10, x \in N\}$
43. $\{3x \mid 1 < x < 7, x \in N\}$
44. $\{5x \mid 3 < x < 8, x \in W\}$
45. $\{4x \mid 0 < x < 11, x \in W\}$

1.4 Subconjuntos

DEFINICIÓN Un conjunto A es **subconjunto** de un conjunto B, si todo elemento de A es un elemento de B.

Si A es subconjunto de B, se escribe $A \subset B$.

Nota Todo conjunto es subconjunto de sí mismo.

EJEMPLOS

1. Si $A = \{1, 2, 3\}$ y $B = \{1, 2, 3, 4\}$, entonces $A \subset B$.

2. Los subconjuntos del conjunto $\{1, 2, 3\}$ son
$\{1, 2, 3\}$, $\{1, 2\}$, $\{1, 3\}$, $\{2, 3\}$, $\{1\}$, $\{2\}$, $\{3\}$, $\varnothing$.

Nota El conjunto vacío es subconjunto de todo conjunto.

La notación $A \not\subset B$ se lee "A no es subconjunto de B". Esto significa que existe por lo menos un elemento de A que no está en B.

EJEMPLO Si $A = \{a, b, c\}$ y $B = \{1, 2, a, b\}$, entonces $A \not\subset B$.

DEFINICIÓN Dos conjuntos A y B son **iguales**, lo cual se expresa $A = B$, si todo elemento de A es elemento de B y todo elemento de B es elemento de A.

Nota $A = B$ significa que las relaciones $A \subset B$ y $B \subset A$ se cumplen simultáneamente.

EJEMPLO Si $A = \{1, 2, 3\}$ y $B = \{3, 1, 2\}$, entonces $A = B$.

La notación $A \neq B$, que se lee "A no es igual a B", significa que existe por lo menos un elemento que pertenece a A pero no a B, o bien por lo menos un elemento que pertenece a B pero no a A.

EJEMPLO Si $A = \{1, 3, 5\}$ y $B = \{1, 2, 3, 5\}$, entonces $A \neq B$ (pero $A \subset B$).

Ejercicios 1.4

Sean A y B dos conjuntos.

1. Si todo elemento de A es elemento de B, ¿entonces $A \subset B$?
2. Si todo elemento de A es elemento de B, ¿es $A = B$?
3. Si $X \subset Y$ y $a \in Y$, ¿$a \in X$?
4. Si $x \in A$, ¿es $\{x\}$ subconjunto de A?
5. Si $y \in B$, ¿es y subconjunto de B?
6. Escriba todos los subconjuntos del conjunto $\{0\}$.
7. Escriba todos los subconjuntos del conjunto $\{1\}$.
8. Escriba todos los subconjuntos del conjunto $\{a, b\}$.

Si $A = \{a, b\}$, use uno de los símbolos $\{\ \}$, $\in$, $\notin$, $\subset$, o $\not\subset$ para hacer verdadera cada una de las siguientes expresiones:

9. $a \quad A$
10. $b \quad A$
11. $c \quad A$
12. $a \subset A$
13. $\{a\} \quad A$
14. $b \subset \{b\}$
15. $\{a, b\} \quad A$
16. $b \subset \{a, b\}$
17. $\{a, c\} \quad A$
18. $\{a, b\} \quad \{b, a\}$

Dados los conjuntos $A = \{1, 2, 3\}$, $B = \{1, 3, 5\}$, $C = \{2, 4, 6\}$, $D = \{1, 2, 3, 4, 5\}$ y $E = \{1, 2, 3, 4, 5, 6, 7\}$, determine cuáles de los enunciados siguientes son verdaderos y cuáles son falsos.

19. $A \subset B$
20. $A \subset E$
21. $B \not\subset C$
22. $D \subset E$
23. $A \subset D$
24. $B \not\subset D$
25. $C \subset D$
26. $A = C$
27. $B \subset B$
28. $E \subset E$
29. $\varnothing \subset A$
30. $\varnothing \not\subset C$

1.5 Operaciones con conjuntos

DEFINICIÓN La **unión** de dos conjuntos A y B, la cual se denota por $A \cup B$, es el conjunto de todos los elementos que están en el conjunto A y/o en el conjunto B.

Es el conjunto de elementos que pertenecen por lo menos a uno de los dos conjuntos.

$$A \cup B = \{x | x \in A \text{ o } x \in B\}.$$

EJEMPLOS

1. Sea $A = \{1, 2, 3\}$ y $B = \{1, 3, 5\}$;
   entonces $A \cup B = \{1, 2, 3, 5\}$.

2. Sea $A = \{2, 4, 6\}$ y $B = \{a, b, c\}$;
   entonces $A \cup B = \{2, 4, 6, a, b, c\}$.

Nota

Para dos conjuntos cualesquiera A y B,

1. $A \subset A \cup B$ 2. $B \subset A \cup B$
3. $A \cup B = B \cup A$ 4. $A \cup \varnothing = A$.

DEFINICIÓN La **intersección** de dos conjuntos A y B, la cual se denota por $A \cap B$, es el conjunto de elementos que están a la vez en ambos conjuntos A y B.

$$A \cap B = \{x | x \in A \text{ y } x \in B\}.$$

EJEMPLOS

1. Si $A = \{1, 2, 3\}$ y $B = \{1, 3, 5\}$;
   entonces $A \cap B = \{1, 3\}$.

2. Si $A = \{a, b, c\}$ y $B = \{d, e, f\}$;
   entonces $A \cap B = \varnothing$.

DEFINICIÓN Dos conjuntos A y B son **disjuntos** o **ajenos** si $A \cap B = \varnothing$.

Nota

Para dos conjuntos cualesquiera A y B,

1. $A \cap B \subset A$ 2. $A \cap B \subset B$
3. $A \cap B = B \cap A$ 4. $A \cap \varnothing = \varnothing$.

EJEMPLO Dados los conjuntos

$$A = \{x|0 < x < 10, x \in N\} \text{ y } B = \{3x|0 < x < 6, x \in N\},$$

encontrar $A \cup B$ y $A \cap B$.

SOLUCIÓN El conjunto $A = \{1, 2, 3, 4, 5, 6, 7, 8, 9\}$ y $B = \{3, 6, 9, 12, 15\}$. Entonces,

$$A \cup B = \{1, 2, 3, 4, 5, 6, 7, 8, 9, 12, 15\} \text{ y } A \cap B = \{3, 6, 9\}.$$

DEFINICIÓN Se llama conjunto **universal** a aquél que contiene todos los elementos que interesan en una situación determinada. Se denota usualmente por U.

EJEMPLO Si $A = \{1, 2, 3, 4\}$, $B = \{4, 6, 8\}$, $C = \{8, 11, 14\}$ y A, B y C comprenden el conjunto universal U, entonces

$$U = \{1, 2, 3, 4, 6, 8, 11, 14\}.$$

Ejercicios 1.5

Sean A y B dos conjuntos.

1. Si $a \in A$, ¿debe ser entonces a elemento de $A \cup B$?
2. Si $a \in A$, ¿debe ser entonces a elemento de $A \cap B$?
3. Si $a \in A \cup B$, ¿debe ser entonces a elemento de A?
4. Si $a \in A \cup B$, ¿debe ser entonces a elemento de B?
5. Si $a \in A \cup B$, ¿debe ser entonces a elemento de $A \cap B$?
6. Si $a \in A \cap B$, ¿debe ser entonces a elemento de A?
7. Si $a \in A \cap B$, ¿debe ser entonces a elemento de B?
8. Si $a \in A \cap B$, ¿debe ser entonces a elemento de $A \cup B$?
9. Si $A \not\subset B$ y $a \in A$, ¿debe ser a elemento de B?
10. Si $A \not\subset B$ y $a \in A \cup B$, ¿debe ser a elemento de A?
11. Si $A \not\subset B$ y $a \in A \cap B$, ¿debe ser a elemento de A?

Sean $A = \{1, 2, 3, 4, 5\}$, $B = \{2, 4, 6\}$, $C = \{6, 7, 8\}$ y $D = \{5, 7, 9\}$. Enumere los elementos de cada uno de los conjuntos siguientes:

12. $A \cup B$ **13.** $A \cup C$ **14.** $A \cup D$ **15.** $B \cup C$
16. $B \cup D$ **17.** $C \cup D$ **18.** $A \cap B$ **19.** $A \cap C$
20. $A \cap D$ **21.** $B \cap C$ **22.** $B \cap D$ **23.** $C \cap D$
24. $B \cup \varnothing$ **25.** $D \cap \varnothing$

Dados $A = \{n|0 < n < 9, n \in N\}$, $B = \{3n - 1|0 < n < 6, n \in W\}$ y $C = \{2n + 1|0 < n < 6, n \in N\}$, encuentre cada uno de los siguientes conjuntos:

26. $A \cup B$
27. $A \cup C$
28. $B \cup C$
29. $A \cap B$
30. $A \cap C$
31. $B \cap C$

Enumere los elementos de cada uno de los conjuntos siguientes:

32. $\{2x \mid x \in N\} \cap \{3x \mid x \in N\}$
33. $\{2x \mid x \in W\} \cap \{5x \mid x \in W\}$
34. $\{3x \mid x \in W\} \cap \{5x \mid x \in W\}$
35. $\{2x \mid x \in W\} \cap \{7x \mid x \in W\}$

Determine el conjunto universal U para cada uno de los ejercicios siguientes, si los conjuntos dados comprenden U:

36. $A = \{1, 2, 3, 4, 5\}$, $B = \{3, 5, 6, 7\}$
37. $A = \{1, 3, 5, 7, 9\}$, $B = \{1, 2, 3, 4\}$, $C = \{4, 10, 14\}$
38. $A = \{1, 5, 9, 13, 17\}$, $B = \{2, 6, 10, 14\}$, $C = \{3, 6, 9, 12\}$
39. $A \cup B = \{1, 2, 3, 4, 5, 6\}$, $C = \{4, 6, 8, 10\}$
40. $A = \{1, 3, 5, 7\}$, $A \cap B = B$, $C = \{7, 9, 11, 13, 15\}$
41. $A = \{1, 2, 3, 4, 5\}$, $B \subset A$, $C = \{3, 6, 9\}$

Repaso del Capítulo 1

Determine cuáles de las relaciones, $\subset$, $\not\subset$, $=$, son válidas entre los conjuntos:

1. $A = \{a, b, c, d\}$, $B = \{a, c\}$, $C = \{a, b, c\}$, $D = \{a, c, e\}$ y $E = \{c, b, a\}$. (Compare A con B, A con C, A con D y A con E, luego compare B con C, B con D, y así sucesivamente.)

Enumere los elementos de cada uno de los siguientes conjuntos:

2. $\{x \mid x = 3n + 2, n \in W\}$
3. $\{x \mid x = 6n - 1, n \in N\}$
4. $\{5n - 1 \mid n \in N\}$
5. $\{4n - 3 \mid n \in N\}$
6. $\{x + 2 \mid 3 < x < 10, x \in N\}$
7. $\{x - 4 \mid 5 < x < 13, x \in N\}$

Sean A y B dos conjuntos.

8. Si $3 \in a$ y $A \subset B$, ¿debe ser 3 elemento de B?
9. Si $a \in A$ y $B \subset A$, ¿debe ser a elemento de B?
10. Si $2 \in A$ y $2 \in B$, ¿debe ser $A = B$?
11. Si $5 \in A \cup B$, ¿debe ser 5 elemento de $B \cup A$?
12. Si $a \in A \cap B$, ¿debe ser a elemento de $B \cap A$?
13. Si $b \in A$ y $b \in B$, ¿debe ser b elemento de $A \cap B$?
14. Si $A \cup B = A$, ¿debe ser B subconjunto de A?
15. Si $A \cup B = A$, ¿debe ser A subconjunto de B?
16. Si $A \cap B = B$, ¿debe ser B subconjunto de A?
17. Si $A \cap B = B$, ¿debe ser A subconjunto de B?

Dados $A = \{a, b, c, d\}$, $B = \{a, c, e\}$, $C = \{b, d f\}$ y $D = \{e, f, g\}$, enumere los elementos de los conjuntos siguientes:

18. $A \cup B$ **19.** $A \cup C$ **20.** $A \cup D$ **21.** $B \cup C$
22. $B \cup D$ **23.** $C \cup D$ **24.** $A \cap B$ **25.** $A \cap C$
26. $A \cap D$ **27.** $B \cap C$ **28.** $B \cap D$ **29.** $C \cap D$

CAPÍTULO 2

Desarrollo del conjunto de los números reales

2.1 *El conjunto de los enteros no negativos*

2.2 *El conjunto de los enteros*

2.3 *El conjunto de los números racionales*

2.4 *Números irracionales y reales*

2.5 *Valor absoluto de números reales*

Este capítulo se ocupa del desarrollo del sistema de los números reales. Se presentan propiedades y leyes de los números para proporcionar las herramientas básicas necesarias con objeto de entender ciertos conceptos algebraicos. Para realizar lo anterior, se utilizan letras del alfabeto, llamadas **números literales**, en vez de **números específicos**.

Las operaciones básicas con los números son la suma o adición, multiplicación, sustracción o resta y división. Estas cuatro operaciones se denominan **operaciones binarias** puesto que están definidas para operar sólo en dos números a la vez.

Los símbolos que se usan para indicar dichas operaciones son

$+$	llamado **más**, para indicar la suma
$\cdot$ o $\times$	llamado **por**, para indicar la multiplicación
$-$	llamado **menos**, para indicar la resta
$\div$	llamado **entre** o **dividido por** para indicar la división

2.1 El conjunto de los enteros no negativos

El conjunto de los enteros no negativos $W = \{0, 1, 2, 3, \ldots\}$ se inventó a partir de la necesidad de contar. El análisis de las operaciones básicas en este conjunto mostrará la necesidad de ampliarlo al de los números reales.

Suma de enteros no negativos

Para dos enteros no negativos cualesquiera a y b existe un entero no negativo único llamado su **suma**. La suma de a y b se denota por $a + b$.

La suma de dos enteros no negativos a y b puede representarse en una recta numérica. Partiendo del origen y moviéndose a unidades a la derecha, se llega a la gráfica del número a. Desde este punto se recorren luego b unidades en la misma dirección. Esto conducirá a un punto que está a $a + b$ unidades del origen. La coordenada de tal punto es la suma de los números a y b (Figura 2.1).

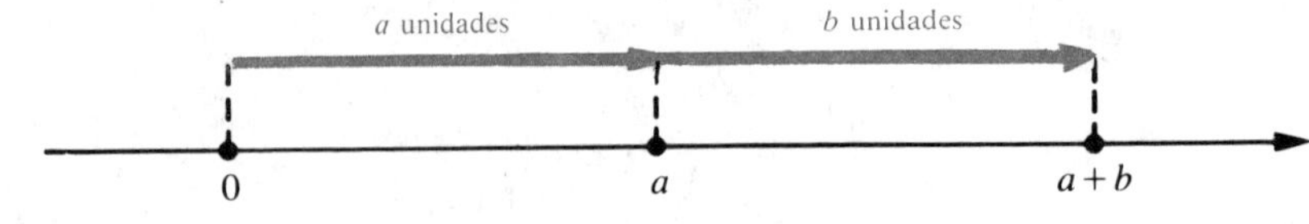

FIGURA 2.1

Las siguientes son leyes de la suma de enteros no negativos.

LEY CONMUTATIVA DE LA SUMA

Para dos números cualesquiera $a, b \in W$,

$$a + b = b + a.$$

EJEMPLO $5 + 7 = 7 + 5.$

Nota

En ocasiones se utilizan paréntesis ( ) para agrupar los números.

LEY ASOCIATIVA DE LA SUMA

Para tres números cualesquiera $a, b, c \in W$,

$$a + (b + c) = (a + b) + c$$

EJEMPLO $7 + (3 + 14) = (7 + 3) + 14.$

ELEMENTO IDENTIDAD PARA LA SUMA

Existe un número único 0, llamado **elemento identidad aditivo**, tal que para cualquier $a \in W$,

$$a + 0 = 0 + a = a.$$

EJEMPLO $8 + 0 = 0 + 8 = 8.$

Nota

Si bien la suma es una operación binaria, se puede extender para obtener la suma de tres o más números sumando los dos primeros y luego cada número sucesivo al resultado de la suma anterior.

EJEMPLO $8 + 6 + 11 = (8 + 6) + 11 = 14 + 11 = 25.$

O bien $8 + 6 + 11 = 8 + (6 + 11) = 8 + 17 = 25.$

Multiplicación de enteros no negativos

DEFINICIÓN

El **producto** de dos enteros no negativos a y b se define como el entero no negativo $a \cdot b$ que representa la suma

$b + b + b + \cdots + b$ a términos iguales a b.

Los números a y b se llaman **factores** del producto.

EJEMPLO $3 \cdot 4 = 4 + 4 + 4$ 3 términos iguales a 4 (o 3 veces 4).

MULTIPLICACIÓN POR CERO

Para cualquier $a \in W$,

$$a \cdot 0 = \underbrace{0 + 0 + 0 + \cdots + 0}_{a \text{ veces } 0.}$$

Por consiguiente $a \cdot 0 = 0$.

EJEMPLO $6 \cdot 0 = 0$

El producto de dos números específicos tales como 5 y 3 se denota por $5 \cdot 3$, 5×3, 5(3) ó (5)(3). El producto de un número específico y uno literal tales como 3 y a se denota por $3 \cdot a$, $3 \times a$, $3(a)$, $(3)(a)$, o simplemente $3a$. Cuando se multiplican un número específico y uno literal, se escribe el específico como primer factor, es decir, se escribe $3a$ y no $a3$.

El producto de dos números literales tales como a y b se denota por $a \cdot b$, $a \times b$, $a(b)$, $(a)(b)$, o simplemente ab. Las siguientes son leyes de la multiplicación de enteros no negativos:

LEY CONMUTATIVA DE LA MULTIPLICACIÓN

Para dos números cualesquiera $a, b, \in W$,

$$ab = ba.$$

EJEMPLO $5 \times 6 = 6 \times 5$.

LEY ASOCIATIVA DE LA MULTIPLICACIÓN

Para tres números cualesquiera $a, b, c \in W$,

$$a(bc) = (ab)c.$$

EJEMPLO $5 \times (8 \times 7) = (5 \times 8) \times 7$.

ELEMENTO IDENTIDAD PARA LA MULTIPLICACIÓN

Existe un número único 1, denominado **idéntico multiplicativo**, tal que para cualquier $a \in W$,

$$a \times 1 = 1 \times a = a.$$

EJEMPLO $9 \times 1 = 1 \times 9 = 9$.

LEY DISTRIBUTIVA DE LA MULTIPLICACIÓN SOBRE LA SUMA

Para tres números cualesquiera a, b, $c \in W$,

$$(b + c)a = a(b + c) = ab + ac.$$

EJEMPLO

1. $4(a + b) = 4a + 4b$

2. $6(a + 7) = 6a + 6 \times 7$
   $= 6a + 42$

3. $(a + 5)b = ab + 5b$

Nota

Si bien la multiplicación es una operación binaria, se puede extender para obtener el producto de tres o más números como se hizo para la suma.

EJEMPLOS $6 \times 5 \times 3 = (6 \times 5) \times 3 = 30 \times 3 = 90$

O bien $6 \times 5 \times 3 = 6 \times (5 \times 3) = 6 \times 15 = 90$

Nota

Cuando una expresión contiene sumas y multiplicaciones sin símbolos de agrupación, como los paréntesis, se efectúan las multiplicaciones antes que las sumas.

EJEMPLO

1. $7 \times 8 + 2 = 56 + 2 = 58$

2. $4 + 6 \times 12 = 4 + 72 = 76$

3. $5 \times 7 + 3 \times 8 = 35 + 24 = 59$

Nota

Cuando una expresión contiene símbolos de agrupación con solamente números específicos dentro de ellos, es más fácil realizar primero las operaciones dentro de los símbolos de agrupación.

EJEMPLOS

1. $7(3 + 8) + 9 = 7(11) + 9 = 77 + 9 = 86$
2. $6 + 5(3 + 4) = 6 + 5(7) = 6 + 35 = 41$
3. $3(4 + 2) + 5(6 + 8) = 3(6) + 5(14) = 18 + 70 = 88$

Ejercicios 2.1

Efectúe las operaciones indicadas:

1. $5 \times (4 \times 7)$ **2.** $4 \times (6 \times 3)$ **3.** $3 \times (7 \times 2)$
4. $50 \times (2 \times 28)$ **5.** $(5 \times 9) \times 4$ **6.** $(7 \times 6) \times 3$
7. $(2 \times 8) \times 5$ **8.** $(3 \times 4) \times 25$ **9.** $2 \times 3 \times 5$
10. $9 \times 2 \times 4$ **11.** $8 \times 4 \times 3$ **12.** $11 \times 5 \times 6$
13. $7(4)(2)$ **14.** $10(3)(8)$ **15.** $9(15)(2)$
16. $12(13)(5)$ **17.** $25 \times 9 \times 4 \times 3$ **18.** $16 \times 7 \times 5 \times 8$
19. $11(8)(0)(23)$ **20.** $56(13)(17)(0)$ **21.** $19(0)(21)(87)$
22. $5 \times 4 + 6$ **23.** $2 \times 8 + 7$ **24.** $3 \times 4 + 10$
25. $8 \times 7 + 5$ **26.** $6 \times 10 + 2$ **27.** $13 \times 9 + 1$
28. $15(3) + 9$ **29.** $7(12) + 8$ **30.** $20(3) + 12$
31. $17(2) + 11$ **32.** $13(7) + 3$ **33.** $14(8) + 7$
34. $8 + 6 \times 2$ **35.** $3 + 7 \times 9$ **36.** $5 + 4 \times 3$
37. $10 + 5 \times 4$ **38.** $6 + 9 \times 4$ **39.** $8 + 12 \times 5$
40. $5 + 3(7)$ **41.** $7 + 8(6)$ **42.** $9 + 3(9)$
43. $7 + 13(4)$ **44.** $20 + 5(8)$ **45.** $17 + 13(10)$
46. $5(3 + 9)$ **47.** $2(20 + 5)$ **48.** $8(12 + 4)$
49. $12(5 + 6)$ **50.** $13(7 + 0)$ **51.** $19(0 + 6)$
52. $4(9 + 2) + 8$ **53.** $6(8 + 7) + 15$ **54.** $20(2 + 7) + 1$
55. $9(6 + 3) + 7$ **56.** $12(4 + 9) + 2$ **57.** $23(3 + 2) + 5$
58. $4 + 2(3 + 4)$ **59.** $9 + 1(8 + 6)$ **60.** $7 + 3(8 + 7)$
61. $5 + 5(10 + 12)$ **62.** $12 + 3(5 + 3)$ **63.** $16 + 4(2 + 9)$
64. $3 \times 6 + 2 \times 5$ **65.** $7 \times 5 + 5 \times 3$ **66.** $3 \times 8 + 5 \times 4$
67. $6 \times 12 + 8 \times 9$ **68.** $2 \times 7 + 4 \times 8 + 2$
69. $4 \times 5 + 5 \times 8 + 20$ **70.** $3 \times 6 + 4 \times 9 + 1$
71. $5 \times 8 + 2 \times 11 + 4$ **72.** $6 \times 9 + 11 \times 4 + 16$
73. $3(7 + 2) + 6(4 + 1)$ **74.** $5(11 + 4) + 12(6 + 4)$
75. $15(7 + 3) + 8(6 + 9)$ **76.** $13(3 + 2) + 0(12 + 8)$
77. $4(6 + 24) + 0(17 + 25)$ **78.** $3(12 + 18) + 2(13 + 7)$
79. $2(a + 1)$ **80.** $5(a + 6)$ **81.** $7(a + 3)$ **82.** $4(a + 2)$
83. $a(b + 3)$ **84.** $a(b + 1)$ **85.** $a(b + 5)$ **86.** $a(b + 10)$
87. $3(2a + 1)$ **88.** $4(3a + 5)$ **89.** $10(2a + 6)$ **90.** $7(4a + 8)$
91. $2(a + 2b)$ **92.** $3(2a + b)$ **93.** $6(2a + 3b)$ **94.** $5(3a + 4b)$

Sustracción de enteros no negativos

De la suma de enteros no negativos se tiene $4 + 2 = 6$. Esto es, 2 es el número que sumado con 4 da por resultado 6. El número 2 también se llama **diferencia** entre 6 y 4. En símbolos se escribe $6 - 4 = 2$.

Del mismo modo, puesto que $7 + 12 = 19$, se tiene $19 - 7 = 12$. La operación designada por el símbolo $-$, leído "menos", se denomina **sustracción** o **resta**.

Considérese ahora la diferencia que hay entre los enteros no negativos 4 y 9. No hay ningún número $a \in W$ tal que $9 + a = 4$.

Para tener un conjunto en el que exista el número a, se extiende el conjunto de los enteros no negativos agregando los **enteros negativos**, $-1, -2, -3, \ldots$.

2.2 El conjunto de los enteros

DEFINICIÓN

La unión del conjunto de los enteros negativos y de los enteros no negativos constituye el **conjunto de los enteros**, que se denota por I:

$$I = \{\ldots, -3, -2, -1, 0, 1, 2, 3, \ldots\}.$$

Cuando se juega a las cartas, es posible representar por +\$10 una ganancia de \$10, mientras que una pérdida de \$8 se puede representar por −\$8. Cierta posición de 1000 metros sobre el nivel del mar puede denotarse por +1000 metros, mientras que una de 50 metros bajo dicho nivel, se puede denotar por −50 metros.

A partir de estos dos ejemplos se ve que es posible emplear los signos + y − para indicar dos direcciones opuestas.

Puesto que los enteros positivos se sitúan a la derecha del origen en la recta numérica, los negativos deben ubicarse a la izquierda del origen. De esta manera las gráficas del conjunto de los enteros negativos constituyen puntos a la izquierda del cero. En general, los enteros a y $-a$ son coordenadas de puntos situados en lados opuestos con respecto al origen y equidistantes de él (Figura 2.2).

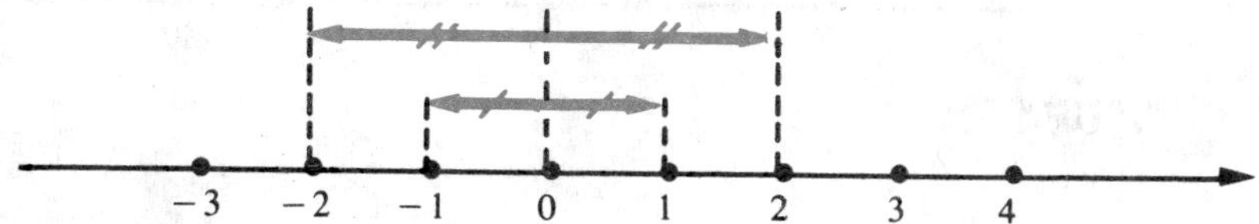

FIGURA 2.2

Obsérvese que al hacer un recorrido hacia la derecha sobre la recta numérica, los números aumentan de valor y al hacerlo hacia la izquierda, disminuyen éste.

Por ejemplo, $-2 < -1$, $-3 < 0$, $-1 > -3$, $1 > -2$.
La dirección positiva es hacia la derecha, mientras que la negativa es hacia la izquierda.

Suma de números enteros

Para sumar dos enteros negativos $(-a)$ y $(-b)$ en la recta numérica, se empieza en el origen. (Figura 2.3).

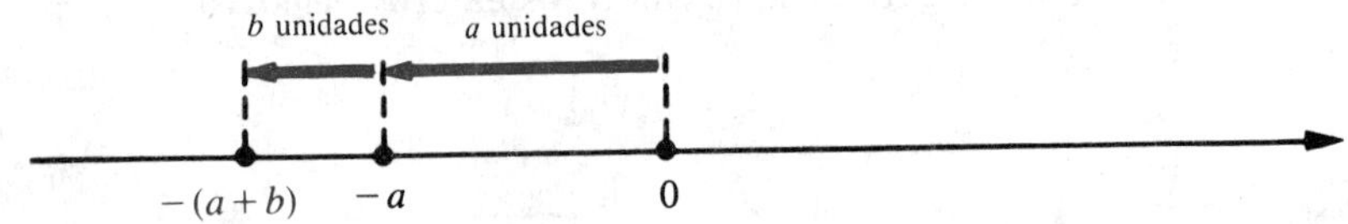

FIGURA 2.3

Se recorren a unidades en la dirección negativa, hacia la izquierda del cero, y se llega a la gráfica del entero negativo $(-a)$. A partir de este punto, se recorren b unidades en la misma dirección y se alcanza así el punto que está a $a + b$ unidades a la izquierda del cero. La coordenada de este punto es $-(a + b)$ e igual a la suma de los enteros negativos $(-a)$ y $(-b)$.

Observación La suma de dos enteros negativos cualesquiera, existe y es un entero negativo.

EJEMPLO Sumar -4 y -3 en la recta numérica.

SOLUCIÓN En la Figura 2.4, se recorren 4 unidades en la dirección negativa partiendo del origen y, luego, 3 en la misma dirección. De esta manera se llega al punto cuya coordenada es -7.

Por consiguiente $(-4) + (-3) = -7$.

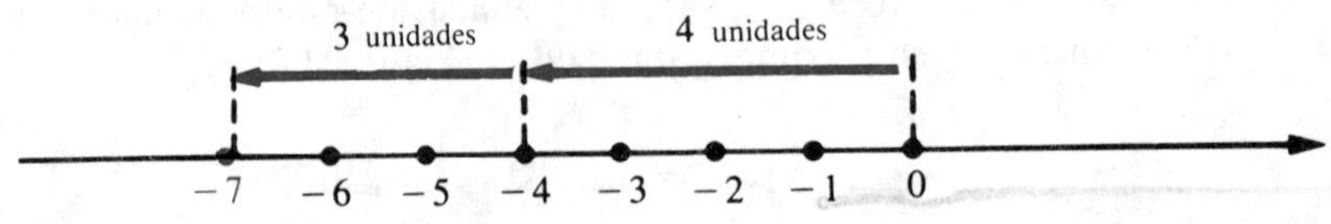

FIGURA 2.4

Nota $(-4) + (-3) = -7 = -(4 + 3)$.

TEOREMA Si $a, b \in N$, entonces $(-a) + (-b) = -(a + b)$.

EJEMPLO $(-5) + (-8) = -(5 + 8) = -13.$

Para sumar un entero positivo a y uno negativo $-b$, esto es, con el fin de encontrar $a + (-b)$, se empieza en el origen (Figura 2.5). Se recorren a unidades en la dirección positiva y se alcanza la gráfica del número a. A partir de este punto, se recorren b unidades en la dirección negativa y se llega así al punto cuya coordenada es $a + (-b)$.

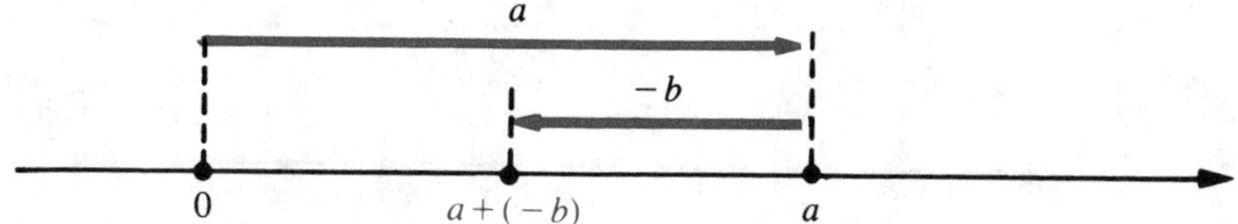

FIGURA 2.5

EJEMPLO Calcular $8 + (-6)$ en la recta numérica.

SOLUCIÓN En la Figura 2.6, partiendo del origen, se recorren 8 unidades en la dirección positiva y se alcanza la gráfica del número $+8$. A partir de este punto, se recorren 6 unidades en la dirección negativa y se llega al punto cuya coordenada es $+2$.

Por consiguiente, $8 + (-6) = 2.$

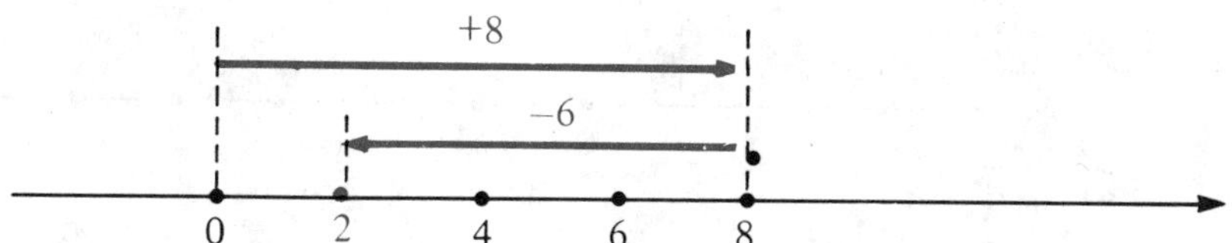

FIGURA 2.6

EJEMPLO Calcular $5 + (-5)$ en la recta numérica.

SOLUCIÓN En la Figura 2.7, se empieza en el origen y se recorren 5 unidades en la dirección positiva para alcanzar el punto cuya coordenada es $+5$. A partir de este punto, se recorren 5 unidades en la dirección negativa y se llega al punto cuya coordenada es 0.

Por lo tanto, $5 + (-5) = 0.$

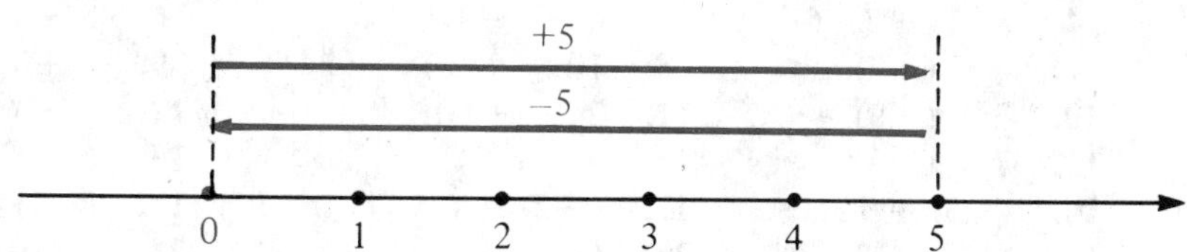

FIGURA 2.7

EJEMPLO Calcular $2 + (-9)$ en la recta numérica.

SOLUCIÓN En la Figura 2.8, partiendo del origen, se recorren 2 unidades en la dirección positiva y se alcanza el punto cuya coordenada es 2. A partir de este punto, se recorren 9 unidades en la dirección negativa y se llega al punto cuya coordenada es −7.

Por consiguiente, $2 + (-9) = -7$.

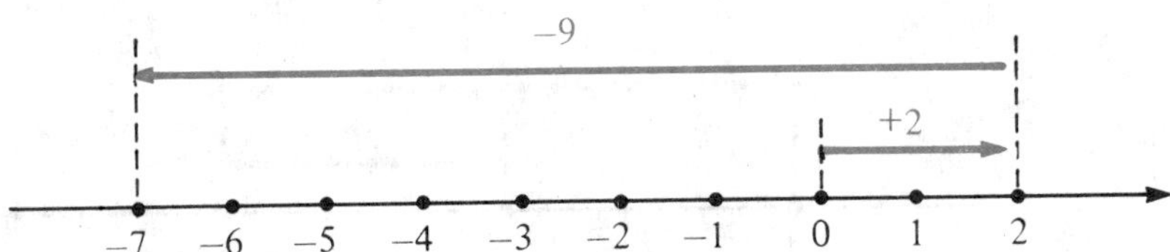

FIGURA 2.8

El mismo resultado puede obtenerse si se recorre primero en la dirección negativa (Figura 2.9). Empezando en el origen se recorren 9 unidades en dicha dirección y se alcanza el punto cuya coordenada es −9. A partir de este punto, se recorren 2 unidades en la dirección positiva y se llega al punto cuya coordenada es −7.

Por lo tanto, $(-9) + 2 = -7$.

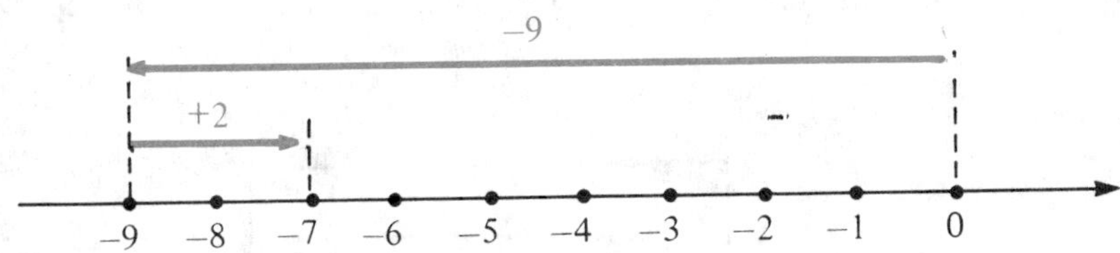

FIGURA 2.9

Nota $$a + (-b) = (-b) + a.$$

Ejercicios 2.2A

Calcule gráficamente las sumas siguientes:

1. $(-4) + (-1)$	**2.** $(-3) + (-5)$	**3.** $(-2) + (-2)$
4. $(-1) + (-6)$	**5.** $6 + (-3)$	**6.** $8 + (-5)$
7. $4 + (-2)$	**8.** $10 + (-6)$	**9.** $4 + (-7)$
10. $3 + (-9)$	**11.** $2 + (-10)$	**12.** $6 + (-12)$
13. $7 + (-7)$	**14.** $4 + (-4)$	**15.** $(-8) + 10$
16. $(-3) + 12$	**17.** $(-2) + 6$	**18.** $(-1) + 8$
19. $(-5) + 2$	**20.** $(-8) + 7$	**21.** $(-10) + 10$
22. $6 + (-3) + 2$	**23.** $10 + (-6) + (-8)$	**24.** $(-15) + 20 + (-7)$

Sustracción o resta de números enteros

DEFINICIÓN Si la suma de dos números es cero, se dice que los números son **inversos aditivos**.

Para cada número $a \in I$ existe un número único $(-a)$ en I tal que

$$a + (-a) = 0.$$

Por consiguiente, los números a y $(-a)$ son inversos aditivos.

El número $(-a)$ se denomina algunas veces el **negativo** del número a.

Observación El negativo del número (a) es $-(a)$ o simplemente $-a$.

EJEMPLOS

1. (-5) es el inverso aditivo de 5; $5 + (-5) = 0.$

2. 8 es el inverso aditivo de (-8); $(-8) + 8 = 0.$

TEOREMA 1 Si $a \in N$, entonces $-(-a) = a$.

DEMOSTRACIÓN Se hizo notar antes que no solamente es $(-a)$ el inverso aditivo de a, sino que también a lo es de $(-a)$.

Puesto que $(-a) + [-(-a)] = 0$, $-(-a)$ es el inverso aditivo de $(-a)$.

De esta manera $-(-a)$ y a son inversos aditivos de $(-a)$.

Puesto que los inversos aditivos son únicos, $-(-a) = a$.

EJEMPLO $-(-10) = 10.$

DEFINICIÓN Si $a, b \in I$, entonces $a - b = a + (-b)$; o sea, sustraer o restar b de a es igual a sumar el inverso aditivo de b al número a.

Nota $+(-a) = -a.$

EJEMPLO $+(-4) = -4.$

TEOREMA Si $a, b \in N$, entonces $(-a) + b = -a + b = -(a - b)$.

Nota

$$a - b = a + (-b) = (-b) + a = -b + a.$$

Observación

Cuando a es numéricamente menor que b y se tiene $-a + b$, se escribe como $+b - a$ y luego se efectúa la operación.

$$-7 + 19 = +19 - 7 = 12.$$

Cuando a es numéricamente mayor que b y se tiene $-a + b$, se escribe en la forma $-(a - b)$ y luego se realiza la operación

$$-10 + 8 = -(10 - 8) = -2.$$

EJEMPLOS

1. $(-8) + 6 = -8 + 6$
   $= -(8 - 6) = -(2) = -2$

2. $5 - 8 = -8 + 5$
   $= -(8 - 5) = -3$

3. $10 - (-6) = 10 + 6 = 16$

Nota

$$-a - b = (-a) + (-b) = -(a + b).$$

$$-9 - 13 = (-9) + (-13) = -(9 + 13) = -22.$$

Nota

Si $a > b$, entonces $a - b > 0$.

$$365 - 294 = 71.$$

Si $a = b$, entonces $a - b = 0$.

$$259 - 259 = 0.$$

Si $a < b$, entonces $a - b < 0$.

$$\begin{aligned} 2641 - 5473 &= -5473 + 2641 \\ &= -(5473 - 2641) \\ &= -2832. \end{aligned}$$

Nota

Si $a, b \in I$ y $a \neq b$, entonces $a - b \neq b - a$

$7 - 5 = 2$ mientras que $5 - 7 = -2$.

EJEMPLOS

1. $-7 - 15 = -(7 + 15) = -22$

2. $8 - 3 + (-7) - (-6) = 8 - 3 - 7 + 6 = 8 + 6 - 3 - 7$
$= (8 + 6) - (3 + 7)$
$= 14 - 10 = 4$

3. $10 + (4 - 12) = 10 + (-8) = 10 - 8 = 2$

4. $7 + (2 - 15) = 7 + (-13) = -13 + 7 = -(13 - 7) = -6$

5. $-17 + (6 - 14) = -17 + (-8) = -17 - 8 = -(17 + 8) = -25$

6. $6 - (-4 + 8) = 6 - (4) = 6 - 4 = 2$

7. $12 - (3 - 10) = 12 - (-7) = 12 + 7 = 19$

EJEMPLOS

1. Restar (5) de (7).

   $(7) - (5) = 7 - 5 = 2$

2. Restar (10) de (3).

   $(3) - (10) = 3 - 10 = -10 + 3 = -(10 - 3) = -7$

3. Restar (−5) de (7).

   $(7) - (-5) = 7 + 5 = 12$

4. Restar (5) de (−7).

   $(-7) - (5) = -7 - 5 = -(7 + 5) = -12$

5. Restar (−5) de (−7).

   $(-7) - (-5) = -7 + 5 = -(7 - 5) = -2$

6. Restar (−15) de (−9).

   $(-9) - (-15) = -9 + 15 = 15 - 9 = 6$

Ejercicios 2.2B

Obtenga los valores de las siguientes expresiones:

1. $(-3) + (-6)$	**2.** $(-5) + (-8)$	**3.** $(-4) + (-10)$
4. $(-9) + (-1)$	**5.** $(-12) + (-7)$	**6.** $(-15) + (-3)$
7. $17 + (-8)$	**8.** $20 + (-14)$	**9.** $25 + (-13)$
10. $15 + (-11)$	**11.** $22 + (-19)$	**12.** $18 + (-16)$

13. $8 + (-12)$
14. $5 + (-10)$
15. $9 + (-17)$
16. $4 + (-20)$
17. $12 + (-15)$
18. $2 + (-20)$
19. $-5 + 7$
20. $6 - 15$
21. $-8 - 10$
22. $12 - 4$
23. $-20 + 13$
24. $-15 - 2$
25. $4 - 7 + 8$
26. $11 - 4 + 6$
27. $7 - 20 + 18$
28. $12 - 16 + 2$
29. $16 - 27 + 5$
30. $15 - 36 + 19$
31. $4 - 9 - 6$
32. $12 - 21 - 9$
33. $4 - 13 - 14$
34. $-7 + 11 - 8$
35. $-17 + 6 - 4$
36. $-22 + 33 - 15$
37. $17 + (4 - 10)$
38. $8 + (12 - 16)$
39. $20 + (7 - 12)$
40. $15 + (14 - 22)$
41. $6 + (8 - 20)$
42. $11 + (2 - 17)$
43. $9 + (6 - 25)$
44. $4 + (21 - 34)$
45. $-16 + (-10 + 4)$
46. $-4 + (-15 + 2)$
47. $-3 + (-13 + 8)$
48. $-8 + (9 - 28)$
49. $5 - (6 - 4)$
50. $10 - (8 - 6)$
51. $13 - (20 - 12)$
52. $17 - (16 - 7)$
53. $8 - (15 - 7)$
54. $6 - (10 - 4)$
55. $10 - (6 - 15)$
56. $13 - (9 - 16)$
57. $4 - (10 - 18)$
58. $2 - (13 - 21)$
59. $12 - (-2 - 3)$
60. $7 - (-8 - 2)$
61. $2 - (-4 - 10)$
62. $6 - (-6 - 13)$
63. $-14 - (-11 + 8)$
64. $-18 - (-6 + 2)$
65. $-15 - (-3 + 9)$
66. $-20 - (-6 + 14)$
67. $6 - (8) + (-20) - (-25)$
68. $10 + (-2) - (-15) - (20)$
69. $7 - (9) + (-8) - (-4)$
70. $12 + (-6) - (10) - (-8)$
71. $2 - (-13) + (-7) - (20)$
72. $18 - (-9) + (-8) - (6)$
73. $8 - (-7) - (14) + (-19)$
74. $11 + (-4) - (-16) - (30)$
75. $6 - (7 - 9) + (3 - 11)$
76. $3 - (6 - 15) - (11 - 4)$
77. $9 + (10 - 16) - (7 - 15)$
78. $6 - (12 - 20) - (23 - 9)$

Efectúe la suma de cada una de las siguientes parejas de números:

79. 354 y −78
80. 792 y −439
81. −215 y 370
82. −428 y 853
83. 280 y −573
84. 217 y −306
85. −735 y 216
86. −827 y 359
87. −164 y −253
88. −628 y −513

En los ejercicios siguientes reste el primer número del segundo:

89. 10 de 13
90. 8 de 17
91. 20 de 12
92. 19 de 14
93. −8 de 6
94. −9 de 2
95. −4 de 15
96. −3 de 8
97. 2 de −9
98. 11 de −22
99. 10 de −7
100. 13 de −6
101. −14 de −25
102. −23 de −42
103. −30 de −18
104. −25 de −4
105. 164 de 238
106. 207 de 529
107. 891 de 274
108. 712 de 536
109. −274 de 642
110. −298 de 423
111. −632 de 315
112. −923 de 487
113. 138 de −264
114. 241 de −570
115. 849 de −372
116. 504 de −263
117. −249 de −764
118. −391 de −473
119. −774 de −568
120. −562 de −474

Multiplicación de números enteros

La multiplicación de enteros positivos es la misma que la de los números naturales. Se requiere solamente definir el producto de un entero positivo y uno negativo y el de dos enteros negativos.

TEOREMA Si $a, b \in N$, entonces $a(-b) = -(ab)$.

Es decir, el producto de un entero positivo y uno negativo es un entero negativo.

EJEMPLO $3(-4) = -(3 \times 4) = -12$.

TEOREMA Si $a, b \in N$, entonces $(-a)(-b) = ab$.

DEMOSTRACIÓN

$$\begin{aligned}(-a)(-b) &= [-(a)](-b)\\ &= -[(a)(-b)]\\ &= -[-(ab)]\\ &= ab\end{aligned}$$

O sea, el producto de dos enteros negativos es uno positivo.

EJEMPLOS

1. $(-6)(-9) = 6 \times 9 = 54$

2. $-5 \times 4 \times 3 = [-5 \times 4](3)$
$= (-20)(3) = -60$

3. $7(-8)(6) = [7(-8)](6)$
$= (-56)(6) = -336$

4. $-2(-9)(10) = [-2(-9)](10)$
$= (18)(10) = 180$

5. $-3(-4)(-8) = [-3(-4)](-8)$
$= (12)(-8) = -96$

Nota Cuando una expresión contiene sumas, restas y multiplicaciones sin símbolos de agrupación, se efectúan estas últimas antes que las sumas y restas.

EJEMPLOS

1. $4(-8) + 7 = -32 + 7 = -25$

2. $10 - 6(-4) = 10 - [6(-4)]$
$= 10 - (-24) = 10 + 24 = 34$

3. $-5 \times 8 + 7(-6) - 12(-9) = -40 - 42 + 108$
$= -(40 + 42) + 108$
$= -82 + 108 = 26$

Nota Cuando una expresión contiene símbolos de agrupación con solamente números específicos en su interior, es más fácil realizar primero las operaciones incluidas en dichos símbolos.

EJEMPLOS

1. $12(3 - 9) - 10 = 12(-6) - 10$
$= -72 - 10 = -82$

2. $-6(4 - 7) + 2 = -6(-3) + 2$
$= 18 + 2 = 20$

3. $12 + 4(3 - 12) = 12 + 4(-9)$
$= 12 - 36 = -24$

4. $13 - 3(8 - 6) = 13 - 3(2)$
$= 13 - 6 = 7$

5. $15 - 7(2 - 11) = 15 - 7(-9)$
$= 15 + 63 = 78$

6. $20(-4 - 1) - 13(-8 + 2) = 20(-5) - 13(-6)$
$= -100 + 78 = -22$

7. $-3(a + 2b - 5) = -3(a) + (-3)(2b) + (-3)(-5)$
$= -3a - 6b + 15$

Ejercicios 2.2C

Encuentre los valores de las siguientes expresiones:

1. $5(-6)$ **2.** $3(-9)$ **3.** $-7(8)$
4. $-4(12)$ **5.** $-15(-4)$ **6.** $-6(-7)$
7. $-8(5)(6)$ **8.** $-13(3)(4)$ **9.** $7(-2)(3)$
10. $6(-3)(9)$ **11.** $5(-4)(0)$ **12.** $9(0)(-6)$
13. $9(7)(-2)$ **14.** $12(3)(-1)$ **15.** $17(4)(-1)$
16. $-2(4)(-3)$ **17.** $-8(3)(-2)$ **18.** $6(-5)(-7)$
19. $4(-5)(-8)$ **20.** $-4(-6)(-10)$ **21.** $-2(-12)(-3)$
22. $5 \times 7 - 2$ **23.** $11 \times 10 - 9$ **24.** $6 \times 12 - 7$
25. $20 \times 3 - 3$ **26.** $17 \times 4 - 4$ **27.** $-2 \times 6 + 4$
28. $-3 \times 17 + 3$ **29.** $-5 \times 13 + 7$ **30.** $-8 \times 11 + 9$
31. $-2 \times 9 - 4$ **32.** $-3 \times 13 - 3$ **33.** $-2 \times 17 - 2$
34. $-6 \times 8 - 3$ **35.** $14 - 8 \times 4$ **36.** $15 - 6 \times 5$
37. $19 - 9 \times 4$ **38.** $23 - 3 \times 7$ **39.** $-6 + 4 \times 13$
40. $-20 + 5 \times 12$ **41.** $-17 + 2 \times 8$ **42.** $-11 + 6 \times 9$
43. $-16 - 4 \times 3$ **44.** $-12 - 8 \times 6$ **45.** $-13 - 7 \times 5$
46. $-18 - 12 \times 7$ **47.** $15(7 - 3)$ **48.** $9(20 - 6)$
49. $13(5-7)$ **50.** $20(8 - 12)$ **51.** $8(6 - 9)$
52. $7(8 - 23)$ **53.** $-10(3 + 2)$ **54.** $-8(9 + 3)$
55. $-23(6 - 4)$ **56.** $-6(15 - 11)$ **57.** $-11(8 - 3)$
58. $-14(12 - 5)$ **59.** $-7(5 - 21)$ **60.** $-12(15 - 18)$
61. $-15(-7 + 7)$ **62.** $-30(-17 + 17)$ **63.** $7 - 6(4 + 3)$
64. $10 - 8(5 + 2)$ **65.** $8 - 4(3 - 2)$ **66.** $13 - 7(8 - 5)$
67. $12 - 5(7 - 10)$ **68.** $9 - 3(8 - 11)$ **69.** $20 - 10(3 - 7)$
70. $18 - 8(6 - 15)$ **71.** $16 - 9(7 - 14)$ **72.** $6(8 - 10) - 9$
73. $9(11 - 15) - 16$ **74.** $4(3 - 17) - 8$ **75.** $-2(7 - 12) - 15$
76. $-6(4 - 13) - 7$ **77.** $-5(1 - 9) - 19$ **78.** $-7(6 - 16) - 30$
79. $20 - (-18) + 8(-2)$ **80.** $3 \times 4 + 5(-2) - 6$
81. $12 - 2 \times 8 + 2 - (-9)$ **82.** $3(-8) - 6(-7) + (-20)$
83. $9 \times 7 - 6 \times 10 - 7(-4)$ **84.** $-11 \times 3 + 8(-4) - 2(-13)$
85. $8 + 2(-4) - 6(7 - 8)$ **86.** $9(-8) - 12(-5) - 13(4 - 2)$
87. $8 \times 12 - 5(-4) + 7(2 - 10)$ **88.** $9(-4) - 6(-6) - 7(3 - 8)$
89. $4 - 6(10 - 8) + 6(4 - 15)$ **90.** $3 + 2(-2 - 3) - 7(1 - 5)$
91. $8 - 3(-2 - 5) + 8(-3 + 7)$ **92.** $5 - 10(8 - 6) - 3(2 - 17)$
93. $2(-2 - 6) - 7 + 4(8 - 1)$ **94.** $6(-3 - 7) + 3 - 8(3 - 5)$
95. $9(-8 + 6) + 9 - 4(7 - 3)$ **96.** $7(3 - 10) - 12 + 2(11 - 6)$
97. $6 \times 7(-1) - 3 \times 8(-2)$ **98.** $7(-4)(8) - 9 \times 6(-2)$
99. $8(-2)(-3) + 7(-4)(-3)$ **100.** $-6(9)(-5) - 10(-7)(-6)$

Efectúe las multiplicaciones indicadas:

101. $4(a - 2)$ **102.** $3(b - 5)$ **103.** $8(2a - 3)$
104. $5(3a - 4)$ **105.** $-2(a + 6)$ **106.** $-6(a + 7)$
107. $-12(3 - a)$ **108.** $-7(a - 8)$ **109.** $-2(4 - 5a)$
110. $-8(3b-6)$ **111.** $2(a - b - 4)$ **112.** $3(2a - b + 6)$
113. $2(3a - b - 1)$ **114.** $-9(a + b - 1)$ **115.** $-8(a - b - 2)$

División de números enteros

De la multiplicación se tiene $4 \times 6 = 24$. Cuando el número 6 se multiplica por 4, el resultado es 24. Dicho número se llama **cociente** de 24 dividido por 4. En símbolos, escribimos $24 \div 4 = 6$, o bien $\frac{24}{4} = 6$. El símbolo $\div$ se lee "entre" o "dividido por" y significa **división**.

DEFINICIÓN

> Si $a, b, c \in I$ con $b \neq 0$ y $a = bc$, entonces $\frac{a}{b} = c$.

Cuando $\frac{a}{b} = c$, el número a se denomina **dividendo**, b es el **divisor** y c o $\frac{a}{b}$ se llama **cociente**. El cociente $\frac{a}{b}$ también se denomina **fracción**; a es el **numerador** y b el **denominador** de la fracción. A veces, nos referimos a a y b como los **términos** de la fracción.

EJEMPLOS

1. $\frac{16}{2} = 8$ ya que $2 \times 8 = 16$

2. $\frac{-21}{-7} = 3$ puesto que $(-7)(3) = -21$

3. $\frac{54}{-6} = -9$ dado que $(-6)(-9) = 54$

4. $\frac{-15}{3} = -5$ ya que $3(-5) = -15$

Nota

> El cociente de dos números positivos o dos negativos es uno positivo. El cociente de un número positivo dividido por uno negativo, o bien un número negativo entre uno positivo es un número negativo.

Cuando una expresión contiene multiplicaciones y divisiones sin símbolos de agrupación, se efectúan dichas operaciones en el orden que aparezcan.

EJEMPLOS

1. $\underline{6 \times 2} \div 4 = 12 \div 4 = 3$
2. $\underline{24(-3)} \div 9 = -72 \div 9 = -8$
3. $\underline{48 \div 8} \times 2 = 6 \times 2 = 12$
4. $\underline{96 \div (-6)} \times 8 = -16 \times 8 = -128$
5. $\underline{104 \div 13} \div 2 = 8 \div 2 = 4$

Cuando una expresión contiene las cuatro operaciones aritméticas sin símbolos de agrupación, se realizan las multiplicaciones y divisiones en el orden que aparezcan, antes de efectuar las sumas y restas.

EJEMPLOS

1. $\underline{36 \div 12} + 6 = 3 + 6 = 9$
2. $\underline{16 \div 8} - 4 = 2 - 4 = -2$
3. $7 + \underline{28 \div (-7)} = 7 + (-4) = 7 - 4 = 3$
4. $\underline{27 \div 9} \times 3 + \underline{2 \times 8} - 8 = 3 \times 3 + 16 - 8$
   $= 9 + 16 - 8 = 25 - 8 = 17$
5. $-\underline{32 \div 4} \times 2 - \underline{6 \div 2} + 4 = -8 \times 2 - 3 + 4$
   $= -16 - 3 + 4$
   $= -19 + 4 = -15$

Si la expresión contiene símbolos de agrupación con solamente números específicos en su interior, primero se llevan a cabo las operaciones incluidas en dichos símbolos.

EJEMPLOS

1. $(27 - 3) \div 8 + 4(5 - 7) = (24) \div 8 + 4(-2)$
   $= 3 - 8 = -5$
2. $72 \div (-8) \times 2 - 4 \div (6 - 4) = (-9) \times 2 - 4 \div (2)$
   $= -18 - 2$
   $= -20$

El cero y la división

El producto de cero y cualquier número $a \in I$ es cero.

$0 \times 5 = 0, \quad 0(-6) = 0.$

La división se define a partir de la multiplicación:

$$\frac{8}{2} = 4 \quad \text{porque} \quad 2 \times 4 = 8$$

y

$$\frac{-18}{6} = -3 \quad \text{ya que} \quad 6(-3) = -18.$$

Considérese $\frac{0}{8}$; se busca un número $a \in I$ tal que $8 \times a = 0$. Este número es el cero.

Ahora bien, consideremos $\frac{4}{0}$; en este caso buscamos un número $a \in I$ tal que $0 \times a = 4$.

Tal número a no existe, puesto que $0 \times a = 0$ para todo $a \in I$.

Considérese por último $\frac{0}{0}$; ahora se busca un número $b \in I$ tal que $0 \times b = 0$.

Este enunciado es cierto para cualquier número $b \in I$:

$$0 \times 4 = 0, \quad 0(-12) = 0 \quad 0 \times 0 = 0.$$

Es decir, b no es un número único y un cociente debe serlo.

Por consiguiente, para cualquier número $a \neq 0$ se tiene:

$\frac{0}{a} = 0$

$\frac{a}{0}$ no está definido

$\frac{0}{0}$ no es un número único, es indeterminado.

Observación

> Puesto que $\frac{p}{q}$ no está definido cuando $q = 0$, todos los denominadores de las fracciones se supondrán diferentes a cero.

Ejercicios 2.2D

Obtenga el valor de cada una de las siguientes expresiones:

1. $56 \div 8$ **2.** $54 \div 9$ **3.** $48 \div 16$ **4.** $51 \div 17$
5. $24 \div (-6)$ **6.** $20 \div (-4)$ **7.** $48 \div (-8)$ **8.** $57 \div (-19)$
9. $-16 \div 8$ **10.** $-35 \div 7$ **11.** $-36 \div 4$ **12.** $-52 \div 13$
13. $-18 \div (-9)$ **14.** $-36 \div (-4)$ **15.** $-63 \div (-7)$
16. $-98 \div (-14)$ **17.** $2 \times 8 \div 4$ **18.** $3 \times 14 \div 7$

19. $10 \times 6 \div 15$
20. $8 \times 5 \div 10$
21. $24 \times 4 \div (-8)$
22. $16 \times 9 \div (-6)$
23. $18 \times 4 \div (-8)$
24. $32 \times 3 \div (-12)$
25. $16 \div 4 \times 2$
26. $30 \div 6 \times 5$
27. $18 \div 6 \times 2$
28. $20 \div 5 \times 2$
29. $18 \div (-3) \times 2$
30. $15 \div (-5) \times 7$
31. $48 \div (-8) \times 3$
32. $32 \div (-2) \times 8$
33. $-16 \div 8 \times (-3)$
34. $-22 \div 11 \times (-4)$
35. $-36 \div 9 \times (-4)$
36. $-72 \div 8 \times (-9)$
37. $48 \div 4 \div 6$
38. $96 \div 8 \div 3$
39. $54 \div 6 \div 3$
40. $49 \div 7 \div 7$
41. $40 \div 8 + 2$
42. $60 \div 10 + 5$
43. $36 \div 6 + 6$
44. $24 \div 8 + 4$
45. $16 \div 16 - 8$
46. $64 \div 32 - 16$
47. $98 \div 14 - 7$
48. $72 \div 9 - 1$
49. $24 \div (-6) - 2$
50. $32 \div (-4) - 12$
51. $68 \div (-17) - 17$
52. $84 \div (-7) - 5$
53. $6 + 12 \div 4$
54. $12 + 9 \div 3$
55. $24 + 12 \div 6$
56. $15 + 20 \div 5$
57. $18 - 12 \div 6$
58. $16 - 8 \div 4$
59. $27 - 18 \div 9$
60. $56 - 14 \div 7$
61. $9 + 6 \div (-3)$
62. $16 + 4 \div (-4)$
63. $14 + 7 \div (-7)$
64. $18 + 12 \div (-6)$
65. $9 + 9 \div (-9)$
66. $13 + 26 \div (-13)$
67. $12 - 6 \div (-3)$
68. $20 - 10 \div (-5)$
69. $32 - 16 \div (-8)$
70. $48 - 24 \div (-6)$
71. $42 - 28 \div (-7)$
72. $55 - 33 \div (-11)$
73. $6 \div 2 + 9 \div 3$
74. $28 \div 7 + 15 \div 5$
75. $48 \div 16 - 4 \times 2$
76. $-6 \div 2 - 24 \div 8$
77. $15 \div (-3) + 8 \div 2$
78. $16 \div (-8) + 20 \div 4$
79. $18 \div (-3) + 14(-2)$
80. $-20 \div 4 - 6(-5)$
81. $9 \div 3 \times 2 + 7 \times 8 - 3$
82. $8 \div 2 \times 4 - 6 \div 3 \times 3$
83. $12 \div 4 \times 3 - 8 \div 4 \times 2$
84. $36 \div 9 \times 2 - 15 \div 5 \times 3$
85. $27 \times 3 \div 9 + 2(6 - 4)$
86. $8 \times 6 \div 3 - 5(3 - 7)$
87. $24 \times 5 \div 12 - 10(6 - 3)$
88. $64 \div 16 \times 2 - 8(12 - 7)$
89. $7 + 3(8 - 5) - 4 \div (-2)$
90. $2(7 - 9) - 6 \div (4 - 10)$
91. $15 - 2(-5) - (20 - 4) \div 8$
92. $4 + 3(-12) + (6 - 34) \div (-7)$
93. $(26 + 2) \div (-4) - 10(8 - 12)$
94. $(5 - 21) \div (-8) + 3(9 - 1)$
95. $(4 - 14) \div (-2) - 7(2 - 8)$
96. $36 \div (-6) \times 6 - 6 \times 3 - 1$
97. $8 \div (-4) \times 2 - 2 \times 6 - 5$
98. $20(-4) \div 10 - 6 \div (5 - 7)$
99. $18 \div 3 \times 6 - (7 - 35) \div 14$
100. $72 \div (-18) \times 4 - (3 - 12) \div (-9)$

Factorización de números

DEFINICIÓN

El conjunto de los **números primos** consta de todo aquel número natural mayor que 1 que sea divisible únicamente por él mismo y 1.

Los números primos menores que 100 son 2, 3, 5, 7, 11, 13, 17, 19, 23, 29, 31, 37, 41, 43, 47, 53, 59, 61, 67, 71, 73, 79, 83, 89, 97.

DEFINICIÓN

Un número natural mayor que 1 se llama **compuesto** si no es primo.

Todo número compuesto puede expresarse como un producto de primos en una y solamente una forma, sin tener en cuenta el orden de los factores. Este enunciado se conoce como el **Teorema Fundamental de la Aritmética**. Las notas siguientes son útiles para factorizar un número compuesto en sus factores primos:

Nota Un número es divisible por 2 si termina en 0, 2, 4, 6, 8.

EJEMPLO El número 714 es divisible por 2, ya que termina en 4.

Nota Un número es divisible por 3 si la suma de sus dígitos es divisible por 3.

EJEMPLO El número 528 es divisible por 3, dado que la suma de sus dígitos es 5 + 2 + 8 = 15.

Nota Un número es divisible por 5 si termina en 0 o 5.

EJEMPLO El número 930 es divisible por 5, puesto que termina en 0.

Para encontrar los factores primos de un número dado, se empieza con los números primos en orden. Se verifica si el número es divisible por 2; si es así, se divide por 2 y se obtiene el cociente. Si éste último también es divisible por 2, se divide nuevamente por la misma cantidad, y así sucesivamente, hasta obtener un cociente que no sea divisible por 2.

Luego se analiza si el cociente es divisible por 3. Cuando se haya dividido por 3 todas las veces posibles, se verifica si el cociente resultante es divisible por 5, y así se continúa con los primos mayores sucesivos hasta que el cociente sea 1. Todos los divisores obtenidos son los **factores primos** del número dado.

EJEMPLO Encontrar todos los factores primos de 780.

SOLUCIÓN

780	÷2
390	÷2
195	÷3
65	÷5
13	÷13
1	

Por lo tanto, los factores primos de 780 son 2, 2, 3, 5, 13.
Esto es, $780 = 2 \cdot 2 \cdot 3 \cdot 5 \cdot 13$.

Nota

Es posible concluir la prueba de divisibilidad de un número dado cuando se llega a uno primo tal, que al multiplicarse por sí mismo, da como resultado un producto mayor que el número dado.

EJEMPLOS

1. 59 es primo y las únicas pruebas que se requieren son las de 2, 3, 5 y 7. El número siguiente que hay que probar es 11, pero $11 \times 11 = 121$, que es mayor que 59.

2. En el caso de 149 se analizan 2, 3, 5, 7 y 11 y se finaliza, ya que $13 \times 13 = 169$.

Ejercicios 2.2E

Escriba los números siguientes en términos de sus factores primos.

1. 12	**2.** 16	**3.** 18	**4.** 20
5. 24	**6.** 26	**7.** 28	**8.** 30
9. 36	**10.** 38	**11.** 40	**12.** 42
13. 44	**14.** 45	**15.** 46	**16.** 48
17. 50	**18.** 52	**19.** 56	**20.** 60
21. 64	**22.** 68	**23.** 70	**24.** 72
25. 78	**26.** 80	**27.** 84	**28.** 92
29. 96	**30.** 108	**31.** 112	**32.** 113
33. 131	**34.** 137	**35.** 144	**36.** 156
37. 157	**38.** 168	**39.** 176	**40.** 216
41. 225	**42.** 252	**43.** 344	**44.** 360
45. 396	**46.** 468	**47.** 504	**48.** 819

2.3 El conjunto de los números racionales

Dados $a, b \in I$, $b \neq 0$, el cociente $\frac{a}{b}$ no siempre existe en el conjunto de los enteros, por ejemplo cuando $a = 2$ y $b = 3$. Esto pone de manifiesto la necesidad de ampliar el conjunto de los enteros.

DEFINICIÓN

Cuando el conjunto de los enteros se extiende para incluir todos los cocientes de la forma $\frac{p}{q}$, donde p, $q \in I$, $q \neq 0$, se obtiene el conjunto de los **números racionales**, denotado por Q.

$$Q = \left\{ \frac{p}{q} \,\middle|\, p, q \in I, q \neq 0 \right\}$$

Observamos que $\frac{a}{1}$ en Q es igual a a en I. Del mismo modo $\frac{2a}{2}$ en Q es igual a a en I. De este hecho resulta que las representaciones fraccionales de los enteros no son únicas, lo cual conduce a la siguiente definición.

DEFINICIÓN

Si $\frac{p}{q}$ y $\frac{r}{s} \in Q$, entonces $\frac{p}{q} = \frac{r}{s}$ si y sólo si $ps = qr$.

De la definición se tiene que si $\frac{p}{q} \in Q$ y $k \in I$, $k \neq 0$, entonces $\frac{p}{q} = \frac{kp}{kq}$.

EJEMPLOS

1. $\frac{2}{3} = \frac{5(2)}{5(3)} = \frac{10}{15}$

2. $\frac{-7}{4} = \frac{-3(-7)}{-3(4)} = \frac{21}{-12}$

Nota

Si $\frac{p}{q} \in Q$, entonces $\frac{-p}{q} = \frac{(-1)(-p)}{(-1)(q)} = \frac{p}{-q}$.

DEFINICIÓN

Las fracciones $\frac{p}{q}$ y $\frac{kp}{kq}$ se llaman **fracciones equivalentes**.

Cuando la fracción $\frac{p}{q}$ se escribe en la forma $\frac{kp}{kq}$, se dice que está en **términos mayores**.

Si la fracción $\frac{kp}{kq}$ se expresa en la forma $\frac{p}{q}$, donde p y q no tienen factores comunes, se considera que está en **términos mínimos**, o **reducida**.

EJEMPLO

Escribir una fracción equivalente $\frac{5}{7}$ con −42 como denominador.

SOLUCIÓN Puesto que $-42 = (-6)7$, se tiene que

$$\frac{5}{7} = \frac{(-6)(5)}{(-6)(7)} = \frac{-30}{-42}$$

EJEMPLO

Expresar la fracción $\frac{72}{80}$ en su forma reducida.

SOLUCIÓN

$$\frac{72}{80} = \frac{8 \times 9}{8 \times 10} = \frac{9}{10}$$

Reducción de fracciones

DEFINICIÓN El entero mayor que divide a un conjunto de enteros se denomina su **máximo común divisor** (o **factor**) y se denota con la abreviatura M.C.D.

El máximo común divisor de un conjunto de números contiene todos los factores primos que son comunes a todos los miembros del conjunto, y a cada factor primo lo contiene el mínimo número de veces que está contenido en cualquiera de los números.

EJEMPLO Encontrar el M.C.D. de los números 60, 72, 84.

SOLUCIÓN Primero factorizamos los números en sus factores primos:

$$60 = 2 \cdot 2 \cdot 3 \cdot 5$$

$$72 = 2 \cdot 2 \cdot 2 \cdot 3 \cdot 3$$

$$84 = 2 \cdot 2 \cdot 3 \cdot 7$$

El máximo número divisor es $2 \cdot 2 \cdot 3 = 12$.

Cuando el máximo común divisor de dos números a y b es 1, decimos que ambos son **relativamente primos**. El M.C.D. de 64 y 75 es 1. Por lo tanto, estos números son relativamente primos.

Una aplicación del M.C.D. es la reducción de una fracción a sus términos mínimos, empleando la regla

$$\frac{kp}{kq} = \frac{p}{q}$$

EJEMPLO

Reducir la fracción $\frac{24}{36}$ a sus términos mínimos.

SOLUCIÓN Se expresan 24 y 36 en sus factores primos y luego se obtiene su M.C.D.

$$24 = 2 \cdot 2 \cdot 2 \cdot 3$$

$$36 = 2 \cdot 2 \cdot 3 \cdot 3$$

$$\text{M.C.D.} = 2 \cdot 2 \cdot 3 = 12$$

Por consiguiente $\frac{24}{36} = \frac{12 \cdot 2}{12 \cdot 3} = \frac{2}{3}$

EJEMPLO

Reducir la fracción $\frac{252}{288}$ a sus términos mínimos.

SOLUCIÓN

$$252 = 2 \cdot 2 \cdot 3 \cdot 3 \cdot 7$$

$$288 = 2 \cdot 2 \cdot 2 \cdot 2 \cdot 2 \cdot 3 \cdot 3$$

$$\text{M.C.D.} = 2 \cdot 2 \cdot 3 \cdot 3 = 36$$

Por lo tanto, $\frac{252}{288} = \frac{36 \cdot 7}{36 \cdot 8} = \frac{7}{8}$

Nota

Es posible reducir una fracción sin calcular el M.C.D. Se factorizan ambos números y se divide tanto el numerador como el denominador por los factores comunes.

$$\frac{252}{288} = \frac{\overset{1}{\cancel{(2 \cdot 2)}} \cdot \overset{1}{\cancel{(3 \cdot 3)}} \cdot 7}{\underset{1}{\cancel{(2 \cdot 2)}} \cdot 2 \cdot 2 \cdot 2 \cdot \underset{1}{\cancel{(3 \cdot 3)}}} = \frac{7}{8}$$

Nota

$\frac{a+b}{c}$ significa $(a+b) \div c$

1. $\frac{4+9}{8} = \frac{13}{8}$

2. $\frac{15-4}{12} = \frac{11}{12}$

3. $\frac{25-10}{9} = \frac{15}{9} = \frac{5}{3}$

Nota

$\frac{a}{b+c}$ significa $a \div (b+c)$

1. $\frac{6}{3+4} = \frac{6}{7}$

2. $\frac{7}{7-3} = \frac{7}{4}$

3. $\frac{8}{9-19} = \frac{8}{-10} = \frac{4}{-5}$

Nota

$\frac{a+b}{c+d}$ significa $(a+b) \div (c+d)$

1. $\frac{8+9}{4+3} = \frac{17}{7}$

2. $\frac{16-4}{15-2} = \frac{12}{13}$

3. $\frac{17+4}{13-6} = \frac{21}{7} = 3$

Observación

Redúzcase siempre la fracción final.

Ejercicios 2.3A

Encuentre el numerador o denominador faltante:

1. $\frac{1}{2} = \frac{}{6}$

2. $\frac{1}{3} = \frac{}{18}$

3. $\frac{1}{8} = \frac{}{72}$

4. $\frac{1}{5} = \frac{}{35}$

5. $\frac{2}{3} = \frac{}{12}$

6. $\frac{3}{4} = \frac{}{52}$

7. $\frac{5}{7} = \frac{}{42}$ 8. $\frac{3}{8} = \frac{}{40}$ 9. $\frac{3}{16} = \frac{12}{}$

10. $\frac{6}{11} = \frac{42}{}$ 11. $\frac{6}{7} = \frac{24}{}$ 12. $\frac{7}{13} = \frac{84}{}$

13. $\frac{5}{7} = \frac{-10}{}$ 14. $\frac{3}{4} = \frac{-18}{}$ 15. $\frac{2}{3} = \frac{-24}{}$

16. $\frac{4}{9} = \frac{-16}{}$ 17. $\frac{8}{9} = \frac{}{-27}$ 18. $\frac{3}{11} = \frac{}{-44}$

19. $\frac{5}{13} = \frac{}{-65}$ 20. $\frac{7}{8} = \frac{}{-40}$ 21. $\frac{-2}{3} = \frac{-8}{}$

22. $\frac{-5}{4} = \frac{-15}{}$ 23. $\frac{-3}{7} = \frac{-21}{}$ 24. $\frac{-6}{11} = \frac{-18}{}$

25. $\frac{-8}{5} = \frac{}{-30}$ 26. $\frac{-2}{9} = \frac{}{-54}$ 27. $\frac{-3}{4} = \frac{}{-28}$

28. $\frac{-4}{7} = \frac{}{-56}$ 29. $\frac{7}{-8} = \frac{-14}{}$ 30. $\frac{5}{-12} = \frac{-15}{}$

31. $\frac{7}{-13} = \frac{-28}{}$ 32. $\frac{9}{-11} = \frac{-63}{}$ 33. $\frac{-3}{13} = \frac{}{-39}$

34. $\frac{-7}{16} = \frac{}{-64}$ 35. $\frac{-4}{11} = \frac{}{-66}$ 36. $\frac{-5}{12} = \frac{}{-48}$

Reduzca las fracciones siguientes a sus términos mínimos.

37. $\frac{4}{12}$ 38. $\frac{6}{15}$ 39. $\frac{8}{12}$ 40. $\frac{9}{21}$

41. $\frac{12}{30}$ 42. $\frac{15}{20}$ 43. $\frac{16}{64}$ 44. $\frac{21}{35}$

45. $\frac{24}{40}$ 46. $\frac{27}{18}$ 47. $\frac{35}{28}$ 48. $\frac{48}{36}$

49. $\frac{72}{63}$ 50. $\frac{126}{72}$ 51. $\frac{90}{195}$ 52. $\frac{96}{108}$

53. $\frac{96}{128}$ 54. $\frac{144}{176}$ 55. $\frac{144}{360}$ 56. $\frac{225}{360}$

Obtenga los valores de las expresiones siguientes:

57. $\frac{2 + 11}{2}$ 58. $\frac{3 + 4}{3}$ 59. $\frac{7 + 4}{4}$

60. $\frac{6 + 9}{6}$ 61. $\frac{6 - 17}{3}$ 62. $\frac{14 - 30}{7}$

63. $\frac{20 + 7}{-6}$
64. $\frac{14 + 10}{-8}$
65. $\frac{25 - 5}{-5}$
66. $\frac{30 - 11}{-11}$
67. $\frac{15 - 18}{-9}$
68. $\frac{7 - 21}{-7}$
69. $\frac{8}{12 - 2}$
70. $\frac{12}{24 - 7}$
71. $\frac{9}{15 - 21}$
72. $\frac{8}{4 - 16}$
73. $\frac{-3}{12 - 27}$
74. $\frac{-10}{10 - 30}$
75. $\frac{5 + 3}{3 + 1}$
76. $\frac{8 + 7}{6 + 4}$
77. $\frac{24 - 9}{12 + 3}$
78. $\frac{18 - 20}{3 + 5}$
79. $\frac{10 - 4}{5 - 2}$
80. $\frac{14 - 6}{7 - 3}$
81. $\frac{6 - 8}{3 - 4}$
82. $\frac{6 - 22}{3 - 11}$
83. $\frac{-14 - 12}{7 - 3}$
84. $\frac{-9 - 12}{15 - 6}$
85. $\frac{-25 - 36}{5 - 9}$
86. $\frac{-8 - 10}{6 - 12}$

Suma de números racionales

DEFINICIÓN

Si $\frac{p}{q}, \frac{r}{q} \in Q$, entonces $\frac{p}{q} + \frac{r}{q} = \frac{p + r}{q}$.
con $q \neq o$.

Es decir, la suma de dos números racionales con un mismo denominador es un número racional cuyo numerador es la suma de los numeradores y cuyo denominador es el denominador común.

EJEMPLOS

1. $\frac{2}{13} + \frac{5}{13} = \frac{2 + 5}{13} = \frac{7}{13}$

2. $\frac{3}{16} + \frac{5}{16} = \frac{3 + 5}{16} = \frac{8}{16} = \frac{1}{2}$

La definición de suma se puede extender al caso de números racionales con denominadores distintos.

Puesto que $\frac{p}{q} = \frac{ps}{qs}$ y $\frac{r}{s} = \frac{qr}{qs}$

se tiene $\dfrac{p}{q} + \dfrac{r}{s} = \dfrac{ps}{qs} + \dfrac{qr}{qs} = \dfrac{ps + qr}{qs}$.

El número qs es un **múltiplo común** de q y s.

EJEMPLO

$$\frac{4}{7} + \frac{1}{6} = \frac{4(6)}{7(6)} + \frac{(7)(1)}{(7)(6)} = \frac{4(6) + (7)(1)}{(7)(6)}$$

$$= \frac{24 + 7}{42} = \frac{31}{42}$$

DEFINICIÓN El menor entero positivo divisible por cada uno de los miembros de un conjunto de enteros se llama su **mínimo común múltiplo** y se denota con la abreviatura m.c.m.

El mínimo común múltiplo de un conjunto de enteros debe contener todos los factores primos, cada uno de ellos el máximo número de veces que esté contenido en cualquiera de los números.

EJEMPLO Encontrar el mínimo común múltiplo de 12, 16, 18.

SOLUCIÓN Se factorizan los números en sus factores primos:

$$12 = 2 \cdot 2 \cdot 3$$
$$16 = 2 \cdot 2 \cdot 2 \cdot 2$$
$$18 = 2 \cdot 3 \cdot 3$$
$$\text{m.c.m} = 2 \cdot 2 \cdot 2 \cdot 2 \cdot 3 \cdot 3 = 144$$

EJEMPLO Obtener el mínimo común múltiplo de 36, 48, 60.

SOLUCIÓN Se factorizan los números en sus factores primos:

$$36 = 2 \cdot 2 \cdot 3 \cdot 3$$
$$48 = 2 \cdot 2 \cdot 2 \cdot 2 \cdot 3$$
$$60 = 2 \cdot 2 \cdot 3 \cdot 5$$
$$\text{m.c.m} = 2 \cdot 2 \cdot 2 \cdot 2 \cdot 3 \cdot 3 \cdot 5 = 720$$

El mínimo común múltiplo de los denominadores de un conjunto de fracciones se denomina **mínimo común denominador** y se denota con la abreviatura m.c.d. (**N. del T.** con minúsculas para distinguirlo del M.C.D., que es la del máximo común divisor.)

Para sumar fracciones con denominadores diferentes primero se halla el mínimo común denominador de las fracciones. Se escriben fracciones equivalentes con el m.c.d. como su denominador y luego se combinan utilizando la regla

$$\frac{p}{q} + \frac{r}{q} = \frac{p + r}{q}$$

EJEMPLO

Efectuar $\frac{7}{12} + \frac{5}{18} + \frac{2}{9}$

SOLUCIÓN El mínimo común denominador es m.c.d. = 36. Entonces

$$\frac{7}{12} + \frac{5}{18} + \frac{2}{9} = \frac{21}{36} + \frac{10}{36} + \frac{8}{36}$$

$$= \frac{21 + 10 + 8}{36} = \frac{39}{36} = \frac{13}{12}$$

En vez de escribir fracciones equivalentes con denominadores iguales al mínimo común denominador m.c.d. y luego combinar los numeradores de las fracciones, se escribe una sola fracción con el m.c.d. como denominador. Se divide el m.c.d. por el denominador de la primera fracción y luego se multiplica el cociente resultante por el numerador de dicha fracción para obtener la primera expresión del numerador. Se repite el procedimiento para cada fracción y se conectan las expresiones obtenidas empleando los signos de las fracciones correspondientes.

EJEMPLO

Combinar $\frac{5}{6} + \frac{7}{8} + \frac{11}{12}$

SOLUCIÓN m.c.d. = 24

$$\frac{5}{6} + \frac{7}{8} + \frac{11}{12} = \frac{4(5) + 3(7) + 2(11)}{24}$$

$$= \frac{20 + 21 + 22}{24} = \frac{63}{24} = \frac{21}{8}$$

Sustracción de números racionales

De la definición de adición o suma se tiene que $\frac{p}{q} + \frac{-p}{q} = \frac{p + (-p)}{q} = \frac{0}{q} = 0.$

Por consiguiente, $\frac{-p}{q}$ es el inverso aditivo de $\frac{p}{q}$.

También $\frac{p}{q} - \frac{p}{q} = 0$; o sea, $-\frac{p}{q}$ es el inverso aditivo de $\frac{p}{q}$.

Por lo tanto, $-\frac{p}{q} = \frac{-p}{q} = \frac{p}{-q}$.

Por ejemplo, $-\frac{2}{3} = \frac{-2}{3} = \frac{2}{-3}$.

La sustracción o resta de números racionales se define en base a la adición. Esto es,

$$\frac{p}{q} - \frac{r}{q} = \frac{p}{q} + \frac{-r}{q} = \frac{p + (-r)}{q} = \frac{p - r}{q}$$

También

$$\frac{p}{q} - \frac{r}{s} = \frac{p}{q} + \frac{-r}{s} = \frac{p(s)}{q(s)} + \frac{(q)(-r)}{(q)s} = \frac{ps + q(-r)}{qs} = \frac{ps - qr}{qs}$$

DEFINICIÓN

Si $\frac{p}{q}, \frac{r}{q}, \frac{r}{s} \in Q$, entonces

$$\frac{p}{q} - \frac{r}{q} = \frac{p - r}{q} \quad \text{y} \quad \frac{p}{q} - \frac{r}{s} = \frac{ps - qr}{qs}$$

EJEMPLOS

1. $\frac{3}{8} - \frac{7}{8} = \frac{3 - 7}{8} = \frac{-4}{8} = -\frac{1}{2}$

2. $\frac{3}{5} - \frac{1}{2} = \frac{3(2) - 1(5)}{5(2)} = \frac{6 - 5}{10} = \frac{1}{10}$

EJEMPLO

Efectuar $\frac{9}{16} - \frac{5}{12}$.

SOLUCIÓN El mínimo común denominador es

m.c.d. = 48.

$$\frac{9}{16} - \frac{5}{12} = \frac{3(9) - 4(5)}{48} = \frac{27 - 20}{48} = \frac{7}{48}$$

EJEMPLO

Combinar $\frac{7}{12} - \frac{5}{9} + \frac{13}{18}$.

SOLUCIÓN El m.c.d. = 36.

$$\frac{7}{12} - \frac{5}{9} + \frac{13}{18} = \frac{3(7) - 4(5) + 2(13)}{36}$$

$$= \frac{21 - 20 + 26}{36} = \frac{27}{36} = \frac{3}{4}$$

Ejercicios 2.3B

Encuentre el mínimo común múltiplo de cada uno de los siguientes conjuntos de números:

1. 2, 3, 4 **2.** 4, 6, 8 **3.** 4, 9, 12
4. 3, 6, 15 **5.** 6, 9, 12 **6.** 6, 8, 12
6, 10, 15 **8.** 6, 15, 21 **9.** 2, 3, 5
10. 3, 5, 7 **11.** 8, 12, 16 **12.** 9, 10, 15
13. 10, 20, 30 **14.** 12, 16, 24 **15.** 12, 18, 24
16. 14, 21, 28 **17.** 24, 36, 48 **18.** 30, 45, 60
19. 52, 65, 78 **20.** 60, 80, 100 **21.** 56, 64, 72

Efectúe las siguientes operaciones con fracciones y exprese el resultado en forma reducida:

22. $\frac{1}{2} + \frac{5}{2}$ **23.** $\frac{1}{3} + \frac{4}{3}$ **24.** $\frac{7}{3} + \frac{8}{3}$ **25.** $\frac{5}{6} + \frac{7}{6}$

26. $\frac{11}{6} + \frac{13}{6}$ **27.** $\frac{2}{7} + \frac{4}{7}$ **28.** $\frac{5}{9} + \frac{7}{9}$ **29.** $\frac{5}{13} + \frac{8}{13}$

30. $\frac{5}{3} - \frac{1}{3}$ **31.** $\frac{5}{6} - \frac{1}{6}$ **32.** $\frac{3}{8} - \frac{1}{8}$ **33.** $\frac{9}{7} - \frac{3}{7}$

34. $\frac{4}{9} - \frac{11}{9}$ **35.** $\frac{5}{16} - \frac{13}{16}$ **36.** $\frac{7}{18} - \frac{19}{18}$ **37.** $\frac{2}{15} - \frac{14}{15}$

38. $\frac{1}{3} + \frac{2}{3} + \frac{5}{3}$ **39.** $\frac{1}{4} + \frac{3}{4} + \frac{7}{4}$ **40.** $\frac{2}{5} + \frac{4}{5} + \frac{9}{5}$

41. $\frac{3}{7} + \frac{5}{7} + \frac{6}{7}$ **42.** $\frac{5}{8} + \frac{9}{8} - \frac{7}{8}$ **43.** $\frac{2}{13} + \frac{8}{13} - \frac{5}{13}$

44. $\frac{9}{10} + \frac{13}{10} - \frac{7}{10}$ **45.** $\frac{11}{16} + \frac{9}{16} - \frac{15}{16}$ **46.** $\frac{3}{11} - \frac{7}{11} + \frac{10}{11}$

47. $\frac{20}{17} - \frac{9}{17} + \frac{6}{17}$ **48.** $\frac{8}{9} - \frac{11}{9} + \frac{3}{9}$ **49.** $\frac{7}{19} - \frac{15}{19} + \frac{8}{19}$

50. $\frac{6}{7}-\frac{4}{7}-\frac{16}{7}$ **51.** $\frac{1}{6}-\frac{5}{6}-\frac{11}{6}$ **52.** $-\frac{11}{12}+\frac{7}{12}-\frac{5}{12}$

53. $-\frac{7}{15}+\frac{8}{15}-\frac{11}{15}$ **54.** $-\frac{7}{24}-\frac{13}{24}-\frac{19}{24}$ **55.** $-\frac{8}{27}-\frac{14}{27}-\frac{11}{27}$

56. $\frac{1}{2}+\frac{1}{3}$ **57.** $\frac{1}{2}+\frac{5}{6}$ **58.** $\frac{1}{3}+\frac{1}{6}$ **59.** $\frac{1}{4}+\frac{3}{8}$

60. $\frac{2}{3}+\frac{5}{6}$ **61.** $\frac{5}{3}+\frac{3}{5}$ **62.** $\frac{5}{6}+\frac{4}{9}$ **63.** $\frac{1}{4}+\frac{4}{5}$

64. $\frac{2}{3}-\frac{1}{6}$ **65.** $\frac{3}{2}-\frac{1}{4}$ **66.** $\frac{3}{4}-\frac{1}{3}$ **67.** $\frac{5}{6}-\frac{1}{4}$

68. $\frac{2}{3}-\frac{3}{8}$ **69.** $\frac{5}{6}-\frac{7}{8}$ **70.** $\frac{7}{12}-\frac{3}{8}$ **71.** $\frac{5}{4}-\frac{9}{14}$

72. $-\frac{3}{4}-\frac{5}{6}$ **73.** $-\frac{5}{9}-\frac{7}{6}$ **74.** $-\frac{3}{8}-\frac{5}{6}$ **75.** $-\frac{9}{8}-\frac{7}{12}$

76. $-\frac{5}{9}-\frac{9}{4}$ **77.** $-\frac{11}{12}-\frac{8}{9}$ **78.** $-\frac{13}{12}-\frac{17}{18}$ **79.** $-\frac{15}{8}-\frac{27}{10}$

80. $\frac{5}{3}-\frac{1}{2}+\frac{7}{6}$ **81.** $\frac{3}{2}-\frac{1}{3}+\frac{1}{4}$ **82.** $\frac{1}{2}+\frac{2}{3}-\frac{3}{4}$

83. $\frac{2}{3}+\frac{3}{4}-\frac{5}{6}$ **84.** $\frac{1}{3}+\frac{1}{6}-\frac{2}{9}$ **85.** $\frac{3}{4}-\frac{1}{6}+\frac{3}{8}$

86. $\frac{2}{3}+\frac{5}{6}+\frac{7}{8}$ **87.** $\frac{7}{4}-\frac{7}{8}+\frac{1}{12}$ **88.** $\frac{2}{3}-\frac{3}{8}-\frac{5}{12}$

89. $\frac{5}{6}-\frac{7}{8}-\frac{11}{12}$ **90.** $\frac{7}{4}-\frac{6}{7}-\frac{9}{14}$ **91.** $\frac{1}{2}-\frac{2}{3}-\frac{4}{5}$

92. $\frac{3}{5}-\frac{1}{6}-\frac{8}{15}$ **93.** $\frac{2}{5}-\frac{5}{6}+\frac{3}{10}$ **94.** $\frac{3}{4}-\frac{5}{6}-\frac{4}{9}$

95. $\frac{1}{6}+\frac{8}{9}-\frac{13}{12}$ **96.** $\frac{3}{2}-\frac{7}{3}-\frac{4}{7}$ **97.** $\frac{4}{3}-\frac{3}{7}-\frac{5}{14}$

98. $\frac{5}{6}+\frac{3}{8}-\frac{7}{12}$ **99.** $\frac{7}{6}+\frac{1}{12}-\frac{3}{16}$ **100.** $\frac{5}{18}+\frac{11}{24}-\frac{13}{36}$

101. $\frac{3}{22}+\frac{4}{33}-\frac{7}{44}$ **102.** $\frac{9}{26}-\frac{4}{39}-\frac{5}{52}$ **103.** $\frac{7}{12}-\frac{4}{15}-\frac{17}{18}$

104. $\frac{1}{6}+\frac{3}{7}-\frac{5}{8}$ **105.** $\frac{7}{15}-\frac{11}{18}+\frac{4}{27}$ **106.** $\frac{2}{9}+\frac{11}{15}-\frac{13}{24}$

Multiplicación de números racionales

DEFINICIÓN

Si $\frac{p}{q}, \frac{r}{s} \in Q$, entonces $\frac{p}{q} \times \frac{r}{s} = \frac{pr}{qs}$.

Es decir, el producto de dos números racionales es un número racional cuyo numerador es el producto de los respectivos numeradores y cuyo denominador es el producto de los denominadores respectivos.

EJEMPLOS

1. $\frac{2}{3} \times \frac{5}{7} = \frac{2 \times 5}{3 \times 7} = \frac{10}{21}$

2. $\frac{3}{5} \times \frac{-10}{21} = \frac{3(-10)}{5(21)} = \frac{-30}{105} = -\frac{2 \times 15}{7 \times 15} = -\frac{2}{7}$

División de números racionales

DEFINICIÓN

Si el producto de dos números es igual a 1, se dice que los números son **inversos multiplicativos** o **recíprocos**.

Si $\frac{p}{q} \in Q$ y $\frac{p}{q} \neq 0$, entonces $\frac{p}{q} \times \frac{q}{p} = \frac{pq}{qp} = 1$.

Por consiguiente, $\frac{p}{q}$ y $\frac{q}{p}$ son recíprocos.

La división de números racionales se define a partir de la multiplicación.

Si $\frac{p}{q}, \frac{r}{s} \in Q$ y $\frac{r}{s} \neq 0$, entonces

$$\frac{p}{q} \div \frac{r}{s} = \frac{\frac{p}{q}}{\frac{r}{s}} = \frac{\frac{p}{q} \times \frac{s}{r}}{\frac{r}{s} \times \frac{s}{r}} = \frac{\frac{p}{q} \times \frac{s}{r}}{1} = \frac{p}{q} \times \frac{s}{r}$$

DEFINICIÓN

Si $\frac{p}{q}, \frac{r}{s} \in Q$ y $\frac{r}{s} \neq 0$, entonces

$$\frac{p}{q} \div \frac{r}{s} = \frac{p}{q} \times \frac{s}{r}.$$

De modo que dividir por una fracción es equivalente a multiplicar por el recíproco de ella.

EJEMPLOS

1. $\frac{3}{4} \div \frac{2}{3} = \frac{3}{4} \times \frac{3}{2} = \frac{9}{8}$

2. $-\frac{5}{6} \div \frac{25}{81} = -\frac{5}{6} \times \frac{81}{25} = -\frac{5 \times 81}{6 \times 25} = -\frac{27}{10}$

3. $-\frac{12}{35} \div \left(-\frac{9}{28}\right) = \frac{12}{35} \div \frac{28}{9} = \frac{12 \times 28}{35 \times 9} = \frac{16}{15}$

Cuando las operaciones con fracciones son multiplicaciones y divisiones, primero se cambian éstas últimas a multiplicaciones. Simplificar el producto es escribir la respuesta como una fracción en forma reducida. Se factorizan los números tanto en los numeradores como en los denominadores de las fracciones. Se consideran los numeradores como un sólo numerador, y los denominadores como un único denominador, y se reduce.

EJEMPLO

$$\frac{6}{4} \div \frac{33}{10} \times \frac{21}{15} = \frac{6}{4} \times \frac{10}{33} \times \frac{21}{15}$$

$$= \frac{2 \cdot 3}{2 \cdot 2} \times \frac{2 \cdot 5}{3 \cdot 11} \times \frac{3 \cdot 7}{3 \cdot 5}$$

$$= \frac{\overset{1}{\cancel{(2 \cdot 2)}} \cdot \overset{1}{\cancel{(3 \cdot 3)}} \cdot \overset{1}{\cancel{5}} \cdot 7}{\underset{1}{\cancel{(2 \cdot 2)}} \cdot \underset{1}{\cancel{(3 \cdot 3)}} \cdot \underset{1}{\cancel{5}} \cdot 11} = \frac{7}{11}$$

EJEMPLO

$$\frac{72}{35} \div \left(\frac{64}{25} \times \frac{81}{28}\right) = \frac{72}{35} \div \left(\frac{64 \times 81}{25 \times 28}\right)$$

$$= \frac{72}{35} \times \frac{25 \times 28}{64 \times 81} = \frac{5}{18}$$

Ejercicios 2.3C

Efectúe las operaciones indicadas y simplifique.

1. $\frac{2}{3} \times \frac{3}{4}$
2. $\frac{3}{4} \times \frac{7}{18}$
3. $\frac{5}{2} \times \frac{8}{15}$
4. $\frac{7}{3} \times \frac{9}{14}$
5. $\frac{7}{8} \times \frac{4}{21}$
6. $\frac{7}{32} \times \frac{16}{21}$
7. $-\frac{8}{9} \times \frac{12}{16}$
8. $-\frac{12}{35} \times \frac{14}{27}$
9. $\frac{22}{24}\left(-\frac{16}{44}\right)$
10. $\frac{12}{25}\left(-\frac{15}{9}\right)$
11. $\frac{-7}{13}\left(-\frac{52}{14}\right)$
12. $-\frac{63}{40}\left(-\frac{25}{14}\right)$
13. $-\frac{75}{27}\left(-\frac{9}{20}\right)$
14. $-\frac{21}{26}\left(-\frac{65}{35}\right)$
15. $\frac{3}{4} \times \frac{8}{9} \times \frac{15}{10}$
16. $\frac{4}{9} \times \frac{12}{16} \times \frac{18}{7}$
17. $\frac{6}{35} \times \frac{14}{9} \times \frac{15}{8}$
18. $\frac{7}{24} \times \frac{9}{16} \times \frac{32}{21}$
19. $\frac{5}{6} \div \frac{5}{3}$
20. $\frac{4}{9} \div \frac{8}{3}$
21. $\frac{3}{4} \div \frac{9}{16}$
22. $\frac{5}{6} \div \frac{25}{9}$
23. $\frac{15}{4} \div \frac{9}{8}$
24. $\frac{6}{20} \div \frac{15}{18}$
25. $-\frac{12}{21} \div \frac{32}{14}$
26. $-\frac{28}{24} \div \frac{35}{9}$
27. $-\frac{26}{27} \div \frac{39}{36}$
28. $\frac{18}{32} \div \left(\frac{81}{-8}\right)$
29. $\frac{24}{32} \div \left(-\frac{18}{16}\right)$
30. $\frac{36}{21} \div \left(-\frac{24}{35}\right)$
31. $-\frac{48}{28} \div \left(-\frac{40}{42}\right)$
32. $-\frac{56}{27} \div \left(-\frac{35}{9}\right)$
33. $-\frac{57}{48} \div \left(-\frac{38}{36}\right)$
34. $\frac{3}{4} \times \frac{5}{9} \div \frac{25}{6}$
35. $\frac{22}{15} \times \frac{25}{11} \div \frac{5}{3}$
36. $\frac{34}{28} \times \frac{21}{51} \div \frac{7}{3}$
37. $\frac{15}{64} \times \frac{16}{20} \div \frac{3}{8}$
38. $\frac{15}{16} \div \frac{18}{7} \times \frac{9}{35}$
39. $\frac{21}{26} \div \frac{14}{39} \times \frac{8}{9}$
40. $\frac{12}{21} \div \frac{30}{9} \times \frac{14}{6}$
41. $\frac{36}{35} \div \frac{48}{28} \times \frac{15}{63}$
42. $\frac{21}{22} \times \frac{66}{5} \div 18$
43. $\frac{24}{35} \times \frac{49}{32} \div 21$
44. $35 \div \frac{7}{8} \times \frac{3}{16}$
45. $\frac{16}{27} \div \left(\frac{8}{9} \times \frac{2}{3}\right)$
46. $\frac{33}{52} \div \left(\frac{11}{26} \times \frac{3}{4}\right)$
47. $\frac{24}{40} \div \left(\frac{18}{27} \times \frac{28}{35}\right)$
48. $\frac{45}{32} \div \left(\frac{75}{48} \times \frac{18}{30}\right)$
49. $\frac{39}{64} \div \left(\frac{26}{24} \times \frac{63}{56}\right)$
50. $\frac{64}{45} \div \left(\frac{48}{35} \times \frac{42}{36}\right)$

Operaciones combinadas

Los ejemplos siguientes ilustran cómo encontrar el valor de una expresión aritmética que contiene operaciones combinadas.

EJEMPLOS

1. $$\frac{1}{6}+\frac{16}{9}\times\frac{3}{4}=\frac{1}{6}+\frac{16\times 3}{9\times 4}=\frac{1}{6}+\frac{4}{3}=\frac{1(1)+2(4)}{6}$$
$$=\frac{1+8}{6}=\frac{9}{6}=\frac{3}{2}$$

2. $$\frac{7}{27}\div\frac{14}{9}-\frac{5}{8}=\frac{7}{27}\times\frac{9}{14}-\frac{5}{8}=\frac{7\times 9}{27\times 14}-\frac{5}{8}=\frac{1}{6}-\frac{5}{8}$$
$$=\frac{4(1)-3(5)}{24}=\frac{4-15}{24}=-\frac{11}{24}$$

3. $$\frac{1}{3}+\frac{5}{6}\times\frac{3}{10}-\frac{7}{8}=\frac{1}{3}+\frac{5\times 3}{6\times 10}-\frac{7}{8}=\frac{1}{3}+\frac{1}{4}-\frac{7}{8}$$
$$=\frac{8(1)+6(1)-3(7)}{24}=\frac{8+6-21}{24}=-\frac{7}{24}$$

EJEMPLO Efectuar las operaciones indicadas:

$$\frac{2}{3}+\frac{1}{2}\left(\frac{7}{9}-\frac{1}{6}\right).$$

SOLUCIÓN

$$\frac{2}{3}+\frac{1}{2}\left(\frac{7}{9}-\frac{1}{6}\right)=\frac{2}{3}+\frac{1}{2}\left(\frac{14}{18}-\frac{3}{18}\right)$$
$$=\frac{2}{3}+\frac{1}{2}\times\frac{14-3}{18}=\frac{2}{3}+\frac{1}{2}\times\frac{11}{18}$$
$$=\frac{2}{3}+\frac{11}{36}=\frac{12(2)+1(11)}{36}$$
$$=\frac{24+11}{36}=\frac{35}{36}$$

EJEMPLO Efectuar las operaciones indicadas:

$$\frac{11}{12}-\frac{5}{12}\div\left(\frac{3}{8}-\frac{1}{6}\right)$$

SOLUCIÓN

$$\frac{11}{12}-\frac{5}{12}\div\left(\frac{3}{8}-\frac{1}{6}\right)=\frac{11}{12}-\frac{5}{12}\div\left(\frac{9}{24}-\frac{4}{24}\right)$$
$$=\frac{11}{12}-\frac{5}{12}\div\left(\frac{9-4}{24}\right)$$
$$=\frac{11}{12}-\frac{5}{12}\div\frac{5}{24}$$
$$=\frac{11}{12}-\frac{5}{12}\times\frac{24}{5}=\frac{11}{12}-\frac{24}{12}$$
$$=\frac{11-24}{12}=-\frac{13}{12}$$

EJEMPLO Efectuar las operaciones indicadas:

$$\frac{7}{18}-\frac{19}{32}\div\left(\frac{2}{9}-\frac{17}{48}\right)$$

SOLUCIÓN

$$\frac{7}{18}-\frac{19}{32}\div\left(\frac{2}{9}-\frac{17}{48}\right)=\frac{7}{18}-\frac{19}{32}\div\left(\frac{32-51}{144}\right)$$
$$=\frac{7}{18}-\frac{19}{32}\div\left(-\frac{19}{144}\right)$$
$$=\frac{7}{18}+\frac{19}{32}\times\frac{144}{19}$$
$$=\frac{7}{18}+\frac{9}{2}=\frac{7+81}{18}$$
$$=\frac{88}{18}=\frac{44}{9}$$

Ejercicios 2.3D

Efectúe las operaciones indicadas y simplifique:

1. $\frac{1}{2}+\frac{7}{8}\times\frac{4}{7}$
2. $\frac{4}{3}+\frac{2}{9}\times\frac{3}{4}$
3. $\frac{3}{8}+\frac{7}{3}\times\frac{9}{14}$
4. $\frac{5}{6}+\frac{9}{4}\times\frac{1}{3}$
5. $\frac{5}{3}\times\frac{9}{20}+\frac{11}{8}$
6. $\frac{8}{13}\times\frac{13}{12}+\frac{7}{4}$
7. $\frac{4}{15}\times\frac{5}{6}+\frac{13}{3}$
8. $\frac{4}{33}\times\frac{3}{8}+\frac{3}{11}$
9. $\frac{5}{8}-\frac{9}{16}\times\frac{4}{3}$
10. $\frac{2}{3}-\frac{7}{12}\times\frac{10}{7}$
11. $\frac{3}{4}-\frac{5}{3}\times\frac{7}{10}$
12. $\frac{1}{6}-\frac{2}{3}\times\frac{15}{8}$
13. $\frac{8}{21}\times\frac{7}{12}-\frac{8}{3}$
14. $\frac{7}{6}\times\frac{1}{21}-\frac{4}{9}$
15. $\frac{7}{5}\times\frac{3}{14}-\frac{3}{4}$

16. $\frac{11}{9} \times \frac{3}{7} - \frac{1}{3}$
17. $\frac{5}{12} + \frac{3}{8} \div \frac{9}{7}$
18. $\frac{8}{11} + \frac{9}{11} \div \frac{27}{2}$
19. $\frac{4}{9} + \frac{7}{9} \div \frac{21}{10}$
20. $\frac{6}{7} + \frac{4}{21} \div \frac{8}{3}$
21. $\frac{7}{9} - \frac{25}{24} \div \frac{15}{28}$
22. $\frac{5}{12} - \frac{11}{36} \div \frac{22}{15}$
23. $\frac{11}{24} - \frac{3}{16} \div \frac{9}{8}$
24. $\frac{13}{9} - \frac{5}{27} \div \frac{20}{21}$
25. $\frac{2}{3} + \frac{5}{6} \times \frac{2}{15} - \frac{3}{4}$
26. $\frac{1}{4} + \frac{5}{16} \times \frac{8}{3} - \frac{3}{8}$
27. $\frac{3}{2} - \frac{4}{9} \times \frac{3}{8} + \frac{5}{6}$
28. $\frac{7}{6} - \frac{3}{7} \times \frac{14}{9} + \frac{3}{4}$
29. $\frac{2}{9} + \frac{7}{9} \div \frac{14}{3} - \frac{7}{12}$
30. $\frac{3}{7} + \frac{9}{8} \div \frac{21}{4} - \frac{1}{2}$
31. $\frac{1}{3} - \frac{4}{15} \div \frac{8}{5} + \frac{1}{2}$
32. $\frac{7}{8} - \frac{5}{4} \div \frac{15}{8} + \frac{1}{4}$
33. $\frac{4}{7} + \frac{3}{11}\left(\frac{5}{6} - \frac{2}{9}\right)$
34. $\frac{3}{8} + \frac{8}{13}\left(\frac{1}{12} + \frac{3}{16}\right)$
35. $\frac{5}{8} - \frac{9}{8}\left(\frac{3}{4} - \frac{5}{12}\right)$
36. $\frac{3}{4} - \frac{8}{3}\left(\frac{7}{8} - \frac{5}{6}\right)$
37. $\frac{7}{6} + \frac{4}{13}\left(\frac{2}{3} - \frac{1}{8}\right)$
38. $\frac{5}{12} - \frac{8}{11}\left(\frac{5}{8} - \frac{1}{6}\right)$
39. $\frac{11}{15} + \frac{8}{13}\left(\frac{3}{16} - \frac{11}{24}\right)$
40. $\frac{7}{9} - \frac{12}{23}\left(\frac{15}{28} - \frac{17}{21}\right)$
41. $\frac{2}{9} - \frac{11}{20} \div \left(\frac{5}{6} + \frac{4}{15}\right)$
42. $\frac{1}{6} - \frac{46}{27} \div \left(\frac{5}{3} + \frac{1}{4}\right)$
43. $\frac{2}{3} - \frac{5}{42} \div \left(\frac{7}{12} - \frac{3}{8}\right)$
44. $\frac{3}{4} - \frac{34}{27} \div \left(\frac{8}{9} - \frac{5}{12}\right)$
45. $\frac{7}{3} + \frac{11}{16} \div \left(\frac{4}{9} - \frac{3}{4}\right)$
46. $\frac{1}{12} - \frac{23}{54} \div \left(\frac{5}{9} - \frac{7}{8}\right)$
47. $\frac{6}{11} - \frac{14}{15} \div \left(\frac{5}{12} - \frac{23}{30}\right)$
48. $\frac{7}{10} + \frac{22}{45} \div \left(\frac{13}{18} - \frac{7}{8}\right)$

Forma decimal de los números racionales

El sistema hindú-arábigo es un sistema de valor relativo o posicional. Se usa un punto decimal para indicar el valor posicional de un numeral (símbolo numérico). Dicho punto separa los valores relativos menores que 1 de los que son iguales o mayores que 1.

Cada valor relativo es $\frac{1}{10}$ del que sigue a su izquierda. El primer numeral a la izquierda del punto decimal ocupa el lugar de las unidades. El segundo a la izquierda de dicho punto está en el de las decenas. El tercer numeral a la izquierda del punto decimal se encuentra en el lugar de las centenas, etc. El primer numeral a la derecha del punto decimal ocupa el de las décimas. El segundo numeral a la derecha del punto decimal está en el lugar de las centésimas, etc.

De esta manera el número 325.68 significa

$$3(100) + 2(10) + 5(1) + 6 \times \frac{1}{10} + 8 \times \frac{1}{100}.$$

Cuando no hay numerales a la derecha del punto decimal, normalmente no se escribe dicho punto. De manera que 674 es igual a 674.0 y significa $6(100) + 7(10) + 4(1)$.

Dado un número decimal, podemos encontrar su equivalente fraccional, también llamada **fracción común** como se muestra en los ejemplos siguientes:

EJEMPLOS

1. $0.125 = 1 \times \frac{1}{10} + 2 \times \frac{1}{100} + 5 \times \frac{1}{1000}$

$$= \frac{1}{10} + \frac{2}{100} + \frac{5}{1000} = \frac{100}{1000} + \frac{20}{1000} + \frac{5}{1000} = \frac{125}{1000}$$

Así que

$$0.125 = \frac{125}{1000} = \frac{1}{8}$$

2. $0.08 = \frac{8}{100} = \frac{2}{25}$ **3.** $2.25 = \frac{225}{100} = \frac{9}{4}$ **4.** $12.68 = \frac{1268}{100} = \frac{317}{25}$

Dada una fracción común, es posible obtener su decimal equivalente empleando la operación de división larga. A partir de ésta hallar:

1. $\frac{1}{2} = 0.5$ **2.** $\frac{1}{4} = 0.25$

3. $\frac{3}{25} = 0.12$ **4.** $\frac{6}{125} = 0.048$

Al usar de nuevo la división larga $\frac{1}{3} = 0.33\bar{3}$; la raya colocada arriba del último numeral indica que dicho numeral se repite infinitamente. Obsérvese que $\frac{1}{3} \neq 0.333$. Cuando se escribe $\frac{1}{7} = 0.142857\overline{142857}$ la raya superior indica que el grupo de numerales se repite en forma infinita.

Nota

> Cuando el denominador de una fracción común es un múltiplo de 2 o 5, la forma decimal finaliza; de lo contrario, se repetirá cierto grupo de números indefinidamente.

Algunas veces, especialmente cuando se trabaja con números en forma decimal, se requiere *redondear un número* a una cantidad determinada de cifras decimales.

Para redondear un número se observan las siguientes reglas:

1. Si el primer dígito de la parte que se va a descartar es menor que 5, se eliminan todos los dígitos de la parte descartada.

   $6.2743 = 6.274$ a tres cifras decimales.

2. Si el primer dígito de la parte que se va a descartar es mayor que 5 o bien si dicho dígito es 5 y los dígitos restantes de tal parte no son todos cero, se incrementa el último dígito en una unidad.

   $57.261 = 57.3$ a una cifra decimal.
   $8.9753 = 8.98$ a dos cifras decimales.

3. Si el dígito a descartar es 5, se suma uno al último dígito retenido si éste es impar; de lo contrario, se deja sola la parte retenida.

   $2.475 = 2.48$ a dos cifras decimales.
   $7.25 = 7.2$ a una cifra decimal.

Ejercicios 2.3E

Obtenga la fracción común equivalente a cada uno de los números decimales siguientes:

1. 0.6	**2.** 0.8	**3.** 0.15	**4.** 0.36
5. 0.04	**6.** 0.025	**7.** 0.008	**8.** 0.384
9. 3.24	**10.** 7.05	**11.** 13.45	**12.** 9.16
13. 18.336	**14.** 11.064	**15.** 1.144	**16.** 2.884

Escriba las siguientes fracciones comunes en forma decimal:

17. $\frac{3}{2}$	**18.** $\frac{3}{4}$	**19.** $\frac{5}{8}$	**20.** $\frac{7}{8}$
21. $\frac{9}{16}$	**22.** $\frac{13}{16}$	**23.** $\frac{2}{5}$	**24.** $\frac{7}{25}$

25. $\frac{11}{25}$ **26.** $\frac{31}{25}$ **27.** $\frac{3}{125}$ **28.** $\frac{19}{125}$

29. $\frac{5}{6}$ **30.** $\frac{2}{7}$ **31.** $\frac{8}{9}$ **32.** $\frac{3}{11}$

33. $\frac{7}{12}$ **34.** $\frac{8}{15}$ **35.** $\frac{16}{33}$ **36.** $\frac{23}{33}$

37. $\frac{28}{33}$ **38.** $\frac{5}{37}$ **39.** $\frac{21}{37}$ **40.** $\frac{6}{101}$

Redondee los siguientes números a dos cifras decimales:

41. 74.9736 **42.** 1.8946 **43.** 7.7815 **44.** 46.8529
45. 4.6871 **46.** 26.2573 **47.** 68.1782 **48.** 74.139
49. 9.4523 **50.** 8.6151 **51.** 87.7852 **52.** 6.3454
53. 58.635 **54.** 21.595 **55.** 32.115 **56.** 18.855
57. 24.385 **58.** 83.925 **59.** 69.345 **60.** 42.765

Números mixtos

DEFINICIÓN

Fracción propia es aquella cuyo numerador es menor que su denominador.

Fracción impropia es aquella cuyo numerado. es mayor o igual a su denominador.

Consideremos la fracción impropia $\frac{17}{7}$. El numerador se puede escribir como la suma de dos números: Un número es divisible por el denominador y el otro es menor que el denominador.

$$\frac{17}{7} = \frac{14 + 3}{7}.$$

Usando la definición de suma de fracciones,

$$\frac{a + c}{b} = \frac{a}{b} + \frac{c}{b}$$

se obtiene

$$\frac{17}{7} = \frac{14}{7} + \frac{3}{7} = 2 + \frac{3}{7}.$$

Cuando se trata con números específicos se acostumbra escribir $2 + \frac{3}{7}$ como $2\frac{3}{7}$, lo cual se llama **número mixto**.

De esta manera $\frac{17}{7} = 2\frac{3}{7}$.

El número 17 se denomina **dividendo**, 7 es el **divisor**, 2 el **cociente** y 3 el **residuo**. Obsérvese que este último siempre es menor que el divisor.

Para escribir una fracción impropia como número mixto, se emplea la operación de división larga. Para escribir $\frac{448}{23}$ como número mixto, se tiene

$$
\begin{array}{rrl}
 & 19 & \text{cociente} \\
\text{divisor } 23 & \overline{)448} & \text{dividendo} \\
 & \underline{23} & \\
 & 218 & \\
 & \underline{207} & \\
 & 11 & \text{residuo}
\end{array}
$$

Por lo tanto, $\frac{448}{23} = 19\frac{11}{23}$.

Para convertir un número mixto a fracción común (de la adición de fracciones) se tiene:

$$12\frac{5}{8} = \frac{12}{1} + \frac{5}{8} = \frac{12 \times 8 + 5}{8} = \frac{101}{8}$$

De modo que para convertir un número mixto en fracción, se multiplica el cociente por el divisor, y luego se suma el residuo al producto resultante. Se escribe la suma como el numerador de la fracción y el divisor como el denominador.

Ejercicios 2.3F

Escriba las fracciones impropias siguientes como números mixtos:

1. $\frac{3}{2}$ **2.** $\frac{7}{4}$ **3.** $\frac{25}{6}$ **4.** $\frac{29}{8}$

5. $\frac{98}{3}$ **6.** $\frac{183}{5}$ **7.** $\frac{88}{7}$ **8.** $\frac{145}{6}$

9. $\frac{279}{8}$ **10.** $\frac{160}{9}$ **11.** $\frac{136}{11}$ **12.** $\frac{148}{17}$

13. $\frac{206}{13}$ **14.** $\frac{328}{15}$ **15.** $\frac{201}{16}$ **16.** $\frac{239}{18}$

17. $\frac{265}{21}$ **18.** $\frac{825}{23}$ **19.** $\frac{743}{29}$ **20.** $\frac{973}{33}$

Convierta los números mixtos siguientes en fracciones comunes:

21. $1\frac{2}{3}$ **22.** $2\frac{3}{5}$ **23.** $2\frac{6}{7}$ **24.** $3\frac{8}{9}$

25. $27\frac{3}{4}$ **26.** $31\frac{5}{6}$ **27.** $15\frac{3}{8}$ **28.** $25\frac{3}{7}$

29. $12\frac{8}{9}$ **30.** $3\frac{9}{13}$ **31.** $4\frac{4}{15}$ **32.** $13\frac{9}{11}$

33. $21\frac{3}{13}$ **34.** $16\frac{13}{15}$ **35.** $18\frac{9}{17}$ **36.** $23\frac{8}{19}$

37. $30\frac{19}{24}$ **38.** $12\frac{8}{27}$ **39.** $36\frac{3}{32}$ **40.** $26\frac{25}{34}$

2.4 Números irracionales y reales

Dado un número racional cualquiera, podemos encontrar un punto en una recta numérica que es la gráfica de tal número. Sin embargo, dada una recta numérica, existen infinidad de puntos en ella cuyas coordenadas no son números racionales.

En la Figura 2.10 se muestra el ejemplo de un punto en la recta cuya coordenada no es un número racional. Se traza la recta numérica OX con el punto O como origen. Se toma el punto A como la gráfica del número 1. En A se traza AY perpendicular a OX. Se toma B en AY de modo que $AB = OA$. Se unen los puntos O y B y se toma el punto C en OX de tal manera que $OC = OB$.

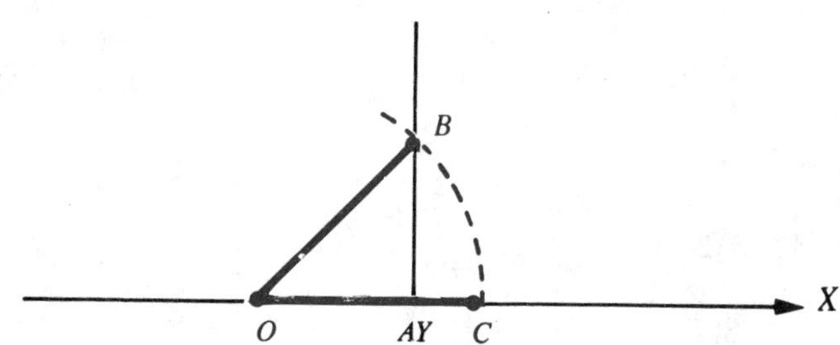

FIGURA 2.10

La coordenada del punto C no es un número racional. Su valor se llama **raíz cuadrada** de 2 y se denota por $\sqrt{2}$.

DEFINICIÓN

> Un número que no pueda ser expresado en la forma $\frac{p}{q}$, donde $q \neq 0$, $p, q \in I$, se denomina **número irracional**.

DEFINICIÓN

La unión de los números irracionales y racionales constituye el conjunto de los **números reales**, que se denota por R.

Nota

Supondremos que dada una recta numérica, es posible graficar en ella cualquier número real. Además, dado cualquier punto en una recta numérica, existe un númeo real que es la coordenada de dicho punto.

2.5 Valor absoluto de números reales

DEFINICIÓN

El **valor absoluto** de un número a, denotado por $|a|$, es uno de los dos números $+a$ o $-a$, el que sea se considera positivo, y el número 0 si $a = 0$.

Es decir, $|a| = \begin{cases} a & \text{si } a \geq 0 \\ -a & \text{si } a < 0 \end{cases}$

Por consiguiente, $|a| \geq 0$ para todo $a \in R$.

EJEMPLOS

1. $|3| = 3$
2. $|-10| = -(-10) = 10$
3. $|8 - 6| = |2| = 2$
4. $|7 - 15| = |-8| = -(-8) = 8$

La distancia entre dos puntos cuyas coordenadas son a y b es $|a - b|$.

Nota

$$|a - b| = |b - a|$$
$$|11 - 5| = |6| = 6$$
$$|5 - 11| = |-6| = -(-6) = 6$$

EJEMPLOS

1. La distancia entre los puntos cuyas coordenadas son 5 y 12 es

$$|(5) - (12)| = |-7| = 7$$

2. La distancia entre los puntos cuyas coordenadas son 10 y −3 (Figura 2.11) es

$$|(10) - (-3)| = |10 + 3| = |13| = 13.$$

3. La distancia entre los puntos cuyas coordenadas son −8 y −20 es

$$|(-8) - (-20)| = |-8 + 20| = |12| = 12.$$

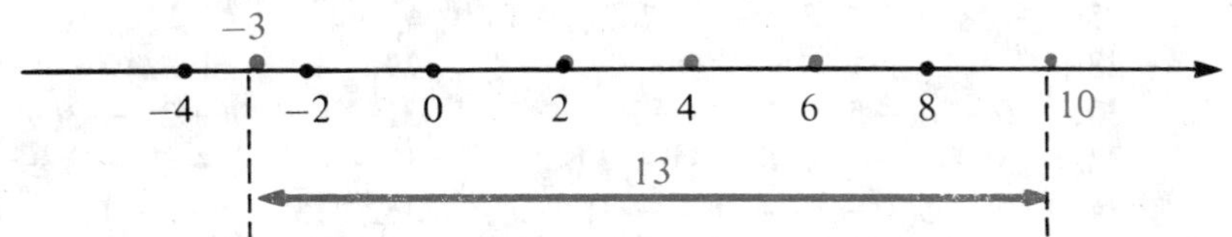

FIGURA 2.11

Ejercicios 2.5

Encuentre el valor de cada una de las expresiones siguientes:

1. $|2|$ **2.** $|9|$ **3.** $|11|$
4. $|50|$ **5.** $|-6|$ **6.** $|-1|$
7. $|-20|$ **8.** $|-7|$ **9.** $|3 + 6|$
10. $|7 + 15|$ **11.** $|10 + 8|$ **12.** $|23 + 5|$
13. $|19 - 15|$ **14.** $|20 - 6|$ **15.** $|-6 + 15|$
16. $|-10 + 35|$ **17.** $|14 - 7|$ **18.** $|32 - 16|$
19. $|8 - 8|$ **20.** $|19 - 19|$ **21.** $|2 - 11|$
22. $|5 - 18|$ **23.** $|8 - 18|$ **24.** $|10 - 30|$
25. $|-3 - 1|$ **26.** $|-11 - 4|$ **27.** $|-13 - 9|$
28. $|-20 - 20|$

Determine la distancia entre los puntos cuyas coordenadas son:

29. 3; 15 **30.** 6; 13 **31.** 2; 20 **32.** 7; 18
33. 0; 10 **34.** 0; 24 **35.** −2; 8 **36.** −1; 16
37. −6; 1 **38.** −9; 2 **39.** 3; −11 **40.** 13; −2
41. 8; −4 **42.** 7; −7 **43.** −5; −6 **44.** −6; −14
45. −3; −8 **46.** −6; −16 **47.** −20; −5 **48.** −10; −2

Repaso del Capítulo 2

Obtenga el valor de cada una de las siguientes expresiones:

1. $8 \times 4 + 6 \times 3$ **2.** $9 \times 7 + 3 \times 12$ **3.** $7 + 8(4 + 5)$
4. $15 + 5(11 + 9)$ **5.** $12 + (-7) - (-8)$ **6.** $13 + (8 - 10)$
7. $10 - (12 - 20)$ **8.** $-15 + (-16 + 7)$ **9.** $-8 - (9 - 15)$
10. $-12 - (13 - 4)$ **11.** $6 + 4(-3)$ **12.** $-15 + 5(-2)$
13. $7 - 6(-4)$ **14.** $-20 - 8(-5)$ **15.** $7(-8) + 6$
16. $-10(-8) + 8$ **17.** $8 + 12(3 - 9)$ **18.** $4 + 7(7 - 12)$
19. $9 - 6(13 - 9)$ **20.** $15 - 8(4 - 10)$ **21.** $35 - 14 \div 7$
22. $33 - 11 \div (-11)$ **23.** $-20 - 10 \div (-5)$ **24.** $-12 - 8 \div (-4)$
25. $-18 \div 6 + 3$ **26.** $-40 \div 4 + 4$ **27.** $16 \div 8 \times (-2)$
28. $7 - 2(-3) + 6(4) - 8$ **29.** $10 + 5(-4) - 6(-2) - 7(3)$
30. $16 + 4(-5) + 7(2) - 1$ **31.** $9 - 9(-2) + 3(-1) - 7$
32. $13 - 3 \times 5 + 6(-8) + 11$ **33.** $6 \times 2 + 3(-8) - 7 + (-3)$
34. $10 - 5(3 - 6) + 2(8 - 7)$ **35.** $15 - 5(6 - 10) + 4(7 + 2)$
36. $9 - 4(5 - 5) + 6(2 + 3)$ **37.** $7 - 2(8 + 4) - 7(2 - 5)$
38. $4 \div 4 \times 4 - 4 \times 4 + 4$ **39.** $28 \div 4 + 3 - 8 \div 4 + 2$
40. $12 \div 6 \times 2 - 2 + 8 \times 2$ **41.** $32 \div 8 \times 4 - 4 \times 7 + 3$
42. Reste 15 de 10 **43.** Reste −8 de 9
44. Reste 12 de −20 **45.** Reste −16 de −3.

Encuentre el M.C.D. y el m.c.m. de los números siguientes:

46. 4, 6, 15 **47.** 6, 8, 10 **48.** 7, 8, 14
49. 9, 12, 15 **50.** 8, 18, 36 **51.** 21, 28, 42
52. 24, 30, 36 **53.** 24, 32, 40 **54.** 27, 36, 54
55. 34, 68, 102 **56.** 36, 45, 54 **57.** 39, 52, 65

Efectúe las siguientes operaciones con fracciones y reduzca:

58. $\frac{5}{7} + \frac{8}{3}$ **59.** $\frac{7}{18} + \frac{7}{12}$ **60.** $\frac{4}{11} + \frac{10}{33}$ **61.** $\frac{7}{4} - \frac{1}{6}$

62. $\frac{11}{6} - \frac{2}{9}$ **63.** $\frac{9}{10} - \frac{7}{15}$ **64.** $\frac{2}{3} - \frac{7}{8}$ **65.** $\frac{7}{12} - \frac{9}{8}$

66. $-\frac{5}{6} + \frac{5}{8}$ **67.** $-\frac{8}{9} + \frac{3}{4}$ **68.** $-\frac{4}{9} - \frac{5}{12}$ **69.** $-\frac{3}{8} - \frac{4}{9}$

70. $\frac{1}{2} + \frac{1}{3} - \frac{1}{4}$ **71.** $\frac{5}{3} - \frac{3}{4} - \frac{1}{6}$ **72.** $\frac{2}{3} + \frac{1}{6} - \frac{5}{9}$

73. $\frac{1}{4} + \frac{5}{6} - \frac{7}{8}$ **74.** $\frac{1}{4} + \frac{3}{8} - \frac{5}{12}$ **75.** $\frac{5}{6} - \frac{7}{8} + \frac{1}{12}$

76. $\frac{2}{3} - \frac{3}{5} + \frac{9}{10}$ **77.** $\frac{3}{4} - \frac{5}{9} + \frac{7}{12}$ **78.** $\frac{5}{4} - \frac{1}{6} + \frac{2}{9}$

79. $\frac{1}{6} + \frac{6}{7} - \frac{3}{14}$ **80.** $\frac{2}{3} - \frac{1}{8} + \frac{9}{16}$ **81.** $\frac{5}{6} + \frac{7}{12} - \frac{11}{16}$

82. $\frac{7}{12} - \frac{11}{18} - \frac{5}{24}$ **83.** $\frac{10}{21} + \frac{9}{14} - \frac{13}{28}$ **84.** $\frac{5}{6} - \frac{7}{9} + \frac{4}{15}$

85. $\frac{9}{16} - \frac{7}{18} - \frac{13}{24}$ **86.** $\frac{19}{24} + \frac{5}{28} + \frac{11}{32}$ **87.** $\frac{13}{30} - \frac{16}{35} - \frac{9}{40}$

Efectúe las operaciones indicadas y simplifique:

88. $\frac{18}{14} \times \frac{35}{27}$ **89.** $\frac{26}{-8} \times \frac{32}{39}$ **90.** $\frac{56}{24} \times \frac{-9}{42}$

91. $\frac{-24}{51} \times \frac{34}{-40}$ **92.** $\frac{12}{56} \div \frac{16}{35}$ **93.** $-\frac{28}{81} \div \frac{35}{18}$

94. $\frac{16}{55} \div \left(-\frac{40}{33}\right)$ **95.** $-\frac{24}{38} \div \left(-\frac{27}{57}\right)$ **96.** $\frac{12}{46} \times \frac{69}{9} \times \frac{27}{8}$

97. $\frac{9}{4} \times \frac{16}{15} \times \frac{20}{21}$ **98.** $\frac{7}{8} \times \frac{12}{28} \times \frac{16}{9}$ **99.** $\frac{7}{9} \div \frac{8}{3} \times \frac{6}{5}$

100. $\frac{15}{26} \div \frac{10}{39} \times \frac{4}{5}$ **101.** $\frac{12}{55} \times \frac{22}{7} \div \frac{15}{14}$ **102.** $\frac{36}{85} \times \frac{34}{27} \div \frac{8}{15}$

103. $\frac{10}{16} \times \frac{64}{3} \div 20$ **104.** $\frac{14}{8} \times \frac{81}{21} \div 27$ **105.** $\frac{25}{28} \div \frac{15}{14} \div \frac{5}{9}$

106. $\frac{32}{39} \div \frac{64}{51} \div \frac{17}{52}$ **107.** $\frac{33}{38} \div \left(\frac{26}{57} \times \frac{22}{13}\right)$ **108.** $\frac{8}{27} \div \left(\frac{128}{81} \times \frac{15}{16}\right)$

109. $\frac{5}{3} + \frac{4}{3} \times \frac{7}{6}$ **110.** $\frac{3}{8} + \frac{9}{8} \times \frac{4}{3}$ **111.** $\frac{7}{4} + \frac{5}{16} \times \frac{4}{15}$

112. $\frac{10}{7} - \frac{3}{7} \times \frac{14}{9}$ **113.** $\frac{4}{9} - \frac{13}{9} \times \frac{3}{26}$ **114.** $\frac{5}{12} - \frac{17}{12} \times \frac{3}{34}$

115. $\frac{5}{6} + \frac{1}{6} \div \frac{3}{2}$ **116.** $\frac{7}{8} + \frac{3}{4} \div \frac{6}{13}$ **117.** $\frac{5}{9} + \frac{14}{27} \div \frac{7}{3}$

118. $\frac{13}{11} - \frac{2}{11} \div \frac{4}{3}$ **119.** $\frac{11}{3} - \frac{2}{3} \div \frac{6}{5}$ **120.** $\frac{12}{5} - \frac{2}{5} \div \frac{4}{9}$

121. $\frac{2}{3} + \frac{7}{8} \times \frac{2}{7} - \frac{1}{6}$ **122.** $\frac{1}{2} - \frac{3}{10} \times \frac{5}{4} + \frac{1}{8}$

123. $\frac{2}{7} + \frac{3}{4} \div \frac{5}{8} - \frac{3}{2}$ **124.** $\frac{5}{8} - \frac{3}{32} \div \frac{1}{4} + \frac{7}{4}$

125. $\frac{2}{3}\left(\frac{3}{4} - \frac{5}{9}\right) + \frac{5}{6}$ **126.** $\frac{5}{6} + \frac{7}{6}\left(\frac{5}{12} - \frac{13}{18}\right)$

127. $\frac{11}{14} - \frac{10}{21}\left(\frac{7}{5} - \frac{28}{25}\right)$ **128.** $\frac{7}{11} - \frac{7}{11}\left(\frac{11}{14} + \frac{11}{7}\right)$

129. $\frac{4}{15} \div \left(\frac{7}{30} + \frac{1}{60}\right) - \frac{12}{25}$ **130.** $\frac{13}{17} - \frac{3}{17} \div \left(\frac{5}{8} - \frac{7}{9}\right)$

131. $\frac{23}{24} - \frac{7}{12} \div \left(\frac{35}{36} - \frac{7}{9}\right)$ **132.** $\frac{17}{20} + \frac{3}{20} \div \left(\frac{2}{3} - \frac{7}{10}\right)$

Redondee los siguientes números a dos cifras decimales:

133. 2.8614 **134.** 89.7328 **135.** 39.1263 **136.** 48.6181
137. 43.7152 **138.** 28.4653 **139.** 7.815 **140.** 23.635
141. 54.275 **142.** 72.165 **143.** 18.345 **144.** 29.725

Halle el valor para cada uno de los siguientes valores absolutos:

145. $|-8|$ **146.** $|-35|$ **147.** $|8 - 1|$ **148.** $|10 - 2|$
149. $|6 - 15|$ **150.** $|7 - 23|$ **151.** $|-18 + 4|$ **152.** $|-29 + 9|$

Encuentre la distancia entre los puntos cuyas coordenadas son:

153. 1; 12 **154.** 5; 11 **155.** 3; −9 **156.** 2; −19
157. 15; −1 **158.** 12; −6 **159.** −9; 9 **160.** −8; 0
161. −2; −8 **162.** −4; −10 **163.** −15; −3 **164.** −12; −7

Encuentre el valor de cada una de las siguientes expresiones:

165. Juan hizo un trabajo por $100 dólares. Si el material que empleó le costó $13 dólares, ¿cuánto ganó por hora si en total trabajó 6 horas?

166. Un comerciante compró 80 piezas de lechuga a 30₵ cada una. Si vendió 75 de ellas a razón de 60₵ la pieza y desechó el resto, ¿cuánto obtuvo de ganancia?

167. Tomás corta el césped de un prado una vez cada dos semanas y cobra $19.50 dólares al mes. ¿Cuánto cobra cada vez que corta el césped?

168. Un pescador capturó 72 libras de pescado en 6 horas. Decidió cortar el pescado en filetes y venderlo a un restaurante a razón de $1.80 dólares la libra. Si se desperdició $\frac{1}{6}$ del total del pescado y el pescador demoró 2 horas en cortarlo ¿cuánto ganó por hora?

169. María manejó 432 millas, de las cuales 42 fueron en la ciudad y el resto en carretera. Su automóvil tiene un rendimiento de 28 millas por galón de combustible en la ciudad y de 36 en carretera. ¿Cuánto le costó el viaje si un galón de combustible cuesta $1.20 dólares?

CAPÍTULO 3

Operaciones básicas con polinomios

El álgebra se ocupa de sistemas matemáticos. El más fundamental de ellos es el sistema numérico. El álgebra elemental es una generalización de la aritmética.

Mientras que en la aritmética usamos números reales, que son **específicos**, en el álgebra se emplean símbolos, que normalmente son letras del alfabeto, considerados como **números generales** o **literales**. Los números literales que se utilizan en el álgebra para permitirnos considerar propiedades generales de los números, y no sus atributos específicos.

3.1 Notación y terminología algebraicas

La notación que se emplea en álgebra es simple y compacta. Para representar el producto del número específico 5 y el literal a, escribimos $5a$. Asimismo se escribe $-2b$ para indicar el producto del número específico -2 y el literal b. En cuanto al producto de dos números literales, por ejemplo a y b, se escribe simplemente ab.

Un **término** puede ser un número específico, un número literal, un producto de ellos, cociente, o una extracción de raíz. Las cantidades 5, $3a$, xy, $-\frac{5b}{c}$, $\sqrt{7z}$ constituyen ejemplos de términos.

Normalmente se escribe el número específico presente en un término como el primer símbolo de éste y se le llama **coeficiente numérico** del término. Cuando no aparece ningún número específico en un término, como por ejemplo en xy, el coeficiente numérico es 1. Si un término no tiene signo indicado que lo preceda, como en $3a$, se toma como implícito el signo positivo.

En la multiplicación numérica, cada uno de los números contenidos en el producto se denomina **factor** del producto. De esta manera algunos de los factores de $14abc$ son 2, 7, 14, a, b, c, $2a$, $7b$, $2c$, ab, $2bc$.

El coeficiente numérico de un término puede ser asociado con cualquier factor literal del término, no solamente el primero de ellos.

Una **expresión** simboliza una combinación de términos mediante adición y sustracción. Las cantidades 12, $6a$, $10x - \frac{3}{y}$, $7abc - \frac{9x}{y} + \sqrt{xz}$ son ejemplos de expresiones.

Cuando los números literales de una expresión aparecen únicamente en sumas, diferencias o productos, se dice que la expresión es un **polinomio**. Las cantidades $12ab$, $5a - 6cde$, $7xy + az - 2b + 3$ son polinomios. Se llama **monomio** a un polinomio que contiene sólo un término, como $2xy$. Un polinomio con dos términos, como $3ab - 2$, se llama **binomio**. Uno con tres, como $6xyz - 7y + a$, se denomina **trinomio**.

3.2 Evaluación de expresiones

El valor numérico de una expresión puede calcularse cuando a cada número literal de la expresión se le asigna un valor específico. Se llama **evaluación** al proceso de calcular el valor numérico de una expresión.

Para evaluar una expresión se sustituye el valor específico dado de cada número literal. Los cálculos se facilitan, y la posibilidad de errores se reduce, cuando el valor específico de cada literal se sustituye usando paréntesis antes de efectuar las operaciones.

Nota

El valor específico asignado a una literal puede variar de un problema a otro, pero permanece fijo para dicha literal durante un problema determinado.

EJEMPLO Evaluar la expresión $3a + 5bc$, dado que

$a = 2$, $b = 3$ y $c = -1$.

SOLUCIÓN

$$\begin{aligned} 3a + 5bc &= 3(2) + 5(3)(-1) \\ &= 6 - 15 \\ &= -9 \end{aligned}$$

Nota

$$\begin{aligned} 5 - 3(8 - 6) &= 5 - 3(2) \qquad \neq 2(8 - 6) \\ &= 5 - 6 \\ &= -1 \end{aligned}$$

EJEMPLO Calcular el valor de la expresión $a - 2(3b + c)$ cuando

$a = 3$, $b = -1$ y $c = -4$.

SOLUCIÓN

$$\begin{aligned} a - 2(3b + c) &= 3 - 2[3(-1) + (-4)] \\ &= 3 - 2[-3 - 4] \qquad \neq 1[-3 - 4] \\ &= 3 - 2(-7) \qquad \neq 1(-7) \\ &= 3 + 14 \\ &= 17 \end{aligned}$$

EJEMPLO

Hallar el valor de $\dfrac{3ab - 2cd}{4ac}$, puesto que $a = -2$, $b = 3$, $c = -1$ y $d = 2$.

SOLUCIÓN

$$\frac{3ab - 2cd}{4ac} = \frac{3(-2)(3) - 2(-1)(2)}{4(-2)(-1)}$$

$$= \frac{-18 + 4}{8} = \frac{-14}{8} = -\frac{7}{4}$$

Ejercicios 3.2

Evalúe las expresiones siguientes, dado que $a = 2$, $b = -3$, $c = 1$ y $d = -2$:

1. $a - 4$ **2.** $b - 2$ **3.** $6 - b$ **4.** $-5 - d$
5. $a + b$ **6.** $a - b$ **7.** $b - d$ **8.** $2a + b$

9. $3a + d$ **10.** $2a - 3c$ **11.** $4a - d$ **12.** $2c - b$
13. $2b + 3d$ **14.** $2b - 3d$ **15.** $3a - b - 6$ **16.** $2b + 4d - 7$
17. $a - 2b + c$ **18.** $a + 2b - 3c$ **19.** $a - b - 2d$
20. $d + 3c - 4b$ **21.** $6a - 5b - d$ **22.** $4c + 3b - 8a$
23. $b + d - 5c$ **24.** $3b - 8c + 2d$ **25.** $b - 3a - 2d + 10$
26. $3d - 4c - 2b + 6$ **27.** $a - b + 2c + 3d$ **28.** $a + 2b - c + 6d$
29. $4a - b - 3c + d$ **30.** $a - 4b + 3c - 7d$ **31.** $a - (b + c)$
32. $2a + (c + d)$ **33.** $b - (c - 2d)$ **34.** $c - (2a - d)$
35. $b - 2(3c - d)$ **36.** $a + 3(b - 2d)$ **37.** $2c - 2(3a - 2b)$
38. $2d + 5(7c - 3d)$ **39.** $ab + d$ **40.** $bc - a$
41. $ad - c$ **42.** $bd - 3c$ **43.** $ab - 3cd$
44. $2ac + 5bd$ **45.** $5bc - 8ad$ **46.** $6cd - 3bda$
47. $2a + b(2a - d)$ **48.** $3b - b(3 - d)$ **49.** $3a + a(b - d)$

50. $3c + b(2a + d)$ **51.** $\frac{a + d}{a - d}$ **52.** $\frac{b + 3c}{a + 3c}$

53. $\frac{d - b}{a - c}$ **54.** $\frac{a + 2b}{c - d}$ **55.** $\frac{2bc + bd}{3d}$

56. $\frac{5ad + 4bc}{ac}$ **57.** $\frac{ab - 3cd}{c}$ **58.** $\frac{bd - 2ab}{2d}$

59. $\frac{3b - 2ad}{4a}$ **60.** $\frac{2ac - 3bd}{ad}$ **61.** $\frac{a}{b} + \frac{d}{c}$

62. $\frac{d}{4b} + \frac{b}{a}$ **63.** $\frac{2a}{3c} - \frac{b}{d}$ **64.** $\frac{d}{a} - \frac{c}{b}$

3.3 Adición de polinomios

La suma de dos números específicos se puede escribir como un tercer número específico. Dados los números específicos 2 y 3, podemos expresar su suma como $2 + 3$, o bien 5.

La suma de dos números literales a y b puede indicarse simplemente como $a + b$. Los números a y b se llaman **términos** de la suma.

Se denominan **términos semejantes** los que poseen factores literales idénticos: $2abc$, $3bac$, $-10cba$ son ejemplos de dichos términos. Por otro lado, $2abc$ y $3abd$ son **térmi-**

nos no semejantes, ya que $2abc$ tiene a c como factor, mientras que $3abd$ no lo tiene. Los coeficientes numéricos de los términos no afectan la semejanza o no de éstos.

Cuando los términos que hay que sumar son semejantes, tales como $5a$ y $7a$, la suma $5a + 7a$ se puede simplificar mediante el uso de la ley distributiva de la multiplicación.

LEY DISTRIBUTIVA DE LA MULTIPLICACIÓN

Si $a, b, c \in R$, entonces

$$\begin{aligned} a(b + c) &= ab + ac \\ a(b - c) &= a[b + (-c)] = a(b) + a(-c) = ab - ac \\ -a(b + c) &= -a(b) + (-a)(c) = -ab - ac \\ -a(b - c) &= (-a)(b) - (-a)(c) = -ab + ac. \end{aligned}$$

Utilizando la ley distributiva de la multiplicación, se tiene

$$5a + 7a = (5 + 7)a = 12a$$

También
$$\begin{aligned} 4a + a - 8a &= (4 + 1)a - 8a \\ &= 5a - 8a \\ &= (5 - 8)a \\ &= -3a \end{aligned}$$

o bien
$$\begin{aligned} 4a + a - 8a &= (4 + 1 - 8)a \\ &= -3a \end{aligned}$$

Es importante observar que

$$2a + 4a = (2 + 4)a = 6a$$

y $$5a - 3a = (5 - 3)a = 2a \quad \text{(no solamente 2).}$$

Cuando se suman polinomios, se combinan únicamente los términos semejantes presentes en ellos.

EJEMPLO Sumar $3a - 5b$ y $-2a + 3b$.

SOLUCIÓN
$$\begin{aligned} (3a - 5b) + (-2a + 3b) &= 3a - 5b - 2a + 3b \\ &= (3a - 2a) + (-5b + 3b) \\ &= (3 - 2)a + (-5 + 3)b = a - 2b \end{aligned}$$

EJEMPLO Sumar $3a - 2b + c$ y $6a + 4b - 5c$.

SOLUCIÓN
$$\begin{aligned} (3a - 2b + c) + (6a + 4b - 5c) &= 3a - 2b + c + 6a + 4b - 5c \\ &= (3a + 6a) + (-2b + 4b) + (c - 5c) \\ &= (3 + 6)a + (-2 + 4)b + (1 - 5)c \\ &= 9a + 2b - 4c \end{aligned}$$

Una manera sencilla de encontrar la suma de polinomios consiste en escribirlos en renglones sucesivos, de manera que los términos semejantes queden colocados en una misma columna. Esto se asemeja a la adición de números específicos, cuando los escribimos por renglones, de manera que las unidades, decenas, centenas, y así sucesivamente, quedan en columnas separadas.

EJEMPLO Obtener la suma de los polinomios siguientes:

SOLUCIÓN $2ab - 6c + d;$ $3c - 5d;$ and $2d - 4ab + 4c$

$$\begin{array}{r} 2ab - 6c + d \\ + 3c - 5d \\ -4ab + 4c + 2d \\ \hline -2ab + c - 2d \end{array}$$

$$(2ab - 6c + d) + (3c - 5d) + (2d - 4ab + 4c) = -2ab + c - 2d$$

3.4 Sustracción de polinomios

En lenguaje algebraico la operación de sustraer o restar b de a se simboliza $a - b$, que es lo mismo que $a + (-b)$. O sea, para restar b de a, sumamos el inverso aditivo (o negativo) de b al número a.

El inverso aditivo de $+6x$ es $-6x$. Es decir, $-(+6x) = -6x$.

El inverso aditivo de $-10y$ es $+10y$. O sea, $-(-10y) = +10y$.

Cuando los términos que hay que restar son semejantes, se puede simplificar la diferencia empleando la ley distributiva de la multiplicación.

EJEMPLOS

1. Sustraer $(3a)$ de $(8a)$

   $(8a) - (3a) = 8a - 3a = (8 - 3)a = 5a.$

2. Sustraer $(-3a)$ de $(8a)$.

   $(8a) - (-3a) = 8a + 3a = (8 + 3)a = 11a$

3. Sustraer $(3a)$ de $(-8a)$

   $(-8a) - (3a) = -8a - 3a = (-8 - 3)a = -11a$

4. Sustraer $(-3a)$ de $(-8a)$

   $(-8a) - (-3a) = -8a + 3a = (-8 + 3)a = -5a.$

Para efectuar la sustracción de un polinomio, llamado el **sustraendo**, de otro polinomio, llamado el **minuendo**, se suma este último con el inverso aditivo del sustraendo y se combinan los términos semejantes. El inverso aditivo de un polinomio es el que se obtiene sumando los inversos aditivos de todos los términos del polinomio.

El inverso aditivo de $5a - 6b + 8$ es $-5a + 6b - 8$. O sea,

$$-(5a - 6b + 8) = -5a + 6b - 8$$

EJEMPLO Sustraer $(3a - 5b)$ de $(6a - 7b)$.

SOLUCIÓN

$$\begin{aligned}(6a - 7b) - (3a - 5b) &= 6a - 7b - 3a + 5b\\ &= (6a - 3a) + (-7b + 5b)\\ &= (6 - 3)a + (-7 + 5)b\\ &= 3a - 2b\end{aligned}$$

EJEMPLO Sustraer $(3a - 2b + 5)$ de $(8a + 6b - 2)$.

SOLUCIÓN

$$\begin{aligned}(8a + 6b - 2) - (3a - 2b + 5) &= 8a + 6b - 2 - 3a + 2b - 5\\ &= (8a - 3a) + (6b + 2b) + (-2 - 5)\\ &= (8 - 3)a + (6 + 2)b + (-2 - 5)\\ &= 5a + 8b - 7\end{aligned}$$

La sustracción de polinomios puede efectuarse de una manera más sencilla escribiéndolos en renglones. Se escribe el minuendo en el primer renglón y el sustraendo en el segundo, de manera que los términos semejantes queden colocados en una misma columna. El inverso aditivo de un polinomio es el que se obtiene cambiando los signos de los términos del polinomio. Así que se cambian los signos de cada uno de los términos del sustraendo, se escriben los nuevos signos encerrados en círculos arriba de los signos originales, y se suman términos semejantes usando los nuevos signos.

EJEMPLO De $7ab - 2c + 8$ sustraer $8ab - 5c + 4$.

SOLUCIÓN

$$\begin{array}{r}7ab - 2c + 8\\ \ominus \quad \oplus \quad \ominus\\ \underline{8ab - 5c + 4}\\ -\ ab + 3c + 4\end{array}$$

$$(7ab - 2c + 8) - (8ab - 5c + 4) = -ab + 3c + 4$$

EJEMPLO Sustraer $2x - 3y - 6$ de $4x - 3y + 10$.

SOLUCIÓN

$$\begin{array}{r} 4x - 3y + 10 \\ \ominus \quad \oplus \quad \oplus \\ 2x - 3y - 6 \\ \hline 2x + 0y + 16 \end{array}$$

Dado que $0 \cdot y = 0$, no es necesario, escribir ese término.

$$(4x - 3y + 10) - (2x - 3y - 6) = 2x + 16$$

EJEMPLO Sustraer $6ab + 2c - 4$ de $8ab - 2b + 3$.

SOLUCIÓN

$$\begin{array}{l} 8ab - 2b + 3 \\ \ominus \qquad\quad \oplus \ \ominus \\ 6ab \qquad - 4 + 2c \\ \hline 2ab - 2b + 7 - 2c \end{array}$$

$$(8ab - 2b + 3) - (6ab + 2c - 4) = 2ab - 2b + 7 - 2c$$

Ejercicios 3.3-3.4

Reduzca términos semejantes en cada una de las expresiones siguientes:

1. $2a + 5a - a$ **2.** $3x - 7x + x$ **3.** $8 - 12y - 3y$
4. $1 - 5b + 4b$ **5.** $2ab - b + 6ab$ **6.** $10xy + y - 7xy - 8y$
7. $4ax - 10bx - 9bx - 4ax$ **8.** $3xy - zy + 5xy - 2yz$

Obtenga la suma de los siguientes polinomios:

9. $2a + 6b, 7a - 2b$
10. $4x - 3y, 2x - 6y$
11. $x - 3y, 2y - 5x$
12. $7a + b, -3a - 4b$
13. $x + y - 3, 2x - y - 5$
14. $3x + 2y - 4, 6y - 4x + 1$
15. $2x - 3y + 4, 2y - x - 2$
16. $x + y - 7, 3y - 4x - 1$
17. $3x - 8, 7 - 4x, 2x - 1$
18. $5x + 6, -3x + 2, x - 9$
19. $2x - 3y, -4x + 7y, -x - 2y$
20. $x - 3y, 6x - 3y, -x + 2y$
21. $3x - 2y + 1, 2x + 5y - 6, 3 - x - 3y$
22. $4x - 3y + 13, 7x + 8y - 6, 2y - 5 - 8x$
23. $5x - 3y + 1, 2y - x - 7, 12 + 6y - 15x$
24. $2x - 3y + z, 2y - x, 3y - 2z - 3x$
25. $a + 10b - 9, 3a - 5b + 4c, 2c + b - 6$
26. $5ab - 2a + b, ab + 2a - 3, 5a - ab$
27. $10b + 5bc - 6c, 7bc - 4b + c, 9c - 8bc$
28. $8xy - 2yz, 2xy - z + 6yz, 9yz - 7yx - 3z$

En cada uno de los ejercicios siguientes sustraer:

29. $5a$ de $7a$ **30.** $2a$ de $3a$ **31.** $9a$ de a

32. $6a$ de $2a$
33. $-6a$ de $3a$
34. $-2a$ de $5a$
35. a de $-4a$
36. $7a$ de $-10a$
37. $-3a$ de $-2a$
38. $-2a$ de $-9a$
39. 2 de $2a$
40. a de ab

En cada uno de los siguientes ejercicios sustraiga el primer polinomio del segundo:

41. $3x - 1, x - 10$
42. $1 - 4x, 10 - x$
43. $2x - 1, x + 3$
44. $7 - x, 7x - 5$
45. $2x - y - 8, 2x - 3y - 6$
46. $3x + y - 9, 2x + y - 5$
47. $4x - 3y + 12, 6x - 2y + 9$
48. $y - 2x + 3, 3x - 5y - 15$
49. $2a + 3b + 6c, 3a - 2b + c$
50. $2a + 5b - 6c, 7a + 3b - 6c$
51. $6a - 10b + 8c, 5a + 7b - c$
52. $-ab + 4bc - 2, 3ab - 2bc + 1$

Efectúe las sustracciones indicadas:

53. De $2a - 5b + 8$ sustraer $a - 6b + 3$.
54. De $-3x + 4y + z$ sustraer $9x - 5y - 1$.
55. De $-6x + 2y - 3z$ sustraer $-8x - 3y + 3$.
56. De $8ax + 2by - 7cz$ sustraer $2by - 3ax - 7cz$.

¿Qué debe sumarse al primer polinomio para obtener el segundo?

57. $a, 5a$
58. $2a, 2ab$
59. $10, 10a$
60. $-6, -6ab$
61. $x + 1, 2x - 1$
62. $3x - 1, 2x + 1$
63. $x + 4y, 3x - 4y$
64. $2x + y, 3x - 2y$
65. $2x - 3y - 12, 4x + 5y + 20$
66. $2x - y - 2, 6x - 7y - 8$
67. $7x - 6y - 17, 3x + y - 18$
68. $6x - 7y - 10, -8x + 13y - 6$
69. $x - 2y + z, 0$
70. $5x - y - 4z, 0$

Efectúe las operaciones indicadas:

71. Sustraer la suma de $5x + 6y - 8$ y $7y - 2x - 3$ de la suma de $6x - 2y + 1$ y $5x + 7y - 9$.
72. Sustraer la suma de $8x - 7y - 4$ y $7x - 4y + 5$ de la suma de $4x - 5y - 9$ y $9y - 7x - 15$.
73. De la suma de $2a + b - c$ y $3a - b + 2c$ sustraer la suma de $a - 2b + 6c$ y $5a + 6b + 4c$.
74. De la suma de $3a - b + 9c$ y $2a + 3b - 5c$ sustraer la suma de $3a + 14b - 2c$ y $a - 2b + c$.

3.5 Símbolos de agrupación

Los símbolos de agrupación, como son los **paréntesis** ( ), **llaves** { } y **corchetes** [ ], se utilizan para señalar, de una manera sencilla, más de una operación.

Cuando se escribe el binomio $3a + 5b$ como $(3a + 5b)$, se está considerando la suma de $3a$ y $5b$ como una cantiad. La expresión $a - (b + c)$ significa que la suma de b y c se va a sustraer de a.

El enunciado "tres veces x menos cuatro veces la suma de y y z", puede escribirse en notación algebraica como

$$3x - 4(y + z).$$

Eliminar o suprimir los símbolos de agrupación significa efectuar las operaciones indicadas por ellos. Se eliminan los símbolos de uno en uno, empezando con el que esté situado más adentro, siguiendo el orden propio de las operaciones que hay que efectuar.

EJEMPLO Eliminar los símbolos de agrupación y reducir términos semejantes:

$$2x - (5x - 2y) + (x - 6y)$$

SOLUCIÓN

$$\begin{aligned} 2x - (5x - 2y) + (x - 6y) &= 2x - 5x + 2y + x - 6y \\ &= (2x - 5x + x) + (2y - 6y) \\ &= -2x - 4y \end{aligned}$$

EJEMPLO Suprimir los símbolos de agrupación y reducir términos semejantes:

$$7a + 2(2b - 3(3a - 5b)]$$

SOLUCIÓN

$$\begin{aligned} 7a + 2[2b - 3(3a - 5b)] &= 7a + 2[2b - 9a + 15b] \\ &= 7a + 4b - 18a + 30b \\ &= 34b - 11a \end{aligned}$$

EJEMPLO Eliminar los símbolos de agrupación y reducir términos semejantes:

$$6a - \{2b + [3 - (a + b) + (5a - 2)]\}$$

SOLUCIÓN

$$\begin{aligned} &6a - \{2b + [3 - (a + b) + (5a - 2)]\} \\ &= 6a - \{2b + [3 - a - b + 5a - 2]\} \\ &= 6a - \{2b + 3 - a - b + 5a - 2\} \\ &= 6a - 2b - 3 + a + b - 5a + 2 \\ &= (6a + a - 5a) + (-2b + b) + (-3 + 2) \\ &= 2a - b - 1 \end{aligned}$$

A veces, es necesario agrupar algunos términos de una expresión. Esto se puede llevar a cabo mediante el uso de paréntesis.

Cuando un símbolo de agrupación está precedido por un signo positivo ("más"), los signos de los términos no se alteran; cuando va precedido por un signo negativo ("menos"), se utilizan los inversos aditivos (negativos) de los términos.

EJEMPLO Agrupar los tres últimos términos del polinomio $3a - 5b + c - 2$ con un símbolo de agrupación en dos formas, una precedida por un signo positivo y la otra precedida por uno negativo.

SOLUCIÓN

$$3a - 5b + c - 2 = 3a + \underbrace{(-5b + c - 2)}_{\text{no hay cambio de signos}}$$

$$3a - 5b + c - 2 = 3a - \underbrace{(5b - c + 2)}_{\text{negativos}}$$

Ejercicios 3.5

Elimine los símbolos de agrupación y reduzca términos semejantes:

1. $3a + (2 + 5a)$
2. $a + (2a + 3)$
3. $2a + (8 - a)$
4. $3a + (4 - 2a)$
5. $7a - (a + 7)$
6. $2a - (a + 6)$
7. $x - (2x - 4)$
8. $3x - (x - 3)$
9. $5x - (1 - 3x)$
10. $2x - (2 - x)$
11. $4 + 6(x - 1)$
12. $5 + 5(2x - 3)$
13. $7 - 2(3x - 8)$
14. $6 - 3(2x - 1)$
15. $13 - 3(5x - 1)$
16. $17 - 7(3x - 4)$
17. $(2x - 3y) - 4(x - 5y)$
18. $2(5x - 4y) - (7x + y)$
19. $3(2a - b) - 4(a + b)$
20. $5(b - 4a) - 6(b - 3a)$
21. $(a - 3b) - 3(a - 2b)$
22. $8(2a - b) - 4(b - a)$
23. $3a - (2b + 3a) + (b + a)$
24. $9 - 2(a + 3) + (a + 2)$
25. $13 + 2(a + 5) - (7 + a)$
26. $x - 3(2x + 3) + (x + 1)$
27. $12x - (12 - 5x) + 2(3x - 4)$
28. $7 - 4(2x - 5) + 3(x - 8)$
29. $3x + [2 - (x - 3)]$
30. $5x + [6 - (2x - 1)]$
31. $2x + [y - (x - y)]$
32. $9y + [3x - (y + 4x)]$
33. $10 - [8 - 2(x + 5)]$
34. $a - [7 - 3(4 - a)]$
35. $x - [7 - 3(2x - 4)]$
36. $3x - [6 - 2(2 - 3x)]$
37. $4x - [9 - 4(3 - x)]$
38. $4x + [x - (2x - 3)] - [5 - 2(1 - x)]$
39. $x - [3x + (4 - x)] - [8 - 3(x - 2)]$
40. $3x - [y - (x - 2y)] - [2x - (y - 2x)]$
41. $3y - [x - 2(3x - y)] - [2y - (x + 3y)]$
42. $2x - [y + (1 - x)] - [1 - (y - 3x)]$
43. $7 - 2[x + (2x - 1)] - [5 - 2(x + 3)]$
44. $6 + 4[x - (2x + 3)] - [7 + 3(x - 2)]$
45. $3 + 2[2x - (3x - 1)] + [9 - 4(x + 3)]$
46. $8 - 3[8 + 4(x - 4)] - [2x - 3(2x - 3)]$
47. $15 - 5[4 - 2(x + 1)] - [3x - 5(x + 4)]$
48. $2x - \{5y - [2x - y + (x - y)]\}$
49. $10 + \{x - [y + (x - 3) - (y - 6)]\}$
50. $3a + \{b - 2 - [(a - b) + (b - 1)]\}$
51. $a + \{-2b - [3 + (5a - 2b) - (7a + 2)]\}$
52. $2a - \{2b + [-4 - (3a - 2b) + (6a - b)]\}$

53. $2a + \{3a - [5 + 2(a + 3b) - 3(b - a)]\}$
54. $a - \{2a - [7 - 3(a - b) + 2(2a - b)]\}$
55. $b - 2\{-a + [b + 2(a - 1) - 3(2b - 3)]\}$
56. $3 + 2\{2b - [a - 2(b - 4) + 3(a - 2)]\}$
57. $6 - 5\{a + 2[3b - 2(a - 1) + 2(a - b)]\}$
58. $4 + 4\{b - [-a + 5(b - 3) - 2(-1 - a)] + 3\}$
59. $8 - 3\{a - 2[a - (b - 2) + 3(b - 3)] - 6\}$

En cada uno de los ejercicios siguientes escriba un polinomio equivalente en el que los tres últimos términos estén encerrados entre paréntesis precedidos por (a) un signo positivo, (b) uno negativo:

60. $3a + 5b + 6c + 7$
61. $-a + b + c - 2$
62. $x + 2y - z + 8$
63. $-x + y - 3z - 6$
64. $x - y + z - 4$
65. $3x - 2y - z + 5$
66. $-5x - 6y + 3z - 1$
67. $-6x - 3y - 4z - 2$

Exprese los siguientes enunciados en notación algebraica:

68. Tres veces x más dos veces y.
69. Dos veces x más cinco veces y.
70. La suma de x y cuatro veces y.
71. La suma de cuatro veces x y siete veces y.
72. Ocho veces x menos y.
73. Seis veces x menos dos veces y.
74. Tres veces x menos diez veces y.
75. Dos veces x menos tres veces y.
76. Sustraer ocho veces x de y.
77. Sustraer x de nueve veces y.
78. Siete veces la suma de x y y.
79. Cuatro veces la suma de x y y.
80. z más tres veces la suma de x y y.
81. Tres veces z más dos veces la suma de x y y.
82. Dos veces z más cinco veces la suma de x y y.
83. Seis veces z más once veces la suma de x y y.
84. z menos dos veces la suma de x y y.
85. Cuatro veces z menos tres veces la suma de x y y.
86. Sustraer tres veces z de cinco veces la suma de x y y.
87. Sustraer cuatro veces z de once veces la suma de x y y.

3.6 Multiplicación de polinomios

Definición y Notación

El producto de dos números naturales, 3 y 4 por ejemplo, se define como

$$3 \times 4 = 4 + 4 + 4 \quad \text{tres términos de 4.}$$

Análogamente, $5a = 5 \cdot a = a + a + a + a + a$ cinco términos de a

$4ab = ab + ab + ab + ab$ cuatro términos de ab

$ab = a \times b = b + b + \cdots + b$ a terminos de b

Las siguientes son algunas de las leyes de la multiplicación de números reales:

1. Ley conmutativa de la multiplicación: $ab = ba$.
2. Ley asociativa de la multiplicación: $a(bc) = (ab)c$.
3. Ley distributiva de la multiplicación: $a(b + c) = (b + c)a = ab + ac$
4. Multiplicación de números con signo: $(+a)(+b) = +ab$; $(+a)(-b) = -ab$; $(-a)(+b) = -ab$; $(-a)(-b) = +ab$

Cuando se tiene $2 \cdot 2 \cdot 2 \cdot 2$, esto es, cuatro factores de 2, se emplea la notación 2^4, la cual se lee, ''dos a la potencia cuatro'', o bien ''dos a la cuarta potencia''.

Del mismo modo, $a \cdot a \cdot a \cdot a \cdot a = a^5$ significa cinco factores de a. El número a se llama **base** y el 5, **exponente**. Cuando no hay este último, como en x, se supone siempre x a la potencia 1.

DEFINICIÓN

Si $a \in R$, $m \in N$, entonces

$$a^m = \overbrace{a \cdot a \cdots a}^{m \text{ factors}}$$

Nótese la diferencia entre

$$(-2)^4 = (-2)(-2)(-2)(-2) = +16$$

y

$$-2^4 = -(2^4) = -(2 \cdot 2 \cdot 2 \cdot 2) = -16$$

Obsérvese también que $2a^3 = 2(a \cdot a \cdot a)$

mientras que

$$(2a)^3 = (2a)(2a)(2a) = (2 \cdot 2 \cdot 2)(a \cdot a \cdot a) = 2^3a^3 = 8a^3$$

Observación

$a, a^2, a^3, \ldots$ no son términos semejantes.

EJEMPLOS

1. $7a \cdot a \cdot a \cdot a = 7a^4$

2. $-(-3)(-3)(-3)(-3) = -(-3)^4$

3. $a \cdot a \cdot (-b)(-b)(-b) = a^2 - (b)^3$

4. $(x - 1)^3 = (x - 1)(x - 1)(x - 1)$

5. $2^2 + 2^3 = 2 \cdot 2 + 2 \cdot 2 \cdot 2 = 4 + 8 = 12$

6. $2^3 - 2 = 2 \cdot 2 \cdot 2 - 2 = 8 - 2 = 6$

7. $-2^2 \cdot 3^3 = -(2 \cdot 2) \cdot (3 \cdot 3 \cdot 3) = -4 \cdot 27 = -108$

8. $a^2(-b^3) = a \cdot a \cdot (-b \cdot b \cdot b)$

9. $2^3(-4^2) = 8(-16) = -128$

10. $3^2(-5)^2 = 9(25) = 225$

Ejercicios 3.6 A

Escriba las siguientes expresiones empleando exponentes:

1. $3 \cdot 3$ **2.** $5 \cdot 5$ **3.** $2 \cdot 2 \cdot 2 \cdot 2 \cdot 2$
4. $7 \cdot 7 \cdot 7$ **5.** $4 \cdot 4 \cdot 4 \cdot 4$ **6.** $a \cdot a$
7. $b \cdot b \cdot b$ **8.** $x \cdot x \cdot x \cdot x$ **9.** $(5c)(5c)$
10. $(2x)(2x)(2x)$ **11.** $(3b)(3b)(3b)(3b)$ **12.** $(ab)(ab)(ab)$
13. $(5xy)(5xy)(5xy)$ **14.** $(-3)(-3)$ **15.** $(-2)(-2)(-2)(-2)$
16. $(-5)(-5)(-5)$ **17.** $(-x)(-x)$
18. $(-a)(-a)(-a)(-a)(-a)$ **19.** $(-b)(-b)(-b)$
20. $2a \cdot a \cdot a$ **21.** $3b \cdot b \cdot b \cdot b$ **22.** $5x \cdot x \cdot x \cdot x \cdot x$
23. $2 \cdot 2 \cdot 3 \cdot 3$ **24.** $2 \cdot 2 \cdot 2 \cdot 3 \cdot 3$ **25.** $2 \cdot 2 \cdot 3 \cdot 3 \cdot 3$
26. $2 \cdot 2 \cdot 2 \cdot 2 \cdot 3$ **27.** $a \cdot a \cdot a \cdot b$ **28.** $a \cdot a \cdot b \cdot b \cdot b \cdot b$
29. $-3 \cdot 3 \cdot 3$ **30.** $-2 \cdot 2 \cdot 2 \cdot 2$ **31.** $-2 \cdot 2 \cdot 3 \cdot 3$
32. $-x \cdot x \cdot x \cdot y \cdot y$ **33.** $-a \cdot a \cdot b \cdot b \cdot b$ **34.** $a \cdot a \cdot (-b)(-b)$
35. $a \cdot a \cdot a \cdot (-b \cdot b)$ **36.** $2 \cdot 2 + 2 \cdot 2 \cdot 2$ **37.** $2 \cdot 2 + 3 \cdot 3$
38. $3 \cdot 3 \cdot 3 + 3 \cdot 3$ **39.** $5 \cdot 5 \cdot 5 - 5 \cdot 5$ **40.** $7 \cdot 7 - 7 \cdot 7 \cdot 7$
41. $a \cdot a \cdot a + a \cdot a$ **42.** $a \cdot a + b \cdot b$ **43.** $a \cdot a - b \cdot b \cdot b$

Escriba las siguientes expresiones en forma desarrollada:

44. 2^3 **45.** 3^4 **46.** a^5 **47.** $2a^4$
48. $2x^5$ **49.** $4a^3$ **50.** $6x^4$ **51.** ab^3
52. x^4y **53.** x^2y^2 **54.** a^3b^2 **55.** a^2b^4
56. -2^6 **57.** -3^4 **58.** -2^5 **59.** -5^3
60. $-5x^3$ **61.** $-3x^4$ **62.** -2^2x^2 **63.** -3^2a^4
64. -7^2x^3 **65.** $-ab^3$ **66.** $-a^2b^4$ **67.** $-a^3y^2$
68. $(-2)^3$ **69.** $(-3)^5$ **70.** $(-a)^2$ **71.** $(-a)^4$
72. $a^3(-b)^2$ **73.** $a^2(-b^2)$ **74.** $(x + 1)^2$ **75.** $(x - 2)^2$
76. $(2x + 1)^3$ **77.** $(x - y)^4$ **78.** $a^2 + b^2$ **79.** $a^2 + b^3$
80. $x^3 - y^3$ **81.** $x^2 - x^4$

Obtenga el valor numérico de cada una de las siguientes expresiones:

82. $2^2 + 3^2$ **83.** $2^2 + 2^4$ **84.** $5^3 - 4^3$ **85.** $3^3 - 2^3$
86. $(2 + 3)^2$ **87.** $(3 + 1)^4$ **88.** $(4 - 3)^{10}$ **89.** $(6 - 2)^3$
90. $(5 - 7)^3$ **91.** $(6 - 9)^3$ **92.** $(-3)^4$ **93.** $(-4)^2$
94. $(-2)^5$ **95.** $(-3)^5$ **96.** $-(-3)^2$ **97.** $-(-2)^4$
98. $-(-3)^3$ **99.** $-(-2)^5$ **100.** $2^3 \cdot 3^2$ **101.** $2^2 \cdot 3^2$
102. $7^2(-2)^3$ **103.** $5^2(-4)^2$ **104.** $3^2(-2^2)$ **105.** $2^3(-3^2)$
106. $(-1)^6(2^6)$ **107.** $(-1)^3(-2)^4$ **108.** $(-1)^3(-3)^5$ **109.** $(-2)^3(-3)^2$
110. $(-2^2)(-2)^2$ **111.** $(-3^2)(-2)^4$ **112.** $(-5^2)(-2)^3$ **113.** $(-4)^2(-5^2)$
114. $(-2^3)(-3^2)$ **115.** $(-2^2)(-3^3)$ **116.** $(-5^3)(-2^4)$

Factorice los números siguientes en sus factores primos y escriba sus respuestas usando exponentes:

117. 18 **118.** 32 **119.** 36 **120.** 48 **121.** 50 **122.** 72
123. 96 **124.** 108 **125.** 120 **126.** 144 **127.** 162 **128.** 216

Multiplicación de monomios

Se examinará la multiplicación de monomios, luego la de un monomio y un polinomio y, por último, la de dos polinomios.

De la definición de exponentes se tiene que

$$\begin{aligned} a^3 \cdot a^5 &= (a \cdot a \cdot a)(a \cdot a \cdot a \cdot a \cdot a) \\ &= a \cdot a \cdot a \cdot a \cdot a \cdot a \cdot a \cdot a \\ &= a^8 \\ &= a^{3+5} \end{aligned}$$

TEOREMA 1 Si $a \in R$ y $m, n \in N$, entonces $a^m \cdot a^n = a^{m+n}$.

DEMOSTRACIÓN

$$\begin{aligned} a^m \cdot a^n &= \overbrace{(a \cdot a \cdots a)}^{m \text{ factores}}\,\overbrace{(a \cdot a \cdots a)}^{n \text{ factores}} \\ &= \overbrace{a \cdot a \cdots a}^{(m+n) \text{ factores}} \\ &= a^{m+n} \end{aligned}$$

EJEMPLOS

1. $2^3 \cdot 2^5 = 2^{3+5} = 2^8$
2. $a^2 \cdot a^4 = a^{2+4} = a^6$
3. $-2^4 \cdot 2^3 = -2^{4+3} = -2^7$
4. $-3x^3 \cdot x^2 = -3x^{3+2} = -3x^5$
5. $x^5 \cdot x = x^{5+1} = x^6$
6. $(a + 1)^2 \cdot (a + 1)^3 = (a + 1)^{2+3} = (a + 1)^5$

Observación $2^3 \cdot 2^7 = 2^{3+7} = 2^{10}$, y no 4^{10}.

Observación $2^4 \cdot 3^5 = 2^4 \cdot 3^5$; para encontrar el producto se multiplica $2^4 = 16$ por $3^5 = 243$; esto es, $2^4 \cdot 3^5 = (16)(243) = 3888$.

Puesto que las leyes conmutativa y asociativa de la multiplicación son válidas para números, lo mismo específicos que generales, se tiene

EJEMPLOS

1. $(2ab^2)(3a^4bc^2) = (2 \cdot 3)(a^1 \cdot a^4)(b^2 \cdot b^1)(c^2)$
$= 6a^5b^3c^2$

2. $(-3b^2c^3)(8ab^3c) = (-3 \cdot 8)(b^2 \cdot b^3)(c^3 \cdot c)(a)$
$= -24b^5c^4a$

3. $(2x^2yz^3)(-4x^3y^2) = (2)(-4)(x^2 \cdot x^3)(y \cdot y^2)(z^3) = -8x^5y^3z^3$

4. $(-3^2xy^2)(-5x^2y^3) = (-9xy^2)(-5x^2y^3)$
$= (-9)(-5)(x \cdot x^2)(y^2 \cdot y^3) = 45x^3y^5$

De la definición de exponentes se tiene

$$\begin{aligned}(a^2)^3 &= (a^2)(a^2)(a^2)\\ &= (a^2 \cdot a^2)(a^2)\\ &= a^{2+2} \cdot a^2\\ &= a^{2+2+2}\\ &= a^{3\times 2} = a^{2\times 3}\\ &= a^6\end{aligned}$$

TEOREMA 2 Si $a \in R$ y $m, n \in N$, entonces $(a^m)^n = a^{mn}$.

DEMOSTRACIÓN

$$\begin{aligned}(a^m)^n &= \overbrace{(a^m)(a^m)\cdots(a^m)}^{n \text{ factores}}\\ &= \overbrace{(a \cdot a \cdots a)}^{m \text{ factores}} \cdot \overbrace{(a \cdot a \cdots a)}^{m \text{ factores}} \cdots \overbrace{(a \cdot a \cdots a)}^{m \text{ factores}}\\ &= \overbrace{a \cdot a \cdots a}^{mn \text{ factores}}\\ &= a^{mn}\end{aligned}$$

EJEMPLOS

1. $(3^2)^4 = 3^{2\cdot 4} = 3^8$

2. $(a^3)^5 = a^{3\cdot 5} = a^{15}$

3. $(-3^2)^3 = -3^{2\cdot 3} = -3^6$

4. $(-a^3)^2 = a^{3\cdot 2} = a^6$

Nota $2^3 \cdot 2^4 = 2^{3+4} = 2^7$, mientras que $(2^3)^4 = 2^{3\cdot 4} = 2^{12}$.

De la definición de exponentes se tiene

$$\begin{aligned} 6^4 = (2\cdot 3)^4 &= (2\cdot 3)(2\cdot 3)(2\cdot 3)(2\cdot 3) \\ &= (2\cdot 2\cdot 2\cdot 2)(3\cdot 3\cdot 3\cdot 3) \\ &= 2^4\cdot 3^4 \end{aligned}$$

TEOREMA 3 Si $a, b \in R$ y $m \in N$, entonces $(ab)^m = a^m b^m$.

DEMOSTRACIÓN

$$\begin{aligned} (ab)^m &= \overbrace{(ab)\cdot(ab)\cdots(ab)}^{m \text{ factores}} \\ &= \overbrace{(a\cdot a\cdots a)}^{m \text{ factores}}\overbrace{(b\cdot b\cdots b)}^{m \text{ factores}} \\ &= a^m b^m \end{aligned}$$

Nota a y b son factores. Si $a = 3$, $b = x$ y $m = 5$, $(3x)^5 = 3^5x^5$. No olvidar elevar el número 3 a la potencia 5.

Aplicando el Teorema 3 repetidamente, obtenemos

$$\begin{aligned} (abcd)^m &= [(ab)(cd)]^m \\ &= (ab)^m(cd)^m \\ &= a^m b^m c^m d^m \end{aligned}$$

Observación $21^2 = (3\cdot 7)^2 = 3^2\cdot 7^2 = 9 \times 49 = 441$.

Observación

La cantidad $(a + b)^5 \neq a^5 + b^5$.

$$(5 + 3)^2 = (8)^2 = 64, \quad \text{pero}$$
$$5^2 + 3^2 = 25 + 9 = 34.$$

Si consideramos $(a + b)$ como una cantidad, entonces

$$(a + b)^5 =$$
$$(a + b)(a + b)(a + b)(a + b)(a + b).$$

El método para calcular el producto se explicará más adelante.

COROLARIO Al aplicar los Teorema 3 y 2, cuando $a, b \in R$ y $m, n, k \in N$, se obtiene

$$\begin{aligned}(a^m b^n)^k &= [(a^m)(b^n)]^k \\ &= (a^m)^k (b^n)^k \\ &= a^{mk} b^{nk}\end{aligned}$$

EJEMPLO

1. $(5a^2b)^3 = (5)^3(a^2)^3(b)^3 = 5^3a^6b^3 = 125a^6b^3$
2. $(-2a^2b^3)^3 = (-2)^3(a^2)^3(b^3)^3 = -8a^6b^9$
3. $(-3ab^2)^4 = (-3)^4(a)^4(b^2)^4 = 81a^4b^8$

EJEMPLO Efectuar la siguiente multiplicación: $-2^2a^3(ab^3)^2$.

SOLUCIÓN $-2^2a^3(ab^3)^2 = -4a^3(a^2b^6) = -4(a^3 \cdot a^2)(b^6) = -4a^5b^6$

EJEMPLO Efectuar la siguiente multiplicación: $(3x^2y)^2(2xy^3)^3$.

SOLUCIÓN
$$\begin{aligned}(3x^2y)^2(2xy^3)^3 &= (3^2x^4y^2)(2^3x^3y^9) = (3^2 \cdot 2^3)(x^4 \cdot x^3)(y^2 \cdot y^9) \\ &= (9 \cdot 8)x^7y^{11} = 72x^7y^{11}\end{aligned}$$

Observación

Primero se toman en cuenta los exponentes exteriores.

EJEMPLO Efectuar la siguiente multiplicación:

SOLUCIÓN $(-2ab^2)^2(-3a^2b)^3(-bc^2)^4$

$$\begin{aligned}(-2ab^2)^2(-3a^2b)^3(-bc^2)^4 &= (-2)^2a^2b^4 \cdot (-3)^3a^6b^3 \cdot (-1)^4b^4c^8 \\ &= (-2)^2(-3)^3(-1)^4(a^2 \cdot a^6)(b^4 \cdot b^3 \cdot b^4)(c^8) \\ &= (4)(-27)(+1)a^8b^{11}c^8 \\ &= -108a^8b^{11}c^8\end{aligned}$$

EJEMPLO Efectuar las operaciones indicadas y simplificarlas.

SOLUCIÓN $(2ab)^4(-a^3b)^2 - (-3a^2)^3(a^2b^3)^2$

$$\begin{aligned}(2ab)^4(-a^3b)^2 - (-3a^2)^3(a^2b^3)^2 &= (16a^4b^4)(a^6b^2) - (-27a^6)(a^4b^6) \\ &= 16a^{10}b^6 + 27a^{10}b^6 \\ &= 43a^{10}b^6\end{aligned}$$

Nota

Para evaluar expresiones que contienen exponentes, primero se reemplaza cada literal con su valor específico indicado. Se usan símbolos de agrupación donde sea necesario con el fin de no confundir signos de operaciones con los de números.

EJEMPLO Evaluar $-a^2b^3$, dado que $a = -3$ y $b = 2$.

SOLUCIÓN $-a^2b^3 = -(-3)^2(2)^3 = -(9)(8) = -72$

EJEMPLO Evaluar la expresión $b^2 - a^2(c^3 - b^3)$, dado que $a = -2$, $b = 3$ y $c = -1$.

SOLUCIÓN

$$\begin{aligned}b^2 - a^2(c^3 - b^3) &= (3)^2 - (-2)^2[(-1)^3 - (3)^3] \\ &= 9 - (+4)[(-1) - (27)] \\ &= 9 - 4(-1 - 27) \\ &= 9 - 4(-28) \\ &= 9 + 112 = 121\end{aligned}$$

Ejercicios 3.6B

Efectúe las operaciones indicadas y simplifique:

1. $2^2 \cdot 2^3$ **2.** $2 \cdot 2^5$ **3.** $2^3 \cdot 2^3$ **4.** $-2^3 \cdot 2^2$

5. $-2 \cdot 2^3$ **6.** $-2^2 \cdot 2^5$ **7.** $-2^4 \cdot 2^2$ **8.** $-2^2 \cdot 2^6$

9. $a \cdot a^4$ **10.** $a^2 \cdot a^5$ **11.** $a^3 \cdot a^2$ **12.** $a^2 \cdot a^4$

13. $b^3 \cdot b$ **14.** $b^3 \cdot b^7$ **15.** $7a^2 \cdot b^3$ **16.** $3a \cdot b^2$

17. $5a^2 \cdot b^4$ **18.** $9a^3 \cdot b^3$ **19.** $2a^2 \cdot a^3$ **20.** $3a^3 \cdot a^4$

21. $7a \cdot a^5$ **22.** $6a \cdot a$ **23.** $-3x \cdot x^3$ **24.** $-2x^2 \cdot x$

25. $-5x^2 \cdot x^4$ **26.** $-4x^3 \cdot x^3$ **27.** $-2x^4 \cdot x^4$ **28.** $-9x^6 \cdot x^3$

29. $a(-b^2)$ **30.** $a^2(-b^4)$ **31.** $a^3(-b^3)$ **32.** $a^2(-b)^4$

33. $a(-b)^3$ **34.** $a^3(-b)^5$ **35.** $-a^3(-b)^2$ **36.** $-a^2(-b)^3$

37. $(-a)^2(-b)^3$ **38.** $x^3(-x)^4$ **39.** $x^2(-x)^2$

40. $x^5(-x)^3$ **41.** $x^2(-x)^5$ **42.** $-x^2(-x)^4$ **43.** $-x^3(-x)^3$

44. $(x-1)^2(x-1)$ **45.** $(2x+1)^2(2x+1)^4$

46. $3(x+1)^3(x+1)^2$ **47.** $2(x+y)^3(x+y)^4$

48. $x^3 + x$ **49.** $x + x^4$ **50.** $x^2 + x^3$ **51.** $x^3 + x^7$

52. $x^2 - x$ **53.** $x^7 - x^4$ **54.** $x^4 - x^3$ **55.** $x^6 - x^2$

56. $3x^3 + x^3$ **57.** $7x^2 + x^2$ **58.** $8x^4 + 4x^4$ **59.** $5x^2 + 5x^2$

60. $3x^4 - x^4$ **61.** $5x^2 - 3x^2$ **62.** $4x^3 - 6x^3$ **63.** $3x^5 - 7x^5$

64. $(a^2b)(a^2)$ **65.** $(a^3b)(b^2)$ **66.** $(ab^3)(a^4)$ **67.** $(a^2b^2)(a^3)$

68. $(2x^2y)(y^3)$ **69.** $(xy^2)(x^2y)$ **70.** $(x^2y)(xy)$

71. $(2x^2)(3xy^2)$ **72.** $(4ab)(ab^3)$ **73.** $(3a^2b)(ab^3)$

74. $(-ab)(3a^3)$ **75.** $2a^3(-5a^2b)$ **76.** $4a^2b(-6b^2c)$

77. $-3x^2y^3(2x^4y)$ **78.** $-xy^2(2xy^4)$ **79.** $2xy(-3^2y^3)$

80. $(-2^2a^2)(a^3b)$ **81.** $-5^2ab^2(-2a^2)$ **82.** $-2^2a^2b(-9ab^2)$

83. $-2^3x^3y(-5^2xy^2)$ **84.** $-2^3x^2(-3^2xy^3)$

85. $-x^3y^3(-3^3xy^5)$ **86.** $(7x^3y^2)(4xy)(-2y)$

87. $3x(4x^2y)(-x^4y^2)$ **88.** $x^3z^2(-y^3z)(2x^4y)$

89. $-x^3y(3x^2y^3)(-x^2)$ **90.** $-6x^2y^3(yz^3)(-3xz^2)$

91. $3xy^3(-5x^2y)(-4yz)$ **92.** $-x^2(-4xy^2)(-5x^3y)$

93. $-3xy(-2^2y)(5x^2)$ **94.** $2a^3b(3a^2)(-5^2b^3)$

95. $-3a^2b^2(2^2ab^3)(-3^2a^3b)$ **96.** $(2^2)^3$

97. $(3^3)^2$ **98.** $(a^2)^2$ **99.** $(a^2)^3$ **100.** $(a^3)^3$

101. $(a^2)^4$ **102.** $(a^2)^5$ **103.** $(-2^2)^3$ **104.** $(-3^2)^2$

105. $(-2^3)^3$ **106.** $(-a^2)^3$ **107.** $(-a^3)^2$ **108.** $(-a^3)^4$

109. $(-a^4)^3$ **110.** $(-a^5)^5$ **111.** $(2a^2)^2$ **112.** $(3a^3)^2$

113. $(3x^2)^4$ **114.** $(2^2x)^3$ **115.** $(2^3x^2)^2$ **116.** $(3^2x^3)^3$

117. $(2x^2y)^2$ **118.** $(3xy^2)^3$ **119.** $(2x^3y^2)^2$ **120.** $(3x^2y^3)^3$

121. $(5x^2y^2)^3$ 122. $(2^2xy^3)^2$ 123. $(-xy^2)^3$ 124. $(-x^3y^2)^7$

125. $(-x^2y)^3$ 126. $(-2x^2y)^3$ 127. $(-ab^3)^2$ 128. $(-2^3a^3b^2)^2$

129. $-(-2^2ab^2)^5$ 130. $-(-3a^2b^3)^4$ 131. $x(2x^2)^2$

132. $3x(x^3)^2$ 133. $-4x(x^2)^2$ 134. $-5x(2x^3)^2$

135. $-x^2(2x^2)^3$ 136. $-3x^3(3x^2)^3$ 137. $a^2b(ab^3)^2$

138. $3ab^2(2b^2)^3$ 139. $6a^2b(2ab^2)^2$ 140. $(ab^2)^3(3a^2)^2$

141. $(a^2b)^2(2ab^2)^3$ 142. $(5a^2b^3)^2(a^2c)^3$

143. $(2^2ab)^2(ab^2)^3$ 144. $(2^3ab^3)^2(a^2c)^3$

145. $(2^2ab^4)^3(3a^2b)^4$ 146. $(2^3a^2b)^2(b^2c)^4$

147. $(ab^2)^2(2bc^3)^3(a^2c)$ 148. $(ab^2)^3(2a^2bc^2)^2(ac^2)$

149. $(x^2y)^4(-x^3y)^2$ 150. $(-2^2ab^4)^3(a^2b)^5$

151. $(-x^2y)^3(-2^3x^3y)^2$ 152. $(-x^2)^3(-y)^6(-x^2y^2)^3$

153. $(-xy^2)^3(2x^2yz^2)^2(-5xz^3)$ 154. $(-2ab^2)^2(3a^2b^3)(-a^2c^3)^4$

155. $(ab^2c)^2(-2bc^3)^3(3a^2bc)^4$ 156. $(2ab^3)^2(-3^2a^2c)^3(-a^4bc^2)^5$

157. $(-a^2b^2)^3(2^3abc^2)^2(-3b^4c^5)^4$ 158. $[a^2(x-y)^3][a(x-y)^2]^2$

159. $[2a^2(x+1)]^2[-3a(x+1)]^3$ 160. $[a(x-1)^2]^3[a^2(x-1)]^2$

161. $[x^2(x+3)^2]^2[x^3(x+3)^3]$ 162. $(x^2)(x^3) - (-x^2)(x)$

163. $-2a^2(b^2) - a^2(-b)^3$ 164. $(-2^2a^2)(a^3) + (3^2a^3)(-a^2)$

165. $(-2ax)^2 - (-a^2)(x^2)$ 166. $3a^3(a^3b) + (-a^4)(a^2b)$

167. $2a^2(-b^2) + (4a^2)(-b)^2$ 168. $(-2^2a^2)^3 - a^2(-2a)^4$

169. $(3a)^3(-a^2)^3 + a(-a^4)^2$ 170. $(-5x^3)^2(-y^4) - (-6y^2x^3)^2$

171. $(-2^2a^2)(-b^2)^3 + (-3a)^2(-b^3)^2$

Evalúe las siguientes expresiones cuando $a = 2$, $b = -1$, $c = 4$ y $d = -2$.

172. a^2b 173. $2ad^2$ 174. $-d^2c$ 175. $-b^2c^2$

176. ac^3 177. bd^3 178. $-a^2d^2$ 179. $-bc^4$

180. $\dfrac{d^2}{2ab}$ 181. $\dfrac{-b^2c}{d^3}$ 182. $\dfrac{bc^2}{-d^2}$ 183. $\dfrac{3b^3d}{-a^3c}$

184. $3a^2 + 5b^3 - c^2$ 185. $c^2 - 2ab - d^2$

186. $a^3 + 2bc^2 + d^2$ 187. $b^2 + 2bc - 3d^4$

188. $a^2 - d^2(3b^2 - ad)$ 189. $c^2 - a^3(d^2 + b^2)$

190. $b^2 + d^2(ac + 2b^2d)$ 191. $3b^2 - 2d^2(a^3 - c^2)$

192. $a^2 - 2b^2(c^2 + d^3)$ 193. $2a^2b + c^3(2b^2 - bd)$

Multiplicación de un polinomio por un monomio

A veces, es necesario usar muchos números literales en un problema. Para no emplear gran parte del alfabeto, puede utilizarse una letra con subíndices, como en a_1, que se lee "a sub uno", a_2, que se lee "a sub dos", a_3 que se lee "a sub tres", y así sucesivamente. Recuérdese que $a_1, a_2, a_3, \ldots$ representan números diferentes.

La ley distributiva extendida de la multiplicación,

$$a(b_1 + b_2 + \cdots + b_n) = ab_1 + ab_2 + \cdots + ab_n$$

se aplica para multiplicar un monomio por un polinomio.

EJEMPLO Multiplicar $3x^2 + x - 2$ por x.

SOLUCIÓN
$$\begin{aligned} x(3x^2 + x - 2) &= x(3x^2) + x(x) + x(-2) \\ &= 3x^3 + x^2 - 2x \end{aligned}$$

EJEMPLO Multiplicar $x^2 - x + 4$ por $-2x^2$.

SOLUCIÓN
$$\begin{aligned} (-2x^2)(x^2 - x + 4) &= (-2x^2)(x^2) + (-2x^2)(-x) + (-2x^2)(4) \\ &= -2x^4 + 2x^3 - 8x^2 \end{aligned}$$

EJEMPLO Multiplicar $a^2b - 2b^2c + 5c^2a$ por $3a^2b$.

SOLUCIÓN
$$\begin{aligned} 3a^2b(a^2b - 2b^2c + 5c^2a) &= 3a^2b(a^2b) + 3a^2b(-2b^2c) + 3a^2b(5c^2a) \\ &= 3a^4b^2 - 6a^2b^3c + 15a^3bc^2 \end{aligned}$$

EJEMPLO Efectuar las operaciones indicadas y simplificar:

$2x(3x - 4) - 6x(x - 2)$

SOLUCIÓN $2x(3x - 4) - 6x(x - 2) = 6x^2 - 8x - 6x^2 + 12x = 4x$

EJEMPLO

Multiplicar $\dfrac{3x - 2}{4} - \dfrac{2x - 1}{6}$ por 12.

SOLUCIÓN
$$\begin{aligned} \frac{12}{1}\left[\frac{3x - 2}{4} - \frac{2x - 1}{6}\right] &= \frac{12}{1}\left[\frac{3x - 2}{4}\right] - \frac{12}{1}\left[\frac{2x - 1}{6}\right] \\ &= 3(3x - 2) - 2(2x - 1) \\ &= 9x - 6 - 4x + 2 \\ &= 5x - 4 \end{aligned}$$

Ejercicios 3.6C

Efectúe las multiplicaciones indicadas:

1. $6(x + 7)$ **2.** $5(x + 3)$ **3.** $7(x - 4)$

4. $8(x - 1)$ **5.** $-2(2x + 5)$ **6.** $-3(4x + 1)$

7. $-4(x - 2)$ **8.** $-5(x - 3)$ **9.** $x(y + 3)$

10. $2x(y + 1)$ **11.** $x(2y + 5)$ **12.** $2x(3y + 4)$
13. $x(y - 2)$ **14.** $3x(y - 1)$ **15.** $5x(2y - 3)$
16. $2x(6y - 5)$ **17.** $-4x(y - 3)$ **18.** $-3x(y - 2)$
19. $-2x(2y - 7)$ **20.** $-x(8 - 2y)$ **21.** $-8x(3 - 4y)$
22. $3x(x + 2)$ **23.** $2x(x + 4)$ **24.** $4x(x - 6)$
25. $6x(x - 3)$ **26.** $-x(2x + 7)$ **27.** $-2x(3x + 8)$
28. $-4x(x - 4)$ **29.** $-8x(2x - 1)$ **30.** $5x(x^2 - 2)$
31. $2x(3x^2 - 2x)$ **32.** $-4x(2x^2 + 1)$ **33.** $-6x(x^2 - 4x)$
34. $4x^2(x + 2)$ **35.** $x^2(x + 6)$ **36.** $2x^2(x - 3)$
37. $x^3(3 - 2x)$ **38.** $x^3(2 - x)$ **39.** $-x^2(3x + 1)$
40. $-2x^2(5x + 3)$ **41.** $-x^2(x^2 - 1)$ **42.** $-2x^2(x^2 - 2)$
43. $-4x^2(x^3 - 1)$ **44.** $x(x^2 - 2x + 1)$ **45.** $x(2x^2 - x - 1)$
46. $2x(2x^2 + x - 4)$ **47.** $3x(x^2 - 3x + 2)$
48. $-x(x^2 + x - 5)$ **49.** $-2x(3x^2 - x - 4)$
50. $-4x(3x^2 - x - 1)$ **51.** $-3x(3 - 5x - x^2)$
52. $3x^2(x^3 - 2x^2 + 1)$ **53.** $2x^3(3x^2 + x - 5)$
54. $-2x^3(x^2 - 3x - 2)$ **55.** $-x^4(x^3 - x + 2)$
56. $3ab(2a^2 + 4b^2 - 1)$ **57.** $2ab(-a^2 + 3ab - b^2)$
58. $ab^2(a^3 - 2a^2b + b^3)$ **59.** $-2a^2b(a^3 + 5a^2b^2 - 3b^4)$
60. $ab^3(a^2 - 2ab - 4b^2)$ **61.** $5a^3b^2(ab^2 - b + 4a)$
62. $-a^2b(3a^2 + b^2 - 1)$ **63.** $-2ab^3(2a^2 - 3b^2 - 2)$
64. $3x(2x - 1) - x(x - 3)$ **65.** $2x(5x - 6) - 3x(x - 4)$
66. $x(3x - 2) - 3x(x + 2)$ **67.** $4x(x - 4) - 2x(2x - 3)$
68. $x(x^2 - 2x + 5) + x^2(2x - 4)$ **69.** $2x(3x^2 - 4x + 6) - x^2(x - 8)$
70. $3x^2(2x^2 + x - 4) - x(3x^2 - 9x + 1)$
71. $x^2(2x^2 - 3x - 4) - x(x^3 - 3x^2 - 4x)$

72. $6\left[\frac{2x - 1}{3} + \frac{3x + 1}{2}\right]$ **73.** $4\left[\frac{x + 4}{2} + \frac{x + 1}{4}\right]$

74. $10\left[\frac{x + 2}{5} + \frac{x + 3}{2}\right]$ **75.** $18\left[\frac{x + 2}{9} + \frac{x - 8}{3}\right]$

76. $36\left[\frac{4x - 3}{9} + \frac{x - 1}{4}\right]$ **77.** $6\left[\frac{3x - 1}{2} - \frac{2x + 3}{3}\right]$

78. $12\left[\frac{x - 4}{3} - \frac{x + 2}{4}\right]$ **79.** $21\left[\frac{x + 1}{3} - \frac{x - 2}{7}\right]$

80. $12\left[\frac{2x + 13}{3} - \frac{x - 4}{4}\right]$ **81.** $30\left[\frac{2x - 1}{5} - \frac{x - 8}{6}\right]$

Multiplicación de polinomios

La multiplicación de dos polinomios es semejante a la de un monomio y un polinomio, donde el primer polinomio se estima como una sola cantidad.

Para multiplicar $(x + 2)$ por $(x - 3)$, se considera $(x + 2)$ como una cantidad y se aplica la ley distributiva:

$$\begin{aligned}(x + 2)(x - 3) &= (x + 2)(x) + (x + 2)(-3)\\ &= x(x + 2) + (-3)(x + 2)\end{aligned}$$

Luego se vuelve a aplicar dicha ley:

$$\begin{aligned}&= x^2 + 2x - 3x - 6\\ &= x^2 - x - 6\end{aligned}$$

Nótese que cada término del segundo polinomio ha sido multiplicado por cada uno de los términos del primer polinomio.

Es posible obtener el mismo resultado acomodando los polinomios en dos renglones y multiplicando el polinomio superior por cada uno de los términos del polinomio inferior. Los términos semejantes obtenidos en el producto se acomodan en una misma columna, de manera que la adición se facilite.

$$\begin{array}{rr} & x + 2 \\ & \underline{x - 3} \\ x(x + 2) = & x^2 + 2x \qquad \\ -3(x + 2) = & \underline{\quad - 3x - 6} \\ \text{sumar} & x^2 - \quad x - 6 \end{array}$$

De esta manera $\quad (x + 2)(x - 3) = x^2 - x - 6.$

Observación $\quad (x + 2)(x - 3) \neq x^2 - 6.$

EJEMPLO Multiplicar $(3x - 4)^2$.

SOLUCIÓN $(3x - 4)^2 = (3x - 4)(3x - 4)$

$$\begin{array}{rr} & 3x - 4 \\ & \underline{3x - 4} \\ 3x(3x - 4) = & 9x^2 - 12x \qquad \\ -4(3x - 4) = & \underline{\quad - 12x + 16} \\ \text{sumar} & 9x^2 - 24x + 16 \end{array}$$

Por consiguiente $\quad (3x - 4)^2 = 9x^2 - 24x + 16.$

Observación $\quad (3x - 4)^2 \neq 9x^2 + 16.$

Notas

1. $(a + b)^2 = a^2 + 2ab + b^2$
2. $(a - b)^2 = a^2 - 2ab + b^2$
3. $(a + b)(a - b) = a^2 - b^2$

EJEMPLO Multiplicar $(x^2 - 2x + 1)$ por $(2x - 3)$.

SOLUCIÓN

$$\begin{array}{rr} & x^2 - 2x + 1 \\ & 2x - 3 \\ \hline 2x(x^2 - 2x + 1) = & 2x^3 - 4x^2 + 2x \\ -3(x^2 - 2x + 1) = & - 3x^2 + 6x - 3 \\ \hline \text{sumar} & 2x^3 - 7x^2 + 8x - 3 \end{array}$$

Por lo tanto, $(x^2 - 2x + 1)(2x - 3) = 2x^3 - 7x^2 + 8x - 3$

EJEMPLO Efectuar las operaciones indicadas y simplificar:

$(2x - 3)(x + 4) - (x + 2)(x - 6)$

SOLUCIÓN

$$\begin{aligned} (2x - 3)(x + 4) - (x + 2)(x - 6) &= (2x^2 + 5x - 12) - (x^2 - 4x - 12) \\ &= 2x^2 + 5x - 12 - x^2 + 4x + 12 \\ &= x^2 + 9x \end{aligned}$$

EJEMPLO Efectuar las operaciones indicadas y simplificar:

$(3x + 2)(x + 6) - 3(x - 2)^2$

SOLUCIÓN

$$\begin{aligned} (3x + 2)(x + 6) - 3(x - 2)^2 &= (3x^2 + 20x + 12) - 3(x^2 - 4x + 4) \\ &= 3x^2 + 20x + 12 - 3x^2 + 12x - 12 \\ &= 32x \end{aligned}$$

Ejercicios 3.6D

Efectúe las operaciones indicadas y simplifique:

1. $(x + 3)(x + 1)$ **2.** $(x + 2)(x + 4)$ **3.** $(x + 6)(x + 2)$
4. $(x + 4)(x + 3)$ **5.** $(x + 5)(x - 2)$ **6.** $(x + 7)(x - 3)$
7. $(x + 3)(x - 6)$ **8.** $(x + 1)(x - 8)$ **9.** $(x - 1)(x + 3)$
10. $(x - 4)(x + 6)$ **11.** $(x - 7)(x + 4)$ **12.** $(x - 9)(x + 2)$
13. $(x + 1)(x - 1)$ **14.** $(x + 3)(x - 3)$ **15.** $(x - 6)(x + 6)$
16. $(x - 7)(x + 7)$ **17.** $(x - 1)(x - 6)$ **18.** $(x - 2)(x - 4)$

19. $(x - 3)(x - 5)$ **20.** $(x - 2)(x - 8)$ **21.** $(2x + 1)(x + 3)$
22. $(3x + 2)(x + 4)$ **23.** $(2x + 1)(x - 5)$ **24.** $(3x + 2)(x - 6)$
25. $(4x - 1)(x + 7)$ **26.** $(5x - 2)(x + 2)$ **27.** $(2x - 3)(x - 4)$
28. $(3x - 1)(x - 6)$ **29.** $(2x + 1)(3x + 2)$ **30.** $(4x + 1)(6x + 5)$
31. $(3x - 1)(3x + 4)$ **32.** $(2x - 3)(3x + 5)$ **33.** $(3x + 1)((4x - 1)$
34. $(2x + 7)(2x - 3)$ **35.** $(4x + 1)(2x - 9)$ **36.** $(5x + 2)(3x - 5)$
37. $(2x + 1)(2x - 1)$ **38.** $(3x + 2)(3x - 2)$ **39.** $(2x + 5)(2x - 5)$
40. $(4x + 3)(4x - 3)$ **41.** $(3x - 1)(4x - 3)$ **42.** $(2x - 4)(3x - 2)$
43. $(9x - 2)(4x - 3)$ **44.** $(2x - 5)(3x - 7)$ **45.** $(2 + x)(3 - x)$
46. $(4 + x)(5 - x)$ **47.** $(6 - x)(4 + x)$ **48.** $(1 - x)(9 + x)$
49. $(2 - x)(2 + x)$ **50.** $(6 - x)(6 + x)$ **51.** $(3 - x)(1 - x)$
52. $(6 - x)(2 - x)$ **53.** $(5 - x)(7 - x)$ **54.** $(4 - x)(9 - x)$
55. $(3 - 2x)(3 + 4x)$ **56.** $(2 - 9x)(3 + x)$ **57.** $(7 + 3x)(8 - 5x)$
58. $(x + 3)(2 - x)$ **59.** $(x + 1)(6 - x)$ **60.** $(x + 4)(1 - x)$
61. $(x + 7)(3 - x)$ **62.** $(2x + 1)(3 - 2x)$ **63.** $(3x + 4)(2 - 3x)$
64. $(x + 1)^2$ **65.** $(x + 3)^2$ **66.** $(2x + 1)^2$ **67.** $(2x + 3)^2$
68. $(x - 2)^2$ **69.** $(x - 4)^2$ **70.** $(2x - 1)^2$ **71.** $(3x - 2)^2$
72. $(x + 2y)(x + 3y)$ **73.** $(x + y)(x + 5y)$ **74.** $(x + 3y)(x - 4y)$
75. $(x + 5y)(x - 3y)$ **76.** $(2x + 5y)(2x - 5y)$
77. $(3x + 2y)(3x - 2y)$ **78.** $(2x - 3y)(3x - 2y)$
79. $(x - 4y)(3x - 4y)$ **80.** $(xy + 2)(xy - 2)$
81. $(xy + 3)(xy - 4)$ **82.** $(xy - 6)(xy - 4)$
83. $(xy - 7)(xy - 5)$ **84.** $(x^2 + 3)(x^2 - 2)$
85. $(2x^2 - 3)(3x^2 - 5)$ **86.** $(3x - y)^2$
87. $(x + 1)(2x^2 - 2x + 3)$ **88.** $(x - 1)(3x^2 - 2x - 2)$
89. $(x - 2)(x^2 + 2x - 4)$ **90.** $(x + 2)(3x^2 - 6x - 5)$
91. $(x + 1)(x^2 - x + 1)$ **92.** $(x - 3)(x^2 + 3x + 9)$
93. $(2x - 1)(4x^2 + 2x + 1)$ **94.** $(3x + 1)(9x^2 - 3x + 1)$
95. $(x - 2y)(x^2 + 2xy + 4y^2)$ **96.** $(2x - y)(4x^2 + 2xy + y^2)$
97. $4(x + 3)(x - 1)$ **98.** $2(x + 1)(x + 4)$ **99.** $3(x + 2)(x - 4)$
100. $-2(x + 2)(2x - 1)$ **101.** $-4(x + 3)(x - 2)$
102. $-3(x - 3)(x + 5)$ **103.** $-2(2x + 1)(x - 4)$
104. $-x(2x - 1)(x - 3)$ **105.** $-x(3x - 1)(3x - 2)$
106. $(x^2 + 3x + 2)(x^2 - 3x + 2)$ **107.** $(x^2 + 2x - 1)(x^2 - 2x + 1)$
108. $(2x^2 - 3x + 6)(x^2 + 2x - 4)$ **109.** $(3x^2 - x + 2)(2x^2 + x - 3)$
110. $(x^2 + x + 1)^2$ **111.** $(x^2 - x + 2)^2$ **112.** $(x^2 + 2x - 3)^2$
113. $(x^2 - 2x - 1)^2$ **114.** $(x - 1)(x + 2)(x - 3)$
115. $(x + 1)(x - 1)(x - 2)$ **116.** $(2x + 1)(x - 1)(x - 4)$
117. $(2x - 3)(x - 2)(3x + 1)$ **118.** $(x + 2)(2x - 1)(3x - 2)$
119. $(x + 1)^3$ **120.** $(x + 2)^3$ **121.** $(x + y)^3$ **122.** $(2x + 1)^3$
123. $(x - 1)^3$ **124.** $(x - 3)^3$ **125.** $(2x - 1)^3$ **126.** $(3x - 2)^3$
127. $(x + 1)(x + 3) + x(x - 4)$ **128.** $(x + 2)(x - 3) + x(x + 1)$
129. $(2x + 1)(x - 2) + x(x + 3)$ **130.** $(x - 1)(x + 4) - x(x + 3)$
131. $(x + 2)(x - 4) - x(x - 2)$ **132.** $(2x + 3)(x + 1) - x(2x + 5)$

133. $(2x - 3)(3x - 4) + (x + 6)(x - 2)$

134. $(3x + 1)(4x - 5) + (3 - 2x)(1 + 6x)$

135. $(x + 1)(x - 2) - (x + 2)(x - 3)$

136. $(x + 4)(x - 3) - (x + 5)(x - 4)$

137. $(x - 2)(x + 8) + (x - 3)^2$

138. $(x - 3)(x + 5) + (x - 1)^2$

139. $(3x + 1)(x + 4) - (x + 2)^2$

140. $(3x - 2)(3x + 1) - (3x - 1)^2$

141. $(2x - 3)(x + 4) - 2(x + 3)^2$

142. $(3x - 1)(x + 5) - 3(x - 1)^2$

143. $(x - 6)^2 - (x + 6)^2$

144. $(2x + 3)^2 - (2x - 3)^2$

Exprese los siguientes enunciados en notación algebraica:

145. z más el producto de x y y.

146. Dos veces z más tres veces el producto de x y y.

147. Tres veces z menos dos veces el producto de x y y.

148. Cinco veces z menos cuatro veces el producto de x y y.

149. z multiplicado por la suma de x y y.

150. El doble de z multiplicado por la suma de x y y.

151. El producto del triple de z y la suma de x y y.

152. El producto de cuatro veces z y la suma de x y el doble de y.

153. x más tres veces el cuadrado de y.

154. El doble de x más cinco veces el cuadrado de y.

155. z menos el cuadrado de la suma de x y y.

156. Cuatro veces z menos el cuadrado de la suma de x y y.

3.7 División de polinomios

Las siguientes son algunas de las propiedades propias de las fracciones. estas propiedades se tratan en el Capítulo 2.

1. $\frac{a}{b} = \frac{ac}{bc}$ **2.** $\frac{a + b}{c} = \frac{a}{c} + \frac{b}{c}$ **3.** $\frac{a}{b} \cdot \frac{c}{d} = \frac{ac}{bd}$ **4.** $\frac{a}{b} \div \frac{c}{d} = \frac{a}{b} \cdot \frac{d}{c}$

Nota

Puesto que la división por cero no está definida, todos los denominadores se suponen distintos de cero.

Primero consideraremos la división de monomios, luego la de un polinomio por un monomio y, finalmente, la de dos polinomios.

División de monomios

De las propiedades de las fracciones y reglas que rigen a los exponentes se tiene

$$\frac{a^8}{a^5} = \frac{a^5 \cdot a^3}{a^5 \cdot 1} = \frac{a^3}{1} = a^3 = a^{8-5}$$

$$\frac{a^4}{a^4} = 1$$

$$\frac{a^7}{a^{10}} = \frac{a^7 \cdot 1}{a^7 \cdot a^3} = \frac{1}{a^3}$$

$$= \frac{1}{a^{10-7}}$$

TEOREMA 4 Si $a \in R$, $a \neq 0$, y m, $n \in N$, entonces

$$\frac{a^m}{a^n} = \begin{cases} a^{m-n} & \text{cuando } m > n \\ 1 & \text{cuando } m = n \\ \dfrac{1}{a^{n-m}} & \text{cuando } m < n \end{cases}$$

DEMOSTRACIÓN $\dfrac{a^m}{a^n} = \dfrac{a^n \cdot a^{m-n}}{a^n \cdot 1} = a^{m-n}$ cuando $m > n$

$\dfrac{a^m}{a^n} = \dfrac{a^n}{a^n} = 1$ cuando $m = n$

$\dfrac{a^m}{a^n} = \dfrac{a^m \cdot 1}{a^m \cdot a^{n-m}} = \dfrac{1}{a^{n-m}}$ cuando $m < n$

EJEMPLOS

1. $\dfrac{2^6}{2^2} = 2^{6-2} = 2^4$

2. $\dfrac{a^7}{a^5} = a^{7-5} = a^2$

3. $\dfrac{(a-1)^4}{(a-1)^3} = (a-1)^{4-3} = (a-1)$

4. $\dfrac{5^4}{5^4} = 1$

5. $\dfrac{(x+1)^3}{(x+1)^3} = 1$

6. $\dfrac{3^8}{3^{12}} = \dfrac{1}{3^{12-8}} = \dfrac{1}{3^4}$

7. $\dfrac{a^3}{a^9} = \dfrac{1}{a^{9-3}} = \dfrac{1}{a^6}$

8. $\dfrac{(x+2)^4}{(x+2)^6} = \dfrac{1}{(x+2)^{6-4}} = \dfrac{1}{(x+2)^2}$

EJEMPLO

Simplificar $\frac{-30a^3b^2}{12a^2b^4}$ aplicando las leyes de los exponentes.

SOLUCIÓN

$$\frac{-30a^3b^2}{12a^2b^4} = -\frac{2\cdot 3\cdot 5a^3b^2}{2\cdot 2\cdot 3a^2b^4}$$

$$= -\frac{2\cdot 3}{2\cdot 3}\cdot\frac{5}{2}\cdot\frac{a^3}{a^2}\cdot\frac{b^2}{b^4}$$

$$= -\frac{5}{2}\cdot\frac{a}{1}\cdot\frac{1}{b^2}$$

$$= -\frac{5a}{2b^2}$$

De las propiedades de las fracciones y la definición de exponentes se tiene

$$\left(\frac{2}{3}\right)^4 = \frac{2}{3}\cdot\frac{2}{3}\cdot\frac{2}{3}\cdot\frac{2}{3} = \frac{2\cdot 2\cdot 2\cdot 2}{3\cdot 3\cdot 3\cdot 3} = \frac{2^4}{3^4}$$

TEOREMA 5 Si $a, b \in R$, $b \neq 0$, y $m \in N$, entonces

$$\left(\frac{a}{b}\right)^m = \frac{a^m}{b^m}$$

DEMOSTRACIÓN

$$\left(\frac{a}{b}\right)^m = \overbrace{\frac{a}{b}\cdot\frac{a}{b}\cdots\frac{a}{b}}^{m \text{ factores}} = \frac{\overbrace{a\cdot a\cdots a}^{m \text{ factores}}}{\underbrace{b\cdot b\cdots b}_{m \text{ factores}}} = \frac{a^m}{b^m}$$

COROLARIO Si $a, b, c, d \in R$, $c \neq 0$, $d \neq 0$, y $m, n, p, q, k \in N$, entonces haciendo uso de los Teoremas 2 y 3 de la Sección 3.6 y el Teorema 5, tenemos

$$\left(\frac{a^mb^n}{c^pd^q}\right)^k = \frac{(a^mb^n)^k}{(c^pd^q)^k} = \frac{a^{mk}b^{nk}}{c^{pk}d^{qk}}$$

EJEMPLO

Al aplicar las leyes de los exponentes, simplificar la expresión $\left[\frac{2x^4yz}{6xy^2}\right]^3$.

SOLUCIÓN Podemos simplificar la fracción primeramente antes de aplicar el exponente exterior.

$$\left[\frac{2x^4yz}{6xy^2}\right]^3 = \left[\frac{x^3z}{3y}\right]^3 = \frac{x^9z^3}{3^3y^3} = \frac{x^9z^3}{27y^3}$$

EJEMPLO

$$\frac{12^4}{18^3} = \frac{(2^2 \cdot 3)^4}{(2 \cdot 3^2)^3} = \frac{2^8 \cdot 3^4}{2^3 \cdot 3^6}$$

$$= \frac{2^8}{2^3} \cdot \frac{3^4}{3^6} = \frac{2^5}{1} \cdot \frac{1}{3^2} = \frac{32}{9}$$

EJEMPLO

Simplificar $\frac{(2a^2bc^3)^3}{(3ab^2)^2}$ aplicando las leyes de los exponentes.

SOLUCIÓN En este caso no es posible simplificar primero, ya que el numerador y denominador tienen potencias diferentes. Primeramente se aplican los exponentes exteriores y luego se simplifica.

$$\frac{(2a^2bc^3)^3}{(3ab^2)^2} = \frac{2^3a^6b^3c^9}{3^2a^2b^4} = \frac{8a^4c^9}{9b}$$

EJEMPLO Efectuar las operaciones indicadas y simplificar:

$$16a^4b^3 \div (-2ab)^3 + 36a^5b^2 \div (-3a^2b)^2$$

SOLUCIÓN

$$16a^4b^3 \div (-2ab)^3 + 36a^5b^2 \div (-3a^2b)^2$$

$$= \frac{16a^4b^3}{(-2ab)^3} + \frac{36a^5b^2}{(-3a^2b)^2} = \frac{16a^4b^3}{-2^3a^3b^3} + \frac{36a^5b^2}{3^2a^4b^2}$$

$$= \frac{16a^4b^3}{-8a^3b^3} + \frac{36a^5b^2}{9a^4b^2} = -2a + 4a = 2a$$

Ejercicios 3.7A

Simplifique aplicando las leyes de los exponentes.

1. $\frac{2^5}{2}$ **2.** $\frac{2^8}{2^6}$ **3.** $\frac{2^8}{2^4}$ **4.** $\frac{3^6}{3^3}$

5. $\frac{3}{3^4}$ **6.** $\frac{3^4}{3^5}$ **7.** $\frac{3^2}{3^6}$ **8.** $\frac{5^4}{5^6}$

9. $\frac{-2^{14}}{2^7}$ **10.** $\frac{-3^4}{3^6}$ **11.** $\frac{5^3}{-5^6}$ **12.** $\frac{7^5}{-7^2}$

13. $\frac{(-2)^3}{2^6}$ **14.** $\frac{(-3)^3}{3^2}$ **15.** $\frac{(-3)^4}{3^4}$ **16.** $\frac{(-2)^6}{2^3}$

17. $\frac{a^5}{a^2}$ **18.** $\frac{x^8}{x^4}$ **19.** $\frac{x^3}{x}$ **20.** $\frac{a^9}{a^3}$

21. $\frac{a^6}{a^{12}}$ 22. $\frac{a^4}{a^6}$ 23. $\frac{x^2}{x^8}$ 24. $\frac{x}{x^5}$

25. $\frac{x^{10}}{x^{10}}$ 26. $\frac{x^7}{x^7}$ 27. $\frac{a^2}{a^2}$ 28. $\frac{a^{11}}{a^{11}}$

29. $\frac{-a^3}{a^5}$ 30. $\frac{-a^9}{a^6}$ 31. $\frac{b^{10}}{-b^6}$ 32. $\frac{b^4}{-b^4}$

33. $\frac{(-a)^3}{a^4}$ 34. $\frac{(-a)^5}{a^2}$ 35. $\frac{a^5}{(-a)^8}$ 36. $\frac{a^3}{(-a)^6}$

37. $\frac{(-a)^8}{-a^{10}}$ 38. $\frac{-a^4}{(-a)^4}$ 39. $\frac{(-a)^7}{-a^7}$ 40. $\frac{a^6}{-(-a)^3}$

41. $\frac{(x+1)^8}{(x+1)^4}$ 42. $\frac{(x-2)^6}{(x-2)^3}$ 43. $\frac{(x+3)^3}{(x+3)}$ 44. $\frac{(x-1)^{10}}{(x-1)^2}$

45. $\frac{(x-5)}{(x-5)^5}$ 46. $\frac{(x+y)^2}{(x+y)^6}$ 47. $\frac{(x-y)^6}{(x-y)^9}$ 48. $\frac{(x+y)^6}{(x+y)^8}$

49. $\frac{3x^2}{x^3}$ 50. $\frac{7x^5}{x^2}$ 51. $\frac{6x^6}{8x^4}$ 52. $\frac{15x^4}{25x^8}$

53. $\frac{3bx}{3b}$ 54. $\frac{4xy^3}{4y^3}$ 55. $\frac{2x^2y}{x^2}$ 56. $\frac{6x^3y^2}{y^2}$

57. $\frac{xy^2}{xy}$ 58. $\frac{x^3y}{xy}$ 59. $\frac{x^2y^3}{xy^2}$ 60. $\frac{x^4y^3}{x^2y^2}$

61. $\frac{x^6y^4}{x^3y^2}$ 62. $\frac{x^3y^3}{x^2y}$ 63. $\frac{a^3b^2}{a^5b}$ 64. $\frac{a^2b^6}{a^2b^8}$

65. $\frac{9a^2b^5}{36a^6b^{10}}$ 66. $\frac{42a^5b^2}{70a^9c}$ 67. $\frac{26a^3b^2}{39b^5c^6}$ 68. $\frac{-44a^3b^2}{66a^5b^8}$

69. $\frac{-6a^8b^7}{18a^4b^9}$ 70. $\frac{32a^5b^2}{-8a^3b^6}$ 71. $\frac{36a^{10}b^7}{-12a^2b^8}$ 72. $\frac{-25a^6b^9}{-5a^{12}b^3}$

73. $\left(\frac{2b^4}{b^3}\right)^3$ 74. $\left(\frac{3a^3}{a^6}\right)^4$ 75. $\left(\frac{2a^2}{a^5}\right)^6$ 76. $\left(\frac{a^2b}{ab^2}\right)^2$

77. $\left(\frac{x^3y^2}{xy^3}\right)^4$ 78. $\left(\frac{x^2y^4}{x^4y^2}\right)^3$ 79. $\left(\frac{2x^2y^5}{4xy^6}\right)^3$ 80. $\left(\frac{2x^2y^3z}{6x^5y^4}\right)^4$

81. $\left(\frac{x^4y^2z^7}{2x^3y^4z^7}\right)^3$ 82. $\left(\frac{6x^2y^3z}{8xy^5z^2}\right)^3$ 83. $\left(\frac{12x^3y^2z^4}{18xy^2z^3}\right)^4$

84. $\left(\frac{21x^5y^3z}{28x^4yz^2}\right)^4$ 85. $\left(\frac{-a^2}{a^5}\right)^6$ 86. $\left(\frac{-18a^9}{24a^{12}}\right)^4$

87. $\left(\frac{2x^2y}{-xy}\right)^6$ 88. $\left(\frac{x^3y^3}{-x^4y^2}\right)^3$ 89. $\left(\frac{x^3y}{-x^2y^2}\right)^5$ 90. $\left(\frac{-a^5b^2}{2a^6b}\right)^3$

91. $\dfrac{3\cdot 7^2}{21^2}$ **92.** $\dfrac{2\cdot 11^3}{22^3}$ **93.** $\dfrac{2\cdot 3^4}{6^3}$ **94.** $\dfrac{2^3\cdot 5}{10^2}$

95. $\dfrac{6^3}{9^2}$ **96.** $\dfrac{8^4}{4^6}$ **97.** $\dfrac{10^6}{15^5}$ **98.** $\dfrac{18^4}{6^6}$

99. $\dfrac{14^5}{(-21)^4}$ **100.** $\dfrac{12^7}{(-8)^7}$ **101.** $\dfrac{(-4)^3}{10^2}$ **102.** $\dfrac{(-10)^4}{25^3}$

103. $\left(1\frac{1}{3}\right)^3$ **104.** $\left(2\frac{1}{2}\right)^2$ **105.** $\left(-1\frac{1}{3}\right)^3$ **106.** $\left(-2\frac{1}{3}\right)^2$

107. $\dfrac{(a^2b^3)^4}{(a^2b^5)^2}$ **108.** $\dfrac{(a^2b)^3}{(a^3b^2)^2}$ **109.** $\dfrac{(ab^3)^4}{(2a^2b^3)^3}$

110. $\dfrac{(a^2bc^3)^6}{(a^3b^2c^2)^5}$ **111.** $\dfrac{(2a^3b)^3}{(4ab^2)^4}$ **112.** $\dfrac{(6a^4b^2)^5}{(9a^3b^4)^4}$

113. $\dfrac{(8a^3b^2)^4}{(16a^2b^2)^3}$ **114.** $\dfrac{(12ab^3)^3}{(18a^2b)^4}$ **115.** $\dfrac{(-2a^2b^3c)^2}{(3ab^2c^2)^3}$

116. $\dfrac{(-5ab^4c^3)^3}{(10a^2bc^2)^4}$ **117.** $\dfrac{(4xy^2z)^4}{(-2x^2yz^3)^3}$ **118.** $\dfrac{(14x^5y^2z^6)^5}{(-21x^6y^4z^7)^4}$

119. $\dfrac{(-6x^3y^2z^2)^3}{(-12x^2yz^5)^4}$ **120.** $\dfrac{(-33x^4y^6z^5)^2}{(-22x^3y^6z^5)^3}$

121. $a^5 \div a^2 - a(2a)^2$ **122.** $3a^7 \div (-a^2) + a(3a^2)^2$

123. $6a^8 \div (-a^3)^2 - 3a(2a-1)$ **124.** $9a^5 \div (-a)^3 + 3a(3a-2)$

125. $3ab^3 \div (-b^2)^2 - 8a^3b \div (-2ab)^2$

126. $3a^6b^8 \div (-ab^2)^3 + 36a^7b^4 \div (3a^2b)^2$

127. $48a^5b^{10} \div (2ab^3)^3 - 32a^6b^5 \div (-2ab)^4$

128. $(2a^2b)^3 \div (-ab)^4 + 54a^5b^2 \div (-3ab)^3$

División de un polinomio por un monomio

De las propiedades de las fracciones tenemos que

$$\frac{a_1 + a_2 + \cdots + a_n}{a} = \frac{a_1}{a} + \frac{a_2}{a} + \cdots + \frac{a_n}{a}$$

Recuérdese que

$$\frac{a+b}{c} \text{ significa } (a+b) \div c$$

Nota

$$\frac{a+b}{a} \neq b, \qquad \text{pero}$$

$$\frac{a+b}{a} = \frac{a}{a} + \frac{b}{a} = 1 + \frac{b}{a}.$$

Para dividir un polinomio por un monomio, se divide cada término del polinomio por el monomio.

EJEMPLO

Dividir $\dfrac{12x^3 - 6x^2 + 18x}{6x}$ y simplificar.

SOLUCIÓN

$$\frac{12x^3 - 6x^2 + 18x}{6x} = \frac{12x^3}{6x} + \frac{-6x^2}{6x} + \frac{18x}{6x}$$

$$= 2x^2 - x + 3$$

EJEMPLO

Dividir $\dfrac{3a^3 - 2a^2b - ab^2}{-ab}$ y simplificar.

SOLUCIÓN

$$\frac{3a^3 - 2a^2b - ab^2}{-ab} = \frac{3a^3}{-ab} + \frac{-2a^2b}{-ab} + \frac{-ab^2}{-ab} = -\frac{3a^2}{b} + 2a + b$$

EJEMPLO

Dividir $\dfrac{(3x+a)^2 - a(3x+a)}{(3x+a)}$ y simplificar.

SOLUCIÓN

$$\frac{(3x+a)^2 - a(3x+a)}{(3x+a)} = \frac{(3x+a)^2}{(3x+a)} - \frac{a(3x+a)}{(3x+a)}$$

$$= (3x + a) - a$$

$$= 3x + a - a = 3x$$

EJEMPLO Efectuar las operaciones indicadas y simplificar:

$$\frac{12a^4 + 4a^3 - 32a^2}{4a^2} - (3a - 8)(a + 1)$$

SOLUCIÓN

$$\frac{12a^4 + 4a^3 - 32a^2}{4a^2} - (3a - 8)(a + 1)$$

$$= (3a^2 + a - 8) - (3a^2 - 5a - 8)$$

$$= 3a^2 + a - 8 - 3a^2 + 5a + 8 = 6a$$

Ejercicios 3.7B

Efectúe las operaciones indicadas y simplifique:

1. $\frac{2x + 2}{2}$
2. $\frac{3x - 6}{3}$
3. $\frac{10x - 5}{5}$
4. $\frac{7 + 7x}{7}$
5. $\frac{4 - 8x}{4}$
6. $\frac{6 + 3x}{3}$
7. $\frac{x^2 + 2x}{x}$
8. $\frac{3x^2 - 2x}{x}$
9. $\frac{6x^2 + 3x}{3x}$
10. $\frac{6x^3 - 12x^2}{6x}$
11. $\frac{x^3 - 3x^2 + x}{x}$
12. $\frac{4x^3 + 6x^2 - 10x}{2x}$
13. $\frac{6ax + 3a}{3a}$
14. $\frac{10ax + 15x}{5x}$
15. $\frac{2ax - 8bx}{2x}$
16. $\frac{4x^3 + 2x^2}{2x^2}$
17. $\frac{7x^3 - 14x^2}{7x^2}$
18. $\frac{6x^3 - 4x^2y}{2x^2}$
19. $\frac{8x^2y - 20x^3}{4x^2}$
20. $\frac{2x^4 - 7x^3 - x^2}{x^2}$
21. $\frac{x^4 - 5x^3 + 6x^2}{x^2}$
22. $\frac{6x^4 - 12x^3 + 18x^2}{6x^2}$
23. $\frac{10x^2y + 15x^3}{-5x^2}$
24. $\frac{4x^4 + 8x^3y}{-4x^3}$
25. $\frac{12x^5 + 18x^4 - 6x^3}{-6x^3}$
26. $\frac{21x^5 + 7x^3 - 14x^2}{-7x^2}$
27. $\frac{14x^2y - 21xy^3}{-7xy}$
28. $\frac{27xy^2 - 18x^2y}{-9xy}$
29. $\frac{x^3y^2 + x^4y^2 - x^5y^2}{x^3y^2}$
30. $\frac{x^2y^5 - x^3y^4 + x^4y^3}{x^2y^3}$
31. $\frac{-36x^3y^2 - 24x^2y^3}{-12x^2y^2}$
32. $\frac{-30x^2y^4 - 45x^2y^3z}{-15x^2y^3}$
33. $\frac{2x^2 - x + 1}{x}$
34. $\frac{x^2 + 3x - 2}{x}$
35. $\frac{2x^2 - 5x - 6}{x}$
36. $\frac{15x^3 - 3x^2 + 6x}{3x^2}$
37. $\frac{4x^3 + 6x^2 - 8x}{2x^2}$
38. $\frac{9x^2 - 6xy - 12y^2}{3xy}$
39. $\frac{2x^3y^2 - 4x^2y^3 + xy^4}{-2x^2y^2}$
40. $\frac{2x^4y^2 - 4x^3y^3 + 6x^2y^4}{-2x^3y^3}$
41. $\frac{x^6 - 2x^4y^2 - 3x^2y^4}{-3x^3y^3}$

42. $\dfrac{(x+a)^2+(x+a)}{(x+a)}$

43. $\dfrac{6(x-a)^2+3(x-a)}{3(x-a)}$

44. $\dfrac{(2x-a)^2-a(2x-a)}{(2x-a)}$

45. $\dfrac{(x-3a)^2+2a(x-3a)}{(x-3a)}$

46. $\dfrac{(x+3a)^2-2a(x+3a)}{(x+3a)}$

47. $\dfrac{(2x+a)^2-x(2x+a)}{(2x+a)}$

48. $\dfrac{(x+2a)^3+(x+2a)^2}{(x+2a)}$

49. $\dfrac{(2x-a)^3-(2x-a)^2}{(2x-a)}$

50. $\dfrac{a^5-2a^4}{a^2}+a(2a+5)$

51. $\dfrac{2a^4-4a^3}{2a^2}+a^2(a-1)$

52. $\dfrac{3a^4-4a^3}{a^2}-3a(a-2)$

53. $\dfrac{18a^4-3a^3+6a^2}{3a^2}-2a(3a-2)$

54. $\dfrac{a^4-3a^3-2a^2}{a^2}+(a+1)(a+2)$

55. $\dfrac{6a^2+4a^3-2a^4}{2a^2}+(a-1)(a+3)$

56. $\dfrac{3a^4-6a^3+18a^2}{-3a^2}+(a-2)(a-3)$

57. $\dfrac{a^5-a^4+2a^3}{a^3}-(a-1)(a+2)$

58. $\dfrac{a^5-4a^4+6a^3}{a^3}-(a-2)(a+3)$

59. $\dfrac{4a^5-6a^4-8a^3}{2a^3}-(2a-1)(a+2)$

60. $\dfrac{2a^4b-4a^3b^2+2a^2b^3}{2a^2b}-(a+b)^2$

61. $\dfrac{a^3b^3-2a^2b^4-15ab^5}{ab^3}-(a-b)^2$

División de dos polinomios

La división se define como la operación inversa de la multiplicación; así que empezamos con un problema de multiplicación y luego deducimos la operación de división.

$$\begin{aligned}(x^2+3x-5)(2x-7) &= x^2(2x-7)+3x(2x-7)+(-5)(2x-7)\\ &= (2x^3-7x^2)+(6x^2-21x)+(-10x+35)\\ &= 2x^3-x^2-31x+35\end{aligned}$$

Por consiguiente si $(2x^3-x^2-31x+35)$ se divide por $(2x-7)$, el resultado es (x^2+3x-5), es decir, el primer polinomio del problema de multiplicación. El polinomio $(2x^3-x^2-31x+35)$ se llama **dividendo**, $(2x-7)$ es el **divisor**, y (x^2+3x-5), el **cociente**. El primer término del dividendo, $2x^3$, proviene de multiplicar el primer término del cociente, x^2, por el primer término del divisor, $2x$. De modo que para obtener el primer término del cociente, x^2, dividimos el primer término del dividendo, $2x^3$, por el primer término del divisor, $2x$. Multiplicando todo el divisor $(2x-7)$ por ese primer término del cociente, x^2, obtenemos $2x^3-7x^2$. Al restar $2x^3-7x^2$ del dividendo, resulta

$$(2x^3-x^2-31x+35)-(2x^3-7x^2)=6x^2-31x+35$$

La cantidad $6x^2 - 31x + 35$ es el nuevo dividendo. El primer término, $6x^2$, del nuevo dividendo proviene de multiplicar el segundo término del cociente, $3x$, por el primero del divisor, $2x$. Así que para obtener el segundo término del cociente, $3x$, se divide el primero del nuevo dividendo, $6x^2$, por el primer término del divisor, $2x$. Multiplicando el divisor $(2x - 7)$ por el segundo término del cociente, $3x$, se obtiene $6x^2 - 21x$. Restando $6x^2 - 21x$ del nuevo dividendo, resulta

$$(6x^2 - 31x + 35) - (6x^2 - 21x) = -10x + 35$$

La cantidad $-10x + 35$ es ahora el nuevo dividendo. Al dividir el primer término, $(-10x)$, de este nuevo dividendo por el primero del divisor, $2x$, se obtiene el tercer término, (-5), del cociente. Multiplicando el divisor $(2x - 7)$ por el tercer término del cociente, (-5), se obtiene $-10x + 35$. Restando $(-10x + 35)$ del dividendo $(-10x + 35)$, resulta cero. Iniciemos nuevamente el problema disponiéndolo de una manera semejante a la de la división larga en aritmética.

El primer término del cociente es $\dfrac{2x^3}{2x} = +x^2.$

El segundo término del cociente es is $\dfrac{6x^2}{2x} = +3x.$

El tercer término del cociente es is $\dfrac{-10x}{2x} = -5.$

	$+\ x^2 + 3x - 5$	cociente
divisor $2x - 7$	$2x^3 - x^2 - 31x + 35$	dividendo
	$\ominus \quad \oplus$	
$x^2(2x - 7) =$	$2x^3 - 7x^2$	restar
	$6x^2 - 31x + 35$	
	$\ominus \quad \oplus$	
$3x(2x - 7) =$	$6x^2 - 21x$	restar
	$-10x + 35$	
	$\oplus \quad \ominus$	
$-5(2x - 7) =$	$-10x + 35$	restar
	0	

Por consiguiente $$\frac{2x^3 - x^2 - 31x + 35}{2x - 7} = x^2 + 3x - 5$$

DEFINICIÓN

El **grado de un polinomio** con respecto a un número literal es el exponente mayor de este número presente en el polinomio.

EJEMPLO $x^5y - 7x^4y^2 - 2x^3y^3 + 9y^4$ es un polinomio de grado 5 en x y de grado 4 en y.

Para efectuar la división de dos polinomios, se procede como sigue:

1. Se ordenan los términos del dividendo de acuerdo a los exponentes decrecientes de una de las literales, incluyendo términos con coeficientes cero para las potencias faltantes, o bien dejando espacios para los términos con dichas potencias faltantes.
2. Se ordenan los términos del divisor también de acuerdo a los exponentes decrecientes de la misma literal empleada en la ordenación de los términos del dividendo.

3. Se divide el primer término del dividendo por el primer término del divisor para obtener el primer término del cociente.
4. Se multiplica el primer término del cociente por cada uno de los términos del divisor y se escribe el producto resultante poniendo sus términos debajo de los correspondientes términos semejantes del dividendo.
5. Se resta el producto del dividendo para llegar a la obtención de un nuevo dividendo.
6. Para encontrar el siguiente y todos los términos consecutivos del cociente, se trata el nuevo dividendo como si fuera el original.
7. Se continúa este procedimiento hasta obtener cero o bien hasta que el grado del polinomio recién obtenido, con respecto a la literal empleada en la ordenación del dividendo, sea por lo menos una unidad menor que el grado del divisor en dicha literal.

EJEMPLO Dividir $(6x^3 - 17x^2 + 16)$ por $(3x - 4)$.

SOLUCIÓN Escribimos el dividendo como $6x^3 - 17x^2 + 0x + 16$.

$$\begin{array}{r|rl}
 & +2x^2 - 3x - 4 & \text{cociente} \\
 & \text{divisor } 3x - 4 \;\big)\; 6x^3 - 17x^2 + 0x + 16 & \text{dividendo} \\
\dfrac{6x^3}{3x} = +2x^2 & 2x^2(3x-4) = \underline{\ominus 6x^3 \oplus 8x^2} & \text{restar} \\
 & -9x^2 + 0x + 16 & \\
\dfrac{-9x^2}{3x} = -3x & -3x(3x-4) = \underline{\oplus{-9x^2} \ominus 12x} & \text{restar} \\
 & -12x + 16 & \\
\dfrac{-12x}{3x} = -4 & -4(3x-4) = \underline{\oplus{-12x} \ominus 16} & \text{restar} \\
 & 0 & \text{residuo}
\end{array}$$

Por consiguiente $\dfrac{6x^3 - 17x^2 + 16}{3x - 4} = 2x^2 - 3x - 4$

EJEMPLO Dividir $(19x^2 - 10x^3 + x^5 - 14x + 6)$ por $(x^2 + 1 - 2x)$.

SOLUCIÓN Se escribe el dividendo como $x^5 + 0x^4 - 10x^3 + 19x^2 - 14x + 6$, y el divisor como $x^2 - 2x + 1$.

$$\begin{array}{r}
x^3 + 2x^2 - 7x + 3 \\
x^2 - 2x + 1 \;\big)\; x^5 + 0x^4 - 10x^3 + 19x^2 - 14x + 6 \\
\underline{\ominus x^5 \oplus{-2x^4} \ominus{+x^3}} \qquad\qquad\qquad \\
2x^4 - 11x^3 + 19x^2 - 14x + 6 \\
\underline{\ominus{+2x^4} \oplus{-4x^3} \ominus{+2x^2}} \qquad\qquad \\
-7x^3 + 17x^2 - 14x + 6
\end{array}$$

$$\begin{array}{r} \oplus \quad \ominus \quad \oplus \\ -\ 7x^3 + 14x^2 - \ 7x \qquad \\ \hline +\ 3x^2 - \ 7x + 6 \\ \ominus \quad \oplus \quad \ominus \\ +\ 3x^2 - \ 6x + 3 \\ \hline -\ x + 3 \end{array}$$

Por lo tanto, $$\frac{x^5 - 10x^3 + 19x^2 - 14x + 6}{x^2 - 2x + 1}$$

$$= x^3 + 2x^2 - 7x + 3 + \frac{-x + 3}{x^2 - 2x + 1}$$

o bien, $$= x^3 + 2x^2 - 7x + 3 - \frac{x - 3}{x^2 - 2x + 1}$$

Nota

Esta forma es semejante a la usada en aritmética cuando se escribe:

$$\frac{20}{7} = 2 + \frac{6}{7}.$$

EJEMPLO Dividir $(2x^4 - 3y^4 - 13x^2y^2 + 14xy^3)$ por $(x^2 + 2xy - 3y^2)$.

SOLUCIÓN Se escribe el dividendo como $2x^4 + 0x^3y - 13x^2y^2 + 14xy^3 - 3y^4$.

$$\begin{array}{r|l} & 2x^2 - 4xy \ + y^2 \\ \hline x^2 + 2xy - 3y^2 & 2x^4 + 0x^3y - 13x^2y^2 + 14xy^3 - 3y^4 \\ & \ominus \quad \ominus \quad \oplus \\ & +\ 2x^4 + 4x^3y - \ 6x^2y^2 \\ \hline & -\ 4x^3y - \ 7x^2y^2 + 14xy^3 - 3y^4 \\ & \oplus \quad \oplus \quad \ominus \\ & -\ 4x^3y - \ 8x^2y^2 + 12xy^3 \\ \hline & +\ x^2y^2 + 2xy^3 - 3y^4 \\ & \ominus \quad \ominus \quad \oplus \\ & +\ x^2y^2 + \ 2xy^3 - 3y^4 \\ \hline & 0 \end{array}$$

Por consiguiente, $$\frac{2x^4 - 13x^2y^2 + 14xy^3 - 3y^4}{x^2 + 2xy - 3y^2} = 2x^2 - 4xy + y^2$$

EJEMPLO Dividir $[12(2x - y)^2 + 7(2x - y) - 12]$ por $[3(2x - y) + 4]$.

SOLUCIÓN Sea $2x - y = z$.

Entonces $$12(2x - y)^2 + 7(2x - y) - 12 = 12z^2 + 7z - 12$$

y $\quad 3(2x - y) + 4 = 3z + 4$

Puesto que $$\frac{12z^2 + 7z - 12}{3z + 4} = 4z - 3$$

tenemos $$\frac{12(2x - y)^2 + 7(2x - y) - 12}{3(2x - y) + 4} = 4(2x - y) - 3$$

Ejercicios 3.7C

Efectúe las divisiones siguientes:

1. $\dfrac{x^2 + 3x + 2}{x + 1}$ **2.** $\dfrac{x^2 + 4x + 3}{x + 3}$ **3.** $\dfrac{x^2 + 5x + 6}{x + 2}$

4. $\dfrac{x^2 + 7x + 12}{x + 4}$ **5.** $\dfrac{x^2 + x - 6}{x - 2}$ **6.** $\dfrac{x^2 - 2x - 8}{x - 4}$

7. $\dfrac{x^2 + 2x - 15}{x - 3}$ **8.** $\dfrac{x^2 - 4x - 12}{x - 6}$ **9.** $\dfrac{x^2 - 9x + 14}{x - 7}$

10. $\dfrac{x^2 - 9x + 20}{x - 5}$ **11.** $\dfrac{x^2 - 14x + 48}{x - 8}$ **12.** $\dfrac{6x^2 + 13x + 6}{2x + 3}$

13. $\dfrac{8x^2 + 16x + 6}{2x + 1}$ **14.** $\dfrac{9x^2 + 9x + 2}{3x + 2}$ **15.** $\dfrac{9x^2 + 6x + 1}{3x + 1}$

16. $\dfrac{20x + 4x^2 + 25}{5 + 2x}$ **17.** $\dfrac{12x^2 + 12 + 25x}{3 + 4x}$ **18.** $\dfrac{4x^2 - 3 - 4x}{2x - 3}$

19. $\dfrac{13x - 5 + 6x^2}{3x - 1}$ **20.** $\dfrac{x - 12 + 6x^2}{3x - 4}$ **21.** $\dfrac{16x^2 + 1 - 8x}{4x - 1}$

22. $\dfrac{9x^2 + 4 - 12x}{3x - 2}$ **23.** $\dfrac{22x + 8x^2 - 21}{4x - 3}$ **24.** $\dfrac{15x^2 + 12 - 28x}{5x - 6}$

25. $\dfrac{35 + 6x^2 - 31x}{2x - 7}$ **26.** $\dfrac{8 - 35x + 12x^2}{3x - 8}$

27. $\dfrac{x^3 - 4x - 2x^2 + 8}{x^2 - 4}$ **28.** $\dfrac{x^3 + 48x - 64 - 12x^2}{x^2 + 16 - 8x}$

29. $\dfrac{3x^4 + 2x^3 + 3x - 6x^2 - 2}{x^2 + x - 2}$ **30.** $\dfrac{6x^4 - 8x^2 - x^3 + x + 2}{2x^2 - x - 1}$

31. $\dfrac{x^2 + 3x - 12}{x + 5}$ **32.** $\dfrac{x^2 - 2x - 20}{x - 6}$ **33.** $\dfrac{x^2 - 10x + 24}{x - 3}$

34. $\dfrac{2x^2 - 7x - 6}{2x + 1}$ **35.** $\dfrac{9x^2 - 21x + 12}{3x - 2}$

36. $\dfrac{7x^2 + 1 + 2x^3 - x}{1 + 2x}$

37. $\dfrac{3x^3 - x - 4x^2 + 6}{2 + 3x}$

38. $\dfrac{2x^3 + 5x - 9x^2 + 8}{2x - 3}$

39. $\dfrac{4x^3 - 7x^2 - 21x + 9}{4x - 3}$

40. $\dfrac{6x^3 + 13x - 11x^2 - 20}{3x - 4}$

41. $\dfrac{6x^3 - 14x - 11x^2 - 2}{2x - 5}$

42. $\dfrac{x^2 - 1}{x + 1}$

43. $\dfrac{x^2 - 9}{x + 3}$

44. $\dfrac{4x^2 - 1}{2x - 1}$

45. $\dfrac{9x^2 - 4}{3x - 2}$

46. $\dfrac{x^4 + 5x^2 + 9}{x + x^2 + 3}$

47. $\dfrac{x^4 - 2x^3 + x^2 - 1}{x^2 - x + 1}$

48. $\dfrac{x^4 - 4x^2 + 4x - 1}{x^2 + 2x - 1}$

49. $\dfrac{2x^4 - 11x^2 - 15 - 39x}{3x + x^2 + 5}$

50. $\dfrac{2x^4 - 51x - 3x^2 - 8}{2x^2 - 6x - 1}$

51. $\dfrac{8x^4 + 15x - 24}{2x^2 - x + 4}$

52. $(28x^4 - 17x^3 + 20x + 23x^2 - 21) \div (4x^2 - 3x + 6)$

53. $(4x^4 - 4x^3 - 13x^2 + 10x - 2) \div (2x^2 - 4 + x)$

54. $(17x^4 + 6x^5 - 19x^3 - 27x - 8x^2 - 30) \div (8 - x + 6x^2)$

55. $(15x^5 - 27x^2 - 7x^4 - 7x + 6) \div (5x^2 + x - 1)$

56. $(x^5 + 4x^2 - 5x^3 - 8) \div (x^2 - x - 2)$

57. $(x^4 + 64) \div (x^2 + 8 - 4x)$

58. $(x^8 + x^4 + 1) \div (x^2 + x + 1)$

59. $(2x^4 - 11x^3 + 3x^5 + 10x + 4) \div (x + x^2 - 2)$

60. $(25x^2 - 4x^4 + 5x^5 - 11x + 10) \div (x^2 + 3 - 2x)$

61. $(2x^4 - 11x^2 - 40x - 20) \div (2x^2 - 3 - 6x)$

62. $(16x^5 - x^3 - 40x + 16) \div (4x^2 + x - 6)$

63. $(3x^5 - 16x^2 + 15x + 5) \div (x^2 - 2x + 1)$

64. $(2x^4 - 2y^4 + 5x^3y - 3x^2y^2 + 7xy^3) \div (x^2 + 3xy - y^2)$

65. $(2x^4 - 3y^4 - 5xy^3 + 3x^3y + 3x^2y^2) \div (2x^2 - xy - y^2)$

66. $(6x^4 - y^4 + 2xy^3 + 4x^2y^2 - 11x^3y) \div (2x^2 - 3xy + y^2)$

67. $(4x^4 + x^3y + 4x^2y^2 - 7xy^3 - 2y^4) \div (4x^2 - 3xy - y^2)$

68. $(x^4 - 7x^2y^2 + 18xy^3 - 8y^4) \div (x^2 + 3xy - 2y^2)$

69. $(6x^4 - 5x^2y^2 - 5xy^3 - y^4) \div (2x^2 + 2xy + y^2)$

70. $(3x^4 + 2x^3y - 13x^2y^2 + 2y^4) \div (x^2 + 2xy - y^2)$

71. $(4x^4 + x^2y^2 - 5xy^3 - 6y^4) \div (2x^2 - xy - 2y^2)$

72. $(x^3 - y^3) \div (x - y)$

73. $(8x^3 + 27y^3) \div (3y + 2x)$

74. $(x^4 - 16y^4) \div (x^2 + 4y^2)$

75. $(x^6 - 8y^6) \div (x^2 - 2y^2)$

76. $[(x + y)^2 + 2(x + y) - 3] \div [(x + y) - 1]$
77. $[(x - y)^2 - 4(x - y) - 12] \div [(x - y) + 2]$
78. $[4(x + 2y)^2 - 4(x + 2y) - 3] \div [2(x + 2y) - 3]$
79. $[6(x - 3y)^2 - 25(x - 3y) + 14] \div [3(x - 3y) - 2]$
80. $[2(x + y)^2 + 5(x + y) - 12] \div [2(x + y) - 3]$
81. $[8(x - y)^2 - 2(x - y) - 15] \div [4(x - y) + 5]$
82. $[21(2x + y)^2 + 2(2x + y) - 8] \div [7(2x + y) - 4]$

Repaso del Capítulo 3

Sume los siguientes polinomios:

1. $3x - 2y + 1, 4y - 2x - 7, x - y + 2$
2. $2x + 3y - 6, 2y - 3x - 1, 4x - 5y + 3$
3. $3xy - 5y + 6, 3y - 2xy - 3, 3 - xy - 2y$
4. $12x^2 - 16x - 30, 7x - 9x^2 + 20, 15 - 8x - 13x^2$
5. $x^3 + 2x^2 - 2x + 5, 2x^2 - 5x^3 + 7x + 4, 8x - 5x^2 - 6$
6. $11x^2y + 5xy^2 - 3, 8xy^2 - 2x^2y + 10, 7x^2y - xy^2 + 8$

Reste el primer polinomio del segundo:

7. $6x, 4x$
8. $x, 4x$
9. $5x, -2x$
10. $2x, -10x$
11. $-3x^2, x^2$
12. $-6x^2, 6x^2$
13. $-7y, -8y$
14. $-4y, -2y$
15. $15x - 1, 10x - 4$
16. $3x + 6, 7x + 2$
17. $2x^2 - x, 2x - 1$
18. $9x - 2, x^2 + 3x$
19. $15x + 6y - 4, 10x - 5y + 1$
20. $3xy - 10x - 5, 6xy - 8x - 5$
21. $2x^2 + 3y^2, 2x^2y + 3y^2$
22. x^2, x^3
23. $-x, x^2$
24. $5x, 5xy$
25. $4a, 4a^2$
26. $a^2, -a^2b$
27. $-3a^2, -3a^2$
28. $-8, 8a$

Elimine los símbolos de agrupación y reduzca términos semejantes:

29. $3(x - 4) + 4(x + 1)$
30. $4(x - 1) + (3x - 2)$
31. $5(2x - 1) - 2(3x + 1)$
32. $2(3x - 4) - 3(2x - 7)$
33. $2[4 - (x - 3)]$
34. $8[1 - 2(3x - 4)]$
35. $3[y + 2(x - 3) - 4(y + 6x)]$
36. $4[y - 2(x + 7) + 9(y - 1)]$
37. $2y - [5x(x - y) - 2y(3 - x)]$
38. $7 + 3[2(x - 4) - (2x + 1)]$
39. $x - [7 + 3(x - 4)] + 2[9 - 4(2x + 3)]$
40. $3x - 2[2y + 3(x - 1)] - 3[5 - 2(y - 2)]$
41. $4x^2 - 2\{3x + 2[x - x(x - 3)]\}$
42. $9 - 4\{x - [2x(x - 6) - x(3x + 1)]\}$

Escriba expresiones equivalentes en las que los tres últimos términos estén encerrados entre paréntesis precedidos por (a) un signo positivo, (b) un signo negativo:

43. $x + 2y - 3z + 1$
44. $6x + 2y - 3z - 8$
45. $x^3 - 3x^2 + x - 2$
46. $x^4 - 3x^3 - x^2 + x$

Evalúe las siguientes expresiones dado que $a = 2$, $b = 3$, $c = -1$ y $d = -4$:

47. $3ac - d^2$ **48.** $4ab + c^3d$ **49.** $4d + ab^2$

50. $ac^7 - bd$ **51.** $2ac^2(ab - cd)$ **52.** $c^3(ad - 3cb)^2$

53. $bc - d(b^2 - d^2)$ **54.** $3a^2 - b^2(d - c^3)$ **55.** $4ac + d^3(a^2 - 4c^2)$

56. $bd + a^2c(b^3 - 2d^2)$ **57.** $(c + b)^3(3d + a^2b)^2$ **58.** $(b^2 + ad)^5(a^2 + dc^2)^3$

59. $\dfrac{2ac - bd}{3a + b}$ **60.** $\dfrac{ab - 4bd}{c - d}$ **61.** $\dfrac{ac + 3b}{b - d}$

62. $\dfrac{(a - b)(c - d)}{ac + b}$ **63.** $\dfrac{2b - 3c(a - d)}{5a + d(b + c)}$ **64.** $\dfrac{d + 2a(b - c)}{3c + b(b - d)}$

65. $\dfrac{2c - b(2a - d)}{b + c(2d - a)}$ **66.** $\dfrac{3d^2 - 5c^2}{3d^2 + 5c^2}$ **67.** $\dfrac{4a^2 - d^2}{4a^2 + d^2}$

68. $\dfrac{a^2 - b^2 + 2c^2}{a^2 - 2b^2 - d^2}$ **69.** $\dfrac{ac}{bd} - \dfrac{3b}{d}$ **70.** $\dfrac{2b - c}{cd} - \dfrac{d - c}{ad}$

Realice las operaciones indicadas y simplifique:

71. $2xy^2(xy^2)$ **72.** $3xy(-x^2y)$ **73.** $xy^3(-x^3y)$

74. $(-2x^3y^2z)(-3xz^2)$ **75.** $(-x^2y^4)(2xz^2)(-y^2z^3)$

76. $(-xy^2)(y^4z)(-x^3z^3)$ **77.** $(-3xy)(-2x^3y^2)(4yz)$

78. $(-x^3y)(-5xy^3)(-x^2y^2)$ **79.** $(x^2y^3)^4$

80. $(3xy^2)^3$ **81.** $(-2xy^3)^2$ **82.** $(-3x^3y)^3$ **83.** $(-2x^2y)^4$

84. $(xy^2)^2(3x^3y)^3$ **85.** $(2x^2z)^3(5xy^2)^2$

86. $(-2x^2y^3)^2(3xy^2z)$ **87.** $(-xy^2)^4(-x^2y^3)^3$

88. $(-3x^3y^2)^2(-2^2x^2y^3)(-xy^2)^3$ **89.** $(5xy^2)^2(yz^2)^4(-x^3z)^3$

90. $4(-2a^2b)^3 - b^3(-a)^6$ **91.** $3(-ab^3)^2 - 2b^2(ab^2)^2$

92. $(-a^4b^3)^3 + b(a^3b^2)^4$ **93.** $(a^3b)^3 + 2ab(a^4b)^2$

94. $3a(a^2 - 2a + 4) + 6a^2(a + 1)$ **95.** $2a(6a^3 + 2a^2 - 1) - 4a^2(3a^2 + a)$

96. $a(2a^3 - 3a^2 + 1) - a^2(2a^2 + 3)$

97. $a^2(a^3 - 2a + 1) - a(a^3 - 2a^2 + a)$

98. $(6x + 7)(x + 3)$ **99.** $(2x + 5)(3x - 2)$ **100.** $(7x + 3)(x - 8)$

101. $(4x - 1)(6x - 3)$ **102.** $(5x - 2)(5x + 2)$ **103.** $(4x - 9)(4x + 9)$

104. $(4x + 5)^2$ **105.** $(7x - 4)^2$

106. $(2a - 3)(4a^2 + 6a + 9)$ **107.** $(2a + 1)(4a^2 - 2a + 1)$

108. $(2x - 3)(4x^2 - 2x + 1)$ **109.** $(x^2 + 1)(3x^2 + 6x - 8)$

110. $(x^2 + x - 1)(x^2 - x - 1)$ **111.** $(x^2 - x + 2)(x^2 + x + 2)$

112. $(x^2 - 2x - 1)(x^2 + 2x + 1)$ **113.** $(2x^2 - x - 3)(2x^2 + x + 3)$

114. $(x^2 + x - 1)^2$ **115.** $(2x^2 - 3x + 1)^2$

116. $(x + 2)(x - 2)(x + 1)$ **117.** $(x + 1)(2x - 1)(x - 3)$

118. $x(2x - 1) + (x - 1)(2x + 3)$ **119.** $3x(x + 2) + (x + 3)(x - 9)$

120. $(2x - 1)^2 - (2x + 1)^2$

121. $(x - 3)(2x + 5) - (3x + 2)(x - 1)$

122. $(x - 2)(x^2 + 2x + 4) - (x + 2)(x - 2)$

123. $(2x + 3)(4x^2 - 6x + 9) - (x - 2)(x^2 + 2x + 4)$

124. $\left(\frac{-22x^5y^7}{11x^6y^5}\right)^4$ **125.** $\left(\frac{14x^3y^4}{21xy^3}\right)^5$ **126.** $\left(\frac{15x^2y^3}{10xy^4}\right)^2$

127. $\frac{(2x^3y^2)^3}{(4xy^3)^2}$ **128.** $\frac{(8xy^2)^2}{(6x^2y)^3}$ **129.** $\frac{(6x^3y)^4}{(12x^2y^2)^3}$

130. $\frac{(6^2x^3yz)^2}{(4xy^3z^2)^3}$ **131.** $\frac{(-x^2yz^3)^3}{(9xy^2z)^2}$ **132.** $\frac{(3x^5y^2z^7)^3}{(9x^8y^4z^6)^2}$

133. $\frac{(-4x^3y^5z^7)^2}{(-2x^2y^4z^6)^3}$ **134.** $\frac{(-8x^2yz^3)^4}{(-16xy^2z^3)^3}$ **135.** $\frac{(60x^3y^2z^5)^3}{(48x^4yz^3)^4}$

136. $(6x^2 - 13x - 28) \div (3x + 4)$ **137.** $(12x^2 - 23x + 10) \div (4x - 5)$

138. $(15x^2 - 19x + 12) \div (5x - 3)$ **139.** $(x^3 - x^2 - 14x + 8) \div (x - 4)$

140. $(3x^3 + 8x - 4x^2 + 8) \div (3x + 2)$ **141.** $(6x^3 - 7x - x^2 + 3) \div (2x - 1)$

142. $(x^4 + 6x^2 - 6x + 5x^3 - 18) \div (x + 3)$

143. $(12x^2 + 3x^4 - 37x - 4x^3 + 30) \div (3x - 4)$

144. $(18x^4 - 24x^2 - 3x^3 - 2x - 27) \div (3x^2 + 2)$

145. $(2x^4 + 3x^3 + 12x - 36) \div (x^2 + 4)$

146. $(28x - 5x^3 + 3x^5 - 10x^4 + 6) \div (3x^2 - 4x - 1)$

147. $(6x^5 + 2x^2 - 25x^3 - 20x + 10) \div (3x^2 + 6x - 2)$

148. $(2x^5 - 8x - x^4 - x^2 + 6) \div (x^2 - 2x + 1)$

149. $(5x^6 - x^3 - 8x^4 - 3x^2 - 30) \div (5x^2 - 10x + 7)$

150. $(8x^4 - 10x^3y - x^2y^2 - 12y^4) \div (2x^2 - xy + 2y^2)$

151. $(x^4 - 10x^3y + 25x^2y^2 - 6y^4) \div (x^2 - 6xy + 3y^2)$

152. $(18x^4 - 29x^2y^2 + 18xy^3 - 4y^4) \div (3x^2 + 2xy - 4y^2)$

153. $(4x^4 - 9x^2y^2 + 11xy^3 - 6y^4) \div (x^2 + xy - 2y^2)$

Exprese los enunciados siguientes en notación algebraica:

154. El perímetro P de un rectángulo es igual al doble de la suma de su longitud l y su anchura w.

155. El área A de un triángulo es igual a la mitad del producto de su base b y su altura h.

156. El área A de un círculo es igual a 3.14 veces el cuadrado de su radio r.

157. El volumen V de una esfera es igual a 3.14 veces los cuatro tercios del cubo (tercera potencia) de su radio r.

158. El volumen V de un cilindro circular recto es igual a 3.14 veces el producto del cuadrado de su radio r y su altura h.

159. El área de la superficie S de una esfera es igual al producto de 3.14 y cuatro veces el cuadrado de su radio r.

160. El área A de un trapecio es igual al producto de la mitad de su altura h y la suma de sus bases paralelas b_1 y b_2.

CAPÍTULO 4

Ecuaciones lineales en una variable

Los siguientes son ejemplos de enunciados de igualdad de dos expresiones algebraicas:

1. $4(x - 3) = 4x - 12$

2. $x^2 + \frac{3}{x} = \frac{x^3 + 3}{x}$

3. $x + 2 = 10$

4. $x^2 - 3x = 18$

5. $x + 5 = x - 7$

6. $x^2 - 4x = x^2 - 4(x + 3)$

Los enunciados 1 y 2 son verdaderos para todos los valores permisibles de x. Tales enunciados se llaman **identidades**. Nótese que no es permisible asignar el valor 0 a x en el enunciado 2.

Los enunciados 3 y 4 son verdaderos para algunos pero no todos los valores de x. El enunciado 3 es verdadero únicamente si x es igual a 8. El enunciado 4 es verdadero sólo si x es -3 o 6. Dichos enunciados se llaman **ecuaciones**.

Los enunciados 5 y 6 no son verdaderos para ningún valor de x y se denominan **enunciados falsos**.

DEFINICIÓN El conjunto de todos los números que satisfacen una ecuación se llama **conjunto solución** de dicha ecuación. Los elementos del conjunto solución se denominan **raíces de la ecuación**.

Para verificar si un valor de la variable es raíz de una ecuación, se reemplaza dicha variable en la ecuación por el valor, con objeto de ver si los valores numéricos de ambos miembros de la ecuación son iguales.

DEFINICIÓN Se dice que una ecuación es **lineal** si todas las variables presentes en ella tienen exponentes iguales a 1 y ningún término de la ecuación tiene más de una variable como factor.

La ecuación $x + y - z = 1$ es una ecuación lineal en x, y y z.
La ecuación $x^2 + x = 6$ no es lineal.
La ecuación $2x + xy = 9$ no es ecuación lineal en x y y.

Este capítulo trata de las ecuaciones lineales en una variable.

4.1 Ecuaciones equivalentes

DEFINICIÓN Se dice que dos ecuaciones son **equivalentes** si tienen el mismo conjunto solución.

Las ecuaciones $5x + 7 = 2$ y $x = -1$ son equivalentes. Las dos ecuaciones tienen el mismo conjunto solución, $\{-1\}$.

Dichos conjuntos de algunas ecuaciones resultan ser obvios por inspección. El conjunto solución de la ecuación $x + 4 = 10$ es $\{6\}$, ya que este número es el único que sumado con 4 da por resultado 10. El conjunto solución de la ecuación $5x - 2 = 3(x + 4)$ no es tan obvio.

Para resolver una ecuación, esto es, encontrar su conjunto solución, se pueden aplicar dos teoremas con el fin de obtener una ecuación equivalente cuya solución sea obvia.

TEOREMA 1 Si P, Q y T son polinomios en una misma variable y $P = Q$ es una ecuación, entonces $P = Q$ y $P + T = Q + T$ son equivalentes.

El Teorema 1 dice que, dada una ecuación $P = Q$, es posible sumar cualquier polinomio T en la misma variable que P y Q a ambos miembros de la ecuación, obteniéndose así una ecuación equivalente $P + T = Q + T$.

Las ecuaciones $4x - 1 = 3x + 5$ y $4x - 1 + (1 - 3x) = 3x + 5 + (1 - 3x)$ la cual se reduce a $x = 6$, son equivalentes. Su conjunto solución es $\{6\}$.

TEOREMA 2 Si P y Q son polinomios en la misma variable, $a \in R$, $a \neq 0$, y si $P = Q$ es una ecuación, entonces $P = Q$ y $aP = aQ$ son equivalentes.

El Teorema 2 establece que, dada una solución $P = Q$, podemos multiplicar ambos miembros de ella por un número real $a \neq 0$, obteniéndose así una ecuación equivalente $aP = aQ$.

Las dos ecuaciones $x = 2$ y $5(x) = 5(2)$, esto es, $5x = 10$, son equivalentes. Su conjunto solución es $\{2\}$.

Cuando ambos miembros de una ecuación se multiplican por una constante diferente de cero, la ecuación resultante es equivalente a la original. Sin embargo, cuando dichos miembros se multiplican por una expresión que contiene a la variable, la ecuación resultante puede no ser equivalente a la original.

Las dos ecuaciones $2x = 8$ y $x(2x) = x(8)$, esto es, $2x^2 = 8x$, no son equivalentes. El conjunto solución de la ecuación $2x = 8$ es $\{4\}$, mientras que el de $2x^2 = 8x$ es $\{0, 4\}$.

Las dos ecuaciones $x = 3$ y $x(x + 2) = 3(x + 2)$ no son equivalentes. El conjunto solución de $x = 3$ es $\{3\}$, mientras que el de $x(x + 2) = 3(x + 2)$ es $\{-2, 3\}$.

De manera semejante, si elevamos ambos miembros de una ecuación a cualquier potencia, diferente de cero o uno, la ecuación resultante puede no ser equivalente a la original.

Las ecuaciones $x = 5$ y $(x)^2 = (5)^2$, es decir, $x^2 = 25$, no son equivalentes. El conjunto solución de $x = 5$ es $\{5\}$, mientras que el de $x^2 = 25$ es $\{-5, 5\}$.

Nota

El conjunto solución de una ecuación lineal en una variable tiene exactamente un elemento.

4.2 Solución de ecuaciones

Dada una ecuación lineal en una variable, puede hacerse uso de uno o ambos de los dos teoremas anteriores para formar una ecuación equivalente de la forma $1x = a$, cuyo conjunto solución es $\{a\}$.

Cuando el coeficiente de la variable en la ecuación no es 1, como en $\frac{b}{c}x = d$, se puede obtener una ecuación equivalente de la forma $1x = a$ multiplicando ambos miembros de la ecuación por el inverso multiplicativo (recíproco) del coeficiente de x en la ecuación original.

El inverso multiplicativo de $\frac{b}{c}$ es $\frac{c}{b}$, ya que $\frac{b}{c} \cdot \frac{c}{b} = 1$.

Así que cuando el coeficiente de la variable es de la forma $\frac{b}{c}$, se multiplican ambos miembros de la ecuación por $\frac{c}{b}$.

EJEMPLO Encontrar el conjunto solución de la ecuación $14x = -21$.

SOLUCIÓN El coeficiente de x es 14.

El inverso multiplicativo de 14 es $\frac{1}{14}$.

Se multiplican ambos miembros de la ecuación por $\frac{1}{14}$.

$$\frac{1}{14}(14x) = \frac{1}{14}(-21)$$

$$1 \cdot x = -\frac{21}{14}$$

$$x = -\frac{3}{2}$$

El conjunto solución es $\left\{-\frac{3}{2}\right\}$.

EJEMPLO

Encontrar el conjunto solución de la ecuación $\frac{x}{-4} = 12$.

SOLUCIÓN El término $\frac{x}{-4} = -\frac{1}{4}x$.

El coeficiente de x es $-\frac{1}{4}$.

El inverso multiplicativo de $-\frac{1}{4}$ es $-\frac{4}{1}$.

Se multiplican ambos miembros de la ecuación por $-\frac{4}{1}$.

$$-\frac{4}{1}\left(\frac{x}{-4}\right) = -\frac{4}{1}(12)$$

$$x = -48$$

El conjunto solución es $\{-48\}$.

EJEMPLO

Encontrar el conjunto solución de la ecuación $\frac{5}{7}x = 15$.

SOLUCIÓN El coeficiente de x es $\frac{5}{7}$.

El inverso multiplicativo de $\frac{5}{7}$ es $\frac{7}{5}$.

Se multiplican ambos miembros de la ecuación por $\frac{7}{5}$.

$$\frac{7}{5}\ \frac{5}{7}x = \frac{7}{5}(15)$$

Por consiguiente, $x = \frac{7}{5} \cdot \frac{15}{1} = 21$.

El conjunto solución es $\{21\}$.

EJEMPLO Encontrar el conjunto solución de la ecuación $1.3x = -39$.

SOLUCIÓN Cuando el coeficiente de la variedad está en forma decimal, será más fácil si se cambia a una fracción común:

$$1.3x = -39 \quad \text{es equivalente a} \quad \frac{13}{10}x = -39.$$

Se multiplican ambos miembros de la ecuación por $\frac{10}{13}$.

$$\frac{10}{13} \cdot \frac{13}{10}x = \frac{10}{13}(-39)$$

Por lo tanto,

$$x = \frac{10}{13} \times \frac{-39}{1} = -\frac{10 \times 39}{13} = -30$$

El conjunto solución es $\{-30\}$.

EJEMPLO

Encontrar el conjunto solución de la ecuación $-\frac{7x}{8} = \frac{35}{36}$.

SOLUCIÓN El coeficiente de x es $-\frac{7}{8}$.

El inverso multiplicativo de $-\frac{7}{8}$ es $-\frac{8}{7}$.

Se multiplican ambos miembros de la ecuación por $-\frac{8}{7}$.

$$-\frac{8}{7}\left(-\frac{7}{8}x\right) = -\frac{8}{7}\left(\frac{35}{36}\right)$$

Por consiguiente $x = -\dfrac{8 \times 35}{7 \times 36} = -\dfrac{10}{9}$

El conjunto solución es $\left\{-\frac{10}{9}\right\}$.

Ejercicios 4.2A

Encuentre el conjunto solución de cada una de las siguientes ecuaciones:

1. $2x = 4$
2. $3x = 27$
3. $7x = -14$
4. $6x = -6$
5. $16x = 0$
6. $7x = -5$
7. $-64x = 16$
8. $-64x = -8$
9. $26x = -91$
10. $38x = -133$
11. $\frac{1}{2}x = 7$
12. $\frac{x}{7} = 9$
13. $\frac{x}{4} = 8$
14. $\frac{x}{12} = 12$
15. $\frac{x}{9} = -9$
16. $\frac{x}{3} = 27$
17. $\frac{x}{-2} = 5$
18. $\frac{x}{-8} = 64$
19. $-\frac{1}{3}x = -2$
20. $\frac{1}{6}x = -3$
21. $-\frac{1}{8}x = -4$
22. $\frac{1}{6}x = \frac{1}{9}$
23. $-\frac{1}{3}x = \frac{1}{81}$
24. $\frac{2}{3}x = 4$

25. $\frac{3x}{7} = 9$
26. $\frac{3x}{4} = 9$
27. $\frac{5}{8}x = 20$
28. $\frac{5}{4}x = 60$
29. $\frac{9}{8}z = 72$
30. $\frac{2}{5}y = 3$
31. $\frac{4}{5}y = 6$
32. $\frac{7}{8}y = -5$
33. $\frac{6}{11}z = -21$
34. $\frac{6}{7}y = -42$
35. $-\frac{5}{4}y = 10$
36. $\frac{3y}{-7} = 42$
37. $\frac{-2x}{7} = -2$
38. $\frac{8y}{-5} = -12$
39. $\frac{7z}{-8} = -4$
40. $\frac{2}{3}x = \frac{4}{9}$
41. $\frac{6}{7}y = \frac{15}{28}$
42. $\frac{3z}{5} = \frac{9}{20}$
43. $\frac{3x}{11} = \frac{27}{22}$
44. $\frac{7x}{4} = \frac{21}{2}$
45. $\frac{11}{3}x = \frac{6}{7}$
46. $\frac{2}{7}x = -\frac{2}{7}$
47. $\frac{9z}{11} = -\frac{10}{33}$
48. $\frac{9}{8}x = -\frac{27}{56}$
49. $-\frac{2}{9}x = -\frac{7}{12}$
50. $\frac{5x}{-8} = \frac{-16}{25}$
51. $\frac{-7y}{6} = \frac{12}{-35}$
52. $3.1x = 62$
53. $1.1y = 33$
54. $1.3z = 5.2$
55. $1.7x = -0.34$
56. $2.3x = 0.69$
57. $-0.7y = 2.1$
58. $0.03x = 0.06$
59. $0.023x = 0.46$
60. $0.19z = 0.038$

Cuando la ecuación tiene más de un término que contiene a la variable como factor, se combinan los términos, utilizando la ley distributiva de la multiplicación.

EJEMPLO Encontrar el conjunto solución de la ecuación $3x + 4x - 2x = 8$.

SOLUCIÓN

$$3x + 4x - 2x = 8$$
$$(3 + 4 - 2)x = 8$$
$$5x = 8$$

Por lo tanto, $x = \frac{8}{5}$.

El conjunto solución es $\left\{\frac{8}{5}\right\}$.

Cuando algunos términos de una ecuación contienen fracciones, para facilitar la reducción de términos semejantes, se forma una ecuación equivalente que contenga solamente enteros. Con objeto de lograr lo anterior, se multiplican ambos miembros de la ecuación por el mínimo común múltiplo de los denominadores de las fracciones.

Recuérdese que al multiplicar ambos miembros de una ecuación por un número diferente de cero, se obtiene una ecuación equivalente.

Nota

El mínimo común múltiplo puede obtenerse como sigue:

1. Se factorizan los enteros en sus factores primos, y escriben los factores empleando exponentes.
2. Se toman todas las bases, cada una de ellas con su exponente máximo.

EJEMPLO Encontrar el m.c.m. de 12, 16, 18.

SOLUCIÓN

$$12 = 2 \cdot 2 \cdot 3 = 2^2 \cdot 3$$
$$16 = 2 \cdot 2 \cdot 2 \cdot 2 = 2^4$$
$$18 = 2 \cdot 3 \cdot 3 = 2 \cdot 3^2$$

Las bases son 2 y 3. El exponente máximo de 2 es 4 y el de 3 es 2. Por consiguiente el m.c.m. $= 2^4 \cdot 3^2 = 16 \cdot 9 = 144$.

EJEMPLO

Encontrar el conjunto solución de la ecuación $\frac{3}{3}x - \frac{1}{4}x = 5$.

SOLUCIÓN Primeramente se obtiene el m.c.m. de 4 y 3.

$$4 = 2^2, \qquad 3 = 3$$
$$\text{m.c.m.} = 2^2 \cdot 3 = 12.$$

Se multiplican ambos miembros de la ecuación por $\frac{12}{1}$;

$$\frac{12}{1}\left(\frac{3}{4}x - \frac{1}{3}x\right) = \frac{12}{1}(5)$$
$$\frac{12}{1}\left(\frac{3}{4}x\right) + \frac{12}{1}\left(-\frac{1}{3}x\right) = 60$$
$$9x - 4x = 60$$
$$5x = 60$$
$$x = 12$$

El conjunto solución es $\{12\}$.

EJEMPLO Encontrar el conjunto solución de la ecuación

$$\frac{8}{9}x - \frac{11}{12}x = \frac{1}{8}.$$

Comprobar la respuesta.

SOLUCIÓN Primero se obtiene el m.c.m. de 9, 12, y 8.

$$9 = 3^2, \qquad 12 = 2^2 \cdot 3, \qquad 8 = 2^3$$

$$\text{m.c.m.} = 2^3 \cdot 3^2 = 72.$$

Se multiplican ambos miembros de la ecuación por $\frac{72}{1}$:

$$\frac{72}{1}\left(\frac{8}{9}x - \frac{1}{6}x - \frac{3}{4}x\right) = \frac{72}{1}\left(\frac{1}{8}\right)$$

$$\frac{72}{1}\left(\frac{8}{9}x\right) + \frac{72}{1}\left(-\frac{1}{6}x\right) + \frac{72}{1}\left(-\frac{3}{4}x\right) = 9$$

$$64x - 12x - 54x = 9$$

$$(64 - 12 - 54)x = 9$$

$$-2x = 9$$

$$x = -\frac{9}{2}$$

Para comprobar la respuesta, se sustituye $-\frac{9}{2}$ en vez de x en cada miembro de la ecuación original separadamente.

Primer miembro	*Segundo miembro*
$= \frac{8}{9}\left(-\frac{9}{2}\right) - \frac{1}{6}\left(-\frac{9}{2}\right) - \frac{3}{4}\left(-\frac{9}{2}\right)$	$= \frac{1}{8}$
$= -4 + \frac{3}{4} + \frac{27}{8}$	$= \frac{1}{8}$
$= \frac{-32 + 6 + 27}{8}$	$= \frac{1}{8}$
$= \frac{1}{8}$	$= \frac{1}{8}$

El conjunto solución es $\left\{-\frac{9}{2}\right\}$.

EJEMPLO Enumerar los elementos del conjunto $\{x \mid 2x + 3x - 5x = 0, x \in R\}$.

SOLUCIÓN Consideremos el enunciado

$$2x + 3x - 5x = 0$$
$$(2 + 3 - 5)x = 0$$
$$0x = 0$$

Dado que $0x = 0$ es falso para cualquier valor real de x, se sigue que

$$\{x|2x + 3x - 5x = 0, x \in R\} = \{x|x \in R\}.$$

EJEMPLO Listar los elementos del conjunto

$$\{x|10x - 8x - 2x = 4, x \in R\}$$

SOLUCIÓN Considérese el enunciado

$$10x - 8x - 2x = 4$$
$$(10 - 8 - 2)x = 4$$
$$0x = 4$$

Dado que $0x = 4$ es falso para cualquier valor real de x se sigue que

$$\{x|10x - 8x - 2x = 4, x \in R\} = \varnothing$$

Ejercicios 4.2B

Encuentre el conjunto solución de cada una de las siguientes ecuaciones:

1. $2x + 3x = 5$
2. $3x + x = 8$
3. $7x - 4x = 6$
4. $10x - 4x = 12$
5. $5x - 2x - x = 20$
6. $4x + 2x - 3x = 9$
7. $2x + 5x - 3x = 32$
8. $x - 3x + 5x = 10$
9. $2x - x + 6x = 4$
10. $3x + 4x - 2x = 7$
11. $7x - 5x + x = 8$
12. $5x + 9x - 8x = 11$
13. $x - 6x + 10x = 1$
14. $8x - 3x - x = -16$
15. $13x - 3x - 7x = -9$
16. $2x - 5x + 9x = -6$
17. $16x - x - 8x = -14$
18. $6x - 8x + 15x = -26$
19. $x - 11x + 13x = -12$
20. $3x + 5x - 10x = 6$
21. $9x - 6x - 8x = 20$
22. $x - 17x + 5x = 11$
23. $3x - x - 12x = 30$
24. $2x + 4x - 9x = 21$
25. $4x - 2x + 6x = 0$
26. $5x - 7x + 4x = 0$
27. $7x - 10x + 2x = 0$
28. $11x - 6x - 7x = 0$
29. $x + 4x - 9x = -12$
30. $3x - 11x + x = -14$
31. $x + 6x - 10x = -20$
32. $2x - 3x - 5x = -5$
33. $2x - 10x + 5x = 8$
34. $3x - 20x + 11x = 9$
35. $7x - 2x + 9x = 21$
36. $13x + 4x - 2x = -20$
37. $\frac{1}{2}x + \frac{7}{4}x = 9$
38. $\frac{1}{2}x + \frac{2}{3}x = 7$
39. $\frac{1}{3}x + \frac{5}{6}x = 14$

40. $\frac{3}{8}x + \frac{1}{4}x = 10$
41. $\frac{5}{2}x + \frac{1}{6}x = 8$
42. $\frac{6}{7}x + \frac{1}{2}x = 19$
43. $\frac{1}{2}x + \frac{4}{3}x = 3$
44. $\frac{2}{3}x - \frac{1}{2}x = -6$
45. $\frac{1}{5}x - \frac{1}{3}x = 3$
46. $\frac{3}{4}x - \frac{11}{2}x = 6$
47. $\frac{3}{4}x - \frac{2}{3}x = 1$
48. $\frac{1}{6}x - \frac{1}{4}x = 2$
49. $\frac{4}{7}x - \frac{1}{3}x = 2$
50. $\frac{1}{3}x - \frac{1}{8}x = 5$
51. $\frac{7}{8}x - \frac{5}{6}x = 1$
52. $\frac{7x}{2} + \frac{11x}{3} = -\frac{43}{6}$
53. $\frac{7x}{11} - \frac{5x}{22} = \frac{9}{22}$
54. $\frac{3x}{7} - \frac{4x}{9} = \frac{2}{21}$
55. $\frac{4x}{5} - \frac{7x}{8} = \frac{9}{20}$
56. $\frac{3x}{4} - \frac{8x}{9} = \frac{5}{18}$
57. $\frac{5x}{12} - \frac{7x}{8} = \frac{11}{3}$
58. $\frac{2x}{3} - \frac{5x}{16} = -\frac{17}{12}$
59. $\frac{11x}{8} - \frac{7x}{6} = -\frac{5}{3}$
60. $\frac{3x}{8} - \frac{2x}{9} = \frac{1}{4}$
61. $\frac{5}{6}x + 3x = 23$
62. $\frac{3}{2}x - 2x = \frac{3}{8}$
63. $\frac{8}{9}x - x = -\frac{1}{3}$
64. $\frac{5}{7}x - 2x = -\frac{3}{14}$
65. $\frac{1}{9}x + x = -\frac{5}{2}$
66. $\frac{5}{12}x - x = -\frac{7}{8}$

Enumere los elementos de los conjuntos siguientes, dado que $x \in R$.

67. $\{x|6x - x - 5x = 0\}$
68. $\{x|12x + x - 13x = 0\}$
69. $\{x|5x - 8x + 3x = 0\}$
70. $\{x|9x - 2x - 7x = 0\}$
71. $\{x|3x + 4x - 7x = 8\}$
72. $\{x|8x - 10x + 2x = 15\}$
73. $\{x|4x + 5x - 9x = -1\}$
74. $\{x|2x + 6x - 8x = -2\}$
75. $\{x|3x + x - 2x = 0\}$
76. $\{x|x + 4x + 5x = 0\}$
77. $\left\{x \middle| \frac{2}{3}x + \frac{1}{6}x = 0\right\}$
78. $\left\{x \middle| \frac{3}{2}x + \frac{7}{3}x = 0\right\}$
79. $\left\{x \middle| \frac{7x}{8} - \frac{9x}{8} + \frac{x}{4} = 5\right\}$
80. $\left\{x \middle| \frac{3x}{5} + \frac{2x}{5} - x = 4\right\}$
81. $\left\{x \middle| \frac{5x}{2} - \frac{11x}{4} + \frac{x}{4} = 0\right\}$
82. $\left\{x \middle| \frac{x}{3} + \frac{3x}{4} - \frac{13x}{12} = 0\right\}$

En algunos casos ambos miembros de una ecuación contienen términos con la variable como factor, y también términos que no tienen a esta última como factor. Para encontrar el conjunto solución de la ecuación, se forma una ecuación equivalente que tenga todos sus términos con la variable como factor en un miembro de la ecuación. Los términos que no tengan a dicha variable como factor deben aparecer en el otro miembro de la ecuación.

La ecuación equivalente se puede formar sumando los negativos (inversos aditivos) de los términos a ambos miembros de la ecuación.

Considérese la ecuación $8x - 5 = 6x + 7$

Se suma (+5) a ambos miembros:

$$8x - 5 + 5 = 6x + 7 + 5$$
$$8x + 0 = 6x + 12$$
$$8x = 6x + 12$$

Se suma $(-6x)$ a ambos miembros:

$$8x + (-6x) = 6x + 12 + (-6x)$$
$$2x = 12$$
$$x = 6$$

El conjunto solución es $\{6\}$.

Observación Es importante darse cuenta de la diferencia que hay entre las dos ecuaciones

$$3x = 15 \quad \text{y} \quad 3 + x = 15.$$

En $3x = 15$, 3 es el coeficiente de x; así que para despejar x, se mutiplican ambos miembros de la ecuación por $\left(\frac{1}{3}\right)$.

$$\frac{1}{3}(3x) = \frac{1}{3}(15)$$
$$x = 5$$

El conjunto solución es $\{5\}$.

En $3 + x = 15$, 3 es un término; así que para despejar x, se suma (-3) a ambos miembros de la ecuación.

$$3 + x + (-3) = 15 + (-3)$$
$$x = 12$$

El conjunto solución es $\{12\}$.

EJEMPLO Resolver la ecuación $2x - x - 3 = 10 + 7x - 4$.

SOLUCIÓN Sumamos $(+3 - 7x)$ a ambos miembros de la ecuación.

$$2x - x - 3 + (+3 - 7x) = 10 + 7x - 4 + (+3 - 7x)$$
$$2x - x - 3 + 3 - 7x = 10 + 7x - 4 + 3 - 7x$$
$$-6x = 9$$
$$x = -\frac{9}{6} = -\frac{3}{2}$$

El conjunto solución es $\left\{-\frac{3}{2}\right\}$.

Nota

Cuando la ecuación contiene números mixtos, estos se transforman en fracciones impropias.

EJEMPLO Resolver la ecuación

$$3\frac{1}{2}x - 4\frac{7}{8} = 2\frac{5}{6}x + 3\frac{19}{24}.$$

SOLUCIÓN Primeramente se cambian los números mixtos a fracciones impropias.

$$\frac{7}{2}x - \frac{39}{8} = \frac{17}{6}x + \frac{91}{24}$$

Se multiplican ambos miembros de la ecuación por el mínimo común múltiplo de 2, 8, 6 y 24 el cual es 24.

$$\frac{24}{1}\left(\frac{7}{2}x - \frac{39}{8}\right) = \frac{24}{1}\left(\frac{17}{6}x + \frac{91}{24}\right)$$

$$\frac{24}{1}\left(\frac{7}{2}x\right) + \frac{24}{1}\left(-\frac{39}{8}\right) = \frac{24}{1}\left(\frac{17}{6}x\right) + \frac{24}{1}\left(\frac{91}{24}\right)$$

$$84x - 117 = 68x + 91$$

Se suma $(+117 - 68x)$ ambos miembros de la ecuación.

$$84x - 117 + 117 - 68x = 68x + 91 + 117 - 68x$$

$$16x = 208$$

$$x = 13$$

El conjunto solución es $\{13\}$.

Ejercicios 4.2C

Resuelva las ecuaciones siguientes:

1. $x - 8 = 0$ **2.** $x + 3 = 0$ **3.** $3 - x = 0$
4. $2 - 2x = 0$ **5.** $4 - 3x = 0$ **6.** $x + 3 = 3$
7. $x + 5 = 5$ **8.** $x - 4 = 1$ **9.** $x - 2 = 8$
10. $x - 1 = -2$ **11.** $x - 7 = -3$ **12.** $x - 6 = -2$
13. $5 - x = 3$ **14.** $7 - x = 9$ **15.** $2 - x = -1$
16. $2x + 7 = 11$ **17.** $3x + 1 = 10$ **18.** $4x + 3 = 15$
19. $3x + 6 = 6$ **20.** $5x + 4 = 4$ **21.** $6x + 1 = 13$
22. $2x + 15 = 1$ **23.** $2x + 17 = 7$ **24.** $7x + 11 = 4$
25. $3x - 5 = 4$ **26.** $4x - 10 = 10$ **27.** $6x - 3 = 3$
28. $11x - 6 = 27$ **29.** $3x - 8 = -20$ **30.** $2x - 9 = -11$

31. $7x - 3 = -17$ **32.** $5x - 6 = -31$ **33.** $3x + 8 = 16$

34. $8x + 11 = 12$ **35.** $3x + 5 = 4$ **36.** $2x + 5 = -4$

37. $6x + 7 = -20$ **38.** $4x + 3 = -7$ **39.** $9x + 1 = -23$

40. $6 + 4x = 3$ **41.** $8 + 2x = 1$ **42.** $11 + 3x = 2$

43. $2 - 5x = 10$ **44.** $13 - 7x = 15$ **45.** $10 - 4x = 7$

46. $9 - 4x = -3$ **47.** $2 - 6x = -14$ **48.** $8 - 3x = -2$

49. $3x = 4 + x$ **50.** $4x = 3 + x$ **51.** $5x = 8 + 3x$

52. $7x = 6 + 4x$ **53.** $2x = 7 - 5x$ **54.** $6x = 11 - 5x$

55. $3x = 8 - 3x$ **56.** $9x = 2 - 7x$ **57.** $2x + 12 = 7x + 2$

58. $5x - 8 = 4 + x$ **59.** $3x + 6 = 2x + 7$ **60.** $8 - x = 2 - 3x$

61. $3x - 7 = 5x - 9$ **62.** $3x + 15 = 8 + x$

63. $5x + 4 = x - 8$ **64.** $10x + 21 = 25 - 2x$

65. $23x - 3 = 3x + 7$ **66.** $7x + 11 = 2 - 2x$

67. $6 + 5x - 2 = 4 - 5x$ **68.** $11x - 6x - 6 = 20 - 8x$

69. $8x - 8 + x = 4 + 5x$ **70.** $2x - 3 - x = 10 + 7x - 4$

71. $8 + 2x - 1 = x - 2 - 5x$ **72.** $10 + 5x - 2 = 4x + 4 - 3x$

73. $7x + 2 - 9x = 6 + 4x - 3$ **74.** $10x + 5 - 18x = 7 - 5x - 3$

75. $\frac{3x}{2} + \frac{1}{6} = \frac{2x}{3} - \frac{2}{3}$ **76.** $\frac{2x}{3} - \frac{5}{2} = 1 - \frac{x}{2}$

77. $\frac{3x}{4} - \frac{4}{3} = \frac{x}{2} - \frac{1}{3}$ **78.** $\frac{x}{3} - \frac{1}{4} = \frac{1}{3} - \frac{x}{4}$

79. $\frac{x}{4} - \frac{x}{12} = \frac{x}{2} + \frac{1}{2}$ **80.** $\frac{5x}{4} + \frac{1}{12} = \frac{2x}{3} - \frac{1}{2}$

81. $\frac{2x}{3} - \frac{1}{4} = \frac{5}{6} + \frac{3x}{4}$ **82.** $\frac{7x}{8} - \frac{1}{6} = \frac{2x}{3} + \frac{1}{4}$

83. $\frac{5x}{6} - \frac{3}{8} = \frac{7x}{4} - \frac{2}{3}$ **84.** $\frac{3x}{4} - \frac{7}{8} = \frac{5x}{3} - \frac{5}{12}$

85. $\frac{2x}{3} + \frac{2}{9} = \frac{3x}{4} + \frac{7}{18}$ **86.** $\frac{7x}{12} - \frac{3}{4} = \frac{2}{9} - \frac{7x}{18}$

87. $\frac{3x}{5} - \frac{1}{15} = \frac{5x}{9} + \frac{1}{5}$ **88.** $\frac{11x}{16} + \frac{9}{8} = \frac{x}{3} + \frac{5}{12}$

89. $\frac{5x}{6} + \frac{3}{4} = \frac{2x}{15} + \frac{2}{5}$ **90.** $\frac{7x}{12} - \frac{5}{4} = \frac{3x}{5} - \frac{2}{3}$

91. $\frac{2x}{7} + \frac{4}{9} = \frac{2x}{9} + \frac{1}{3}$ **92.** $\frac{2x}{9} - \frac{1}{4} = \frac{3x}{8} + \frac{1}{18}$

93. $2\frac{1}{4}x + 7 = \frac{1}{2} - x$ **94.** $3\frac{1}{2}x - 10 = \frac{1}{3} - 1\frac{2}{3}x$

95. $2\frac{1}{6}x + 2\frac{1}{3} = \frac{x}{2} - 2$ **96.** $3\frac{3}{4}x - 1\frac{2}{3}x = x - 4\frac{1}{3}$

97. $1\frac{3}{4}x - 2\frac{2}{3} = 1\frac{1}{3}x - \frac{1}{6}$

98. $2\frac{1}{3}x - 1\frac{1}{5} = 2\frac{2}{5}x - \frac{2}{3}$

99. $\frac{2}{5}x + 2\frac{2}{3}x = 3x + \frac{2}{3}$

100. $1\frac{1}{6}x - 1\frac{2}{3} = 1\frac{1}{8}x - 1\frac{1}{4}$

101. $1\frac{5}{12}x - 3\frac{1}{3} = 1\frac{5}{8}x - 2\frac{1}{2}$

102. $1\frac{4}{9}x - 2\frac{3}{4} = 1\frac{1}{6}x - 2\frac{1}{3}$

Cuando una ecuación contiene símbolos de agrupación, primero se eliminan éstos utilizando la ley distributiva.

EJEMPLO Resolver la ecuación $3(2x - 1) - 2(5 - x) = 3$.

SOLUCIÓN Aplicamos la ley distributiva para eliminar los paréntesis.

$$\begin{aligned} 6x - 3 - 10 + 2x &= 3 \\ 8x &= 16 \\ x &= 2 \end{aligned}$$

El conjunto solución es $\{2\}$.

EJEMPLO Resolver la ecuación $3x(x - 1) - (x + 3)(3x - 2) = 26$.

SOLUCIÓN Primeramente se efectúan las multiplicaciones.

$$(3x^2 - 3x) - (3x^2 + 7x - 6) = 26$$

Es importante encerrar los productos entre paréntesis primero y, luego, aplicar la ley distributiva, para evitar cometer errores con los signos de algunos de los términos

$$\begin{aligned} 3x^2 - 3x - 3x^2 - 7x + 6 &= 26 \\ -10x &= 20 \\ x &= -2 \end{aligned}$$

El conjunto solución es $\{-2\}$.

EJEMPLO Resolver la ecuación $(x - 4)(x + 6) - (x - 3)^2 = 15$.

SOLUCIÓN Se efectúan las multiplicaciones y se encierra el producto entre paréntesis, luego se aplica la ley distributiva.

$$\begin{aligned} (x^2 + 2x - 24) - (x^2 - 6x + 9) &= 15 \\ x^2 + 2x - 24 - x^2 + 6x - 9 &= 15 \\ 8x &= 48 \\ x &= 6 \end{aligned}$$

El conjunto solución es $\{6\}$.

Ejercicios 4.2D

Resuelva cada una de las siguientes ecuaciones:

1. $2(x + 4) + 7 = 19$
2. $7(x + 6) + 10 = 45$
3. $4(3x + 7) + 5 = 33$
4. $3(2x + 9) + 4 = 31$
5. $6(x + 3) + 4 = 22$
6. $12(x + 3) + 5 = 50$
7. $9 + 2(x + 2) = 19$
8. $11 + 4(x + 1) = -1$
9. $7 + 2(3x + 1) = 0$
10. $5 + 3(2x + 1) = 0$
11. $9 + 2(2x + 3) = 17$
12. $13 + 3(4x + 5) = 4$
13. $8 + 2(3x - 1) = 21$
14. $1 + 5(2x - 9) = -14$
15. $13 + 3(4x - 3) = -8$
16. $17 + 8(x - 1) = -7$
17. $3 - 2(3x - 4) = 14$
18. $8 - 3(x - 4) = 2$
19. $1 - 7(3 - x) = -20$
20. $2 - 5(2 - x) = -5$
21. $4(2 - x) + 3(x - 1) = 15$
22. $3(2x - 2) + 2(1 - x) = 12$
23. $2(7x - 8) + 7(2 - x) = 26$
24. $2(7x + 1) + 5(4x - 2) = 9$
25. $7(x - 1) - 2(x + 1) = 4x$
26. $13(3 + x) - 8(5 - x) = -1$
27. $4(3 - x) - 3(2 - x) = 6$
28. $2(x - 5) - 3(2x - 3) = 3$
29. $2(3x - 1) = 11 + (8 - x)$
30. $5(2x - 1) = 25 + 3(x - 3)$
31. $2(3 - x) = 4 + 3(4 - x)$
32. $3(5 - 2x) = 8 + 7(1 - 2x)$
33. $5(8x - 3) = 3 - 2(4x - 3)$
34. $3(4x + 3) = 5 - 4(x - 1)$
35. $3(7x - 2) = 11 - 4(2x - 3)$
36. $6(2x - 3) = 2 - 7(3 - x)$
37. $2(8 - 3x) = 5 - 4(1 - x)$
38. $5(4 - x) = 13 - 3(5 - 2x)$
39. $(5 - x)(2 - x) - x(x - 3) = 0$
40. $(2 + 3x)(4 - x) - 3x(3 - x) = 0$
41. $2(x + 1)(x - 1) - (2x + 3)(x - 2) = 0$
42. $6x(x - 3) - (2x - 1)(3x + 5) = 50$
43. $(4x - 3)(3x + 2) - (6x - 7)(2x - 5) = 2$
44. $(x + 4)(3x - 5) - 3(x + 6)(x - 1) = 0$
45. $(2x - 3)(3x + 2) - 6(x - 2)(x + 3) = -3$
46. $4(x - 1)^2 - (4x + 3)(x - 2) = -2$
47. $(2x - 3)^2 - 4(x - 6)(x + 2) = -3$
48. $(x - 2)(x + 4) - (x + 3)^2 = 3$
49. $(2x + 3)(2x - 5) - (2x + 1)^2 = 0$
50. $(3x - 4)(4x + 3) - 3(2x - 5)^2 = 19$
51. $(x - 2)(4x + 1) - (2x + 3)^2 = 8$
52. $(3x - 2)(3x + 4) - (3x - 2)^2 = 6$
53. $(x - 3)^2 - (x - 4)^2 = 3$
54. $(2x + 3)^2 - (2x - 3)^2 = 6$

Enumere los elementos de los conjuntos siguientes dado que $x \in R$:

55. $\{x | 8 - 3(x - 4) = 20 - 3x\}$
56. $\{x | 11 - 6(2 - x) = 6x - 1\}$
57. $\{x | 15 - 5(x + 4) = 2 - 5x\}$
58. $\{x | 7 - 2(3x - 1) = 11 - 6x\}$
59. $\{x | (x + 1)(x - 1) - x(x - 2) = -1\}$
60. $\{x | (x - 2)(2x - 1) - 2x(x - 3) = 2\}$
61. $\{x | (x + 2)(x + 3) - x(x + 5) = 0\}$
62. $\{x | (x + 1)(x - 4) - x(x - 3) = -4\}$

La fracción $\dfrac{a + b}{c}$ es otra forma de expresar el cociente $(a + b) \div c$.

Cuando una ecuación contiene fracciones de esta forma, es aconsejable encerrar los numeradores entre paréntesis antes de multiplicar por el mínimo común denominador, como se ilustra en los ejemplos siguientes:

EJEMPLO Resolver la ecuación

$$\frac{3x+5}{4} - \frac{2x-1}{3} = 2.$$

SOLUCIÓN Se multiplican ambos miembros de la ecuación por 12.

$$\frac{12}{1}\left[\frac{3x+5}{4} - \frac{2x-1}{3}\right] = \frac{12}{1}(2)$$

$$\frac{12}{1}\cdot\frac{(3x+5)}{4} - \frac{12}{1}\cdot\frac{(2x-1)}{3} = 24$$

$$3(3x+5) - 4(2x-1) = 24$$

$$9x + 15 - 8x + 4 = 24$$

$$x = 5$$

El conjunto solución es $\{5\}$.

EJEMPLO Resolver la siguiente ecuación y comprobar la respuesta:

$$\frac{5}{6}(6x-7) - \frac{3}{8}(3x-2) = \frac{2}{3}(5x-6)$$

SOLUCIÓN Multiplicamos ambos miembros de la ecuación por 24.

$$\frac{24}{1}\left[\frac{5}{6}(6x-7) - \frac{3}{8}(3x-2)\right] = \frac{24}{1}\left[\frac{2}{3}(5x-6)\right]$$

$$\frac{24}{1}\cdot\frac{5}{6}(6x-7) - \frac{24}{1}\cdot\frac{3}{8}(3x-2) = \frac{24}{1}\cdot\frac{2}{3}(5x-6)$$

$$20(6x-7) - 9(3x-2) = 16(5x-6)$$

$$120x - 140 - 27x + 18 = 80x - 96$$

$$13x = 26$$

$$x = 2$$

Para comprobar, sustituimos 2 en vez de x en la ecuación original, evaluando cada miembro por separado.

Primer miembro	*Segundo miembro*
$\frac{5}{6}(6x-7) - \frac{3}{8}(3x-2)$	$\frac{2}{3}(5x-6)$
$= \frac{5}{6}[6(2)-7] - \frac{3}{8}[3(2)-2]$	$= \frac{2}{3}[5(2)-6]$
$= \frac{5}{6}(12-7) - \frac{3}{8}(6-2)$	$= \frac{2}{3}(10-6)$

$$= \frac{5}{6}(5) - \frac{3}{8}(4) \qquad = \frac{2}{3}(4)$$

$$= \frac{25}{6} - \frac{3}{2} \qquad = \frac{8}{3}$$

$$= \frac{8}{3} \qquad = \frac{8}{3}$$

El conjunto solución es {2}.

EJEMPLO Resolver la ecuación $0.05x + 0.06(30\,000 - x) = 1680$.

SOLUCIÓN Se cambian los decimales a fracciones comunes

$$\frac{5}{100}x + \frac{6}{100}(30{,}000 - x) = 1680$$

Multiplicamos ambos miembros de la ecuación por 100.

$$5x + 6(30{,}000 - x) = 168{,}000$$
$$5x + 180{,}000 - 6x = 168{,}000$$
$$-x = -12{,}000$$
$$x = 12{,}000$$

El conjunto solución es {12 000}.

Ejercicios 4.2E

Resuelva las siguientes ecuaciones:

1. $\frac{x}{2} + \frac{x+3}{3} = 6$
2. $\frac{x}{4} + \frac{x+5}{8} = 1$
3. $\frac{x}{7} + \frac{x+2}{14} = 1$
4. $\frac{2x+4}{3} + \frac{x}{2} = -1$
5. $\frac{3x+1}{6} + \frac{2x}{3} = 6$
6. $\frac{x+2}{4} + \frac{3x}{2} = 4$
7. $\frac{x+4}{2} + \frac{x+1}{4} = 3$
8. $\frac{x+3}{6} + \frac{x+4}{2} = 2$
9. $\frac{x+2}{5} + \frac{x+3}{2} = 4$
10. $\frac{x+10}{9} + \frac{x+7}{6} = 2$
11. $\frac{4x+1}{3} + \frac{2x-1}{4} = 1$
12. $\frac{9x+1}{7} + \frac{3x-2}{3} = 1$
13. $\frac{2x-3}{3} + \frac{x-2}{2} = \frac{1}{3}$
14. $\frac{x-1}{3} + \frac{2x-3}{2} = \frac{7}{2}$

15. $\frac{3x-1}{2}-\frac{2x+3}{3}=1$

16. $\frac{x-4}{3}-\frac{2x+3}{4}=\frac{1}{12}$

17. $\frac{7x+5}{12}-\frac{3x+3}{4}=\frac{1}{3}$

18. $\frac{3x+2}{5}-\frac{2x+1}{4}=\frac{1}{2}$

19. $\frac{3x+4}{8}-\frac{x+1}{3}=\frac{1}{4}$

20. $\frac{5x+2}{7}-\frac{x+1}{4}=\frac{1}{2}$

21. $\frac{x+2}{9}-\frac{x-8}{3}=3$

22. $\frac{2x+13}{3}-\frac{x-4}{4}=2$

23. $\frac{x-3}{4}-\frac{x-7}{6}=1$

24. $\frac{2x-1}{5}-\frac{x-8}{6}=\frac{2}{3}$

25. $\frac{x-4}{8}-\frac{5-2x}{3}=1$

26. $\frac{4x-3}{9}-\frac{x-1}{4}=\frac{1}{12}$

27. $\frac{3x+1}{4}-\frac{5x-2}{7}=\frac{1}{14}$

28. $\frac{x-3}{5}-\frac{2-7x}{4}=\frac{1}{5}$

29. $\frac{x+3}{6}-\frac{x-2}{4}=\frac{4}{3}$

30. $\frac{2x-1}{4}-\frac{4x-3}{9}=-\frac{1}{12}$

31. $\frac{3-8x}{3}-\frac{7-x}{2}=\frac{x}{3}$

32. $\frac{x+1}{3}-\frac{x-2}{7}=\frac{x}{2}$

33. $x-\frac{2x-1}{3}=\frac{3x-5}{5}$

34. $x-\frac{13-x}{3}=\frac{x+2}{6}$

35. $\frac{x+3}{4}=\frac{2-x}{3}-\frac{x+1}{6}$

36. $\frac{3}{2}(x+4)+\frac{2}{3}(x-1)=14$

37. $\frac{5}{6}(x-9)+\frac{3}{4}(x-1)=-13$

38. $\frac{2}{3}(x+1)+\frac{3}{4}(x-1)=\frac{4}{3}$

39. $\frac{5}{3}(2x-1)+\frac{7}{4}(1-x)=-\frac{3}{2}$

40. $\frac{7}{9}(2x-5)+\frac{5}{3}(x-4)=-17$

41. $\frac{3}{4}(x-3)+\frac{2}{5}(x-2)=5$

42. $\frac{2}{7}(2x+1)-\frac{3}{5}(x-2)=1$

43. $\frac{3}{8}(2x-3)-\frac{4}{3}(x-2)=\frac{2}{3}$

44. $\frac{7}{4}(x-1)-\frac{8}{9}(2x-1)=-\frac{5}{6}$

45. $\frac{2}{3}(6-x)-\frac{3}{4}(5-2x)=\frac{1}{6}(3-x)$

46. $\frac{2}{9}(4x+7)-\frac{3}{7}(3x+5)=\frac{1}{3}(2-x)-1$

47. $\frac{1}{2}(x-3)-\frac{3}{5}(2x-5)=3-\frac{3}{4}(2x-6)$

48. $\frac{5}{7}x - \frac{3}{4}(3x - 8) = 2 - \frac{7}{8}(2x - 5)$

49. $0.08(x + 20) - 0.03x = 2.4$
50. $0.08x - 0.03(21{,}000 - x) = 800$
51. $0.07(12{,}000 - x) - 0.08x = 600$
52. $0.06(60{,}000 - x) - 0.08x = 520$
53. $0.25x - 0.1(12{,}000 - x) = 375$
54. $0.05x - 0.06(x - 20{,}000) = 1080$
55. $0.25(30{,}000 - x) - 0.2x = 3000$
56. $0.15(15{,}000 - x) - 0.08x = 1330$
57. $0.065(x + 2400) - 0.075x = 138$
58. $0.0525x + 0.075(20{,}000 - x) = 1365$

4.3 Problemas planteados con palabras

Los problemas planteados con palabras son enunciados que expresan relaciones entre cantidades numéricas. Nuestro objetivo es traducir la expresión del problema a una ecuación algebraica que pueda resolverse por medios conocidos.

Para resolver un problema planteado con palabras, se procede como sigue:

1. Se determina la cantidad incógnita y se le representa con una variable.
2. Todas las demás cantidades incógnitas se deben expresar en términos de la misma variable
3. Se traducen los enunciados del problema relativos a la variable a una ecuación algebraica.
4. Se resuelve la ecuación para la incógnita y luego se encuentran las otras cantidades requeridas
5. Se comprueba la respuesta en el problema original planteado con palabras, no en la ecuación

Las siguientes son ilustraciones de ciertas frases y problemas verbales y sus equivalentes algebraicos:

1. Un número aumentado en 6.

$x + 6$

2. Un número disminuido en 3.

$x - 3$

3. Un número supera en 8 a otro.

Primer número	*Segundo número*
$x + 8$	x

4. Un número es 3 unidades menor que otro.

Primer número	*Segundo número*
$x - 3$	x

5. La suma de dos números es 20.

Primer número	*Segundo número*
x	$20 - x$

6. Tres enteros consecutivos.

Primer entero	*Segundo entero*	*Tercer entero*
x	$x + 1$	$x + 2$

7. Tres enteros impares consecutivos.

Primer entero	*Segundo entero*	*Tercer entero*
x	$x + 2$	$x + 4$

8. Tres enteros pares consecutivos.

Primer entero	*Segundo entero*	*Tercer entero*
x	$x + 2$	$x + 4$

9. Un número es la mitad de un segundo número.

Primer número	*Segundo número*
$\frac{1}{2}x$	x

o bien

x	$2x$

10. Un número es el triple de otro.

Primer número	*Segundo número*
$3x$	x

11. Un número es 3 unidades menor que el doble de un segundo número.

Primer número	*Segundo número*
$2x - 3$	x

12. Un número supera en 5 al triple de un segundo número.

Primer número	*Segundo número*
$3x + 5$	x

13. El número a supera en 6 al número b.

$a - 6 = b$ o bien $a = b + 6$

14. El número a es 10 unidades menor que el número b.

$a + 10 = b$ o bien $a = b - 10$

15. Escribir el número 128 en forma desarrollada.

$$128 = 1(8) + 10(2) + 100(1)$$

16. ¿Cuál es el número cuyo dígito de las unidades es $3x$ y el de las decenas es x?

Dígito de las unidades	*Dígito de las decenas*
$3x$	x

El número es $1(3x) + 10(x) = 3x + 10x$

17. ¿Cuál es el número cuyo dígito de las decenas es el doble del de las unidades?

Dígito de las unidades	*Dígito de las decenas*
x	$2x$

El número es $1(x) + 10(2x) = x + 20x$.

18. ¿A qué es igual la suma de los dígitos de un número de tres cifras cuyo dígito de las unidades supera en 3 al de las decenas, y el de las centenas es 1 unidad menor que el de las decenas? ¿Cuál es el número?

Dígito de las unidades	*Dígito de las decenas*	*Dígito de las centenas*
$x + 3$	x	$x - 1$

La suma de los dígitos es $(x + 3) + x + (x - 1)$.

El número es $1(x + 3) + 10(x) + 100(x - 1)$.

19. Un 6% de impuesto sobre x dólares.

$$\text{Impuesto} = 6\%x = 6 \times \frac{1}{100}x \quad \text{o} \quad \frac{6}{100}x$$

20. Un descuento de 15% sobre x dólares.

$$\text{Descuento} = 15\%x = 15 \times \frac{1}{100}x \quad \text{o} \quad \frac{15}{100}x$$

21. El valor de x estampilla de veinticinco centavos.

$$\text{Valor} = 25(x) = 25x¢$$

22. El valor de x cuartos de dólar en centavos de dólar.

$$\text{Valor} = 25(x) = 25x¢$$

23. El valor de $(x + 2)$ monedas de cinco centavos de dólar en centavos.

$$\text{Valor} = 5(x + 2)¢$$

24. El valor en dólares de x billetes de cinco dólares.

Valor $= 5(x) = \$5x$

25. La cantidad de plata contenida en x libras de una aleación de plata al 6%.

Cantidad de plata $= 6\%x$ libras.

26. La cantidad de alcohol en $(x + 5)$ galones de una solución de alcohol al 80%.

Cantidad de alcohol $= 80\%(x + 5)$ galones

27. Si Roberto puede caminar x millas por hora, ¿qué distancia recorrerá en 3 horas?

Distancia $= 3x$ millas

28. Si Catalina conduce a 55 millas por hora, ¿qué distancia puede recorrer en t horas?

Distancia $= 55t$ millas

29. Si Juan tardó 20 minutos en conducir 15 millas, ¿a qué velocidad estuvo manejando?

$$20 \text{ minutos} = \frac{20}{60} = \frac{1}{3} \text{ hora}$$

$$\text{Velocidad} = \frac{15 \text{ millas}}{\frac{1}{3} \text{ hora}} = 15 \times \frac{3}{1} = 45 \text{ millas por hora}$$

30. Gregorio puede viajar en su bicicleta a una velocidad promedio de 15 millas por hora, ¿cuánto demorará en recorrer x millas?

$$\text{Tiempo} = \frac{x \text{ millas}}{15 \text{ millas por hora}} = \frac{x}{1.5} \text{ horas}$$

31. La anchura de un rectángulo es de x pies. ¿Cuál es su perímetro si su longitud es el doble de su anchura?

Anchura	Longitud
x	$2x$

Perímetro $= 2(x + 2x)$ pies, o bien $2(x) + 2(2x)$

32. La anchura de un rectángulo es de x pies. ¿Cuál es el área del rectángulo si su longitud mide 4 pies más que su anchura?

Anchura	Longitud
x pies	$(x + 4)$ pies

Área $= (x)(x + 4)$ pies cuadrados.

Problemas que se refieren a números

EJEMPLO La tercera parte de un número es 7 unidades menor que la mitad de él. Encontrar el número.

SOLUCIÓN Sea el número $= x$.

$$\frac{1}{3}x + 7 = \frac{1}{2}x, \qquad \text{o} \qquad \frac{1}{3}x = \frac{1}{2}x - 7$$

Multiplicando ambos miembros de la ecuación por 6, obtenemos

$$2x + 42 = 3x$$

$$x = 42$$

El número $= 42$.

EJEMPLO Un número es el quíntuplo de otro. La suma de ambos es 90. Determinar los dos números.

SOLUCIÓN *Primer número* *Segundo número*

$5x$ x

$$5x + x = 90$$

$$6x = 90$$

$$x = 15$$

Primer número $= 5 \times 15 = 75$.

Segundo número $= 15$.

EJEMPLO Hallar dos números cuya suma sea 27 y que el séxtuplo del menor supere en 9 unidades al triple del mayor.

SOLUCIÓN Número menor Número mayor

x $27 - x$

$$6x = 3(27 - x) + 9$$

$$6x = 81 - 3x + 9$$

$$9x = 90$$

$$x = 10$$

Número menor $= 10$.

Número mayor $= 27 - 10 = 17$.

EJEMPLO Encontrar dos enteros pares consecutivos tales que el cuádruplo del mayor sea 8 unidades menos que el quíntuplo del menor.

SOLUCIÓN *Primer entero par* *Segundo entero par*

x $(x + 2)$

$$4(x + 2) + 8 = 5x$$
$$4x + 8 + 8 = 5x$$
$$x = 16$$

Primer entero par $= 16$.

Segundo entero par $= 16 + 2 = 18$.

EJEMPLO La suma de tres números es 63. El segundo número es el doble del primero y el tercero supera en 3 al segundo. Determinar los números.

SOLUCIÓN *Primer número* *Segundo número* *Tercer número*

x $2x$ $(2x + 3)$

$$x + 2x + (2x + 3) = 63$$
$$5x + 3 = 63$$
$$5x = 60$$
$$x = 12$$

Primer número $= 12$.

Segundo número $= 2 \times 12 = 24$.

Tercer número $= 24 + 3 = 27$.

EJEMPLO La diferencia de dos números es 4 y la de sus cuadrados es 5 unidades menos que nueve veces el menor de los números. Obtener los dos números.

SOLUCIÓN *Número menor* *Número mayor*

x $(x + 4)$

$$(x + 4)^2 - x^2 - 5 = 9x \quad \text{o } [\ (x + 4)^2 - x^2 = 9x + 5\ ]$$
$$x^2 + 8x + 16 - x^2 - 5 = 9x$$
$$8x + 16 = 9x - 5$$
$$x = 21$$

Número menor $= 21$.

Número mayor $= 21 + 4 = 25$.

EJEMPLO El dígito de las decenas de un número de dos cifras supera en 3 al dígito de las unidades. Si el número supera en 8 al séxtuplo de la suma de los dígitos, hallar el número.

SOLUCIÓN Dígito de las unidades Dígito de las decenas

x $(x + 3)$

Número $= 1(x) + 10(x + 3) = 11x + 30$.

Suma de los dígitos $= x + (x + 3) = 2x + 3$.

$$11x + 30 = 6(2x + 3) + 8$$
$$11x + 30 = 12x + 18 + 8$$
$$x = 4$$

Dígito de las unidades $= 4$.

Dígito de las decenas $= 4 + 3 = 7$.

Número $= 74$.

EJEMPLO En cierto número de tres cifras el dígito de las centenas es una unidad menor que el de las decenas y la suma de los tres dígitos es 17. Si se intercambian los dígitos de las unidades y las centenas, el número disminuye en 495. Encontrar el número original.

SOLUCIÓN

Dígito de las unidades	*Dígito de las decenas*	*Dígito de las centenas*
$17 - [x + (x - 1)]$	x	$(x - 1)$
$18 - 2x$	x	$(x - 1)$

$$(18 - 2x) + 10(x) + 100(x - 1) - 495 = (x - 1) + 10(x) + 100(18 - 2x)$$
$$18 - 2x + 10x + 100x - 100 - 495 = x - 1 + 10x + 1800 - 200x$$
$$297x = 2376$$
$$x = 8$$

Dígito de las unidades $= 18 - 2(8) = 2$.

Dígito de las decenas $= 8$.

Dígito de las centenas $= 8 - 1 = 7$.

El número original es 782.

Ejercicios 4.3A

1. Si a un número se le suma 15, el resultado es 21. Determine el número.
2. Cuando se resta 11 de cierto número, el resultado es 52. Obtenga el número.
3. Si al doble de un número se le aumenta 7, resulta 35. Halle el número.
4. El triple de un número disminuido en 19 es 53. determine el número.
5. Ocho veces un número es 30 unidades más que 6 veces él mismo. Encuentre el número.

6. Si a siete tantos de un número se le suma 6, resulta el número aumentado en 24. Obtenga el número.
7. La mitad de un número supera en 2 a un tercio de éste. Determínelo.
8. Dos terceras partes de un número exceden a la mitad de él en 3 unidades. Encuentre el número.
9. Tres medios de un número superan a cinco sextos del número en 4 unidades. Obtenga el número.
10. La diferencia entre un tercio de un entero y un cuarto del mismo es 3. Halle el número.
11. Dos séptimos de un número es 30 menos que él mismo. Encuentre el número.
12. Un número supera en 35 a tres octavos del mismo. Determine el número.
13. Un número es igual al cuádruplo de otro y la suma de ambos es 80. Halle los dos.
14. Un número es igual a 7 veces otro, y la suma de ambos es 176. Encuentre los dos.
15. La suma de dos números es 24. Uno de ellos es el triple del otro. Obtenga ambos.
16. Un número supera en 7 a otro número. Determine los dos si su suma es 29.
17. Un número es 40 unidades menor que otro. Obtenga ambos si su suma es 280.
18. Un número es $\frac{4}{5}$ de otro número y la suma de los dos es 126. Encuentre los números.
19. Un número es $\frac{2}{3}$ de otro y la suma de ambos es 230. Hállelos.
20. La suma de dos números es 48. El cuádruplo del menor es igual al doble del mayor. Encuentre los números.
21. Un número es 3 unidades menor que otro. Determine ambos si el cuádruplo del menor es una unidad menos que el triple del mayor.
22. La mitad de un entero es igual a dos quintos de otro. Obtenga los dos si su suma es 27.
23. Un entero supera en 4 a otro. Encuentre ambos si un cuarto del menor es igual a un quinto del mayor.
24. Un número es 9 unidades menor que otro. Halle los números si tres medios del mayor superan al menor en 3.
25. La diferencia de dos números es 5. Si el triple del mayor supera en uno al quíntuplo del menor, obtenga ambos.
26. La suma de dos números es 34. El quíntuplo del menor supera en 10 al triple del mayor. Encuéntrelos.
27. Un número supera en 7 a otro. Determine ambos si el doble del mayor excede al triple del menor en 2.
28. La suma de tres números es 44. El segundo es el doble del primero, y el tercero es 4 menos que el primero. Hállelos.
29. La suma de tres números es 78. El segundo es el doble del primero, y el tercero es el triple del primero. Obtenga los números.
30. La suma de tres números es 94. El segundo es 2 unidades menor que el primero, y el tercero supera en 6 al primero. Encuéntrelos.
31. La suma de tres números es 136. El segundo supera en 8 al primero, y el tercero es 15 menos que el segundo. Obtenga los números.
32. La suma de tres números consecutivos es 51. ¿Cuáles son esos números?
33. La suma de tres números impares consecutivos es 69. ¿Cuáles son ellos?

34. La suma de tres números pares consecutivos es 54. Determínelos.

35. Encuentre tres enteros consecutivos tales que la suma del segundo y el tercero sea 9 unidades menor que el triple del primero.

36. Halle tres enteros consecutivos tales que la suma del primero y el segundo supere en 20 al tercero.

37. Obtenga tres enteros impares consecutivos tales que el doble de la suma del primero y el segundo supere en uno al triple del tercero.

38. Determine tres enteros pares consecutivos tales que el doble de la suma del segundo y el tercero sea 28 unidades menor que el quíntuplo del primero.

39. La suma de los dígitos de un número de tres cifras es 15. El dígito de las unidades es el cuádruplo del de las centenas. El doble dígito de las decenas es igual a la suma de dígitos de las unidades y las centenas. Obtenga el número.

40. La suma de los dígitos de un número de tres cifras es 20. El dígito de las unidades supea en uno al de las centenas. El cuádruplo del dígito de las centenas supera en 2 al doble de la suma de los dígitos de las unidades y de las decenas. Encuentre el número.

41. Halle dos enteros consecutivos tales que la diferencia de sus cuadrados sea 31.

42. La diferencia de los cuadrados de dos enteros pares consecutivos es 84. Determine ambos enteros.

43. El producto de dos enteros consecutivos es 28 unidades menos que el cuadrado del segundo. Encuéntrelos.

44. Halle tres enteros impares consecutivos tales que el producto del primero y el tercero menos el producto del primero y el segundo supere en 3 al tercero.

45. Determine tres enteros pares consecutivos tales que el producto del segundo y el tercero supere en 20 al producto del primero y el tercero.

46. Obtenga dos números cuya diferencia sea 3, y la diferencia de sus cuadrados supere en uno al séptuplo del número menor.

47. Halle dos números cuya diferencia sea 8 y la de sus cuadrados supere en 20 a 13 veces el número mayor.

48. Encuentre dos números cuya diferencia sea 2 y cuyo producto supere en 24 al cuadrado del menor.

49. Determine dos números cuya diferencia sea 5 y cuyo producto sea 195 unidades menos que el cuadrado del número mayor.

50. La suma de los dígitos de un número de 2 cifras es 13. Si el número supera en 2 al quíntuplo de la suma de sus dígitos, hállelos.

51. El dígito de las unidades de un número de dos cifras es 2 unidades menor que el dígito de las decenas. Si el número es uno menos que 8 veces la suma de sus dígitos, encuentre el número.

52. La suma de los dígitos de un número de tres cifras es 12. El dígito de las unidades supera en 1 al de las centenas. Si 90 veces el dígito de las unidades supera en 6 al número, obtenga el número.

53. La suma de los dígitos de un número de tres cifras es 17. El dígito de las unidades supera en 1 al de las decenas. Si el número es 2 menos que 40 veces el dígito de las decenas, halle el número.

54. En cierto número de tres cifras el dígito de las centenas es el triple del de las decenas, y la suma de los dígitos es 13. Si el número supera en 25 al céntuplo del dígito de las centenas, encuéntrelo.

55. En cierto número de tres cifras el dígito de las unidades es el doble del de las centenas, y la suma de los dígitos es 19. Si se intercambian los dígitos de las unidades y las centenas, el número se incrementa en 396. Obtenga el número original.

56. En un número de tres cifras el dígito de las centenas supera en uno al de las decenas, y la suma de los dígitos es 19. Si los dígitos de las unidades y las centenas se intercambian, el número aumenta en 198. Halle el número original.

57. En un número de tres cifras el dígito de las unidades supera en dos al de las decenas, y la suma de los dígitos es 16. Si se intercambian los dígitos de las unidades y las centenas, el número disminuye en 297. Encuentre el número original.

Problemas de porcentaje

A veces la relación entre dos números se expresa como un **porcentaje**. *Tanto por ciento* significa "por cada cien" y se representa con el símbolo %. De esta manera

$$45\% = 45 \div 100 = 45 \times \frac{1}{100} = \frac{45}{100}$$

$$2\frac{3}{8}\% = 2\frac{3}{8} \div 100 = \frac{19}{8} \times \frac{1}{100} = \frac{19}{800}$$

$$300\% = 300 \div 100 = 300 \times \frac{1}{100} = \frac{300}{100}$$

Para determinar qué tanto por ciento es un número de otro, se divide el primer número entre el segundo, se multiplica el cociente por 100% y se simplifica.

Obsérvese que $100\% = 100 \div 100 = 1$.

EJEMPLO ¿Qué tanto por ciento es 24 de 40?

SOLUCIÓN

$$\frac{24}{40} \times 100\% = \frac{2400}{40}\% = 60\%$$

EJEMPLO ¿Qué tanto por ciento es 238 de 350?

SOLUCIÓN

$$\frac{238}{350} \times 100\% = \frac{23800}{350}\% = 68\%$$

Para expresar un número como tanto por ciento, se multiplica el número por 100% y se simplifica.

EJEMPLO Escribir 4 como un tanto por ciento.

SOLUCIÓN

$$4 = 4(100\%) = 400\%$$

EJEMPLO

Expresar $\frac{57}{89}$ como un tanto por ciento.

SOLUCIÓN $\frac{57}{89} = \frac{57}{89}(100\%) = \frac{5700}{89}\% = 64\frac{4}{89}\%$

Para obtener un porcentaje de cualquier número, se cambia el símbolo de tanto por ciento a $\frac{1}{100}$, luego se multiplica por el número y se simplifica.

EJEMPLO ¿Cuál es el 70% de 48?

SOLUCIÓN $70\%(48) = 70 \times \frac{1}{100} \times 48 = 33.6$

EJEMPLO

¿A qué es igual el $9\frac{1}{4}\%$ de 360?

SOLUCIÓN $9\frac{1}{4}\%(360) = 9\frac{1}{4} \times \frac{1}{100} \times 360 = \frac{37}{4} \times \frac{1}{100} \times 360 = 33.3$

La mayoría de los problemas de negocios y mezclas se relacionan con porcentajes. En esta sección tratamos problemas de negocios.

Cuando se realizan depósitos de dinero en un banco, la cantidad que se deposita se llama **capital** o **principal** y se denota por P.

La **tasa de interés** anual se denota por r.

El **interés** que se recibe está representado por I.

El interés recibido al cabo de un año es el producto del capital y la tasa de interés.

$$I = Pr$$

La fórmula anterior es útil en la solución de problemas de tanto por ciento.

EJEMPLO El precio de venta al menudeo de una máquina de coser es de $360 dólares. Si se ofrece en venta a precio de $297, ¿cuál es el porcentaje de reducción?

SOLUCIÓN Reducción de precio $= 360 - 297 = \$63$.

Porcentaje de reducción $= \frac{63}{360} \times 100\% = \frac{6300}{360}\% = 17.5\%$.

EJEMPLO ¿A qué es igual el impuesto sobre un artículo que costó $540 si la tasa de impuesto es $6\frac{1}{2}\%$?

SOLUCIÓN

$$\text{Impuesto} = 6\frac{1}{2}\%(540)$$
$$= \frac{13}{2} \times \frac{1}{100} \times 540$$
$$= \$35.10$$

EJEMPLO ¿En cuánto se venderá un refrigerador si el precio marcado es de $760 y la tienda ofrece un 12% de descuento?-

SOLUCIÓN Descuento = 12%(760) = $91.20

Precio de venta = 760 − 91.20 = $668.80

EJEMPLO Al Sr. Noble le costó $17 466 comprar un coche, incluido un 6.5% de impuesto de venta. ¿Cuál era el precio de venta del coche antes de agregar el impuesto?

SOLUCIÓN Sea el precio de venta del coche sin impuesto = $\$x$.

Impuesto = $\$6.5\%x$

Precio de venta sin impuesto más impuesto igual a precio de venta total.

$$x + 6.5\%x = 17{,}466$$
$$x + \frac{65}{1000}x = 17{,}466 \qquad \text{(Se multiplica por 100)}$$
$$1000x + 65x = 17{,}466{,}000$$
$$1065x = 17{,}466{,}000$$
$$x = 16{,}400$$

Precio de venta sin impuesto = $16.400.

EJEMPLO El precio de venta de una caja fuerte es de $350 luego de aplicar un 30% de descuento. ¿Cuál es el precio regular de la caja fuerte?

SOLUCIÓN Sea el precio regular = $\$x$.

Descuento = $\$30\%x$ (no solo 30%).

El precio de venta es igual al precio regular menos el descuento.

$$x - 30\%x = 350$$
$$x - \frac{30}{100}x = 350 \qquad \text{(Se multiplica por 100)}$$
$$100x - 30x = 35{,}000$$
$$70x = 35{,}000$$
$$x = 500$$

Precio regular de la caja fuerte = $500.

DEFINICIÓN *Margen de utilidad* es la cantidad que se agrega al costo de un artículo para determinar el precio de venta de tal artículo. El margen de utilidad se expresa normalmente como un tanto por ciento del costo o del precio de venta.

EJEMPLO Un radio costó \$80. ¿Cuál es el precio de venta si el margen de utilidad es el 20% de dicho precio?

SOLUCIÓN Sea x el costo cuando el margen de utilidad se calcula sobre el costo, pero si dicho margen se calcula sobre el precio de venta, éste se denota por x.

Sea el precio de venta = \$$x$.

Margen de utilidad = \$20%x.

El precio de venta menos el margen de utilidad es igual al costo.

$$x - 20\%x = 80$$

$$x - \frac{20}{100}x = 80 \qquad \text{(Se multiplica por 100)}$$

$$100x - 20x = 8000$$

$$8x = 8000$$

$$x = 100$$

Precio de venta = \$100.

EJEMPLO El precio de venta de un campo de tiro es de \$584. ¿Cuál es el costo si la utilidad es el 25% del mismo?

SOLUCIÓN Sea el costo = \$$x$.

Utilidad = \$25%x.

Costo más utilidad sobre el costo es igual al precio de venta.

$$x + 25\%x = 584$$

$$x + \frac{25}{100}x = 584 \qquad \text{(Se multiplica por 100)}$$

$$100x + 25x = 58{,}400$$

$$125x = 58\,400$$

$$x = 467.2$$

Costo = \$467.20.

EJEMPLO Dos sumas de dinero que totalizan \$20 000 ganan, respectivamente, 5% y 6% de interés anual. Encontrar las cantidades si juntas ganan \$1080.

SOLUCIÓN

	Primera cantidad	*Segunda cantidad*
Capital	\$$x$	\$(20 000 − x)
Tasa	5%	6%
Interés	5%x	6%(20 000 − x)

$$5\%x + 6\%(20{,}000 - x) = 1080$$

$$\frac{5}{100}x + \frac{6}{100}(20{,}000 - x) = 1080 \qquad \text{(Se multiplica por 100)}$$

$$5x + 6(20{,}000 - x) = 108{,}000$$

$$5x + 120{,}000 - 6x = 108{,}000$$

$$x = 12{,}000$$

Cantidad invertida al 5% = \$12 000.
Cantidad invertida al 6% = \$8 000.

EJEMPLO Una persona realizó dos inversiones de un total de \$10 000. En una de las inversiones obtuvo un 10% de utilidad, pero en la otra tuvo una pérdida de 12%. Si la pérdida neta fue de \$540, ¿qué cantidad tenía en cada inversión?

SOLUCIÓN

Primera inversión	*Segunda inversión*
$\$x$	$\$(10\,000 - x)$
Ganancia ganada = $10\%x$	Pérdida de 12%

Cantidad ganada = $10\%x$
Cantidad perdida = $12\%(10\,000 - x)$.
Cantidad perdida menos cantidad ganada igual a pérdida neta.

$$12\%(10{,}000 - x) - 10\%x = 540$$

$$\frac{12}{100}(10{,}000 - x) - \frac{10}{100}x = 540 \qquad \text{(Se multiplica por 100)}$$

$$12(10{,}000 - x) - 10x = 54{,}000$$

$$120{,}000 - 12x - 10x = 54{,}000$$

$$x = 3000$$

Primera inversión = \$3000.
Segunda inversión = \$7000.

EJEMPLO El interés anual producido por \$24 000 supera en \$156 al producido por \$17 000 con una tasa anual de interés 1.8% mayor. ¿Cuál es la tasa anual de interés aplicada a cada cantidad?

SOLUCIÓN

\$24,000	\$17,000
$x\%$	$(x + 1.8)\%$

$$24{,}000(x\%) - 17{,}000[(x + 1.8)\%] = 156 \qquad \text{(se multiplica por 100)}$$

$$24{,}000x - 17{,}000(x + 1.8) = 15{,}600$$

$$24{,}000x - 17{,}000x - 30{,}600 = 15{,}600$$

$$7000x = 46{,}200$$

$$x = 6.6$$

Las tasas de interés son 6.6% y 8.4%.

Ejercicios 4.3B

1. Cierto automóvil se vendió en $16 000 dólares hace dos años. El mismo modelo se vende este año en $18 000. ¿Cuál es el porcentaje de aumento en el precio de compra?
2. Ana obtiene en sus exámenes un total de 240 puntos de 320 posibles. ¿Cuál es su calificación porcentual?
3. El precio por libra de cierto corte de carne es $2.52 dólares en el año presente. Si el precio correspondiente fue de $2.40 el año pasado, ¿cuál es el porcentaje de aumento del precio por libra?
4. Si se asignan 8.4 millones de barriles de petróleo diarios para el consumo de cierto país y solamente se utilizan 6.3 millones, ¿qué porcentaje de la asignación no se consume?
5. Edith gasta $75 dólares a la semana en alimentos. ¿Cuánto deberá gastar a la semana si su precio aumenta 8%?
6. Martín gana $2 100 dólares al mes. ¿Cuánto ganará mensualmente si su salario se incrementa un 6%.
7. El ingreso bruto de una empresa es de $450 000. ¿Cuál es el nuevo ingreso si las ventas aumentan 12%?
8. Una casa se vendió en $168 500 dólares. ¿Cuánto recibe el propietario si el corredor de bienes raíces tiene una comisión del 6% sobre el precio de venta?
9. Este año, la depreciación de un automóvil es de $2260.8 dólares en base a una tasa de depreciación del 12%. ¿Cuál era el precio del auto?
10. Un corredor de bienes raíces recibió una comisión de $31 440 por la venta de una casa en Los Angeles. ¿En cuánto se vendió la casa si el corredor cobró un 6% del precio de venta?
11. El descuento aplicado a un equipo estereofónico fue de $1164.6 en base a una tasa del 18%. ¿Cuál era el precio normal del equipo?
12. Juana compró un abrigo de pieles con un impuesto del 6.5% incluido, en $8 903. ¿Cuál fue el precio de venta del abrigo sin impuesto?
13. El Sr. Gil compró un televisor a color con un impuesto del 6.5% incluido, en $788.1. ¿Cuál es el precio de venta del televisor antes de aplicar el impuesto?
14. ¿En cuánto se venderá un sofá si su precio normal es de $840 y la tienda ofrece un 15% de descuento?
15. Un equipo de aire acondicionado fue vendido en $345 luego de aplicar un 25% de descuento. ¿Cuál era el precio normal del equipo?
16. ¿Cuál es el precio normal de un traje si se ha vendido en $245 luego de aplicar un 12.5% de descuento?
17. El costo de un alimentador para aves es de $45 y su precio de venta es de $63. ¿Cuál es el margen de utilidad sobre el costo?
18. El costo de una botella de licor es $19.25 y su precio de venta es $25. ¿Cuál es el margen de utilidad sobre el precio de venta?
19. El precio de venta de un reloj es de $126. ¿Cuál es el costo si el margen de utilidad es el 40% del costo?
20. El precio de venta de una estufa eléctrica es de $756. ¿Cuál es el costo si la ganancia es el 35% del costo?
21. El costo de una alfombra es de $581. ¿Cuál es el precio de venta si el margen de utilidad es el 30% del precio de venta?

22. El costo de un automóvil es de $7 320. ¿Cuál es el precio de venta si el margen de utilidad es el 25% del precio de venta?
23. Dos sumas de dinero que totalizan $30 000 ganan, respectivamente, 6% y 9% de interés anual. Encuentre ambas cantidades si, en conjunto, producen una ganancia de $2 340.
24. Dos sumas de dinero que totalizan $45 000 ganan, respectivamente, 6.8% y 8.4% de interés anual. Halle ambas cantidades si juntas dan una ganancia de $3 524.
25. Diana tiene $10 000 invertidos al 6%. ¿Cuánto debe invertir al 7.5% para que el interés de ambas inversiones le den un ingreso de $2 400?
26. Jorge tiene $9 000 invertidos al 7%. ¿Cuánto debe invertir al 9.2% para que el interés de ambas inversiones le den un ingreso de $4 862?
27. La Sra. Pérez invirtió dos sumas iguales de dinero, una de 5.25% y la otra de 7.75%. ¿Cuánto invirtió en total si su ingreso por interes fue de $1 040?
28. El Sr. Ramírez realizó dos inversiones cuya diferencia es $18 000. La inversión menor es al 7.8% y la mayor al 8.6%. Determine las cantidades invertidas si el ingreso anual total por intereses es de $2 860.
29. El Sr. Barba invirtió una parte de $40 000 al 6.2% y el resto al 7.4%. Si su ingreso por la inversión al 7.4% fue de $1 440 más que el de la inversión al 6.2%, ¿qué tanto estaba invertido a cada tasa?
30. Alfredo y Juana invirtieron parte de $52 000 al 7.5% y el resto al 11.5%. Si su ingreso por la inversión al 7.5% fue de $670 más que el de la inversión al 11.5%, ¿cuánto .e invertido a cada tasa?
31. Francisco tiene $12 000 invertidos al 5.5%. ¿Cuánto dinero adicional debe invertir al 8% para que su ingreso anual total sea igual al 7% de la inversión total?
32. Beatriz y Juan tienen $8 500 invertidos al 6%. ¿Qué cantidad adicional deben invertir al 13% para que su ingreso anual total sea igual al 10.5% de la inversión total?
33. Guillermo hizo dos inversiones que sumaban $15 000. En una de ellas obtuvo 8% de utilidad, pero en la otra tuvo una pérdida de 15%. Si la pérdida neta fue de $1 330, ¿cuánto tenía en cada inversión?
34. Roberto realizó dos inversiones con un total de $30 000. En una de ellas obtuvo 20% de ganancia, pero en la otra perdió un 25%. Si la pérdida neta fue de $3 000, ¿cuánto tenía en cada inversión?
35. Arturo hizo dos inversiones con un total de $20 000. En una de ellas obtuvo una utilidad de 24%, pero en la otra perdió un 11%. Si la ganancia neta fue de $600, ¿cuánto tenía en cada inversión?
36. El monto de interés anual producido por $15 000 es $114 menos que el producido por $18 000 con 0.5% menos de interés anual. ¿Cuál es la tasa de interés aplicada a cada cantidad?
37. El monto de interés anual producido por $8 000 es $180 menos que el producido por $12 000 con 0.75% menos de interés anual. ¿Cuál es la tasa de interés aplicada a cada cantidad?
38. El monto de interés anual producido por $20 000 es $540 más que el producido por $14 000 con 1.5% más de interés anual. ¿Cuál es la tasa de interés aplicada a cada cantidad?
39. El monto de interés anual producido por $28 000 es de $448 más que el producido por $16 000 con 2% más de interés anual. ¿Cuál es la tasa de interés aplicada a cada cantidad?

Problemas de Mezclas

EJEMPLO ¿Cuántos litros de agua deben agregarse a 6 litros de una solución de sal al 8% y agua, para producir otra solución al 5% de sal?

SOLUCIÓN Una solución de sal al 8% significa que el 8% de ésta es sal y el 92% agua.

Dicha cantidad en la solución original más la cantidad en el agua agregada debe ser igual a la cantidad de sal en la solución final.

Cantidad original	*Cantidad agregada*	*Cantidad final*
6 litros	x litros	$(x + 6)$ litros
8% de sal	0% de sal	5% de sal

$$8\%(6) + 0\%(x) = 5\%(x + 6)$$

$$\frac{8}{100}(6) + \frac{0}{100}(x) = \frac{5}{100}(x + 6) \qquad \text{(Se multiplica por 100)}$$

$$8(6) + 0(x) = 5(x + 6)$$

$$48 + 0 = 5x + 30$$

$$5x = 18$$

$$x = 3.6$$

La cantidad de agua que debe agregarse es 3.6 litros.

EJEMPLO Un hombre mezcló 48 onzas de una solución de yodo al 4% con 40 onzas de una solución al 15% de la misma sustancia. ¿Cuál es el porcentaje de yodo en la mezcla?

SOLUCIÓN Consideremos la cantidad de yodo en la solución.

Primera solución	*Segunda solución*	*Mezcla*
48 onzas	40 onzas	88 onzas
4% de yodo	15% de yodo	x% de yodo

$$4\%(48) + 15\%(40) = x\%(88)$$

$$\frac{4}{100}(48) + \frac{15}{100}(40) = \frac{x}{100}(88) \qquad \text{(Se multiplica por 100)}$$

$$4(48) + 15(40) = 88x$$

$$192 + 600 = 88x$$

$$792 = 88x$$

$$x = 9$$

La mezcla es una solución al 9% de yodo.

EJEMPLO Carlos mezcló una aleación de aluminio al 48% con otra al 72% para producir una aleación de aluminio al 57%. Si hay 20 libras más de la aleación al 48% que de la aleación al 72%, ¿cuántas libras hay en la mezcla total?

SOLUCIÓN

$(x + 20)$ libras	x libras	$(2x + 20)$ libras
48%	72%	57%

$$
\begin{aligned}
48\%(x + 20) + 72\%(x) &= 57\%(2x + 20) \qquad \text{(Se multiplica por 100)}\\
48(x + 20) + 72x &= 57(2x + 20)\\
48x + 960 + 72x &= 114x + 1140\\
6x &= 180\\
x &= 30
\end{aligned}
$$

El peso de la mezcla total $= 2(30) + 20 = 80$ libras.

Ejercicios 4.3C

1. ¿Cuántos galones de agua deben agregarse a 2 galones de una solución de sal al 10% y agua, para producir una solución al 4%?
2. ¿Cuántas onzas de alcohol deben añadirse a 100 onzas de una solución al 12% de yodo en alcohol para obtener una solución al 8% de yodo?
3. ¿Cuántos litros de una solución de sal al 30% deben agregarse a 10 litros de igual solución al 16% para producir una al 20%?
4. ¿Cuántas onzas de una solución de yodo al 16% deben añadirse a 60 onzas del mismo tipo de solución al 3% para obtener una al 8%?
5. ¿Cuántas pintas de una solución con desinfectante al 4% deben agregarse a 20 pintas de otra igual al 30% para obtener una al 12%?
6. ¿Cuántos litros de una solución de ácido al 80% deben añadirse a 15 litros de igual solución al 6% para hacer una al 20%?
7. Un hombre mezcló 100 libras de una aleación de cobre al 90% con 150 libras del mismo tipo de aleación al 60%. ¿Cuál es el porcentaje de cobre en la mezcla?
8. Un platero mezcló 20 kilogramos de una aleación de plata al 70% con 55 kilogramos de la misma aleación al 40%. ¿Cuál es el porcentaje de plata en la mezcla?
9. Susana mezcló 800 gramos de una solución de yodo al 6% con 700 gramos de una solución de yodo al 9%. ¿Cuál es el porcentaje de yodo en la mezcla?
10. Jaime mezcló 45 litros del mismo tipo de solución al 18% con 60 litros de una al 32%. ¿Cuál es el procentaje de ácido en la mezcla?
11. Rodrigo mezcló 60 libras de una aleación de aluminio al 30% con 140 libras de la misma aleación. ¿Cuál es el porcentaje de aluminio en la segunda aleación si la mezcla es de 65% de aluminio?

12. Un químico mezcló 200 gramos de una solución de yodo al 30% con 500 gramos de otra solución de yodo. ¿Cuál es el porcentaje de yodo en la segunda solución si la mezcla es de 20% de yodo?
13. Margarita mezcló 30 litros de una solución desinfectante al 46% con 55 litros de otra. ¿Cuál es el porcentaje de desinfectante en la segunda si la mezcla contiene 24% de desinfectante?
14. René mezcló 42 kilogramos de una aleación de cobre al 80% con 78 kg de otra aleación. ¿Cuál es el porcentaje de cobre en la segunda aleación si la mezcla es de 57.25% de cobre?
15. Julia mezcló una aleación de plata al 40% con otra, al 90%, para hacer una al 75%. Si hay 20 onzas más de la aleación al 90% que de la de 40%, ¿cuántas onzas hay en la mezcla total?
16. Un agricultor mezcló un fertilizante que contiene 20% de nitrógeno con otro de 60% para hacer un fertilizante con 34% de nitrógeno. Si hay 36 kg menos del fertilizante de 60% que del de 20%, ¿cuántos kilogramos hay en la mezcla total?
17. Una planta procesadora de alimentos desea producir 1 020 litros de salsa de tomate con 30% de azúcar. Si tienen una salsa con 16% de azúcar y otra con 50%, ¿qué cantidad de cada clase de salsa deben emplear?
18. Una planta procesadora de alimentos desea producir 1 200 litros de mermelada con 55% de azúcar. Si disponen de una mermelada con 30% de azúcar y otra con 70%, ¿qué cantidad de cada clase de mermelada deben utilizar?
19. Un joyero mezcló 1 000 gr de una aleación de oro con 2 000 gr de otra que contiene 37.5% más de oro que la primera. Si la aleación resultante tiene 75% de oro, ¿cuál es el porcentaje de dicho metal en cada aleación?
20. La Casa de Moneda mezcló 10 000 gr de una aleación de plata con 4 000 gr de otra que contiene 35% menos que la primera. Si la aleación final contiene 85% de plata, ¿cuál es el porcentaje de este metal en cada aleación?

Problemas de Valor Monetario

EJEMPLO Elenea tiene \$4.45 en monedas de 10₡ y 25₡. Si dispone en total de 28 monedas, ¿cuántas tiene de cada clase?

SOLUCIÓN *Monedas de* 10₡ — *Monedas de* 25₡

x monedas — $(28 - x)$ monedas

La suma de los valores de las monedas es igual a la cantidad total de dinero.

$$10(x) + 25(28 - x) = 445 \quad \text{(Nota: 445, no 4.45)}$$
$$10x + 700 - 25x = 445$$
$$-15x = -255$$
$$x = 17$$
$$28 - x = 11$$

Número de monedas de 10₡ = 17.

Número de monedas de 25₡ = 28 − 17 = 11.

EJEMPLO Ramona compró \$10.60 dólares de estampillas de 10₡, 15₡ y 25₡ con un total de 52 estampillas. Si la cantidad de estampillas de 25₡ que compró es el cuádruplo de la de 10₡, ¿cuántas estampillas de cada clase compró?

SOLUCIÓN

10₡	15₡	25₡
x estampillas	$(52 - 5x)$ estampillas	$4x$ estampillas

La suma de los valores de las clases individuales de estampillas es igual a la cantidad total.

$$10(x) + 15(52 - 5x) + 25(4x) = 1060 \qquad \text{(Nota: 1060, no 10.60).}$$

$$\begin{aligned} 10x + 780 - 75x + 100x &= 1060 \\ 35x &= 280 \\ x &= 8 \end{aligned}$$

Número de estampillas de 10₡ $= 8$.
Número de estampillas de 15₡ $= 52 - 5(8) = 12$.
Número de estampillas de 25₡ $= 4(8) = 32$.

EJEMPLO Un carnicero mezcla 2 clases de carne molida, una de 189₡ la libra y otra de 129₡. Si la combinación pesa 450 libras y se vende a 145₡ cada una, ¿cuántas libras de cada clase forman la mezcla?

SOLUCIÓN

189₡ *por libra*	129₡ *por libra*	145₡ *por libra*
x libras	$(450 - x)$ libras	450 *libras*

La suma de los precios de las clases individuales es igual al precio de la mezcla.

$$\begin{aligned} 189(x) + 129(450 - x) &= 450(145) \\ 189x + 58{,}050 - 129x &= 65{,}250 \\ 60x &= 7200 \\ x &= 120 \end{aligned}$$

Número de libras a 189₡ $= 120$ libras.
Número de libras a 129₡ $= 330$ libras.

Ejercicios 4.3D

1. Guillermo tiene \$3.40 en monedas de 5₡ y 10₡. Si dispone en total de 47 monedas, ¿cuántas de cada clase posee?
2. Roberto tiene \$4 en monedas de 5₡ y 25₡. Si posee en total 32 monedas, ¿cuántas tiene de cada clase?
3. Cristina tiene \$7.60 en monedas de 10₡ y 25₡. Si en total dispone de 40 monedas, ¿cuántas de cada clase posee?

4. Diana tiene 6 monedas más de 25¢ que de 10¢. Si el valor total es de $9.20, ¿cuántas tiene de cada clase?
5. Nadia posee 8 monedas más de 5¢ que de 10¢. Si el valor total es $3.10, ¿cuántas monedas de cada clase dispone?
6. Marcos compró $8.7 dólares de estampillas de 15¢ y 25¢. Si adquirió 42 de éstas en total, ¿cuántas de cada clase compró?
7. Rogelio tiene $99 dólares en billetes de $1, $5 y $10. Hay 26 de ellos en total y la cantidad de billetes de $1 es el doble de la de $5. ¿Cuántos tiene de cada clase?
8. Raymundo tiene $13 dólares en monedas de 5¢, 10¢ y 25¢. Si en total posee 92 monedas y el número de éstas de 10¢ es el doble del de 5¢, ¿cuántas posee de cada clase?
9. Norma tiene el doble de monedas de 25¢ que de 5¢ y tiene 3 más de 5¢ que de 10¢. Si el valor total de las monedas es $8.15, ¿cuántas tiene de cada clase?
10. Isabel compró $9.20 dólares de estampillas de 10¢, 15¢ y 25¢ con un total de 50. Si la cantidad de las de 25¢ que compró es el doble de la correspondiente a las de 15¢, ¿cuántas estampillas adquirió de cada clase?
11. Cristóbal compró $6.15 dólares de estampillas de 10¢, 15¢ y 25¢ con un total de 39. Si la cantidad de estampillas de 15¢ es el triple de la de 10¢, ¿cuántas consiguió de cada clase?
12. David compró $11 dólares de estampillas de 10¢, 15¢ y 25¢ con un total de 58. Si la cantidad de las de 25¢ es el cuádruplo de la de 15¢, ¿cuántas obtuvo de cada clase?
13. Un abarrotero mezcla 2 clases de nuez, una vale $2.59 la libra y, la otra, $3.99. Si la mezcla pesa 84 libras y vale $3.09 la libra, ¿cuántas libras de cada clase utiliza?
14. Un tendero mezcla 2 clases de grano de café uno vale $2.79 la libra y el otro, $3.09. Si la mezcla pesa 400 libras y se vende a $3.09 la libra, ¿cuántas libras de cada clase de grano emplea?
15. Un confitero mezcla caramelo que vale 139¢ la libra con otro a 84¢ la libra. Si la mezcla pesa 240 libras y se vende a 177¢ la libra, ¿cuántas libras de cada clase de caramelo usa?
16. ¿Cuántas libras de té de $4.59 la libra deben mezclarse con 27 del mismo producto de $3.79 la libra para producir una mezcla con un precio de $3.99 la libra?
17. Miguelina compró $13.55 de estampillas de 10¢, 15¢ y 25¢ con un total de 62. Si hay 2 estampillas más de 15¢ que el doble de las de 10¢, ¿cuántas adquirió de cada clase?
18. Rosa María compró $10.70 de estampillas de 10¢, 15¢ y 25¢ con un total de 53. Si el número de las de 25¢ es 4 menos que el quíntuplo de las de 10¢, ¿cuántas consiguió de cada clase?
19. Sofía tiene $7 dólares en monedas de 5¢, 10¢ y 25¢. Si posee 39 en total y hay 5 más de 25¢ que el doble de las de 10¢, ¿cuántas monedas de cada clase tiene?
20. Beatriz dispone de $20 dólares en monedas de 10¢, 25¢ y 50¢. Si en total tiene 110 y hay 2 menos de 10¢ que el séxtuplo de las de 50¢, ¿cuántas posee de cada clase?
21. La recaudación por la venta de 35 000 boletos para un partido de fútbol americano fue de $305 500.00. Si se vendieron a $8 y $11, ¿cuántos de cada clase fueron vendidos?
22. Una sala de cine vendió 800 boletos por un total de $4 150. Si se vendieron a $4.50 y $6.50, ¿cuántos se vendieron de cada clase?

23. Los ingresos por la venta de 68 000 boletos para un partido de fútbol americano fueron de \$600 000. Los boletos se vendieron a \$14, \$10 y \$6, y la cantidad de los de \$6 fue 3.5 veces la correspondiente a los de \$14. ¿Cuántos fueron vendidos de cada clase?

24. Un abarrotero mezcla 3 tipos de grano de café, uno vale \$1.95 la libra; otro, \$2.45, y el tercero, \$3.50. La mezcla pesa 1 660 libras y se vende a \$2.75 la libra. Si la cantidad del grano de \$1.95 es el doble de la correspondiente al de \$2.45, ¿cuántas libras de cada tipo de grano utiliza?

Problemas de movimiento

La distancia recorrida, en millas, es igual al producto de la velocidad, en millas por hora, y el tiempo, en horas. En símbolos,

$$d = rt.$$

EJEMPLO Dos automóviles que se encuentran a una distancia de 375 millas entre sí y cuyas velocidades difieren en 5 millas por hora, se dirigen el uno hacia el otro. Se encontrarán dentro de 3 horas. ¿Cuál es la velocidad de cada automóvil?

SOLUCIÓN

	Primer auto	*Segundo auto*
Velocidad	x mph	$(x + 5)$ mph
Tiempo	3 hrs	3 hrs
Distancia	$3x$ millas	$3(x + 5)$ millas

La suma de las distancias recorridas es igual a 375 millas.

$$\begin{aligned} 3x + 3(x + 5) &= 375 \\ 3x + 3x + 15 &= 375 \\ 6x &= 360 \\ x &= 60 \end{aligned}$$

Velocidad del primer auto = 60 millas por hora.

Velocidad del segundo auto = 65 millas por hora.

EJEMPLO Dos automóviles parten de un mismo lugar y viajan en direcciones opuestas. El primer automóvil hace un promedio de 55 millas por hora, mientras el segundo tiene uno de 65 millas. ¿En cuántas horas se encontrarán a 720 millas entre sí?

SOLUCIÓN

	Primer auto	*Segundo auto*
Velocidad	55 mph	65 mph
Tiempo	x hr	x hr
Distancia	$55x$ millas	$65x$ millas

La suma de las distancias recorridas es igual a 720 millas.

$$55x + 65x = 720$$
$$120x = 720$$
$$x = 6$$

Tiempo en el que los autos estarán a una distancia de 720 millas entre sí = 6 horas.

EJEMPLO Un avión a reacción que vuela a una velocidad de 650 millas por hora va a alcanzar a otro que lleva una delantera de 4 horas y está volando a una velocidad de 400 millas. ¿Cuánto tardará el primer avión en alcanzar al segundo?

SOLUCIÓN

	Primer avión	*Segundo avión*
Velocidad	650 mph	400 mph
Tiempo	t hr	$(t + 4)$ hr
Distancia	$650t$ millas	$400(t + 4)$ millas

El primer avión alcanzará al segundo cuando ambos hayan recorrido la misma distancia.

$$650t = 400(t + 4)$$
$$650t = 400t + 1600$$
$$250t = 1600$$
$$t = 6\frac{2}{5}$$

El tiempo requerido es $6\frac{2}{5}$ horas, o 6 horas, 24 minutos.

EJEMPLO Paula condujo su automóvil 45 minutos a cierta velocidad. Luego la aumentó en 16 millas por hora durante el resto del viaje. Si la distancia total recorrida fue de 114 millas, y le llevó 2 horas 15 minutos, ¿qué distancia manejó a la velocidad mayor?

SOLUCIÓN

Velocidad	*x mph*	*(x + 16) mph*
Tiempo en minutos	45	$135 - 45 =$ 90
Tiempo en horas	$\frac{3}{4}$	$\frac{3}{2}$
Distancia recorrida	$\frac{3}{4}(x)$	$\frac{3}{2}(x + 16)$

$$\frac{3}{4}(x) + \frac{3}{2}(x + 16) = 114 \qquad \text{(se multiplica por 4)}$$
$$3x + 6(x + 16) = 456$$
$$3x + 6x + 96 = 456$$
$$9x = 360$$
$$x = 40$$

Distancia recorrida a la velocidad mayor $= \frac{3}{2}(40 + 16) = 84$ millas.

Ejercicios 4.3E

1. Dos clubes que se hallan a 25 millas entre sí decidieron acampar juntos en cierto punto intermedio. Si uno de los grupos camina ⅓ de milla por hora más aprisa que el otro y se encuentran en 3 horas, ¿cuál es la velocidad de cada grupo?
2. Dos automóviles que están a una distancia de 464 millas entre sí y cuyas velocidades difieren en 8 mph, se dirigen el uno hacia el otro. Se encontrarán dentro de 4 horas. ¿Cuál es la velocidad de cada automóvil?
3. Dos automóviles parten del mismo lugar y viajan en direcciones opuestas. El primer auto hace un promedio de 45 mph y el segundo, tiene uno de 50 mph. ¿En cuántas horas se encontrarán a 570 millas entre sí?
4. Dos coches parten de un mismo punto en direcciones opuestas. Uno de ellos hace un promedio de 6 mph más que el otro. Determine las velocidades de ambos si al cabo de 5½ horas se encuentran a 528 millas entre sí.
5. Un avión a reacción que vuela a una velocidad de 750 mph va a alcanzar a otro que partió 2 horas antes y que vuela a una velocidad de 500 mph. ¿A qué distancia del punto de partida encontrará el primer avión al segundo?
6. Un automóvil parte a una velocidad de 50 mph. Un segundo sale 3 horas más tarde a una velocidad de 65 mph para alcanzar al primero. ¿En cuántas horas alcanzará el segundo auto al primero?
7. Un hombre cabalgó de ida a una velocidad de 30 mph y de regreso a una de 35 mph. Su viaje redondo duró 6½ horas. ¿Qué distancia recorrió?
8. Bertha condujo su automóvil 48 minutos a cierta velocidad. Una descompostura la obligó a reducirla en 30 mph por el resto del viaje. Si la distancia total recorrida fue de 65 millas y le tomó 2 horas y 3 minutos, ¿qué distancia manejó a la velocidad baja?
9. Enrique manejó 40 millas. En las primeras 20 hizo un promedio de 60 mph y condujo las restantes 20 a una velocidad promedio de 40 mph. ¿Cuál fue la velocidad promedio del recorrido total?
10. Un hombre manejó 20 millas a una velocidad media de 30 mph y las siguientes 80 a la de 60 mph. ¿Cuál fue la velocidad promedio del recorrido total?
11. Samuel viajó en autobús a una ciudad a 60 millas de distancia y regresó a casa en su bicicleta. El autobús viajó al doble de la velocidad de la bicicleta y el viaje redondo duró 4½ horas. ¿A qué velocidad viajó Samuel en su bicicleta?
12. Jorge tenía una cita para una comida a 96 millas de distancia. Manejó a una velocidad media de 28 mph en la ciudad y a 60 mph en carretera. Si el viaje duró 2 horas, ¿qué distancia manejó en la ciudad?
13. Un muchacho que se encontraba en una parada de autobús se enteró que éste partiría dentro de 38 minutos; así que decidió irse corriendo a casa. Corrió a una velocidad promedio de 12 mph y llegó a su casa al mismo tiempo que el autobús. Si éste viajó a una velocidad promedio de 50 mph ¿a qué distancia estaba de su casa el muchacho?
14. El oficial de un portaaviones no alcanzó a abordar su nave. Cruzó en avión el muelle, 17 minutos después de que el barco lo había abandonado. El portaaviones viaja a un promedio de 36 mph, mientras que el avión viaja a uno de 240 mph. Si transcurrieron 5 minutos para que el avión alcanzara y aterrizara en el portaaviones, ¿a qué distancia se hallaba el barco del muelle cuando el oficial salió del avión?

15. Una división mecanizada del ejército se mueve en columna a 12 mph. Un mensajero va desde el final de la columna hacia el frente de la misma, y luego regresa a la parte posterior, contabilizando en total 15 minutos. Si el mensajero viajó a una velocidad de 20 mph, determine la longitud de la columna.

Problemas de temperatura

Tres escalas que se emplean para medir temperatura son las de Fahrenheit, Celsius (centígrados) y Kelvin. En la **escala Fahrenheit**, el punto de congelación del agua se calibra como 32, y el de ebullición como 212. Existen 180 divisiones iguales entre la temperatura de congelación del agua y su punto de ebullición. Cada división constituye un grado Fahrenheit y se denota por °F.

En la **escala Celsius**, el punto de congelación del agua se calibra como 0, y el de ebullición del agua, como 100. Hay 100 divisiones iguales entre el punto de congelación del agua y el de ebullición. Cada división es un grado Celsius y se denota por °C.

La **escala Kelvin** tiene las mismas divisiones que la Celsius, excepto que el punto de congelación del agua en la escala Kelvin es 273. Cada división se denota por °K.

Obsérvese que 180 divisiones de la escala Fahrenheit equivalen a 100 divisiones de la escala Celsius. Cada grado Fahrenheit es igual a $\frac{5}{9}$ de un grado Celsius. Cada grado Celsius es igual a $\frac{9}{5}$ de uno Fahrenheit. Puesto que una lectura de 32 en la escala Fahrenheit equivale a una de 0 en la escala Celsius, tenemos lo siguiente:

1. Dada una lectura Fahrenheit, se resta 32 de ella y se multiplica por $\frac{5}{9}$ para obtener la lectura Celsius correspondiente.

$$^{\circ}C = \frac{5}{9}(^{\circ}F - 32).$$

2. Se multiplica una lectura Celsius por $\frac{9}{5}$, y se suma 32 para obtener la lectura Fahrenheit equivalente.

$$^{\circ}F = \frac{9}{5}\,^{\circ}C + 32.$$

3. Se suma 273 a una lectura Celsius para obtener la correspondiente lectura Kelvin.

$$^{\circ}K = {}^{\circ}C + 273.$$

EJEMPLO La temperatura normal del cuerpo humano es de 37°C. ¿A qué equivale en la escala Fahrenheit?

SOLUCIÓN

$$\begin{aligned} F = \frac{9}{5}C + 32 &= \frac{9}{5}(37) + 32 \\ &= 66.6 + 32 \\ &= 98.6 \end{aligned}$$

EJEMPLO La temperatura ambiente normal es de 70°F. ¿Cuál es su equivalente en la escala Celsius?

SOLUCIÓN

$$C = \frac{5}{9}(F - 32) = \frac{5}{9}(70 - 32)$$
$$= \frac{5}{9}(38)$$
$$= 21.11$$

Nota Dada una lectura en la escala Fahrenheit, para obtener la correspondiente lectura Kelvin, primero se encuentra la lectura Celsius equivalente y luego se determina la lectura Kelvin.

EJEMPLO Encontrar la temperatura Kelvin que corresponda a una lectura de 86°F.

SOLUCIÓN Para obtener la temperatura en la escala Kelvin determinamos primero la lectura Celsius correspondiente.

$$C = \frac{5}{9}(86 - 32) = \frac{5}{9}(54)$$
$$= 30$$
$$K = C + 273 = 30 + 273$$
$$= 303$$

Ejercicios 4.3F

Convierta las siguientes lecturas Fahrenheit en las que corresponden a las escalas Celsius y Kelvin:

1. 68 F **2.** 95 F **3.** 149 F
4. 239 F **5.** −22 F **6.** 5 F

Convierta las lecturas Celsius siguientes en sus correspondientes lecturas Fahrenheit:

7. 30 C **8.** 41 C **9.** −50 C
10. −273 C **11.** 125 C **12.** 600 C

Convierta las siguientes lecturas Kelvin a las que corresponden a la escala Fahrenheit:

13. 288 K **14.** 508 K
15. 700 K **16.** 100 K

17. Si la temperatura desciende 45°F, determine el descenso que corresponde a la escala Celsius.

18. Si la temperatura aumenta 15°C, determine el aumento correspondiente en la escala Fahrenheit.

Problemas referentes a edades

EJEMPLO Catalina tiene actualmente la mitad de la edad de Dora, y dentro de doce años tendrá $\frac{5}{6}$ de la que Dora tenga entonces. ¿Cuáles son sus edades actuales?

SOLUCIÓN

	Catalina	*Dora*
Edad actual	x años	$2x$ años
Edad dentro de 12 años	$(x + 12)$	$(2x + 12)$

$$x + 12 = \frac{5}{6}(2x + 12) \quad \text{(se multiplica por 6)}$$
$$6(x + 12) = 5(2x + 12)$$
$$6x + 72 = 10x + 60$$
$$4x = 12$$
$$x = 3$$

Catalina tiene actualmente 3 años.

Dora tiene 6.

EJEMPLO

Hace dos años Blanca tenía $\frac{1}{8}$ de la correspondiente edad de su madre.

Dentro de catorce la edad de Blanca será $\frac{5}{12}$ de la que entonces tenga su mamá. ¿Cuál es la edad actual de Blanca?

SOLUCIÓN

	Blanca	*Mamá*
Edad hace 2 años	x	x
Edad dentro de 14 años	$x + 16$	$8x + 16$

$$x + 16 = \frac{5}{12}(8x + 16)$$
$$12(x + 16) = 5(8x + 16)$$
$$12x + 192 = 40x + 80$$
$$28x = 112$$
$$x = 4$$

Edad actual de Blanca = 4 + 2 = 6 años.

Ejercicios 4.3G

1. La edad actual de Pablo es el doble de la de su hermano. Hace cuatro años Pablo tenía el triple de la correspondiente a su hermano. ¿Cuál es la edad actual de Pablo?
2. La edad actual de Bernardo es el triple de la de Amalia. Hace dos años él tenía el quíntuplo de la edad que correspondía a Amalia. ¿Cuáles son sus edades actuales?
3. Ricardo tiene actualmente $\frac{1}{3}$ de la edad de su padre. Dentro de diez años tendrá la mitad de la edad correcpondiente de su padre. ¿Cuál es la edad actual de Ricardo?
4. La edad actual de Dulce es $\frac{1}{2}$ de la de su hermana. Dentro de siete años Dulce tendrá $\frac{2}{3}$ de la edad de su hermana. ¿Cuál es la edad actual de su hermana?
5. Hace dos años Cristina tenía $\frac{1}{9}$ de la edad que correspondía a la de su mamá. Dentro de 16 años Cristina tendrá $\frac{7}{15}$ de la edad de su mamá. ¿Cuál es la edad actual de la mamá de Cristina?
6. Hace 3 años Linda tenía $\frac{1}{6}$ de la edad de su padre y dentro de once, tendrá $\frac{2}{5}$ de la de su papá. ¿Cuáles son sus edades actuales?
7. Hace dos años la edad de Carolina era $\frac{1}{5}$ de la de su padre y dentro de cuatro años será $\frac{1}{3}$ de la de su papá. ¿Cuál es la edad actual del padre?
8. Yolanda es seis años menor que Teresa. Dentro de cinco años la primera tendrá $\frac{4}{5}$ de la edad de la segunda. ¿Cuáles son sus edades actuales?
9. Virginia es 8 años menor que Sonia y hace diez años la edad de aquella era $\frac{4}{5}$ de la de ésta. ¿Cuáles son sus edades actuales?

Problemas de palancas

Cuando una barra uniforme de peso despreciable se pone en equilibrio sobre un soporte, con cargas en ambos lados del soporte, se tiene una **palanca** (Figura 4.1). El soporte se denomina **punto de apoyo** o **fulcro** y se denota por F. Las cargas se representan por W_1, W_2, W_3, . . . , (primera, segunda carga, etc.)

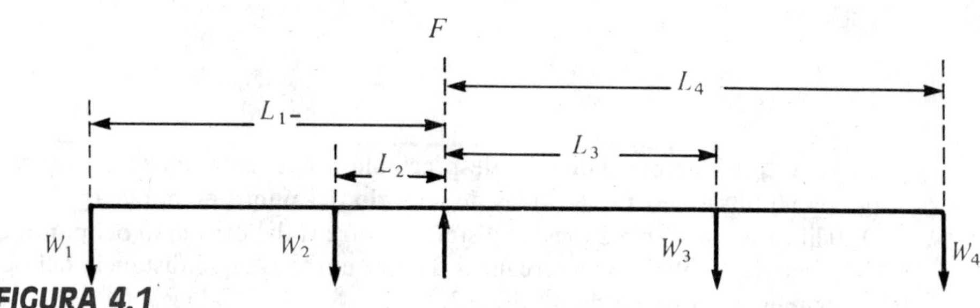

FIGURA 4.1

La distancia de una carga al punto de apoyo se llama **brazo de palanca de la carga**. La longitud de tal brazo de la primera carga se representa por L_1, la segunda por L_2, y así sucesivamente.

Para que la palanca quede en equilibrio, la suma de los productos de las cargas situadas de un lado del punto de apoyo por sus respectivos brazos de palanca, debe ser igual a la suma de los productos de las cargas del otro lado del punto de apoyo por sus brazos de palanca.

$$W_1L_1 + W_2L_2 = W_3L_3 + W_4L_4$$

Algunas máquinas simples a las que se aplica la ley de las palancas son el subibaja, el cascanueces, las tijeras y la balanza.

EJEMPLO Beto y Paty pesan juntos 75 libras. Si en un subibaja el primero se sitúa a 4 pies del punto de apoyo y la segunda a 6 pies del mismo, quedan en equilibrio. Determinar sus pesos respectivos.

SOLUCIÓN Véase la Figura 4.2.

Peso de Beto = x libras.

Peso de Paty = $(75 - x)$ libras.

$$\begin{aligned} 4x &= 6(75 - x) \\ 4x &= 450 - 6x \\ 10x &= 450 \\ x &= 45 \end{aligned}$$

Peso de Beto = 45 libras.

Peso de Paty = 75 − 45 = 30 libras.

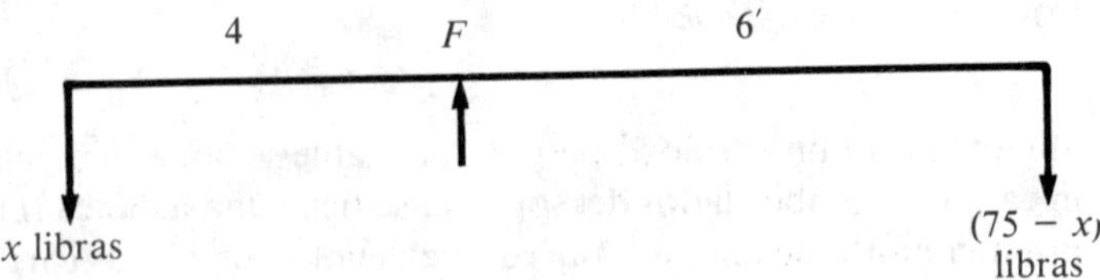

FIGURA 4.2

EJEMPLO Una barra de peso despreciable se encuentra en equilibrio cuando una carga de 90 libras se sitúa a 8 pies de un lado del punto de apoyo, y dos cargas de 40 y 120 libras se ubican a 2 pies de distancia entre sí del otro lado del punto de apoyo, con la carga de 40 libras más cercana a dicho punto. ¿A qué distancia del punto de apoyo se encuentra la carga de 40 libras?

SOLUCIÓN Véase la Figura 4.3.

Supongamos que la carga de 40 libras está a x pies del punto de apoyo. La carga de 120 libras estará a $(x + 2)$ pies del punto de apoyo.

$$90(8) = 40(x) + 120(x + 2)$$
$$720 = 40x + 120x + 240$$
$$160x = 480$$
$$x = 3$$

La carga de 40 libras está a 3 pies del punto de apoyo.

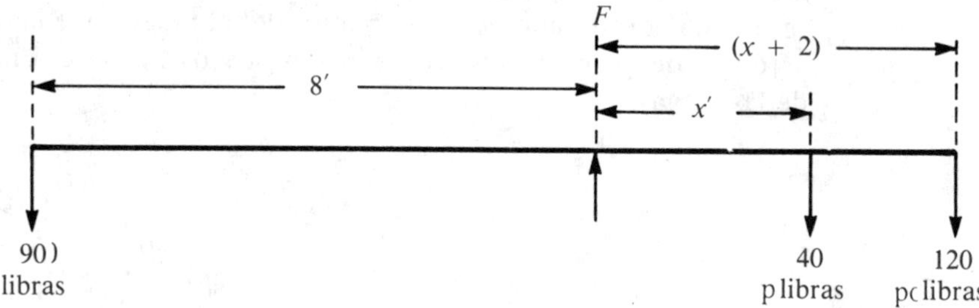

FIGURA 4.3

Ejercicios 4.3H

1. Juana pesa 115 libras y se sienta en un subibaja a 8 pies del punto de apoyo. Si Beatriz lo hace a 10 pies del punto de apoyo para lograr el justo equilibrio, determine el peso de Beatriz.
2. Sofía pesa 80 libras y se encuentra en un subibaja a 3 pies del punto de apoyo. Si Nadia se sitúa a 5 pies del punto de apoyo, se equilibra con Sofía. ¿Cuánto pesa Nadia?
3. David pesa 96 libras y se halla en un subibaja a 5 pies del punto de apoyo. Si Marcos pesa 60 libras, ¿a qué distancia del punto de apoyo se debe situar para ponerse en equilibrio con David?
4. Guillermo pesa 240 libras y se sienta en un subibaja a 6 pies del punto de apoyo. Si Gustavo pesa 180 libras, ¿a qué distancia del punto de apoyo se debe situar para lograr el equilibrio con Guillermo?
5. A y B pesan juntos 250 libras. Si en un subibaja A se encuentra a 6 pies del punto de apoyo y B a 4 del mismo, quedan en equilibrio. Determine sus pesos.
6. Un subibaja de 7 pies de longitud es puesto en equilibrio por A y B que pesan 90 y 120 libras, respectivamente. Halle la distancia de cada uno de ellos al punto de apoyo.
7. Una barra de peso despreciable está en equilibrio cuando una carga de 200 libras se sitúa a 12 pies de un lado del punto de apoyo, y dos cargas de 80 y 240 libras se encuentran a 2 pies de distancia entre sí del otro lado del punto de apoyo, de la carga de 80 libras más cercana a dicho punto. ¿A qué distancia del punto de apoyo se ubica la carga de 80 libras?

8. Una barra de peso despreciable se pone en equilibrio cuando una carga de 160 libras se coloca a 9 pies a un lado del punto de apoyo, y dos cargas de 90 y 108 libras se sitúan a 6 pies de distancia entre sí del otro lado del punto de apoyo, con la carga de 90 libras más cercana a tal punto. ¿A qué distancia del punto de apoyo está la carga de 90 libras?
9. Una barra de peso despreciable se equilibra cuando una carga de 240 libras se ubican a 8 pies de un lado del punto de apoyo, y dos cargas que difieren en 30 libras se encuentran del otro lado de este punto, de tal manera, que la carga menor está a 6 pies del punto de apoyo y la mayor a 14 pies del mismo. Determine los valores de las cargas.
10. Una barra de peso despreciable se equilibra si una carga de 300 libras se coloca a 12 pies de un lado del punto de apoyo, y dos cargas que difieren en 150 libras se sitúan del otro lado de dicho punto, de tal modo, que la carga menor queda a 16 pies del punto de apoyo y la mayor a 9 pies de éste. Encuentre los valores de las cargas.

Problemas de geometría

El **perímetro de un cuadrado** es igual a cuatro veces la longitud de su lado.

El **área de un cuadrado** es igual al cuadrado de la longitud de su lado.

El **perímetro de un rectángulo** es igual al doble de su base más el doble de su altura.

El **área de un rectángulo** es igual al producto de su base por su altura.

La **suma de los ángulos anteriores de un triángulo** es igual a 180°.

El **área de un triángulo** es igual a un medio del producto de la base por la altura.

Se dice que dos ángulos son **complementarios** si su suma es 90°.

Dos ángulos son **suplementarios** si su suma es 180°.

EJEMPLO La base de un rectángulo es 3 pies menor que el doble de la altura, y el perímetro es de 42 pies. Obtener las dimensiones del rectángulo.

SOLUCIÓN Véase la Figura 4.4.

Altura	*Base*
x pies	$(2x - 3)$ pies

$$\begin{aligned} 2(x) + 2(2x - 3) &= 42 \\ 2x + 4x - 6 &= 42 \\ 6x &= 48 \\ x &= 8 \end{aligned}$$

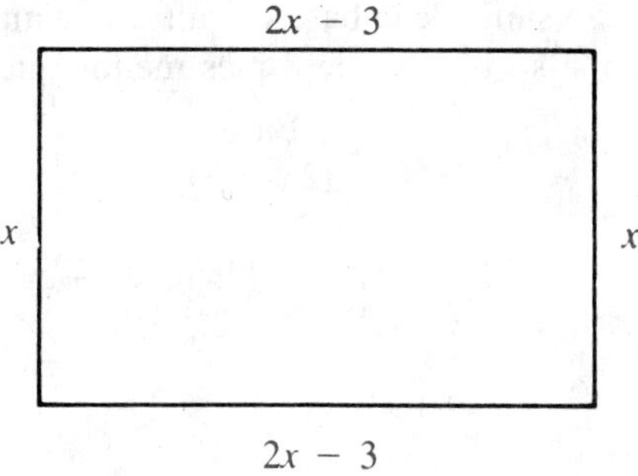

FIGURA 4.4

Altura del rectángulo = 8 pies.

Base del rectángulo = 2(8) − 3 = 13 pies.

EJEMPLO La base de una pintura rectangular es 8 pulgadas menor que el doble de su altura. Si el marco tiene 4 pulgadas de ancho y un área de 816 pulgadas cuadradas, hallar las dimensiones de la pintura sin el marco.

SOLUCIÓN Véase la Figura 4.5.

	Altura	*Base*	*Área*
Sin marco	x pulgadas	$(2x - 8)$ pulgadas	$x(2x - 8)$
Con marco	$(x + 8)$ pulgadas	$2x$ pulgadas	$2x(x + 8)$

El área de la pintura incluyendo el marco, menos el área de la pintura sin este último, es igual al área del marco.

$$2x(x + 8) - x(2x - 8) = 816$$
$$2x^2 + 16x - 2x^2 + 8x = 816$$
$$24x = 816$$
$$x = 34$$

Altura de la pintura = 34 pulgadas.

Base de la pintura = 2(34) − 8 = 60 pulgadas.

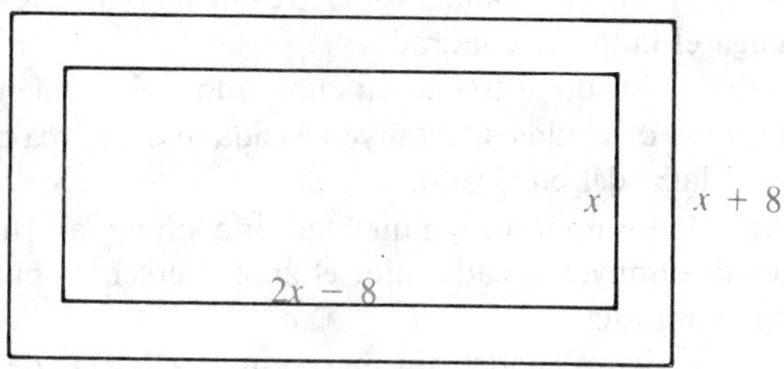

FIGURA 4.5

EJEMPLO La suma de la base y la altura de un triángulo es 28 pies. Encontrar el área del triángulo si su base es de 8 pies menos que el doble de su altura.

SOLUCIÓN

Base	Altura
$(2x - 8)$	x

$$\begin{aligned} (2x - 8) + x &= 28 \\ 2x - 8 + x &= 28 \\ 3x &= 36 \\ x &= 12 \end{aligned}$$

Base $= 2(12) - 8 = 16$ pies.

Altura $= 12$ pies

Área $= \frac{1}{2}(16)(12) = 96$ pies cuadrados.

Ejercicios 4.31

1. La base de un rectángulo mide 6 pies más que su altura y el perímetro es de 96 pies. Encuentre las dimensiones del rectángulo.
2. La altura de un rectángulo mide 8 pies menos que la base. Si el perímetro del rectángulo es de 60 pies, halle las dimensiones de éste.
3. La base de un rectángulo es el triple de la altura, y el perímetro es de 256 pies. Obtenga las dimensiones del rectángulo.
4. La base de un rectángulo mide 4 pies más que el doble de la altura, y el perímetro es de 146 pies. Determine las dimensiones del rectángulo.
5. La base de un rectángulo mide 7 pies menos que el doble de la longitud, y el perímetro es de 58 pies. Encuentre el área del rectángulo.
6. La base de un rectángulo mide 10 pies más que el doble de su altura y el perímetro es de 170 pies. Halle el área del rectángulo.
7. Si dos lados opuestos de un cuadrado se incrementan en 3 pulgadas cada uno y los otros dos disminuyen 2 cada uno, el área aumenta 8 pulgadas cuadradas. Encuentre el lado del cuadrado.
8. Si dos lados opuestos de un cuadrado aumentan 5 pulgadas cada uno y los otros dos disminuyen 3 cada uno, el área de incrementa en 33 pulgadas cuadradas. Obtenga el lado del cuadrado.
9. Si dos lados opuestos de un cuadrado se incrementan en 6 pulgadas cada uno y los otros dos lados disminuyen 4 cada uno, el área permanece constante. Determine el lado del cuadrado.
10. Si dos lados opuestos de un cuadrado aumentan 10 pulgadas cada uno y los otros dos disminuyen 8 cada uno, el área decrece 20 pultaas cuadradas. Halle el lado del cuadrado.
11. La base de un cuadro sin marco mide el doble de su altura. Si el marco tiene 2 pulgadas de ancho y su área es de 208 pulgadas cuadradas, encuentre las dimensiones del cuadro sin el marco.

12. La base de una pintura sin marco es 3 pulgadas menos que el doble de su altura. Si el marco tiene 1 pulgada de ancho y su área es de 34 pulgadas cuadradas, ¿cuáles son las dimensiones de la pintura sin marco.
13. Un edificio ocupa un terreno rectangular que mide de largo 30 pies menos que el doble de su ancho. La banqueta que rodea al edificio tiene 10 pies de anchura y un área de 4 600 pies cuadrados. ¿Cuáles son las dimensiones del terreno que ocupa el edificio?
14. Una construcción se asienta en un terrno rectangular que mide de largo 10 pies menos que el doble de su ancho. La banqueta que rodea a la construcción tiene 8 pies de anchura y su área es de 2 496 pies cuadrados. Determine las dimensiones del terreno de la construcción.
15. La longitud de un edificio es de 20 pies menos que el doble de su anchura. El alero de la azotea es de 2 pies de ancho en todos los lados del edificio y su área es de 536 pies cuadrados. Si el costo del techo por pie cuadrado es de $3.60, determine el costo total del techo.
16. La longitud de un cuarto es de 9 pies menos que el doble de su anchura. La alfombra del cuarto está a 1.5 pies de las paredes. El área de la parte descubierta del piso es de 99 pies cuadrados. Si el costo de una yarda cuadrada de la alfombra es de $162, obtenga el costo total de la alfombra.
17. Un lado de un triángulo mide el doble de otro. El tercer lado es de 6 pulgadas y el perímetro es de 18. Encuentre la longitud de cada uno de los lados.
18. La suma de la base y la altura de un triángulo es 35 pies. Encuentre el área del triángulo si su base mide 10 pies menos que el doble de su altura.
19. La suma de la base y la altura de un triángulo es 62 pies. Encuentre el área del triángulo si su altura mide 22 pies menos que el doble de su base.
20. La suma de la base y la altura de un triángulo es 81 pies. Determine el área del triángulo si el triple de su altura supera en 18 pies al doble de su base.
21. La suma de la base y la altura de un triángulo es 63 pies. Obtenga el área del triángulo si el triple de su base supera en 7 pies al cuádruplo de su altura.
22. El segundo ángulo de un triángulo es 10° mayor que el primero. El tercero mide 10° menos que el doble del segundo. ¿Cuántos grados mide cada uno de los ángulos?
23. Uno de dos ángulos complementarios mide 6° más que el doble del otro. Encuentre las medidas de los dos.
24. Si uno de dos ángulos suplementarios es el cuádruplo del otro, obtenga ambos.

Repaso del Capítulo 4

Resuelva las siguientes ecuaciones:

1. $5x - 9 + 2x = 7 + 3x$
2. $6x + 4 + 3x = 4 - 7x$
3. $4x - 20 - 2x = 5 - 3x$
4. $x - 8 - 7x = 4 - 2x$
5. $2x + 12 - 9x = 3 - 6x$
6. $x + 10 - 8x = 4x - 12$
7. $\frac{x}{6} - \frac{1}{4} = \frac{1}{2} - \frac{x}{3}$
8. $\frac{2x}{3} - \frac{1}{2} = \frac{x}{6} + \frac{2}{3}$

9. $\frac{x}{2} - \frac{1}{6} = \frac{3x}{8} + \frac{1}{3}$

10. $\frac{x}{8} - \frac{1}{3} = \frac{1}{6} - \frac{x}{4}$

11. $\frac{2x}{9} - \frac{1}{2} = \frac{x}{4} + \frac{1}{6}$

12. $\frac{7x}{12} + \frac{5}{2} = \frac{4x}{3} + \frac{7}{4}$

13. $7(2x - 3) + 2(3x - 1) = 17$

14. $3(2x + 7) - 4(2 - x) = 3$

15. $11 - 13(2 - x) = 5(3x - 7)$

16. $9 - 8(13x - 6) = 11(2 - 9x)$

17. $5(3 - x) - 6(3 - 2x) = 18$

18. $11(2x - 1) + 8(3 - 5x) = 25$

19. $6(5x - 2) + 7(2 - 3x) = 5$

20. $6 + 4(3x - 10) = 7(3x - 1)$

21. $8(x + 3) - 7(2x + 1) = 4(x - 2)$

22. $9(2x - 1) - 3(3x - 2) = 4(3x + 1)$

23. $5(7 - 4x) = 11 - 16(2x - 3)$

24. $4(6x - 17) = 20 - 19(7 - x)$

25. $2(5 - 4x) + 5(1 + x) = 3(3x - 7)$

26. $4(3 - 8x) + 7(2x - 9) = 6(1 - 2x)$

27. $6(x - 3) - 4(5 + 3x) = 7(x - 6)$

28. $3(x - 1) - 2(2x - 3) = 5(x - 3)$

29. $(4x - 7)(x - 5) + (3 - 2x)(1 + 2x) = -8$

30. $(3x + 1)(x - 2) - 3(x - 4)(x + 6) = 4$

31. $x + 4x(x - 2) = (4x + 5)(x - 8)$

32. $3x - x(3 - 5x) = (5x - 2)(x + 4)$

33. $1 - 2(3x - 4)(x - 8) = (9 - 2x)(8 + 3x)$

34. $(3x - 1)^2 - 3(x + 4)(3x - 7) = 15$

35. $6(2x + 1)(x - 7) - (3x - 2)(4x - 1) = 23$

36. $(6x - 5)(x + 1) - (2x + 9)(3x + 4) = 10$

37. $(5x + 2)^2 - (7x + 3)(3x - 2) = 4x^2$

38. $(8x + 3)(5x - 9) - (6x - 7)^2 = 4(x^2 - 1)$

39. $\frac{x - 2}{4} + \frac{x - 3}{8} = 1$

40. $\frac{x + 3}{8} + \frac{2x + 1}{8} = 2$

41. $\frac{x + 2}{6} - \frac{x - 2}{3} = \frac{1}{2}$

42. $\frac{3 - 2x}{9} - \frac{5 + 2x}{3} = \frac{4}{9}$

43. $\frac{2x - 3}{18} - \frac{x - 4}{6} = \frac{1}{9}$

44. $\frac{1 - 2x}{12} - \frac{6 + x}{4} = -\frac{1}{6}$

45. $\frac{3(4x - 1)}{5} - \frac{4x}{3} = 4x - 5$

46. $\frac{7x + 3}{6} - \frac{3x + 1}{2} = \frac{x - 2}{3}$

47. $\frac{2(2x - 7)}{3} - \frac{3(3 - x)}{4} = 1$

48. $\frac{7(x - 10)}{6} - \frac{5(3x - 1)}{8} = 1$

49. $\frac{5(x - 2)}{4} - \frac{7(x - 3)}{6} = \frac{2}{3}$

50. $\frac{10 - x}{3} - \frac{3(1 - 4x)}{8} = \frac{5(2x + 7)}{24}$

51. $\frac{2(x + 3)}{5} - \frac{2x - 1}{2} = \frac{3(2 - x)}{4}$

52. $\frac{3(1 - x)}{2} + \frac{4x + 5}{3} = \frac{5(x - 1)}{6}$

53. $\frac{2 - 7x}{4} + \frac{5(3x - 4)}{9} = -2$

54. $\frac{2(9x + 4)}{11} - \frac{9(2x - 1)}{4} = 4$

55. $\dfrac{7(5-7x)}{22}+\dfrac{5(7+x)}{11}=\dfrac{3(5-2x)}{4}$

56. $\dfrac{3(x+10)}{7}-\dfrac{2(2x+11)}{5}=\dfrac{x+5}{2}$

57. $\dfrac{3(2x-3)}{11}+\dfrac{x-1}{3}=x-2$

58. $\dfrac{2}{7}(2x-1)-\dfrac{1}{3}(x-6)=\dfrac{2}{3}(x+4)$

59. $\dfrac{1}{4}(1-6x)-\dfrac{3}{8}(2x+5)=x$

60. $\dfrac{5}{13}(3x-2)-\dfrac{2}{3}(2x-1)=\dfrac{1}{4}(1-x)$

61. $0.06(32\,000-x)+0.072x=2088$
62. $0.068(26\,000-x)+0.084x=1960$
63. $0.076(x+8000)-0.07x=698$
64. $0.08x-0.03(21\,000-x)=800$

Enumere los elementos de los conjuntos siguientes, dado que $x\in R$:

65. $\{x|3x(x-1)-(3x+1)(x-2)=2x+2\}$
66. $\{x|(2x+3)(x-3)-x(2x-3)=-9\}$
67. $\{x|x(x-4)-(x-2)(x+2)=1-4x\}$
68. $\{x|(2x+1)(3x-2)-3x(2x-1)=2x\}$
69. $\{x|(2x-3)(x-1)-(2x+1)(x-4)=-1\}$
70. $\{x|(x+2)(3x-1)-(3x+2)(x-1)=0\}$

En los Ejercicios 65-76, dada la primera ecuación, resuelva la segunda para x.

71. Dada $y=x+7$, resolver $5x-y=-1$ para x.
72. Dada $y=5-x$, resolver $3x-y=3$ para x.
73. Dada $y=2x-3$, resolver $3x-2y=4$ para x.
74. Dada $y=5-2x$, resolver $5x+4y=11$ para x.
75. Dada $y=3x+1$, resolver $\dfrac{1}{3}x+\dfrac{1}{2}y=6$ para x.
76. Dada $y=2-x$, resolver $\dfrac{2}{3}x+\dfrac{3}{4}y=1$ para x.
77. Dada $y=x-5$, resolver $\dfrac{5}{6}x-\dfrac{7}{8}y=\dfrac{9}{2}$ para x.
78. Dada $y=5x-2$, resolver $\dfrac{1}{3}(x+1)+\dfrac{1}{2}(y-4)=3$ para x.
79. Dada $y=3x-4$, resolver $\dfrac{2}{5}(2x-1)-\dfrac{1}{3}(y+6)=-1$ para x.
80. Dada $y=x-8$, resolver $x^2-xy=3$ para x.
81. Dada $y=x-3$, resolver $x^2-y^2=6$ para x.
82. Dada $y=x-9$, resolver $(2x-3)^2-4y^2=15$ para x.

83. La suma de dos números es 56. El séptuplo del menor supera en 12 al triple del mayor. Halle los dos.

84. La suma de los dígitos de un número de tres cifras es 17. El dígito de las unidades es uno menos que el de las centenas. El séxtuplo del dígito de las centenas supera en 2 al cuádruplo de la suma de los dígitos de las unidades y decenas. Obtenga el número.

85. Encuentre tres enteros impares consecutivos tales que el producto del primero y el tercero menos el del primero y segundo supere en 11 al tercero.

86. Determine dos números cuya diferencia sea 4 y la diferencia de sus cuadrados sea uno menos que el séptuplo del número mayor.

87. La suma de los dígitos de un número de tres cifras es 14. El dígito de las unidades supera en 3 al de las decenas. Si el número es 2 menos que 20 veces el dígito de las unidades, encuentre el número.

88. El costo de una grabadora es \$570 dólares. ¿Cuál es el precio de venta si el margen de utilidad es el 40% de dicho precio?

89. Una persona paga por concepto de impuestos el 35% de su salario. Teniendo en cuenta los impuestos, ¿cuánto debe ganar para cubrir una deuda de \$78?

90. Georgina tiene \$3 300 invertidos al 6%. ¿Cuánto debe invertir al 11.75% para que el interés de ambas inversiones sea de \$1,044?

91. Alicia tiene \$2 400 invertidos al 5.75%. Determine qué cantidad adicional debe invertir al 12% para que el interés anual total sea igual al 10.5% de la inversión total.

92. Un tendero compró 500 libras de naranja. Incrementó su precio en un 60% y vendió 490 libras; las otras 10 libras se echaron a perder. Su ganancia fue de \$71. Obtenga el costo y el precio de venta por libra.

93. Jacinto decidió comprar regalos de Navidad para sus amigas. Sin embargo, gastando 25% menos en cada uno de los regalos, pudo adquirir un regalo equivalente para su hermana, y ahorrar \$3 dólares. ¿Cuánto gastó en cada regalo?

94. Cecilia invirtió una parte de \$20 000 al 7.4% y el resto al 9.2%. Si los intereses de la primera inversión superaron en \$484 a los de la segunda, determine qué cantidad invirtió en cada una de las tasas.

95. El monto de interés anual producido por \$18 000 supera en \$296 al producido por \$16 000 a un interés anual menor un 0.8%. ¿Cuál es la tasa de interés aplicada a cada cantidad?

96. ¿Cuántos litros de una solución de ácido al 90% se deben agregar a 30 litros de otra igual al 50% para obtener una al 74%?

97. Una persona mezcló 120 libras de una aleación de plata al 54% con 40 libras de otra al 78%. ¿Cuál es el porcentaje de plata presente en la mezcla?

98. Gabriel tiene \$5.70 en monedas de 5₡, 10₡ y 25₡. Si en total son 37 monedas y hay el doble de las de 25₡ que de las de 5₡, ¿cuántas tiene de cada clase?

99. Juan compró \$9.20 dólares de estampillas de 10₡, 15₡ y 25₡ con un total de 55 estampillas. Si el número de éstas de 15₡ fue el quíntuplo del de las de 10₡, ¿cuántas de cada clase compró?

100. Juana compró \$8.10 dólares de estampillas de 10₡, 15₡ y 25₡ con un total de 42. Si de las de 25₡ hay 3 menos que el cuádruplo del número de las de 10₡, ¿cuántas de cada clase compró?

101. Un carnicero mezcla 2 clases de carne molida, una de \$1.59 y la otra de \$2.49 la libra. Si la combinación pesa 240 libras y se vende a \$2.19 cada una, ¿cuántas libras de cada clase emplea?

102. ¿Cuántas libras de café de \$5.25 la libra se deben mezclar con 45 de café de \$3 cada una para formar una combinación que se venda a \$4 la libra?

103. El propietario de un bar gana, después de gastos, un promedio de \$2.50 por bebida mezclada y \$1.60 por cerveza. Si obtiene una ganancia de \$1518 en 780 ventas, ¿cuántas cervezas se vendieron?

104. Un negocio de barbacoa para llevar a casa gana \$1.65 en cada orden de pollo y \$3.42 en cada orden de carne. En cierto día hubo una venta de 250 órdenes con una ganancia de \$571.80. ¿Cuántas órdenes de cada clase se vendieron?

105. Los ingresos por la venta de 800 boletos para un partido de basketbol, fueron de \$4 363. Si los precios de éstos fueron de \$4.95 y \$6.50, ¿cuántos boletos de cada clase se vendieron?

106. Dos automóviles que se encuentran a una distancia de 618 millas entre sí y cuyas velocidades difieren en 7 mph, se dirigen el uno hacia el otro. Se encontrarán dentro de 6 horas. ¿Cuál es la velocidad de cada automóvil?

107. Un automóvil parte a una velocidad de 45 mph. Un segundo automóvil sale 4 horas más tarde a la de 60 mph para alcanzar al primero. ¿En cuántas horas lo logrará?

108. Encuentre la lectura Celsius correspondiente a 230°F.

109. Determine la lectura Fahrenheit que corresponde a 140°C.

110. Felipe tiene actualmente el cuádruplo de la edad de su hermano. Dentro de 15 años tendrá $\frac{3}{2}$ de la correspondiente de su hermano. ¿Cuál es la edad actual de Felipe?

111. La edad actual de Miguel es $\frac{3}{8}$ de la de su hermana y dentro de 4 años tendrá $\frac{1}{2}$ de la que entonces tenga su hermana. Determine la edad actual de la hermana.

112. Hace 2 años la edad de Marcela era $\frac{2}{3}$ de la que tenía su hermano, y dentro de 6 años tendrá $\frac{4}{5}$ de la que entonces tenga su hermano. Encuentre la edad actual de Marcela.

113. Una barra de peso despreciable se pone en equilibrio cuando una carga de 465 libras se sitúa a 8 pies de un lado del punto de apoyo, y dos cargas que difieren entre sí en 80 libras se colocan del otro lado de ese punto, de tal manera, que la carga mayor está a 9 pies del punto de apoyo y la menor a 6 del mismo. Determine los valores de las cargas.

114. Una barra de peso despreciable se pone en equilibrio cuando una carga de 400 libras se sitúa a 9 pies de un lado del punto de apoyo, y dos cargas que difieren entre sí en 150 libras se colocan del otro lado de ese punto, de tal manera, que la carga mayor está a 12 pies del punto de apoyo y la menor a 8 del mismo. Encuentre los valores de las cargas.

115. El doble de la longitud de un lote rectangular supera en 40 pies al triple de la anchura. El perímetro del lote es de 440 pies. Encuentre el área del lote.

116. El doble de la longitud de un edificio rectangular es de 80 pies menos que el triple de su anchura. El perímetro del edificio es de 1120 pies. Determine el área que ocupa el edificio.

117. Si dos lados opuestos de un cuadrado se incrementan en 7 pulgadas cada uno y los otros dos disminuyen 3 pulgadas cada uno, el área aumenta 31 pulgadas cuadradas. Obtenga el lado del cuadrado.

118. Un edificio ocupa un terreno rectangular que mide de largo 15 pies menos que el triple de su ancho. La banqueta que rodea al edificio tiene 7 pies de anchura y un área de 2 506 pies cuadrados. ¿Cuáles son las dimensiones del terreno que ocupa el edificio?

119. La suma de la base y la altura de un triángulo es de 69 pies. Encuentre el área del triángulo si el triple de la altura es 3 pies menor que el doble de la base.

120. La suma de la base y la altura de un triángulo es 104 pies. Encontrar el área del triángulo si el cuádruplo de la base es 24 pies menor que el triple de la altura.

CAPÍTULO 5

Desigualdades lineales y valores absolutos en una variable

5.1 Definiciones y Notación

Cuando dos números reales a y b se representan por puntos sobre una recta numérica, se cumple una de las siguientes relaciones:

1. Si la gráfica de a se encuentra a la derecha de la de b, entonces a es **mayor que** b, lo que se denota por $a > b$.
2. Si a y b representan un mismo punto, entonces a es **igual a** b, lo cual se expresa $a = b$.
3. Si la gráfica de a está a la izquierda de la de b, entonces a es **menor que** b y se denota por $a < b$.

Obsérvese que los enunciados $a > b$ y $b < a$ son equivalentes.

EJEMPLOS

1. 5 se encuentra a la derecha de 2, entonces $5 > 2$.
2. -8 está a la izquierda de -6, luego $-8 < -6$.
3. El conjunto de los números positivos es $\{x|x > 0, x \in R\}$.
4. El conjunto de los números negativos es $\{x|x < 0, x \in R\}$.

El enunciado $10 > 4$ significa que si se resta 4 de 10, se obtiene un número positivo, $10 - 4 = +6$.

El enunciado $-3 > -8$ quiere decir que si restamos -8 de -3, resulta un número positivo, $(-3) - (-8) = -3 + 8 = +5$.

DEFINICIÓN

Para $a, b \in R$, $a > b$ significa que $a - b$ es un número positivo.

Si $a - b$ es un número positivo, podemos escribir

$$a - b = k, \qquad \text{donde } a, b, k \in R, \ k > 0.$$

Como $a - b = k$ y $a = b + k$ son enunciados equivalentes,

$$a > b \quad \text{significa} \quad a = b + k, \quad \text{donde } k > 0.$$

Si a es **mayor o igual a** b, se emplea la notación $a \geq b$. De esta manera, $a \geq b$ significa que $a > b$, o bien $a = b$.

Si a es **menor o igual a** b, se utiliza la notación $a \leq b$. De modo que $a \leq b$ quiere decir que $a < b$ o bien $a = b$.

DEFINICIÓN

Las relaciones $>$, $<$, $\geq$, $\leq$ se llaman **relaciones de orden.**

Para representar el conjunto $\{x|x > -3, x \in R\}$ gráficamente, se traza un rayo a partir del punto cuya coordenada es -3 en la dirección positiva. Se coloca un círculo hueco en el punto para denotar que éste último no está incluido en el rayo (Figura 5.1.)

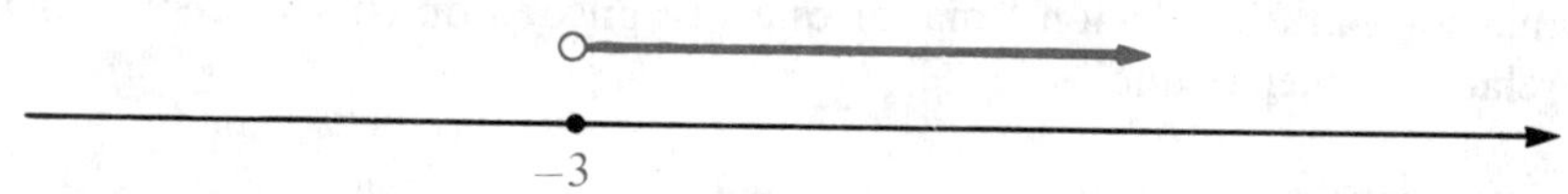

FIGURA 5.1

Para representar gráficamente el conjunto $\{x|x < 5, x \in R\}$ se traza un rayo a partir del punto cuya coordenada es 5 en la dirección negativa. Se pone un círculo hueco en el punto para indicar que éste no se incluye en el rayo (Figura 5.2).

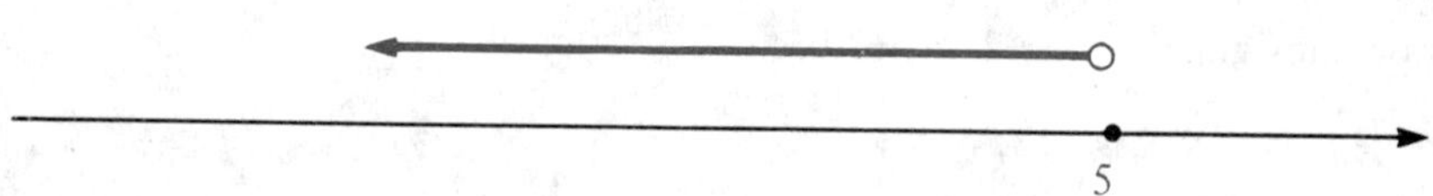

FIGURA 5.2

Para representar el conjunto $\{x|x \geq 2, x \in R\}$ gráficamente, se traza un rayo desde el punto cuya coordenada es 2 en la dirección positiva. Se coloca un círculo lleno en el punto para señalar que éste último está incluido en el rayo (Figura 5.3).

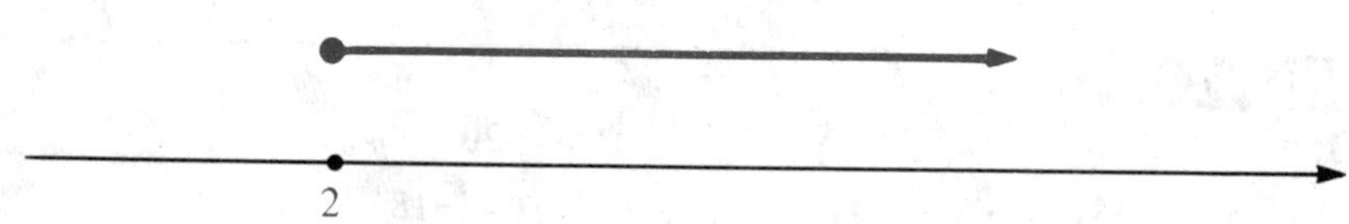

FIGURA 5.3

Para representar gráficamente el conjunto $\{x|x \leq -1, x \in R\}$ se traza un rayo desde el punto cuya coordenada es -1 en la dirección negativa. Se pone un círculo lleno en el punto para señalar que dicho punto se incluye en el rayo (Figura 5.4).

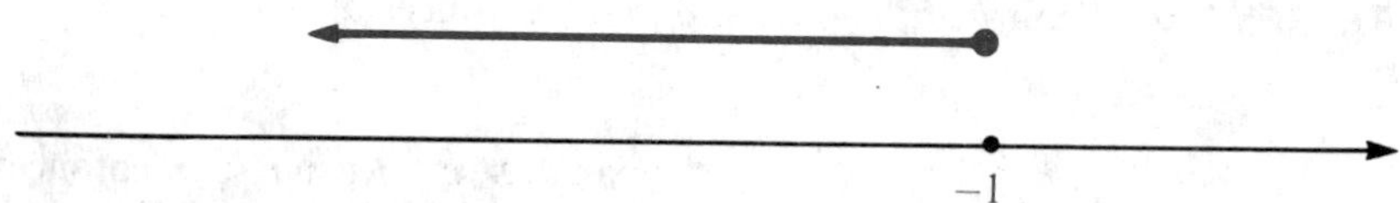

FIGURA 5.4

5.2 Propiedades de las relaciones de orden

Como $a > b$ y $b < a$ son enunciados equivalentes, de los teoremas que se dan a continuación para la relación "mayor que" se pueden obtener teoremas análogos para la relación "menor que".

TEOREMA 1 Sean $a, b, c \in R$; si $a > b$ y $b > c$, entonces $a > c$.

Nota Sean $a, b, c \in R$; si $a < b$ y $b < c$, entonces $a < c$.

EJEMPLOS

1. $-2 > -10$ y $-10 > -20$;

por consiguiente $-2 > -20$.

2. $-1 < 7$ y $7 < 13$;

por lo tanto $-1 < 13$.

TEOREMA 2 Sean $a, b, c, d \in R$; si $a > b$ y $c > d$, entonces $a + c > b + d$.

Nota Sean $a, b, c, d \in R$; si $a < b$ y $c < d$, entonces $a + c < b + d$.

EJEMPLOS

1. $5 > 2$ y $-8 > -20$

$5 + (-8) = -3$ y $2 + (-20) = -18$

Como $-3 > -18$, entonces $5 + (-8) > 2 + (-20)$.

2. $-2 < 0$ y $10 < 14$

$-2 + 10 = 8$ y $0 + 14 = 14$

Dado que $8 < 14$, entonces se cumple que $-2 + 10 < 0 + 14$.

TEOREMA 3 Sean $a, b, c \in R$; si $a > b$, entonces $a + c > b + c$.

Nota Sean $a, b, c \in R$; si $a < b$, entonces $a + c < b + c$.

EJEMPLOS

1. $$20 > 7$$

$$20 + (-30) = -10 \quad \text{y} \quad 7 + (-30) = -23$$

Como $-10 > -23$, entonces $20 + (-30) > 7 + (-30)$.

2. $$-10 < -2$$

$$-10 + 5 = -5 \quad \text{y} \quad -2 + 5 = 3$$

Puesto que $-5 < 3$, entonces $-10 + 5 < -2 + 5$.

TEOREMA 4 Sean $a, b, c, d \in R$ y $a, b, c, d > 0$; si $a > b$ y $c > d$, entonces $ac > bd$.

Nota Sean $a, b, c \in R$ y $a, b, c, d > 0$;

si $a < b$ y $c < d$, entonces $ac < bd$.

EJEMPLOS

1. $$7 > 3 \quad \text{y} \quad 8 > 2$$

$$7(8) = 56 \quad \text{y} \quad 3(2) = 6$$

Dado que $56 > 6$, entonces $7(8) > 3(2)$.

2. $$4 < 9 \quad \text{y} \quad 5 < 7$$

$$4(5) = 20 \quad \text{y} \quad 9(7) = 63$$

Como $20 < 63$, entonces $4(5) < 9(7)$.

TEOREMA 5 Sean $a, b, c \in R$, $c > 0$; si $a > b$, entonces $ac > bc$.

Nota Sean $a, b, c \in R$, $c > 0$; si $a < b$, entonces $ac < bc$.

EJEMPLOS

1. $$5 > -2 \quad \text{y} \quad 3 > 0$$

$$5(3) = 15 \quad \text{y} \quad -2(3) = -6$$

Puesto que $15 > -6$, entonces $5(3) > -2(3)$.

2. $$-8 < -3 \quad \text{y} \quad 5 > 0$$

$$-8(5) = -40 \quad \text{y} \quad -3(5) = -15$$

Dado que $-40 < -15$, entonces $-8(5) < -3(5)$.

TEOREMA 6 Sean a, b, $c \in R$, $c < 0$; si $a > b$, entonces $ac < bc$.

Nota

> Sean a, b, $c \in R$, $c < 0$; si $a < b$, entonces $ac > bc$.

EJEMPLOS

1. $15 > 12$ y $-2 < 0$

$15(-2) = -30$ y $12(-2) = -24$

Como $-30 < -24$, entonces $15(-2) < 12(-2)$.

2. $-10 < 3$ y $-4 < 0$

$-10(-4) = 40$ y $3(-4) = -12$

Puesto que $40 > -12$, entonces $-10(-4) > 3(-4)$.

Nota

> Si a, $b \in R$ y $a > b$, entonces $-a < -b$.
>
> $20 > 6$ por consiguiente $-20 < -6$
>
> $15 > -4$ por lo tanto $-15 < 4$.
>
> $-3 > -9$ entonces $3 < 9$

Nota

> Si a, $b \in R$ y $a < b$, entonces $-a > -b$.
>
> $2 < 7$ por consiguiente $-2 > -7$
>
> $-10 < 4$ por lo tanto $10 > -4$
>
> $-15 < -1$ por consiguiente $15 > 1$

5.3 Solución de desigualdades lineales en una variable

Los siguientes son ejemplos de enunciados de orden entre dos expresions algebraicas:

1. $5x < 5x + 2$
2. $4(x + 8) > 4(x + 2)$
3. $7x + 2 < 3x - 18$
4. $2x + 9 \geq x + 20$
5. $3x + 7 \leq 3(x + 1)$
6. $6(x + 3) > 2(3x + 10)$

Los enunciados 1 y 2 son verdaderos para todos los valores reales de las variables contenidas. Los enunciados de este tipo se llaman **enunciados absolutos.** Los enunciados

3 y 4 son verdaderos para algunos, pero no todos los valores reales de la variable incluida. El enunciado 3 es verdadero cuando x es menor que -5. El enunciado 4 es verdadero cuando x es mayor o igual a 11. Los enunciados de este tipo se denominan **desigualdades condicionales** o simplemente **desigualdades**.

Los enunciados 5 y 6 no son verdaderos para ningún valor de x y se llaman *enunciados falsos*.

DEFINICIÓN

El conjunto de todos los números que satisfacen una desigualdad se llama **conjunto solución** de la desigualdad.

Nota

Una *ecuación* lineal en una variable tiene un solo elemento en su conjunto solución. El conjunto solución de la ecuación $3x - 4 = 5$ es $\{3\}$.

Una *desigualdad* lineal en una variable posee más de un elemento en su conjunto solución. El conjunto solución de la desigualdad $3x - 4 > 5$ es $\{x|x > 3\}$, es decir, todos los números reales mayores que 3.

DEFINICIÓN

Se dice que dos desigualdades son **equivalentes** si poseen el mismo conjunto solución.

Para encontrar el conjunto solución de una desigualdad, se deben establecer primero algunos teoremas.

TEOREMA 1 Si P, Q y T son polinomios en una misma variable y $P > Q$ es una desigualdad, entonces $P > Q$ y $P + T > Q + T$ son equivalentes.

Nota

Si P, Q y T son polinomios en una misma variable y $P < Q$ es una desigualdad, entonces $P < Q$ y $P + T < Q + T$ son equivalentes.

El Teorema 1 muestra que se puede sumar un mismo polinomio a ambos miembros de una desigualdad y obtenerse así una desigualdad equivalente.

EJEMPLOS

1. Si $x + 7 > 15$

entonces $x + 7 + (-7) > 15 + (-7)$

$$x > 8$$

$x > 8$ es equivalente a $x + 7 > 15$.

2. Si $\quad 2x - 13 < x - 2$

entonces $\quad 2x - 13 + (13 - x) < x - 2 + (13 - x)$

$$x < 11$$

$x < 11$ es equivalente a $2x - 13 < x - 2$.

Con objeto de encontrar el conjunto solución de una desigualdad lineal en una variable, se aplica el teorema anterior para obtener una desigualdad equivalente de la forma

$x > a$ cuyo conjunto solución es $\{x|x > a, x \in R\}$,

o bien de la forma

$x < b$ cuyo conjunto solución es $\{x|x < b, x \in R\}$.

Nota

Cuando ambos miembros de una desigualdad contienen términos con la variable como factor, y términos que no la tienen, se forma una desigualdad equivalente que tenga todos los términos en los que la variable es factor en un miembro, y los restantes, en el otro miembro. Esto se puede lograr sumando los inversos aditivos (negativos) de los términos a los dos lados de la desigualdad.

EJEMPLO Encontrar el conjunto solución de la desigualdad

$x + 5 > 2$.

SOLUCIÓN Sumando -5 a ambos miembros de la desigualdad, obtenemos

$$x + 5 - 5 > 2 - 5$$
$$x > -3$$

Por consiguiente el conjunto solución es $\{x|x > -3, x \in R\}$ (Figura 5.5).

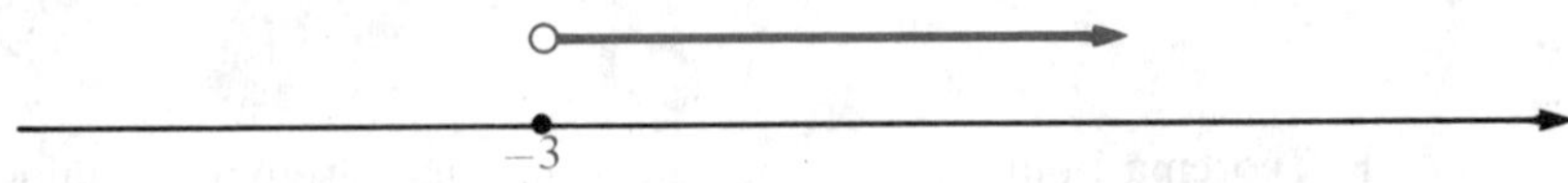

FIGURA 5.5

EJEMPLO Hallar el conjunto solución de la desigualdad

$5x + 1 - 2x \leq 2x + 3$.

SOLUCIÓN Al reducir términos semejantes, se obtiene

$$3x + 1 \leq 2x + 3$$

Sumando $(-1 - 2x)$ a ambos lados de la desigualdad, se tiene

$$3x + 1 - 1 - 2x \leq 2x + 3 - 1 - 2x$$
$$x \leq 2$$

Por lo tanto el conjunto solución es $\{x|x \leq 2, x \in R\}$ (Figura 5.6).

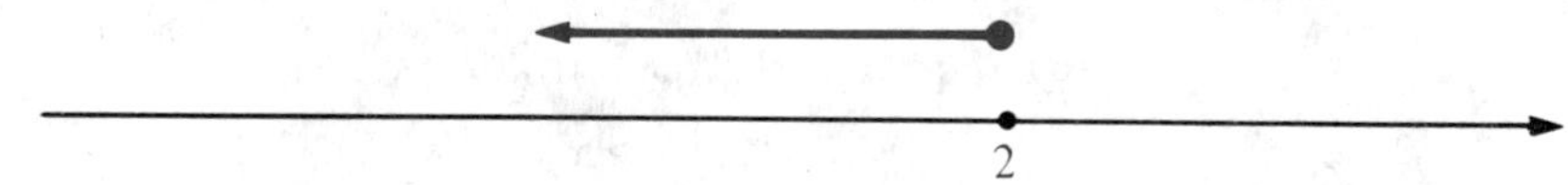

FIGURA 5.6

Nota Cuando una desigualdad contiene símbolos de agrupación, primeramente se efectúan las operaciones señaladas por ellos.

EJEMPLO Determinar el conjunto solución de la desigualdad

$$3(2x - 5) - 7(1 - x) \geq -4(4 - 3x)$$

SOLUCIÓN Aplicando la ley distributiva para eliminar los paréntesis, resulta

$$3(2x - 5) - 7(1 - x) \geq -4(4 - 3x)$$
$$6x - 15 - 7 + 7x \geq -16 + 12x$$

Al reducir términos semejantes, se obtiene

$$13x - 22 \geq -16 + 12x$$

Sumando $(22 - 12x)$ a ambos lados de la desigualdad, se tiene

$$13x - 22 + 22 - 12x \geq -16 + 12x + 22 - 12x$$
$$x \geq 6$$

Por consiguiente el conjunto solución es $\{x|x \geq 6, x \in R\}$.

Nota El Teorema 1 establece que se puede sumar un mismo polinomio a ambos miembros de una desigualdad para obtener una equivalente. El teorema no menciona nada acerca de multiplicar la desigualdad por ningún número. Por lo tanto, si en una desigualdad el coeficiente de la variable en el paso final es negativo, se suma el positivo del término a ambos lados de la desigualdad.

EJEMPLO Encontrar el conjunto solución de la desigualdad

$$x + 2(4x - 5) > 5(2x - 3)$$

$$x + 2(4x - 5) > 5(2x - 3)$$
$$x + 8x - 10 > 10x - 15$$

SOLUCIÓN Reduciendo términos semejantes, se obtiene

$$9x - 10 > 10x - 15$$

Al sumar $(15 - 9x)$ a ambos miembros, resulta

$$9x - 10 + 15 - 9x > 10x - 15 + 15 - 9x$$
$$5 > x$$

O sea, $$x < 5$$

El conjunto solución es $\{x | x < 5, x \in R\}$.

EJEMPLO Hallar el conjunto solución de la desigualdad

$$(4x - 3)^2 - (3x - 2)^2 \geq x(7x - 13)$$

SOLUCIÓN

$$(4x - 3)^2 - (3x - 2)^2 \geq x(7x - 13)$$
$$(16x^2 - 24x + 9) - (9x^2 - 12x + 4) \geq 7x^2 - 13x$$
$$16x^2 - 24x + 9 - 9x^2 + 12x - 4 \geq 7x^2 - 13x$$

Reduciendo términos semejantes, se obtiene

$$7x^2 - 12x + 5 \geq 7x^2 - 13x$$

Al sumar $(-5 - 7x^2 + 13x)$ a ambos miembros de la desigualdad,

$$7x^2 - 12x + 5 - 5 - 7x^2 + 13x \geq 7x^2 - 13x - 5 - 7x^2 + 13x$$
$$x \geq -5$$

El conjunto solución es $\{x | x \geq -5, x \in R\}$.

EJEMPLO Describir los elementos del conjunto

$$\{x | 2(x - 5) + 7 < 8 - (3 - 2x), x \in R\}$$

SOLUCIÓN Considérese el enunciado

$$2(x - 5) + 7 < 8 - (3 - 2x)$$
$$2x - 10 + 7 < 8 - 3 + 2x$$
$$2x - 2x < 8 - 3 + 10 - 7$$
$$0x < 8$$

Puesto que $0x < 8$ es verdadero para todo valor real de x, tenemos

$$\{x | 2(x - 5) + 7 < 8 - (3 - 2x), x \in R\} = \{x | x \in R\}$$

EJEMPLO Describir los elementos del conjunto

$$\{x|5 - 3(2 - x) > 4 - 3(1 - x), x \in R\}$$

SOLUCIÓN Considérese el enunciado

$$5 - 3(2 - x) > 4 - 3(1 - x)$$
$$5 - 6 + 3x > 4 - 3 + 3x$$
$$3x - 3x > 4 - 3 - 5 + 6$$
$$0x > 2$$

Dado que $0x > 2$ no es verdadero para ningún valor real de x, se tiene

$$\{x|5 - 3(2 - x) > 4 - 3(1 - x), x \in R\} = \varnothing$$

Ejercicios 5.3A

Encuentre el conjunto solución de cada una de las desigualdades siguientes:

1. $x - 3 > 5$
2. $x - 2 < 3$
3. $x + 3 \leq 4$
4. $x + 1 > -2$
5. $2x + 6 \geq x - 2$
6. $3x - 2 \leq 2x - 1$
7. $8 - x < 4 - 2x$
8. $12 - 2x < 15 - 3x$
9. $6x - 8 > 7x + 2$
10. $8x - 15 \geq 2 + 9x$
11. $3x + 5 < 7 + 4x$
12. $10x + 6 \leq 4 + 11x$
13. $9 - 4x \geq 6 - 3x$
14. $11 - 2x > 7 - 3x$
15. $3x - 2 - 2x < 4$
16. $6x - 1 - 5x < 7$
17. $4x + 7 - x < 2x - 3$
18. $4x - 8 - x < 4 + 2x$
19. $10x - 1 - 2x > 7x - 8$
20. $2x - 6 + x > 2x - 12$
21. $13x - 15 - 6x \geq 7x - x$
22. $3x - x + 6 \leq x + 7$
23. $10x + 5 - 18x < 5 - 7x$
24. $7x + 2 - 9x > 2 - x$
25. $15x + 1 - 20x \geq 1 - 4x$
26. $3x - 9 - 4x \leq -9$
27. $8(1 - 2x) > 5(8 - 3x)$
28. $10(x + 2) < 3(1 + 3x)$
29. $6 + (2 - x) \leq 5$
30. $2x - (x + 1) > 7$
31. $4 - (x - 6) \geq 10$
32. $3x - 2(1 + x) < 2$
33. $7 - 2(1 - x) < 8 + x$
34. $5 - 3(2 - x) \leq 2(5 + 2x)$
35. $3 - 2(7 - 8x) > 3(4 + 5x)$
36. $6 - 7(2 - 3x) > 5(1 + 4x)$
37. $4 + 2(2 - x) > 7 - 3(x - 1)$
38. $8 + 4(8 - 7x) < 1 - 9(1 + 3x)$
39. $7 + 3(2 - 7x) < 3 - 2(10x - 6)$
40. $10 - 9(x - 1) > 6 - 8(x + 2)$
41. $2x(x - 1) \geq (2x + 1)(x - 2)$
42. $3x(x + 1) < (3x - 1)(x + 1)$
43. $3x(2x + 7) - 9x > (2x + 5)(3x - 2)$
44. $8x(x - 2) + 19x \leq (4x + 3)(2x - 1)$
45. $2x + 2x(x - 8) > (2x - 1)(x - 7)$
46. $18x + 5x(x - 3) < (5x - 3)(x + 1)$
47. $x - x(x + 3) < (2 - x)(3 + x)$
48. $5x - 3x(1 - x) \geq (x + 2)(3x - 5)$
49. $(x - 4)(x + 2) \leq 3 - x(1 - x)$
50. $(x + 1)(x - 3) \leq x - x(4 - x)$
51. $(2x + 1)(x - 2) - 2x(x - 3) > 2x$
52. $(2x - 1)(x + 4) - 2x(x + 3) \geq 0$
53. $(3x - 2)(x + 3) - 3x(x + 2) \leq 0$

54. $3x(x - 1) - (3x + 4)(x - 2) < -1$
55. $(3x - 1)(x + 1) - (3x + 2)(x - 3) \geq 8x$
56. $(4x - 3)(x + 2) - (2x - 1)(2x + 1) > 4x$
57. $(4x + 1)(x - 3) - (2x - 1)(2x - 5) < 0$
58. $(3x + 2)(6x - 5) - 2(3x - 1)^2 \leq 8x$
59. $(2x - 3)^2 - (2x + 1)^2 \leq 5 - 17x$
60. $(3x + 1)^2 - (3x + 2)^2 \geq 3 - 7x$

Describa los elementos de los conjuntos siguientes, dado que $x \in R$:

61. $\{x|3(x - 4) > 3x - 17\}$
62. $\{x|4(x + 2) > 3(x - 1) + x\}$
63. $\{x|7x + 6 < 7(x + 3)\}$
64. $\{x|5(x - 1) < 5x + 4\}$
65. $\{x|6(x - 2) < 6x - 19\}$
66. $\{x|4x + 11 < 4(x + 1)\}$
67. $\{x|8 - 3x > 3(4 - x)\}$
68. $\{x|9 - 7x > -7(x - 3)\}$
69. $\{x|6(2x - 3) > 7(x - 4) + 5x\}$
70. $\{x|2(7x - 1) > 9 - 14(1 - x)\}$
71. $\{x|8 - 6(x + 1) < 11 - 3(2x - 1)\}$
72. $\{x|4(x - 1) - 5 < 7 - 2(3 - 2x)\}$
73. $\{x|7(3x + 1) < 3 - 3(2 - 7x)\}$
74. $\{x|5 - 4(3x - 5) < 5 + 2(7 - 6x)\}$
75. $\{x|(2x - 3)(4x + 1) > 8x(x - 1) - 2x\}$
76. $\{x|(3x + 1)(3x - 4) - (3x - 1)^2 > -3x\}$
77. $\{x|(4x - 1)(x + 3) - (2x + 3)^2 < 1 - x\}$
78. $\{x|(2x - 1)^2 - 4(x + 2)^2 < 1 - 20x\}$

TEOREMA 2 Si P y Q son polinomios en una misma variable, $a > 0$, $a \in R$, y si $P > Q$ es una desigualdad, entonces $P > Q$ y $aP > aQ$ son equivalentes.

Nota Si P y Q son polinomios en una misma variable, $a > 0$, $a \in R$, y si $P < Q$ es una desigualdad, entonces $P < Q$ y $aP < aQ$ son equivalentes.

El Teorema 2 muestra que si multiplicamos ambos miembros de una desigualdad por un mismo número real positivo, obtenemos una desigualdad equivalente.

EJEMPLOS

1. $2x > 6$

$\frac{1}{2}(2x) > \frac{1}{2}(6)$, esto es, $x > 3$

$x > 3$ es equivalente a $2x > 6$.

2. $\frac{3}{4}x < -9$

$$\frac{4}{3}\left(\frac{3}{4}x\right) < \frac{4}{3}(-9), \qquad \text{es decir, } x < -12$$

$x < -12$ y $\frac{3}{4}x < -9$ son equivalentes.

EJEMPLO Determinar el conjunto solución de la desigualdad

$3(7x - 2) \leq 7 - 4(2x - 3)$

SOLUCIÓN

$$3(7x - 2) \leq 7 - 4(2x - 3)$$
$$21x - 6 \leq 7 - 8x + 12$$

Sumando $(6 + 8x)$ a ambos lados de la desigualdad, obtenemos

$$21x - 6 + 6 + 8x \leq 7 - 8x + 12 + 6 + 8x$$
$$29x \leq 25$$

Al multiplicar ambos miembros de esta desigualdad por $\frac{1}{29}$ resulta

$$x \leq \frac{25}{29}$$

El conjunto solución es: $\left\{x | x \leq \frac{25}{29}, x \in R\right\}$.

EJEMPLO Hallar el conjunto solución de la desigualdad

$$\frac{3}{2}x + \frac{1}{6} > \frac{2}{3}x - \frac{2}{3}$$

SOLUCIÓN Se multiplican ambos miembros de la desigualdad por el mínimo común denominador, que es 6.

$9x + 1 > 4x - 4.$

Sumando $(-1 - 4x)$ a ambos lados, se obtiene

$5x > -5$

Al multiplicar ambos miembros de esta desigualdad por $\frac{1}{5}$, resulta $x > -1$.

$$x > -1$$

El conjunto solución es $\{x | x > -1, x \in R\}$.

TEOREMA 3 Si P y Q son polinomios en una misma variable, $a < 0$, $a \in R$, y si $P > Q$ es una desigualdad, entonces $P > Q$ y $aP < aQ$ son equivalentes.

Nota

> Si P y Q son polinomios en una misma variable, $a < 0$, $a \in R$, y si $P < Q$ es una desigualdad, entonces $P < Q$ y $aP > aQ$ son equivalentes.

El Teorema 3 establece que si multiplicamos ambos lados de una desigualdad por un mismo número negativo, se obtiene una desigualdad equivalente con la dirección de la relación de orden invertida.

EJEMPLOS

1. $-5x > 10$

$$-\frac{1}{5}(-5x) < -\frac{1}{5}(10), \quad \text{esto es, } x < -2$$

$x < -2$ y $-5x > 10$ son equivalentes.

2. $-4x < -8$

$$-\frac{1}{4}(-4x) > -\frac{1}{4}(-8), \quad \text{o sea, } x > 2.$$

$x > 2$ y $-4x < -8$ son equivalentes.

EJEMPLO Hallar el conjunto solución de la desigualdad

$$3x(x - 7) - (x - 2)(3x + 1) \geq 2(4 - 3x)$$

SOLUCIÓN

$$3x(x - 7) - (x - 2)(3x + 1) \geq 2(4 - 3x)$$
$$3x^2 - 21x - (3x^2 - 5x - 2) \geq 8 - 6x$$
$$3x^2 - 21x - 3x^2 + 5x + 2 \geq 8 - 6x$$
$$-21x + 5x + 2 \geq 8 - 6x$$

Sumando $(-2 + 6x)$ a ambos lados de la desigualdad, se obtiene $-10x \geq 6$.

$$-10x \geq 6$$

Se multiplican ambos miembros de esta desigualdad por $-\frac{1}{10}$ y se invierte la dirección de la relación de orden:

$$-\frac{1}{10}(-10x) \leq -\frac{1}{10}(6)$$

$$x \leq -\frac{3}{5}$$

El conjunto solución es $\left\{x \middle| x \leq -\frac{3}{5}, x \in R\right\}$.

EJEMPLO Encontrar el conjunto solución de la desigualdad

$$(4x + 5)(3x - 2) - 4(x + 1)(3x - 1) < -6$$

SOLUCIÓN

$$(4x + 5)(3x - 2) - 4(x + 1)(3x - 1) < -6$$
$$12x^2 + 7x - 10 - 12x^2 - 8x + 4 < -6$$
$$-x - 6 < -6$$

Al sumar $(+6)$ a ambos lados: $-x < 0$

Se multiplican ambos miembros de esta desigualdad por (-1) y se invierte la dirección de la relación de orden:

$$x > 0$$

El conjunto solución es $\{x | x > 0, x \in R\}$.

EJEMPLO Hallar el conjunto solución de la desigualdad

$$\frac{5(x + 4)}{2} - \frac{4(x - 1)}{3} < 9.$$

SOLUCIÓN Multiplicando ambos miembros de la desigualdad por 6, se obtiene

$$15(x + 4) - 8(x - 1) < 54$$
$$15x + 60 - 8x + 8 < 54$$
$$7x < -14$$
$$x < -2$$

El conjunto solución es $\{x | x < -2, x \in R\}$.

Ejercicios 5.3B

Obtenga el conjunto solución de cada una de las desigualdades siguientes:

1. $3x + 5 - x \geq 7$

2. $10x + 4 \leq 7x - 8$

3. $2x - 3 < 2 - 3x$

4. $8x - 10 > 5x - 10$

5. $x + 6 < 10 - 4x$

6. $2x + 15 < 3 - 6x$

7. $4x + 7 \geq 20x - 9$

8. $9 - 2x \leq 9 + 6x$

9. $12 + 5x > 20 + 10x$

10. $6 - 7x < 4x - 16$

11. $9x - 2 < 17x + 4$

12. $5x - 3 \leq 2x - 3$

13. $5x + 8 < 12x + 8$

14. $1 - 6x > 6x + 9$

15. $\frac{1}{3}x - \frac{2}{5}x < 2 + \frac{1}{15}x$

16. $\frac{2}{3}x + \frac{1}{6}x \leq \frac{1}{2}x - 6$

17. $\frac{5}{12}x - \frac{3}{4}x \geq -3$

18. $\frac{1}{5}x + \frac{2}{15}x < \frac{2}{3}x - 1$

19. $\frac{3}{2} - \frac{1}{2}x > \frac{1}{7}x + \frac{11}{14}$

20. $\frac{7}{8}x - \frac{5}{6}x > \frac{3}{8}x + 1$

21. $\frac{3}{7}x - 2 < \frac{4}{9}x - 2$

22. $\frac{5}{6}x - 2x \geq \frac{1}{2}x$

23. $\frac{9}{11}x + 3 \leq \frac{4}{11}x + 5$

24. $\frac{7}{12}x - \frac{11}{18}x < 1 - \frac{3}{8}x$

25. $\frac{7}{8}x - \frac{5}{6} > \frac{3}{4}x - 1$

26. $2\frac{1}{2}x - 1\frac{1}{3} < 1 - 2\frac{1}{6}x$

27. $2\frac{1}{5}x + 2\frac{1}{2} > 1\frac{3}{5}x - \frac{1}{10}$

28. $3\frac{1}{2}x - 10 \geq \frac{1}{3} - 1\frac{2}{3}x$

29. $3(x - 1) - 8 \leq 2 - 5(x + 1)$

30. $2(1 - 3x) - 4 > 10 + 3(1 - x)$

31. $7(2 - x) + 3 < 6 - (x - 1)$

32. $5(3 - 2x) - 8 < 1 - 2(3 - x)$

33. $9 - 3(6 + x) > 7 + 2(4 - x)$

34. $6 + 4(2x + 1) \leq 3 - 4(2 + x)$

35. $x - 2(3 - x) \geq 8 - (6 + x)$

36. $2x + 5(1 - 2x) > x - 2(1 + x)$

37. $7 - 4(x - 6) < 3(x + 1)$

38. $1 - 3(x - 1) > 2(x - 3)$

39. $5x - (2 - 7x) < 7 - 3(8x - 3)$

40. $x - 3(2x - 1) \leq 3 - 3(x - 1)$

41. $3x(2 - x) \geq (3x - 1)(2 - x)$

42. $x(6x - 1) < (3x + 5)(2x - 7)$

43. $(2x - 3)(2x - 1) > 4(x + 1)(x - 1)$

44. $(3x + 1)(3x - 2) > 9(x - 3)(x - 2)$

45. $x(x - 8) + 3x^2 < 2(x - 2)(2x + 1)$

46. $x + 3x(x + 7) < (x - 6)(3x + 8)$

47. $2x - x(x + 6) \geq (3 - x)(1 + x)$

48. $3x - 2x(x + 2) \geq (1 + 2x)(4 - x)$

49. $x - 3x(x - 1) \leq (1 + 3x)5 - x)$

50. $x - 4x(x - 2) \leq (1 + 2x)(7 - 2x)$

51. $x(2x - 3) - (x + 1)(2x + 3) < 5$

52. $2x(x - 4) - (2x + 1)(x + 4) \leq 13$

53. $x(3x - 2) - (x + 2)(3x - 4) \geq 0$

54. $4x(x + 1) - (4x + 3)(x - 2) > 0$

55. $(2x + 1)(3x - 2) - (6x - 1)(x + 2) > 0$

56. $(3x - 1)(x + 2) - (3x + 2)(x - 1) < 0$

57. $(4x - 1)^2 + (3x - 2)^2 \geq (5x - 1)^2$

58. $(5x - 1)^2 - (4x - 3)^2 \leq (4 + x)(2 + 9x)$

59. $(x - 2)^2 - (x + 3)^2 \leq 3x - 2(1 - x)$

60. $(6x + 7)^2 - (4x + 3)^2 \leq 10x(2x + 3)$

61. $\frac{3x + 1}{4} - \frac{2x + 3}{8} \geq \frac{1}{8}$

62. $\frac{2x - 1}{5} - \frac{x - 1}{3} \leq \frac{1}{5}$

63. $\frac{x - 3}{3} - \frac{4x - 1}{8} < \frac{1}{8}$

64. $\frac{x - 3}{2} - \frac{4x - 3}{6} > 0$

65. $\frac{5(x - 1)}{3} - \frac{4(2x - 1)}{5} > -1$

66. $\frac{7(x - 3)}{6} - \frac{8(x - 4)}{9} < -\frac{1}{2}$

67. $\frac{2x - 1}{3} - \frac{3(x - 2)}{4} < \frac{5}{6}$

68. $\frac{3x - 1}{6} - \frac{3(2x - 3)}{4} > \frac{1}{12}$

69. $\frac{5(x + 2)}{6} - \frac{2(x + 3)}{9} > \frac{7}{18}$

70. $\frac{2(6 - x)}{3} - \frac{3(5 - 2x)}{4} < \frac{11}{24}$

5.4 Solución de sistemas de desigualdades lineales en una variable

A veces se requiere determinar la solución común, o conjunto solución, de dos o más desigualdades, las cuales forman lo que se llama un **sistema de desigualdades**. El conjunto solución de un sistema de desigualdades es entonces la intersección de los conjuntos solución de cada una de las desigualdades del sistema.

EJEMPLO Encontrar el conjunto solución del sistema siguiente:

$$6x + 3 \geq 2x - 5 \quad \text{y} \quad 3x - 7 < 5x - 9$$

SOLUCIÓN Primeramente se obtiene el conjunto solución de cada desigualdad.

$6x + 3 \geq 2x - 5$	$3x - 7 < 5x - 9$
$4x \geq -8$	$-2x < -2$
$x \geq -2$	$x > 1$
El conjunto solución es $\{x \mid x \geq -2\}$	El conjunto solución es $\{x \mid x > 1\}$

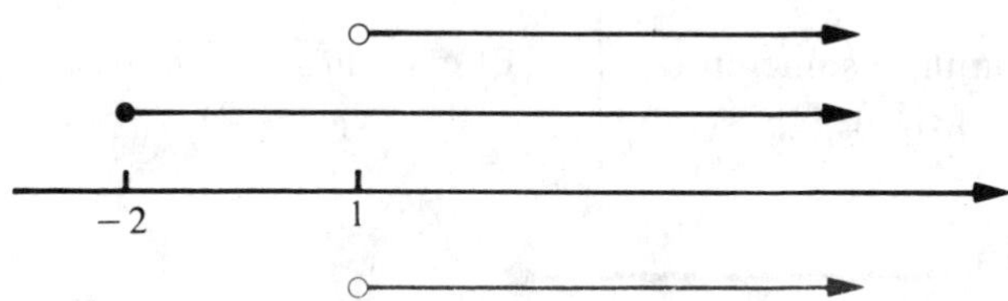

FIGURA 5.7

El conjunto solución del sistema (Figura 5.7) es

$$\{x \mid x \geq -2\} \cap \{x \mid x > 1\} = \{x \mid x > 1\}$$

EJEMPLO Hallar el conjunto solución del sistema siguiente:

$$4(3 - x) < 7 + 3(2 - x) \quad \text{y} \quad 3(x - 1) < 4 - (1 - x)$$

SOLUCIÓN Primero obtenemos el conjunto solución de cada desigualdad.

$4(3 - x) < 7 + 3(2 - x)$	$3(x - 1) < 4 - (1 - x)$
$12 - 4x < 7 + 6 - 3x$	$3x - 3 < 4 - 1 + x$
$-x < 1$	$2x < 6$
$x > -1$	$x < 3$
El conjunto solución es $\{x \mid x > -1\}$	El conjunto solución es $\{x \mid x < 3\}$

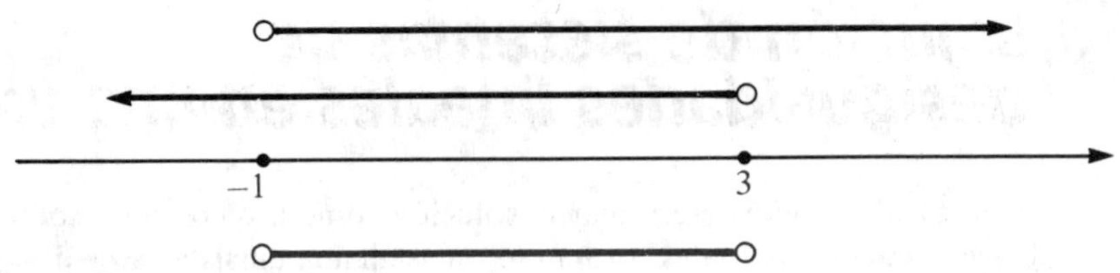

FIGURA 5.8

El conjunto solución del sistema (Figura 5.8) es

$$\{x|x > -1\} \cap \{x|x < 3\} = \{x|-1 < x < 3\}$$

EJEMPLO Encontrar el conjunto solución del sistema

$$5(2x - 1) - 3(x - 3) \geq 18 \quad \text{y} \quad 2(7x + 1) - 5(4x + 1) \geq -15$$

SOLUCIÓN Primero se encuentra el conjunto solución de cada desigualdad.

$5(2x - 1) - 3(x - 3) \geq 18$	$2(7x + 1) - 5(4x + 1) \geq -15$
$10x - 5 - 3x + 9 \geq 18$	$14x + 2 - 20x - 5 \geq -15$
$7x \geq 14$	$-6x \geq -12$
$x \geq 2$	$x \leq 2$
El conjunto solución es $\{x\|x \geq 2\}$	El conjunto solución es $\{x\|x \leq 2\}$

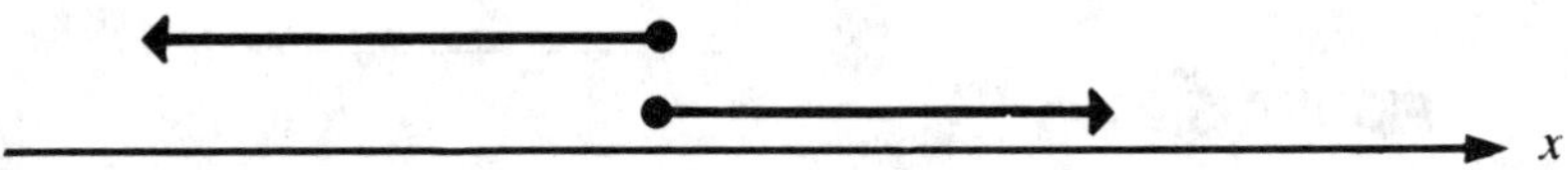

FIGURA 5.9

El conjunto solución del sistema (ver Figura 5.9) es

$$\{x|x \geq 2\} \cap \{x|x \leq 2\} = \{2\}.$$

Ejercicios 5 4

Determine el conjunto solución de cada uno de los sistemas siguientes:

1. $x > 1$, $x < 4$ **2.** $x > -3$, $x < 0$ **3.** $x \geq -1$, $x < 5$ **4.** $x \geq 2$, $x < 7$

5. $x \geq -2$, $x \leq 0$ **6.** $x \geq -8$, $x \leq -4$ **7.** $x > 3$, $x \geq 1$ **8.** $x \geq 5$, $x > 9$

9. $x < 6$, $x \leq -1$ **10.** $x < 8$, $x < 3$ **11.** $x \geq 7$, $x \leq 7$ **12.** $x \geq -1$, $x \leq -1$

13. $x > 3$, $x \leq 3$

14. $x > 4$, $x \leq 4$

15. $x > -4$, $x < -6$

16. $x > 11$, $x < 9$

17. $3x - 5 < 2x + 6$, $4x - 1 \geq 2x + 9$

18. $4x + 5 - 2x > -4x - 7$, $5x + 2 - 3x \geq 6x - 10$

19. $6x + 11 > 3x + 2$, $5x - 2 \geq 7x - 6$

20. $4x + 9 \geq x + 12$, $2x + 11 \geq 6x - 9$

21. $4x - 3 < 4 - 3x$, $7(x - 1) \geq 2(2x + 7)$

22. $36x - 15x \geq 4(3 + 5x)$, $7(5x - 2) < 6(6 + 5x)$

23. $6(3x + 1) > 7(8 - x)$, $3x - 4x < 3(2x - 7)$

24. $2(x - 5) > 3(x - 2)$, $4(x - 3) > 5(x + 3)$

25. $x - 9 < 2 - 3(2x - 1)$, $3(7x - 2) > 7 - 4(x - 3)$

26. $2(1 - 7x) \leq 3 - 5(2x - 7)$, $4 - 2(3x - 8) \geq 14 + 3(x - 1)$

27. $7(x - 1) - 4(x + 2) \geq 3$, $2(x - 5) + 5(x - 3) \leq 17$

28. $4(x + 2) - (x - 7) \leq 18$, $6(x - 1) - 7(x - 2) \leq 7$

29. $3(2x - 1) - 4(x + 1) \geq 1$, $5(x + 3) - 3(3x + 1) \geq -4$

30. $6x(x - 3) \geq 55 + (2x - 1)(3x + 5)$, $(4x - 1)(2x - 3) \geq 4x(2x - 5) - 9$

31. $(x - 3)(x - 1) - x(x + 2) \geq 7$, $(x - 2)(x - 1) - x(x + 3) \leq 6$

32. $(x + 3)(x + 1) - x(x - 2) \geq -3$, $(3x - 1)(x + 1) - (3x + 2)(x - 3) \leq -4$

33. $(x + 4)(x - 1) - x(x + 2) \geq -2$, $(2x - 1)(x + 1) - 2(x - 2)(x + 3) > 7$

34. $(2x + 1)(x - 3) - (x + 2)(2x - 3) \geq 0$, $(3x - 2)(2x + 1) - (6x - 1)(x + 1) < 2$

35. $(4x - 1)(x - 2) - 2(2x - 1)(x + 2) > 0$, $(3x + 2)(x - 1) - 3x(x + 3) \geq 4$

36. $(x - 3)(x + 2) - x(x + 3) > 0$, $(2x + 3)(x - 2) - 2x(x + 3) > 8$

37. $(x - 4)(x + 5) - x(x - 1) > -10$, $(4x - 1)(x + 1) - 2(2x - 3)(x + 2) > 6$

38. $(3x - 1)(x + 2) - 3(x - 3)(x + 1) \geq 18$, $(2x - 1)(3x + 1) - 2x(3x + 4) < 11$

39. $(4x - 3)(x + 1) - (2x + 5)(2x - 1) > 9$, $(3x - 4)(x + 4) - 3x(x + 6) < -36$

40. $(4x + 1)(2x - 3) - 4x(2x - 1) \geq 12$, $(2x + 3)(3x - 1) - x(6x + 5) \geq 9$

5.5 Solución de ecuaciones lineales con valores absolutos

El valor absoluto de un número real $a \in R$, denotado por $|a|$, es $+a$ o $-a$, cualquiera resulta positivo, y cero si $a = 0$. Es decir,

$$|a| = \begin{cases} a & \text{si } a \geq 0 \\ -a & \text{si } a < 0 \end{cases}$$

EJEMPLOS

1. $|6| = 6$ **2.** $|-4| = -(-4) = 4$

Observar que el valor absoluto de cualquier número real es cero o un número positivo, nunca un número negativo, o sea, $|a| \geq 0$ para todo $a \in R$.

Cuando se tiene el valor absoluto de una cantidad que contiene una variable, tal como $|x - 1|$, la cantidad, en este caso $x - 1$, puede ser

1. mayor o igual a cero, o bien
2. menor que cero.

Si $x - 1$ es mayor o igual a cero, o sea, $x - 1 \geq 0$, entonces

$$|x - 1| = x - 1.$$

Si $x - 1$ es menor que cero, es decir, $x - 1 < 0$, entonces

$$|x - 1| = -(x - 1) = -x + 1.$$

Los ejemplos siguientes ilustran cómo resolver una ecuación lineal en una variable que incluye valor absoluto.

EJEMPLO Resolver la ecuación $|x - 3| = 5$.

SOLUCIÓN Para encontrar el conjunto solución de esta ecuación, tenemos que considerar dos casos.

Primer caso: Cuando $x - 3 \geq 0$, esto es, $x \geq 3$

$$|x - 3| = x - 3.$$

La ecuación se convierte entonces en

$$|x - 3| = x - 3 = 5 \quad \text{o} \quad x = 8.$$

El conjunto solución es la intersección de los conjuntos solución de

$x \geq 3 \qquad y \qquad x = 8.$

El conjunto solución (Figura 5.10) es $\{8\}$.

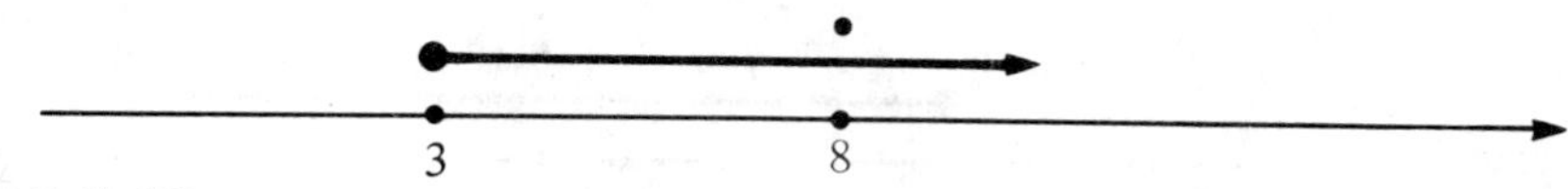

FIGURA 5.10

Segundo caso: *Cuando* $x - 3 < 0$ es decir, $x < 3$

$|x - 3| = -(x - 3) = -x + 3.$

La ecuación se convierte entonces en

$|x - 3| = -x + 3 = 5 \quad o \quad x = -2.$

El conjunto solución es la intersección de los conjuntos solución de

$x < 3 \qquad y \qquad x = -2.$

El conjunto solución (Figura 5.11) es $\{-2\}$.

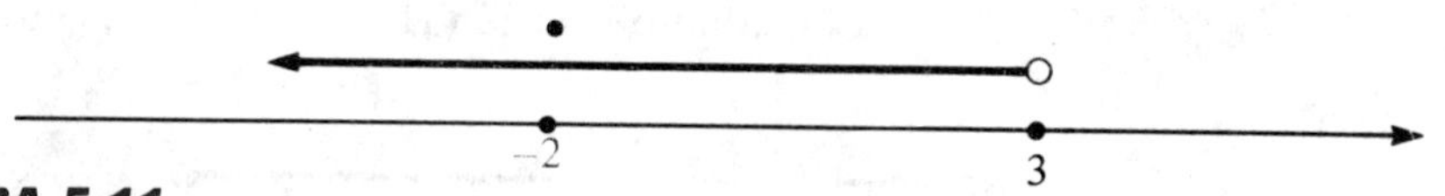

FIGURA 5.11

El conjunto solución de $|x - 3| = 5$ es la unión de los conjuntos solución de los dos casos.

EJEMPLO Hallar el conjunto solución de $|2x + 3| = 9$.

SOLUCIÓN

Primer caso: Cuando $2x + 3 \geq 0$, esto es, $x \geq -\frac{3}{2}$.

$|2x + 3| = 2x + 3.$

La ecuación se convierte entonces en

$|2x + 3| = 2x + 3 = 9, \quad o \quad x = 3.$

El conjunto solución es la intersección de los conjuntos solución

de $x \geq -\frac{3}{2}$ y $x = 3$.

El conjunto solución (Figura 5.12) es $\{3\}$.

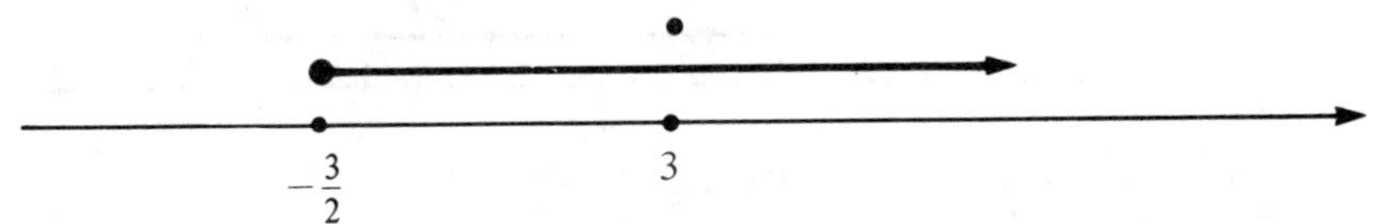

FIGURA 5.12

Segundo caso: Cuando $2x + 3 < 0$, es decir, $x < -\frac{3}{2}$,

$$|2x + 3| = -(2x + 3) = -2x - 3.$$

La ecuación entonces se convierte en

$$|2x + 3| = -2x - 3 = 9, \quad \text{o} \quad x = -6.$$

El conjunto solución es la intersección de los conjuntos solución de

$$x < -\frac{3}{2} \quad \text{y} \quad x = -6$$

El conjunto solución (Figura 5.13) es $\{-6\}$.

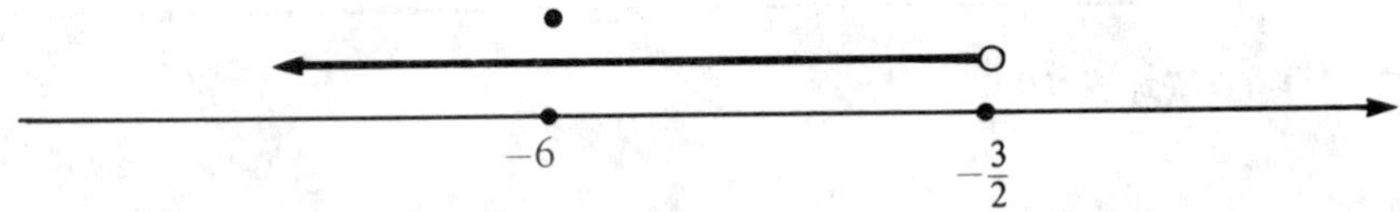

FIGURA 5.13

El conjunto solución de $4 - 3x = 3x - 4$ es la unión de los conjuntos solución de los dos casos.

Por consiguiente, el conjunto solución es $\{-6, 3\}$.

Nota

> Puesto que el valor absoluto de cualquier número real nunca es negativo, el conjunto solución de la ecuación $|3x + 5| = -4$ es ϕ.

Determinar el conjunto solución de $|2x - 5| = x + 3$.

SOLUCIÓN

Primer caso: Cuando $2x - 5 \geq 0$, esto es, $x \geq \frac{5}{2}$;

se tiene que $|2x - 5| = 2x - 5$.

Así que $|2x - 5| = x + 3$ se convierte en

$2x - 5 = x + 3$, o bien $x = 8$.

El conjunto solución es la intersección de los conjuntos solución de $x \geq \frac{5}{2}$ y $x = 8$.

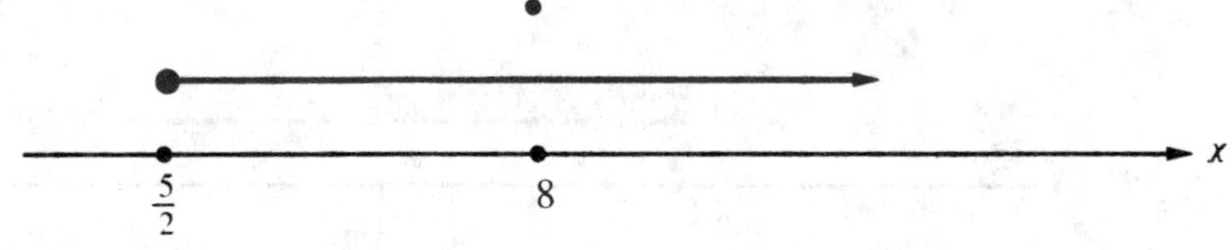

FIGURA 5.14

El conjunto solución (ver Figura 5.14) es $\{8\}$.

Segundo caso: es decir, $x < \frac{5}{2}$; Si $2x - 5 < 0$,

resulta que $|2x - 5| = -(2x - 5) = -2x + 5$.

De esta manera, $|2x - 5| = x + 3$ se convierte en

$-2x + 5 = x + 3$, o $x = \frac{2}{3}$.

El conjunto solución es la intersección de los conjuntos solución de $x < \frac{5}{2}$ y $x = \frac{2}{3}$.

FIGURA 5.15

El conjunto solución (ver Figura 5.15) es $\left\{\frac{2}{3}\right\}$.

El conjunto solución de $|2x - 5| = x + 3$ constituye la unión de los conjuntos solución de los dos casos.

Por lo tanto, el conjunto solución es $\left\{\frac{2}{3}, 8\right\}$.

EJEMPLO Hallar el conjunto solución de $|2x - 1| = 6x - 5$.

SOLUCIÓN Cuando $2x - 1 \geq 0$, esto es, $x \geq \frac{1}{2}$,

Primer caso: se tiene que $|2x - 1| = 2x - 1$.

De modo que $|2x - 1| = 6x - 5$ se convierte en

$2x - 1 = 6x - 5$, esto es, $x = 1$.

El conjunto solución es la intersección de los conjuntos solución de $x \geq \frac{1}{2}$ y $x = 1$.

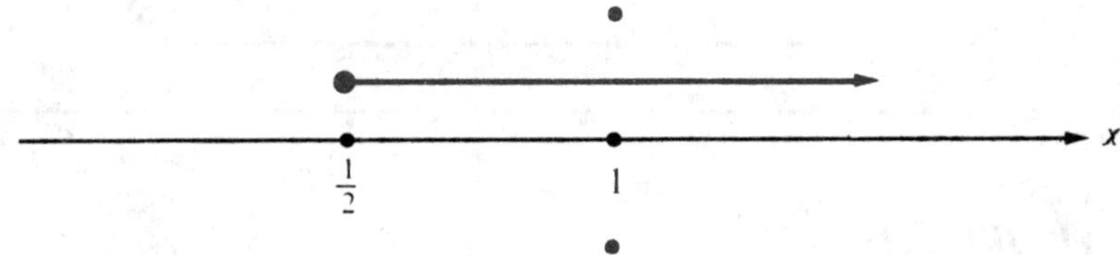

FIGURA 5.16

El conjunto solución (ver Figura 5.16) es $\{1\}$.

Segundo caso: Cuando $2x - 1 < 0$, esto es, $x < \frac{1}{2}$,

se tiene que $|2x - 1| = -(2x - 1) = -2x + 1$.

Así que $|2x - 1| = 6x - 5$ se convierte en

$-2x + 1 = 6x - 5$, es decir, $x = \frac{3}{4}$.

El conjunto solución es la intersección de los conjuntos solución de $x < \frac{1}{2}$ y $x = \frac{3}{4}$.

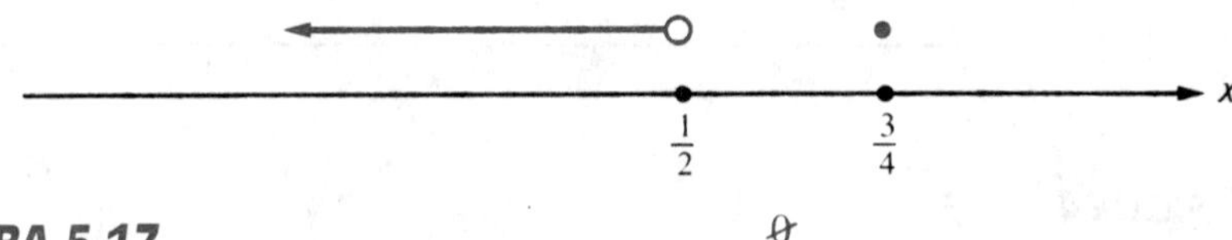

FIGURA 5.17

El conjunto solución (ver Figura 5.17) es ϕ.

El conjunto solución de $|2x - 1| = 6x - 5$ es la unión de los conjuntos solución de los dos casos.

Por consiguiente el conjunto solución es $\{1\}$.

EJEMPLO Hallar el conjunto solución de $|4 - 3x| = 3x - 4$.

SOLUCIÓN

Primer caso: Cuando $4 - 3x \geq 0$, es decir, $x \leq \frac{4}{3}$; (1)

se tiene que $|4 - 3x| = 4 - 3x$.

Así que $|4 - 3x| = 3x - 4$ se convierte en

$4 - 3x = 3x - 4$, es decir, $x = \frac{4}{3}$.

El conjunto solución es la intersección de los conjuntos solución de $x \leq \frac{4}{3}$ y $x = \frac{4}{3}$.

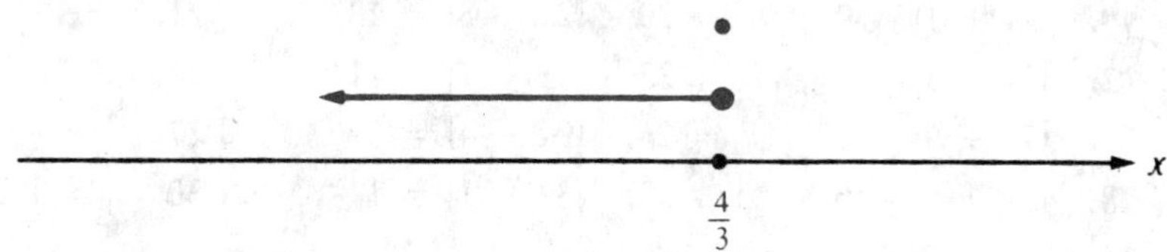

FIGURA 5.18

El conjunto solución (ver Figura 5.18) es $\left\{\frac{4}{3}\right\}$.

Segundo caso: Cuando $4 - 3x < 0$, esto es, $x > \frac{4}{3}$; (3)

resulta que $|4 - 3x| = -(4 - 3x) = -4 + 3x$

De modo que $|4 - 3x| = 3x - 4$ se convierte en

$-4 + 3x = 3x - 4$, o $0x = 0$

lo cual es verdadero para todo $x \in R$. (4)

El conjunto solución es la intersección de los conjuntos solución de $x > \frac{4}{3}$ y $0x = 0$.

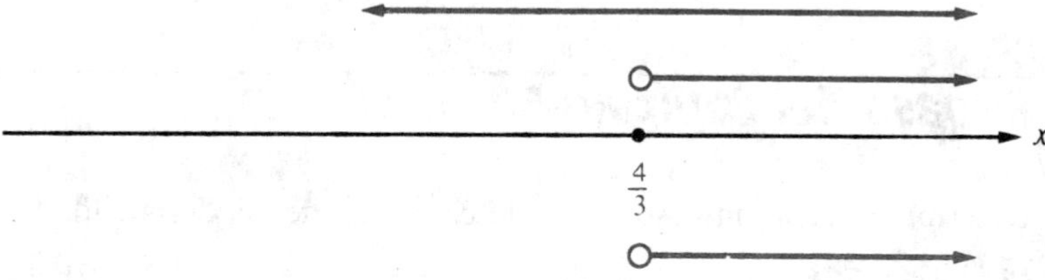

FIGURA 5.19

El conjunto solución (ver Figura 5.19) es $\left\{x | x > \frac{4}{3}\right\}$.

El conjunto solución de $|4 - 3x| = 3x -$ es la unión de los conjuntos solución de los dos casos.

Por consiguiente, el conjunto solución es $\left\{x | x \geq \frac{4}{3}\right\}$.

Ejercicios 5.5

Encuentre el conjunto solución de cada una de las ecuaciones siguientes:

1. $|x - 1| = 1$ **2.** $|x - 2| = 5$ **3.** $|x - 3| = 8$

4. $|x - 4| = 6$ **5.** $|x + 5| = 7$ **6.** $|x + 7| = 1$

7. $|x + 6| = 3$ **8.** $|x + 8| = 2$ **9.** $|x - 11| = 0$

10. $|x - 9| = 0$ **11.** $|x + 3| = 0$ **12.** $|x + 12| = 0$

13. $|x| = 4$ **14.** $|x| = 10$ **15.** $|x + 9| = -1$

16. $|x + 13| = -3$ **17.** $|x - 15| = -20$ **18.** $|x - 10| = -12$

19. $|2x - 1| = 9$ **20.** $|2x - 3| = 13$ **21.** $|3x - 2| = 8$

22. $|3x - 5| = 7$ **23.** $|4x + 1| = 11$ **24.** $|5x + 7| = 23$

25. $|7x + 9| = 12$ **26.** $|9x + 4| = 5$ **27.** $|8x - 3| = 11$

28. $|5x + 6| = 6$ **29.** $|3x + 1| = 1$ **30.** $|4x + 3| = 3$

31. $|3x - 7| = x + 1$ **32.** $|2x + 1| = x + 3$

33. $|4x - 3| = 2x + 3$ **34.** $|6 - 3x| = 2x - 1$

35. $|x + 9| = 2x - 9$ **36.** $|x - 4| = 3x - 8$

37. $|2x + 5| = 7x - 10$ **38.** $|3x + 2| = 5x - 3$

39. $|3x - 2| = 8x - 7$ **40.** $|4x + 3| = 5x - 2$

41. $|4x + 3| = 2x - 1$ **42.** $|5x - 2| = 3x - 4$

43. $|7x - 4| = 4x - 7$ **44.** $|3x - 2| = 2x - 5$

45. $|x - 1| = x - 1$ **46.** $|x - 2| = x - 2$

47. $|2x - 1| = 2x - 1$ **48.** $|3x - 2| = 3x - 2$

49. $|x - 3| = 3 - x$ **50.** $|x - 4| = 4 - x$

51. $|2x - 3| = 3 - 2x$ **52.** $|3x - 4| = 4 - 3x$

Repaso del Capítulo 5

Determine el conjunto solución de cada una de las desigualdades siguientes:

1. $4x + 7 \geq 2x - 3$ **2.** $3x + 8 > x - 4$ **3.** $2x + 3 < 5x - 7$

4. $x + 1 \leq 6x - 4$ **5.** $7x - 2 > 10x - 9$ **6.** $2x - 7 \geq 8x + 5$

7. $x - 2 < 4x + 6$ **8.** $4x - 1 \leq 9x + 14$ **9.** $6 - 2(x - 1) \geq 3x$

10. $7 - 3(2x + 3) > 2x$ **11.** $7x - 4(3x - 2) > -2$

12. $x - 5(x - 4) \geq -4$ **13.** $6x - x(x + 3) < (2 - x)(2 + x)$

14. $(1 - x)(3 + x) \leq 2x - x(x + 1)$ **15.** $(2x - 1)^2 + 7 > 4(x - 2)^2$

16. $x^2 + x(x - 1) > (x + 4)(2x - 3)$

17. $(x - 6)(3x - 5) - 3(x - 2)(x + 1) > 40$

18. $(3x - 2)(x + 4) - 3(x - 1)(x + 5) \geq 0$

19. $(4x - 5)^2 - 4(2x - 3)^2 < 1$

20. $(3x - 4)^2 - (4x - 1)(2x - 1) > x^2$
21. $(5x + 2)^2 - (6x + 1)(4x - 3) > x^2 - 10$
22. $(6x + 1)^2 - (5x - 2)(7x + 8) < x^2 - 1$

23. $\frac{4x}{3} - \frac{5}{6} > \frac{3x}{2} - \frac{2}{3}$

24. $\frac{1}{3} - \frac{x}{2} < \frac{7x}{6} + \frac{3}{4}$

25. $\frac{5x}{8} - \frac{5}{3} > \frac{3x}{4} - \frac{1}{6}$

26. $\frac{2x}{7} - 3 < \frac{3x}{4} - 3$

27. $\frac{3x}{4} + 1 < \frac{2x}{3} - \frac{1}{4}$

28. $\frac{8x}{9} - 1 > \frac{3x}{2} + \frac{2}{9}$

29. $\frac{7x}{2} - 10 > \frac{1}{3} - \frac{5x}{3}$

30. $\frac{47x}{6} - \frac{23}{4} < \frac{5x}{2} + \frac{11}{12}$

31. $\frac{3 + x}{4} > \frac{2 - x}{3} - \frac{x + 1}{6}$

32. $\frac{3(x - 1)}{4} - \frac{x + 2}{3} > \frac{3(x - 3)}{8}$

33. $\frac{2(x - 2)}{3} - \frac{3x - 1}{2} \leq \frac{5x + 1}{6}$

34. $\frac{4(x - 2)}{5} - \frac{7 - x}{3} \geq \frac{x - 3}{15}$

35. $\frac{3(x + 6)}{8} + \frac{5(2x - 1)}{9} < \frac{7(3x + 2)}{12}$

36. $x - \frac{8 - x}{3} < 2 - \frac{x - 2}{6}$

Obtenga el conjunto solución de cada uno de los sistemas siguientes:

37. $3x - 5 > x + 7,$
$2x + 1 < 4x - 3$

38. $4x + 2 < x - 4,$
$2x + 7 > 5x - 2$

39. $9(2x + 1) + 8(x - 6) \geq 0,$
$2(2 - x) - (5 - 4x) < 13$

40. $2(5x - 3) + 7(2 - 3x) < -14,$
$7 - 3(x + 1) \geq 2(x - 8)$

41. $5(1 + 6x) + 9(3 + x) + 7 < 0,$
$x - 2(x + 3) < 5x - 3(x - 4)$

42. $2 - 2(7 - 2x) < 3(3 - x),$
$3(4x + 3) > 17 - 4(x - 2)$

43. $3(7x - 2) < 11 - 4(2x - 3),$
$5(3 - 8x) \leq 16 - 7(4x - 5)$

44. $7(2x - 3) \leq 17 - 2(3x - 1),$
$3(2x + 7) - 4(2 - x) \leq 3$

45. $4(8 - x) \geq 7(1 - 2x) - 5,$
$10 - 13(2 - x) \geq 5(3x - 2)$

46. $11(2x - 9) \leq 25 - 8(3 - 4x),$
$9(x + 15) - 2(3 - x) \leq 19$

47. $2(3x - 8) > 7(1 + x) - 27,$
$4(2x + 5) < 9(2 + x) - 2$

48. $5(x - 2) < 6(2x - 3) - 13,$
$6 + 4(x - 6) > 3(2x - 5)$

49. $x(3x - 1) - (3x - 2)(x + 1) > 2,$
$x(2x - 1) - (x + 4)(2x + 3) < 0$

50. $2x(x - 4) - (x - 5)(2x + 1) > 1,$
$3x(x + 3) - (x + 4)(3x - 2) > 1$

51. $x(2x + 3) - (2x - 1)(x + 1) \geq 3,$
$4x(x - 1) - (2x + 3)(2x - 3) \geq 5$

52. $3x(x - 4) - (3x - 2)(x - 3) \geq -2$,
$4x(x + 3) - (2x + 1)(2x + 3) \geq -19$

53. $6x(x - 1) - (2x - 1)(3x + 1) < -9$,
$x(4x - 5) - (4x + 3)(x - 1) > 3$

54. $x(2x - 1) - 2(x - 2)(x + 1) < 2$,
$4x(3x + 1) - 3(x + 1)(4x + 1) < 19$

Describa los elementos de los conjuntos siguientes, dado que $x \in R$:

55. $\{x|3(2x + 5) - 2(6x - 1) < -6x\}$

56. $\{x|2(4x - 3) - 3(3x + 1) > -x\}$

57. $\{x|2x - 4(1 - 3x) < 7(2x + 1)\}$

58. $\{x|3x - 2(3 - x) > 5(x - 2)\}$

Halle el conjunto solución de cada una de las ecuaciones siguientes:

61. $|x - 5| = 4$ **62.** $|x - 6| = 10$ **63.** $|x - 8| = 4$

64. $|x + 1| = 7$ **65.** $|x + 4| = 3$ **66.** $|x + 3| = 9$

67. $|2x - 1| = -4$ **68.** $|x - 5| = -2$ **69.** $|x + 7| = 0$

70. $|x - 4| = 0$ **71.** $|2x - 1| = 5$ **72.** $|3x - 2| = 13$

73. $|4x - 1| = 15$ **74.** $|3x + 5| = 11$ **75.** $|7x + 4| = 3$

76. $|2x + 3| = 3$ **77.** $|2 - x| = 4$ **78.** $|3 - 2x| = 7$

79. $|3x - 2| = x + 6$ **80.** $|2x + 5| = x + 10$ **81.** $|x + 3| = 2x - 1$

82. $|2x + 5| = 6x - 7$ **83.** $|5x - 4| = 8x - 9$ **84.** $|2x + 3| = 4x - 9$

85. $|2x - 7| = 2x - 7$ **86.** $|3x - 1| = 3x - 1$ **87.** $|x - 6| = 6 - x$

88. $|x - 8| = 8 - x$ **89.** $|4x + 1| = 2x - 5$ **90.** $|5x + 9| = 2x - 3$

Repaso acumulativo

Capítulo 2.

1. Sume −528 y 469

2. Sume 256 y −94

3. Reste 94 de 18

4. Reste 85 de 72

5. Reste −62 de 87

6. Reste −30 de 12

7. Reste 54 de −28

8. Reste 18 de −36

9. Reste −47 de −80

10. Reste −32 de −17

Efectúe las operaciones indicadas y simplifique:

11. $5 + 3(-2) - 8(6)$

12. $8 + 4(-6) + 7(-8)$

13. $9 - 2(-3) - 7(4)$

14. $6 - 3(-4) - 8(3)$

15. $10 - 3(5 - 2) + 7(8 - 3)$

16. $15 - 4(7 - 3) + 6(3 - 1)$

17. $12 + 2(3 - 9) - 7(4 - 6)$

18. $14 + 3(5 - 10) - 4(9 - 12)$

19. $15 \times 3 \div 9 - 6 \div (-3)$

20. $18 \times 4 \div 8 - 8 \div (-2)$

21. $18 \div 9 \times 2 + 16 \div (-4)$

22. $24 \div 8 \times 3 + 28 \div (-7)$

23. $28 \div (6 - 13) - 9(4 - 10)$

24. $3(12 - 15) - 32 \div (11 - 19)$

25. $\frac{3}{4} + \frac{1}{8} - \frac{7}{3}$

26. $\frac{1}{6} - \frac{5}{8} + \frac{11}{12}$

27. $\frac{3}{8} - \frac{7}{6} - \frac{5}{4}$

28. $\frac{6}{7} - \frac{7}{4} + \frac{9}{14}$

29. $\frac{8}{9} - \frac{11}{12} - \frac{7}{18}$

30. $\frac{5}{6} - \frac{9}{4} + \frac{7}{9}$

31. $\frac{7}{8} + \frac{6}{5} - \frac{9}{20}$

32. $\frac{13}{18} - \frac{8}{9} - \frac{3}{8}$

33. $\frac{27}{56} \times \frac{49}{18} \times \frac{32}{35}$

34. $\frac{16}{81} \times \frac{27}{40} \times \frac{15}{8}$

35. $\frac{21}{22} \times \frac{33}{32} \div \frac{63}{128}$

36. $\frac{38}{45} \times \frac{40}{57} \div \frac{64}{81}$

37. $\frac{36}{35} \div \frac{27}{28} \times \frac{45}{16}$

38. $\frac{51}{32} \div \frac{68}{63} \times \frac{80}{81}$

39. $\frac{91}{48} \div \frac{26}{35} \div \frac{49}{64}$

40. $\frac{18}{119} \div \frac{27}{68} \div \frac{16}{21}$

41. $\frac{46}{51} \div \left(\frac{69}{68} \times \frac{16}{27}\right)$

42. $\frac{171}{44} \div \left(\frac{152}{99} \times \frac{81}{128}\right)$

43. $\frac{3}{4} + \frac{5}{7} \times \frac{7}{8}$

44. $\frac{2}{3} + \frac{7}{9} \times \frac{3}{2}$

45. $\frac{5}{4} - \frac{5}{6} \times \frac{3}{20}$

46. $\frac{4}{7} - \frac{8}{3} \div \frac{14}{9}$

47. $\frac{8}{9} + \frac{5}{12} \div \frac{5}{8}$

48. $\frac{7}{12} - \frac{9}{16} \div \frac{3}{2}$

49. $\frac{1}{4} + \frac{12}{5}\left(\frac{2}{3} - \frac{5}{8}\right)$

50. $\frac{7}{8} - \frac{3}{2}\left(\frac{7}{9} - \frac{1}{2}\right)$

51. $\frac{4}{9} - \frac{2}{11}\left(\frac{5}{6} - \frac{7}{4}\right)$

52. $\frac{3}{4} + \frac{16}{3}\left(\frac{9}{16} - \frac{7}{12}\right)$

53. $\frac{3}{2} - \frac{11}{8} \div \left(\frac{7}{6} - \frac{5}{9}\right)$

54. $\frac{5}{8} - \frac{13}{16} \div \left(\frac{3}{4} - \frac{2}{7}\right)$

55. $\frac{7}{4} + \frac{2}{27} \div \left(\frac{5}{9} - \frac{7}{12}\right)$

56. $\frac{3}{5} - \frac{2}{9} \div \left(\frac{3}{4} - \frac{8}{9}\right)$

Encuentre la fracción común equivalente a cada uno de los siguientes números decimales:

57. .4 **58.** .08 **59.** .072 **60.** .075
61. 1.25 **62.** 2.48 **63.** 3.04 **64.** 3.032

Escriba las siguientes fracciones comunes en forma decimal:

65. $\frac{5}{7}$ **66.** $\frac{11}{9}$ **67.** $\frac{7}{11}$ **68.** $\frac{17}{12}$

69. $\frac{4}{15}$ **70.** $\frac{8}{33}$ **71.** $\frac{10}{33}$ **72.** $\frac{4}{37}$

Redondee los siguientes números hasta dos cifras decimales:

73. 8.6729 **74.** 28.4643 **75.** 15.3251 **76.** 32.2854
77. 2.845 **78.** 5.365 **79.** 9.275 **80.** 1.615

Obtenga la distancia entre los dos puntos cuyas coordenadas son dadas:

81. 4; 9 **82.** 8; 12 **83.** 7; −13 **84.** 6; −10
85. −15; 3 **86.** −18; 11 **87.** −2; −14 **88.** −7; −1

Capítulo 3.

Elimine los símbolos de agrupación y reduzca términos semejantes:

89. $4x - 2(x - 5)$

90. $7x - 3(4x + 1)$

91. $3[x - 4(x - 1)]$

92. $2[3 - 7(x - 2)]$

93. $2x - [4 - 2(x + 1)]$

94. $4x + [6 - 4(x - 3)]$

95. $6 + \{-2[5(x - 1) - 3(x + 4)]\}$

96. $7 - \{-3[(x - 4) - 2(x + 3)]\}$

Evalúe las siguientes expresiones, dado que $a = 2$, $b = -3$ y $c = -2$:

97. $3a - b^2c$ **98.** $b^3 - 2ac^2$ **99.** $4b - 3ac^3$
100. $8c + ab^2c^2$ **101.** $2a(ab - c^2)$ **102.** $b(ac - b^2)$
103. $a^3 - b(a^2c - b)$ **104.** $b^3 - a(2c^2 - ab^2)$
105. $\dfrac{3a + 2b}{b - c}$ **106.** $\dfrac{a^2 - c^2}{6a - 2bc}$

Efectúe las operaciones indicadas y simplifique:

107. $(-3x^2yz)(4y^2z^3)$ **108.** $(4xy^2)(-3^2x^2y^3)$ **109.** $(-2^2xy^2)^3$
110. $(3x^2y^3)^4$ **111.** $(-2^3xy^5)^2$ **112.** $(-3x^2yz^3)^3$
113. $(-2x^3y^2)^3(-3xy^3)^2$ **114.** $(-2^2x^4y^2)^3(-x^2y^3)^2$
115. $(-x^2yz)^2(2xy^3z)(-xy^2)^3$ **116.** $(4x^2y)^2(y^2z)^4(-x^3z^2)^3$
117. $[a^2(x - 2)]^2[-2a(x - 2)^2]^3$ **118.** $[a^3(x + 1)^2]^2[-a^2(x + 1)]^3$
119. $4a(-a^2)^3 - 3a^3(-a)^4$ **120.** $a^2(-3a)^4 + a^3(-2^2a)^3$
121. $(2x - 3)(x^2 - x + 1)$ **122.** $(x - 4)(3x^2 + x - 2)$
123. $(x - 1)(x^2 + x + 1)$ **124.** $(3x - 1)(9x^2 + 3x + 1)$
125. $(x - 2)(x^2 + 2x + 4)$ **126.** $(2x^2 + x - 3)(2x^2 - x - 3)$
127. $(3x^2 + x - 2)(3x^2 - x - 2)$ **128.** $(2x^2 - 3x - 1)(2x^2 + 3x - 1)$
129. $2x(x - 1) - (x + 1)(x - 3)$ **130.** $3x(x - 4) - (3x + 1)(3x - 5)$
131. $(4x - 1)(x + 1) - (2x - 1)^2$ **132.** $(x + 2)(3x - 1) - 3(x - 2)^2$
133. $\left(\dfrac{6x^2y^6}{4x^3y^4}\right)^3$ **134.** $\left(\dfrac{6x^5y^3}{9x^2y^6}\right)^4$ **135.** $\left(\dfrac{x^4y^4z^2}{x^3y^2z^6}\right)^3$
136. $\left(\dfrac{14xy^5z}{21x^3y^3z^4}\right)^3$ **137.** $\dfrac{15^4}{20^3}$ **138.** $\dfrac{12^5}{18^4}$
139. $\dfrac{(a^3b^5)^2}{(a^3b^4)^3}$ **140.** $\dfrac{(4a^2b^4)^3}{(6a^3b^4)^4}$ **141.** $\dfrac{(18ab^4)^3}{(9a^2b^2)^4}$
142. $\dfrac{(8a^4b^3)^3}{(16a^5b^2)^2}$ **143.** $\dfrac{(21a^2bc)^5}{(14a^3b^2c^2)^4}$ **144.** $\dfrac{(25a^3b^4c^2)^3}{(15a^3b^2c)^4}$
145. $4a^8b^4 \div (-ab)^4 + a^2(-a^2)$ **146.** $32a^{10}b^4 \div (2a^3b)^2 - (-3a^2b)^2$
147. $(2x^4 - 6x^3 + 4x^2) \div (2x^2) - (x + 1)(x - 4)$
148. $(9x^5 - 3x^4 + 6x^3) \div (3x^3) - (3x + 1)(x - 2)$
149. $(6x^3 - x^2 - 5x + 2) \div (2x - 1)$
150. $(4x^3 - 11x^2 + 10x - 3) \div (4x - 3)$
151. $(6x^3 + x^2 - 14x - 10) \div (3x + 2)$
152. $(6x^3 + 7x^2 + 9x + 15) \div (2x + 3)$
153. $(x^4 + 3x^2 + x^3 + 4x - 4) \div (x^2 + x - 1)$
154. $(6x^4 - 5x^2 - 2x^3 + 3x - 6) \div (3x^2 - x + 2)$
155. $(8x^4 - 4x^2 + 3x - 2) \div (2x^2 - x + 1)$

156. $(18x^4 - 23x^2 + 10x - 3) \div (6x^2 - 2x + 1)$

157. $(9x^4 - 7x^2 + 6x - 12) \div (3x^2 - x + 3)$

158. $(16x^4 - 5x^2 + 8x - 3) \div (4x^2 + 3x - 1)$

159. $(3x^4 + 8x^3y + 19xy^3 - 6y^4) \div (x^2 + 3xy - y^2)$

160. $(2x^4 - 3x^3y + 11xy^3 - 12y^4) \div (x^2 - 2xy + 3y^2)$

Capítulo 4.

Resuelva las siguientes ecuaciones:

161. $3 + 2(x - 1) = -3$

162. $7 - 3(x + 2) = 10$

163. $2(x - 3) - 3(x + 1) = 4$

164. $4(x + 1) + 5(x - 1) = 8$

165. $3(x - 1) = 2(x + 2) - 6$

166. $7(x - 2) = 10 - 2(x + 3)$

167. $(x - 1)(x + 3) - x(x + 4) = 1$

168. $(x - 3)(x + 4) - x(x - 5) = 0$

169. $(3x + 1)(x - 4) - 3x(x - 2) = 11$

170. $(2x - 1)(4x + 3) - x(8x - 1) = 3$

171. $(2x + 3)(x - 4) - (x - 1)(2x - 5) = -3$

172. $(6x - 1)(2x - 1) - 4(x - 1)(3x + 2) = 1$

173. $\dfrac{3x - 2}{3} + \dfrac{x + 4}{2} = \dfrac{1}{3}$

174. $\dfrac{2x - 3}{2} - \dfrac{x - 1}{3} = \dfrac{1}{6}$

175. $\dfrac{3x - 4}{4} + \dfrac{2x - 3}{6} = \dfrac{2}{3}$

176. $\dfrac{x + 6}{3} - \dfrac{x + 4}{2} = \dfrac{1}{6}$

177. $\dfrac{2x - 5}{4} - \dfrac{x - 6}{3} = \dfrac{1}{2}$

178. $\dfrac{3x + 4}{2} - \dfrac{x + 5}{3} = -2$

179. $\dfrac{1}{2}(2x - 7) - \dfrac{2}{3}(3x - 1) = \dfrac{2}{3}$

180. $\dfrac{2}{3}(3x - 2) + \dfrac{1}{2}(2x + 1) = \dfrac{7}{6}$

181. $\dfrac{2}{3}(3x - 1) - \dfrac{1}{3}(5x - 1) = \dfrac{1}{2}$

182. $\dfrac{3}{4}(2x - 3) - \dfrac{5}{8}(x - 1) = 1$

183. $0.06(24{,}000 - x) + 0.08x = 1740$

184. $0.07(15{,}000 - x) + 0.09x = 1110$

185. $0.065(18{,}000 - x) + 0.105x = 1330$

186. $0.12(20{,}000 - x) - 0.04x = 640$

Describa los elementos de los conjuntos siguientes:

187. $\{x|4 - 2(3x + 8) = 3(5 - 2x)\}$

188. $\{x|9 + 3(4x + 5) = 4(3x - 2)\}$

189. $\{x|3 + 2(x - 1) = 2(x + 5)\}$

190. $\{x|5 + 4(3x + 1) = 3(4x + 3)\}$

191. $\{x|x(x - 2) - (x - 1)^2 = -1\}$

192. $\{x|x(x + 4) - (x + 2)^2 = -4\}$

193. $\{x|2x(3x - 5) - (3x + 1)(2x - 3) = 3\}$

194. $\{x|x(4x - 3) - (x + 1)(4x - 1) = 1\}$

195. Un número es 9 unidades menor que otro. Encuentre ambos números si el quíntuplo del menor supera en 7 al triple del mayor.

196. Halle tres enteros pares consecutivos tales que el triple de la suma del segundo y el tercero supere en 4 al séptuplo del primero.

197. Determine 2 números cuya diferencia sea 7 y que la diferencia de sus cuadrados supere en 9 al producto de 12 por el número mayor.

198. El dígito de las decenas de un número de dos cifras es 3 menos que el de las unidades. Si el número es 7 menos que el quíntuplo de la suma de los dígitos, obtenga dicho número.

199. La suma de los dígitos de un número de tres cifras es 19. El dígito de las unidades es 2 menos que el de las centenas. Si el número es 26 menos que 80 veces el dígito de las decenas, encuentre tal número.

200. En cierto número de tres cifras, el dígito de las unidades supera en 3 al de las decenas y la suma de sus dígitos es 16. Si se intercambian los dígitos de las decenas y centenas, el número se incrementa en 180. Halle el número original.

201. El descuento aplicado a una aspiradora fue de \$20.14 dólares en base a una tasa del 10.6%. ¿Cuál era el precio regular del aparato?

202. Un horno de microondas se vendió en \$287.76 dólares tras un descuento del 12.8%. ¿Cuál era el precio normal del horno?

203. El precio de venta de una lavadora es de \$435 dólares. ¿Cuál es el costo si la ganancia es 16% de dicho costo?

204. Dos sumas de dinero que totalizan \$68 000 dólares ganan, respectivamente, 6% y 8% de interés anual. Obtenga ambas cantidades si juntas producen una ganancia de \$4 960.

205. Daniel tiene \$12 000 dólares invertidos al 6.5%. ¿Cuánto debe invertir al 9% para que el interés de ambas inversiones le produzca un ingreso de \$2 040?

206. El monto de interés anual producido por \$11 000 dólares es \$265 más que el producido por \$8 000 a un interés anual 0.5% menor. ¿Cuál es la tasa de interés aplicada a cada una de las cantidades?

207. ¿Cuántos galones de una solución de ácido al 8% deben agregarse a 32 galones de otra igual al 28% para producir una solución al 12%?

208. Una persona mezcló 40 libras de una aleación de cobre al 96% con 24 libras de otra al 72%. ¿Cuál es el porcentaje de cobre en la mezcla?

209. Una persona mezcló 36 libras de una aleación de aluminio al 40% con 80 libras de otra semejante. ¿Cuál es el porcentaje de aluminio de la segunda aleación, si la mezcla contiene 80% de este último?

210. Ricardo tiene \$12.40 dólares en monedas de 10₵, 25₵ y 50₵. Si son 46 monedas en total, y hay 6 monedas más de 25₵ que de 10₵, ¿cuántas posee de cada clase?

211. Bárbara compró \$10.85 dólares de estampillas de 10₵, 15₵ y 25₵ con un total de 59 estampillas. Si el número de estampillas de 10₵ es 4 menos que el de 15₵, ¿cuántas compró de cada clase?

212. Los ingresos por la venta de 42 000 boletos para un juego de béisbol totalizaron \$241 500 dólares. Los boletos se vendieron a \$4.50, \$6.50 y \$9.50. El número de boletos vendidos de \$4.50 fue el quíntuplo del de los de \$9.50. ¿Cuántos se vendieron de cada clase?

213. Carlos tenía una cita a 98 millas de distancia y condujo su automóvil a una velocidad promedio de 24 millas por hora en la ciudad y de 54 en carretera. Si el viaje duró 2 horas, ¿qué distancia manejó en la ciudad?

214. Encuentre las lecturas Celsius y Kelvin correspondientes a una temperatura de 86°F.

215. Halle la lectura Fahrenneit que corresponde a 22°C.

216. Hace 4 años Cristina tenía ¼ de la edad de su madre y dentro de 8 años tendrá la mitad de su edad. ¿Cuál es la edad actual de ésta?

217. Tomás pesa 54 libras y se sienta en un subibaja a 8 pies del punto de apoyo. Si Roberto pesa 72 libras, ¿a qué distancia de dicho punto se debe sentar para equilibrarse con Tomás?

218. Una barra de peso despreciable se pone en equilibrio cuando una carga de 148 libras se coloca de un lado del punto de apoyo a 6 pies del mismo y 2 cargas de 60 y 72 libras se sitúan a 5 pies de distancia entre sí del otro lado del punto mencionado, con la carga de 60 libras más cercana a éste último. ¿A qué distancia del punto de apoyo está la carga de 60 libras?

219. Si dos lados opuestos de un cuadrado se incrementan en 7 pulgadas cada uno y los otros dos disminuyen también 2 pulgadas, el área aumenta 41 pulgadas cuadradas. Halle el lado del cuadrado.

220. Un edificio ocupa un terreno rectangular que mide 20 pies menos de largo que el doble de su ancho. La banqueta que rodea al edificio tiene 12 pies de anchura y un área de 3 336 pies cuadrados. ¿Cuáles son las dimensiones del terreno que ocupa el edificio?

221. El segundo ángulo de un triángulo mide 6° menos que el primero y el tercero mide 3° menos que 1.5 veces el primero. ¿Cuántos grados mide cada ángulo?

222. La suma de la base y la altura de un triángulo es 113 pies. Encuentre el área del triángulo si el triple de la altura mide 1 pie menos que el doble de la base.

223. La suma de la base y la altura de un triángulo es 95 pies. Determine el área del triángulo si el triple de la base supera en 19 pies al cuádruplo de la altura.

Capítulo 5.

Determine el conjunto solución de cada una de las desigualdades siguientes:

224. $3x - 4 > x + 6$

225. $5x - 2 < 2x - 8$

226. $2x - 9 \leq 4x + 3$

227. $4x + 1 \geq 7x - 5$

228. $3 + 4(2x - 1) > 7$

229. $7 + 2(x - 3) < 9$

230. $10 - 3(4x + 1) \leq -2$

231. $4 - 7(x - 2) > -3$

232. $(x + 5)(x - 1) - x(x - 3) > 12$

233. $(x - 6)(x + 2) - x(x - 5) \geq -12$

234. $(x + 4)(x - 2) - x(x + 3) < -8$

235. $(x + 1)(x - 7) - x(x - 1) < 3$

236. $6x(x - 1) - (2x + 1)(3x - 2) > -3$

237. $8x(x - 2) - (4x + 1)(2x - 5) > -1$

238. $\frac{x}{6} - \frac{1}{3} \leq \frac{2x}{3} - \frac{3}{2}$

239. $\frac{x}{2} - \frac{5}{6} \leq \frac{2x}{3} - \frac{3}{4}$

240. $\frac{x}{4} - \frac{2}{3} > \frac{x}{6} - \frac{1}{4}$

241. $\frac{7x}{8} - \frac{4}{3} > \frac{5x}{6} - \frac{5}{4}$

242. $\frac{x}{9} - \frac{x + 1}{6} < \frac{2x - 1}{4}$

243. $\frac{x + 3}{2} - \frac{x - 1}{3} < \frac{2x - 1}{6}$

244. $\frac{x - 1}{3} - \frac{x + 2}{4} \geq \frac{2x + 1}{6}$

245. $\frac{x + 1}{9} - \frac{2x - 1}{6} \geq \frac{3x - 2}{4}$

Halle el conjunto solución de cada uno de los sistemas siguientes:

246. $3x - 2 \geq 2x - 3$, $4x - 3 > 5x - 8$

247. $2x + 6 > 3x + 5$, $5x + 4 \geq x - 4$

248. $x - 6 < 3x + 2$, $2x + 7 < x + 6$

249. $4x + 10 < 7x + 1$, $6x - 9 < 2x + 15$

250. $2x + 5 \geq x + 3$, $3x - 1 \geq x + 1$

251. $3x - 2 \geq x + 2$, $4x + 3 \geq 3x + 10$

252. $x - 3 < 4x + 6$, $5x - 1 > 3x - 3$

253. $2x - 9 < 7x + 21$, $x + 8 < 5x - 8$

254. $2x - 7 < x - 1$, $3x - 2 \geq 4x - 5$

255. $3x - 5 \leq 2x - 9$, $4x - 8 > 7x - 11$

256. $4x - 3 \geq x + 3$, $5x - 7 \leq x + 1$

257. $2x - 6 \geq 3x - 5$, $7x + 5 \geq 3x + 1$

258. $2x + 7 \geq 4x - 1$, $5x - 6 \geq x + 10$

259. $3x + 7 \geq x + 3$, $6x + 1 \leq 2x - 7$

260. $3x + 2 > x + 8$, $x + 5 > 4x - 1$

261. $x + 9 < 2x + 5$, $6x + 11 < x + 6$

262. $3x - 7 > 5 - x$, $4x - 3 < x - 12$

263. $5x - 2 < 7x - 3$, $3x - 2 < x - 9$

264. $x - 8 \leq 3x - 4$, $6x + 7 < x - 3$

265. $7x - 4 \leq 3x + 16$, $x + 9 > 4x - 6$

Describa los elementos de los siguientes conjuntos:

266. $\{x|3(x + 3) - 2(x - 1) > x\}$

267. $\{x|4(3x - 1) - 6(2x - 1) > 1\}$

268. $\{x|9(x - 1) - 3(3x + 1) < 0\}$

269. $\{x|6(x - 2) - 5(x + 2) < x\}$

270. $\{x|2(3x - 4) - 6(x - 2) < 3\}$

271. $\{x|4(2x + 1) - 7(x - 3) < x\}$

272. $\{x|9(2x - 1) - 6(3x + 2) > -11\}$

273. $\{x|6(4x - 3) - 3(8x - 1) > 7\}$

Encuentre el conjunto solución de las ecuaciones siguientes:

274. $|x - 3| = 4$ **275.** $|x - 4| = 9$ **276.** $|x + 2| = 3$

277. $|x + 5| = 5$ **278.** $|x - 6| = -3$ **279.** $|x + 1| = -4$

280. $|x + 8| = 0$ **281.** $|x - 5| = 0$ **282.** $|3x - 4| = 5$

283. $|4x - 2| = 7$ **284.** $|2x + 7| = 3$ **285.** $|3x + 8| = 10$

286. $|5x - 1| = x + 3$

287. $|6x + 5| = x - 5$

288. $|x + 6| = 2x - 5$

289. $|2x + 7| = 4x + 3$

290. $|2x - 1| = 6x - 5$

291. $|4x + 3| = 7x - 6$

292. $|3x - 1| = 3x - 1$

293. $|2x - 3| = 3 - 2x$

294. $|4x + 5| = x - 6$

295. $|7x + 2| = 5x + 1$

CAPÍTULO 6

Factorización de polinomios

Cada uno de los números que se multiplican entre sí para obtener un producto, se llama **factor**. Algunas veces es deseable escribir un polinomio como el producto de varios de sus factores. Este proceso se llama **factorización**. En particular, nos ocuparemos de factorizar polinomios con coeficientes enteros.

Se dice que un polinomio está **factorizado completamente** si se expresa como el producto de polinomios con coeficientes enteros y ninguno de los factores de la expresión se puede ya escribir como el producto de dos polinomios con coeficientes enteros.

A continuación, consideramos la factorización de algunos polinomios especiales.

6.1 Factores comunes a todos los términos

El **máximo factor común** (M.F.C.) o **máximo común divisor** (M.C.D.) de un conjunto de enteros se define como el entero mayor que divide a cada uno de los números de dicho conjunto.

El M.F.C. se puede obtener como sigue:

1. Se factorizan los enteros en sus factores primos.
2. Se escriben los factores empleando exponentes.
3. Se toman las bases comunes, cada una con su exponente mínimo.

EJEMPLO Encontrar el M.F.C. de 30, 45, 60.

SOLUCIÓN

$$30 = 2 \cdot 3 \cdot 5$$
$$45 = 3^2 \cdot 5$$
$$60 = 2^2 \cdot 3 \cdot 5$$

Las bases comunes son 3 y 5.

El mínimo exponente de 3 es 1, y el de 5 es 1.

Por consiguiente, el M.F.C. $= 3^1 \cdot 5^1 = 15$.

EJEMPLO Hallar el M.F.C. de 48, 72, 120.

SOLUCIÓN

$$48 = 2^4 \cdot 3$$
$$72 = 2^3 \cdot 3^2$$
$$120 = 2^3 \cdot 3 \cdot 5$$

Las bases comunes son 2 y 3.

El mínimo exponente de 2 es 3 y el de 3 es 1.

Por lo tanto, el M.F.C. $= 2^3 \cdot 3^1 = 24$.

El máximo factor común de un conjunto de monomios puede determinarse tomando el producto del M.F.C. de los coeficientes de los monomios y las bases literales comunes, cada una a su mínima potencia.

EJEMPLO Obtener el M.F.C. de $4x^3$, $6x^2$, $12x$.

SOLUCIÓN

$$4x^3 = 2^2x^3$$
$$6x^2 = 2 \cdot 3x^2$$
$$12x = 2^2 \cdot 3x$$

Las bases comunes son 2 y x.

El mínimo exponente de 2 es 1 y el de x es 1.

Por consiguiente, el M.F.C. $= 2^1x^1 = 2x$.

EJEMPLO Hallar el M.F.C. de $9x^3y^2$, $12x^4y$, $-15x^5$.

SOLUCIÓN

$$9x^3y^2 = 3^2x^3y^2$$
$$12x^4y = 2^2 \cdot 3x^4y$$
$$-15x^5 = -3 \cdot 5x^5$$

Las bases comunes son 3 y x.

El mínimo exponente de 3 es 1 y el de x es 3.

Por lo tanto, el M.F.C. $= 3x^3$.

EJEMPLO Encontrar el M.F.C. de x^3y^2, x^4y, x^2y^3z.

SOLUCIÓN Las bases comunes son x y y.

El mínimo exponente de x es 2 y el de y es 1.

Por consiguiente, el M.F.C. $= x^2y$.

EJEMPLO Obtener el M.F.C. de $6a^4(x - y)^2$, $9a^3(x - y)^3$, $12a^2(x - y)^4$.

SOLUCIÓN

$$6a^4(x - y)^2 = 2 \cdot 3a^4(x - y)^2$$
$$9a^3(x - y)^3 = 3^2a^3(x - y)^3$$
$$12a^2(x - y)^4 = 2^2 \cdot 3a^2(x - y)^4$$

Las bases comunes son 3, a y $(x - y)$.

El mínimo exponente de 3 es 1, el de a es 2 y el de $(x - y)$ es 2.

Por lo tanto, el M.F.C. $= 3a^2(x - y)^2$.

Nota

Dado que $(1 - x) = -(x - 1)$, el M.F.C. de $a(x - 1)$ y $b(1 - x)$ es $(x - 1)$ o bien $(1 - x)$.

Cuando los términos de un polinomio tienen un factor común, se emplea la ley distributiva

$$ab_1 + ab_2 + ab_3 + \cdots + ab_n = a(b_1 + b_2 + b_3 + \cdots + b_n)$$

para factorizar el polinomio. Uno de los factores es el M.F.C. de todos los términos del polinomio. El otro es el cociente completo, que se obtiene dividiendo cada término del polinomio por el factor común; esto es,

$$\begin{aligned} ab_1 + ab_2 + ab_3 + \cdots + ab_n &= a\left(\frac{ab_1}{a} + \frac{ab_2}{a} + \frac{ab_3}{a} + \cdots + \frac{ab_n}{a}\right) \\ &= a(b_1 + b_2 + b_3 + \cdots + b_n) \end{aligned}$$

EJEMPLO Factorizar el polinomio $3a^2 - a$.

SOLUCIÓN El máximo factor común es a.

$$\begin{aligned} 3a^2 - a &= a\left(\frac{3a^2}{a} - \frac{a}{a}\right) \\ &= a(3a - 1) \end{aligned}$$

EJEMPLO Factorizar el polinomio $8x^3 - 4x^2 + 12x$.

SOLUCIÓN El máximo factor común es $4x$.

$$\begin{aligned} 8x^3 - 4x^2 + 12x &= 4x\left(\frac{8x^3}{4x} - \frac{4x^2}{4x} + \frac{12x}{4x}\right) \\ &= 4x(2x^2 - x + 3) \end{aligned}$$

EJEMPLO Factorizar el polinomio $6x^3y^2 + 12x^2y^2 - 24xy^2$.

SOLUCIÓN El máximo factor común es $6xy^2$.

$$\begin{aligned} 6x^3y^2 + 12x^2y^2 - 24xy^2 &= 6xy^2\left(\frac{6x^3y^2}{6xy^2} + \frac{12x^2y^2}{6xy^2} - \frac{24xy^2}{6xy^2}\right) \\ &= 6xy^2(x^2 + 2x - 4) \end{aligned}$$

EJEMPLO Factorizar el polinomio $4x^2(2x - 1) - 8x(2x - 1)^2$.

SOLUCIÓN El máximo factor común es $4x(2x - 1)$.

$$\begin{aligned} 4x^2(2x - 1) - 8x(2x - 1)^2 &= 4x(2x - 1)\left[\frac{4x^2(2x - 1)}{4x(2x - 1)} - \frac{8x(2x - 1)^2}{4x(2x - 1)}\right] \\ &= 4x(2x - 1)[x - 2(2x - 1)] \\ &= 4x(2x - 1)[x - 4x + 2] \\ &= 4x(2x - 1)(2 - 3x) \end{aligned}$$

EJEMPLO Factorizar $24x(x-2)^2 + 36x^2\,(x - 2)$.

SOLUCIÓN El máximo factor común es $12x(x-2)$.

$$\begin{aligned}
24x(x-2)^2 + 36x^2(2-x) &= 12x(x-2)\left[\frac{24x(x-2)^2}{12x(x-2)} + \frac{36x^2\,(2-x)}{12x(x-2)}\right] \\
&= 12x(x-2)\left[\frac{24x(x-2)^2}{12x(x-2)} - \frac{36x\,(x-2)}{12x(x-2)}\right] \\
&= 12x(x-2)[2(x-2) - 3x] \\
&= 12x(x-2)(2x - 4 - 3x) \\
&= 12x(x-2)(-x-4) \\
&= -12x(x-2)(x+4)
\end{aligned}$$

Nota

1. $(x-a) = -(a-x)$
2. $(x-a)^2 = (a-x)^2$.
3. $(x-a)^3 = -(a-x)^3$

Ejercicios 6.1

Encuentre el máximo factor común en cada uno de los ejercicios siguientes:

1. 4, 6, 10
2. 4, 12, 20
3. 12, 18, 24
4. 16, 24, 40
5. 15, 20, 25
6. 14, 21, 28
7. x^3, x, x^2
8. $2x^2, 3x^3, 4x$
9. $6x^2, 9x^3, 12x$
10. $3x^3, 2x^2, 5x^4$
11. $15x^3, 25x^4, 30x^2$
12. $12x^2, 18x^4, 30x$
13. $4x^2, 8x^3y, 12xy^2$
14. $2xy^2, 6x^2y^2, 8y^2$
15. $12x^2y, 18x^2y^2, 6x^2$
16. $36xy^2, 48xy, 60xy^3$
17. $54x^2y^2, 72x^2y^3z, 90x^2y^4z^2$
18. $28x^3yz, 42x^2y^2z^2, 56x^4y^3$
19. $6(x+2), 9(x+2)$
20. $3x(x-3), 6x^2(x-3)$
21. $9(x+1), 3(x+1)^2$
22. $4(x-1)^2, 6(x-1)$
23. $x(x+2)^2, x^2(x+2)$
24. $x^2(x-2), 2x(x-2)^2$
25. $(x+3)^2, (x+3)(x+1)$
26. $(x+1)^2, (x+1)(x+2)$
27. $(x+4)(x-1), (x-2)(x+4)$
28. $(x-3)(x-2), (x-3)(x-1)$
29. $4(x-3), 8(3-x)$
30. $x^3(x-4), x^2(4-x)$
31. $(x-2)^2, 6(2-x)$
32. $(x-3)^2, (3-x)^3$

Factorice los siguientes polinomios:

33. $4x + 4$
34. $6x + 12$
35. $3x + 9$
36. $12x + 6$
37. $3x - 6$
38. $4x - 6$
39. $10x - 5$
40. $18x - 27$
41. $8 - 4x$

42. $12 - 18x$ **43.** $5 - 15x$ **44.** $24 - 8x$

45. $4x^2 + 4x$ **46.** $6x^2 + 2x$ **47.** $9x^3 - 6x^2$

48. $7x^4 - 14x^3$ **49.** $11x^4 - 11x^5$ **50.** $2xy - 2x$

51. $3bx + 3b$ **52.** $9ax + 18a$ **53.** $xy + x^2y^2$

54. $3ax + 6ay$ **55.** $4xy - 8x^2y$ **56.** $10ax^2 - 15a^2x$

57. $18x^2y - 24xy^2$ **58.** $x^3 - x^2y$ **59.** $4x^2y^2 + 12x^2y$

60. $16x^3y^2 + 24x^4y$ **61.** $18x^3y^2 - 9x^2y^2$ **62.** $4x^2y^2 - 8xy^3$

63. $9x^2y^3 + 27x^3y^2$ **64.** $8x^2y^3 - 12x^4y^4$ **65.** $8x^2 - 4x + 16$

66. $9x^2 + 6x + 3$ **67.** $6x^2 - 6xy - 6x$ **68.** $6x^3 + 9x^2 + 15x$

69. $4x^4 - 8x^3 + 12x^2$ **70.** $x^2y^2 - xy^2 + 3y^2$

71. $2x^3y + x^2y - 5xy$ **72.** $6x^2y - 4xy^2 + 10xy$

73. $2x^5y - 10x^4y^3 + 6x^2y^6$ **74.** $x^3y^3 - 2x^2y^4 - 4xy^5$

75. $27x^5y - 9x^3y^2 + 36x^4y^3$ **76.** $2x^3y^2 + 4x^2y^3 - xy^4$

77. $6(2x + 1) + x(2x + 1)$ **78.** $4(2x - 1) + x(2x - 1)$

79. $3(3x + 1) + x(3x + 1)$ **80.** $2(x - 2)^2 + 4(x - 2)$

81. $3(x + 4)^2 + 6(x + 4)$ **82.** $4(x - 3)^2 + 6(x - 3)$

83. $6(2x + 1)^2 - 2(2x + 1)$ **84.** $15(3x + 1)^2 - 5(3x + 1)$

85. $9(x + 1) - 3(x + 1)^2$ **86.** $8(x + 3) - 4(x + 3)^2$

87. $5(x - 4) - 10(x - 4)^2$ **88.** $7(x - 5) - 14(x - 5)^2$

89. $x^2(x - 1) - x(x - 1)^2$ **90.** $x^2(x + 2) - x(x + 2)^2$

91. $(x + 1)(x - 2) + (x - 2)(x + 3)$

92. $(x - 1)(x + 1) + (x - 1)(x + 2)$

93. $(x + 2)(2x + 1) - (x + 2)(2x - 3)$

94. $(2x - 1)(x + 4) - (2x - 1)(3x + 1)$

95. $(3x + 2)(x - 4) + (1 + 2x)(4 - x)$

96. $(2x + 5)(x - 3) - (7 + x)(3 - x)$

97. $12(x - 2)^2 + 4(2 - x)$ **98.** $2x(2x - 3)^2 + x^2(3 - 2x)$

99. $6x(3x - 1)^2 + 2x^2(1 - 3x)$ **100.** $4x^2(2x - 5)^2 + 8x^3(5 - 2x)$

101. $18(3x - 4)^2 - 12x(4 - 3x)$ **102.** $x(2x - 1)^2 - (1 - 2x)^3$

103. $x^2(3x - 2)^2 - x(2 - 3x)^3$ **104.** $4x^2(x - 6)^2 - 12x(6 - x)^3$

105. $x^2(2x - 5)^2 + x(5 - 2x)^3$ **106.** $x^2(4x - 3)^2 + x(3 - 4x)^3$

6.2 Factorización de un binomio

Los métodos de factorización de polinomios se presentarán según el número de términos del polinomio que hay que factorizar. Un monomio es una forma factorizada, así que el primer tipo de polinomio que se considerará es el binomio. Aquí trataremos la factorización de cierta clase de binomios.

Cuadrados y raíces cuadradas

Los **cuadrados de los números** $3, \quad 5^2, \quad \frac{2}{3}, \quad a, \quad x^2, \quad$ y $\quad b^3$

son, respectivamente, $3^2, \quad 5^4, \quad \frac{2^2}{3^2}, \quad a^2, \quad x^4, \quad$ y $\quad b^6$

Los números $3, 5^2, \frac{2}{3}, a, x^2$ y b^3 se llaman **raíces cuadradas** de $3^2, 5^4, \frac{2^2}{3^2}, a^2, x^4$ y b^6, respectivamente.

La raíz cuadrada de un número a se denota por $\sqrt[2]{a}$. El símbolo $\sqrt{\ }$ se denomina **radical**, el 2 que se incluye es el **índice** y el número a se llama **radicando**. Cuando no se escribe ningún índice, se supone que es 2.

Aunque los cuadrados de $(+3)$ y (-3) son iguales a 9, cuando se hable de la raíz cuadrada de 9, nos referiremos al número positivo 3 y no a (-3).

DEFINICIÓN

Se dice que un número es un **cuadrado perfecto** si su raíz cuadrada es un número racional.

La raíz cuadrada de un número específico puede encontrarse descomponiendo el número en sus factores primos, con sus exponentes respectivos, y luego dividir entre 2 a cada exponente de su potencia original (cuando se eleva un número al cuadrado, multiplicamos su exponente por 2).

EJEMPLOS

1. $\sqrt{64} = \sqrt{2^6} = 2^3 = 8$
2. $\sqrt{144} = \sqrt{2^4 \cdot 3^2} = 2^2 \cdot 3^1 = 12$
3. $\sqrt{\frac{16}{25}} = \sqrt{\frac{2^4}{5^2}} = \frac{2^2}{5} = \frac{4}{5}$

DEFINICIÓN

Si a es un número literal y $n \in N$, se define $\sqrt{a^{2n}}$ como $(\sqrt{a})^{2n} = a^n$. Si el exponente no es divisible por 2, el número no es cuadrado perfecto.

EJEMPLOS

1. $\sqrt{a^4} = a^2$
2. $\sqrt{x^2y^6} = xy^3$
3. $\sqrt{4x^2y^4} = \sqrt{2^2x^2y^4} = 2xy^2$

Los números 2, 3, 5, 7, 8, 10, etc., no son cuadrados perfectos. Esto significa que no existen números racionales cuyos cuadrados sean 2, 3, 5, etc.

DEFINICIÓN Las raíces cuadradas de los números que no son cuadrados perfectos, se llaman **números irracionales**.

Diferencia de cuadrados

El producto de los factores $(a + b)$ y $(a - b)$ es $a^2 - b^2$, es decir, la diferencia de dos términos cuadrados perfectos. Los factores de una diferencia de cuadrados son la suma y diferencia de las raíces cuadradas respectivas de dichos cuadrados.

EJEMPLO Factorizar $9a^2 - 4$.

SOLUCIÓN La raíz cuadrada de $9a^2$ es $3a$ y la de 4 es 2.

Por consiguiente, $9a^2 - 4 = (3a + 2)(3a - 2)$.

Nota Recuérdese factorizar el polinomio completamente.

EJEMPLO Factorizar completamente $x^4 - 81y^4$.

SOLUCIÓN

$$\begin{aligned} x^4 - 81y^4 &= (x^2 + 9y^2)(x^2 - 9y^2) \\ &= (x^2 + 9y^2)(x + 3y)(x - 3y) \end{aligned}$$

Nota Antes de verificar si el binomio es una diferencia de cuadrados, véase si hay algún factor común. Este es siempre el primer paso a efectuar.

EJEMPLO Factorizar completamente $6x^4 - 6$.

SOLUCIÓN

$$\begin{aligned} 6x^4 - 6 &= 6(x^4 - 1) \\ &= 6(x^2 + 1)(x^2 - 1) \\ &= 6(x^2 + 1)(x + 1)(x - 1) \end{aligned}$$

Nota $(a + b)(a - b) = (a - b)(a + b)$.

EJEMPLO Factorizar completamente $x^2 - 4(y-3)^2$.

SOLUCIÓN
$$x^2 - 4(y-3)^2 = [x + 2(y-3)][x - 2(y-3)]$$
$$= (x + 2y - 6)(x - 2y + 6)$$

EJEMPLO Factorizar completamente $(x-1)^3 + y^2(1-x)$.

SOLUCIÓN
$$(x-1)^3 + y^2(1-x) = (x-1)^3 - y^2(x-1)$$
$$= (x-1)[(x-1)^2 - y^2]$$
$$= (x-1)(x-1+y)(x-1-y)$$

EJEMPLO

Factorizar completamente $x^2 - \frac{9}{16}$.

SOLUCIÓN La raíz cuadrada de $\frac{9}{16}$ es $\frac{3}{4}$.

$$x^2 - \frac{9}{16} = \left(x + \frac{3}{4}\right)\left(x - \frac{3}{4}\right)$$

Ejercicios 6.2

Factorice completamente:

1. $x^2 - 1$ **2.** $x^2 - 9$ **3.** $x^2 - 16$ **4.** $x^2 - 36$
5. $x^2 - 49$ **6.** $x^2 - 64$ **7.** $x^2 - 100$ **8.** $x^2 - 144$
9. $x^2 + 25$ **10.** $x^2 + 81$ **11.** $4 - x^2$ **12.** $25 - x^2$
13. $81 - x^2$ **14.** $121 - x^2$ **15.** $9x^2 - 1$ **16.** $36x^2 - 1$
17. $64x^2 - 1$ **18.** $81x^2 - 1$ **19.** $4x^2 - 9$ **20.** $4x^2 - 49$
21. $4x^2 - 81$ **22.** $9x^2 - 16$ **23.** $9x^2 - 25$ **24.** $9x^2 - 100$
25. $16x^2 - 9$ **26.** $16x^2 - 49$ **27.** $16x^2 - 81$ **28.** $4 - 25x^2$
29. $4 - 49x^2$ **30.** $9 - 25x^2$ **31.** $49 - 121x^2$ **32.** $x^2 - 9y^2$
33. $4x^2 - y^2$ **34.** $9x^2 - 16y^2$ **35.** $9x^2 - 25y^2$ **36.** $x^4 - 81y^2$
37. $9x^2 - 4y^4$ **38.** $x^4 - 64$ **39.** $16x^4 - y^2$ **40.** $4a^4 - 9b^2c^2$
41. $a^6 - b^4$ **42.** $2x^2 - 18$ **43.** $8x^2 - 18$ **44.** $3x^2 - 12$
45. $4x^2 - 16$ **46.** $9x^2 - 81$ **47.** $6x^2 + 24$ **48.** $x^3 - x$
49. $x^2y - 4y$ **50.** $3ax^2 - 27a^3$ **51.** $8x^3 + 72xy^2$
52. $28b^2c^3 - 63b^4c$ **53.** $9x^2y^2 - y^4$ **54.** $16x^2 - x^4$
55. $6x^3 - 24x$ **56.** $20x^2y - 45y^3$ **57.** $12x^2y^2 - 75a^2$
58. $144x^2y^4 - 81a^4b^2$ **59.** $36a^8b^{12} - 9c^{10}$ **60.** $x^4 - 1$
61. $x^4 - 16$ **62.** $x^4 - 81$ **63.** $x^4 - y^4$
64. $16x^4 - y^4$ **65.** $81x^4 - y^4$ **66.** $16x^4 - 81y^4$
67. $2x^4 - 32y^8$ **68.** $80x^5 - 5x$ **69.** $3x^4 - 48y^4$
70. $x^7 - x^3$ **71.** $4x^6 - 64x^2$ **72.** $(x+1)^2 - y^2$

73. $(x + 3)^2 - 4y^2$ **74.** $(x - 2)^2 - 9y^2$ **75.** $(x - 1)^2 - 16y^2$
76. $x^2 - (y + 1)^2$ **77.** $4x^2 - (y + 3)^2$ **78.** $9x^2 - (y + 4)^2$
79. $16x^2 - (y + 5)^2$ **80.** $x^2 - (y - 1)^2$ **81.** $x^2 - (y - 2)^2$
82. $4x^2 - (3y - 1)^2$ **83.** $9x^2 - (2y - 1)^2$ **84.** $4x^2 - 9(y - 3)^2$
85. $x^4 - x^2(y + 1)^2$ **86.** $3x^2 - 27(y - 4)^2$ **87.** $2x^2 - 32(2y + 1)^2$
88. $8x^2 - 18(3y - 2)^2$ **89.** $x^2y^2 - y^2(y - 4)^2$
90. $(x - 2)^2 - (y + 1)^2$ **91.** $(x + 3)^2 - (2y + 1)^2$
92. $(x - 1)^2 - (y - 3)^2$ **93.** $(2x - 1)^2 - (y - 2)^2$
94. $(x - 3)^3 + y^2(3 - x)$ **95.** $(3x - 1)^3 + y^2(1 - 3x)$
98. $x^2 - \frac{1}{4}$ **99.** $x^2 - \frac{1}{9}$ **100.** $x^2 - \frac{4}{9}$ **101.** $x^2 - \frac{4}{25}$
102. $x^2 - \frac{4}{81}$ **103.** $x^2 - \frac{16}{49}$ **104.** $4x^2 - \frac{1}{16}$ **105.** $9x^2 - \frac{1}{25}$
106. $25x^2 - \frac{9}{16}$ **107.** $49x^2 - \frac{16}{25}$
108. $x^4 - \frac{1}{16}$ **109.** $x^4 - \frac{16}{81}$

6.3 Factorización de un trinomio

La factorización de trinomios se divide en dos casos:

1. El trinomio es de la forma $x^2 + bx + c$, c, $c \in I$, $b \neq 0$, $c \neq 0$.

2. El trinomio tiene la forma $ax^2 + bx + c$, $a \neq 1$, a, b, $c \in I$, $b \neq 0$, $c \neq 0$.

Trinomios de la forma $x^2 + bx + c$, b, $c \in I$ y $b \neq 0$, $c \neq 0$

Considérense los productos siguientes:

$$(x + m)(x + n) = x^2 + (m + n)x + mn$$
$$(x - m)(x - n) = x^2 + (-m - n)x + mn$$
$$(x + m)(x - n) = x^2 + (m - n)x - mn$$
$$(x - m)(x + n) = x^2 + (-m + n)x - mn$$

Se observan las siguientes relaciones entre los productos y sus factores:

1. El primer término de cada factor es la raíz cuadrada del término que aparece al cuadrado en el trinomio.

2. El producto de los segundos términos de los factores es el tercer término del trinomio.
3. La suma de los segundos términos, con sus respectivos signos, es el coeficiente del término central del trinomio.

Nota Para encontrar los segundos términos de los factores, se buscan dos números cuyo producto sea el tercer término del trinomio y cuya suma sea el coeficiente del término central del trinomio.

Nota Cuando el signo del tercer término del trinomio es positivo los dos números tienen signos iguales al signo del término central del trinomio.

Nota Cuando el signo del tercer término del trinomio es negativo, los dos números tienen signos opuestos y el de mayor valor absoluto tiene el signo del término central del trinomio.

EJEMPLO Factorizar $x^2 + 8x + 15$.

SOLUCIÓN El primer término de cada factor es $\sqrt{x^2} = x$.

Por consiguiente, $x^2 + 8x + 15 = (x \quad)(x \quad)$

Como el signo del último término $(+15)$ es positivo, los números que faltan en los factores deben tener el mismo signo.

Dado que el signo del término central $(+8x)$ es positivo, los dos números faltantes también deben serlo.

$$x^2 + 8x + 15 = (x + \quad)(x + \quad)$$

Buscamos dos números naturales cuyo producto sea 15 y cuya suma sea 8. Los números son 3 y 5.

Por lo tanto, $x^2 + 8x + 15 = (x + 3)(x + 5)$

EJEMPLO Factorizar $x^2 - 10x + 24$.

SOLUCIÓN El primer término de cada factor es $\sqrt{x^2} = x$.

Por consiguiente, $x^2 - 10x + 24 = (x \quad)(x \quad)$

Puesto que el signo del último término $(+24)$ es positivo, los números faltantes en los factores deben tener signos iguales.

Como el signo del término central ($-10x$) es negativo, los números que faltan deben ser negativos.

$$x^2 - 10x + 24 = (x - \quad)(x - \quad)$$

Buscamos dos números naturales cuyo producto sea 24 y cuya suma sea 10. Los números son 4 y 6.

Por lo tanto, $x^2 - 10x + 24 = (x - 4)(x - 6)$

EJEMPLO Factorizar $x^2 - 5x - 36$.

SOLUCIÓN $x^2 - 5x - 36 = (x \quad)(x \quad)$

Como el signo del último término (-36) es negativo, los dos números faltantes en los factores tienen signos opuestos.

$$x^2 - 5x - 36 = (x + \quad)(x - \quad)$$

Dado que el signo del término central ($-5x$) es negativo, el número de valor absoluto mayor debe tener signo negativo.

$$x^2 - 5x - 36 = (x + \text{número menor})(x - \text{número mayor})$$

Buscamos dos números naturales cuyo producto sea 36 y cuya diferencia sea 5. Los números son 4 y 9.

Entonces, $x^2 - 5x - 36 = (x + 4)(x - 9)$.

EJEMPLO Factorizar $x^2 + 3x - 28$.

SOLUCIÓN $x^2 + 3x - 28 = (x \quad)(x \quad)$.

Puesto que el signo del último término (-28) es negativo, los números faltantes en los factores tienen signos opuestos.

$$x^2 + 3x - 28 = (x + \quad)(x - \quad)$$

Como el signo del término central ($+3x$) es positivo, el número mayor en valor absoluto debe tener signo positivo.

$$x^2 + 3x - 28 = (x + \text{número mayor})(x - \text{número menor}).$$

Buscamos dos números naturales cuyo producto sea 28 y su diferencia sea 3. Los números son 4 y 7.

Por consiguiente, $x^2 + 3x - 28 = (x + 7)(x - 4)$

EJEMPLO Factorizar $y^4 - 6y^2 - 16$.

SOLUCIÓN El primer término de cada factor es $\sqrt{y^4} = y^2$.

Por lo tanto, $$y^4 - 6y^2 - 16 = (y^2 - 8)(y^2 + 2)$$

EJEMPLO Factorizar $y^4 - 13y^2 + 36$ completamente.

SOLUCIÓN
$$\begin{aligned} y^4 - 13y^2 + 36 &= (y^2 - 4)(y^2 - 9) \\ &= (y + 2)(y - 2)(y + 3)(y - 3) \end{aligned}$$

EJEMPLO Factorizar $3y^2 + 24yz - 60z^2$.

SOLUCIÓN
$$\begin{aligned} 3y^2 + 24yz - 60z^2 &= 3(y^2 + 8yz - 20z^2) \\ &= 3(y + 10z)(y - 2z) \end{aligned}$$

EJEMPLO Factorizar $x^2 - 18 - 7x$.

SOLUCIÓN Primeramente escribimos el trinomio en la forma $x^2 + bx + c$.
$$x^2 - 18 - 7x = x^2 - 7x - 18 = (x - 9)(x + 2)$$

EJEMPLO Factorizar $(x - y)^2 - 3(x - y) - 10$.

SOLUCIÓN $(x - y)^2 - 3\,(x - y) - 10$ es de la forma $a^2 - 3a - 10$, cuyos factores son $(a - 5)(a + 2)$.

Por consiguiente,
$$\begin{aligned} (x - y)^2 - 3(x - y) - 10 &= [(x - y) - 5][(x - y) + 2] \\ &= (x - y - 5)(x - y + 2) \end{aligned}$$

Nota Cuando el tercer término del trinomio es un número grande y sus factores no son inmediatos, se escribe el número como el producto de sus factores primos, luego se analizan productos de factores formados con combinaciones de los primos.

Nota No todo polinomio es factorizable en el conjunto de los enteros; por ejemplo:

$$x^2 + 2x + 2, \quad x^2 + 3x + 4, \quad x^2 - x - 8.$$

Nota $(x + a)(x + b) = (x + b)(x + a)$.

Ejercicios 6.3A

1. $x^2 + 3x + 2$ **2.** $x^2 + 7x + 6$ **3.** $x^2 + 4x + 4$
4. $x^2 + 8x + 12$ **5.** $x^2 + 7x + 12$ **6.** $x^2 + 9x + 18$
7. $x^2 + 9x + 20$ **8.** $x^2 + 10x + 24$ **9.** $x^2 + 11x + 30$
10. $x^2 + 15x + 56$ **11.** $x^2 - 2x + 1$ **12.** $x^2 - 6x + 5$
13. $x^2 - 5x + 6$ **14.** $x^2 - 7x + 10$ **15.** $x^2 - 8x + 15$
16. $x^2 - 13x + 30$ **17.** $x^2 - 9x + 20$ **18.** $x^2 - 12x + 32$
19. $x^2 - 12x + 35$ **20.** $x^2 - 13x + 42$ **21.** $x^2 + 2x - 3$
22. $x^2 + 7x - 8$ **23.** $x^2 + 6x - 16$ **24.** $x^2 + 13x - 30$
25. $x^2 + 4x - 21$ **26.** $x^2 + 12x - 45$ **27.** $x^2 + 5x - 36$
28. $x^2 + 7x - 44$ **29.** $x^2 + 2x - 35$ **30.** $x^2 + 2x - 48$
31. $x^2 - x - 2$ **32.** $x^2 - 5x - 6$ **33.** $x^2 - 2x - 8$
34. $x^2 - 6x - 16$ **35.** $x^2 - 3x - 18$ **36.** $x^2 - 13x - 48$
37. $x^2 - 2x - 24$ **38.** $x^2 - 7x - 44$ **39.** $x^2 - 3x - 40$
40. $x^2 - 4x - 60$ **41.** $x^2 - x - 3$ **42.** $x^2 - 5x - 4$
43. $x^2 + x + 4$ **44.** $x^2 + x + 6$ **45.** $x^2 + 6x + 8$
46. $x^2 + 10x + 21$ **47.** $x^2 + 11x + 24$ **48.** $x^2 + 8x + 16$
49. $x^2 - 8x + 12$ **50.** $x^2 - 7x + 12$ **51.** $x^2 - 15x + 36$
52. $x^2 - 13x + 36$ **53.** $x^2 + 4x - 12$ **54.** $x^2 + 6x - 27$
55. $x^2 + 10x - 39$ **56.** $x^2 + 4x - 32$ **57.** $x^2 - 8x - 20$
58. $x^2 - 4x - 21$ **59.** $x^2 - 9x - 36$ **60.** $x^2 - 3x - 28$
61. $x^2 - 3x + 8$ **62.** $x^2 - 7x - 6$ **63.** $x^2 + 60 + 17x$
64. $x^2 + 18 + 11x$ **65.** $x^2 + 30 + 13x$ **66.** $x^2 + 28 + 11x$
67. $x^2 + 40 - 13x$ **68.** $x^2 + 18 - 11x$ **69.** $x^2 + 32 - 18x$
70. $x^2 + 48 - 19x$ **71.** $x^2 - 60 + 7x$ **72.** $x^2 - 80 + 2x$
73. $x^2 - 18 + 7x$ **74.** $x^2 - 24 + 5x$ **75.** $x^2 - 35 - 2x$
76. $x^2 - 42 - x$ **77.** $x^2 - 18 - 7x$ **78.** $x^2 - 36 - 16x$
79. $x^2 + 13x + 42$ **80.** $x^2 + 16x + 63$ **81.** $x^2 - 11x + 30$
82. $x^2 - 15x + 56$ **83.** $x^2 + 6x - 40$ **84.** $x^2 + x - 30$
85. $x^2 - 5x - 24$ **86.** $x^2 - 6x - 72$ **87.** $x^2 + 12xy + 27y^2$
88. $x^2 + 12xy + 32y^2$ **89.** $x^2 + 14xy + 48y^2$
90. $x^2 + 12xy + 20y^2$ **91.** $x^2 - 9xy + 14y^2$
92. $x^2 - 6xy + 9y^2$ **93.** $x^2 - 11xy + 28y^2$
94. $x^2 - 19xy + 84y^2$ **95.** $x^2 + 9xy - 36y^2$
96. $x^2 + 5xy - 50y^2$ **97.** $x^2 + xy - 56y^2$
98. $x^2 + 4xy - 60y^2$ **99.** $x^2 - 7xy - 30y^2$
100. $x^2 - xy - 30y^2$ **101.** $x^2 - 2xy - 63y^2$
102. $x^2 - 10xy - 24y^2$ **103.** $4x^2 + 24x + 36$
104. $6x^2 + 30x + 24$ **105.** $2x^2 - 18x + 16$
106. $3x^2 - 24x + 21$ **107.** $5x^2 + 5x - 10$
108. $7x^2 + 7x - 42$ **109.** $9x^2 - 36x - 45$
110. $8x^2 - 24x - 32$ **111.** $ax^2 + 5ax + 6a$
112. $bx^2 + 14bx + 45b$ **113.** $x^3 - 12x^2 + 20x$
114. $x^2y - 4xy + 4y$ **115.** $x^4 + 2x^3 - 8x^2$
116. $x^2y^2 - 2xy^2 - 15y^2$ **117.** $3x^3 - 3x^2 - 18x$

118. $2x^2y - 8xy - 24y$ **119.** $x^2y^2 + 16xy + 60$
120. $x^2y^2 + 18xy + 32$ **121.** $x^2y^2 - 12xy + 36$
122. $x^2y^2 - 14xy + 24$ **123.** $x^2y^2 + 3xy - 54$
124. $x^2y^2 + 4xy - 45$ **125.** $x^2y^2 - 11xy - 42$
126. $x^2y^2 - 5xy - 14$ **127.** $x^4 + 5x^2 + 6$
128. $x^4 + 7x^2 + 12$ **129.** $x^4 - 3x^2 - 10$ **130.** $x^4 + 3x^2 - 18$
131. $x^4 + 3x^2 - 4$ **132.** $x^4 + 7x^2 - 8$ **133.** $x^4 + x^2 - 20$
134. $x^4 - 3x^2 - 4$ **135.** $x^4 - 4x^2 + 3$ **136.** $x^4 - 7x^2 + 6$
137. $x^4 - 6x^2 + 8$ **138.** $x^4 - 7x^2 + 12$ **139.** $x^4 - 5x^2 + 4$
140. $x^4 - 10x^2 + 9$ **141.** $x^4 - 37x^2 + 36$ **142.** $x^4 - 50x^2 + 49$
143. $x^4 - 20x^2 + 64$ **144.** $x^4 - 40x^2 + 144$ **145.** $x^4 - 2x^2 + 1$
146. $x^4 - 8x^2 + 16$ **147.** $x^4 - 18x^2 + 81$ **148.** $x^4 - 32x^2 + 256$
149. $(x + y)^2 + 3(x + y) + 2$ **150.** $(x + y)^2 + 4(x + y) + 3$
151. $(x + 3y)^2 - 9(x + 3y) + 18$ **152.** $(x - 2y)^2 - 12(x - 2y) + 32$
153. $(x + y)^2 + (x + y) - 2$ **154.** $(x - y)^2 + (x - y) - 12$
155. $(x + 2y)^2 + (x + 2y) - 6$ **156.** $(2x + y)^2 + 6(2x + y) - 16$
157. $(2x - y)^2 - (2x - y) - 20$ **158.** $(x - 3y)^2 - 7(x - 3y) - 18$
159. $(3x - y)^2 - 4(3x - y) - 32$ **160.** $(2x - 3y)^2 - 9(2x - 3y) - 36$

Trinomios de la forma $ax^2 + bx + c$, $a \neq 1$, $a, b, c \in I$, $b \neq 0$, $c \neq 0$.

Considérese el producto

$$(2x + 4)(x + 3) = 2x^2 + 10x + 12$$

El primer factor a la izquierda contiene el factor común 2:

$$2x + 4 = 2(x + 2)$$

También el producto desarrollado contiene el factor común 2:

$$2x^2 + 10x + 12 = 2(x^2 + 5x + 6)$$

En general, si un factor de un producto contiene un factor común entonces el producto desarrollado también contendrá ese factor común.

Por otro lado, si ningún factor de un producto, por ejemplo $(x + 5)(3x - 2)$, contiene un factor común, entonces el producto desarrollado, en este caso $3x^2 + 13x - 10$, no tendrá factor común. Recíprocamente, si los términos de un producto no poseen un factor común, entonces tampoco lo tendrán ninguno de sus factores.

Para aprender a factorizar un trinomio de la forma $ax^2 + bx + c$, veamos primeramente cómo se multiplican dos factores para obtener un producto de esta forma.

Se multiplica $(2x + 3)(4x - 5)$ como sigue:

$$\begin{array}{r} 2x + 3 \\ \underline{4x - 5 } \\ 8x^2 + 12x \\ \underline{- 10x - 15} \\ 8x^2 + 2x - 15 \end{array}$$

Examinemos nuevamente esta multiplicación, como se muestra en la Figura 6.1.

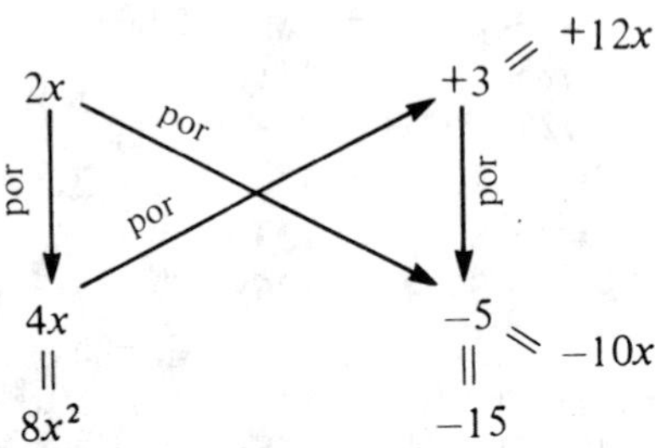

$$\begin{array}{ccc} 8x^2 & \begin{array}{c} +12x \\ -10x \end{array} & -15 \\ \hline 8x^2 & +\ 2x & -15 \end{array}$$

FIGURA 6.1

Las flechas cruzadas (⨯) se denominarán **tijeras**.

A la izquierda de las tijeras, $2x$, $4x$ (⨯) son factores de $8x^2$, que es el primer término del trinomio.

A la derecha de las tijeras, (⨯) $+3$, -5 son factores de -15, que es el tercer término del trinomio.

La suma de los productos en dirección de las flechas,

$2x \times -5 = -10x$ $\qquad$ $4x \times +3 = +12x,$ $\qquad$ $\begin{array}{r} -10x \\ +12x \\ \hline +\ 2x \end{array}$

es el término central del trinomio.

El siguiente ejemplo ilustra cómo emplear las tijeras en la factorización de un trinomio $ax^2 + bx + c$, $a \neq 1$, a, b, $c \in I$.

EJEMPLO Factorizar $6x^2 - 5x - 6$.

SOLUCIÓN Se encuentran todas las parejas de factores posibles cuyo producto sea el primer término del trinomio; cada factor debe contener la raíz cuadrada del número literal. Se escriben estos factores del lado izquierdo de las tijeras.

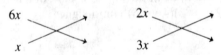

Se determinan todas las parejas de factores posibles cuyo producto sea el tercer término del trinomio, sin tener en cuenta los signos, y se anotan del lado derecho de las tijeras.

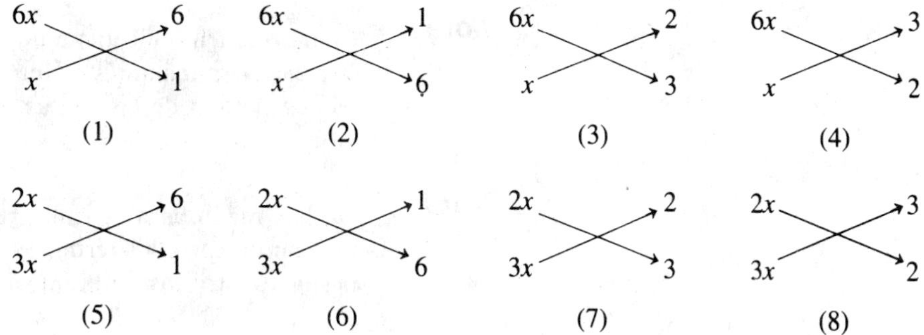

Se escriben todos los arreglos posibles con los factores del primero y tercer términos. Las ocho tijeras mostradas ofrecen todos los arreglos posibles de los factores del primero y tercer término del trinomio.

Los términos de la parte superior de las tijeras forman el primer factor del producto, y los de la parte inferior, forman el segundo.

Puesto que no existe ningún factor común en el trinomio, no debe haber factor común entre los términos de la parte superior de las tijeras y los de la parte inferior. Si existe factor común entre los términos de la parte superior o entre los de la inferior, el arreglo no puede estar correcto. Los arreglos (1), (3), (4), (5), (6) y (7) tienen factores comunes y, por tanto, se eliminan.

Los candidatos se limitan ahora a los dos arreglos y

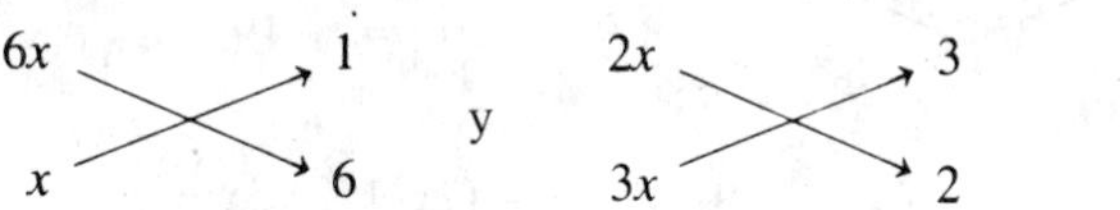

El término central del trinomio, el cual es igual a la suma de los productos en la dirección de las flechas, indicará cuál arreglo es el correcto.

Dado que el primer arreglo da x y $36x$ para formar el término central, de lo cual no puede obtenerse $-5x$ como suma, dicho arreglo no es el correcto. El segundo arreglo da $9x$ y $4x$ para formar el término central, y tomando $9x$ con signo negativo y $4x$ con signo positivo, se obtiene $-9x + 4x = -5x$.

Por consiguiente, el arreglo correcto es

Los factores del primer término del trinomio se toman siempre positivos. De esta manera, para llegar a obtener $-9x$, el 3 a la derecha de las tijeras hay que tomarlo con signo negativo, mientras que el 2 se debe tomar con signo positivo para obtener $+4x$. El arreglo completo es

$2x$ $\quad -3$

$3x$ $\quad +2$

Por lo tanto, $6x^2 - 5x - 6 = (2x - 3)(3x + 2)$.

Nota Cuando el trinomio tiene un factor común, éste se determina antes de intentar factorizar con el método de las tijeras.

Nota No hay razón para escribir arreglos con factor común entre los términos de la parte superior o entre los de la inferior.

Nota Cuando el coeficiente del primero o tercer término del trinomio, es un número grande, se escribe el número como el producto de sus factores primos, y se analizan productos de factores formados con combinaciones de los primos.

EJEMPLO Factorizar $6x^2 + 19x + 15$.

SOLUCIÓN

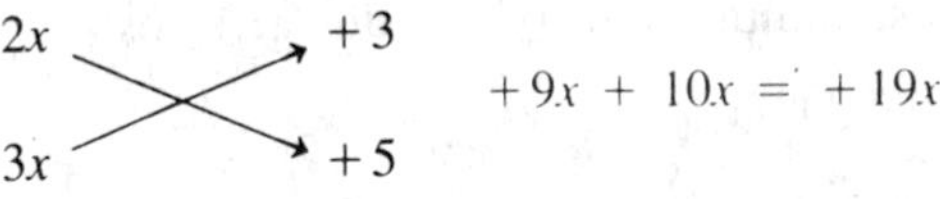

$+9x + 10x = +19x$

Por lo tanto, $6x^2 + 19x + 15 = (2x + 3)(3x + 5)$

EJEMPLO Factorizar $12x^2 - 45x + 42$.

SOLUCIÓN $12x^2 - 45x + 42 = 3(4x^2 - 15x + 14)$

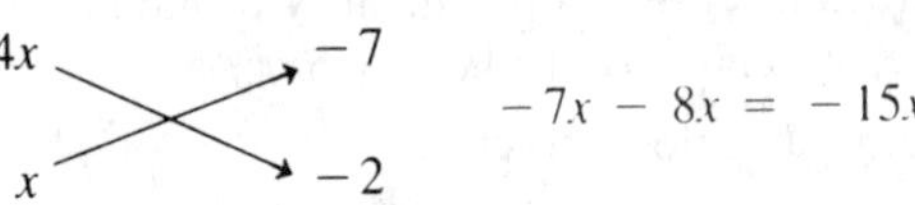

$-7x - 8x = -15x$

Por consiguiente, $12x^2 - 45x + 42 = 3(4x - 7)(x - 2)$

EJEMPLO Factorizar $12x^2 - x - 20$.

SOLUCIÓN

$$\begin{array}{ccc} 4x & \searrow\nearrow & +5 \\ 3x & \nearrow\searrow & -4 \end{array}$$

$+15x - 16x = -x$

Por lo tanto, $12x^2 - x - 20 = (4x + 5)(3x - 4)$

EJEMPLO Factorizar $36 - 37x - 48x^2$.

SOLUCIÓN

$$\begin{matrix} 4 & \searrow\nearrow & +3x \\ 9 & \nearrow\searrow & -16x \end{matrix} \qquad +27x - 64x = -37x$$

Por consiguiente, $36 - 37x - 48x^2 = (4 + 3x)(9 - 16x)$

EJEMPLO Factorizar $36x^4 - 241x^2 + 100$.

SOLUCIÓN

$$\begin{matrix} 4x^2 & \searrow\nearrow & -25 \\ 9x^2 & \nearrow\searrow & -4 \end{matrix} \qquad -16x^2 - 225x^2 = -241x^2$$

Por lo tanto,

$$\begin{aligned} 36x^4 - 241x^2 + 100 &= (4x^2 - 25)(9x^2 - 4) \\ &= (2x + 5)(2x - 5)(3x + 2)(3x - 2) \end{aligned}$$

EJEMPLO Factorizar $2(x - y)^2 - 5(x - y) - 12$.

SOLUCIÓN $2(x - y)^2 - 5(x - y) - 12$ es de la forma $2a^2 - 5a - 12$, cuyos factores son $(2a + 3)(a - 4)$.

Por consiguiente,

$$\begin{aligned} 2(x - y)^2 - 5(x - y) - 12 &= [2(x - y) + 3][(x - y) - 4] \\ &= (2x - 2y + 3)(x - y - 4) \end{aligned}$$

Nota

> No todo trinomio es factorizable en el conjunto de los enteros; por ejemplo:
>
> $3x^2 - 4x - 6,\ 4x^2 - 8x - 3,\ 6x^2 + 5x + 2.$

Ejercicios 6.3B

Factorice completamente:

1. $2x^2 + 3x + 1$	**2.** $2x^2 + 9x + 4$	**3.** $3x^2 + 7x + 2$
4. $4x^2 + 13x + 3$	**5.** $2x^2 + 7x + 6$	**6.** $2x^2 + 13x + 15$
7. $3x^2 + 14x + 8$	**8.** $4x^2 + 11x + 6$	**9.** $4x^2 + 4x + 1$
10. $6x^2 + 7x + 2$	**11.** $2x^2 - 5x + 2$	**12.** $2x^2 - 11x + 5$
13. $3x^2 - 4x + 1$	**14.** $4x^2 - 9x + 2$	**15.** $2x^2 - 9x + 9$
16. $3x^2 - 5x + 2$	**17.** $3x^2 - 11x + 6$	**18.** $4x^2 - 7x + 3$
19. $4x^2 - 8x + 3$	**20.** $6x^2 - 11x + 4$	**21.** $2x^2 + 5x - 3$
22. $2x^2 + 11x - 6$	**23.** $2x^2 + 15x - 8$	**24.** $3x^2 + 11x - 4$
25. $2x^2 + x - 6$	**26.** $2x^2 + 5x - 12$	**27.** $3x^2 + 7x - 6$
28. $3x^2 + 16x - 12$	**29.** $4x^2 + 9x - 9$	**30.** $4x^2 + 21x - 18$
31. $2x^2 - 3x - 2$	**32.** $2x^2 - 7x - 4$	**33.** $2x^2 - 13x - 7$

34. $3x^2 - 8x - 3$
35. $3x^2 - 17x - 6$
36. $4x^2 - 15x - 4$
37. $2x^2 - 9x - 18$
38. $3x^2 - 4x - 4$
39. $3x^2 - 13x - 10$
40. $4x^2 - 5x - 6$
41. $2x^2 - 3x + 5$
42. $3x^2 + 4x + 7$
43. $3x^2 + 7x - 4$
44. $6x^2 - 3x - 4$
45. $2x^2 + 11x + 12$
46. $2x^2 + 15x + 18$
47. $2x^2 - 13x + 15$
48. $3x^2 - 14x + 8$
49. $2x^2 + x - 3$
50. $6x^2 + x - 2$
51. $4x^2 - 17x - 15$
52. $4x^2 - 16x - 9$
53. $3x^2 + 12 + 20x$
54. $4x^2 + 12 + 19x$
55. $4x^2 + 6 - 11x$
56. $4x^2 + 12 - 19x$
57. $6x^2 - 3 + 7x$
58. $6x^2 - 6 + 5x$
59. $6x^2 - 4 - 5x$
60. $8x^2 - 3 - 2x$
61. $4x^2 + 27x + 18$
62. $6x^2 + 11x + 3$
63. $4x^2 - 20x + 9$
64. $6x^2 - 7x + 2$
65. $6x^2 + 23x - 18$
66. $9x^2 + 9x - 4$
67. $6x^2 - 7x - 3$
68. $8x^2 - 10x - 3$
69. $4x^2 + 8x + 5$
70. $6x^2 + 11x - 4$
71. $9x^2 - 6x + 8$
72. $12x^2 - 17x - 6$
73. $6x^2 + 17x + 12$
74. $6x^2 + 31x + 18$
75. $6x^2 - 13x + 6$
76. $6x^2 - 35x + 36$
77. $6x^2 + 19x - 36$
78. $12x^2 + 5x - 2$
79. $6x^2 - 7x - 20$
80. $12x^2 - 5x - 2$
81. $6x^2y^2 + 23xy + 20$
82. $12x^2y^2 + 25xy + 12$
83. $12x^2y^2 - 11xy + 2$
84. $12x^2y^2 - 17xy + 6$
85. $12x^2y^2 + xy - 6$
86. $12x^2y^2 + 19xy - 18$
87. $12x^2y^2 - 7xy - 12$
88. $12x^2y^2 - 23xy - 24$
89. $4x^2 + 8xy + 3y^2$
90. $6x^2 + 11xy + 4y^2$
91. $6x^2 + 13xy + 6y^2$
92. $9x^2 + 12xy + 4y^2$
93. $6x^2 - 11xy + 3y^2$
94. $6x^2 - 17xy + 12y^2$
95. $12x^2 - 25xy + 12y^2$
96. $6x^2 - 23xy + 21y^2$
97. $6x^2 + 5xy - 4y^2$
98. $6x^2 + xy - 12y^2$
99. $9x^2 + 6xy - 8y^2$
100. $6x^2 + 7xy - 20y^2$
101. $3x^2 - 7xy - 6y^2$
102. $3x^2 - 16xy - 12y^2$
103. $4x^2 - 8xy - 5y^2$
104. $6x^2 - 5xy - 6y^2$
105. $9x^2 + 39x + 12$
106. $8x^2 + 18x + 4$
107. $10x^2 - 45x + 20$
108. $16x^2 - 20x + 4$
109. $6x^2 + 27x - 15$
110. $28x^2 + 21x - 7$
111. $2x^3 - 5x^2 - 3x$
112. $3x^3 - 5x^2 - 2x$
113. $2x^2y + 5xy + 3y$
114. $4x^2y + 7xy + 3y$
115. $2x^4 - 7x^3 + 6x^2$
116. $3x^4 - 8x^3 + 4x^2$
117. $2x^2y^2 + 3xy^2 - 9y^2$
118. $4x^2y^2 + 13xy^2 - 12y^2$
119. $4x^3 - 2x^2 - 12x$
120. $36x^3 - 36x^2 - 16x$
121. $4 - 4x - 3x^2$
122. $6 - 5x - 4x^2$
123. $3 - 2x - 8x^2$
124. $4 - 15x - 4x^2$
125. $15 - 7x - 2x^2$
126. $21 - 5x - 6x^2$
127. $2 + x - 3x^2$
128. $3 + x - 4x^2$
129. $4 + 11x - 3x^2$
130. $12 + 5x - 2x^2$
131. $12 + x - 6x^2$
132. $18 + 23x - 6x^2$
133. $2x^4 + 7x^2 + 3$
134. $6x^4 + 7x^2 + 2$
135. $6x^4 + 23x^2 - 4$
136. $5x^4 + 8x^2 - 4$
137. $4x^4 - 11x^2 + 6$
138. $9x^4 - 29x^2 + 6$
139. $4x^4 + 15x^2 - 4$
140. $9x^4 + 14x^2 - 8$
141. $2x^4 - x^2 - 1$
142. $2x^4 - 5x^2 - 12$
143. $8x^4 - 6x^2 - 27$
144. $8x^4 - 29x^2 - 12$
145. $18x^4 - 29x^2 + 3$
146. $27x^4 - 30x^2 + 8$
147. $36x^4 - 13x^2 + 1$
148. $4x^4 - 13x^2 + 9$
149. $4x^4 - 45x^2 + 81$
150. $36x^4 - 85x^2 + 9$
151. $9x^4 - 13x^2 + 4$
152. $25x^4 - 104x^2 + 16$
153. $16x^4 - 8x^2 + 1$
154. $16x^4 - 72x^2 + 81$
155. $81x^4 - 18x^2 + 1$
156. $256x^4 - 288x^2 + 81$
157. $3(x + y)^2 + 10(x + y) + 3$
158. $4(x - y)^2 + 9(x - y) + 2$

159. $6(2x - y)^2 - 25(2x - y) + 4$
160. $8(x - 2y)^2 - 14(x - 2y) + 3$
161. $2(x + y)^2 - 3(x + y) + 1$
162. $6(x + 2y)^2 - 11(x + 2y) + 4$
163. $3(x - y)^2 + (x - y) - 2$
164. $6(2x + y)^2 + (2x + y) - 12$
165. $36(x - y)^2 + 5(x - y) - 24$
166. $4(x - y)^2 - 11(x - y) - 3$
167. $6(x - 2y)^2 - 11(x - 2y) - 2$
168. $6(2x - y)^2 - 5(2x - y) - 6$
169. $12(x - 3y)^2 - 5(x - 3y) - 3$
170. $12(3x + y)^2 - 7(3x + y) - 12$

Repaso del Capítulo 6

Factorice completamente:

1. $24x + 18$
2. $2x^2 + 10x$
3. $6x^3 - 3x^2$
4. $9x^2y - 3xy$
5. $28xy^2 + 21x^2y$
6. $ax^2 + 4a^3$
7. $16ax - 40a^2$
8. $18x^2y^2 - 27xy^2$
9. $x^2 - 4$
10. $x^2 - 25$
11. $x^2 - 81$
12. $x^2 - 121$
13. $1 - x^2$
14. $9 - x^2$
15. $16 - x^2$
16. $36 - x^2$
17. $49 - x^2$
18. $64 - x^2$
19. $100 - x^2$
20. $144 - x^2$
21. $4x^2 - 25$
22. $4x^2 - 121$
23. $9x^2 - 49$
24. $16x^2 - 25$
25. $4 - 9x^2$
26. $4 - 81x^2$
27. $9 - 16x^2$
28. $16 - 81x^2$
29. $4x^2 - 25y^2$
30. $x^4 - 4y^2$
31. $x^2 - 9y^4$
32. $x^6 - 16y^2$
33. $x^4 - 25y^6$
34. $2x^2 - 32$
35. $12x^2 - 27$
36. $4x^2 - 36$
37. $9x^2 - 144$
38. $x^4 - x^2$
39. $4x^2y - y$
40. $x^2 + 15x + 54$
41. $x^2 + 16x + 64$
42. $x^2 + 17x + 72$
43. $x^2 + 16x + 48$
44. $x^2 + 14x + 24$
45. $x^2 + 14x + 40$
46. $x^2 - 13x + 22$
47. $x^2 - 11x + 24$
48. $x^2 - 15x + 50$
49. $x^2 - 14x + 48$
50. $x^2 - 16x + 39$
51. $x^2 - 16x + 63$
52. $x^2 + 8x - 9$
53. $x^2 + x - 20$
54. $x^2 + 6x - 55$
55. $x^2 + x - 72$
56. $x^2 + 3x - 40$
57. $x^2 + 5x - 84$
58. $x^2 - 32 - 4x$
59. $x^2 - 56 - x$
60. $x^2 - 30 - 13x$
61. $x^2 - 27 - 6x$
62. $x^2 - 60 - 7x$
63. $x^2 - 15 - 2x$
64. $x^2 + 18xy + 72y^2$
65. $x^2 + 17xy + 30y^2$
66. $x^2 - 16xy + 60y^2$
67. $x^2 - 6xy + 8y^2$
68. $x^2 + 10xy - 24y^2$
69. $x^2 + 16xy - 36y^2$
70. $x^2 - 11xy - 42y^2$
71. $x^2 - 6xy - 40y^2$
72. $x^2y^2 + 18xy + 81$
73. $x^2y^2 + 19xy + 48$
74. $x^2y^2 - 9xy + 18$
75. $x^2y^2 - 16xy + 48$
76. $x^2y^2 + 3xy - 18$
77. $x^2y^2 + 7xy - 30$
78. $x^2y^2 - 2xy - 48$
79. $x^2y^2 - 14xy - 32$
80. $6x^2 + 24x + 18$
81. $4x^2 + 20x + 24$
82. $3x^2 - 24x + 21$
83. $7x^2 - 35x + 28$
84. $5x^2 + 15x - 20$
85. $2x^2 + 16x - 40$
86. $8x^2 - 8x - 96$
87. $3x^2 - 9x - 30$
88. $x^3 + 16x^2 + 28x$
89. $x^3 + 18x^2 + 45x$
90. $x^2y - 17xy + 30y$
91. $x^2y - 18xy + 72y$

92. $x^4 + 6x^3 - 72x^2$
93. $x^4 + 8x^3 - 48x^2$
94. $x^5 - 2x^4 - 80x^3$
95. $x^5 - 12x^4 - 45x^3$
96. $2x^2 + 5x + 2$
97. $4x^2 + 25x + 6$
98. $3x^2 + 17x + 10$
99. $8x^2 + 14x + 3$
100. $6x^2 + 35x + 36$
101. $12x^2 + 35x + 18$
102. $2x^2 - 15x + 18$
103. $3x^2 - 20x + 12$
104. $4x^2 - 15x + 9$
105. $4x^2 - 16x + 15$
106. $9x^2 - 15x + 4$
107. $12x^2 - 41x + 24$
108. $4x^2 + 23x - 6$
109. $2x^2 + 9x - 18$
110. $3x^2 + 10x - 8$
111. $4x^2 + 16x - 9$
112. $12x^2 + x - 1$
113. $8x^2 + 2x - 21$
114. $4x^2 - 7x - 2$
115. $2x^2 - 3x - 9$
116. $6x^2 - x - 2$
117. $9x^2 - 6x - 8$
118. $6x^2 - 19x - 36$
119. $12x^2 - 19x - 18$
120. $3x^2y^2 + 11xy + 6$
121. $6x^2y^2 + 23xy + 21$
122. $4x^2y^2 - 27xy + 18$
123. $6x^2y^2 - 23xy + 20$
124. $4x^2y^2 + 4xy - 3$
125. $12x^2y^2 + 7xy - 12$
126. $4x^2y^2 - 9xy - 9$
127. $4x^2y^2 - 21xy - 18$
128. $9x^2 + 18xy + 8y^2$
129. $12x^2 + 17xy + 6y^2$
130. $6x^2 - 31xy + 18y^2$
131. $8x^2 - 26xy + 21y^2$
132. $4x^2 + 4xy - 15y^2$
133. $12x^2 + 23xy - 24y^2$
134. $4x^2 - 13xy - 12y^2$
135. $12x^2 - xy - 6y^2$
136. $24x^2 + 32x + 8$
137. $18x^2 + 30x + 12$
138. $8x^2 - 28x + 12$
139. $4x^2 - 22x + 24$
140. $12x^2 + 21x - 6$
141. $15x^2 + 5x - 10$
142. $54x^2 - 9x - 9$
143. $56x^2 - 14x - 7$
144. $8x^3 + 10x^2 + 3x$
145. $9x^3 + 6x^2 + x$
146. $3x^2y - 13xy + 4y$
147. $4x^2y - 12xy + 5y$
148. $3x^4 + 5x^3 - 2x^2$
149. $8x^4 + 10x^3 - 3x^2$
150. $6x^3 - 3x^2 - 9x$
151. $48x^3 - 4x^2 - 4x$
152. $4 - 7x - 2x^2$
153. $5 - 19x - 4x^2$
154. $3 - x - 4x^2$
155. $10 - 13x - 3x^2$
156. $15 - 17x - 4x^2$
157. $5 - 8x - 4x^2$
158. $6 + 11x - 2x^2$
159. $8 + 15x - 2x^2$
160. $5 + 14x - 3x^2$
161. $8 + 10x - 3x^2$
162. $3 + 4x - 4x^2$
163. $15 + 4x - 4x^2$
164. $12 + 2x - 24x^2$
165. $3(x + 2) - x(x + 2)$
166. $4(x - 1) - x(x - 1)$
167. $2(x + 1)^2 + 6(x + 1)$
168. $3(x + 3)^2 + 12(x + 3)$
169. $x(x - 2) - 2(x - 2)^2$
170. $x(3x - 1) - 4(3x - 1)^2$
171. $(x - 2)^2 + 3(2 - x)$
172. $(x - 1)^2 + 4(1 - x)$
173. $(2x - 1)^2 - 3(1 - 2x)$
174. $(3x - 2)^2 - 2(2 - 3x)$
175. $x^4 - 16y^4$
176. $625x^4 - 1$
177. $81x^4 - 16y^4$
178. $4x^4 - 64$
179. $48x^4 - 243y^4$
180. $5x^5 - 405x$
181. $x^4 + 15x^2 - 16$
182. $x^4 + 3x^2 - 28$
183. $x^4 - 7x^2 - 18$
184. $x^4 - 4x^2 - 45$
185. $x^4 - 17x^2 + 16$
186. $x^4 - 26x^2 + 25$
187. $x^4 - 65x^2 + 64$
188. $x^4 - 82x^2 + 81$
189. $x^4 - 29x^2 + 100$
190. $4x^4 - 7x^2 + 3$
191. $3x^4 - 26x^2 - 9$
192. $8x^4 - 6x^2 + 1$
193. $12x^4 - 35x^2 + 18$
194. $4x^4 - 13x^2 - 75$
195. $4x^4 - 37x^2 + 9$
196. $4x^4 - 25x^2 + 36$
197. $9x^4 - 148x^2 + 64$
198. $(x + 3)^2 - y^2$
199. $(x - 2)^2 - 9y^2$
200. $x^2 - (2y + 1)^2$
201. $x^2 - (3y + 2)^2$

202. $x^2 - (y - 3)^2$ **203.** $x^2 - (y - 2)^2$ **204.** $9x^2 - 4(y - 1)^2$

205. $(x + y)^2 + 2(x + y) - 15$ **206.** $(x - y)^2 + 3(x - y) - 28$

207. $(2x + y)^2 - 3(2x + y) - 18$ **208.** $(3x - y)^2 - 5(3x - y) - 24$

209. $3(x + y)^2 - 5(x + y) - 2$ **210.** $2(x - y)^2 - 9(x - y) - 18$

211. $4(2x + y)^2 - 8(2x + y) + 3$ **212.** $6(x + 2y)^2 + 13(x + 2y) - 5$

213. $12(x - 2y)^2 - 5(x - 2y) - 3$ **214.** $6(2x - y)^2 - 17(2x - y) + 12$

CAPÍTULO 7

Fracciones algebraicas

Las fracciones algebraicas son semejantes a las aritméticas en cuanto que ambas indican una operación de división. El número específico $\frac{3}{4}$ significa $3 \div 4$; en números literales, $\frac{a}{b}$ significa $a \div b$. Cuando un número específico se divide entre uno literal, por ejemplo $\frac{2}{b}$, o uno literal se divide entre otro igual, por ejemplo $\frac{a}{b}$, el resultadc es una **fracción algebraica**.

La notación $\frac{a+b}{c}$ significa $(a+b) \div c$

y $\frac{a+b}{c+d}$ quiere decir $(a+b) \div (c+d)$.

En la fracción $\frac{a}{b}$, el número a se llama **numerador** y el b **denominador** de la fracción.

Nota A los números literales que aparezcan en los denominadores de fracciones algebraicas, no se les puede asignar valores específicos que hagan que el denominador sea igual a cero, ya que la división por cero no está definida.

7.1 Simplificación de fracciones algebraicas

De las propiedades de fracciones estudiadas en el Capítulo 2, se tiene que $\frac{a}{b} = \frac{ac}{bc}$.

Las fracciones algebraicas $\frac{a}{b}$ y $\frac{ac}{bc}$ se llaman **equivalentes**. Dos fracciones algebraicas son equivalentes, si tienen el mismo valor cuando se asignan valores específicos a sus números literales.

Una fracción está expresada en **términos mínimos**, o **reducida**, cuando el numerador y el denominador no poseen factor común.

Para reducir o simplificar la fracción algebraica $\frac{ac}{bc}$ a sus términos mínimos, dividimos tanto el numerador como el denominador por su factor común c, para obtener $\frac{a}{b}$.

Nota Los números a y c en la expresión $\frac{ac}{bc}$ son factores del numerador, no términos como en $a + c$. También los números b y c son factores del denominador, no términos.

La fracción $\frac{a + c}{b + c}$ no se puede reducir a ninguna forma más simple; no es igual a $\frac{a}{b}$ ni a $\frac{a + 1}{b + 1}$. Análogamente,

$$\frac{5a + b}{6a} \neq \frac{5 + b}{6} \qquad \text{pero} \qquad \frac{5a + b}{6a} = \frac{5a}{6a} + \frac{b}{6a} = \frac{5}{6} + \frac{b}{6a}$$

Para encontrar el **máximo factor común**, M.F.C., de un conjunto de polinomios, se factorizan los polinomios completamente y se toman todos los factores comunes, cada uno con el mínimo exponente con que aparece en los polinomios dados.

Para reducir a sus términos mínimos una fracción cuyo numerador y denominador son monomios, se dividen tanto el numerador como el denominador entre su máximo factor común.

EJEMPLO

Reducir $\frac{36a^3b^2c}{54abc^3}$ a sus términos mínimos.

SOLUCIÓN El máximo factor común de los monomios $36a^3b^2c$ y $54abc^3$ es $18abc$. Dividiendo numerador y denominador entre $18abc$, se obtiene

$$\frac{36a^3b^2c}{54abc^3} = \frac{2a^2b}{3c^2}$$

EJEMPLO Reducir a su mínima expresión

$$\frac{36x^3y^6(x - 2)}{20xy^2(x - 2)^4}.$$

SOLUCIÓN El máximo factor común es $4xy^2(x - 2)$.

Al dividir el numerador y denominador entre $4xy^2(x - 2)$, obtenemos

$$\frac{36x^3y^6(x - 2)}{20xy^2(x - 2)^4} = \frac{9x^2y^4}{5(x - 2)^3}$$

Para reducir a sus términos mínimos una fracción cuyo numerador o denominador o ambos son polinomios, se factorizan completamente, se determina su máximo factor común y luego se dividen por este.

EJEMPLO

Reducir $\frac{30x^2y^3 - 18xy^2}{12x^2y^2}$ a sus términos mínimos.

SOLUCIÓN

$$\frac{30x^2y^3 - 18xy^2}{12x^2y^2} = \frac{6xy^2(5xy - 3)}{12x^2y^2}$$

Dividiendo numerador y denominador por $6xy^2$, se obtiene

$$\frac{30x^2y^3 - 18xy^2}{12x^2y^2} = \frac{6xy^2(5xy - 3)}{12x^2y^2} = \frac{5xy - 3}{2x}$$

EJEMPLO

Reducir $\dfrac{24x^3y}{36x^3y^2 + 48x^4y}$ a su mínima expresión.

SOLUCIÓN

$$\frac{24x^3y}{36x^3y^2 + 48x^4y} = \frac{24x^3y}{12x^3y(3y + 4x)}$$

Se dividen numerador y denominador entre $12x^3y$ para obtener

$$\frac{24x^3y}{36x^3y^2 + 48x^4y} = \frac{24x^3y}{12x^3y(3y + 4x)} = \frac{2}{3y + 4x}$$

EJEMPLO

Reducir $\dfrac{2x^2 + x - 3}{x^2 - 1}$ a su mínima expresión.

SOLUCIÓN Al factorizar el numerador y denominador, obtenemos

$$\frac{2x^2 + x - 3}{x^2 - 1} = \frac{(2x + 3)(x - 1)}{(x + 1)(x - 1)}$$

Dividiendo el numerador y denominador entre su máximo factor común, $(x - 1)$, resulta

$$\frac{2x^2 + x - 3}{x^2 - 1} = \frac{(2x + 3)\overset{1}{\cancel{(x - 1)}}}{(x + 1)\underset{1}{\cancel{(x - 1)}}} = \frac{2x + 3}{x + 1}$$

Nota

La fracción $\dfrac{2x + 3}{x + 1}$ está reducida; el numerador y el denominador no poseen ningún factor común.

Notas

1. $a - b = -b + a = -(b - a)$.
2. $(a - b)^2 = [-(b - a)]^2 = (b - a)^2$.
3. $(a - b)^3 = [-(b - a)]^3 = -(b - a)^3$.

EJEMPLO

$$\frac{a-b}{b-a} = \frac{-(b-a)}{(b-a)} = -1$$

EJEMPLO

$$\frac{(a-1)^3}{(1-a)^2} = \frac{-(1-a)^3}{(1-a)^2} = -(1-a) = a-1$$

o bien $$\frac{(a-1)^3}{(1-a)^2} = \frac{(a-1)^3}{(a-1)^2} = a-1$$

Nota

La fracción $\frac{a+b}{a-b}$ no puede reducirse a una forma más simple, ya que $a + b$ no se puede escribir como múltiplo de $a - b$.

Hay que observar también que

$$\frac{-a}{+b} = \frac{+a}{-b} = -\frac{a}{b}.$$

EJEMPLO

Reducir $\frac{8x^2 - 14x + 3}{2 - 7x - 4x^2}$.

SOLUCIÓN

$$\frac{8x^2 - 14x + 3}{2 - 7x - 4x^2} = \frac{(4x-1)(2x-3)}{(2+x)(1-4x)}. \qquad [(4x-1) = -(1-4x)]$$

$$= \frac{-\cancel{(1-4x)}(2x-3)}{(2+x)\cancel{(1-4x)}}$$

$$= -\frac{2x-3}{x+2}$$

EJEMPLO

Reducir $\frac{x^2 - 5x + 6}{2 - 3x + x^2}$.

SOLUCIÓN

$$\frac{x^2 - 5x + 6}{2 - 3x + x^2} = \frac{(x-3)\overset{(-1)}{\cancel{(x-2)}}}{\cancel{(2-x)}(1-x)}$$

$$= \frac{-(x-3)}{1-x}$$

$$= \frac{3-x}{1-x}$$

o bien $$= \frac{x-3}{x-1}$$

Ejercicios 7.1

Reducir las siguientes fracciones a sus términos mínimos:

1. $\frac{x^6}{x^3}$
2. $\frac{x^{10}}{x^4}$
3. $\frac{x^2}{x^7}$
4. $\frac{x^3}{x^9}$
5. $\frac{8x^5}{12x^2}$
6. $\frac{12x^4}{18x^3}$
7. $\frac{9x^3}{24x^6}$
8. $\frac{16x}{40x^3}$
9. $\frac{x^5y^2}{x^2y^3}$
10. $\frac{21a^3}{14a^2b}$
11. $\frac{54a^4b^3c}{63a^2b^5c^2}$
12. $\frac{96x^5y^7z^4}{72x^6y^4z^4}$
13. $\frac{64x^8y^4z^5}{80x^6y^8z^3}$
14. $\frac{57x^8y^3z}{76x^8y^5}$
15. $\frac{-12a^2b^2}{18a^3b^2}$
16. $\frac{-40a^6b^3}{24a^2b^9}$
17. $\frac{20abc^3}{-15a^2b}$
18. $\frac{72a^3b}{-96a^2b^4}$
19. $\frac{-36a^3b^2}{-60a^3b}$
20. $\frac{-a^4b^5c^4}{-a^3b^4c^8}$
21. $\frac{-a^2b^4c}{-a^6b^5c^2}$
22. $\left(\frac{-a^2b^4}{a^6b^3}\right)^3$
23. $\left(\frac{-a^4b^5}{3ab^7}\right)^4$
24. $\left(\frac{2a^3b}{-a^2b^2}\right)^3$
25. $\frac{(2a^3b)^3}{(6a^2b^2)^2}$
26. $\frac{(14a^6b^9)^2}{(21a^6b^7)^3}$
27. $\frac{(-3a^2b)^3}{(6ab^3)^2}$
28. $\frac{(-x)^2}{(-x)^3}$
29. $\frac{(-x^3)^2}{(-x^2)^3}$
30. $\frac{(-10x^4)^3}{(-15x^5)^2}$
31. $\frac{(-4x^3)^3}{(-8x^3)^2}$
32. $\frac{4x^2(x+y)^2}{8x(x+y)}$
33. $\frac{3x^3(a+b)^3}{6x(a+b)^2}$
34. $\frac{5x^3(2a+1)^4}{10x^4(2a+1)^2}$
35. $\frac{12x^2(x-2)^2}{16x(x-2)^3}$
36. $\frac{25a^2(x-3)^3}{10a^3(x-3)^4}$
37. $\frac{14x^3y^2(x-y)^2}{21xy^2(x-y)^4}$
38. $\frac{3}{x+3}$
39. $\frac{x+4}{x}$
40. $\frac{x+2}{x-2}$
41. $\frac{x-3}{3-x}$
42. $\frac{5-x}{x-5}$
43. $\frac{(x-1)^2}{(1-x)}$
44. $\frac{x^2(x-3)}{x(3-x)^2}$
45. $\frac{12(x-2)^3}{18(2-x)}$
46. $\frac{x(x-4)^2}{(4-x)^3}$
47. $\frac{(x-1)^2}{(1-x)^4}$
48. $\frac{(x-3)^2}{(3-x)^5}$
49. $\frac{(x-2)^5}{(2-x)^3}$
50. $\frac{(x+2)(x+4)}{(x+8)}$
51. $\frac{(x+3)(x-1)}{(x+2)}$
52. $\frac{(x+1)(x+2)}{(x+2)(x+3)}$

53. $\dfrac{(x-1)(x+1)}{(x-3)(x-1)}$ 54. $\dfrac{2(x-2)(x+1)}{(x+1)(2x+1)}$ 55. $\dfrac{(x+4)(3x-1)}{3(x-1)(x+4)}$

56. $\dfrac{(x+2)(x-3)}{(1+x)(3-x)}$ 57. $\dfrac{(2+x)(1-x)}{(x-1)^2}$ 58. $\dfrac{(2-x)^2}{(x+2)(x-2)}$

59. $\dfrac{4x+4}{4}$ 60. $\dfrac{6x-12}{6}$ 61. $\dfrac{x^2+x}{x}$

62. $\dfrac{x-xy}{x}$ 63. $\dfrac{2x}{x^2-x}$ 64. $\dfrac{3x}{3x^2-6x}$

65. $\dfrac{6x^3-3x^2}{6x^2}$ 66. $\dfrac{14x^2+7x}{14x^2}$ 67. $\dfrac{3x^3}{3x^3-6x^2}$

68. $\dfrac{4x^4}{12x^5+4x^4}$ 69. $\dfrac{9x+6}{12x+8}$ 70. $\dfrac{ab+ac}{ab-ac}$

71. $\dfrac{8x^2+4x}{2x^2+4x^3}$ 72. $\dfrac{27x^3+9x^2}{27x^3+81x^4}$ 73. $\dfrac{8x+16x^2}{16x^2+32x^3}$

74. $\dfrac{3x^3-6x^2y}{2x^4-4x^3y}$ 75. $\dfrac{2a^2b-2ab^2}{4a^3-4a^2b}$ 76. $\dfrac{2a^2b-ab^2}{2ab^2-b^3}$

77. $\dfrac{x^4+x^2}{x^3+x^2}$ 78. $\dfrac{x^2+1}{x^2-1}$ 79. $\dfrac{x^2-9}{x+3}$

80. $\dfrac{x^2-4}{2x+4}$ 81. $\dfrac{b^3-b^2c}{b^2-c^2}$ 82. $\dfrac{(a-b)^2}{a^2-b^2}$

83. $\dfrac{a^2-9b^2}{(a+3b)^2}$ 84. $\dfrac{x^2-5x+6}{x^2-4}$ 85. $\dfrac{x^2-1}{x^2+4x+3}$

86. $\dfrac{x^2+2x-8}{x^2+3x-4}$ 87. $\dfrac{x^2-11x+24}{x^2-6x+9}$ 88. $\dfrac{x^2-3x+2}{x^2-6x+5}$

89. $\dfrac{x^2-10x+24}{x^2-3x-4}$ 90. $\dfrac{x^2+x-6}{x^2-6x+8}$ 91. $\dfrac{x^2+9x+20}{x^2+2x-15}$

92. $\dfrac{x^2-x-12}{2x^2+x-15}$ 93. $\dfrac{2x^2-11x+12}{4x^2-9}$ 94. $\dfrac{9x^2-1}{9x^2-3x-2}$

95. $\dfrac{2x^2+x-1}{3x^2+4x+1}$ 96. $\dfrac{4x^2+7x-2}{4x^2+11x-3}$ 97. $\dfrac{14x^2+19x-3}{21x^2-31x+4}$

98. $\dfrac{12x^2+25x+12}{16x^2+24x+9}$ 99. $\dfrac{6x^2-23x+20}{6x^2+x-12}$ 100. $\dfrac{18x^2-45x-8}{18x^2-33x-40}$

101. $\dfrac{6x^2+17x-14}{15x^2+8x-12}$ 102. $\dfrac{20x^2+13x-15}{12x^2-13x-35}$ 103. $\dfrac{12+x-x^2}{x^2-2x-8}$

104. $\dfrac{6-x-x^2}{x^2+2x-8}$ 105. $\dfrac{6-5x-x^2}{x^2+7x-8}$ 106. $\dfrac{10+13x-3x^2}{x^2-2x-15}$

107. $\dfrac{6x^2 + x - 2}{3 - 4x - 4x^2}$ **108.** $\dfrac{14 - x - 4x^2}{12x^2 - 13x - 14}$ **109.** $\dfrac{3x^4 - 11x^2 - 4}{6x^4 - x^2 - 1}$

110. $\dfrac{3x^4 + 14x^2 - 24}{x^4 + 4x^2 - 12}$ **111.** $\dfrac{2(x + y)^2 + (x + y) - 6}{2(x + y)^2 + 5(x + y) - 12}$

7.2 Adición de fracciones algebraicas

La adición de fracciones algebraicas es semejante a la de fracciones aritméticas. Empezaremos tratando la suma de fracciones algebraicas con denominadores iguales y, luego, extenderemos el análisis a la suma de fracciones algebraicas con denominadores distintos.

Fracciones con denominadores iguales

En el Capítulo 2 se definió la suma de fracciones con denominadores iguales mediante la relación

$$\frac{a}{c} + \frac{b}{c} = \frac{a + b}{c}.$$

Esto muestra que la suma de dos fracciones con el mismo denominador es una fracción cuyo numerador es la suma de los numeradores, y cuyo denominador es el denominador común.

EJEMPLO

Efectuar $\dfrac{3}{x} + \dfrac{2}{x}$.

SOLUCIÓN $$\frac{3}{x} + \frac{2}{x} = \frac{3 + 2}{x} = \frac{5}{x}.$$

Observación Para evitar errores al sumar los numeradores, es recomendable encerrarlos entre paréntesis, aplicar la ley distributiva y luego efectuar operaciones.

Observación Después de combinar las dos fracciones en una sola, se reducen términos semejantes y la nueva fracción a su mínima expresión.

EJEMPLO

Efectuar $\dfrac{x+3}{2x^2}+\dfrac{x-3}{2x^2}$.

SOLUCIÓN

$$\frac{x+3}{2x^2}+\frac{x-3}{2x^2}=\frac{(x+3)+(x-3)}{2x^2}=\frac{x+3+x-3}{2x^2}$$
$$=\frac{2x}{2x^2}=\frac{1}{x}$$

EJEMPLO

Efectuar $\dfrac{4}{x+2}+\dfrac{2x}{x+2}$.

SOLUCIÓN

$$\frac{4}{x+2}+\frac{2x}{x+2}=\frac{4+2x}{x+2}=\frac{2(2+x)}{x+2}$$
$$=2$$

EJEMPLO

Efectuar $\dfrac{x^2-2}{x^2+x-2}-\dfrac{x^2-2x}{x^2+x-2}$.

SOLUCIÓN

$$\frac{x^2-2}{x^2+x-2}-\frac{x^2-2x}{x^2+x-2}=\frac{(x^2-2)-(x^2-2x)}{x^2+x-2}$$
$$=\frac{x^2-2-x^2+2x}{x^2+x-2}$$
$$=\frac{2x-2}{x^2+x-2}$$
$$=\frac{2(x-1)}{(x+2)(x-1)}=\frac{2}{x+2}$$

EJEMPLO

Efectuar $\dfrac{x^2+9x}{4x^2-11x-3}-\dfrac{5x^2-3x}{4x^2-11x-3}$

SOLUCIÓN

$$\frac{x^2+9x}{4x^2-11x-3}-\frac{5x^2-3x}{4x^2-11x-3}=\frac{(x^2+9x)-(5x^2-3x)}{4x^2-11x-3}$$
$$=\frac{x^2+9x-5x^2+3x}{4x^2-11x-3}$$
$$=\frac{12x-4x^2}{4x^2-11x-3}=\frac{4x(3-x)}{(4x+1)(x-3)}$$
$$=\frac{-4x(x-3)}{(4x+1)(x-3)}=-\frac{4x}{4x+1}$$

Observación

La regla para sumar fracciones se puede extender a cualquier número de ellas.

$$\frac{a_1}{c} + \frac{a_2}{c} + \frac{a_3}{c} + \cdots + \frac{a_n}{c} = \frac{a_1 + a_2}{c} + \frac{a_3}{c} + \cdots + \frac{a_n}{c}$$

$$\vdots$$

$$= \frac{a_1 + a_2 + a_3 + \cdots + a_n}{c}$$

EJEMPLO

Efectuar $\dfrac{4x^2 + x}{2x^2 - 5x - 12} - \dfrac{2x^2 + 15x}{2x^2 - 5x - 12} + \dfrac{5x^2 - 14x}{2x^2 - 5x - 12}$.

SOLUCIÓN

$$\frac{4x^2 + x}{2x^2 - 5x - 12} - \frac{2x^2 + 15x}{2x^2 - 5x - 12} + \frac{5x^2 - 14x}{2x^2 - 5x - 12}$$

$$= \frac{(4x^2 + x) - (2x^2 + 15x) + (5x^2 - 14x)}{2x^2 - 5x - 12}$$

$$= \frac{4x^2 + x - 2x^2 - 15x + 5x^2 - 14x}{2x^2 - 5x - 12}$$

$$= \frac{7x^2 - 28x}{2x^2 - 5x - 12} = \frac{7x(x - 4)}{(2x + 3)(x - 4)}$$

$$= \frac{7x}{2x + 3}$$

Ejercicios 7.2A

Efectúe las siguientes operaciones con fracciones y simplifique:

1. $\dfrac{6}{x} + \dfrac{2}{x} - \dfrac{5}{x}$
2. $\dfrac{7}{2x} - \dfrac{3}{2x} - \dfrac{1}{2x}$
3. $\dfrac{2}{x^2} + \dfrac{4}{x^2} - \dfrac{8}{x^2}$
4. $\dfrac{20}{x^2} - \dfrac{15}{x^2} - \dfrac{5}{x^2}$
5. $\dfrac{x}{x + 2} + \dfrac{3}{x + 2}$
6. $\dfrac{x}{x + 3} + \dfrac{1}{x + 3}$
7. $\dfrac{x}{2x - 1} + \dfrac{4}{2x - 1}$
8. $\dfrac{2x}{3x - 5} + \dfrac{5}{3x - 5}$
9. $\dfrac{x}{2x + 7} - \dfrac{2}{2x + 7}$
10. $\dfrac{3x}{5x - 4} - \dfrac{4}{5x - 4}$
11. $\dfrac{x + 1}{x - 2} - \dfrac{x}{x - 2}$
12. $\dfrac{x - 3}{2x + 1} + \dfrac{2x}{2x + 1}$
13. $\dfrac{x - 2}{x + 4} + \dfrac{6}{x + 4}$
14. $\dfrac{2x - 3}{2x + 5} + \dfrac{8}{2x + 5}$
15. $\dfrac{4x}{4x - 3} - \dfrac{3}{4x - 3}$

16. $\dfrac{x}{x-5} - \dfrac{5}{x-5}$ **17.** $\dfrac{x-1}{2x-3} + \dfrac{1-x}{2x-3}$ **18.** $\dfrac{2x-1}{3x-2} + \dfrac{1-2x}{3x-2}$

19. $\dfrac{3x+2}{2x+3} + \dfrac{x-2}{2x+3}$ **20.** $\dfrac{2x+1}{3x-7} - \dfrac{x+8}{3x-7}$ **21.** $\dfrac{14x}{7x+2} - \dfrac{7x-2}{7x+2}$

22. $\dfrac{x-1}{3x^2} + \dfrac{x+1}{3x^2}$ **23.** $\dfrac{4x-1}{5x^2} + \dfrac{3x+1}{5x^2}$ **24.** $\dfrac{x+2}{6x^3} + \dfrac{3x-2}{6x^3}$

25. $\dfrac{5x^2-4}{8x^3} + \dfrac{x^2+4}{8x^3}$ **26.** $\dfrac{2x^2+1}{4x^2} - \dfrac{2x^2-1}{4x^2}$

27. $\dfrac{9x^2+7}{6x^3} - \dfrac{7-3x^2}{6x^3}$ **28.** $\dfrac{x^3-3}{2x^4} - \dfrac{7x^3-3}{2x^4}$

29. $\dfrac{3x^2-1}{3x^3} - \dfrac{6x^2-1}{3x^3}$ **30.** $\dfrac{2x}{x-1} - \dfrac{2}{x-1}$

31. $\dfrac{6x^2}{6x-7} - \dfrac{7x}{6x-7}$ **32.** $\dfrac{x^2}{x^2+x} - \dfrac{x}{x^2+x}$

33. $\dfrac{3x-4}{2x-5} + \dfrac{x-6}{2x-5}$ **34.** $\dfrac{4x^2+3x}{5x+2} + \dfrac{x^2-x}{5x+2}$

35. $\dfrac{3x+1}{4x-2} - \dfrac{x+1}{4x-2}$ **36.** $\dfrac{2x+3}{3x-6} - \dfrac{3-x}{3x-6}$

37. $\dfrac{x+4}{4x^2-8x} - \dfrac{x-4}{4x^2-8x}$ **38.** $\dfrac{7x^2}{9x^2-4} - \dfrac{6x-2x^2}{9x^2-4}$

39. $\dfrac{x^2}{4x^2-1} - \dfrac{x-x^2}{4x^2-1}$ **40.** $\dfrac{2x^2+x}{x^2-9} - \dfrac{x^2-2x}{x^2-9}$

41. $\dfrac{2x-1}{x^2-3x-4} + \dfrac{3}{x^2-3x-4}$ **42.** $\dfrac{5x-7}{6x^2-11x+3} + \dfrac{1-x}{6x^2-11x+3}$

43. $\dfrac{x^2-3x}{x^2-3x+2} + \dfrac{x^2-x}{x^2-3x+2}$ **44.** $\dfrac{x^2-4x}{x^2-x-6} + \dfrac{4x-4}{x^2-x-6}$

45. $\dfrac{2x^2}{2x^2+5x-3} - \dfrac{x}{2x^2+5x-3}$ **46.** $\dfrac{x^2+3x}{x^2+x-12} - \dfrac{x^2-12}{x^2+x-12}$

47. $\dfrac{x^2+2}{3x^2-5x-2} - \dfrac{x^2-6x}{3x^2-5x-2}$ **48.** $\dfrac{2x^2-3x}{2x^2-11x-6} - \dfrac{x^2+3x}{2x^2-11x-6}$

49. $\dfrac{6x^2+x}{6x^2-x-2} - \dfrac{2x^2-x}{6x^2-x-2}$ **50.** $\dfrac{16x^2+3}{16x^2+16x+3} - \dfrac{3-4x}{16x^2+16x+3}$

51. $\dfrac{3x+16}{x^2-2x-8} - \dfrac{x^2+3x}{x^2-2x-8}$ **52.** $\dfrac{2x^2+9}{2x^2-11x+12} - \dfrac{2x^2+6x}{2x^2-11x+12}$

53. $\dfrac{3x-4x^2}{6x^2+5x-6} - \dfrac{2x^2-x}{6x^2+5x-6}$ **54.** $\dfrac{3x-x^2}{8x^2-2x-1} - \dfrac{3x^2+x}{8x^2-2x-1}$

55. $\dfrac{x^2-3}{x^2-8x+12}+\dfrac{2x-1}{x^2-8x+12}-\dfrac{x+2}{x^2-8x+12}$

56. $\dfrac{2x^2+7}{x^2+2x-3}-\dfrac{x^2-3x}{x^2+2x-3}+\dfrac{x-4}{x^2+2x-3}$

57. $\dfrac{6x^2+x}{2x^2-9x+9}-\dfrac{2x+9}{2x^2-9x+9}-\dfrac{4x-3}{2x^2-9x+9}$

58. $\dfrac{3x^2-2}{3x^2+10x-8}-\dfrac{x^2-6x}{3x^2+10x-8}-\dfrac{x+10}{3x^2+10x-8}$

59. $\dfrac{7x^2-20x}{16x^2-48x+27}+\dfrac{6x^2-10x}{16x^2-48x+27}-\dfrac{6x-3x^2}{16x^2-48x+27}$

60. $\dfrac{22x+15}{12x^2+52x-9}-\dfrac{20-30x}{12x^2+52x-9}-\dfrac{4-2x}{12x^2+52x-9}$

61. $\dfrac{x^2+10x}{20x^2+7x-6}-\dfrac{12x^2-3x}{20x^2+7x-6}-\dfrac{5x+9x^2}{20x^2+7x-6}$

62. $\dfrac{x^2+4x}{4x^4-13x^2+3}+\dfrac{x^2-2x}{4x^4-13x^2+3}-\dfrac{3x}{4x^4-13x^2+3}$

63. $\dfrac{x^2+y^2}{x^2-(y-2)^2}-\dfrac{y^2+3y}{x^2-(y-2)^2}-\dfrac{x^2-3x-6}{x^2-(y-2)^2}$

64. $\dfrac{x^2+2x-12}{(x+y)^2-8(x+y)+12}-\dfrac{x^2-y^2}{(x+y)^2-8(x+y)+12}-\dfrac{y^2-2y}{(x+y)^2-8(x+y)+12}$

Mínimo común múltiplo de polinomios

Para obtener el mínimo común múltiplo (m.c.m.) de un conjunto de números, se descomponen éstos en sus factores primos y se escriben con sus exponentes respectivos. Luego se toman todas las bases, cada una a su potencia mayor.

DEFINICIÓN

Un polinomio P es el **mínimo común múltiplo** (m.c.m.) de un conjunto de polinomios, si

1. cada polinomio del conjunto divide a P, y
2. cualquier polinomio divisible por todos los polinomios del conjunto, es también divisible por P.

Para encontrar el m.c.m. de un conjunto de polinomios, se factorizan los polinomios completamente y se toman todos los factores distintos, cada uno a la máxima potencia que aparezca en los polinomios dados.

EJEMPLO Determinar el m.c.m. de x^2y, xy^3 y y^2z.

SOLUCIÓN Los factores literales son x, y y z.

La potencia máxima de x es 2, la de y es 3, y la de z es 1.

Por consiguiente, m.c.m. $= x^2y^3z$.

EJEMPLO Hallar el m.c.m. de $60x^3$, $72y^2$ y $80xy$.

SOLUCIÓN

$$60 = 2^2 \cdot 3 \cdot 5$$
$$72 = 2^3 \cdot 3^2$$
$$80 = 2^4 \cdot 5$$

Por lo tanto, el m.c.m. de los coeficientes $= 2^4 \cdot 3^2 \cdot 5 = 720$.

El m.c.m. de los monomios $= 720x^3y^2$.

EJEMPLO Determinar le m.c.m. de $x(x - 2)$, $(x - 3)(x - 2)$ y $(x - 2)^2$.

SOLUCIÓN Los factores distintos son x, $(x - 2)$ y $(x - 3)$.

La mayor potencia de x es 1, la de $(x - 2)$ es 2, y la de $(x - 3)$ es 1.

Por consiguiente, m.c.m. $= x(x - 2)^2(x - 3)$.

Obsérvese que el m.c.m. de $(x - 3)$ y $(x - 5)$ es $(x - 3)(x - 5)$.

EJEMPLO Encontrar el m.c.m. de $x^2 - x$ y $x^2 - 1$.

SOLUCIÓN Primeramente se factoriza cada polinomio completamente.

$$x^2 - x = x(x - 1)$$
$$x^2 - 1 = (x + 1)(x - 1)$$

Por lo tanto, m.c.m. $= x(x - 1)(x + 1)$.

EJEMPLO Hallar el m.c.m. de $2x^2 + 3x - 2$ y $2x^2 - 7x + 3$.

SOLUCIÓN

$$2x^2 + 3x - 2 = (2x - 1)(x + 2)$$
$$2x^2 - 7x + 3 = (2x - 1)(x - 3)$$

Entonces, m.c.m. $= (2x - 1)(x + 2)(x - 3)$.

EJEMPLO Determinar el m.c.m. de $9x^2 - 4$ y $9x^2 + 12x + 4$.

SOLUCIÓN

$$9x^2 - 4 = (3x + 2)(3x - 2)$$
$$9x^2 + 12x + 4 = (3x + 2)(3x + 2) = (3x + 2)^2$$

Por consiguiente, m.c.m. $= (3x + 2)^2(3x - 2)$.

EJEMPLO Obtener el m.c.m. de $2x^2 - 3x + 1$, $1 - x^2$ y $2x^2 + x - 1$.

SOLUCIÓN

$$2x^2 - 3x + 1 = (2x - 1)(x - 1)$$
$$1 - x^2 = (1 + x)(1 - x)$$
$$2x^2 + x - 1 = (2x - 1)(x + 1)$$

Puesto que $(1 - x) = -(x - 1)$, podemos escribir $(1 - x)$ como $-(x - 1)$, o bien $(x - 1)$ como $-(1 - x)$.

Recuérdese que $1 + x = x + 1$.

Por lo tanto,

$$2x^2 - 3x + 1 = (2x - 1)(x - 1)$$
$$1 - x^2 = -(x + 1)(x - 1)$$
$$2x^2 + x - 1 = (2x - 1)(x + 1)$$

Así que, m.c.m. $= (2x - 1)(x - 1)(x + 1)$.

Ejercicios 7.2B

En cada uno de los siguientes ejercicios, encuentre el mínimo común múltiplo:

1. 8, 12 y 18
2. 6, 8 y 14
3. 12, 15 y 20
4. 18, 24 y 30
5. 24, 28 y 42
6. 36, 48 y 60
7. x, x^2 y $4x$
8. $9x$, $12x$ y $4x^2$
9. $3x$, $5y$ y $2x^2$
10. x^2, xy y y^2
11. x^2y, xy^2 y y^3
12. xy, xy^2 y xy^3
13. $4xy$, $14xy^2$ y $8x^2y$
14. $4x^2y$, $10y^2$ y $14x$
15. $8x$, $12x^2y$ y $32y^3$
16. $9xy$, $12x^3y$ y $15x^2y$
17. $x(x + 3)$, $4x^2$ y $2(x + 1)$
18. $6x(x - 2)$, $9(x - 2)$ y $x^2(x - 2)$
19. $x^2(x + 3)$, $x(x + 3)$ y $3(x + 3)$
20. $(x - 1)^2$, $x(x - 1)$ y $x^2(x - 1)$
21. $x + 1$, $x - 2$ y $(x + 1)(x - 2)$
22. $2x - 1$, $2x - 3$ y $(2x - 1)(2x - 3)$
23. $x - 4$, $4(x - 1)$ y $(x - 4)(x - 1)$
24. $(x + 2)^2$, $x + 5$ y $(x + 2)(x + 5)$
25. $(x - 3)(x - 6)$ y $(x - 2)(x - 6)$
26. $(x - 2)(x - 4)$ y $(x - 2)(x - 8)$
27. $(3x + 1)(x + 3)$ y $(3x + 1)^2$
28. $(x - 3)(x + 2)$, $(x + 2)(x - 6)$ y $(x - 3)(x - 6)$

29. $(2x + 3)(3x + 2), (2x + 3)(x - 4), \text{ y } (3x + 2)(x - 4)$
30. $(x - 1)(x + 3), (3 + x)(2 - x), \text{ y } (x - 1)(x - 2)$
31. $(2x - 1)(x + 4), (x + 1)(x + 4), \text{ y } (1 - 2x)(1 + x)$
32. $(2x + 3)(3x - 1), (2x + 3)(x + 5), \text{ y } (5 + x)(1 - 3x)$
33. $(x - 2)(x - 6), (x - 2)(x + 2), \text{ y } (2 + x)(6 - x)$
34. $(4 + x)(2 - x), (x + 1)(x - 2), \text{ y } (x + 1)(x + 4)$
35. $(2x - 3)(3x + 1), (3 - 2x)(1 + x), \text{ y } (3x + 1)(x + 1)$
36. $x^2 + 1, x + 1, \text{ y } (x + 1)^2$
37. $(x - 2)^2, x^2 + 4, \text{ y } x - 2$
38. $4x - 16, 6x - 24, \text{ y } 9x - 36$
39. $x^2 - 3x, 2x - 6, \text{ y } 7x - 21$
40. $6x + 3, 8x + 4, \text{ y } 4x^2 + 2x$
41. $2x^2 + 2x, 3x^2 + 3x, \text{ y } 4x + 4$
42. $x^2 - x, x^3 - x^2, \text{ y } 2x - 2$
43. $x^2 - 16, 2x - 8, \text{ y } 3x + 12$
44. $4x^2 - 9, 12x - 18, \text{ y } 18x - 27$
45. $x^2 - 2x, x^2 - 4, \text{ y } x^2 + 2x$
46. $x^2 - x, x^2 - 1, \text{ y } x^2 + x$
47. $x^2 - 12x, x^2 - 16x + 48, \text{ y } x^2 - 4x$
48. $x^2 + 5x + 6, x^2 + 2x, \text{ y } x^2 + 3x$
49. $x^2 - 2x - 8, x^2 - 4x, \text{ y } x^3 + 2x^2$
50. $x^2 - 1, x^2 + 4x + 3, \text{ y } x^2 + 2x - 3$
51. $x^2 + x - 2, x^2 - 4x + 3, \text{ y } x^2 - x - 6$
52. $x^2 - 3x - 4, x^2 + 3x + 2, \text{ y } x^2 - 2x - 8$
53. $x^2 + x - 6, x^2 + 2x - 8, \text{ y } x^2 + 7x + 12$
54. $x^2 - 8x + 12, x^2 - 6x + 8, \text{ y } x^2 - 10x + 24$
55. $x^2 - 7x + 12, x^2 - 11x + 24, \text{ y } x^2 - 12x + 32$
56. $2x^2 + 7x - 4, 3x^2 + 10x - 8, \text{ y } 6x^2 - 7x + 2$
57. $3x^2 + 7x + 2, 2x^2 + 5x + 2, \text{ y } 6x^2 + 5x + 1$
58. $8x^2 + 6x - 9, 2x^2 + 15x + 18, \text{ y } 4x^2 + 21x - 18$
59. $3x^2 + 11x - 4, 2 - 5x - 3x^2, \text{ y } x^2 + 6x + 8$
60. $4x^2 - 17x + 4, 6 - 23x - 4x^2, \text{ y } x^2 + 2x - 24$
61. $3x^2 - x - 14, x^2 + 7x + 10, \text{ y } 35 - 8x - 3x^2$
62. $24x^2 - 7x - 6, 8x^2 + 11x + 3, \text{ y } 2 - x - 3x^2$

Fracciones con denominadores distintos

Las fracciones se pueden sumar solamente cuando sus denominadores son iguales. Si los denominadores no lo son, se obtiene su mínimo común múltiplo, llamado **mínimo común denominador**, m.c.d. (no confundir con M.C.D. que significa máximo común divisor). Se cambia cada fracción a una equivalente que tenga el m.c.d. como denominador mediante la regla

$$\frac{a}{b} = \frac{ac}{bc},$$

y luego se efectúan operaciones. La suma de fracciones algebraicas con denominadores distintos es, por lo tanto, una fracción cuyo numerador es la suma de los numeradores de las fracciones equivalentes, y cuyo denominador es el mínimo común denominador (m.c.d.). La fracción final debe reducirse a sus términos mínimos.

EJEMPLO

Efectuar $\frac{7}{2x} + \frac{6}{x^2} - \frac{2}{3x}$.

SOLUCIÓN El m.c.d. $= 6x^2$.

Escribimos fracciones equivalentes con denominador $6x^2$ y luego se realizan operaciones.

$$\begin{aligned}\frac{7}{2x} + \frac{6}{x^2} - \frac{2}{3x} &= \frac{7(3x)}{2x(3x)} + \frac{6(6)}{x^2(6)} - \frac{2(2x)}{3x(2x)}\\ &= \frac{7(3x)}{6x^2} + \frac{6(6)}{6x^2} - \frac{2(2x)}{6x^2}\\ &= \frac{7(3x) + 6(6) - 2(2x)}{6x^2}\\ &= \frac{21x + 36 - 4x}{6x^2} = \frac{17x + 36}{6x^2}\end{aligned}$$

EJEMPLO

Efectuar $\frac{x + 2}{4x} - \frac{3x - 1}{6x^2}$.

SOLUCIÓN El m.c.d. $= 12x^2$.

$$\begin{aligned}\frac{x + 2}{4x} - \frac{3x - 1}{6x^2} &= \frac{3x(x + 2)}{3x(4x)} - \frac{2(3x - 1)}{2(6x^2)}\\ &= \frac{3x(x + 2)}{12x^2} - \frac{2(3x - 1)}{12x^2}\\ &= \frac{3x(x + 2) - 2(3x - 1)}{12x^2}\\ &= \frac{3x^2 + 6x - 6x + 2}{12x^2} = \frac{3x^2 + 2}{12x^2}\end{aligned}$$

EJEMPLO

Efectuar la operación y simplificar $4x + 1 - \frac{1}{3x - 2}$.

SOLUCIÓN

$$\frac{4x+1}{1} - \frac{1}{3x-2} = \frac{(4x+1)(3x-2)}{(3x-2)} - \frac{1}{(3x-2)}$$
$$= \frac{(4x+1)(3x-2)-1}{(3x-2)}$$
$$= \frac{12x^2-5x-2-1}{(3x-2)}$$
$$= \frac{12x^2-5x-3}{3x-2}$$
$$= \frac{(3x+1)(4x-3)}{(3x-2)}$$

EJEMPLO Efectuar la operación y simplificar

$$\frac{x}{x+3} + \frac{2}{x-2}.$$

SOLUCIÓN El m.c.d. $= (x+3)(x-2)$.

Al escribir fracciones equivalentes con denominador $(x+3)(x-2)$ y efectuar luego la suma, obtenemos

$$\frac{x}{x+3} + \frac{2}{x-2} = \frac{x(x-2)}{(x+3)(x-2)} + \frac{2(x+3)}{(x-2)(x+3)}$$
$$= \frac{x(x-2)+2(x+3)}{(x+3)(x-2)}$$
$$= \frac{x^2-2x+2x+6}{(x+3)(x-2)} = \frac{x^2+6}{(x+3)(x-2)}$$

EJEMPLO Realizar la operación y simplificar

$$\frac{9x-20}{x^2+x-12} - \frac{6x-13}{x^2-x-6}.$$

SOLUCIÓN Primeramente se factorizan los denominadores.

$$\frac{9x-20}{x^2+x-12} - \frac{6x-13}{x^2-x-6} = \frac{9x-20}{(x+4)(x-3)} - \frac{6x-13}{(x-3)(x+2)}$$

El m.c.d. $= (x+4)(x-3)(x+2)$.

En vez de escribir fracciones equivalentes con denominador igual al m.c.d., y luego combinar los numeradores de las fracciones, escribimos una sola fracción con el m.c.d. como denominador. Se divide el m.c.d. por el denominador de la primera fracción y luego se multipica el cociente resultante por el numerador de esa fracción para obtener la primera expresión del numerador. Se repite el procedimiento con cada fracción y se relacionan con los resultados mediante los signos de las fracciones correspondientes.

$$\otimes\quad \frac{(9x-20)}{(x+4)(x-3)} - \frac{(6x-13)}{(x-3)(x+2)} = \frac{(x+2)(9x-20)-(x+4)(6x-13)}{(x+4)(x-3)(x+2)}$$

$$\ominus$$

El numerador no se encuentra factorizado; así que no es posible efectuar reducción. Hay que asegurarse de poner el producto entre paréntesis precedido por el signo adecuado.

$$= \frac{(9x^2-2x-40)-(6x^2+11x-52)}{(x+4)(x-3)(x+2)}$$

$$= \frac{9x^2-2x-40-6x^2-11x+52}{(x+4)(x-3)(x+2)}$$

$$= \frac{3x^2-13x+12}{(x+4)(x-3)(x+2)} = \frac{(3x-4)(x-3)}{(x+4)(x-3)(x+2)}$$

$$= \frac{3x-4}{(x+4)(x+2)}$$

EJEMPLO Efectuar operaciones y simplificar

$$\frac{x+2}{2x^2-x-1} - \frac{3x-2}{2x^2+9x+4} + \frac{5}{4-3x-x^2}$$

SOLUCIÓN

$$\frac{x+2}{2x^2-x-1} - \frac{3x-2}{2x^2+9x+4} + \frac{5}{4-3x-x^2}$$

$$= \frac{x+2}{(2x+1)(x-1)} - \frac{3x-2}{(2x+1)(x+4)} + \frac{5}{(4+x)(1-x)}$$

Tomamos el m.c.d. $= (2x+1)(x-1)(x+4)$

$$= \frac{x+2}{(2x+1)(x-1)} - \frac{3x-2}{(2x+1)(x+4)} + \frac{5}{-(4+x)(x-1)}$$

$$= \frac{x+2}{(2x+1)(x-1)} - \frac{3x-2}{(2x+1)(x+4)} - \frac{5}{(4+x)(x-1)}$$

$$= \frac{(x+4)(x+2)-(x-1)(3x-2)-5(2x+1)}{(2x+1)(x-1)(x+4)}$$

$$= \frac{(x^2+6x+8)-(3x^2-5x+2)-10x-5}{(2x+1)(x-1)(x+4)}$$

$$= \frac{x^2+6x+8-3x^2+5x-2-10x-5}{(2x+1)(x-1)(x+4)}$$

$$= \frac{1+x-2x^2}{(2x+1)(x-1)(x+4)} = \frac{(1+2x)(1-x)}{(2x+1)(x-1)(x+4)}$$

$$= \frac{-(1+2x)(x-1)}{(2x+1)(x-1)(x+4)} = -\frac{1}{x+4}$$

EJEMPLO Efectuar operaciones y simplificar:

$$\frac{5x-4}{2x^2-11x-6}+\frac{3x+4}{2x^2+7x+3}-\frac{3x}{x^2-3x-18}$$

SOLUCIÓN

$$\frac{5x-4}{2x^2-11x-6}+\frac{3x+4}{2x^2+7x+3}-\frac{3x}{x^2-3x-18}$$

$$=\frac{(5x-4)}{(2x+1)(x-6)}+\frac{(3x+4)}{(2x+1)(x+3)}-\frac{3x}{(x+3)(x-6)}$$

$$=\frac{(x+3)(5x-4)+(x-6)(3x+4)-3x(2x+1)}{(2x+1)(x-6)(x+3)}$$

$$=\frac{(5x^2+11x-12)+(3x^2-14x-24)-(6x^2+3x)}{(2x+1)(x-6)(x+3)}$$

$$=\frac{5x^2+11x-12+3x^2-14x-24-6x^2-3x}{(2x+1)(x-6)(x+3)}$$

$$=\frac{2x^2-6x-36}{(2x+1)(x-6)(x+3)}=\frac{2(x^2-3x-18)}{(2x+1)(x-6)(x+3)}$$

$$=\frac{2(x+3)(x-6)}{(2x+1)(x-6)(x+3)}=\frac{2}{2x+1}$$

Ejercicios 7.2C

Reducir a una sola fracción y simplificar:

1. $\frac{5}{6}-\frac{3}{8}+\frac{7}{12}$
2. $\frac{2}{9}-\frac{11}{12}+\frac{13}{18}$
3. $\frac{15}{8}+\frac{7}{10}-\frac{19}{20}$
4. $\frac{35}{48}+\frac{27}{32}-\frac{13}{24}$
5. $\frac{3}{x}-\frac{7}{2x}+\frac{6}{5x}$
6. $\frac{9}{4x}+\frac{7}{9x}-\frac{1}{12x}$
7. $\frac{x}{y}-\frac{3x}{2y}+\frac{2x}{5y}$
8. $\frac{2x}{7y}-\frac{3x}{14y}+\frac{x}{4y}$
9. $\frac{2}{3x}-\frac{4}{x^2}+\frac{6}{5x}$
10. $\frac{7}{x}+\frac{1}{2x}-\frac{10}{x^2}$
11. $\frac{3}{x^2}+\frac{13}{3x}-\frac{1}{2x^2}$
12. $\frac{12}{x^2}+\frac{14}{3x^3}-\frac{11}{2x^2}$
13. $\frac{3x+1}{5x}+\frac{x-2}{2x}$
14. $\frac{x-4}{9x}+\frac{x-3}{6x}$
15. $\frac{x-2}{4x}+\frac{x+5}{10x}$
16. $\frac{3x+2}{6x}+\frac{4x-1}{8x}$
17. $\frac{x+1}{2x}-\frac{2x+3}{3x}$
18. $\frac{2x+5}{6x}-\frac{x+6}{4x}$

19. $\dfrac{x+3}{12x} - \dfrac{x+4}{16x}$

20. $\dfrac{x+6}{9x^2} - \dfrac{3x+10}{15x^2}$

21. $\dfrac{7x-6}{14x} - \dfrac{x-3}{7x}$

22. $\dfrac{5x-2}{10x^2} - \dfrac{3x-4}{6x^2}$

23. $\dfrac{x+3}{3x} - \dfrac{5x-1}{5x^2}$

24. $\dfrac{x+6}{9x} - \dfrac{8x-3}{12x^2}$

25. $x + 4 + \dfrac{5}{x-2}$

26. $x - 2 - \dfrac{4}{x+1}$

27. $x - 2 - \dfrac{14}{2x-1}$

28. $x + 1 - \dfrac{5}{3x+1}$

29. $x - 1 - \dfrac{6}{2x-3}$

30. $2x + 1 - \dfrac{4}{2x+1}$

31. $\dfrac{3}{x+3} + \dfrac{5}{x-4}$

32. $\dfrac{3}{4x-3} + \dfrac{1}{3x+1}$

33. $\dfrac{x}{x+2} + \dfrac{3}{2x-3}$

34. $\dfrac{x}{x+4} + \dfrac{5}{x-5}$

35. $\dfrac{x}{2x+3} + \dfrac{1}{x-2}$

36. $\dfrac{x}{3x-4} + \dfrac{2}{x-6}$

37. $\dfrac{2}{2x-3} - \dfrac{1}{x+1}$

38. $\dfrac{3}{x+2} - \dfrac{2}{x-2}$

39. $\dfrac{2x}{2x-1} - \dfrac{1}{x+1}$

40. $\dfrac{3x}{3x-1} - \dfrac{2x}{2x+1}$

41. $\dfrac{2}{x+1} + \dfrac{x+2}{x^2-1}$

42. $\dfrac{4x}{x^2-4} + \dfrac{x}{x+2}$

43. $\dfrac{6x}{x^2-9} + \dfrac{x}{x+3}$

44. $\dfrac{x+6}{x^2+2x-8} + \dfrac{3}{x+4}$

45. $\dfrac{3x}{x^2+x-2} + \dfrac{x}{x+2}$

46. $\dfrac{7x}{x^2+x-12} + \dfrac{x}{x+4}$

47. $\dfrac{3x-8}{2x^2-7x-4} - \dfrac{2}{2x+1}$

48. $\dfrac{6x+1}{2x^2+5x-3} - \dfrac{3}{x+3}$

49. $\dfrac{3x}{x^2-x-2} + \dfrac{2}{x^2-1}$

50. $\dfrac{3x}{x^2-2x-8} + \dfrac{4}{x^2-4}$

51. $\dfrac{7x}{x^2-x-12} + \dfrac{18}{x^2-9}$

52. $\dfrac{2}{x^2-2x-8} + \dfrac{x-3}{x^2-x-12}$

53. $\dfrac{3x+4}{x^2+3x+2} + \dfrac{6}{x^2+x-2}$

54. $\dfrac{x-2}{4x^2+5x+1} + \dfrac{4}{4x^2+9x+2}$

55. $\dfrac{x+1}{x^2+x-12} - \dfrac{2}{x^2+5x-24}$

56. $\dfrac{3x+6}{x^2+x-20} - \dfrac{x}{x^2-6x+8}$

57. $\dfrac{4x-5}{2x^2-5x-3} - \dfrac{x}{2x^2-9x+9}$

58. $\dfrac{5x-1}{x^2+2x-3} - \dfrac{2x+2}{x^2+5x+6}$

59. $\dfrac{3x-2}{x^2-3x-4}-\dfrac{x+2}{x^2-5x+4}$

60. $\dfrac{7x+14}{3x^2+10x-8}-\dfrac{x+6}{3x^2+x-2}$

61. $\dfrac{4x-4}{x^2-4}-\dfrac{3}{x+2}+\dfrac{4}{x-2}$

62. $\dfrac{2x}{x^2-9}+\dfrac{2}{x+3}-\dfrac{1}{x-3}$

63. $\dfrac{18}{18x^2-21x-4}-\dfrac{2}{3x-4}+\dfrac{10}{6x+1}$

64. $\dfrac{3x+4}{6x^2+x-1}+\dfrac{2}{2x+1}-\dfrac{3}{3x-1}$

65. $\dfrac{2x-7}{x^2-7x+12}+\dfrac{x-11}{x^2+2x-15}-\dfrac{1}{x-4}$

66. $\dfrac{2x+4}{x^2+4x+3}+\dfrac{2x+5}{x^2-x-2}-\dfrac{1}{x+3}$

67. $\dfrac{4x+10}{x^2+2x-8}+\dfrac{x+14}{x^2-2x-24}-\dfrac{3}{x-2}$

68. $\dfrac{3x+1}{x^2+2x-3}-\dfrac{x-11}{x^2-x-12}-\dfrac{1}{x-1}$

69. $\dfrac{7x-5}{2x^2-3x+1}+\dfrac{7x+1}{1-x-2x^2}$

70. $\dfrac{1}{x-4}-\dfrac{1}{3-x}+\dfrac{1}{x^2-7x+12}$

71. $\dfrac{5x}{x^2-2x-24}-\dfrac{3}{6-x}-\dfrac{2}{x+4}$

72. $\dfrac{3x-5}{x^2-4x+3}+\dfrac{3}{2-x-x^2}-\dfrac{2}{x-3}$

73. $\dfrac{x+1}{x^2+5x+6}+\dfrac{x+17}{x^2-x-12}-\dfrac{6}{x^2-2x-8}$

74. $\dfrac{4x-5}{x^2+x-12}+\dfrac{9}{18-3x-x^2}+\dfrac{2}{x^2+10x+24}$

75. $\dfrac{3x-2}{2x^2-5x-3}-\dfrac{x-2}{6x^2+x-1}-\dfrac{2x+2}{3x^2-10x+3}$

76. $\dfrac{4}{4x^2+4x-3}+\dfrac{x}{2x^2-3x+1}+\dfrac{5x+5}{2x^2+x-3}$

77. $\dfrac{4x+1}{2x^2+x-6}-\dfrac{11}{6x^2-7x-3}-\dfrac{x-3}{3x^2+7x+2}$

78. $\dfrac{1}{3x^2+5x+2}+\dfrac{7}{6x^2+x-2}+\dfrac{3x}{2x^2+x-1}$

79. $\dfrac{13}{6x^2+5x-6}+\dfrac{4x-4}{3x^2-8x+4}-\dfrac{7}{2x^2-x-6}$

80. $\dfrac{1}{2x^2+11x+15}+\dfrac{6x+7}{3x^2+7x-6}-\dfrac{19}{6x^2+11x-10}$

81. $\dfrac{7}{8x^2 + 10x - 3} + \dfrac{17}{4x^2 + 15x - 4} + \dfrac{3x + 7}{2x^2 + 11x + 12}$

82. $\dfrac{10}{8x^2 - 2x - 3} - \dfrac{13}{4x^2 - 19x + 12} + \dfrac{4x - 7}{2x^2 - 7x - 4}$

83. $\dfrac{11}{12x^2 - 5x - 2} - \dfrac{25}{4x^2 - 23x - 6} + \dfrac{6x - 20}{3x^2 - 20x + 12}$

84. $\dfrac{4x + 1}{8x^2 + 10x + 3} + \dfrac{5x - 15}{12x^2 - 7x - 12} + \dfrac{5x - 3}{6x^2 - 5x - 4}$

85. $\dfrac{x - 7}{x^2 + x - 6} - \dfrac{3x - 5}{2x^2 + 5x - 3} + \dfrac{4x - 5}{2x^2 - 5x + 2}$

86. $\dfrac{7x - 5}{3x^2 - 5x + 2} + \dfrac{x + 14}{3x^2 + 7x - 6} - \dfrac{x + 7}{x^2 + 2x - 3}$

7.3 Multiplicación de fracciones

El producto de las fracciones $\frac{a}{b}$ y $\frac{c}{d}$ se definió en el Capítulo 2 como $\frac{ac}{bd}$; o sea

$$\frac{a}{b} \times \frac{c}{d} = \frac{ac}{bd}$$

Así que el producto de dos fracciones es una fracción cuyo numerador es el producto de los numeradores, y cuyo denominador lo es de los denominadores. En general,

$$\begin{aligned}\frac{a_1}{b_1} \cdot \frac{a_2}{b_2} \cdot \frac{a_3}{b_3} \cdots \frac{a_n}{b_n} &= \frac{a_1a_2}{b_1b_2} \cdot \frac{a_3}{b_3} \cdot \frac{a_4}{b_4} \cdots \frac{a_n}{b_n} \\ &= \frac{a_1a_2a_3}{b_1b_2b_3} \cdot \frac{a_4}{b_4} \cdots \frac{a_n}{b_n} \\ &\vdots \\ &= \frac{a_1a_2a_3 \cdots a_n}{b_1b_2b_3 \cdots b_n}\end{aligned}$$

Nota

Redúzcase siempre la fracción resultante a sus mínimos términos.

EJEMPLO Encontrar el producto

$$\frac{27a^3b^2}{8x^2y} \text{ and } \frac{16x^3y}{81a^2b^3}.$$

SOLUCIÓN

$$\frac{27a^3b^2}{8x^2y}\cdot\frac{16x^3y}{81a^2b^3}=\frac{27\cdot 16a^3b^2x^3y}{8\cdot 81x^2ya^2b^3}=\frac{2ax}{3b}$$

Nota

Es más fácil reducir $\frac{27\cdot 16}{8\cdot 81}$ que $\frac{432}{648}$, que es el resultado de los productos de los coeficientes.

Es decir, no se deben multiplicar los números hasta que la fracción haya sido simplificada.

EJEMPLO Simplificar

$$\frac{(-3^2x^2y^4)^3}{(2^3x^2y^3)^2}\cdot\frac{(4x^3y^2)^2}{(9x^3y^3)^3}.$$

SOLUCIÓN

$$\begin{aligned}\frac{(-3^2x^2y^4)^3}{(2^3x^2y^3)^2}\cdot\frac{(4x^3y^2)^2}{(9x^3y^3)^3}&=\frac{(-3^2x^2y^4)^3}{(2^3x^2y^3)^2}\cdot\frac{(2^2x^3y^2)^2}{(3^2x^3y^3)^3}\\&=\frac{-3^6x^6y^{12}}{2^6x^4y^6}\cdot\frac{2^4x^6y^4}{3^6x^9y^9}\\&=-\frac{3^6\cdot 2^4x^{12}y^{16}}{2^6\cdot 3^6x^{13}y^{15}}\\&=-\frac{y}{2^2x}=-\frac{y}{4x}\end{aligned}$$

Para multiplicar fracciones cuyos numeradores o denominadores son polinomios, primeramente se factorizan éstos completamente. Se consideran las fracciones como una sola, y se dividen los numeradores y denominadores por su máximo factor común para obtener una fracción equivalente ya reducida.

EJEMPLO Simplificar

$$\frac{x^2-3x}{2x^2+11x+5}\cdot\frac{6x^2+x-1}{3x^2-10x+3}.$$

SOLUCIÓN

$$\begin{aligned}\frac{x^2-3x}{2x^2+11x+5}\cdot\frac{6x^2+x-1}{3x^2-10x+3}&=\frac{x\overset{1}{\cancel{(x-3)}}}{\underset{1}{\cancel{(2x+1)}}(x+5)}\cdot\frac{\overset{1}{\cancel{(3x-1)}}\overset{1}{\cancel{(2x+1)}}}{\underset{1}{\cancel{(x-3)}}\underset{1}{\cancel{(3x-1)}}}\\&=\frac{x}{x+5}\end{aligned}$$

EJEMPLO Simplificar

$$\frac{12x^2-13x+3}{3x^2-5x-2}\cdot\frac{2x^2-x-6}{9-6x-8x^2}.$$

SOLUCIÓN

$$\frac{12x^2-13x+3}{3x^2-5x-2}\cdot\frac{2x^2-x-6}{9-6x-8x^2}=\frac{(3x-1)\overset{1}{\cancel{(4x-3)}}}{\underset{1}{\cancel{(x-2)}}(3x+1)}\cdot\frac{\overset{1}{\cancel{(x-2)}}\overset{1}{\cancel{(2x+3)}}}{\underset{1}{\cancel{(3+2x)}}\underset{-1}{\cancel{(3-4x)}}}$$

$$=-\frac{3x-1}{3x+1},\quad \text{o bien}\quad \frac{1-3x}{1+3x}$$

Ejercicios 7.3

Efectúe las siguientes multiplicaciones y simplifique:

1. $\frac{36}{65}\cdot\frac{39}{32}\cdot\frac{20}{27}$
2. $\frac{51}{77}\cdot\frac{63}{34}\cdot\frac{66}{81}$
3. $\frac{54}{55}\cdot\frac{88}{27}\cdot\frac{25}{48}$
4. $\frac{64}{87}\cdot\frac{58}{125}\cdot\frac{15}{128}$
5. $\frac{28}{x^3}\cdot\frac{x^2}{42}\cdot\frac{3x}{5}$
6. $\frac{12a^2}{35}\cdot\frac{49}{a^6}\cdot\frac{a^4}{14}$
7. $\frac{9x^2}{4y^3}\cdot\frac{2y^2}{x}$
8. $\frac{7xz}{15ab}\cdot\frac{25b^2}{28x^2}$
9. $\frac{27x^2y^3}{8a^5b}\cdot\frac{32ab^3}{81x^4y^6}$
10. $\frac{4a^2b^3}{21x^2y^4}\cdot\frac{7x^2y^8}{a^3b^6}$
11. $\frac{26a^8b}{5x^4y^9}\cdot\frac{10x^6y^3}{13a^9b}$
12. $\frac{56a^4b^2}{27xy^4}\cdot\frac{9x^3y^2z}{35a^5b^2}$
13. $\frac{35x^3y}{39a^3b}\cdot\frac{26a^5b^3}{60x^8y^6}\cdot\frac{16xy^8}{28a^7b^2}$
14. $\frac{22ab^3}{51xy^2}\cdot\frac{85x^6y^7}{8a^4b^9}\cdot\frac{6a^6b^5}{55x^5y^3}$
15. $\left(\frac{2x}{-y}\right)^3\left(\frac{y}{3x}\right)^2$
16. $\left(\frac{-x^2}{y^2}\right)^3\left(\frac{-y}{x^3}\right)^2$
17. $\frac{(2x)^3}{(4y)^2}\cdot\frac{(-9y)^3}{(3x)^2}$
18. $\frac{(6x^2)^2}{(12y)^3}\cdot\frac{(9y^2)^3}{(-x)^5}$
19. $\frac{(4x^2y)^2}{(9xy^2)^3}\cdot\frac{(3x^2y^3)^3}{(2x^3y)^3}$
20. $\frac{(3x^3y)^2}{(2x^2y)^3}\cdot\frac{(-2^2xy^2)^3}{(x^2y^3)^2}$
21. $\frac{(12xy^3)^3}{(18x^2y^2)^2}\cdot\frac{(9x^3)^2}{(4xy^2)^3}$
22. $\frac{(6x^3y^2)^3}{(10xy^4)^2}\cdot\frac{(-5xy^2)^2}{(3x^2y^3)^4}$
23. $\frac{14x^2-21x}{24x-16}\cdot\frac{12x-8}{42x-63}$
24. $\frac{30x^3-18x^2}{6x^3+5x^2}\cdot\frac{42x+35}{60x-36}$
25. $\frac{6x^3-30x}{6x^2+2x}\cdot\frac{3x^2+x}{4x^2-20}$
26. $\frac{7x^3+42x^2}{3x^2-6x}\cdot\frac{15x-30}{14x^2+84x}$

27. $\frac{x^2+3x+2}{x^4y}\cdot\frac{x^3y^2}{x^2+4x+3}$

28. $\frac{x^2+x-2}{x^2y^3}\cdot\frac{x^3y}{x^2-x-6}$

29. $\frac{x^2-2x+1}{x^4y^3}\cdot\frac{x^2y^4}{x^2+2x-3}$

30. $\frac{xy^5}{x^2+6x+8}\cdot\frac{x^2+3x-4}{xy^2}$

31. $\frac{x^2+x-6}{x^2-5x+6}\cdot\frac{x^2-2x-3}{x^2-4x-5}$

32. $\frac{x^2+6x+9}{x^2+7x+12}\cdot\frac{x^2+9x+20}{x^2+8x+15}$

33. $\frac{x^2+4x-5}{x^2+3x-10}\cdot\frac{x^2-8x+12}{x^2+2x+1}$

34. $\frac{x^2-3x-4}{x^2-7x+12}\cdot\frac{x^2+5x+6}{x^2-3x-18}$

35. $\frac{x^2-10x+21}{x^2-9x+14}\cdot\frac{x^2-10x+16}{x^2+2x-15}$

36. $\frac{x^2+7x+10}{x^2+8x+15}\cdot\frac{x^2+9x+18}{x^2+11x+18}$

37. $\frac{x^2-24+2x}{x^2+16-8x}\cdot\frac{x^2-36+5x}{x^2+54+15x}$

38. $\frac{x^2+20-9x}{x^2+40-13x}\cdot\frac{x^2+42-13x}{x^2+28-11x}$

39. $\frac{x^2+3x-18}{x^2+2x-3}\cdot\frac{x^2+2x+3}{x^2+5x-6}$

40. $\frac{x^2-10x-24}{x^2+x-12}\cdot\frac{x^2-x+6}{x^2-6x-16}$

41. $\frac{2x^2+17x+8}{2x^2+9x+9}\cdot\frac{2x^2+7x+6}{4x^2+9x+2}$

42. $\frac{3x^2+13x+4}{3x^2+14x+8}\cdot\frac{3x^2+11x+6}{4x^2+13x+3}$

43. $\frac{4x^2+11x+6}{4x^2-x-3}\cdot\frac{2x^2-11x-6}{3x^2-17x-6}$

44. $\frac{2x^2-7x-4}{3x^2+20x+12}\cdot\frac{3x^2-16x-12}{2x^2-15x-8}$

45. $\frac{4x^2+8x+3}{6x^2-x-2}\cdot\frac{6x^2-7x+2}{6x^2+7x-3}$

46. $\frac{8x^2+10x+3}{4x^2+4x+1}\cdot\frac{6x^2+x-1}{9x^2+9x-4}$

47. $\frac{16x^2-20x+6}{12x^3+7x^2-12x}\cdot\frac{6x^3+17x^2+12x}{24x^2-52x+20}$

48. $\frac{12x^3+x^2-6x}{18x^2-36x+16}\cdot\frac{27x^2-18x-24}{12x^3+41x^2+24x}$

49. $\frac{7x^2-36xy+5y^2}{7x^2+20xy-3y^2}\cdot\frac{3x^2+7xy-6y^2}{3x^2-19xy+20y^2}$

50. $\frac{2x^2-7xy+6y^2}{2x^2-11xy+12y^2}\cdot\frac{x^2-xy-12y^2}{2x^2-9xy+10y^2}$

51. $\frac{6x^2+7xy-3y^2}{9x^2-6xy+y^2}\cdot\frac{12x^2+13xy-4y^2}{6x^2+5xy-6y^2}$

52. $\frac{24x^2-xy-3y^2}{9x^2-21xy-8y^2}\cdot\frac{9x^2-36xy+32y^2}{24x^2-41xy+12y^2}$

53. $\frac{x^2-10x+24}{30+x-x^2}\cdot\frac{x^2-2x-48}{x^2-12x+32}$

54. $\frac{40+3x-x^2}{x^2-2x-35}\cdot\frac{x^2-x-42}{x^2-14x+48}$

55. $\dfrac{12x^2 - 11x + 2}{8x^2 - 14x + 3} \cdot \dfrac{4x^2 - 16x + 15}{20 + 7x - 6x^2}$

56. $\dfrac{12x^2 + 17x + 6}{6 + 7x - 3x^2} \cdot \dfrac{4x^2 - 15x + 9}{4x^2 - 13x - 12}$

57. $\dfrac{x^4 - x^2 - 12}{x^4 + x^2 - 2} \cdot \dfrac{x^2 + 3x + 2}{x^2 + x - 6}$

58. $\dfrac{x^4 - 10x^2 + 9}{x^4 - 7x^2 + 12} \cdot \dfrac{x^2 - 5x + 6}{x^2 + 4x + 3}$

59. $\dfrac{(x + y)^2 - 5(x + y) + 6}{2(x + y)^2 + 3(x + y) - 2} \cdot \dfrac{2(x + y)^2 + 7(x + y) - 4}{(x + y)^2 + 2(x + y) - 8}$

60. $\dfrac{(x - y)^2 - 16}{3(x - y)^2 - 11(x - y) - 4} \cdot \dfrac{6(x - y)^2 - 7(x - y) - 3}{2(x - y)^2 + 5(x - y) - 12}$

61. $\dfrac{x^2 + 11x + 30}{x^2 + 12x + 36} \cdot \dfrac{x^2 + 13x + 42}{x^2 + 13x + 40} \cdot \dfrac{x^2 + 10x + 16}{x^2 + 2x - 35}$

62. $\dfrac{2x^2 + 15x + 18}{12x^2 - 41x + 24} \cdot \dfrac{12x^2 - 23x - 24}{4x^2 + 27x + 18} \cdot \dfrac{12x^2 - 25x + 12}{8x^2 + 10x - 3}$

7.4 División de fracciones

De la definición de división de fracciones, considerada en el Capítulo 2, tenemos que

$$\frac{a}{b} \div \frac{c}{d} = \frac{a}{b} \cdot \frac{d}{c}.$$

El resultado anterior muestra cómo transformar la división de fracciones en una multiplicación de fracciones.

Las fracciones $\dfrac{c}{d}$ y $\dfrac{d}{c}$ se llaman **inversas multiplicativas** o **recíprocas**.

Nota La recíproca de la expresión $a + b$ es $\dfrac{1}{a + b}$, no $\dfrac{1}{a} + \dfrac{1}{b}$.

Nota La recíproca de $\dfrac{1}{a} + \dfrac{1}{b}$ es $\dfrac{1}{\dfrac{1}{a} + \dfrac{1}{b}}$ o en forma simplificada, $\dfrac{ab}{b + a}$.

$$\frac{1}{\frac{1}{a}+\frac{1}{b}} = \frac{1}{\frac{1}{a}+\frac{1}{b}} \cdot \frac{ab}{ab}$$

$$= \frac{ab}{\frac{ab}{1}\left(\frac{1}{a}+\frac{1}{b}\right)} = \frac{ab}{\frac{ab}{a}+\frac{ab}{b}} = \frac{ab}{b+a}$$

EJEMPLO Simplificar

$$\frac{3a^3}{5b^2} \div \frac{9a^2}{20b}.$$

SOLUCIÓN

$$\frac{3a^3}{5b^2} \div \frac{9a^2}{20b} = \frac{3a^3}{5b^2} \cdot \frac{20b}{9a^2} = \frac{4a}{3b}$$

Nota

Obsérvese la diferencia entre

$$\frac{a}{b} \div \frac{c}{d} \cdot \frac{e}{f} = \frac{a}{b} \cdot \frac{d}{c} \cdot \frac{e}{f} = \frac{ade}{bcf}$$

y

$$\frac{a}{b} \div \left(\frac{c}{d} \cdot \frac{e}{f}\right) = \frac{a}{b} \div \frac{ce}{df} = \frac{a}{b} \cdot \frac{df}{ce} = \frac{adf}{bce}.$$

EJEMPLO Simplificar

$$\frac{9a^2b^4}{49x^2y^3} \div \frac{a^2b}{14x^2y} \cdot \frac{21y}{ab^2}.$$

SOLUCIÓN

$$\frac{9a^2b^4}{49x^2y^3} \div \frac{a^2b}{14x^2y} \cdot \frac{21y}{ab^2} = \frac{9a^2b^4}{49x^2y^3} \cdot \frac{14x^2y}{a^2b} \cdot \frac{21y}{ab^2}$$

$$= \frac{54b}{ay}$$

EJEMPLO Simplificar

$$\frac{a^3b^2}{x^2y^3} \div \left(\frac{a^2b^5}{x^5y} \cdot \frac{x^3y^2}{ab^3}\right).$$

SOLUCIÓN

$$\frac{a^3b^2}{x^2y^3} \div \left(\frac{a^2b^5}{x^5y} \cdot \frac{x^3y^2}{ab^3}\right) = \frac{a^3b^2}{x^2y^3} \div \frac{a^2b^5 \cdot x^3y^2}{x^5y \cdot ab^3}$$

$$= \frac{a^3b^2}{x^2y^3} \cdot \frac{x^5y \cdot ab^3}{a^2b^5 \cdot x^3y^2} = \frac{a^2}{y^4}$$

EJEMPLO Simplificar

$$\frac{8x^2 + 2x - 3}{4x^2 - 17x - 15} \div \frac{12x^2 - 20x + 7}{6x^2 - 37x + 35}.$$

SOLUCIÓN Como en la multiplicación de fracciones, factorizamos los numeradores y denominadores:

$$\frac{8x^2 + 2x - 3}{4x^2 - 17x - 15} \div \frac{12x^2 - 20x + 7}{6x^2 - 37x + 35}$$

$$= \frac{(2x - 1)(4x + 3)}{(4x + 3)(x - 5)} \div \frac{(2x - 1)(6x - 7)}{(x - 5)(6x - 7)}$$

$$= \frac{\overset{1}{\cancel{(2x - 1)}}\overset{1}{\cancel{(4x + 3)}}}{\underset{1}{\cancel{(4x + 3)}}\underset{1}{\cancel{(x - 5)}}} \cdot \frac{\overset{1}{\cancel{(x - 5)}}\overset{1}{\cancel{(6x - 7)}}}{\underset{1}{\cancel{(2x - 1)}}\underset{1}{\cancel{(6x - 7)}}} = 1$$

EJEMPLO Efectuar las operaciones indicadas y simplificar.

$$\frac{24x^2 + 49x - 40}{54x^2 + 51x - 14} \div \frac{36x^2 + 63x - 88}{27x^2 + 30x - 8} \cdot \frac{72x^2 + 18x - 77}{8x^2 - 37x + 20}$$

SOLUCIÓN

$$\frac{24x^2 + 49x - 40}{54x^2 + 51x - 14} \div \frac{36x^2 + 63x - 88}{27x^2 + 30x - 8} \cdot \frac{72x^2 + 18x - 77}{8x^2 - 37x + 20}$$

$$= \frac{(8x - 5)(3x + 8)}{(6x + 7)(9x - 2)} \div \frac{(3x + 8)(12x - 11)}{(9x - 2)(3x + 4)} \cdot \frac{(6x + 7)(12x - 11)}{(8x - 5)(x - 4)}$$

$$= \frac{\overset{1}{\cancel{(8x - 5)}}\overset{1}{\cancel{(3x + 8)}}}{\underset{1}{\cancel{(6x + 7)}}\underset{1}{\cancel{(9x - 2)}}} \cdot \frac{\overset{1}{\cancel{(9x - 2)}}(3x + 4)}{\underset{1}{\cancel{(3x + 8)}}\underset{1}{\cancel{(12x - 11)}}} \cdot \frac{\overset{1}{\cancel{(6x + 7)}}\overset{1}{\cancel{(12x - 11)}}}{\underset{1}{\cancel{(8x - 5)}}(x - 4)}$$

$$= \frac{3x + 4}{x - 4}$$

Ejercicios 7.4

Efectúe las operaciones indicadas y simplifique:

1. $\frac{15}{26} \div \frac{45}{39}$

2. $\frac{51}{98} \div \frac{34}{343}$

3. $\frac{56}{38} \div \frac{63}{57} \cdot \frac{27}{16}$

4. $\frac{48}{66} \div \frac{84}{77} \cdot \frac{9}{12}$

5. $\frac{22}{34} \cdot \frac{51}{55} \div \frac{45}{81}$

6. $\frac{125}{64} \cdot \frac{128}{100} \div \frac{35}{28}$

7. $\frac{8}{25} \div \left(\frac{28}{30} \cdot \frac{36}{42}\right)$

8. $\frac{20}{76} \div \left(\frac{27}{57} \cdot \frac{35}{18}\right)$

9. $\frac{10x^2}{9y} \div \frac{4x^3}{27y^2}$

10. $\frac{8a^3}{9b^4} \div \frac{4a}{3b^5}$

11. $\frac{17a^2b^3}{26x^2} \div \frac{51a^3b}{13x^4}$

12. $\frac{14x^2y}{9a^3} \div \frac{35y^3}{18a^3}$

13. $\frac{6a^2b^3}{8x^2y^6} \div \frac{15a^4b}{12xy^3}$

14. $\frac{28a^4b^9}{22x^3y^5} \div \frac{35a^6b^9}{55xy^5}$

15. $\frac{4a^2b^4}{9x^4y^2} \div \frac{8a^4b^9}{27x^3y^6}$

16. $\frac{x^6y^8z^9}{a^3b^2c^5} \div \frac{x^5y^8z^7}{a^4b^6c^{10}}$

17. $\frac{x^3y}{a^2b} \cdot \frac{a^4b^3}{x^2y^2} \div \frac{b^2}{y^2}$

18. $\frac{2xy^4}{3ab^3} \cdot \frac{27a^3b}{8x^2y} \div \frac{9y^3}{x^3}$

19. $\frac{14a^2}{25b^3} \div \frac{4b^2}{10a} \cdot \frac{b^6}{a^3}$

20. $\frac{32}{25a^3} \div \frac{16a^2}{50a^4b} \cdot \frac{a}{b^3}$

21. $\frac{a^2x}{b^2y} \div \frac{ax^3}{by^2} \cdot \frac{ay^2}{b^3x}$

22. $\frac{3ax^2}{b^2y^3} \div \frac{a^2x}{b^3y^2} \cdot \frac{bx}{ay}$

23. $\frac{x^2y^4}{a^3b} \div \left(\frac{x^3y^5}{a^5b^3} \cdot \frac{a^2b^4}{x^4y^2}\right)$

24. $\frac{a^3x^4}{b^3y^2} \div \left(\frac{a^2x^2}{b^4y^3} \cdot \frac{by^2}{a^4}\right)$

25. $\frac{a^3b^4}{x^4y} \div \left(\frac{a^2b^3}{xy^2} \cdot \frac{a^4b}{x^2y^3}\right)$

26. $\frac{xy^4}{a^3b^2} \div \left(\frac{a^2b^3}{x^3y} \cdot \frac{x^2y^3}{ab^5}\right)$

27. $\frac{3a^2b - ab^2}{x^2} \div \frac{6a^2 - 2ab}{x^4}$

28. $\frac{x}{14a^3 + 21a^2b} \div \frac{x^3}{6a^2 + 9ab}$

29. $\frac{4x^3}{3x^2 - 3xy} \div \frac{x^2}{x^2 - y^2}$

30. $\frac{64x^6}{16x^2 - 16y^2} \div \frac{4x^5}{3xy + 3y^2}$

31. $\frac{x^3 + x}{x^2 - x} \div \frac{x^3 - x^2}{x^2 - 2x + 1}$

32. $\frac{3x^2 - 12}{x^2 + 4x + 4} \div \frac{x^3 - 2x^2}{x^2 + 2x}$

33. $\frac{x^2 + 9}{x^2 + 2x - 3} \div \frac{x^2 - 6x - 27}{x^2 - 10x + 9}$

34. $\frac{x^2 - 2x + 3}{x^2 - 3x + 2} \div \frac{x^2 + 8x + 16}{x^2 + 2x - 8}$

35. $\frac{x^2 + 2x - 8}{x^2 - 3x - 4} \div \frac{x^2 - 4x + 4}{x^2 - 6x + 8}$

36. $\frac{x^2 - 7x + 10}{x^2 - 6x + 5} \div \frac{x^2 + 5x - 14}{x^2 + 8x + 7}$

37. $\frac{x^2 - 4x - 12}{x^2 - 7x + 6} \div \frac{x^2 + 10x + 16}{x^2 + 7x - 8}$

38. $\frac{x^2 + 7x - 18}{x^2 + 6x - 27} \div \frac{x^2 + 11x + 24}{x^2 + 5x - 24}$

39. $\frac{x^2 - 3x + 2}{x^2 - 5x + 4} \div \frac{x^2 + 6x - 16}{x^2 + x - 20}$

40. $\frac{x^2 - 4x + 3}{x^2 - 6x + 9} \div \frac{x^2 + 10x + 24}{x^2 + 3x - 18}$

41. $\frac{x^2 + 4x - 21}{x^2 + 3x - 28} \div \frac{x^2 + 14x + 48}{x^2 + 4x - 32}$

42. $\frac{x^2 + 5x + 4}{x^2 + 12x + 32} \div \frac{x^2 - 12x + 35}{x^2 + 3x - 40}$

43. $\dfrac{2x^2 + 3x + 1}{2x^2 + 5x + 3} \div \dfrac{2x^2 + 13x + 6}{2x^2 + 11x + 12}$

44. $\dfrac{2x^2 - 7x + 6}{2x^2 - 3x - 2} \div \dfrac{2x^2 + 3x - 9}{4x^2 + 11x - 3}$

45. $\dfrac{3x^2 - 8x + 4}{4x^2 - 5x - 6} \div \dfrac{3x^2 + x - 2}{4x^2 + 7x + 3}$

46. $\dfrac{4x^2 - 23x - 6}{3x^2 - 14x + 8} \div \dfrac{4x^2 + 25x + 6}{2x^2 - 11x + 12}$

47. $\dfrac{3x^2 - 19x + 6}{2x^2 + 7x - 15} \div \dfrac{3x^2 + 5x - 2}{2x^2 + x - 6}$

48. $\dfrac{6x^2 - 5x + 1}{12x^2 - x - 1} \div \dfrac{4x^2 - 8x - 5}{8x^2 + 6x + 1}$

49. $\dfrac{6x^2 + 11x + 4}{6x^2 + 23x + 20} \div \dfrac{4x^2 - 16x - 9}{4x^2 + 4x - 15}$

50. $\dfrac{6x^2 + 13x + 6}{6x^2 + 5x - 6} \div \dfrac{6x^2 - 23x - 18}{4x^2 - 20x + 9}$

51. $\dfrac{12x^2 + 12x + 3}{4x^2 - 14x - 8} \div \dfrac{9x^2 - 21x + 6}{12x^2 - 52x + 16}$

52. $\dfrac{x^3 - 5x^2 - 24x}{4x^2 - 12x - 72} \div \dfrac{x^3 + 10x^2 + 24x}{2x^2 - 4x - 48}$

53. $\dfrac{2x^2 - 9xy + 9y^2}{3x^2 - 13xy + 12y^2} \div \dfrac{6x^2 - 19xy + 15y^2}{3x^2 + 14xy - 24y^2}$

54. $\dfrac{8x^2 - 2xy - 3y^2}{12x^2 - 59xy + 72y^2} \div \dfrac{4x^2 + 16xy + 7y^2}{8x^2 + 10xy - 63y^2}$

55. $\dfrac{10 + 9x - x^2}{x^2 - 7x - 8} \div \dfrac{x^2 - 8x - 20}{x^2 - 10x + 16}$

56. $\dfrac{28 + 13x - 6x^2}{16x^2 + 24x + 9} \div \dfrac{10x^2 - 39x + 14}{20x^2 + 7x - 6}$

57. $\dfrac{3 + 5x - 42x^2}{12x^2 + 11x - 5} \div \dfrac{84x^2 + 32x + 3}{24x^2 + 34x + 5}$

58. $\dfrac{12x^2 + 17x + 6}{12 + 7x - 12x^2} \div \dfrac{6x^2 - 5x - 6}{6x^2 - 17x + 12}$

59. $\dfrac{x^2 - 3xy + 2y^2}{x^2 - 2xy - 3y^2} \div \dfrac{y^2 + 2xy - 3x^2}{y^2 + 4xy + 3x^2}$

60. $\dfrac{x^2 - xy - 12y^2}{x^2 - 3xy - 18y^2} \div \dfrac{4y^2 + 7xy - 2x^2}{x^2 - 7xy + 6y^2}$

61. $\dfrac{x^4 + x^2 - 2}{x^2 - 2x + 1} \div \dfrac{x^4 - 2x^2 - 8}{x^2 + 3x + 2}$

62. $\dfrac{x^4 - 8x^2 - 9}{x^2 + 6x + 9} \div \dfrac{x^4 - 15x^2 - 16}{x^2 - x - 12}$

63. $\dfrac{2(x + y)^2 + (x + y) - 6}{(x + y)^2 - 2(x + y) - 8} \div \dfrac{3(x + y)^2 - 17(x + y) - 6}{3(x + y)^2 - 11(x + y) - 4}$

64. $\dfrac{2(x - y)^2 + 3(x - y) - 9}{2(x - y)^2 + 5(x - y) - 12} \div \dfrac{9(x - y)^2 - 4}{3(x - y)^2 + 10(x - y) - 8}$

65. $\dfrac{2x^2 - 15x + 18}{6x^2 + 35x + 36} \cdot \dfrac{6x^2 + 31x + 18}{3x^2 - 20x + 12} \div \dfrac{2x^2 - 13x + 15}{9x^2 + 15x + 4}$

66. $\dfrac{6x^2 + 23x + 21}{6x^2 - 17x + 10} \cdot \dfrac{4x^2 - x - 14}{3x^2 - 2x - 21} \div \dfrac{8x^2 + 26x + 21}{6x^2 - 23x + 15}$

67. $\dfrac{12x^2 - 35x + 18}{2x^2 - 17x + 36} \div \dfrac{6x^2 - 23x - 18}{6x^2 - 19x - 36} \cdot \dfrac{4x^2 - 19x + 12}{12x^2 - 11x - 36}$

68. $\dfrac{6x^2 - 23x + 21}{3x^2 + 5x - 12} \div \dfrac{4x^2 - 9}{4x^2 + 9x - 9} \cdot \dfrac{6x^2 + x - 12}{6x^2 - 5x - 21}$

69. $\dfrac{8x^2 - 26x + 21}{3x^2 - 20x + 12} \div \dfrac{4x^2 + 25x - 56}{3x^2 - 11x - 42} \cdot \dfrac{3x^2 + 16x - 12}{6x^2 + 5x - 21}$

70. $\dfrac{9x^2 - 4}{4x^2 + 23x + 28} \div \dfrac{12x^2 - 17x + 6}{8x^2 + 2x - 21} \cdot \dfrac{4x^2 + 13x - 12}{12x^2 - 19x - 18}$

71. $\dfrac{15x^2 - 17x - 42}{12x^2 - 64x + 45} \div \left[\dfrac{27x^2 - 51x - 28}{14x^2 - 75x + 54} \cdot \dfrac{10x^2 - 3x - 18}{54x^2 - 21x - 20}\right]$

72. $\dfrac{40x^2 + 58x - 21}{10x^2 - 43x + 12} \div \left[\dfrac{48x^2 + 80x - 7}{12x^2 + 143x - 12} \cdot \dfrac{x^2 + 6x - 72}{18x^2 - 65x - 28}\right]$

7.5 Operaciones combinadas y fracciones complejas

En las secciones anteriores tratamos la adición y sustracción de fracciones, así como su multiplicación y división. En todos los casos la respuesta final fue una fracción en forma reducida. En esta sección se usarán las cuatro operaciones en un sólo problema y también se requerirá que la respuesta final sea una fracción reducida.

Cuando no hay símbolos de agrupación en el problema, primero se efectúan las multiplicaciones y divisiones en el orden en que aparecen. Solamente después de que todas las multiplicaciones y divisiones se han realizado, se efectúan las adiciones y sustracciones.

EJEMPLO Efectuar las operaciones indicadas y simplificar:

$$\frac{5}{2x + 1} - \frac{2x + 6}{x^2 - 4x + 3} \div \frac{2x^2 + 5x - 3}{2x^2 - 3x + 1}$$

SOLUCIÓN

$$\frac{5}{2x + 1} - \frac{2x + 6}{x^2 - 4x + 3} \div \frac{2x^2 + 5x - 3}{2x^2 - 3x + 1}$$

$$= \frac{5}{2x + 1} - \frac{2(x + 3)}{(x - 3)(x - 1)} \div \frac{(2x - 1)(x + 3)}{(2x - 1)(x - 1)}$$

$$= \frac{5}{2x + 1} - \frac{2\overset{1}{\cancel{(x + 3)}}}{(x - 3)\underset{1}{\cancel{(x - 1)}}} \cdot \frac{\overset{1}{\cancel{(2x - 1)}}\overset{1}{\cancel{(x - 1)}}}{\underset{1}{\cancel{(2x - 1)}}\underset{1}{\cancel{(x + 3)}}}$$

$$= \frac{5}{2x+1} - \frac{2}{x-3} = \frac{5(x-3) - 2(2x+1)}{(2x+1)(x-3)}$$
$$= \frac{5x - 15 - 4x - 2}{(2x+1)(x-3)} = \frac{x - 17}{(2x+1)(x-3)}$$

Cuando hay símbolos de agrupación, como en el problema

$$\left(x - \frac{4x}{x+2}\right)\left(3 + \frac{12}{x-2}\right)$$

se tiene la opción de efectuar primero la multiplicación o bien las operaciones de los términos, dentro de los paréntesis. Esto último es más sencillo como se ilustra en los ejemplos siguientes:

EJEMPLO Efectuar las operaciones indicadas y simplificar:

$$\left(x - \frac{4x}{x+2}\right)\left(3 + \frac{12}{x-2}\right)$$

SOLUCIÓN

$$\left(\frac{x}{1} - \frac{4x}{x+2}\right)\left(\frac{3}{1} + \frac{12}{x-2}\right) = \frac{x(x+2) - 4x}{(x+2)} \cdot \frac{3(x-2) + 12}{(x-2)}$$
$$= \frac{x^2 + 2x - 4x}{(x+2)} \cdot \frac{3x - 6 + 12}{(x-2)}$$
$$= \frac{x^2 - 2x}{(x+2)} \cdot \frac{3x + 6}{(x-2)}$$
$$= \frac{x(x-2)}{(x+2)} \cdot \frac{3(x+2)}{(x-2)}$$
$$= 3x$$

EJEMPLO Realizar las operaciones indicadas y simplificar:

$$\left(x - \frac{9}{2x-3}\right) \div \left(x + \frac{9}{2x+9}\right)$$

SOLUCIÓN

$$\left(\frac{x}{1} - \frac{9}{2x-3}\right) \div \left(\frac{x}{1} + \frac{9}{2x+9}\right) = \frac{x(2x-3) - 9}{(2x-3)} \div \frac{x(2x+9) + 9}{(2x+9)}$$
$$= \frac{2x^2 - 3x - 9}{(2x-3)} \div \frac{2x^2 + 9x + 9}{(2x+9)}$$
$$= \frac{(2x+3)(x-3)}{(2x-3)} \cdot \frac{(2x+9)}{(2x+3)(x+3)}$$
$$= \frac{(x-3)(2x+9)}{(2x-3)(x+3)}$$

Nota

Puesto que $(a + b) \div (c + d)$ se puede escribir como $\dfrac{a + b}{c + d}$, podemos expresar

$$\left(3 - \frac{11}{x} + \frac{6}{x^2}\right) \div \left(3 + \frac{4}{x} - \frac{4}{x^2}\right)$$

en la forma

$$\frac{3 - \dfrac{11}{x} + \dfrac{6}{x^2}}{3 + \dfrac{4}{x} - \dfrac{4}{x^2}}$$

la cual se llama **fracción compleja**

Dada una fracción compleja, es posible simplificar el problema como está, en forma de fracción, o escribirlo en forma de división, y simplificar. A veces puede simplificarse fácilmente una fracción compleja multiplicando numerador y denominador por el mínimo común múltiplo de todos los denominadores que intervienen.

EJEMPLO Simplificar

$$\frac{\dfrac{4}{9} - \dfrac{3}{8}}{\dfrac{7}{12} - \dfrac{11}{18}}.$$

SOLUCIÓN El m.c.m. de los denominadores es 72.

$$\frac{\dfrac{4}{9} - \dfrac{3}{8}}{\dfrac{7}{12} - \dfrac{11}{18}} = \frac{\dfrac{72}{1}\left(\dfrac{4}{9} - \dfrac{3}{8}\right)}{\dfrac{72}{1}\left(\dfrac{7}{12} - \dfrac{11}{18}\right)} = \frac{32 - 27}{42 - 44}$$

$$= \frac{5}{-2} = -\frac{5}{2}$$

EJEMPLO Simplificar

$$\frac{3 - \dfrac{11}{x} + \dfrac{6}{x^2}}{3 + \dfrac{4}{x} - \dfrac{4}{x^2}}.$$

SOLUCIÓN El m.c.m. de los denominadores es x^2:

$$\frac{3 - \frac{11}{x} + \frac{6}{x^2}}{3 + \frac{4}{x} - \frac{4}{x^2}} = \frac{\frac{x^2}{1}\left(\frac{3}{1} - \frac{11}{x} + \frac{6}{x^2}\right)}{\frac{x^2}{1}\left(\frac{3}{1} + \frac{4}{x} - \frac{4}{x^2}\right)}$$

$$= \frac{3x^2 - 11x + 6}{3x^2 + 4x - 4} = \frac{(3x - 2)(x - 3)}{(3x - 2)(x + 2)} = \frac{x - 3}{x + 2}$$

EJEMPLO Simplificar

$$\frac{x - 2}{x + 2 - \frac{4}{x - 1}}.$$

SOLUCIÓN El m.c.m. de los denominadores es $(x - 1)$.

$$\frac{x - 2}{x + 2 - \frac{4}{x - 1}} = \frac{(x - 1)(x - 2)}{\frac{x - 1}{1}\left(\frac{x + 2}{1} - \frac{4}{x - 1}\right)}$$

$$= \frac{(x - 1)(x - 2)}{(x - 1)(x + 2) - 4}$$

$$= \frac{(x - 1)(x - 2)}{x^2 + x - 2 - 4} = \frac{(x - 1)(x - 2)}{x^2 + x - 6}$$

$$= \frac{(x - 1)(x - 2)}{(x + 3)(x - 2)} = \frac{x - 1}{x + 3}$$

EJEMPLO Simplificar

$$\frac{x + 3 + \frac{6}{x - 4}}{x + 5 + \frac{18}{x - 4}}.$$

SOLUCIÓN El m.c.m. de los denominadores es $x - 4$.

$$\frac{x + 3 + \frac{6}{x - 4}}{x + 5 + \frac{18}{x - 4}} = \frac{\frac{x - 4}{1}\left(\frac{x + 3}{1} + \frac{6}{x - 4}\right)}{\frac{x - 4}{1}\left(\frac{x + 5}{1} + \frac{18}{x - 4}\right)}$$

$$= \frac{(x - 4)(x + 3) + 6}{(x - 4)(x + 5) + 18} = \frac{x^2 - x - 12 + 6}{x^2 + x - 20 + 18}$$

$$= \frac{x^2 - x - 6}{x^2 + x - 2} = \frac{(x - 3)(x + 2)}{(x + 2)(x - 1)} = \frac{x - 3}{x - 1}$$

EJEMPLO Simplificar

$$\frac{x - 5 + \dfrac{13}{3x + 1}}{3x + 2 + \dfrac{12}{3x - 5}}.$$

SOLUCIÓN

$$\frac{x - 5 + \dfrac{13}{3x + 1}}{3x + 2 + \dfrac{12}{3x - 5}} = \frac{\dfrac{(3x + 1)(3x - 5)}{1}\left[(x - 5) + \dfrac{13}{3x + 1}\right]}{\dfrac{(3x + 1)(3x - 5)}{1}\left[(3x + 2) + \dfrac{12}{3x - 5}\right]}$$

$$= \frac{(3x - 5)\,[(3x + 1)(x - 5) + 13]}{(3x + 1)[(3x - 5)(3x + 2) + 12]}$$

$$= \frac{(3x - 5)[3x^2 - 14x - 5 + 13]}{(3x + 1)[9x^2 - 9x - 10 + 12]}$$

$$= \frac{(3x - 5)(3x^2 - 14x + 8)}{(3x + 1)(9x^2 - 9x + 2)}$$

$$= \frac{(3x - 5)(3x - 2)(x - 4)}{(3x + 1)(3x - 2)(3x - 1)}$$

$$= \frac{(3x - 5)(x - 4)}{(3x + 1)(3x - 1)}$$

Ejercicios 7.5

Efectúe las operaciones indicadas y simplifique:

1. $\dfrac{2}{x + 3} + \dfrac{3x + 3}{x^2 - 2x - 8} \cdot \dfrac{x^2 + x - 2}{x^2 - 1}$

2. $\dfrac{3}{x - 2} - \dfrac{8x - 4}{2x^2 - 5x - 3} \cdot \dfrac{x^2 - x - 6}{2x^2 + 3x - 2}$

3. $\dfrac{3x^2 + 3x}{3x^2 - 8x + 4} \cdot \dfrac{x^2 + 2x - 8}{x^2 + 5x + 4} - \dfrac{2x}{2x - 1}$

4. $\dfrac{x}{2x - 3} + \dfrac{3x + 12}{x^2 - 4x - 12} \div \dfrac{x^2 + 8x + 16}{x^2 + 6x + 8}$

5. $\dfrac{1}{x - 1} + \dfrac{12x^2 - 4x}{4x^2 - 11x - 3} \div \dfrac{3x^2 + 8x - 3}{x^2 - 9}$

6. $\dfrac{6x^2 - 12x}{2x^2 + 3x - 9} \div \dfrac{2x^2 - 5x + 2}{2x^2 + 5x - 3} - \dfrac{3}{x + 1}$

7. $\left(1 - \frac{1}{x}\right) \cdot \frac{x}{x^2 - 1}$

8. $\left(2 - \frac{1}{x}\right) \cdot \frac{x^2}{4x^2 - 1}$

9. $\left(3 + \frac{3}{x}\right) \cdot \frac{x}{x^2 - 1}$

10. $\left(6 + \frac{2}{x}\right) \cdot \frac{x}{9x^2 - 1}$

11. $\left(4 - \frac{10}{x}\right) \cdot \frac{2x}{4x^2 - 25}$

12. $\left(9 - \frac{6}{x}\right) \cdot \frac{3x}{9x^2 - 4}$

13. $\left(3 + \frac{1}{x}\right)\left(1 - \frac{1}{3x + 1}\right)$

14. $\left(5 - \frac{2}{x}\right)\left(1 + \frac{2}{5x - 2}\right)$

15. $\left(x - \frac{9}{x}\right)\left(1 - \frac{3}{x + 3}\right)$

16. $\left(x - \frac{4}{x}\right)\left(1 + \frac{2}{x - 2}\right)$

17. $\left(x - \frac{1}{x}\right)\left(x - \frac{x}{x + 1}\right)$

18. $\left(2 - \frac{9}{2x^2}\right)\left(x + \frac{3x}{2x - 3}\right)$

19. $\left(3x - \frac{4}{3x}\right)\left(x - \frac{2x}{3x + 2}\right)$

20. $\left(x - \frac{3}{4x - 1}\right)\left(x - \frac{1}{4x + 3}\right)$

21. $\left(x - \frac{24}{x + 2}\right)\left(x - \frac{12}{x - 4}\right)$

22. $\left(x - \frac{1}{2x - 1}\right)\left(x - \frac{1}{2x + 1}\right)$

23. $\left(x + \frac{4x}{x - 3}\right)\left(x - 2 - \frac{4}{x + 1}\right)$

24. $\left(x - \frac{x}{x - 1}\right)\left(x + 4 + \frac{5}{x - 2}\right)$

25. $\left(x - 1 - \frac{3}{x + 1}\right)\left(2x + 5 + \frac{9}{x - 2}\right)$

26. $\left(x - 3 - \frac{7}{x + 3}\right)\left(3x - 1 + \frac{10}{x + 4}\right)$

27. $\left(3x - 5 + \frac{13}{2x + 3}\right)\left(2x - 1 - \frac{26}{3x - 2}\right)$

28. $\left(\frac{x}{4} - \frac{4}{x}\right)\left(\frac{1}{x + 4} + \frac{1}{x - 4}\right)$

29. $\left(x - \frac{1}{x}\right) \div \left(1 - \frac{1}{x^2}\right)$

30. $\left(4 - \frac{9}{x^2}\right) \div \left(\frac{2}{3x} - \frac{1}{x^2}\right)$

31. $\left(6 - \frac{13}{x} + \frac{6}{x^2}\right) \div \left(8 - \frac{10}{x} - \frac{3}{x^2}\right)$

32. $\left(12 - \frac{1}{x} - \frac{6}{x^2}\right) \div \left(8 - \frac{2}{x} - \frac{3}{x^2}\right)$

33. $\left(1 + \frac{4}{2x - 3}\right) \div \left(3 + \frac{4}{2x - 3}\right)$

34. $\left(1 + \frac{6}{3x - 5}\right) \div \left(2 + \frac{7}{3x - 5}\right)$

35. $\left(3 - \dfrac{4}{3x + 2}\right) \div \left(4 - \dfrac{7}{3x + 2}\right)$

36. $\left(2 - \dfrac{3}{2x + 1}\right) \div \left(7 - \dfrac{9}{2x + 1}\right)$

37. $\left(x + \dfrac{2}{x + 3}\right) \div \left(1 - \dfrac{2}{x + 3}\right)$

38. $\left(x - \dfrac{2}{3x - 1}\right) \div \left(1 - \dfrac{2}{3x - 1}\right)$

39. $\left(x - \dfrac{3}{2x + 5}\right) \div \left(x - \dfrac{12}{x - 1}\right)$

40. $\left(x - \dfrac{4}{3x + 4}\right) \div \left(x + \dfrac{2}{3x - 5}\right)$

41. $\left(x - 5 - \dfrac{7}{x + 1}\right) \div \left(x - 4 - \dfrac{14}{x + 1}\right)$

42. $\left(x - 6 - \dfrac{10}{x + 3}\right) \div \left(x + 2 - \dfrac{2}{x + 3}\right)$

43. $\left(x - 2 - \dfrac{16}{x - 2}\right) \div \left(x + 5 - \dfrac{4}{x - 2}\right)$

44. $\left(x + 1 - \dfrac{8}{x - 1}\right) \div \left(x + 7 + \dfrac{16}{x - 1}\right)$

45. $\left(x - 3 + \dfrac{6}{2x + 1}\right) \div \left(x + 1 - \dfrac{6}{2x + 1}\right)$

46. $\left(3x - 4 + \dfrac{11}{2x + 3}\right) \div \left(3x - 10 + \dfrac{33}{2x + 3}\right)$

47. $\dfrac{\frac{3}{4} - \frac{1}{2}}{1 - \frac{2}{3}}$

48. $\dfrac{\frac{1}{2} - \frac{1}{6}}{\frac{3}{20} + \frac{1}{4}}$

49. $\dfrac{\frac{1}{3} - \frac{1}{21}}{\frac{1}{2} - \frac{3}{7}}$

50. $\dfrac{\frac{7}{8} - \frac{3}{4}}{\frac{1}{36} + \frac{1}{18}}$

51. $\dfrac{\frac{3}{4} - \frac{2}{3}}{\frac{19}{18} - \frac{5}{6}}$

52. $\dfrac{\frac{5}{12} - \frac{35}{36}}{\frac{3}{2} - \frac{2}{3}}$

53. $\dfrac{\frac{1}{x} + \frac{1}{2}}{\frac{1}{x^2} - \frac{1}{4}}$

54. $\dfrac{\frac{1}{x} + \frac{1}{3}}{\frac{1}{x^2} - \frac{1}{9}}$

55. $\dfrac{\frac{4}{x^2} - \frac{1}{9}}{\frac{2}{x} - \frac{1}{3}}$

56. $\dfrac{\frac{1}{4x^2} - \frac{1}{25}}{\frac{1}{2x} - \frac{1}{5}}$

57. $\dfrac{6 - \frac{1}{x} - \frac{2}{x^2}}{3 + \frac{1}{x} - \frac{2}{x^2}}$

58. $\dfrac{12 + \frac{5}{x} - \frac{2}{x^2}}{12 + \frac{11}{x} + \frac{2}{x^2}}$

59. $\dfrac{\dfrac{6}{x^2} - \dfrac{7}{x} - 24}{\dfrac{3}{x^2} - \dfrac{2}{x} - 16}$

60. $\dfrac{\dfrac{8}{x^2} + \dfrac{2}{x} - 3}{\dfrac{16}{x^2} + \dfrac{8}{x} - 3}$

61. $\dfrac{\dfrac{12}{x^2} - \dfrac{1}{x} - 1}{4 - \dfrac{11}{x} - \dfrac{3}{x^2}}$

62. $\dfrac{4 + \dfrac{4}{x} - \dfrac{15}{x^2}}{\dfrac{12}{x^2} + \dfrac{1}{x} - 6}$

63. $\dfrac{x + 3}{x + \dfrac{3}{x + 4}}$

64. $\dfrac{x - 3}{x - \dfrac{18}{x + 3}}$

65. $\dfrac{x + 2}{x + 1 - \dfrac{5}{x - 3}}$

66. $\dfrac{x + 4}{x + 1 - \dfrac{6}{x + 2}}$

67. $\dfrac{2x - 1}{2x - 3 - \dfrac{3}{x - 2}}$

68. $\dfrac{3x + 2}{3x + 8 + \dfrac{26}{2x - 3}}$

69. $\dfrac{x - 3 - \dfrac{10}{3x - 2}}{x - \dfrac{40}{3x - 2}}$

70. $\dfrac{x - \dfrac{2}{2x - 3}}{2x - 1 - \dfrac{8}{2x - 3}}$

71. $\dfrac{x - \dfrac{6}{2x + 1}}{x + 3 - \dfrac{18}{2x + 1}}$

72. $\dfrac{x - \dfrac{2}{x - 1}}{x + 2 - \dfrac{4}{x - 1}}$

73. $\dfrac{x + 3 + \dfrac{6}{x - 4}}{x + 9 + \dfrac{42}{x - 4}}$

74. $\dfrac{x + 1 - \dfrac{9}{2x - 1}}{x + 2 - \dfrac{12}{2x - 1}}$

75. $\dfrac{x - 6 + \dfrac{22}{2x + 3}}{x - 5 + \dfrac{11}{2x + 3}}$

76. $\dfrac{2x - 3 + \dfrac{2}{3x + 2}}{x + 1 - \dfrac{14}{3x + 2}}$

77. $\dfrac{x + 1 - \dfrac{2}{2x + 5}}{x - 7 + \dfrac{30}{2x + 5}}$

78. $\dfrac{x + 5 + \dfrac{7}{x - 3}}{2x + 3 - \dfrac{15}{x + 1}}$

79. $\dfrac{x + 2 - \dfrac{1}{x + 2}}{x + 2 - \dfrac{4}{x - 1}}$

80. $\dfrac{x - 4 - \dfrac{1}{x - 4}}{x - 2 - \dfrac{9}{x - 2}}$

81. $\dfrac{x + 6 + \dfrac{8}{x - 3}}{2x - 9 + \dfrac{30}{x + 4}}$

82. $\dfrac{x - 1 - \dfrac{2}{2x + 1}}{x - 6 + \dfrac{9}{2x - 1}}$

83. $\dfrac{x + 2 - \dfrac{5}{2x + 1}}{2x + 3 + \dfrac{2}{3x - 2}}$

84. $\dfrac{\dfrac{x + 1}{x - 1} + \dfrac{x - 1}{x + 1}}{\dfrac{x + 1}{x - 1} - \dfrac{x - 1}{x + 1}}$

85. $\dfrac{\dfrac{2x - 1}{2x + 1} - \dfrac{2x + 1}{2x - 1}}{\dfrac{2x - 1}{2x + 1} + \dfrac{2x + 1}{2x - 1}}$

86. $\dfrac{\dfrac{x + 1}{x - 2} - \dfrac{x - 1}{x + 2}}{\dfrac{x + 1}{x - 2} + \dfrac{x - 1}{x + 2}}$

87. $\left(3x - 2 - \dfrac{5}{2x - 1}\right)\left(2x + 1 - \dfrac{5}{3x + 1}\right) \div \left(3x - 5 - \dfrac{3}{x + 1}\right)$

88. $\left(x - 3 + \dfrac{4}{x + 2}\right)\left(2x + 3 - \dfrac{6}{x + 1}\right) \div \left(2x - 9 + \dfrac{20}{x + 2}\right)$

89. $\left(x + 1 - \dfrac{3}{x - 1}\right) \div \left(x + 3 + \dfrac{3}{2x + 1}\right) \cdot \left(2x + 5 + \dfrac{7}{x - 2}\right)$

90. $\left(2x + 1 - \dfrac{2x + 4}{3x - 1}\right) \div \left(3x + 4 + \dfrac{1}{2x + 1}\right) \cdot \left(3x + 5 + \dfrac{4}{x - 1}\right)$

7.6 Ecuaciones literales

Algunas ecuaciones, llamadas **ecuaciones literales**, contienen más de un número literal. Se puede resolver la ecuación para alguna de las literales, llamada la *variable*, en términos de las otras. De esta manera, asignando valores a esas otras literales, se obtienen los valores correspondientes de la variable. Para encontrar el conjunto solución de una ecuación literal, se forma una ecuación equivalente con todos los términos que tengan la variable como factor en un miembro de la ecuación, y aquellos que no la tengan, en el otro miembro. Se saca como factor de la variable de los términos que la contengan y luego se dividen ambos miembros de la ecuación entre el coeficiente de la variable.

Se simplifica la respuesta y comprueba sustituyendo el valor obtenido para la variable en la ecuación original.

EJEMPLO Resolver la siguiente ecuación para x: $2y - 3x = 8$.

SOLUCIÓN

$$2y - 3x = 8$$
$$-3x = 8 - 2y$$
$$x = \frac{8 - 2y}{-3} \quad \text{o bien} \quad x = \frac{2y - 8}{3}$$

Por consiguiente el conjunto solución es $\left\{\dfrac{2y - 8}{3}\right\}$.

La comprobación se deja como ejercicio.

EJEMPLO Resolver la siguiente ecuación para x:

$$a(x - 3) = 2(1 - x)$$

SOLUCIÓN

$$a(x - 3) = 2(1 - x)$$
$$ax - 3a = 2 - 2x$$
$$ax + 2x = 3a + 2$$
$$x(a + 2) = 3a + 2$$

Si $a + 2 \neq 0$, o sea, $a \neq -2$, podemos dividir ambos miembros de la ecuación entre $(a + 2)$ para obtener

$$x = \frac{3a + 2}{a + 2}$$

Por lo tanto, el conjunto solución es $\left\{\frac{3a + 2}{a + 2} \,\middle|\, a \neq -2\right\}$.

Nota

Cuando $a = -2$, se tiene un enunciado falso.

EJEMPLO Resolver para x la ecuación $3ax + 4 = 2x + 6a$.

SOLUCIÓN

$$3ax + 4 = 2x + 6a$$
$$3ax - 2x = 6a - 4$$
$$x(3a - 2) = 6a - 4$$

Si $(3a - 2) \neq 0$, esto es, $a \neq \frac{2}{3}$, se pueden dividir ambos miembros de la ecuación por $(3a - 2)$ y obtener

$$x = \frac{6a - 4}{3a - 2} = \frac{2(3a - 2)}{3a - 2} = 2$$

Por consiguiente, el conjunto solución es $\left\{2 \,\middle|\, a \neq \frac{2}{3}\right\}$.

Nota

Cuando $a = \frac{2}{3}$, la ecuación se convierte en una identidad, es decir, un enunciado que es verdadero para todos los valores de x.

EJEMPLO Resolver la siguiente ecuación para x y comprobar:

$$a(x + 2) = a^2 + 4(x - 2)$$

SOLUCIÓN

$$a(x + 2) = a^2 + 4(x - 2)$$
$$ax + 2a = a^2 + 4x - 8$$
$$ax - 4x = a^2 - 8 - 2a$$
$$x(a - 4) = a^2 - 2a - 8$$

Si $(a - 4) \neq 0$, o sea, $a \neq 4$, podemos dividir ambos miembros de la ecuación entre $(a - 4)$ para obtener

$$\begin{aligned} x &= \frac{a^2 - 2a - 8}{a - 4} \\ &= \frac{(a - 4)(a + 2)}{a - 4} \\ &= a + 2 \end{aligned}$$

Para comprobar, sustituimos $(a + 2)$ en vez de x en la ecuación original.

Primer miembro	*Segundo miembro*
$= a[(a + 2) + 2]$	$= a^2 + 4[(a + 2) - 2]$
$= a(a + 2 + 2)$	$= a^2 + 4(a + 2 - 2)$
$= a(a + 4)$	$= a^2 + 4(a)$
$= a^2 + 4a$	$= a^2 + 4a$

Por lo tanto, el conjunto solución es $\{a + 2 \mid a \neq 4\}$.

Nota

Cuando $a = 4$, la ecuación se convierte en identidad, esto es, un enunciado que es verdadero para todos los valores de x.

Las fórmulas son reglas expresadas por medio de símbolos o números literales. Se usan ampliamente en muchas áreas de estudio. Las fórmulas pueden considerarse como tipos especiales de ecuaciones literales. Muchos problemas requieren resolver una fórmula para una de las literales involucradas.

EJEMPLO La resistencia R equivalente a dos resistencias R_1 y R_2, dispuestas en paralelo, está dada por la ecuación

$$\frac{1}{R} = \frac{1}{R_1} + \frac{1}{R_2}$$

Resolver para R y R_1.

SOLUCIÓN

$$\begin{aligned} \frac{1}{R} &= \frac{1}{R_1} + \frac{1}{R_2} \\ &= \frac{R_2 + R_1}{R_1 R_2} \end{aligned}$$

Por lo tanto, $R = \dfrac{R_1 R_2}{R_2 + R_1}$

$$\frac{1}{R_1} = \frac{1}{R} - \frac{1}{R_2}$$
$$= \frac{R_2 - R}{RR_2}$$

Por consiguiente, $R_1 = \dfrac{RR_2}{R_2 - R}$

Ejercicios 7.6

Resuelva las siguientes ecuaciones para x, y compruebe sus respuestas:

1. $x - 2y = 0$ **2.** $x + 3y = 0$ **3.** $x - y + 2 = 0$
4. $2x - y = 8$ **5.** $2x - 3y = 6$ **6.** $3x + y = 9$
7. $2x + y = 5$ **8.** $3x + 2y = 12$ **9.** $4x + 7y = 14$
10. $2x + y + 3 = 0$ **11.** $3x + 5y + 15 = 0$ **12.** $4x - 3y + 12 = 0$
13. $6x - 2y + 9 = 0$ **14.** $3y - x = 2$ **15.** $y - 2x = 5$
16. $2y - 4x = 7$ **17.** $y - 3x = -4$ **18.** $7y - 4x = -2$
19. $2x + 5 = a$ **20.** $7x - 2 = 3a$ **21.** $2a - 2x = 3$
22. $5a - 3x = 6$ **23.** $ax + 2 = a$ **24.** $ax - 3 = a$
25. $ax - 2a = 5$ **26.** $4a - 3ax = 2$ **27.** $5a - 5ax = 2$
28. $3a - 3ax = 4$ **29.** $2ax - a = 4$ **30.** $5ax - 3a = 2$
31. $ax - b = a$ **32.** $bx - b = 2a$ **33.** $3ax - 3a = b$
34. $ax - y = 2$ **35.** $bx + y = 4$ **36.** $ax - y = b$
37. $ax - by = c$ **38.** $ax + by = c$ **39.** $3ax = ax + 6$
40. $7ax = 4ax + 9$ **41.** $6ax = 14 - ax$ **42.** $8ax = 3ax - 10$
43. $ax = a - 3x$ **44.** $ax = 3a - 2x$ **45.** $3ax = a + 7x$
46. $4x + 5a = 2ax$ **47.** $5a - x = ax - 5$ **48.** $x + 12a = 4ax + 3$
49. $a - 3x = ax - 3$ **50.** $2x + a = ax - 2$ **51.** $2x - 4 = ax - a^2$
52. $ax + 2 = 2a^2 + x$ **53.** $1 + 2ax = 4a^2 - x$
54. $a(x + 1) = a^2 + 2(x - 1)$ **55.** $a^2 - 4(x + 2) = a(x - 2)$
56. $a(2x + 3) = 2a^2 + x + 1$ **57.** $2(x - 2) + 3a^2 = a(3x - 4)$
58. $3(x - 3) + 2a^2 = a(2x - 3)$ **59.** $a^2 - 3(x + 4) = a(x + 1)$
60. $6a^2 - 4(x + 1) = a(3x - 5)$ **61.** $a(2x + 13) = 3a^2 + 10(x - 1)$
62. $3a(x - a) + 10a = 4(3x - 2)$ **63.** $3a(x + a) = 2(x + 4) - 10a$
64. $4(x + 3) - 5a = 3a(a + x)$ **65.** $2b(3b + x) - a^2 = a(x + b)$

66. El área A de un rectángulo es $A = lw$, donde l es la medida de la base del rectángulo, y w es la medida de la altura. Resuelva para w.

67. La distancia d recorrida a una velocidad de r kilómetros por hora durante t horas, es $d = rt$. Resuelva para r.

68. El área A de un triángulo es $A = \frac{1}{2}bh$, donde b es la medida de una base del triángulo y h es la altura correspondiente. Resuelva para h.

69. El interés simple I está dado por $I = Prt$, donde P es el principal (o capital), r es la tasa de interés anual y t es el tiempo en años. Resuelva para t.

70. La fuerza de atracción gravitacional F entre dos objetos de masas m_1 y m_2 es $F = \dfrac{km_1m_2}{d^2}$, donde k es una constante y d es la distancia entre los centros de gravedad de los dos objetos. Resuelva para m_1.

71. La lectura Celsius de una temperatura C está dada por $C = \dfrac{5}{9}(F - 32)$, donde F es la correspondiente lectura en la escala Fahrenheit. Resuelva para F.

72. La aceleración media a de un objeto durante un periodo de tiempo t es $a = \dfrac{v_f - v_0}{t}$, donde v_0 es la velocidad inicial y v_f la final. Resuelva para v_0.

73. El monto A acumulado en la inversión de un capital P a interés simple es $A = P + Prt$, donde r es la tasa de interés anual y t es el número de años. Resuelva para r y P.

74. La suma S_n de n términos consecutivos de una progresión aritmética es $S_n = \dfrac{n}{2}(a_1 + a_n)$, donde a_1 y a_n son el primero y el n-ésimo términos, respectivamente. Resuelva para n y a_1.

75. El n-ésimo término a_n de una progresión aritmética es $a_n = a_1 + (n - 1)d$, donde a_1 es el primer término y d es la diferencia común. Resuelva para d y n.

76. La distancia focal f de una lente delgada está dada por $\dfrac{1}{f} = \dfrac{1}{d_0} + \dfrac{1}{d_i}$, donde d_0 es la distancia entre el objeto y la lente, y di es la distancia entre la imagen y la lente. Resuelva para f y d_i.

77. La suma s_n de n términos consecutivos de una progresión aritmética es

$S_n = \dfrac{n}{2}[2a_1 + (n - 1)d]$, donde a_1 es el primer término y d es la diferencia común. Resuelva para a_1 y d.

7.7 Ecuaciones que contienen fracciones algebraicas

Cuando una ecuación contiene fracciones, puede escribirse en una forma más sencilla si se multiplican ambos miembros por el mínimo común denominador (m.c.d.) de todas las fracciones de la ecuación.

Si una ecuación se multiplica por el m.c.d. (que es un polinomio en la variable), la ecuación resultante puede *no* ser equivalente a la original. Dicha ecuación puede tener un conjunto solución con elementos que no satisfagan la ecuación original. En todos estos casos, los elementos del conjunto solución deben comprobarse en la ecuación original. Los valores de la variable que no satisfagan la ecuación original se llaman **raíces extrañas**.

EJEMPLO Resolver la ecuación

$$\frac{3}{4x} - \frac{1}{3x^2} = \frac{5}{6x}.$$

SOLUCIÓN Multiplicamos ambos miembros de la ecuación por $12x^2$.

$$3(3x) - 4 = 5(2x)$$
$$9x - 4 = 10x$$
$$x = -4$$

El conjunto solución es $\{-4\}$.

EJEMPLO Resolver la ecuación

$$\frac{2x}{3x - 4} - 2 = 0.$$

SOLUCIÓN Se multiplica la ecuación por $(3x - 4)$.

$$2x - 2(3x - 4) = 0$$
$$2x - 6x + 8 = 0$$
$$-4x = -8$$
$$x = 2$$

El conjunto solución es $\{2\}$.

La comprobación se deja como ejercicio.

EJEMPLO Resolver la siguiente ecuación y comprobar.

$$\frac{x-3}{x-4} - \frac{x}{2x+3} = \frac{x^2}{2x^2 - 5x - 12}$$

SOLUCIÓN

$$\frac{x-3}{x-4} - \frac{x}{2x+3} = \frac{x^2}{2x^2 - 5x - 12}$$
$$\frac{x-3}{x-4} - \frac{x}{2x+3} = \frac{x^2}{(2x+3)(x-4)}$$

m.c.d. $= (x - 4)(2x + 3)$.

Multiplicando ambos miembros de la ecuación por $(x - 4)(2x + 3)$, obtenemos

$$(2x + 3)(x - 3) - x(x - 4) = x^2$$
$$(2x^2 - 3x - 9) - (x^2 - 4x) = x^2$$
$$2x^2 - 3x - 9 - x^2 + 4x = x^2$$
$$x = 9$$

Para comprobar, se sustituye 9 en vez de x en la ecuación original.

Primer miembro	*Segundo miembro*
$=\dfrac{9-3}{9-4}-\dfrac{9}{18+3}$	$=\dfrac{81}{162-45-12}$
$=\dfrac{6}{5}-\dfrac{9}{21}$	$=\dfrac{81}{105}$
$=\dfrac{6}{5}-\dfrac{3}{7}$	$=\dfrac{27}{35}$
$=\dfrac{27}{35}$	$=\dfrac{27}{35}$

El conjunto solución es $\{9\}$.

EJEMPLO Resolver la siguiente ecuación:

$$\frac{3x}{6x^2-7x-3}-\frac{x-2}{2x^2-5x+3}=\frac{3}{3x^2-2x-1}$$

SOLUCIÓN

$$\frac{3x}{(2x-3)(3x+1)}-\frac{x-2}{(2x-3)(x-1)}=\frac{3}{(3x+1)(x-1)}$$

Al multiplicar ambos miembros de la ecuación por $(2x-3)(3x+1)(x-1)$, obtenemos

$$\begin{aligned}
3x(x-1)-(x-2)(3x+1) &= 3(2x-3)\\
(3x^2-3x)-(3x^2-5x-2) &= 6x-9\\
3x^2-3x-3x^2+5x+2 &= 6x-9\\
-3x+5x-6x &= -9-2\\
-4x &= -11\\
x &= \frac{11}{4}
\end{aligned}$$

El conjunto solución es $\left\{\dfrac{11}{4}\right\}$.

La comprobación se deja como ejercicio.

EJEMPLO Resolver la siguiente ecuación y comprobar:

$$\frac{x-3}{3x-4}-\frac{2x-5}{6x-1}=\frac{x-13}{18x^2-27x+4}$$

SOLUCIÓN

$$\frac{x-3}{3x-4}-\frac{2x-5}{6x-1}=\frac{x-13}{(6x-1)(3x-4)}$$

Multiplicando ambos miembros de la ecuación por $(6x - 1)(3x - 4)$, se obtiene

$$\begin{aligned}(6x - 1)(x - 3) - (3x - 4)(2x - 5) &= x - 13\\ (6x^2 - 19x + 3) - (6x^2 - 23x + 20) &= x - 13\\ {}^{-}6x^2 - 19x + 3 - 6x^2 + 23x - 20 &= x - 13\\ 3x &= 4\\ x &= \frac{4}{3}\end{aligned}$$

Al sustituir $\frac{4}{3}$ en vez de x en la ecuación original, resulta que el denominador de la primera fracción se hace cero. Puesto que la división por cero no está definida, el conjunto solución de la ecuación es $\varnothing$.

Ejercicios 7.7

Resuelva las ecuaciones siguientes y compruebe sus respuestas:

1. $\frac{7}{x} - \frac{3}{4x} = 5$ **2.** $\frac{5}{3x} - \frac{1}{x} = 2$ **3.** $\frac{2}{x} + \frac{3}{5x} = \frac{13}{2}$

4. $\frac{5}{4x} - \frac{2}{3x} = \frac{7}{6}$ **5.** $\frac{2}{x} + \frac{3}{x^2} = \frac{7}{2x}$ **6.** $\frac{3}{x^2} - \frac{5}{2x} = \frac{11}{4x}$

7. $\frac{3}{2x} - \frac{1}{x^2} = \frac{5}{3x}$ **8.** $\frac{3}{4x} + \frac{5}{2x^2} = \frac{3}{x^2}$ **9.** $\frac{7}{6x} + \frac{4}{x^2} = \frac{1}{9x^2}$

10. $\frac{2}{x + 2} = 5$ **11.** $\frac{3}{x - 2} = 4$ **12.** $\frac{6}{2x - 3} = 1$

13. $\frac{9}{3x - 2} = 1$ **14.** $\frac{5}{4x - 1} + 3 = 0$ **15.** $\frac{2x}{x - 1} - 3 = 0$

16. $\frac{x}{2x - 5} - 1 = 0$ **17.** $\frac{3x}{3x - 2} - 4 = 0$ **18.** $\frac{x + 1}{x + 5} = \frac{2}{3}$

19. $\frac{x + 2}{x + 4} = \frac{5}{6}$ **20.** $\frac{x - 1}{x - 3} = \frac{3}{4}$ **21.** $\frac{x - 4}{2x - 1} = \frac{1}{3}$

22. $\frac{5}{x + 4} + \frac{2}{2x + 5} = \frac{9}{4x + 10}$ **23.** $\frac{1}{2x - 1} + \frac{1}{3x + 2} = \frac{3}{4x - 2}$

24. $\frac{5}{3x + 1} + \frac{7}{x + 4} = \frac{1}{9x + 3}$ **25.** $\frac{1}{2x - 4} + \frac{1}{x + 2} = \frac{5}{4x + 8}$

26. $\frac{3}{x - 2} - \frac{2}{x + 1} = \frac{4}{2x - 4}$ **27.** $\frac{2}{x + 1} - \frac{1}{3x - 4} = \frac{1}{2x + 2}$

28. $\frac{7}{5 - x} - \frac{3}{1 - x} = \frac{1}{2 - 2x}$ **29.** $\frac{4}{2 - x} - \frac{2}{3 - x} = \frac{3}{4 - 2x}$

30. $\frac{1}{x+3} - \frac{4}{3x-12} = \frac{7}{3x+9}$

31. $\frac{1}{2x+3} - \frac{1}{x-3} = \frac{1}{4x+6}$

32. $\frac{7}{x+1} + \frac{5}{x-2} = \frac{3}{x^2-x-2}$

33. $\frac{3}{2x+1} + \frac{2}{x-4} = \frac{4}{2x^2-7x-4}$

34. $\frac{3}{x+3} + \frac{7x+19}{x^2+5x+6} = \frac{9}{x+2}$

35. $\frac{3}{2x-1} + \frac{10x+5}{2x^2-7x+3} = \frac{6}{x-3}$

36. $\frac{7}{x-6} + \frac{3}{x+4} = \frac{9x+26}{x^2-2x-24}$

37. $\frac{6}{x+3} - \frac{9}{2x-7} = \frac{2x-59}{2x^2-x-21}$

38. $\frac{7}{3x-1} - \frac{2}{2x-3} = \frac{x-5}{6x^2-11x+3}$

39. $\frac{2x}{x+2} - \frac{5}{x-1} = \frac{2x^2-3}{x^2+x-2}$

40. $\frac{2}{x^2+5x+6} + \frac{2}{x^2+x-2} = \frac{3}{x^2+2x-3}$

41. $\frac{x}{x^2+2x-24} + \frac{4}{x^2+4x-12} = \frac{x}{x^2-6x+8}$

42. $\frac{5}{x^2-x-6} - \frac{2}{x^2+x-2} = \frac{1}{x^2-4x+3}$

43. $\frac{3}{2x^2-3x-2} - \frac{2}{3x^2-8x+4} = \frac{3}{6x^2-x-2}$

44. $\frac{x}{2x^2+5x-3} - \frac{x}{2x^2+3x-2} = \frac{1}{x^2+5x+6}$

45. $\frac{x-1}{2x+3} - \frac{x^2-3}{6x^2+7x-3} = \frac{x-2}{3x-1}$

46. $\frac{x+2}{x+6} - \frac{x-3}{4x-1} = \frac{3x^2}{4x^2+23x-6}$

47. $\frac{x-2}{x+4} - \frac{2x^2-3x}{3x^2+14x+8} = \frac{x-3}{3x+2}$

48. $\frac{x+1}{2x-3} - \frac{x-2}{3x+1} = \frac{x^2+6}{6x^2-7x-3}$

49. $\frac{2}{x-3} - \frac{3}{2x-1} = \frac{10}{2x^2-7x+3}$

50. $\frac{x}{2x+1} - \frac{4}{3x-1} = \frac{3x^2-11x-5}{6x^2+x-1}$

51. $\frac{2x}{3x+4} - \frac{2x^2-11x-28}{3x^2+19x+20} = \frac{6}{x+5}$

52. $\dfrac{x}{3x-2} - \dfrac{2x^2 - 24x + 18}{6x^2 + 5x - 6} = \dfrac{8}{2x+3}$

53. $\dfrac{x+1}{2x-3} - \dfrac{x+4}{3x-4} = \dfrac{x^2}{6x^2 - 17x + 12}$

54. $\dfrac{x^2-2}{3x^2+10x-8} + \dfrac{2x-1}{3x-2} = \dfrac{x+2}{x+4}$

55. $\dfrac{2x-3}{x^2-x-2} + \dfrac{x-4}{x^2-5x+6} = \dfrac{3x}{x^2-2x-3}$

56. $\dfrac{x+5}{x^2+3x+2} + \dfrac{x-1}{x^2-x-6} = \dfrac{2x-1}{x^2-2x-3}$

57. $\dfrac{3x+1}{x^2-4x-12} - \dfrac{2x-3}{x^2-10x+24} = \dfrac{x-5}{x^2-2x-8}$

58. $\dfrac{3x-4}{4x^2-21x+5} - \dfrac{x-1}{2x^2-13x+15} = \dfrac{2x+1}{8x^2-14x+3}$

59. $\dfrac{3x}{6x^2+19x+3} - \dfrac{2x-5}{6x^2+17x-3} = \dfrac{6x}{36x^2-1}$

60. $\dfrac{8x-1}{6x^2-7x-3} - \dfrac{2x-7}{2x^2-11x+12} = \dfrac{x-5}{3x^2-11x-4}$

61. $\dfrac{2x+5}{2x^2-5x-3} - \dfrac{2x-3}{8x^2+2x-1} = \dfrac{3x+10}{4x^2-13x+3}$

62. $\dfrac{x^2+1}{x^2-3x-18} - \dfrac{3x+1}{x^2-5x-24} = 1$

63. $\dfrac{x-1}{2x^2-7x+3} + \dfrac{x+2}{2x^2-5x-3} = \dfrac{4x+5}{4x^2-1}$

64. $\dfrac{3x-2}{12x^2+5x-28} + \dfrac{2x+5}{8x^2+2x-21} = \dfrac{3x-5}{6x^2-17x+12}$

65. $\dfrac{2x+7}{32x^2+60x-27} + \dfrac{x}{24x^2+50x-9} = \dfrac{5x-1}{48x^2-26x+3}$

66. $\dfrac{x^2-8}{x^2-7x+10} - \dfrac{7x+9}{x^2-x-20} = 1$

67. $\dfrac{x-1}{x^2+x} + \dfrac{3}{3x^2+7x+4} = \dfrac{x-3}{x^2-2x}$

68. $\dfrac{2x+1}{4x^2-4x+1} + \dfrac{x}{2x^2+7x-4} = \dfrac{x}{x^2+x-12}$

7.8 Problemas planteados con palabras

Las siguientes constituyen una ilustración de algunas frases y problemas verbales con sus equivalentes algebraicos:

1. El denominador de una fracción supera al numerador en 5. ¿Cuál es la fracción?
Sea x el numerador.
El denominador es $x + 5$.

La fracción es $\frac{x}{x + 5}$.

2. ¿Cuál es la fracción cuyo numerador es 2 unidades menor que su denominador?
Sea x el denominador.
El numerador es $x - 2$.

La fracción es $\frac{x - 2}{x}$.

3. Si 72 se divide por x, el cociente es 5 y el residuo es 7.

$$\frac{72}{x} = 5 + \frac{7}{x}.$$

4. Si un hombre puede realizar un trabajo en 40 horas, ¿qué parte del trabajo puede desarrollar en 27 horas?

El hombre puede hacer $\frac{1}{40}$ del trabajo en una hora.

El hombre puede realizar $\frac{27}{40}$ del trabajo en 27 horas.

5. Si una persona puede efectuar un trabajo en x horas, ¿qué parte del trabajo puede desarrollar en 12 horas?

En una hora la persona puede hacer $\frac{1}{x}$ del trabajo.

En 12 horas, puede realizar $\frac{12}{x}$ del trabajo.

6. Si Arnulfo puede desarrollar un trabajo en 72 horas y Bruno puede hacer el mismo en 96 horas, ¿qué parte del trabajo pueden efectuar ambos trabajando juntos durante x horas?

Tiempo de Arnulfo solo	*Tiempo de Bruno solo*	*Tiempo de trabajo en conjunto*
72 horas	96 horas	x horas

Arnulfo puede realizar $\frac{x}{72}$ del trabajo.

Bruno puede efectuar $\frac{x}{96}$ del trabajo.

Trabajando juntos pueden llevar a cabo $\frac{x}{72} + \frac{x}{96}$ del trabajo.

7. Si el agua que sale de una tubería puede llenar una piscina en 30 horas, y la de otra tubería en x horas, ¿qué parte de la piscina se llenará en 11 horas si ambas tuberías se abren al mismo tiempo?

Tiempo de la primera tubería	*Tiempo de la segunda*	*Tiempo en conjunto*
30 horas	x horas	11 horas

La primera tubería llena $\frac{11}{30}$ de la piscina.

La segunda tubería llena $\frac{11}{x}$ de la piscina.

Juntas llenan $\frac{11}{30} + \frac{11}{x}$ de la piscina.

EJEMPLO ¿Qué número debe sumarse tanto al numerador como al denominador de la fracción $\frac{25}{73}$ para que resulte una fracción igual a $\frac{3}{7}$?

SOLUCIÓN Sea x el número que hay que sumar.

$$\frac{25 + x}{73 + x} = \frac{3}{7}$$

Multiplicando ambos miembros de la ecuación por $7(73 + x)$, obtenemos

$$\begin{aligned} 7(25 + x) &= 3(73 + x) \\ 175 + 7x &= 219 + 3x \\ 4x &= 44 \\ x &= 11 \end{aligned}$$

El número que debe sumarse es 11.

EJEMPLO El denominador de una fracción simple excede al numerador en 32. Si se suma 3 al numerador y 7 al denominador, el valor de la fracción resulta ser $\frac{5}{8}$. Encontrar la fracción original.

SOLUCIÓN Sea x el numerador de la fracción, entonces el denominador de la fracción $= x + 32$.

La fracción es así, $\dfrac{x}{x + 32}$.

$$\frac{x + 3}{x + 32 + 7} = \frac{5}{8} \quad \text{o bien} \quad \frac{x + 3}{x + 39} = \frac{5}{8}$$

Al multiplicar ambos miembros de la ecuación por $8(x + 39)$, obtenemos

$$8(x + 3) = 5(x + 39)$$
$$8x + 24 = 5x + 195$$
$$3x = 171$$
$$x = 57$$

Por consiguiente, la fracción es $\dfrac{57}{89}$.

EJEMPLO Un número supera en 34 a otro. Si el mayor se divide entre el menor, el cociente es 3 y el residuo es 2. Determinar los números.

SOLUCIÓN Sea x el número menor y $x + 34$, el mayor.

$$\frac{x + 34}{x} = 3 + \frac{2}{x}$$

Multiplicando ambos miembros de la ecuación por x, se obtiene

$$x + 34 = 3x + 2$$
$$2x = 32$$
$$x = 16$$

Por lo tanto, los números son 16 y 50.

EJEMPLO El dígito de las decenas de un número de dos cifras supera en 5 al de las unidades. Si el número se divide entre la suma de sus dígitos, el coeficiente es 7 y el residuo es 3. Hallar el número.

SOLUCIÓN *Dígito de las unidades* — *Dígito de las decenas*

x — $(x + 5)$

Suma de los dígitos $= x + (x + 5) = 2x + 5$.

El número $= x + 10(x + 5) = 11x + 50$.

$$\frac{11x + 50}{2x + 5} = 7 + \frac{3}{2x + 5}$$

Al multiplicar ambos miembros de la ecuación por $(2x + 5)$, se obtiene

$$11x + 50 = 7(2x + 5) + 3$$
$$11x + 50 = 14x + 35 + 3$$
$$3x = 12$$
$$x = 4$$

El número buscado es 94.

Si una persona puede realizar un trabajo en 10 horas, entonces puede efectuar $\frac{1}{10}$ del trabajo en una hora. Esta es la idea básica para resolver problemas de trabajo. La parte del trabajo realizado por una persona en una unidad específica de tiempo más la parte del trabajo efectuado por otra en la misma unidad de tiempo es igual a la parte del trabajo realizado por ambas actuando juntas durante la misma unidad de tiempo.

EJEMPLO Si A es capaz de hacer un trabajo en 55 horas y B puede realizarlo en 66 horas, ¿cuánto demorarán efectuando juntos ese trabajo?

SOLUCIÓN

A	B	A y B
55 horas	66 horas	x horas

A puede efectuar $\frac{1}{55}$ del trabajo en 1 hora.

B es capaz de realizar $\frac{1}{66}$ del trabajo en 1 hora.

A y B pueden hacer $\frac{1}{x}$ del trabajo en 1 hora.

Entonces $\frac{1}{55} + \frac{1}{66} = \frac{1}{x}$.

Multiplicando ambos miembros de la ecuación por $330x$, obtenemos

$$\begin{aligned} 6x + 5x &= 330 \\ 11x &= 330 \\ x &= 30 \end{aligned}$$

Por consiguiente, A y B emplearán 30 horas para llevar a cabo el trabajo juntos.

EJEMPLO

A realiza un trabajo en $\frac{4}{5}$ del tiempo en que B lo efectúa. Si A y B pueden hacer el trabajo juntos en 100 horas, ¿cuánto demora cada uno en realizar el trabajo solo?

SOLUCIÓN

A	B	A y B
$\frac{4}{5}x$ horas	x horas	100 horas

A es capaz de hacer $\frac{1}{\frac{4}{5}x}$ del trabajo en 1 hora.

B puede realizar $\frac{1}{x}$ del trabajo en 1 hora.

A y B juntos pueden efectuar $\frac{1}{100}$ del trabajo en 1 hora.

$$\frac{1}{\frac{4}{5}x} + \frac{1}{x} = \frac{1}{100}$$

Obsérvese que $\dfrac{1}{\frac{4}{5}x} = \dfrac{1}{\frac{4x}{5}} \cdot \dfrac{5}{5} = \dfrac{5}{4x}$.

$$\frac{5}{4x} + \frac{1}{x} = \frac{1}{100}$$

Al multiplicar ambos miembros de la ecuación por $100x$, obtenemos

$$125 + 100 = x$$
$$x = 225$$

Por lo tanto, A puede efectuar el trabajo en $\frac{4}{5}(225) = 180$ horas

B puede realizar el trabajo en 225 horas.

EJEMPLO Un tanque puede ser llenado por una tubería en 15 horas, y vaciado por otra en 20 horas. ¿En cuánto tiempo se llenará el tanque si ambs se abren simultáneamente?

SOLUCIÓN

Primera tubería	*Segunda tubería*	*Ambas tuberías*
15 horas	20 horas	x horas

La primera tubería llena $\frac{1}{15}$ del tanque en 1 hora.

La segunda tubería vacía $\frac{1}{20}$ del tanque en 1 hora.

Ambas llenan $\frac{1}{x}$ del tanque en 1 hora.

$$\frac{1}{15} - \frac{1}{20} = \frac{1}{x}$$

Se multiplica por $60x$.

$$4x - 3x = 60$$
$$x = 60$$

Por consiguiente, las dos tuberías llenan juntas el tanque en 60 horas.

Ejercicios 7.8

1. ¿Qué número debe sumarse tanto al numerador como al denominador de la fracción $\frac{10}{27}$ para obtener una fracción igual a $\frac{1}{2}$?

2. ¿Qué número debe sumarse al numerador y al denominador de la fracción $\frac{10}{43}$ para que resulte una fracción igual a $\frac{2}{5}$?
3. ¿Qué número debe restarse tanto del denominador como del denominador de la fracción $\frac{51}{67}$ para que resulte una fracción igual a $\frac{2}{3}$.
4. ¿Qué número debe restarse tanto al numerador como al denominador de la fracción $\frac{77}{97}$ para obtener una fracción igual a $\frac{3}{4}$?
5. ¿Qué número debe restarse al numerador y sumarse al denominador de la fracción $\frac{59}{103}$ para obtener una fracción igual a $\frac{2}{7}$?
6. ¿Qué número debe restarse al numerador y sumarse al denominador de la fracción $\frac{113}{162}$ para que resulte una fracción igual a $\frac{3}{8}$?
7. El denominador de una fracción simple supera en 5 a su numerador. Si se suma 1 al numerador y 2 al denominador, el valor de la fracción es $\frac{1}{3}$. Encuentre la fracción original.
8. El denominador de una fracción simple supera en 4 a su numerador. Si se suma 1 al numerador y 3 al denominador, el valor de la fracción es $\frac{2}{3}$. Determine la fracción original.
9. El denominador de una fracción simple excede a su numerador en 5. Si se resta 1 al numerador y se suma 2 al denominador, el valor de la fracción resultante es $\frac{1}{2}$. Halle la fracción original.
10. El denominador de una fracción simple supera a su numerador en 16. Si se resta 11 al numerador y se suma 3 al denominador, el valor de la fracción resultante es $\frac{2}{5}$. Obtenga la fracción original.
11. El numerador de una fracción simple es 7 unidades menor que su denominador. Si se suma 2 al numerador y se resta 2 al denominador, el valor de la fracción que se obtiene es $\frac{4}{5}$. Halle la fracción original.
12. El numerador de una fracción simple es 24 unidades menor que su denominador. Si se suma 5 al numerador y se resta 11 al denominador, el valor de la fracción resultante es $\frac{6}{7}$. Encuentre la fracción original.
13. Un número supera en 22 a otro. Si el número mayor se divide entre el menor, el cociente es 3 y el residuo es 6. Halle ambos números.
14. Un número excede en 94 a otro. Si el mayor se divide entre el menor, el cociente es 4 y el residuo es 13. Obtenga ambos números.
15. Un número supera en 79 a otro. Si el mayor se divide entre el menor, el cociente es 5 y el residuo es 11. Determine ambos números.
16. Un número excede en 141 a otro. Si el mayor se divide entre el menor, el cociente es 4 y el residuo es 3. Halle ambos números.
17. El dígito de las unidades de un número de dos cifras excede al de las decenas en

5. Si el número se divide entre la suma de sus dígitos, el cociente es 3 y el residuo es 5. Obtenga el número.

18. El dígito de las decenas de un número de dos cifras excede al de las unidades en 2. Si el número se divide por la suma de sus dígitos, el cociente es 6 y el residuo es 2. Encuentre el número.

19. El dígito de las unidades de un número de dos cifras supera en 2 al de las decenas. Si el número se divide entre la suma de sus dígitos, el cociente es 4 y el residuo es 3. Halle el número.

20. El dígito de las decenas de un número de dos cifras supera en 4 al de las unidades. Si el número se divide por la suma de sus dígitos, el cociente es 7 y el residuo es 3. Determine el número.

21. El dígito de las unidades de un número de dos cifras excede en 2 al de las decenas. Si el número se divide por el séptuplo del dígito de las unidades, el cociente es 1 y el residuo es 4. Encuentre el número.

22. El dígito de las unidades de un número de dos cifras supera en 6 al de las decenas. Si el número se divide por el triple del dígito de las unidades, el cociente es 1 y el residuo es 4. Halle el número.

23. Si A es capaz de hacer un trabajo en 78 horas y B lo puede desarrollar en 91 horas, ¿cuánto tiempo emplearán en realizarlo juntos?

24. Si A puede efectuar un trabajo en 35 horas y B puede hacerlo en 14 horas, ¿cuánto tiempo demorarán para realizarlo en conjunto?

25. Si A puede desempeñar un trabajo en 104 horas, y A y B trabajando juntos lo efectúan en 40 horas, ¿cuánto tiempo demora B en hacerlo solo?

26. Si A puede desarrollar un trabajo en 110 horas y A y B trabajando en conjunto lo realizan en 60 horas, ¿cuánto tiempo demora B en hacerlo sólo?

27. B demora el doble de lo que A tarda en realizar un trabajo. Juntos, terminan el trabajo en 4 horas. ¿Cuánto tiempo empleará cada uno en efectuar separadamente dicho trabajo?

28. A demora $\frac{4}{5}$ del tiempo que emplea B en hacer un trabajo. Si A y B juntos pueden efectuar el trabajo en 20 horas, ¿cuánto tarda cada uno sólo en realizar ese trabajo?

29. A demora $\frac{4}{3}$ del tiempo que utiliza B en hacer un trabajo. Si A y B juntos pueden efectuarlo en 12 horas, ¿cuánto tardará cada uno sólo en desarrollar dicho trabajo?

30. A demora $\frac{2}{3}$ del tiempo que emplea B en hacer un trabajo. Si A y B juntos pueden efectuar el trabajo en 36 horas, ¿cuánto tardará cada uno sólo en realizar ese trabajo?

31. Un tanque puede ser llenado por una tubería en 10 minutos, y por otra en 15. ¿Cuánto tiempo demorarán ambas tuberías en llenar juntas el tanque?

32. Un tanque puede ser llenado por una tubería en 42 minutos, y por otra en 56 minutos. ¿Cuánto tiempo tardarán ambas en llenar el tanque juntas?

33. Una tubería demora el doble de lo que emplea otra en llenar un tanque. Si ambas tuberías juntas llenan el tanque en 12 minutos, ¿cuánto tarda cada una en llenarlo sola?

34. Una tubería demora $\frac{2}{3}$ del tiempo que emplea otra en llenar un tanque. Si ambas llenan el tanque juntas en 6 minutos, ¿cuánto tarda cada una en llenarlo sola?

35. Un tanque puede ser llenado por una tubería en 15 minutos, y vaciado por otra en 24 minutos. ¿Cuánto tiempo tardará en llenarse el tanque si ambas tuberías se abren al mismo tiempo?

36. Una tubería de abastecimiento puede llenar un tanque en 35 minutos. ¿Cuánto tardará un sistema de drenaje en vaciar el tanque si cuando ambos sistemas funcionan simultáneamente, dicho tanque se llena en 84 minutos?

37. Viviana manejó 5 millas a través de la ciudad en el mismo tiempo en que manejó 18 millas en carretera. En ésta velocidad fue de 39 millas por hora más que su velocidad en la ciudad. ¿Cuál fue su velocidad media en la ciudad?

38. Felipe manejó 12 millas por la ciudad durante el mismo tiempo en que manejó 19 millas en carretera. Su velocidad en ésta fue de 21 millas por hora más que su velocidad en la ciudad. ¿Cuál fue la velocidad media en carretera?

39. Susana y Jaime emplearon en manejar 15 millas, el mismo tiempo que utilizaron en volar 100 millas. La velocidad media del avión fue de 8 mph, menos que el séptuplo de la velocidad del automóvil. ¿Cuál fue la velocidad media del coche?

40. Guillermo tardó en manejar 30 millas el mismo tiempo que le llevó volar 378. La velocidad media del avión fue de 20 mph, menos que 13 veces la velocidad del automóvil. ¿Cuál fue la velocidad media del avión?

Repaso del Capítulo 7

Efectúe las operaciones indicadas y simplifique:

1. $\dfrac{10^3x^6y^3}{15^2x^2y^9}$ **2.** $\dfrac{16^2x^4y^8}{8^3x^6y^4}$ **3.** $\dfrac{2x^3+2x^2}{4x^4+4x^3}$

4. $\dfrac{6x^2+6x}{3x^5-3x^3}$ **5.** $\dfrac{3x^2+2x-1}{9x^2-1}$ **6.** $\dfrac{24x^2+22x+3}{4x^2-13x-12}$

7. $\dfrac{36x^2-19x-6}{12x^2-x-6}$ **8.** $\dfrac{6x^2+7x-3}{4-11x-3x^2}$

9. $\dfrac{2}{x}-\dfrac{3}{4x}+\dfrac{1}{7x}$ **10.** $\dfrac{6}{x}+\dfrac{4}{3x}-\dfrac{5}{2x}$ **11.** $\dfrac{8}{x^2}-\dfrac{2}{3x}-\dfrac{7}{2x^2}$

12. $\dfrac{4x-7}{12x}-\dfrac{3x-4}{9x}$ **13.** $\dfrac{x-2}{24x^2}-\dfrac{2x-3}{36x^2}$ **14.** $\dfrac{x+4}{2x+4}+\dfrac{x-2}{x+2}$

15. $\dfrac{x+1}{2x-3}+\dfrac{x-3}{6x-9}$ **16.** $\dfrac{5x-7}{x-3}-\dfrac{7x-5}{2x-6}$ **17.** $\dfrac{x-1}{x-4}-\dfrac{x-3}{3x-12}$

18. $\dfrac{x}{x-5}+\dfrac{4}{x-4}$ **19.** $\dfrac{x}{2x+1}+\dfrac{2}{x-4}$ **20.** $\dfrac{2x}{3x+2}+\dfrac{x}{2x-1}$

21. $\dfrac{x}{x+1}-\dfrac{2}{x+2}$ **22.** $\dfrac{3}{x-3}-\dfrac{2}{x-2}$ **23.** $\dfrac{2x}{2x+3}-\dfrac{3x}{3x-2}$

24. $\dfrac{2x+1}{x^2+x-2}+\dfrac{5}{x^2-x-6}$ **25.** $\dfrac{4x+5}{2x^2+5x-3}+\dfrac{3}{2x^2-5x+2}$

26. $\dfrac{4x}{3x^2 + 4x - 4} + \dfrac{2x - 3}{3x^2 + x - 2}$

27. $\dfrac{2x + 3}{3x^2 - 13x + 4} + \dfrac{4x - 4}{3x^2 - 10x + 3}$

28. $\dfrac{9x}{2x^2 + 7x - 4} - \dfrac{7x}{2x^2 + 9x + 4}$

29. $\dfrac{2x - 3}{x^2 - 3x - 4} - \dfrac{6}{x^2 - 2x - 8}$

30. $\dfrac{7x + 4}{3x^2 + 2x - 8} - \dfrac{x + 8}{3x^2 - x - 4}$

31. $\dfrac{3}{x - 1} - \dfrac{3}{x - 2} + \dfrac{2x + 1}{x^2 - 3x + 2}$

32. $\dfrac{8}{x + 1} - \dfrac{5}{x + 2} + \dfrac{4x + 3}{x^2 + 3x + 2}$

33. $\dfrac{x - 4}{x^2 - 3x + 2} + \dfrac{2x + 2}{x^2 + 2x - 3} + \dfrac{x + 8}{x^2 + x - 6}$

34. $\dfrac{2x - 2}{x^2 - 2x - 8} + \dfrac{2x - 9}{x^2 - 7x + 12} + \dfrac{x + 7}{x^2 - x - 6}$

35. $\dfrac{3x + 2}{x^2 + 3x - 4} - \dfrac{x + 11}{x^2 + x - 12} + \dfrac{x + 1}{x^2 - 4x + 3}$

36. $\dfrac{2x - 1}{x^2 - x - 2} - \dfrac{3x - 1}{x^2 - 2x - 3} + \dfrac{3x - 7}{x^2 - 5x + 6}$

37. $\dfrac{7}{2x^2 + 5x - 3} + \dfrac{x + 2}{6x^2 - x - 1} + \dfrac{4x + 4}{3x^2 + 10x + 3}$

38. $\dfrac{8x}{4x^2 - 4x - 3} - \dfrac{x - 5}{2x^2 + x - 6} + \dfrac{x - 1}{2x^2 + 5x + 2}$

39. $\dfrac{7x}{4x^2 + x - 3} + \dfrac{2x}{8x^2 - 10x + 3} + \dfrac{x - 2}{1 - x - 2x^2}$

40. $\dfrac{4x - 5}{3x^2 - 11x + 6} - \dfrac{x - 3}{6x^2 - x - 2} + \dfrac{x + 4}{3 + 5x - 2x^2}$

41. $\dfrac{5x - 3}{4x^2 - 9x + 2} + \dfrac{2x - 1}{12x^2 - 7x + 1} - \dfrac{2x + 1}{3x^2 - 7x + 2}$

42. $\dfrac{7x + 11}{2x^2 + 7x + 3} + \dfrac{2x - 10}{6x^2 - 5x - 4} + \dfrac{4x - 14}{12 - 5x - 3x^2}$

43. $\dfrac{72x^3y^4}{64a^3b^2} \cdot \dfrac{56a^5b^7}{28x^3y}$

44. $\dfrac{32a^2b}{125x^2y} \cdot \dfrac{75xy^2}{48a^3b}$

45. $\dfrac{2x^2 + 7x}{9x^3 - 3x^2} \cdot \dfrac{3x^2 - x}{8x + 28}$

46. $\dfrac{x^2 - x - 6}{x^2 + 5x + 6} \cdot \dfrac{x^2 - x - 12}{x^2 - 10x + 24}$

47. $\dfrac{x^2 - x - 2}{x^2 - 4x + 4} \cdot \dfrac{x^2 + 4x - 12}{x^2 + 7x + 6}$

48. $\dfrac{x^2 + 11x + 28}{x^2 + 10x + 21} \cdot \dfrac{x^2 + 12x + 27}{x^2 + 13x + 36}$

49. $\dfrac{4x^2 - 17x + 4}{3x^2 - 10x - 8} \cdot \dfrac{3x^2 - 4x - 4}{4x^2 + 7x - 2}$

50. $\dfrac{4x^2 + 12x + 9}{6x^2 + 7x - 20} \cdot \dfrac{6x^2 - 11x + 4}{4x^2 + 4x - 3}$

51. $\dfrac{27a^4b^7}{16x^6y^4} \div \dfrac{81a^5b^2}{32x^6y^2}$

52. $\dfrac{27a^3b^2}{49x^2y^3} \div \dfrac{18a^2b^3}{35xy^2}$

53. $\dfrac{x^5y^3z^4}{a^6b^2c} \cdot \dfrac{a^5b^4c^3}{x^6y^6z^3} \div \dfrac{ab^2c}{xy^2z}$

54. $\dfrac{x^3y^4z^2}{a^2b^3c} \cdot \dfrac{a^3b^4c^2}{x^2y^2z} \div \dfrac{a^4bc^3}{xy^3z^3}$

55. $\dfrac{2^3a^4b^3}{3^3x^2y} \div \dfrac{4^2a^5b^4}{15^2x^3y^2} \cdot \dfrac{a^3b}{5^3xy^3}$

56. $\dfrac{x^2y^4z}{a^6b^3} \div \dfrac{xy^3z^4}{a^2b^2} \cdot \dfrac{a^3b}{xy^2}$

57. $\dfrac{x^3y^2z}{a^2b^4c^2} \div \dfrac{x^5y^3z^4}{a^4b^6c^3} \cdot \dfrac{a^3b^3c}{x^2y^4z}$

58. $\dfrac{x^4y^2z}{a^3b^4c^3} \div \dfrac{x^6y^3z^2}{a^4b^2c^3} \cdot \dfrac{ab^3c^2}{x^2y^2z}$

59. $\dfrac{x^2 + 15x + 36}{x^2 + 14x + 24} \div \dfrac{x^2 + 13x + 30}{x^2 + 12x + 20}$

60. $\dfrac{x^2 - 13x + 36}{x^2 - 16x + 48} \div \dfrac{x^2 - 15x + 54}{x^2 - 18x + 72}$

61. $\dfrac{6x^2 + 7x + 2}{4x^2 - 4x - 3} \div \dfrac{9x^2 + 12x + 4}{6x^2 - 13x + 6}$

62. $\dfrac{6x^2 - 17x + 12}{12x^2 - 7x - 12} \div \dfrac{6x^2 - x - 12}{12x^2 + 25x + 12}$

63. $\dfrac{4x^2 - 9x - 9}{4x^2 - 21x - 18} \div \dfrac{2x^2 - 3x - 9}{18 + 9x - 2x^2}$

64. $\dfrac{18 - 19x - 12x^2}{6x^2 - 23x + 20} \div \dfrac{6x^2 - 31x + 18}{6x^2 - 35x + 36}$

65. $\dfrac{x^2 + 2x - 24}{x^2 + 5x + 6} \div \dfrac{x^2 - 5x + 4}{2 - x - x^2}$

66. $\dfrac{2x^2 + 3x - 2}{2 - 5x - 3x^2} \div \dfrac{2 - x - 6x^2}{3x^2 + 8x - 3}$

67. $\dfrac{x^2 - 6x + 8}{x^2 - 2x - 24} \cdot \dfrac{x^2 + 7x + 12}{x^2 - 7x + 10} \div \dfrac{x^2 - 9}{x^2 - 36}$

68. $\dfrac{6x^2 + x - 1}{4x^2 - 4x - 35} \cdot \dfrac{6x^2 + 11x - 10}{12x^2 + 23x - 9} \div \dfrac{6x^2 - x - 2}{6x^2 - 17x - 14}$

69. $\dfrac{8x^2 - 42x + 27}{24x^2 - 5x - 36} \div \dfrac{2x^2 + 7x - 72}{12x^2 + 11x - 36} \cdot \dfrac{8x^2 + 73x + 72}{12x^2 - 41x + 24}$

70. $\dfrac{30x^2 - 17x - 21}{12x^2 - 125x + 50} \div \dfrac{6x^2 - 43x + 42}{24x^2 - 46x + 15} \cdot \dfrac{5x^2 - 46x - 40}{10x^2 - 9x - 9}$

71. $\dfrac{x}{2x - 3} - \dfrac{2x^2 + 6x}{4x^2 + 7x - 2} \cdot \dfrac{2x^2 + 3x - 2}{2x^2 + 5x - 3}$

72. $\dfrac{3x^2 + 12x}{6x^2 + x - 1} \cdot \dfrac{2x^2 + 3x + 1}{x^2 + 5x + 4} - \dfrac{x}{x - 3}$

73. $\dfrac{4x^2 - 3x}{x^2 + 4x - 12} \div \dfrac{4x^2 + 5x - 6}{x^2 + 8x + 12} - \dfrac{x}{x + 3}$

74. $\dfrac{4x}{2x - 1} - \dfrac{6x^2 - 6x}{6x^2 + 13x + 6} \div \dfrac{2x^2 - 5x + 3}{4x^2 - 9}$

75. $\left(1 + \dfrac{1}{x - 3}\right)\left(1 - \dfrac{1}{x - 2}\right)$

76. $\left(x - \dfrac{10}{x + 3}\right)\left(1 - \dfrac{2}{x + 5}\right)$

77. $\left(x + \frac{4}{x+4}\right)\left(x - \frac{8}{x+2}\right)$

78. $\left(x - \frac{4}{x+3}\right)\left(x + \frac{3}{x+4}\right)$

79. $\left(x - 2 - \frac{6}{x+3}\right)\left(2x - 1 + \frac{7}{x+4}\right)$

80. $\left(x + 4 + \frac{11}{3x-2}\right)\left(x - 4 + \frac{10}{3x+1}\right)$

81. $\left(2x - 1 + \frac{15}{x-9}\right)\left(x + 3 - \frac{12}{x-8}\right)$

82. $\left(x - 1 - \frac{5}{2x+1}\right)\left(x + 3 - \frac{5}{2x+3}\right)$

83. $\left(x - \frac{14}{x+5}\right) \div \left(x + \frac{14}{x+9}\right)$

84. $\left(x + \frac{1}{2x+3}\right) \div \left(x - \frac{3}{x-2}\right)$

85. $\left(x - \frac{2}{3x-1}\right) \div \left(x + \frac{3}{x-4}\right)$

86. $\left(x - \frac{2}{2x-3}\right) \div \left(x + \frac{3}{2x+7}\right)$

87. $\left(x - 5 - \frac{66}{3x-2}\right) \div \left(3x + 1 - \frac{38}{4x+3}\right)$

88. $\left(2x + 1 - \frac{7}{x-6}\right) \div \left(x - 3 - \frac{35}{2x-3}\right)$

89. $\left(8x + 2 + \frac{1}{3x-1}\right) \div \left(6x - 5 + \frac{4}{2x+1}\right)$

90. $\left(2x - 11 + \frac{21}{x+3}\right) \div \left(2x - 9 + \frac{6}{x+2}\right)$

91. $\dfrac{\frac{2}{3} - \frac{7}{8}}{\frac{5}{12} - \frac{3}{8}}$

92. $\dfrac{\frac{5}{9} - \frac{3}{4}}{\frac{7}{18} - \frac{7}{12}}$

93. $\dfrac{3 - \frac{10}{x} + \frac{8}{x^2}}{3 - \frac{1}{x} - \frac{4}{x^2}}$

94. $\dfrac{2 + \frac{7}{x} - \frac{15}{x^2}}{3 + \frac{8}{x} - \frac{35}{x^2}}$

95. $\dfrac{x + 1}{4x + 7 + \frac{6}{x-1}}$

96. $\dfrac{3x - 1}{3x + 2 - \frac{4}{x+1}}$

97. $\dfrac{2x + 1}{2x - 1 - \frac{4}{2x-1}}$

98. $\dfrac{4x + 5}{2x + 5 + \frac{x}{2x+3}}$

99. $\dfrac{x - \frac{12}{x-4}}{1 + \frac{6}{x-4}}$

100. $\dfrac{1 + \frac{4}{x-2}}{x - \frac{8}{x-2}}$

101. $\dfrac{x + 6 + \dfrac{6}{x + 1}}{x - \dfrac{12}{x + 1}}$

102. $\dfrac{x - \dfrac{9}{2x + 3}}{x + 1 - \dfrac{6}{2x + 3}}$

103. $\dfrac{x - 3 + \dfrac{x - 6}{4x - 9}}{2x - 1 + \dfrac{6}{4x - 9}}$

104. $\dfrac{2x + 5 + \dfrac{28}{3x - 8}}{x + 5 + \dfrac{44}{3x - 8}}$

105. $\dfrac{x + 2 + \dfrac{4}{3x - 1}}{x + 3 + \dfrac{7}{3x - 1}}$

106. $\dfrac{x + 2 - \dfrac{10}{2x + 3}}{x - 8 + \dfrac{30}{2x + 3}}$

107. $\dfrac{6x - 7 - \dfrac{1}{x - 1}}{6x - 1 + \dfrac{4}{x - 2}}$

108. $\dfrac{x - 9 + \dfrac{21}{x + 1}}{x - 11 + \dfrac{50}{x + 4}}$

109. $\left(2x + 1 - \dfrac{5}{x + 2}\right) \cdot \left(x - 3 - \dfrac{7}{2x - 1}\right) \div \left(x + 1 - \dfrac{10}{x - 2}\right)$

110. $\left(x - 1 - \dfrac{4}{3x + 1}\right) \cdot \left(2x - 1 + \dfrac{5}{3x + 4}\right) \div \left(2x + 9 + \dfrac{28}{x - 3}\right)$

111. $\left(2x + \dfrac{x - 5}{3x - 1}\right) \div \left(6x - 1 + \dfrac{31}{x + 6}\right) \cdot \left(3x + 8 + \dfrac{6}{x - 1}\right)$

112. $\left(4x - 7 + \dfrac{17}{3x + 2}\right) \div \left(2x + 8 - \dfrac{x + 4}{2x - 1}\right) \cdot \left(x + 5 + \dfrac{13}{3x - 1}\right)$

Resuelva las siguientes ecuaciones para x y compruebe sus respuestas:

113. $3x - 2y = 4$ **114.** $5x - 6y = 10$ **115.** $ax + 3y = a$

116. $2y - ax = a$ **117.** $\dfrac{x}{3} + \dfrac{y}{2} = 6$ **118.** $\dfrac{2x}{3} + \dfrac{3y}{4} = 1$

119. $\dfrac{5x}{3} - \dfrac{7y}{4} = 9$ **120.** $\dfrac{x + 1}{3} + \dfrac{y - 4}{2} = 3$

121. $\dfrac{2(2x - 1)}{5} - \dfrac{y + 6}{3} = -1$ **122.** $ax - a = 3 - 3x$

123. $ax - a = x - 2$ **124.** $ax + b = a - bx$ **125.** $ax = a^2 - 4x - 16$

126. $ax - a^2 = 2x - 4$ **127.** $ax - a = a^2 - 3x - 6$

128. $2a(x + 3) = 8a^2 + 3(x - 3)$ **129.** $2a(x - 2a + 8) = 9(x - 1)$

130. $3(x - 8) = a(x - a - 5)$ **131.** $5(1 - x) = 2a(x - 2a - 6)$

132. $a(2x - 5) = 2a^2 + 3(x - 4)$ **133.** $a(4x + 1) = 2a^2 - 6(x + 1)$

134. $2a(6x - 5) = 3a^2 + 8(x - 1)$

135. $(x - 2a)^2 - (x + 3)^2 = 0$

136. $\dfrac{3}{2x + 1} - \dfrac{1}{3x - 4} = \dfrac{1}{4x + 2}$

137. $\dfrac{2}{3x - 5} + \dfrac{3}{2x - 4} = \dfrac{29}{12x - 20}$

138. $\dfrac{2}{x - 3} + \dfrac{3}{x + 2} = \dfrac{3x + 7}{x^2 - x - 6}$

139. $\dfrac{7}{2x - 1} - \dfrac{2}{x - 4} = \dfrac{x - 10}{2x^2 - 9x + 4}$

140. $\dfrac{3}{x + 4} - \dfrac{5}{3x - 2} = \dfrac{x - 5}{3x^2 + 10x - 8}$

141. $\dfrac{1}{x^2 + 3x + 2} + \dfrac{2}{x^2 + x - 2} = \dfrac{2}{x^2 - 1}$

142. $\dfrac{3}{x^2 - x - 2} + \dfrac{1}{x^2 + 4x + 3} = \dfrac{3}{x^2 + x - 6}$

143. $\dfrac{1}{2x^2 + x - 1} + \dfrac{10}{2x^2 - 7x + 3} = \dfrac{5}{x^2 - 2x - 3}$

144. $\dfrac{x}{x^2 + x - 12} - \dfrac{2}{x^2 - 2x - 3} = \dfrac{x}{x^2 + 5x + 4}$

145. $\dfrac{5x}{3x^2 - 5x + 2} - \dfrac{3}{x^2 - 1} = \dfrac{5x}{3x^2 + x - 2}$

146. $\dfrac{4}{x + 5} + \dfrac{3x + 23}{x^2 + 8x + 15} = \dfrac{6}{x + 3}$

147. $\dfrac{7}{2x - 1} - \dfrac{2}{3x + 4} = \dfrac{15x + 31}{6x^2 + 5x - 4}$

148. $\dfrac{8}{3x + 2} - \dfrac{4}{4x - 1} = \dfrac{17x - 18}{12x^2 + 5x - 2}$

149. $\dfrac{x - 3}{x^2 - x - 12} + \dfrac{x - 2}{x^2 - 5x + 4} = \dfrac{2x + 1}{x^2 + 2x - 3}$

150. $\dfrac{2x - 1}{x^2 + 4x - 5} + \dfrac{x - 2}{x^2 - 10x + 9} = \dfrac{3x - 12}{x^2 - 4x - 45}$

151. $\dfrac{x + 3}{x^2 + 5x + 4} + \dfrac{2x + 1}{x^2 + 2x - 8} = \dfrac{3x - 5}{x^2 - x - 2}$

152. $\dfrac{4x - 3}{x^2 + 5x + 6} - \dfrac{2x + 3}{x^2 - x - 6} = \dfrac{2x - 7}{x^2 - 9}$

153. $\dfrac{x - 1}{2x^2 + 11x - 6} - \dfrac{x + 1}{3x^2 + 19x + 6} = \dfrac{x - 6}{6x^2 - x - 1}$

154. $\dfrac{x + 2}{3x^2 - 4x - 4} - \dfrac{x - 3}{3x^2 - 7x + 2} = \dfrac{8}{9x^2 + 3x - 2}$

155. $\dfrac{3x - 2}{4x^2 + 9x - 9} - \dfrac{x + 1}{2x^2 + 9x + 9} = \dfrac{2x + 1}{8x^2 + 6x - 9}$

156. $\dfrac{x-2}{4x^2-29x+30}-\dfrac{x+2}{5x^2-27x-18}=\dfrac{x+1}{20x^2-13x-15}$

157. $\dfrac{x+7}{20x^2-7x-6}+\dfrac{2x-1}{10x^2-11x-6}=\dfrac{2x}{8x^2-18x+9}$

158. $\dfrac{x-2}{6x^2-31x+18}-\dfrac{x-3}{42x^2-10x-12}=\dfrac{2x+1}{14x^2-57x-27}$

159. El volumen V de una caja rectangular es $V = lwh$, donde l, w y h son la longitud, anchura y altura, respectivamente, de la caja. Despeje h

160. El perímetro P de un rectángulo es $P = 2(l + w)$, donde l es la longitud de la base y w la de la altura. Resuelva para w.

161. La ley general de los gases es $\dfrac{P_1V_1}{T_1} = \dfrac{P_2V_2}{T_2}$, donde P_1 y P_2 son las presiones, V_1 y V_2 los volúmenes y T_1 y T_2 las temperaturas Kelvin. Encuentre V_1 y T_1.

162. La adición S_n de n términos consecutivos de una progresión geométrica es $S_n = \dfrac{a_nr - a_1}{r-1}$, donde a_1 y a_n son el primero y el n-ésimo términos y r es la razón común. Resuelva para a_1y r.

163. El área A de un trapecio es $A = ½h(b_1 + b_2)$, donde b_1 y b_2 son las longitudes de las bases paralelas y h es la altura. Obtenga para h y b_1.

164. La ecuación del efecto Doppler del movimiento colineal cuando la fuente emisora y el observador se mueven una hacia otro, está dada por $f' = f\ \dfrac{v + v_0}{v - v_5}$, donde f' es la frecuencia observada, f la frecuencia emitida, v la velocidad de la onda en el medio trasmisor, v_o la velocidad del observador, y v_s la velocidad de la fuente. Resuelva para v_o y v.

165. ¿Qué número debe restarse del numerador y sumarse al denominador de la fracción $\dfrac{86}{167}$ para que resulte una fracción igual a $\dfrac{3}{8}$?

166. ¿Qué número debe sumarse al numerador y restarse del denominador de la fracción $\dfrac{67}{102}$ para obtener una fracción igual a $\dfrac{6}{7}$?

167. El denominador de una fracción simple supera en 5 al numerador. Si se suma 9 al numerador y 19 al denominador, el valor de la fracción resulta ser $\dfrac{8}{11}$. Encuentre la fracción original.

168. El numerador de una fracción simple es 19 unidades menor que el denominador. Si se suma 7 al numerador y 14 al denominador, el valor de la fracción resultante es $\dfrac{2}{3}$. Halle la fracción original.

169. Un número supera en 43 a otro. Si el mayor se divide entre el menor, el cociente es 5 y el residuo es 7. Obtenga ambos números.

170. Un número excede a otro en 77. Si el mayor se divide entre el menor, el cociente es 4 y el residuo es 17. Determine ambos números.

171. El dígito de las unidades de un número de dos cifras es 4 menos que el de las decenas. Si el número se divide por el quíntuplo del dígito de las decenas, el cociente es 2 y el residuo es 3. Halle el número.

172. El dígito de las decenas de un número de dos cifras supera en 3 al de las unidades. Si el número se divide por la suma de sus dígitos, el cociente es 6 y el residuo es 7. Encuentre dicho número.

173. Si A puede hacer un trabajo en 120 horas y A y B demoran juntos 72 horas en realizar el mismo trabajo, ¿cuánto tiempo empleará B en efectuar el trabajo solo?

174. A demora $\frac{5}{6}$ del tiempo que emplea B en hacer un trabajo. Si A y B juntos pueden efectuarlo en 90 horas, ¿cuánto tarda cada uno en realizar ese trabajo?

175. Una tubería demora $\frac{3}{5}$ del tiempo que otra en llenar un tanque. Si las dos juntas llenan el tanque en 45 minutos, ¿cuánto tiempo dura cada tubería sola en llenar el tanque?

176. Un tanque puede ser llenado por una tubería en 24 minutos y vaciado por otra en 1 hora. ¿En cuánto tiempo se llenará el tanque si ambas se abren simultáneamente?

CAPÍTULO 8

Ecuaciones y desigualdades lineales en dos variables

En el Capítulo 4 se trataron las ecuaciones lineales en una variable y su solución. En el presente estudiaremos ecuaciones lineales en dos variables y sistemas de ellas.

8.1 Coordenadas rectangulares o cartesianas

Cuando se habla de la combinación de una cerradura, como por ejemplo 8I, 20D, se está tratando con lo que se llama una **pareja ordenada de números**. Es importante saber qué número se usa primero y cuál después para poder abrir la cerradura. El primer número se denomina **primera componente**, o bien **primera coordenada** de la pareja, y el segundo es la **segunda componente** o **segunda coordenada**. La pareja ordenada cuyas coordenadas son a y b se denota por (a, b).

Para establecer la relación entre parejas ordenadas de números reales y puntos de un plano, se construyen dos rectas numéricas perpendiculares, una horizontal y otra vertical, como aparece en la Figura 8.1.

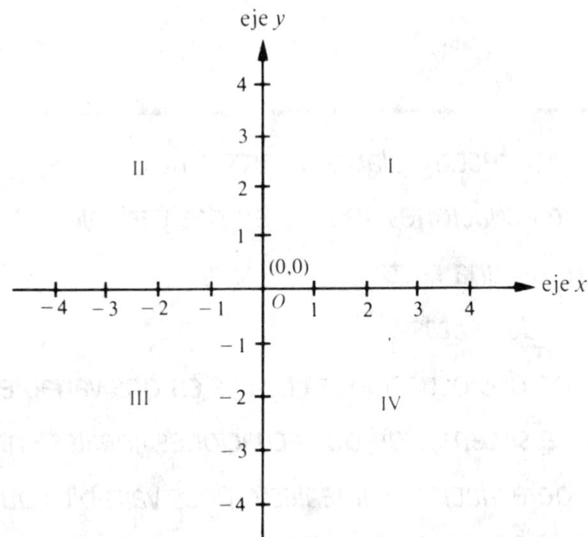

FIGURA 8.1

DEFINICIÓN Se dice que dos rectas son perpendiculares si se intersectan formando un ángulo de 90°.

La recta numérica horizontal se llama **eje x**, y la vertical, **eje y**. Se hace que las dos rectas numéricas se intersecten en sus orígenes. Los números positivos de la recta horizontal se encuentran a la derecha de su origen, y los de la vertical, arriba de su origen.

Las rectas horizontal y vertical se denominan **ejes coordenados**, y su punto de intersección es **el origen**. El sistema completo se llama **sistema de coordenadas rectangulares** o **cartesianas**. Los dos ejes dividen el plano en cuatro regiones denominadas **cua-**

drantes. El cuadrante superior derecho se conoce como **primer cuadrante**, el superior izquierdo, como **segundo cuadrante**; el inferior izquierdo, como **tercer cuadrante**; y el inferior derecho, como **cuarto cuadrante**.

Dado un sistema de coordenadas cartesianas en un plano, cualquier punto P de dicho plano se puede asociar con una pareja ordenada de números reales, la cual se denota por (x, y), como se muestra en la Figura 8.2. Las componentes x y y de la pareja (x, y) se llaman *coordenadas* del punto P.

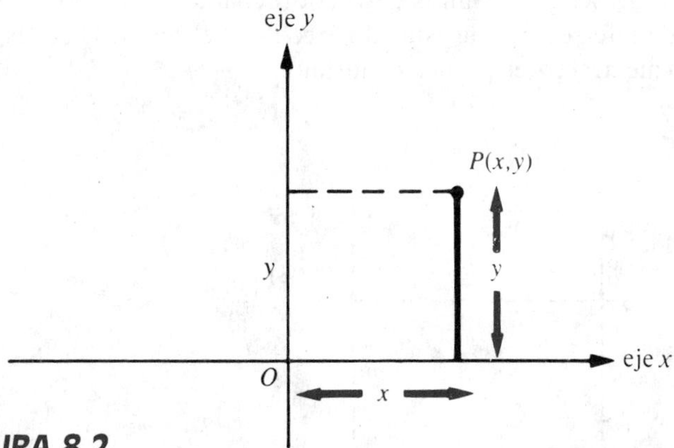

FIGURA 8.2

La primera coordenada, x se denomina **abscisa** o **coordenada x** del punto P. La segunda coordenada, y, se llama **ordenada** o **coordenada y** del punto P. La abscisa de un punto describe el número de unidades a la derecha o izquierda del origen. La ordenada de un punto describe el número de unidades arriba o abajo del origen. Se emplea la notación $P(x, y)$ para indicar el punto P cuyas coordenadas son (x, y).

Las coordenadas de un punto dado del plano se pueden determinar trazando perpendiculares a los ejes coordenados. La coordenada del punto de intersección de la perpendicular sobre el eje x es la abscisa del punto. La coordenada del punto de intersección de la perpendicular sobre el eje y es la ordenada del punto.

Para localizar un punto P cuyas coordenadas son (a, b), se dibuja una recta vertical a través del punto cuya coordenada en el eje x es a, y una recta horizontal a través del punto cuya coordenada en el eje y es b (Figura 8.3). El punto de intersección de estas dos rectas es el punto P correspondiente a (a, b), o la **gráfica** de la pareja ordenada (a, b).

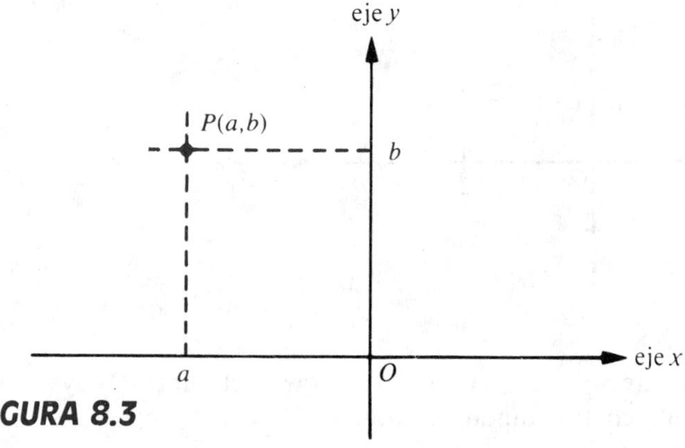

FIGURA 8.3

EJEMPLO Localizar en un sistema de coordenadas cartesianas el punto P cuyas coordenadas son (4, 3).

SOLUCIÓN Se construye un sistema de coordenadas cartesianas.

Se traza una recta vertical a través del punto cuya coordenada en el eje x es 4, y una recta horizontal a través del punto cuya coordenada en el eje y es 3 (Figura 8.4).

El punto de intersección de estas dos rectas es el punto P cuyas coordenadas son (4, 3). P se encuentra en el primer cuadrante.

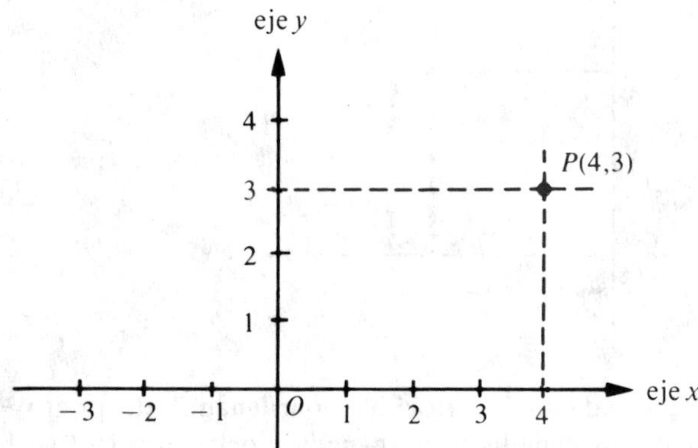

FIGURA 8.4

EJEMPLO Localizar en un sistema de coordenadas cartesianas el punto P cuyas coordenadas son (−2, 1).

SOLUCIÓN Se construye un sistema de coordenadas cartesianas.

Se traza una recta vertical por el punto cuya coordenada en el eje x es −2, y una recta horizontal por el punto cuya coordenada en el eje y es 1 (Figura 8.5).

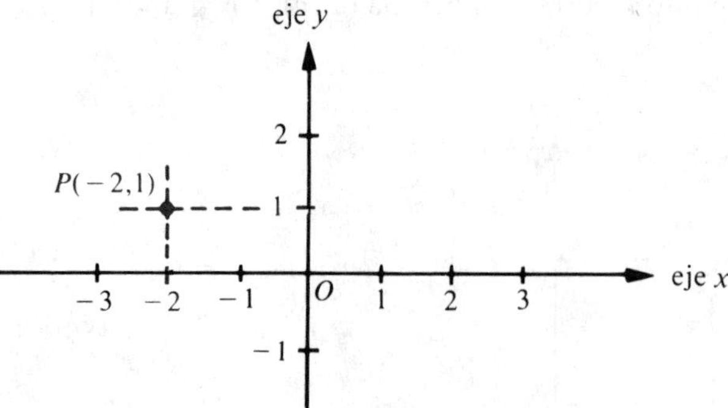

FIGURA 8.5

El punto de intersección de estas dos rectas es el punto P cuyas coordenadas son (−2, 1). P se halla en el segundo cuadrante.

EJEMPLO Localizar en un sistema de coordenadas cartesianas el punto P cuyas coordenadas son $(-4, -2)$.

SOLUCIÓN Se construye un sistema de coordenadas cartesianas.

Se dibuja una recta vertical por el punto cuya coordenada en el eje x es -4 y una recta horizontal por el punto cuya coordenada en el eje y es -2 (Figura 8.6).

El punto de intersección de estas 2 rectas es el punto P cuyas coordenadas son $(-4, -2)$. P se encuentra en el tercer cuadrante.

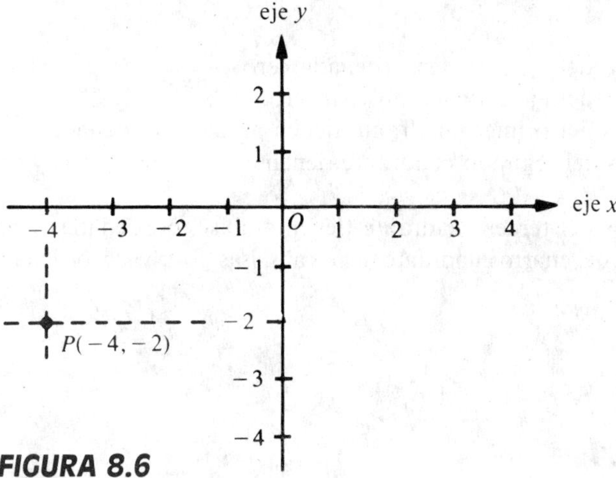

FIGURA 8.6

EJEMPLO Localizar en un sistema de coordenadas cartesianas el punto P cuyas coordenadas son $(3, -4)$.

SOLUCIÓN Se construye un sistema de coordenadas cartesianas.

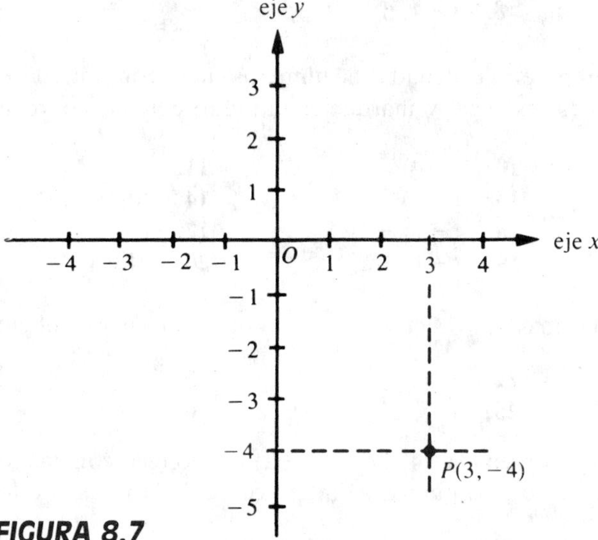

FIGURA 8.7

Se traza una recta vertical por el punto cuya coordenada en el eje x es 3, y una recta horizontal por el punto cuya coordenada en el eje y es -4 (Figura 8.7).

El punto de intersección de estas dos rectas es P cuyas coordenadas son $(3, -4)$. P se halla en el cuarto cuadrante.

Observación Dado que las coordenadas del origen de un sistema de coordenadas cartesianas son (0, 0), se tiene:

1. Todos los puntos del eje x tienen ordenada cero.
2. Todos los puntos del eje y tienen abscisa cero.
3. Todos los puntos del primer cuadrante tienen ambas coordenadas positivas.
4. Todos los puntos del segundo cuadrante tienen abscisas negativas y ordenadas positivas.
5. Todos los puntos del tercer cuadrante tienen ambas coordenadas negativas.
6. Todos los puntos del cuarto cuadrante tienen abscisas positivas y ordenadas negativas.

Ejercicios 8.1

Diga en qué cuadrante de un sistema de coordenadas cartesianas se localiza la gráfica de cada una de las siguientes parejas ordenadas, suponiendo que las coordenadas del origen son (0, 0).

1. $(1, 3)$ **2.** $(15, 4)$ **3.** $(5, -2)$
4. $(6, -8)$ **5.** $(-7, -10)$ **6.** $(-20, -30)$
7. $(-3, 4)$ **8.** $(-4, 6)$

Grafique las siguientes parejas ordenadas de números en un conjunto de ejes de un sistema de coordenadas cartesianas, y marque cada punto con sus coordenadas.

9. $(2, 2)$ **10.** $(1, 4)$ **11.** $(3, -1)$
12. $(2, -3)$ **13.** $(0, 3)$ **14.** $(0, -5)$
15. $(-4, -4)$ **16.** $(-1, -2)$ **17.** $(-3, 1)$
18. $(-2, 6)$ **19.** $(-1, 0)$ **20.** $(4, 0)$

Proporcione las coordenadas de los siguientes puntos que aparecen en la Figura 8.8:

21. A **22.** B **23.** C
24. D **25.** E **26.** F

27. Grafique las parejas ordenadas $(4, 1)$ y $(-2, -2)$ y conéctelas con una recta. ¿Cuáles son las coordenadas de los puntos de intersección de la recta con los ejes coordenados?

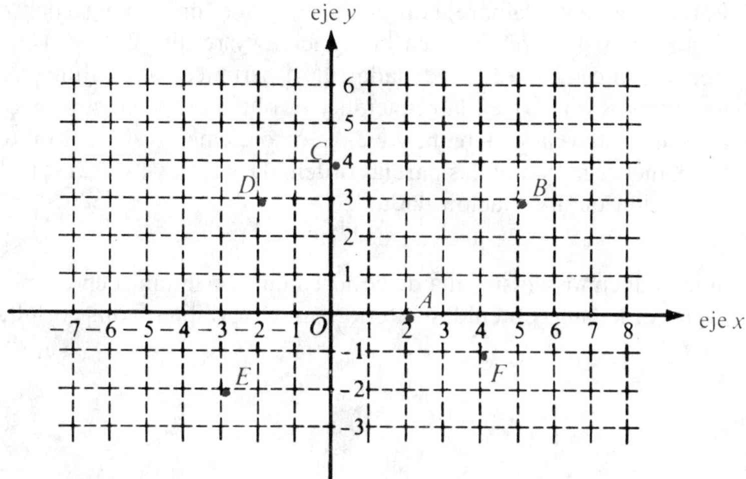

FIGURA 8.8

28. Grafique las parejas ordenadas $(2, -3)$ y $(-1, -6)$ y únalas con una recta. ¿Cuáles son las coordenadas de los puntos de intersección de la recta con los ejes coordenados?

29. Grafique las parejas ordenadas $(0, 4)$ y $(2, 0)$ y únalas con una línea recta. En el mismo sistema de ejes grafique las parejas ordenadas $(2, 5)$ y $(-1, -4)$ y conéctelas con una línea recta. Encuentre las coordenadas del punto de intersección de ambas rectas.

30. Gráfique las parejas ordenadas $(1, -1)$ y $(2, -3)$ y trace una línea recta. En el mismo sistema de ejes grafique las parejas ordenadas $(1, 0)$ y $(-3, 6)$ y únalas con una línea recta. Halle las coordenadas del punto de intersección de ambas rectas.

8.2 Gráficas de ecuaciones lineales en dos variables

La forma general de una ecuación lineal en dos variables x y y es $Ax + By = C$, donde $A, B, C \in R$, y A y B no son cero a la vez. Los elementos del conjunto solución de una ecuación lineal en dos variables son las parejas ordenadas (x, y) que satisfacen la ecuación. El conjunto solución de la ecuación $Ax + By = C$ es $\{(x, y) | Ax + By = C\}$.

Para determinar algunos de los elementos del conjunto solución, se asignan valores arbitrarios a x, y se calculan los correspondientes valores de y. El conjunto solución de la ecuación contiene un número infinito de parejas ordenadas, ya que podemos asignar cualquier valor real a x.

EJEMPLO Encontrar algunos elementos del conjunto solución de $2x + y = 4$.

SOLUCIÓN Sustituimos -2 en vez de x en la ecuación para obtener

$$2(-2) + y = 4 \quad \text{o bien} \quad y \quad 4 + 4 = 8.$$

Por consiguiente, la pareja ordenada $(-2, 8)$ es un elemento del conjunto solución.
Sustituimos 0 en vez de x en la ecuación, y resulta $2(0) + y = 4$ o $y = 4$.
Por lo tanto, la pareja ordenada $(0, 4)$ pertenece al conjunto solución.
Sustituimos x por 1 en la ecuación y se obtiene $2(1) + y = 4$ o $y = 4 - 2 = 2$.
Así que la pareja ordenada $(1, 2)$ es otro elemento del conjunto solución.
De manera semejante, las parejas ordenadas $(2, 0)$ y $(3, -2)$ son elementos del conjunto solución de la ecuación dada.

Si introducimos un sistema de coordenadas cartesianas en un plano y localizamos las parejas ordenadas obtenidas anteriormente, se obtiene como resultado la Figura 8.9.

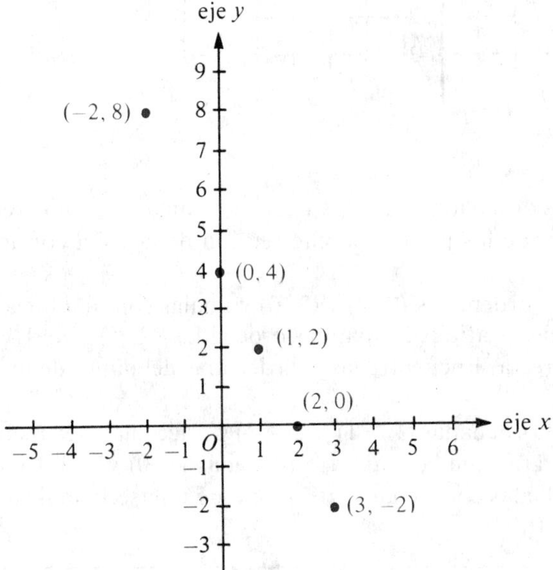

FIGURA 8.9

Si unimos estos puntos con una línea suave, observamos que se encuentran sobre una línea recta. Dicha recta se llama **gráfica de la ecuación lineal** $2x + y = 4$.

Para simplificar el trazo de la gráfica, se tabulan algunos elementos del conjunto solución como se ilustra enseguida.

Las flechas incluidas en los extremos de la gráfica indican que la recta continúa indefinidamente en ambas direcciones (Figura 8.10).

La gráfica de cualquier pareja ordenada de números que satisfagan la ecuación, tal como $(4, -4)$, se halla sobre la línea recta. Además si se escoge un punto P sobre esta recta, la pareja ordenada de números formada con las coordenadas del punto P, $(-1, 6)$, satisface la ecuación.

$$2x + y = 2(-1) + (6) = -2 + 6 = 4.$$

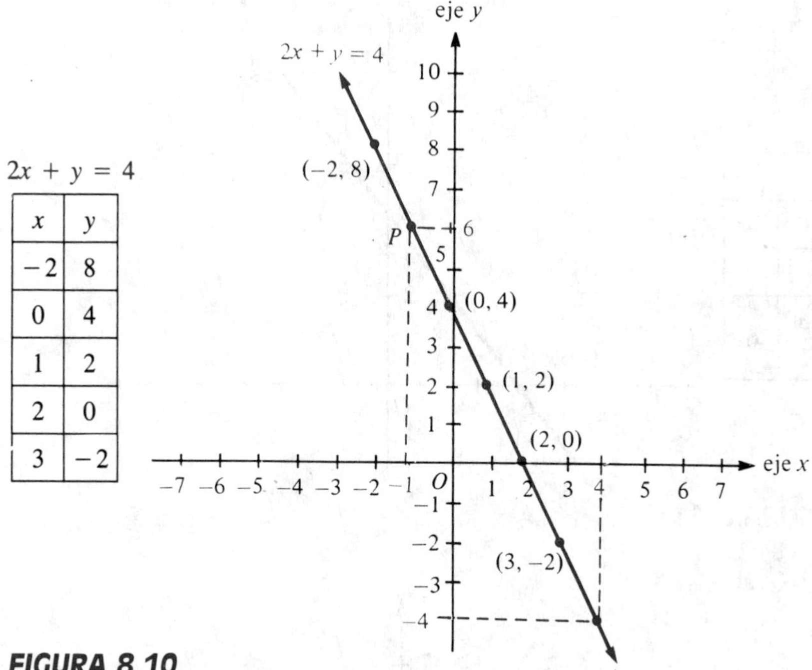

$2x + y = 4$

x	y
-2	8
0	4
1	2
2	0
3	-2

FIGURA 8.10

La gráfica de cualquier ecuación lineal de la forma $Ax + By = C$, donde A, B, $C \in R$, y A y B no son cero a la vez, es una recta. La gráfica de cualquier pareja de números que satisfagan la ecuación, se encuentra sobre la línea recta. Además las coordenadas de cualquier punto situado sobre la recta, satisfacen la ecuación.

Nota En el plano, dos puntos diferentes son suficientes para determinar una recta única, conviene hallar por lo menos tres puntos como comprobación.

EJEMPLO Trazar la gráfica de la recta cuya ecuación es $4x - 3y + 12 = 0$.

SOLUCIÓN Se construye un sistema de coordenadas cartesianas. Hacemos una tabla con tres parejas ordenadas de números que satisfagan la ecuación $4x - 3y + 12 = 0$, y se localizan los puntos que representan a tales parejas ordenadas.

Unimos estos puntos con una línea recta. La gráfica de la recta se ilustra en la Figura 8.11.

EJEMPLO Trazar la gráfica de la recta cuya ecuación es $3x + 2y = 6$.

SOLUCIÓN Se construye un sistema de coordenadas cartesianas. Se hace una tabla con tres parejas ordenadas de números que satisfagan la ecuación $3x + 2y = 6$, y se localizan los puntos correspondientes.

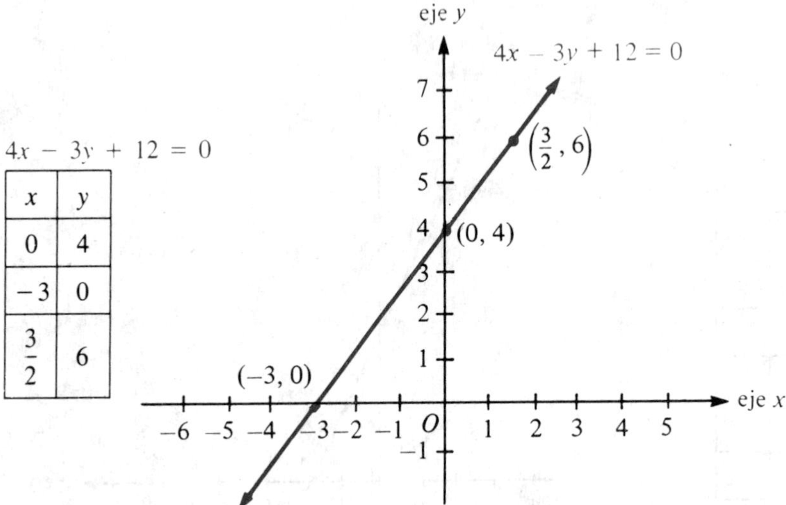

FIGURA 8.11

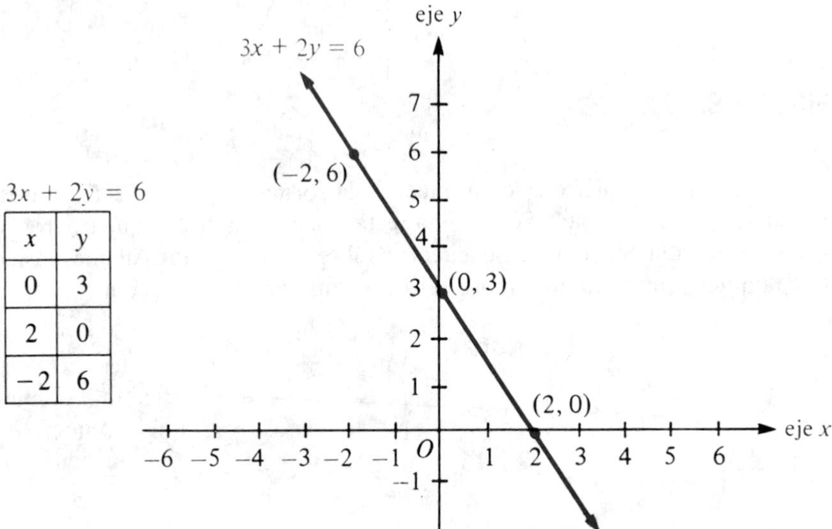

FIGURA 8.12

Se unen estos puntos con una línea recta. La Figura 8.12 es la gráfica de la recta. La ecuación $By = C$ es equivalente a la ecuación $0x + By = C$. Así que para todos los valores de x se tiene que $y = \frac{C}{B}$. Por consiguiente, $By = C$ representa una recta horizontal.

EJEMPLO Trazar la gráfica de la recta cuya ecuación es $y + 3 = 0$.

SOLUCIÓN La ecuación $y + 3 = 0$ es equivalente a la ecuación $0x + y = -3$.

Se hace una tabla con tres elementos del conjunto solución de la ecuación y se localizan sus puntos correspondientes, en un sistema de coordenadas cartesianas.

Se unen estos puntos con una línea recta. La Figura 8.13 es la gráfica de la recta.

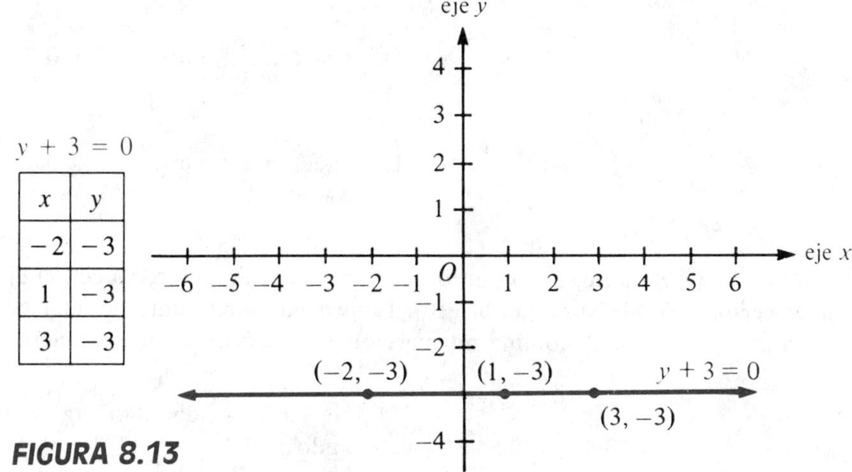

$y + 3 = 0$

x	y
−2	−3
1	−3
3	−3

FIGURA 8.13

La ecuación $Ax = C$ es equivalente a $Ax + 0y = C$. De modo que para todo valor de y se tiene $x = \dfrac{C}{A}$. Por consiguiente $Ax = C$ representa una recta vertical.

EJEMPLO Trazar la gráfica de la recta cuya ecuación es $2x = 5$.

SOLUCIÓN La ecuación $2x = 5$ es equivalente a $2x + 0y = 5$.

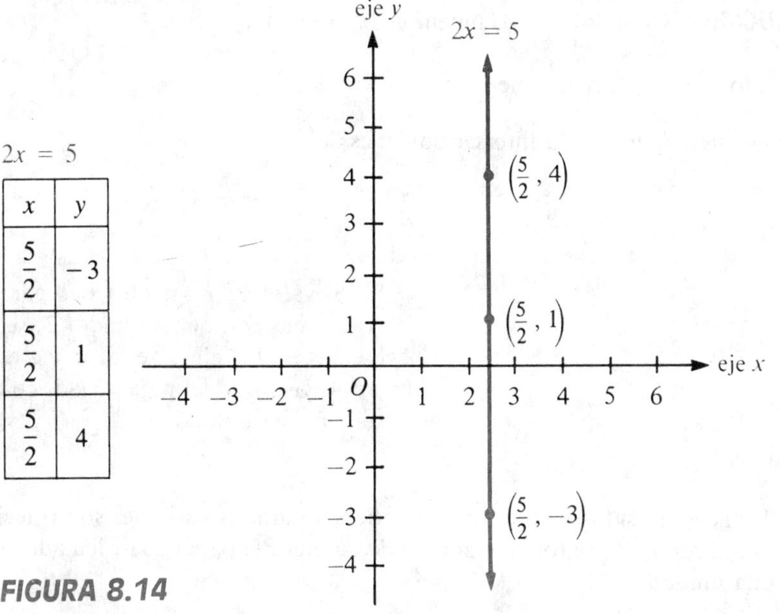

$2x = 5$

x	y
$\frac{5}{2}$	−3
$\frac{5}{2}$	1
$\frac{5}{2}$	4

FIGURA 8.14

Se hace una tabla con tres elementos del conjunto solución de la ecuación, tomando primeramente valores para y, y se localizan los puntos correspondientes en un sistema de coordenadas cartesianas. Se unen estos puntos con una recta. La Figura 8.14 es la gráfica de la ecuación.

Nota La ecuación del eje x es $y = 0$.

Nota La ecuación del eje y es $x = 0$.

DEFINICIÓN La abscisa del punto de intersección de una recta con el eje x se llama **intersección *x*** (o abscisa en el origen). La ordenada del punto de intersección de una recta con el eje y se denomina **intersección *y*** (u ordenada en el origen).

Nota La intersección x de una recta es el valor de x cuando $y = 0$.

Nota La intersección y de una recta es el valor de y cuando $x = 0$.

EJEMPLO Encontrar las intersecciones x y y de la recta cuya ecuación es

$3x - 4y = 9$.

SOLUCIÓN Cuando $y = 0$, tenemos $3x = 9$, o $x = 3$.

Cuando $x = 0$, se tiene que $-4y = 9$, o $y = -\frac{9}{4}$.

Por consiguiente, la intersección x es 3;
la intersección y es $-\frac{9}{4}$.

Nota Si los valores que se obtienen para x o y son fracciones con denominador 3, se toman las escalas en los ejes, de tal manera, que cada tres divisiones del papel cuadriculado representen una unidad.

En general, si los valores que se obtienen para las variables son fracciones con denominadores a y b, se toman cada ab divisiones del papel cuadriculado para representar una unidad.

Ejercicios 8.2

Determine si la pareja ordenada dada satisface la ecuación indicada:

1. $3x + y = 0$, $(0, 0)$ **2.** $2x - 3y = 0$, $(3, -2)$
3. $x - 2y + 1 = 0$, $(5, 3)$ **4.** $y + 4x - 6 = 0$, $(2, -2)$
5. $y + 2x = 5$, $(3, 1)$ **6.** $4y - x = -11$, $(-1, -3)$

Trace las gráficas de las rectas representadas por las siguientes ecuaciones:

7. $x + y = 1$ **8.** $x + y = 3$ **9.** $x + y = 4$
10. $x + 2y = 2$ **11.** $3x + y = 3$ **12.** $x - y = 2$
13. $x - y = 5$ **14.** $x - 2y = 4$ **15.** $x + 3y = 6$
16. $4x + y = 6$ **17.** $x - 5y = 10$ **18.** $2x - y = 8$
19. $3x + y = 9$ **20.** $2x + y = 5$ **21.** $x + 2y = -3$
22. $x - 3y = -4$ **23.** $2x - y = -3$ **24.** $x + y = 0$
25. $3x + y = 0$ **26.** $x - 2y = 0$ **27.** $2x - 3y = 0$
28. $x = 3$ **29.** $2x = -3$ **30.** $2y = -5$
31. $y = 4$ **32.** $2x - 3y = 6$ **33.** $3x + 2y = 12$
34. $4x -$ [illegible] $= 12$ **35.** $3x - 5y = 15$ **36.** $3x - 2y = 5$
37. $3x - 4y = 7$ **38.** $4x + 7y = 14$ **39.** $6x - 5y = 8$

Halle las intersecciones x y y de las rectas representadas por las ecuaciones siguientes:

40. $4x + 7y = 10$ **41.** $2x + 5y = 3$ **42.** $3x + 8y = 4$
43. $5x + 6y = 2$ **44.** $7x - 4y = 1$ **45.** $2x - 3y = 4$
46. $4x - 5y = 6$ **47.** $3x - 8y = 12$ **48.** $3x = 2$
49. $5x = -3$ **50.** $2y = -7$ **51.** $11y = 8$

8.3 Pendiente de una recta

Considérese un sistema de coordenadas cartesianas. Sean $A(x_1, y_1)$ y $B(x_2, y_2)$ dos puntos de una recta L. Tracemos una recta horizontal por el punto A y una vertical por el punto B. Sea C el punto de intersección de estas dos rectas. Las coordenadas

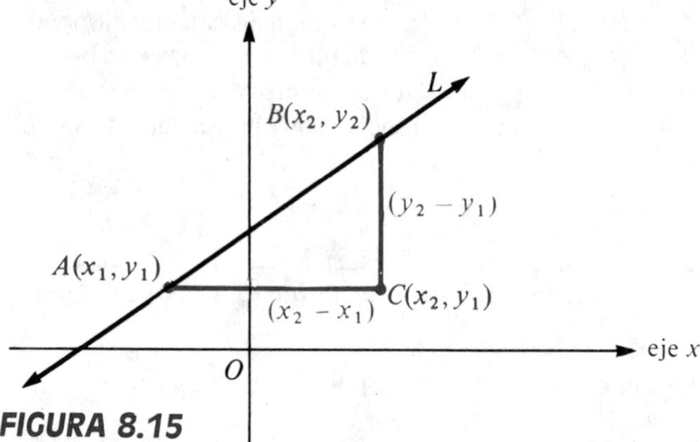

FIGURA 8.15

del punto C son (x_2, y_1). (Figura 8.15.) La **distancia dirigida** de A a C es $(x_2 - x_1)$; la distancia dirigida de C a B es $(y_2 - y_1)$.

El cociente $\dfrac{y_2 - y_1}{x_2 - x_1}$, si $x_2 \neq x_1$, se llama **pendiente de la recta**. Cuando $x_2 = x_1$ la pendiente no está definida.

TEOREMA 1 La pendiente de una recta es independiente de los pares de puntos seleccioandos.

DEMOSTRACIÓN Por geometría, los triángulos ABC y ADE de la Figura 8.16 son semejantes.

Por consiguiente, $\dfrac{\text{CB}}{\text{AC}} = \dfrac{\text{ED}}{\text{AE}}$.

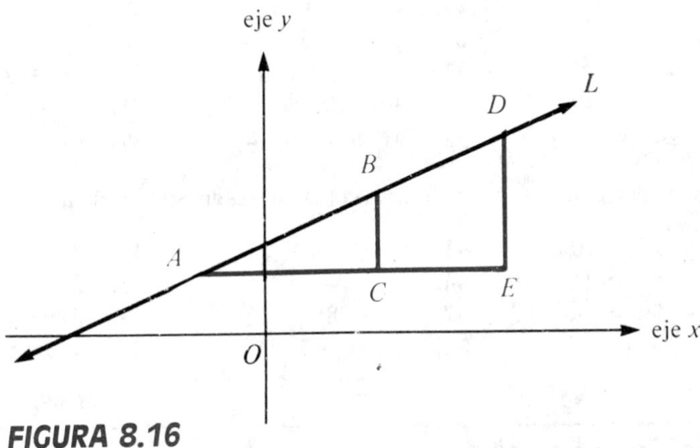

FIGURA 8.16

Esto es, la pendiente de la recta calculada con respecto a los puntos A y B es igual a la calculada en relación con los puntos A y D.

Nota

> Dadas las coordenadas de dos puntos de una recta, se puede calcular la pendiente de ésta dividiendo la diferencia de la ordenada del segundo punto y la del primero entre la diferencia de la abscisa del segundo punto y la del primero.

EJEMPLO Encontrar la pendiente de la recta que pasa por los puntos $A(-3, -6)$ y $B(3, -2)$.

SOLUCIÓN Si tomamos A como primer punto, tenemos

$x_1 = -3$ y $y_1 = -6$.

Si B es el segundo punto, se tiene

$x_2 = 3$ y $y_2 = -2$

La pendiente de la recta es $= \dfrac{y_2 - y_1}{x_2 - x_1}$

$$= \frac{(-2) - (-6)}{(3) - (-3)}$$

$$= \frac{-2 + 6}{3 + 3} = \frac{4}{6} = \frac{2}{3}$$

Nota Las coordenadas de un punto de una recta forman una pareja ordenada de números que satisfacen la ecuación de la recta.

EJEMPLO Hallar la pendiente de la recta cuya ecuación es $3x + 4y = 7$.

SOLUCIÓN Primeramente se obtienen las coordenadas de dos puntos cualesquiera de la recta, esto es, dos parejas ordenadas de números que satisfagan la ecuación.

Consideremos por ejemplo, los puntos P_1 y P_2 cuyas coordenadas son (1, 1) y (−3, 4), respectivamente.

Entonces $x_1 = 1$, $y_1 = 1$, $x_2 = -3$, y $y_2 = 4$.

La pendiente de la recta es $= \dfrac{(4) - (1)}{(-3) - (1)}$

$$= \frac{4 - 1}{-3 - 1}$$

$$= -\frac{3}{4}$$

Nota La ecuación $By = C$ es equivalente a la ecuación $0x + By = C$.

Consideremos las parejas ordenadas $\left(1, \dfrac{C}{B}\right)$ y $\left(2, \dfrac{C}{B}\right)$, las cuales satisfacen la ecuación.

La pendiente de la recta es $= \dfrac{\dfrac{C}{B} - \dfrac{C}{B}}{2 - 1}$

$$= \frac{0}{1}$$

$$= 0$$

Por lo tanto, la pendiente de una recta cuya ecuación es de la forma $By = C$, o sea una recta horizontal, es 0.

Nota La ecuación $Ax = C$ es equivalente a la ecuación $Ax + 0y = C$.

Consideremos las parejas ordenadas $\left(\frac{C}{A}, 1\right)$ y $\left(\frac{C}{A}, 2\right)$, las cuales satisfacen la ecuación.

La pendiente de la recta es $= \dfrac{2 - 1}{\frac{C}{A} - \frac{C}{A}} = \dfrac{1}{0}$, la cual no está definida.

Por consiguiente, la pendiente de una recta cuya ecuación es de la forma $Ax = C$, o sea una recta vertical, no está definida.

TEOREMA 2 La pendiente de una recta cuya ecuación es $y = mx + b$, es m.

DEMOSTRACIÓN Consideremos los puntos cuyas coordenadas son $(0, b)$ y $(1, m + b)$.

La pendiente de la recta es $= \dfrac{(m + b) - b}{1 - 0} = \dfrac{m + b - b}{1} = m$

Nota Si la ecuación de la recta se escribe en la forma $y = mx + b$, entonces la pendiente es m, o sea el coeficiente de x.

Nota Cuando la ecuación de la recta está en la forma general $Ax + By = C$, $B \neq 0$, entonces

$$y = -\frac{A}{B}x + \frac{C}{B}$$

y la pendiente es $m = -\dfrac{A}{B}$.

EJEMPLO Encontrar la pendiente de la recta cuya ecuación es $3y - 2x = 8$.

SOLUCIÓN La ecuación $3y - 2x = 8$ es equivalente a la ecuación

$$y = \frac{2}{3}x + \frac{8}{3}$$

La pendiente de la recta es $\dfrac{2}{3}$.

EJEMPLO Hallar la pendiente de la recta cuya ecuación es $5x + 7y = 3$.

SOLUCIÓN La ecuación $5x + 7y = 3$ es equivalente a la ecuación

$$y = -\frac{5}{7}x + \frac{3}{7}.$$

La pendiente de la recta es $-\frac{5}{7}$.

De lo anterior podemos ver que dada la ecuación de una recta, se puede calcular la pendiente en una de las dos formas siguientes:

1. Se determinan las coordenadas de dos puntos de la recta y se sustituyen en la relación $\frac{y_2 - y_1}{x_2 - x_1}$, $x_2 \neq x_1$.

2. Se escribe la ecuación de la recta en la forma $y = mx + b$. El coeficiente de x es la pendiente de la recta.

Ejercicios 8.3

Encuentre las pendientes de las rectas que pasan por las puntas indicados:

1. $A(2, 1)$, $B(5, 7)$
2. $A(0, 7)$, $B(2, 3)$
3. $A(4, 2)$, $B(8, 4)$
4. $A(9, 6)$, $B(3, 2)$
5. $A(2, 4)$, $B(6, -4)$
6. $A(3, -5)$, $B(5, 1)$
7. $A(5, 2)$, $B(8, 2)$
8. $A(2, 4)$, $B(10, 4)$
9. $A(4, -6)$, $B(7, -6)$
10. $A(-3, -1)$, $B(8, -1)$
11. $A(3, -1)$, $B(3, 3)$
12. $A(-1, 6)$, $B(-1, 2)$
13. $A(-5, 4)$, $B(-5, -2)$
14. $A(6, -7)$, $B(6, 9)$
15. $A(-5, 11)$, $B(1, 2)$
16. $A(4, 0)$, $B(-16, 4)$
17. $A(-4, -5)$, $B(11, 7)$
18. $A(3, 8)$, $B(-2, -7)$
19. $A(-12, 9)$, $B(0, -15)$
20. $A(-3, 4)$, $B(-1, -2)$

Obtenga las pendientes de las rectas representadas por las siguientes ecuaciones, en dos formas:

21. $2x - y = 0$
22. $3y - 2x = 0$
23. $2y - 5x = 0$
24. $4x - 3y = 0$
25. $x + 3y = 0$
26. $3x + 2y = 0$
27. $4x + 5y = 0$
28. $2x + 7y = 0$
29. $3x - 8 = 0$
30. $2x + 5 = 0$
31. $4y + 9 = 0$
32. $2y - 3 = 0$
33. $x + y = 2$
34. $3x + y = 4$
35. $x + 6y = 8$
36. $x + 4y = 5$
37. $x - 2y = 3$
38. $y - 2x = 7$
39. $3x - 2y = 5$
40. $2x - 3y = 6$
41. $2x - 4y = 9$
42. $4x + 3y = 6$
43. $2y - 5x = 3$
44. $4y - 3x = 7$
45. $2x + 5y = 11$
46. $7x + 8y = 10$
47. $9x + 4y = 15$
48. $4x + 6y = 7$
49. $2x + 6y = 13$
50. $5x + 2y = 3$

8.4 Ecuaciones de rectas

Una ecuación lineal en dos variables representa una recta. Dada la ecuación, podemos encontrar coordenadas de puntos de la recta, las intersecciones x y y, y también la pendiente de la recta. Ahora estudiaremos cómo encontrar la ecuación de la recta, contando con parte de la información sobre ella.

Ecuación de una recta que pasa por dos puntos dados

Dada la ecuación de una recta y un sistema de coordenadas cartesianas, es posible encontrar las coordenadas de dos de sus puntos y hallar así, tal recta. Puesto que dos puntos distintos determinan una recta única, encontraremos la ecuación de una recta dados dos puntos de ella.

Supongamos que los dos puntos dados son $P_1(x_1, y_1)$ y $P_2(x_2, y_2)$. Sea $P(x, y)$ un punto genérico de la recta, diferente de los puntos P_1 y P_2, como se muestra en la Figura 8.17.

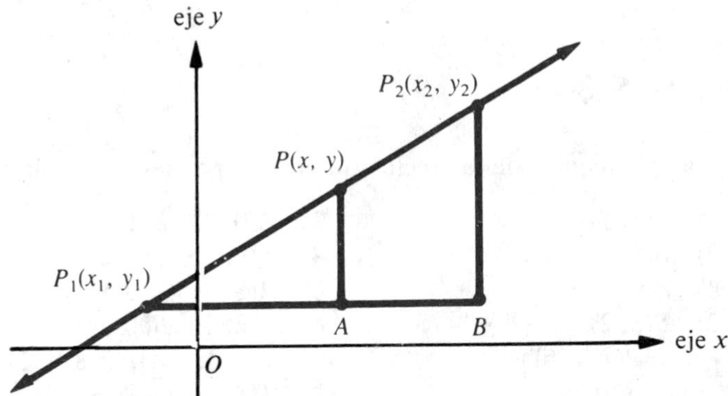

FIGURA 8.17

La pendiente de la recta calculada con respecto a los puntos $P_1(x_1, y_1)$ y $P(x, y)$ es

$$\frac{y - y_1}{x - x_1}.$$

La pendiente de la recta calculada en relación con los puntos $P_1(x_1, y_1)$ y $P_2(x_2, y_2)$ es

$$\frac{y_2 - y_1}{x_2 - x_1}, \; x_2 \neq x_1.$$

Puesto que la pendiente de una recta es la misma para todos sus puntos, tenemos

$$\frac{y - y_1}{x - x_1} = \frac{y_2 - y_1}{x_2 - x_1}$$

que es la ecuación de la recta que pasa por dos puntos dados.

Notas

1. Cuando $x_2 = x_1 = a$, la pendiente de la recta no está definida. La recta es vertical y su ecuación es $x = a$.

   La ecuación del eje y es $x = 0$.

2. Cuando $y_2 = y_1 = b$, la recta es horizontal y su ecuación es $y = b$.

   La ecuación del eje x es $y = 0$.

EJEMPLO Encontrar la ecuación de la recta que pasa por los puntos $A(3, -2)$ y $B(7, 3)$.

SOLUCIÓN La ecuación de la recta es $\dfrac{y-(-2)}{x-(3)} = \dfrac{3-(-2)}{7-3}$.

O sea, $\dfrac{y+2}{x-3} = \dfrac{5}{4}$, o bién, $5x - 4y = 23$.

Ecuación de una recta, dado uno de sus puntos $P_1(x_1, y_1)$ y su pendiente m

Para cualquier punto $P(x, y) \neq P_1(x_1, y_1)$ de una recta, la pendiente es $m = \dfrac{y-y_1}{x-x_1}$.

Por consiguiente, la ecuación de una recta, dado un punto y la pendiente, es

$$\frac{y-y_1}{x-x_1} = m.$$

EJEMPLO Obtener la ecuación de la recta que pasa por el punto $A(-4, 1)$ con pendiente 3.

SOLUCIÓN La ecuación de la recta es $\dfrac{y-1}{x-(-4)} = 3$.

Esto es, $\dfrac{y-1}{x+4} = \dfrac{3}{1}$, o bien $3x - y = -13$.

Nota

La ecuación de la recta que pasa por el punto $(0, b)$ y de pendiente m es $\dfrac{y-b}{x-0} = m$, esto es, $y - b = mx$ o $y = mx + b$.

Puesto que m es la pendiente de la recta y b es la ordenada al origen, la ecuación $y = mx + b$ se llama ecuación de la recta dados la pendiente y la ordenada al origen".

Ecuación de una recta, dadas sus intersecciones

Si a y b son las intersecciones x y y, respectivamente, y ambas son distintas de cero, entonces los puntos $(a, 0)$ y $(0, b)$ pertenecen a la recta. Por lo tanto, la ecuación de la recta es

$$\frac{y-0}{x-a} = \frac{b-0}{0-a}.$$

Es decir, $\dfrac{y}{x-a} = \dfrac{b}{-a}$ o bien $bx + ay = ab$.

Dividiendo ambos miembros de la ecuación por ab, obtenemos

$$\frac{x}{a} + \frac{y}{b} = 1$$

que es la llamada *ecuación simétrica* de la recta o bien su *forma intersección.*

Nota Si la recta pasa por el origen, no se puede expresar en la forma intersección. ¿Por qué?

EJEMPLO Determinar la ecuación de la recta cuyas intersecciones x y y son 2 y −7, respectivamente.

SOLUCIÓN La ecuación de la recta es $\dfrac{x}{2} + \dfrac{y}{-7} = 1.$

O sea, $7x - 2y = 14.$

Ejercicios 8.4

Encuentre la ecuación de la recta que pasa por los puntos dados:

1. $A(0, 0)$, $B(2, 3)$
2. $A(0, 0)$, $B(-1, 2)$
3. $A(0, 3)$, $B(4, 0)$
4. $A(0, 2)$, $B(-5, 0)$
5. $A(0, -1)$, $B(2, 0)$
6. $A(0, -4)$, $B(-6, 0)$
7. $A(-2, -2)$, $B(3, 1)$
8. $A(-3, -4)$, $B(6, 2)$
9. $A(1, 1)$, $B(2, -2)$
10. $A(4, -1)$, $B(-4, 5)$
11. $A(2, 1)$, $B(-4, 2)$
12. $A(-1, -4)$, $B(1, 2)$
13. $A(3, 5)$, $B(3, -2)$
14. $A(-2, 7)$, $B(-2, 9)$
15. $A(-2, -1)$, $B(6, -1)$
16. $A(-4, 4)$, $B(7, 4)$

Determine la ecuación de la recta que pasa por el punto dado con la pendiente indicada:

17. $A(3, 1)$; 0
18. $A(2, 5)$; 0
19. $A(-2, -1)$; 0
20. $A(0, -4)$; 0
21. $A(1, 2)$; 3
22. $A(2, 4)$; 5
23. $A(3, 1)$; 2
24. $A(4, 3)$; 1
25. $A(1, 3)$; -2
26. $A(2, 1)$; -3
27. $A(3, 2)$; -5
28. $A(2, 2)$; -4

29. $A(-3, 2)$; $\frac{2}{3}$. **30.** $A(5, -1)$; $\frac{3}{4}$ **31.** $A(-1, 4)$; $\frac{2}{5}$

32. $A(2, -3)$; $-\frac{1}{2}$ **33.** $A(-1, -2)$; $-\frac{5}{3}$ **34.** $A(-5, 3)$; $-\frac{3}{2}$

Halle la ecuación de la recta correspondiente a las intersecciones x y y dadas:

35. 1; 1 **36.** 2; 3 **37.** 3; 4 **38.** 1; 3
39. -1; 2 **40.** -2; 1 **41.** -3; 5 **42.** -2; 6
43. 3; -2 **44.** 4; -3 **45.** 5; -2 **46.** 7; -5
47. -2; -1 **48.** -2; -3 **49.** -3; -6 **50.** -7; -2
51. 2; $\frac{2}{3}$ **52.** 3; $\frac{4}{3}$ **53.** -6; $\frac{3}{5}$ **54.** -3; $\frac{7}{2}$
55. $\frac{2}{3}$; $\frac{5}{4}$ **56.** $\frac{3}{2}$; $\frac{2}{7}$ **57.** $-\frac{1}{4}$; $-\frac{5}{6}$ **58.** $-\frac{4}{3}$; $-\frac{7}{3}$

8.5 Sistemas de dos ecuaciones lineales en dos variables

Los elementos del conjunto solución de una ecuación lineal $ax + by = c$ constituyen una cantidad infinita de parejas ordenadas (x, y) que pueden representarse gráficamente con una línea recta.

Cuando se dibujan las gráficas de dos ecuaciones lineales en dos variables en un sistema de coordenadas cartesianas surge una de las siguientes posibilidades:

1. Las dos rectas coinciden.
2. Las rectas no se intersecan; en tal caso se llaman rectas **paralelas**.
3. Las rectas se intersecan precisamente en un punto.

8.6 Solución de sistemas de dos ecuaciones lineales en dos variables

A veces se requiere encontrar la solución común, o conjunto solución común de dos o más ecuaciones que forman lo que se denomina un **sistema de ecuaciones**.

El conjunto solución de un sistema de ecuaciones es, por consiguiente, la intersección de los conjuntos solución de cada una de las ecuaciones del sistema.

DEFINICIÓN El **conjunto solución de un sistema de dos ecuaciones en dos variables** es el conjunto de todas las parejas ordenadas de números que constituyen soluciones comunes a las dos ecuaciones. Es la intersección del conjunto solución de una de las ecuaciones con el de la otra.

El conjunto solución del sistema

$$a_1x + b_1y = c_1 \qquad \text{y} \qquad a_2x + b_2y = c_2 \qquad \text{es}$$
$$\{(x, y)|a_1x + b_1y = c_1\} \cap \{(x, y)|a_2x + b_2y = c_2\}$$

Nota

1. Cuando las dos rectas coinciden, el conjunto solución del sistema es el de cualquiera de las ecuaciones.
2. Cuando las dos rectas no se intersecan, el conjunto solución del sistema es ϕ.
3. Cuando las dos rectas se intersecan exactamente en un punto, el conjunto solución del sistema es la pareja ordenada formada por las coordenadas del punto de intersección.

Solución gráfica

Para resolver gráficamente un sistema de dos ecuaciones lineales en dos variables, se dibujan las gráficas de ambas ecuaciones en un sistema de ejes coordenados. Las coordenadas del punto de intersección, si existe, proporcionan la pareja ordenada de números que es el conjunto solución del sistema.

Nota Las coordenadas del punto de intersección no siempre se pueden leer exactamente, de esta manera, la solución gráfica resulta ser aproximada.

El conjunto solución del sistema $5x + 5y = 14$ y $9x + 4y = 18$ es $(1.36, 1.44)$.

Nota Las rectas se podrían intersecar en un punto muy alejado del campo visual abarcado por la gráfica, dando por consiguiente la apariencia de ser paralelas. El conjunto solución del sistema $3x + 4y = 5$ y $2x + 3y = -5$ es $(35, -25)$.

EJEMPLO Encontrar gráficamente la solución del sistema de ecuaciones.

$$x + y = 6 \qquad \text{y} \qquad 3x - y = 2.$$

SOLUCIÓN ꞏndientes a las dos ecuaciones en un mismo sistema de

Se traz ꞏintersección de las dos rectas a los ejes x y y, y se ꞏicho punto (Figura 8.18).

El cor

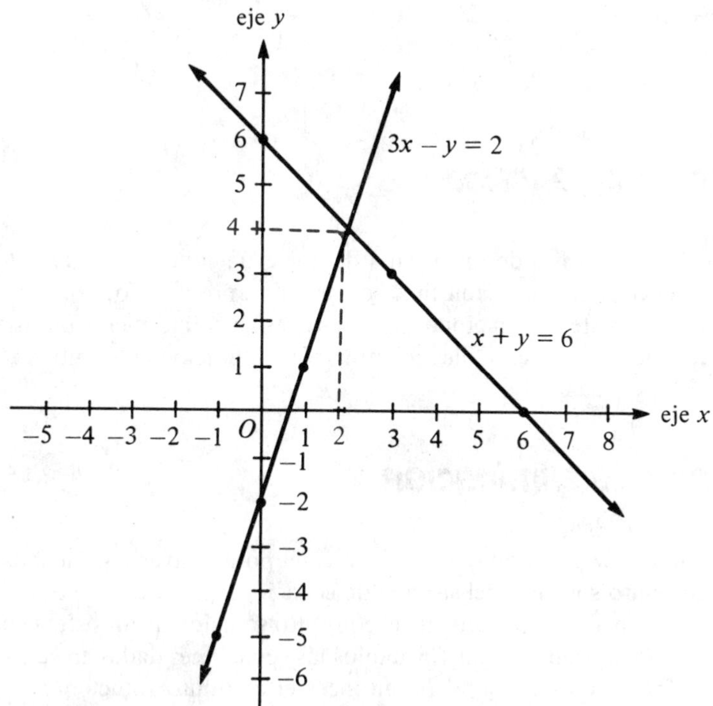

FIGURA 8.18

Ejercicios 8.6A

Resuelva gráficamente los sistemas de ecuaciones siguientes:

1. $x = 1$ $x + y = 2$	**2.** $x = 2$ $x + 3y = 5$	**3.** $y = -1$ $3x + y = 2$
4. $y = -3$ $2x - y = 7$	**5.** $x + y = 3$ $2x + y = 4$	**6.** $x + y = 4$ $x + 2y = 7$
7. $x - y = 3$ $x + y = 1$	**8.** $x + 2y = 5$ $2x - y = -5$	**9.** $x - 3y = 4$ $2x - 3y = 2$
10. $x + y = 0$ $2x + y = 4$	**11.** $x - 2y = 0$ $2x - y = 6$	**12.** $2x + y = 0$ $3x - 2y = 7$
13. $x - y = 5$ $3x + 2y = 5$	**14.** $x - y = 2$ $2x - 3y = 1$	**15.** $2x + 3y = 8$ $3x - y = 1$

16. $x - 2y = 3$
$2x + 3y = -1$

17. $3x + y = 7$
$2x - y = 3$

18. $x - 2y = 4$
$3x + y = -2$

19. $5x + 4y = 2$
$2x + 3y = 5$

20. $3x - y = 8$
$2x + 5y = 11$

21. $4x - 3y = 2$
$5x + y = -7$

22. $5x + 2y = 2$
$4x + 3y = -4$

23. $x - 2y = 3$
$3x - 4y = 6$

24. $2x - y = -2$
$4x + y = 5$

25. $x + 2y = 3$
$2x + 4y = 1$

26. $2x - y = 4$
$6x - 3y = 4$

27. $2x + 6y = 11$
$x + 3y = 3$

Solución algebraica

La solución algebraica de un sistema de dos ecuaciones lineales en dos variables proporciona el conjunto solución preciso, no uno aproximado, como en el caso del método gráfico. Existen dos métodos para resolver algebraicamente un sistema de dos ecuaciones lineales en dos variables: eliminación (o adición) y sustitución.

Método de eliminación

Las rectas $x = a$ y $y = b$ se intersecan en el punto cuyas coordenadas son (a, b). Así que el conjunto solución del sistema de ecuaciones lineales $x = a$ y $y = b$ es $\{(a, b)\}$.

Para obtener algebraicamente el conjunto solución de un sistema de dos ecuaciones lineales en dos variables, transformamos las ecuaciones dadas en ecuaciones equivalentes de la forma $x = a$ y $y = b$, entonces el conjunto solución es

$$\{(x, y)|x = a\} \cap \{(x, y)|y = b\} = \{(a, b)\}$$

TEOREMA 3 Si (x_1, y_1) es una solución de la ecuación $a_1x + b_1y + c_1 = 0$ y también de la ecuación $a_2 + b_2y + c_2 = 0$, entonces es solución de la ecuación

$$p(a_1x + b_1y + c_1) + q(a_2x + b_2y + c_2) = 0$$

donde $p, q \in R$ y p y q no son cero a la vez.

DEMOSTRACIÓN Dado que (x_1, y_1) es solución de la ecuación

$$a_1x + b_1y + c_1 = 0 \tag{1}$$

entonces $a_1x_1 + b_1y_1 + c_1 = 0.$

Como (x_1, y_1) es también solución de la ecuación

$$a_2x + b_2y + c_2 = 0 \tag{2}$$

entonces $\quad a_2x_1 + b_2y_1 + c_2 = 0.$

Considérese la ecuación

$$p(a_1x + b_1y + c_1) + q(a_2x + b_2y + c_2) = 0. \tag{3}$$

Sustituyendo x y y en la ecuación (3) por los valores x_1 y y_1, respectivamente, se obtiene

$$p(a_1x_1 + b_1y_1 + c_1) + q(a_2x_1 + b_2y_1 + c_2) = p\cdot 0 + q\cdot 0 = 0$$

Así que si (x_1, y_1) es una solución de las ecuaciones (1) y (2), también es solución de la ecuación (3).

El primer miembro de la ecuación (3) se llama **combinación lineal** de los primeros miembros de las ecuaciones (1) y (2).

Puesto que el conjunto solución del sistema formado por las ecuaciones (1) y (2) es subconjunto del conjunto solución de la ecuación (3), el sistema formado por las ecuaciones (3) y (1), o las ecuaciones (3) y (2), es equivalente al sistema formado por las ecuaciones (1) y (2).

La ecuación (3) se puede reducir a una de la forma $rx + t = 0$, (o $r'y + t' = 0$), eligiendo p y q, de tal manera, que los coeficientes de y (o x) se vuelvan inversos aditivos. Una vez que se ha encontrado el valor de x (o y), se puede determinar el valor de y (o x) a partir de la otra ecuación del sistema. Puesto que p y q se eligen, de tal manera que el coeficiente de y sea cero, esto es, se elimina y, el método se llama **de eliminación**.

EJEMPLO Aplicando el método de eliminación, determinar el conjunto solución del sistema de ecuaciones

$$2x - y - 7 = 0 \quad \text{y} \quad 3x + 4y - 5 = 0.$$

SOLUCIÓN Consideremos la ecuación $p(2x - y - 7) + q(3x + 4y - 5) = 0$. Tomando $p = 3$ y $q = -2$, se tiene

$$\begin{aligned} 3(2x - y - 7) + (-2)(3x + 4y - 5) &= 0 \\ 6x - 3y - 21 - 6x - 8y + 10 &= 0 \\ -11y &= 11 \\ y &= -1 \end{aligned}$$

Por lo tanto, el sistema original es equivalente al sistema

$$2x - y - 7 = 0 \quad \text{y} \quad y = -1.$$

Al sustituir y por (-1) en $2x - y - 7 = 0$, se obtiene

$$2x - (-1) - 7 = 0, \quad \text{o bien} \quad 2x = 6.$$

Por consiguiente,

$$x = 3.$$

El sistema original es equivalente al sistema

$$x = 3 \quad \text{y} \quad y = -1.$$

En consecuencia, el conjunto solución es

$$\{(x, y) | x = 3\} \cap \{(x, y) | y = -1\} = \{(3, -1)\}.$$

Cuando las ecuaciones están escritas en la forma $ax + by = c$, la técnica de solución del sistema de ecuaciones por eliminación empleando el principio anterior, se ilustra mediante el ejemplo siguiente:

EJEMPLO Utilizando el método de eliminación, hallar el conjunto solución del sistema de ecuaciones

$$3x + 2y = 12 \quad \text{y} \quad 5x - 3y = 1.$$

SOLUCIÓN Con el fin de eliminar x, hacemos sus coeficientes en ambas ecuaciones numéricamente iguales al mínimo común múltiplo de sus coeficientes originales pero con signos opuestos.

El mínimo común múltiplo de 3 y 5 es 15.

$$3x + 2y = 12 \xrightarrow{\times 5} 15x + 10y = 60$$

$$5x - 3y = 1 \xrightarrow{\times (-3)} -15x + 9y = -3$$

Sumando, obtenemos $19y = 57$

Por lo tanto, $y = 3$

El sistema original es equivalente al sistema

$$3x + 2y = 12 \quad \text{y} \quad y = 3.$$

Al sustituir y por 3 en $3x + 2y = 12$, obtenemos

$$3x + 2(3) = 12 \text{ o bien } 3x = 6.$$

Por consiguiente, $x = 2$.

El sistema original es equivalente al sistema

$$x = 2 \quad \text{y} \quad y = 3,$$

el cual tiene el conjunto solución.

$$\{(x, y) | x = 2\} \cap \{(x, y) | y = 3\} = \{(2, 3)\}$$

Para comprobar la solución, se sustituye (2, 3) en la ecuación $5x - 3y = 1$.

$$5x - 3y = 5(2) - 3(3) = 10 - 9 = 1 \quad \text{y} \quad 1 = 1.$$

Por lo tanto, el conjunto solución es $\{(2, 3)\}$.

Nota

Sumar las ecuaciones (1) y (2) del Teorema 3 de la página 314, tal como se ilustró en el ejemplo anterior, es otra forma de escribir

$$p(a_1x + b_1y + c_1) + q(a_2x + b_2y + c_2) = 0.$$

EJEMPLO Aplicando el método de eliminación, hallar el conjunto solución del sistema de ecuaciones

$$4x + 3y = -6 \quad \text{y} \quad 3x - 6y = -10.$$

SOLUCIÓN El mínimo común múltiplo de los coeficientes de y es 6.

$$4x + 3y = -6 \xrightarrow{\times 2} 8x + 6y = -12$$

$$3x - 6y = -10 \xrightarrow{\times 1} 3x - 6y = -10$$

Al sumar se obtiene $11x = -22$

Por consiguiente, $x = -2$. $\quad x = -2$

El sistema original es equivalente al sistema

$$4x + 3y = -6 \quad \text{y} \quad x = -2.$$

Sustituyendo, x por (-2) en $4x + 3y = -6$, se obtiene

$$4(-2) + 3y = -6 \quad \text{o bien} \quad 3y = 2.$$

Por lo tanto, $y = \frac{2}{3}$.

El sistema original es equivalente al sistema

$$x = -2 \quad \text{y} \quad y = \frac{2}{3}.$$

Por consiguiente, el conjunto solución es

$$\{(x, y)|x = -2\} \cap \left\{(x, y) \middle| y = \frac{2}{3}\right\} = \left\{\left(-2, \frac{2}{3}\right)\right\}$$

Nota

$\{(x, y)|0x + 0y = a, a \neq 0\} = \varnothing$ y

$\{(x, y)|0x + 0y = 0\} = \{(x, y)|x, y \in R\}$

EJEMPLO Con el método de eliminación, encontrar el conjunto solución del sistema

$$x + 2y = 3 \quad \text{y} \quad 2x + 4y = 7.$$

SOLUCIÓN El mínimo común múltiplo de los coeficientes de x es 2.

$$\begin{array}{lcr} x + 2y = 3 & \xrightarrow{\times(-2)} & -2x - 4y = -6 \\ 2x + 4y = 7 & \longrightarrow & 2x + 4y = 7 \\ \hline \text{Sumando se obtiene} & & 0x + 0y = 1 \end{array}$$

El sistema original es equivalente al sistema

$$x + 2y = 3 \quad \text{y} \quad 0x + 0y = 1.$$

Por lo tanto, el conjunto solución es

$$\begin{aligned} &\{(x, y) | x + 2y = 3\} \cap \{(x, y) | 0x + 0y = 1\} \\ &\quad = \{(x, y) | x + 2y = 3\} \cap \varnothing = \varnothing \end{aligned}$$

EJEMPLO Aplicando el método de eliminación, hallar el conjunto solución del sistema

$$2x - y = 5 \quad \text{y} \quad 6x - 3y = 15.$$

SOLUCIÓN El mínimo común múltiplo de los coeficientes de y es 3.

$$\begin{array}{lcr} 2x - y = 5 & \xrightarrow{\times(-3)} & -6x + 3y = -15 \\ 6x - 3y = 15 & \longrightarrow & 6x - 3y = 15 \\ \hline \text{Al sumar se obtiene} & & 0x + 0y = 0 \end{array}$$

El sistema original es equivalente al sistema

$$2x - y = 5 \quad \text{y} \quad 0x + 0y = 0.$$

Por consiguiente, el conjunto solución es

$$\begin{aligned} &\{(x, y) | 2x - y = 5\} \cap \{(x, y) | 0x + 0y = 0\} \\ &\quad = \{(x, y) | 2x - y = 5\} \cap \{(x, y) | x, y \in R\} \\ &\quad = \{(x, y) | 2x - y = 5\} \end{aligned}$$

Ejercicios 8.6B

Resuelva los siguientes sistemas de ecuaciones por eliminación:

1. $x + y = 2$, $2x - y = 1$
2. $3x - y = 0$, $2x + y = 5$
3. $4x - y = 6$, $3x + y = 1$
4. $x + 4y = 5$, $3x - 4y = -17$
5. $x + 2y = 6$, $x + 3y = 8$
6. $x + 4y = 3$, $x - y = -2$
7. $3x - y = -1$, $3x + 2y = -7$
8. $2x + y = 3$, $2x + 3y = 9$
9. $2x - y = 3$, $3x + 2y = 8$
10. $2x + y = 4$, $3x - 2y = 27$
11. $x - 2y = -12$, $6x + y = 19$
12. $3x - 2y = 7$, $4x + y = 24$

13. $x + 3y = -2$, $3x + 5y = -6$
14. $2x - 3y = 12$, $4x + 5y = -20$
15. $2x - 7y = -26$, $5x + y = 9$
16. $7x - 6y = 17$, $3x + y = 18$
17. $5x + 2y = 3$, $7x - 3y = 10$
18. $2x + 5y = -1$, $3x - 2y = 27$
19. $4x + 3y = 6$, $3x - 5y = 19$
20. $6x - 7y = 10$, $8x - 13y = 6$
21. $3x + y = 1$, $x + 2y = 3$
22. $3x - y = -1$, $7x + y = 6$
23. $5x + y = -1$, $11x + 4y = -1$
24. $2x - y = 2$, $6x - 7y = 8$
25. $x - y = 1$, $2x + 3y = -1$
26. $2x - 4y = 1$, $4x - 2y = 3$
27. $4x - 9y = -9$, $2x + 6y = 13$
28. $3x + 4y = 5$, $9x + 4y = 9$
29. $15x - 9y = -5$, $8x + y = 7$
30. $4x + 6y = 7$, $3x + 5y = 6$
31. $x - 2y = 1$, $2x - 4y = 3$
32. $6x - 3y = 4$, $2x - y = 3$
33. $2x + y = 3$, $8x + 4y = 9$
34. $3x + y = 1$, $6x + 2y = 5$
35. $5x - 5y = 8$, $x - y = 7$
36. $x + 3y = 3$, $2x + 6y = 13$
37. $3x - 2y = 7$, $6x - 4y = 14$
38. $2x - 3y = 4$, $4x - 6y = 8$
39. $x + 2y = -2$, $3x + 6y = -6$
40. $3x - y = -1$, $2y - 6x = 2$
41. $y - 3x = 1$, $9x - 3y = -3$
42. $3y - x = 2$, $x - 3y = -2$

Método de sustitución

El conjunto solución de un sistema de dos ecuaciones lineales en dos variables contiene parejas ordenadas de números reales (x, y) que satisfacen ambas ecuaciones. Esto es, si (x, y) pertenece al conjunto solución del sistema, entonces (x, y) debe estar en el conjunto solución de cada una de las ecuaciones.

El método de **sustitución** para resolver un sistema de dos ecuaciones lineales en dos variables se basa en este principio.

Para determinar el conjunto solución de un sistema de dos ecuaciones lineales en dos variables por sustitución:

1. Se expresa una de las variables en términos de la otra a partir de una de las ecuaciones.
2. Se sustituye la expresión obtenida en el paso 1 en la otra ecuación para hallar una ecuación lineal en una variable.
3. Se resuelve la ecuación lineal resultante en una variable para encontrar el valor específico de esa variable.
4. Se sustituye la solución obtenida en el paso 3 en la ecuación resultante en el paso 1 para determinar el valor específico de la otra variable.

EJEMPLO Resolver por sustitución el siguiente sistema de ecuaciones:

$x - y = 6$ y $3x + y = 2$.

SOLUCIÓN De la primera ecuación expresamos x en términos de y.

$x = y + 6.$

Sustituimos x por $(y + 6)$ en la segunda ecuación.

$$\begin{aligned} 3(y + 6) + y &= 2 \\ 3y + 18 + y &= 2 \\ 4y &= -16 \\ y &= -4 \end{aligned}$$

El sistema original es equivalente al sistema

$$x = y + 6 \quad \text{y} \quad y = -4.$$

Sustituyendo y por (-4) en $x = y + 6$, obtenemos

$$x = (-4) + 6 = 2.$$

El sistema original es equivalente al sistema

$$x = 2 \quad \text{y} \quad y = -4.$$

El conjunto solución es

$$\{(x, y)|x = 2\} \cap \{(x, y)|y = -4\} = \{(2, -4)\}$$

EJEMPLO Con el método de sustitución, obtener el conjunto solución del sistema de ecuaciones

$$4x - 9y = 12 \quad \text{y} \quad 2x + 6y = -1.$$

SOLUCIÓN De la primera ecuación, $x = \dfrac{9y + 12}{4}$.

Sustituyendo x por $\dfrac{9y + 12}{4}$ en la segunda ecuación,

$$\begin{aligned} 2\left(\frac{9y + 12}{4}\right) + 6y &= -1 \\ \frac{9y + 12}{2} + 6y &= -1 \end{aligned}$$

Al multiplicar ambos miembros de la ecuación por 2, obtenemos

$$\begin{aligned} 9y + 12 + 12y &= -2 \\ 21y &= -14 \end{aligned}$$

Por consiguiente,

$$y = \frac{-14}{21} = -\frac{2}{3}$$

El sistema original es equivalente al sistema

$$x = \frac{9y + 12}{4} \quad \text{y} \quad y = -\frac{2}{3}$$

Sustituyendo y por $\left(-\frac{2}{3}\right)$ en $x = \frac{9y + 12}{4}$, resulta

$$x = \frac{9\left(-\frac{2}{3}\right) + 12}{4} = \frac{-6 + 12}{4} = \frac{6}{4} = \frac{3}{2}$$

El sistema original es equivalente al sistema

$$x = \frac{3}{2} \quad \text{y} \quad y = -\frac{2}{3}.$$

El conjunto solución es

$$\left\{(x, y) \middle| x = \frac{3}{2}\right\} \cap \left\{(x, y) \middle| y = -\frac{2}{3}\right\} = \left\{\left(\frac{3}{2}, -\frac{2}{3}\right)\right\}$$

Ejercicios 8.6C

Con el método de sustitución, resuelva los siguientes sistemas de ecuaciones:

1. $x - y = 0$, $3x + 2y = 5$

2. $x - 2y = 0$, $x + 2y = 8$

3. $x + 3y = 0$, $2x - y = 7$

4. $x + 2y = 0$, $3x + 2y = 4$

5. $x - y = 1$, $2x + y = 8$

6. $x - 2y = 2$, $x + 3y = 7$

7. $x - 3y = 2$, $2y - 5y = 3$

8. $x - y = -5$, $x + 4y = 10$

9. $5x - y = 1$, $3x + y = 7$

10. $4x + y = 7$, $2x - y = -1$

11. $5x + y = 8$, $3x - 2y = 10$

12. $3x + y = -5$, $4x + 3y = 5$

13. $4x + y = 10$, $9x + 7y = 13$

14. $4x - y = 11$, $3x - 5y = 4$

15. $3x - y = 14$, $5x - 7y = 2$

16. $2x - y = 5$, $4x - 3y = 7$

17. $2x - y = 9$, $7x + 2y = 4$

18. $2x - 3y = 6$, $3x - 2y = -1$

19. $4x + 3y = 5$, $3x + 2y = 3$

20. $2x + 5y = 3$, $3x + 7y = 5$

21. $3x + 4y = 1$, $2x + 3y = -1$

22. $3x + 2y = 7$, $4x + 3y = 8$

23. $8x - 7y = 4$, $7x - 4y = -5$

24. $5x + 6y = 10$, $4x + 9y = -13$

25. $4x - 5y = 9$, $7x - 9y = 15$

26. $3x - 4y = -1$, $4x - 5y = 1$

27. $2x - 3y = 5$, $3x + 4y = -18$

28. $6x + 5y = 7$, $7x + 6y = 9$

29. $2x + 3y = 3$, $x + 5y = 4$

30. $2x + 6y = 5$, $7x - y = 1$

8.7 Sistemas de ecuaciones lineales en dos variables que contienen símbolos de agrupación y fracciones

Cuando alguna o ambas ecuaciones contienen símbolos de agrupación, se aplica la ley distributiva para eliminarlos. Se escriben ecuaciones equivalentes de la forma $ax + by = c$ y, luego, se resuelve.

EJEMPLO Resolver el siguiente sistema de ecuaciones:

$$3(x + y) = 2(x - 4y) + 13 \quad \text{y} \quad 5(2x + y) = 3x + 19.$$

SOLUCIÓN Se simplifican ambas ecuaciones separadamente:

$3(x + y) = 2(x - 4y) + 13$	$5(2x + y) = 3x + 19$
$3x + 3y = 2x - 8y + 13$	$10x + 5y = 3x + 19$
$x + 11y = 13$	$7x + 5y = 19$

Resolvemos ahora el sistema $x + 11y = 13$ y $7x + 5y = 19$.

$$\begin{array}{lcr} x + 11y = 13 & \xrightarrow{\times(-7)} & -7x - 77y = -91 \\ 7x + 5y = 19 & \longrightarrow & \underline{7x + 5y = 19} \\ \text{Sumando resulta} & & -72y = -72 \\ \text{Por lo tanto,} & & y = 1 \end{array}$$

El sistema es equivalente a

$$x + 11y = 13 \quad \text{y} \quad y = 1.$$

Sustituyendo y por 1 en $x + 11y = 13$, obtenemos

$$x + 11(1) = 13 \quad \text{o bien} \quad x = 2.$$

El sistema original es equivalente al sistema

$$x = 2 \quad \text{y} \quad y = 1.$$

El conjunto solución es

$$\{(x, y)|x = 2\} \cap \{(x, y)|y = 1\} = \{(2, 1)\}$$

Cuando una ecuación lineal tiene coeficientes fraccionarios, se puede obtener una ecuación equivalente con coeficientes enteros, multiplicando ambos miembros de la ecuación por el mínimo común múltiplo de los denominadores presentes en la ecuación.

EJEMPLO Resolver el siguiente sistema de ecuaciones:

$$\frac{1}{2}x - \frac{3}{4}y = -7 \quad \text{y} \quad \frac{3}{4}x + \frac{5}{6}y = 13.$$

SOLUCIÓN Multiplicamos la primera ecuación por 4, la segunda por 12, y luego resolvemos.

$$\begin{array}{lcrcr} 2x - 3y = -28 & \xrightarrow{\times 10} & 20x - 30y & = & -280 \\ 9x + 10y = 156 & \xrightarrow{\times 3} & \underline{27x + 30y} & \underline{=} & \underline{468} \\ \text{Sumando se obtiene} & & 47x & = & 188 \\ \text{Por consiguiente,} & & x & = & 4 \end{array}$$

El sistema es equivalente al sistema

$$2x - 3y = -28 \quad \text{y} \quad x = 4.$$

Sustituyendo x por 4 en $2x - 3y = -28$, obtenemos

$$2(4) - 3y = -28, \quad \text{o bien} \quad y = 12.$$

El sistema original es equivalente al sistema

$$x = 4 \quad \text{y} \quad y = 12.$$

El conjunto solución es

$$\{(x, y)|x = 4\} \cap \{(x, y)|y = 12\} = \{(4, 12)\}$$

8.8 Ecuaciones fraccionarias que pueden hacerse lineales

A menudo, encontramos ecuaciones fraccionarias con variables en el denominador. La eliminación de las fracciones da lugar a ecuaciones de grado mayor. En algunos casos un cambio de variables proporciona una ecuación lineal.

Consideremos por ejemplo la ecuación

$$\frac{2}{x} + \frac{5}{2y} = \frac{23}{12}.$$

Multiplicando por el m.c.m., $12xy$, se obtiene la ecuación $24y + 30x = 23xy$, la cual no es lineal.

Sin embargo, si hacemos $a = \frac{1}{x}$ y $b = \frac{1}{y}$, entonces la sustitución da lugar a la ecuación

$$2a - \frac{5}{2}b = \frac{23}{12}$$

que es una ecuación lineal en a y b. De esta manera se obtienen ecuaciones lineales en a y b que pueden resolverse por los métodos vistos. Después de encontrar los valores de a y b, podemos calcular los de x y y.

EJEMPLO Resolver el siguiente sistema de ecuaciones:

$$\frac{2}{x} + \frac{5}{2y} = \frac{23}{12} \quad \text{y} \quad \frac{1}{2x} + \frac{3}{y} = \frac{5}{3}$$

SOLUCIÓN Al reemplazar $\frac{1}{x}$ por a y $\frac{1}{y}$ por b, obtenemos

$$2a + \frac{5}{2}b = \frac{23}{12} \tag{1}$$

$$\frac{1}{2}a + 3b = \frac{5}{3}. \tag{2}$$

Se multiplica la ecuación (1) por 12 y la (2) por 6, y se resuelve.

$$\begin{array}{lcrcl}
24a + 30b = 23 & \xrightarrow{\times(3)} & 72a + 90b & = & 69 \\
3a + 18b = 10 & \xrightarrow{\times(-5)} & -15a - 90b & = & -50 \\
\hline
\text{Sumando resulta} & & 57a & = & 19 \\
\text{Por consiguiente,} & & a & = & \frac{1}{3}
\end{array}$$

El sistema es equivalente a

$$24a + 30b = 23 \quad \text{y} \quad a = \frac{1}{3}$$

Al sustituir a por $\frac{1}{3}$ en $24a + 30b = 23$, se obtiene

$$24\left(\frac{1}{3}\right) + 30b = 23 \qquad \text{Esto es, } b = \frac{1}{2}.$$

Puesto que $a = \frac{1}{x} = \frac{1}{3}$ y $b = \frac{1}{y} = \frac{1}{2}$, se tiene

$$x = 3 \quad \text{y} \quad y = 2.$$

El conjunto solución del sistema original es

$$\{(x, y) | x = 3\} \cup \{(x, y) | y = 2\} = \{(3, 2)\}.$$

Ejercicios 8.7-8.8

Resuelva los siguientes sistemas de ecuaciones:

1. $3x + 2(y - 3) = 2y$
$2x - (y + 2x) = 4$

2. $2(x - 3y) + 3(2y - 4) = 0$
$4(x - 1) - (4x - y) = 3$

3. $3x - 2(y + 7) = 2$
$4(x + 6) + 7y = 26$

4. $4(x + 1) - 3(y + 2) = 19$
$5x + 4(y - 3) = -9$

5. $2(3x - 4) + 3(2y - 7) = -35$
$2x - (3y + x) = 7$

6. $3x - 2(2y + 3) = 4$
$7(x - y) + 2(x + 4y) = 17$

7. $3(x - 2y) + 2(x + 3) = 4$
$4(x + y) - 3(x + 2y) = -2$

8. $3(2x + y) = 2(x - 2y) + 26$
$2(x - y) = 3(2x + y) - 22$

9. $5(x - 3y) - 2(2x - 5y) = -21$
$2(2x + y) - (x - y) = 9$
$2(x + 5y) - 3(x - 2y) = 10$
$7(x - 4y) + 2(x - 3y) = 20$

10. $3(2x + 3y) + 4(3x - y) = -11$
$6(x + y) - (4x + y) = 21$
$4(2x + 7y) - (x + y) = 19$
$5(3x + 8y) + 2(x + 2y) = 3$

13. $\frac{5}{8}x - \frac{2}{3}y = 3$
$\frac{3}{4}x - \frac{4}{3}y = 2$

14. $\frac{5}{6}x + \frac{1}{2}y = 3$
$\frac{2}{3}x - \frac{3}{4}y = 7$

15. $\frac{2}{3}x - \frac{4}{5}y = -2$
$\frac{7}{10}x + \frac{1}{6}y = 13$

16. $\frac{1}{3}x - \frac{1}{4}y = -\frac{1}{12}$
$\frac{3}{4}x + \frac{5}{6}y = 4$

17. $\frac{2}{5}x - \frac{1}{4}y = \frac{29}{20}$
$\frac{2}{7}x + \frac{2}{3}y = \frac{4}{21}$

18. $\frac{2}{3}x - \frac{3}{4}y = \frac{1}{12}$
$\frac{4}{7}x + \frac{9}{8}y = \frac{37}{56}$

19. $\frac{3}{8}x + \frac{5}{12}y = \frac{7}{3}$
$\frac{5}{6}x - \frac{7}{9}y = \frac{16}{9}$

20. $\frac{5}{6}x + \frac{3}{8}y = \frac{31}{4}$
$\frac{2}{9}x - \frac{3}{4}y = \frac{43}{6}$

21. $\frac{3}{4}x + \frac{2}{3}y = \frac{7}{24}$
$\frac{6}{7}x - \frac{4}{9}y = \frac{2}{63}$

22. $\frac{3}{8}x - \frac{2}{3}y = \frac{7}{12}$
$\frac{3}{2}x + \frac{8}{9}y = \frac{5}{9}$

23. $\frac{2x + 3y}{3} - \frac{x}{4} = \frac{1}{12}$
$\frac{x + y}{5} + \frac{y}{3} = -\frac{1}{15}$

24. $\frac{x + y}{3} + \frac{3x - y}{2} = \frac{7}{2}$
$\frac{x}{3} - \frac{3x - 5y}{6} = \frac{1}{2}$

25. $\frac{x + 3y}{2} + \frac{x - y}{3} = \frac{1}{6}$
$\frac{x + y}{2} - \frac{3x + 4y}{6} = \frac{1}{3}$

26. $\frac{2x - y}{3} - \frac{x - y}{2} = \frac{1}{6}$
$\frac{3x - y}{4} - \frac{x - 3y}{3} = \frac{1}{12}$

27. $\dfrac{2y - x}{6} - \dfrac{4y + x}{2} = \dfrac{1}{3}$
$\dfrac{2x - 3y}{4} - \dfrac{4x + 3y}{3} = \dfrac{3}{4}$

28. $\dfrac{x + y}{4} - \dfrac{3x - y}{9} = \dfrac{3}{4}$
$\dfrac{3x - y}{3} - \dfrac{4y - x}{4} = 1$

29. $\dfrac{x + y}{3} - \dfrac{3x + y}{8} = -\dfrac{1}{6}$
$\dfrac{5x + y}{3} - \dfrac{3x - y}{2} = -1$

30. $\dfrac{3y + x}{7} - \dfrac{2y + x}{4} = \dfrac{5}{28}$
$\dfrac{3x + 2y}{5} - \dfrac{x - y}{6} = -\dfrac{1}{6}$

31. $\dfrac{2}{x} - \dfrac{3}{y} = 0$
$\dfrac{3}{x} + \dfrac{4}{y} = \dfrac{17}{12}$

32. $\dfrac{2}{x} + \dfrac{1}{y} = \dfrac{1}{3}$
$\dfrac{1}{x} + \dfrac{3}{y} = \dfrac{8}{3}$

33. $\dfrac{5}{x} - \dfrac{3}{y} = \dfrac{3}{2}$
$\dfrac{7}{3x} - \dfrac{2}{y} = \dfrac{1}{2}$

34. $\dfrac{3}{x} + \dfrac{1}{y} = \dfrac{1}{2}$
$\dfrac{2}{x} + \dfrac{1}{3y} = \dfrac{1}{2}$

35. $\dfrac{3}{x} - \dfrac{1}{y} = \dfrac{5}{4}$
$\dfrac{7}{2x} + \dfrac{2}{3y} = \dfrac{13}{24}$

36. $\dfrac{5}{x} + \dfrac{4}{y} = \dfrac{7}{6}$
$\dfrac{7}{2x} + \dfrac{3}{y} = \dfrac{3}{4}$

37. $\dfrac{3}{2x} - \dfrac{4}{y} = -\dfrac{5}{4}$
$\dfrac{5}{3x} + \dfrac{3}{2y} = \dfrac{19}{12}$

38. $\dfrac{5}{3x} + \dfrac{3}{2y} = \dfrac{4}{3}$
$\dfrac{9}{2x} + \dfrac{2}{y} = \dfrac{13}{15}$

39. $\dfrac{1}{3x} + \dfrac{5}{4y} = \dfrac{7}{2}$
$\dfrac{5}{2x} - \dfrac{8}{3y} = \dfrac{13}{6}$

40. $\dfrac{7}{2x} + \dfrac{3}{y} = \dfrac{41}{6}$
$\dfrac{4}{x} - \dfrac{1}{2y} = \dfrac{23}{12}$

8.9 Problemas planteados con palabras

Muchos problemas planteados con palabras se pueden resolver usando ecuaciones en dos variables. Se representan dos de las cantidades incógnitas del problema mediante dos variables. Las demás cantidades incógnitas se expresan en términos de las dos variables. Se traducen los enunciados verbales a dos ecuaciones. Se resuelven las ecuaciones en las variables y se calculan las cantidades incógnitas. Por último se comprueba la respuesta en el problema inicial planteado con palabras.

Los ejemplos siguientes ilustran algunos tipos de problemas que pueden resolverse utilizando ecuaciones en dos variables.

EJEMPLO El doble de un número supera en 9 al triple de otro, mientras que 12 veces el segundo excede en 12 unidades al séptuplo del primero. Hallar ambos.

SOLUCIÓN *Primer número* x *Segundo número* y

$$2x = 3y + 9, \quad \text{esto es,} \quad 2x - 3y = 9.$$
$$12y = 7x + 12, \quad \text{es decir,} \quad 7x - 12y = -12.$$

Resolviendo el sistema $2x - 3y = 9$ y $7x - 12y = -12$, se obtiene

$$\begin{array}{lcr} 2x - 3y = 9 & \xrightarrow{\times(-4)} & -8x + 12y = -36 \\ 7x - 12y = -12 & \longrightarrow & 7x - 12y = -12 \\ \hline \end{array}$$

Sumando, se obtiene $-x = -48$

$x = 48$

Al sustituir x por 48, resulta $y = 29$

Los números son 48 y 29.

EJEMPLO Un número de dos cifras es 6 unidades menor que el séptuplo de la suma de sus dígitos. Si los dígitos se intercambian, el resultado excede 3 a 11 veces el dígito de las unidades del número original. Encontrar dicho número.

SOLUCIÓN

Número original

Dígito de las unidades	*Dígito de las decenas*
x	y

Número $= x + 10y$

Suma de los dígitos $= x + y$

$$\begin{aligned} x + 10y &= 7(x + y) - 6 \\ x + 10y &= 7x + 7y - 6 \\ -6x + 3y &= -6 \\ 2x - y &= 2 \end{aligned}$$

Número nuevo

Dígito de las unidades	*Dígito de las decenas*
y	x

Número $= y + 10x$

$$\begin{aligned} y + 10x &= 11x + 3 \\ x - y &= 3 \end{aligned}$$

Resolviendo el sistema $2x - y = 2$ y $x - y = 3$, se obtiene

$$\begin{array}{lcr} 2x - y = 2 & \longrightarrow & 2x - y = 2 \\ x - y = -3 & \xrightarrow{\times(-1)} & -x + y = 3 \\ \hline \end{array}$$

Al sumar resulta $x = 5$

Sustituyendo x por 5, se tiene $y = 8$

Por consiguiente, el número es 85.

EJEMPLO Si se resta 4 al numerador y se suma 3 al denominador de una fracción, su valor resulta ser $\frac{1}{2}$. Si se suma 2 tanto al numerador como al denominador, el valor que se obtiene es $\frac{2}{3}$. Hallar la fracción.

SOLUCIÓN Sea $\frac{x}{y}$ la fracción buscada.

$$\frac{x-4}{y+3} = \frac{1}{2}, \quad \text{esto es,} \quad 2x - y = 11. \tag{1}$$

$$\frac{x+2}{y+2} = \frac{2}{3}, \quad \text{esto es,} \quad 3x - 2y = -2. \tag{2}$$

Resolviendo el sistema $2x - y = 11$ y $3x - 2y = -2$, obtenemos

$$\begin{array}{lcrcl}
2x - y = 11 & \xrightarrow{\times(-2)} & -4x + 2y & = & -22 \\
3x - 2y = -2 & \longrightarrow & 3x - 2y & = & -2 \\
\hline
\text{Sumando resulta} & & -x & = & -24 \\
 & & x & = & 24 \\
\text{Al sustituir } x \text{ por 24, se obtiene} & & y & = & 37
\end{array}$$

Por lo tanto, la fracción es $\frac{24}{37}$.

EJEMPLO Catalina invirtió parte de su dinero al 8% y el resto al 12%. El ingreso obtenido por ambas inversiones totalizó \$2 440. Si hubiera intercambiado sus inversiones, el ingreso habría totalizado \$2 760. ¿Qué cantidad de dinero había en cada inversión?

SOLUCIÓN

Inversiones originales		*Inversiones intercambiadas*	
\$ x al 8%	\$ y al 12%	\$ x al 12%	\$ y al 8%
$8\%x + 12\%y = 2240$		$12\%x + 8\%y = 2760$	
$8x + 12y = 244{,}000$		$12x + 8y = 276{,}000$	
$2x + 3y = 61{,}000$		$3x + 2y = 69{,}000$	

Resolviendo el sistema $2x + 3y = 61\,000$ y $3x + 2y = 69\,000$, obtenemos

$$\begin{array}{lcrcl}
2x + 3y = 61{,}000 & \xrightarrow{\times(-2)} & -4x - 6y & = & -122{,}000 \\
3x + 2y = 69{,}000 & \xrightarrow{\times(3)} & 9x + 6y & = & 207{,}000 \\
\hline
\text{Sumando resulta} & & 5x & = & 85{,}000 \\
 & & x & = & 17{,}000 \\
\text{Sustituyendo } x \text{ por 17 000, se obtiene} & & y & = & 9{,}000
\end{array}$$

Las inversiones son \$17 000 y \$9 000.

EJEMPLO Si una solución de glicerina al 40% se agrega a otra al 60%, la mezcla resulta al 54%. Si hubiera 10 partes más de la solución al 60%, la mezcla sería al 55% de glicerina. ¿Cuántas partes de cada solución se tienen?

SOLUCIÓN Primero: Sean x partes 40%, y partes 60%, $(x + y)$ partes 54%

$$40\%x + 60\%y = 54\%(x + y)$$
$$40x + 60y = 54(x + y)$$
$$-14x + 6y = 0$$
$$7x - 3y = 0$$

Segundo: Sean x partes 40%, $(y + 10)$ partes 60%, $(x + y + 10)$ partes 55%

$$40\%x + 60\%(y + 10) = 55\%(x + y + 10)$$
$$40x + 60(y + 10) = 55(x + y + 10)$$
$$40x + 60y + 600 = 55x + 55y + 550$$
$$-15x + 5y = -50$$
$$3x - y = 10$$

Resolviendo el sistema $7x - 3y = 0$ y $3x - y = 10$, se obtiene

$$7x - 3y = 0 \longrightarrow 7x - 3y = 0$$
$$3x - y = 10 \xrightarrow{\times(-3)} -9x + 3y = -30$$

Sumando resulta $-2x = -30$

$x = 15$

Al sustituir x por 15, obtenemos $y = 35$

Las partes correspondientes a las soluciones de glicerina son 15 y 35.

EJEMPLO Un avión empleó 4 horas en recorrer 2400 millas con el viento a su favor, mientras que volando en contra del viento demoró 6 horas. Determinar la velocidad del viento y la del avión con el viento en calma.

SOLUCIÓN Sea la velocidad del viento $= x$ mph.

Sea la velocidad del avión con el viento en calma $= y$ mph.

Entonces, la velocidad del avión con el viento a favor será de $y + x$ mph, y con el viento en contra, de $y - x$ mph.

$$4(y + x) = 2400 \xrightarrow{\times\frac{1}{4}} y + x = 600$$
$$6(y - x) = 2400 \xrightarrow{\times\frac{1}{6}} y - x = 400$$

Sumando resulta $2y = 1000$

Por consiguiente, $y = 500$

Al sustituir y por 500, se obtiene $x = 100$

Velocidad del viento = 100 millas por hora.

Velocidad del avión con el viento en calma = 500 mph.

EJEMPLO Hace seis años Beatriz tenía $\frac{2}{3}$ de la edad de Guillermo, y dentro de 12 años tendrá $\frac{5}{6}$ de su edad. Hallar sus edades actuales.

SOLUCIÓN Sea x la edad actual de Beatriz en años. Sea y la edad actual de Guillermo en años.

$$x - 6 = \frac{2}{3}(y - 6), \text{ esto es, } 3x - 2y = 6.$$

$$x + 12 = \frac{5}{6}(y + 12), \text{ es decir, } 6x - 5y = -12.$$

Resolviendo el sistema $3x - 2y = 6$ y $6x - 5y = -12$, se obtiene

$$\begin{array}{llr} 3x - 2y = 6 & \xrightarrow{\times(-2)} & -6x + 4y = -12 \\ 6x - 5y = -12 & \longrightarrow & 6x - 5y = -12 \\ \hline \end{array}$$

Al sumar resulta $-y = -24$

$y = 24$

Sustituyendo y por 24, se obtiene $x = 18$

Por lo tanto, Beatriz tiene 18 años y Guillermo 24.

EJEMPLO Un punto de apoyo se sitúa, de tal manera, que dos cargas de 60 y 120 libras se equilbren. Si se agregan 30 libras a la carga de 60, la de 120 debe recorrerse a un pie más de distancia del punto de apoyo para mantener el equilibrio. Hallar la distancia original entre ambas cargas.

SOLUCIÓN Sea x el brazo de palanca en pies de la carga de 60 libras. Sea y el brazo de palanca en pies de la carga de 120 libras. Entonces

$$60x = 120y, \quad \text{esto es,} \quad x - 2y = 0. \tag{1}$$

$$90x = 120(y + 1), \quad \text{es decir,} \quad 3x - 4y = 4. \tag{2}$$

Resolviendo el sistema $x - 2y = 0$ y $3x - 4y = 4$, se obtiene

$$\begin{array}{llr} x - 2y = 0 & \xrightarrow{\times(-2)} & -2x + 4y = 0 \\ 3x - 4y = 4 & \longrightarrow & 3x - 4y = 4 \\ \hline \end{array}$$

Sumando resulta $x = 4$

Al sustituir x por 4, obtenemos $y = 2$

Por consiguiente, la distancia original entre las cargas es 6 pies.

EJEMPLO Si la base de un rectángulo disminuye 2 pulgadas y la altura aumenta 2, su área se incrementa en 16 pultadas cuadradas. Si la base aumenta 5 pulgadas y la altura disminuye 3, el área aumenta 15 pulgadas cuadradas. Encontrar el área del rectángulo original.

SOLUCIÓN Sea la altura del rectángulo en pulgadas $= x$.
Sea la base del rectángulo en pulgadas $= y$.

Primero:

$$\begin{aligned}(y-2)(x+2) &= xy+16\\ xy-2x+2y-4 &= xy+16\\ -2x+2y &= 20\\ -x+y &= 10\end{aligned}$$

Segundo:

$$\begin{aligned}(y+5)(x-3) &= xy+15\\ xy+5x-3y-15 &= xy+15\\ 5x-3y &= 30\end{aligned}$$

Resolviendo el sistema $-x+y=10$ y $5x-3y=30$, se obtiene

$$\begin{aligned}y-x=10 &\xrightarrow{\times 3} & -3x+3y &= 30\\ 5x-3y=30 &\longrightarrow & 5x-3y &= 30\end{aligned}$$

Al sumar resulta $\quad 2x = 60$

$x = 30$

Sustituyendo x por 30 obtenemos $\quad y = 40$

Por consiguiente, el área del rectángulo original $= 30 \times 40 = 1200$ pulgadas cuadradas.

EJEMPLO A y B juntos pueden realizar un trabajo en 42 horas. Si A trabaja solo durante 15 horas y luego B completa el trabajo en 60 horas. ¿Cuántas horas demorará cada uno en hacer el trabajo solo?

SOLUCIÓN Sea el número de horas en las que A puede realizar el trabajo solo $= x$.
Sea el número de horas en las que B puede efectuar el trabajo solo $= y$.

$$\frac{42}{x}+\frac{42}{y}=1 \qquad (1)$$

$$\frac{15}{x}+\frac{60}{y}=1 \qquad (2)$$

Al sustituir $\frac{1}{x}$ por a y $\frac{1}{y}$ por b y resolver para a y b, obtenemos

$$\begin{aligned}42a+42b=1 &\xrightarrow{\times 10} & 420a+420b &= 10\\ 15a+60b=1 &\xrightarrow{\times(-7)} & -105a-420b &= -7\end{aligned}$$

Sumando resulta $\quad 315a = 3$

Por lo tanto, $a = \dfrac{1}{105}$

Al sustituir a por $\dfrac{1}{105}$, se obtiene $b = \dfrac{1}{70}$.

Por consiguiente, $x = \dfrac{1}{a} = 105$, y $y = \dfrac{1}{b} = 70$.

A puede realizar el trabajo sólo en 105 horas.

B puede efectuarlo sólo en 70 horas.

Ejercicios 8.9

1. El triple de un número supera en 1 a otro, mientras que el quíntuplo del primero es 4 unidades menor que el doble del segundo. Encuentre ambos números.
2. El doble de un número es 4 unidades menor que otro, mientras que el quíntuplo del primero es 3 unidades menor que el doble del segundo. Halle los dos números.
3. El triple de un número es 3 unidades menor que el doble de otro, mientras que el séptuplo del primer supera en 5 al cuádruplo del segundo. Obtenga ambos números.
4. El cuádruplo de un número excede en 6 al triple de otro, mientras que el óctuplo del primero es 22 unidades menor que el séptuplo del segundo. Determine ambos números.
5. Si $\frac{1}{4}$ de un número se suma a $\frac{1}{3}$ de otro, el resultado es 9. Si se resta $\frac{1}{2}$ del segundo a los $\frac{5}{6}$ del primero, el resultado es 1. Encuentre ambos números.
6. La mitad de un número menos $\frac{1}{3}$ de otro es 2, y $\frac{5}{9}$ del primero menos $\frac{3}{16}$ del segundo es 11. Halle los dos números.
7. La tercera parte de un número supera en 2 a $\frac{1}{7}$ de otro, y $\frac{2}{3}$ del segundo excede en 2 a $\frac{4}{5}$ del primero. ¿Cuáles son esos números?
8. Siete octavos de un número es 4 unidades menos que $\frac{5}{6}$ de otro, y $\frac{3}{5}$ del segundo es 10 más que $\frac{1}{3}$ del primero. Obtenga ambos números.
9. La suma de los recíprocos de dos números es $\frac{1}{12}$, y la diferencia de dichos recíprocos es $\frac{1}{84}$. Determine ambos números.
10. La suma de los recíprocos de dos números es $\frac{1}{30}$, y la diferencia de tales recíprocos es $\frac{1}{330}$. Encuentre ambos números.

11. La suma de los recíprocos de dos números es $\frac{3}{2}$, y su diferencia es $\frac{1}{6}$. ¿Cuáles son esos números?

12. La suma de los recíprocos de dos números es $\frac{4}{3}$, y su diferencia es $\frac{5}{12}$. Encuentre ambos números.

13. Un número de dos cifras supera en 4 al séxtuplo de la suma de sus dígitos. Si los dígitos se intercambian, el resultado es 2 unidades menor que el óctuplo del dígito de las decenas del número original. Halle dicho número.

14. Un número de dos cifras es 6 unidades menor que el cuádruplo de la suma de sus dígitos. Si los dígitos se intercambian, el nuevo número es 5 unidades menor que el óctuplo de la suma de los dígitos. Determine el número original.

15. Un número de dos cifras supera en 3 al séptuplo de la suma de sus dígitos. Si éstos se intercambian, el nuevo número excede en 4 al quíntuplo del dígito de las decenas del número original. Halle dicho número.

16. Un número de dos cifras supera en 5 al séxtuplo de la suma de sus dígitos. Si los dígitos se intercambian, el resultado excede en 3 al cuádruplo de la suma de los dígitos. Obtenga el número original.

17. Si se suma 3 tanto al numerador como al denominador de una fracción, su valor resulta ser $\frac{2}{3}$. Si se resta 2 al numerador y al denominador, el valor se convierte en $\frac{1}{2}$. ¿Cuál es la fracción?

18. Si se resta 1 al numerador y se suma 1 al denominador de una fracción, su valor se convierte en $\frac{1}{2}$. Si se suma 3 al numerador y se resta 3 al denominador, el valor resultante es 2. Encuentre la fracción.

19. Si se suma 2 al numerador y 4 al denominador de una fracción, su valor resulta ser $\frac{2}{3}$. Si se resta 2 al numerador y se suma 1 al denominador, el valor de la fracción se convierte en $\frac{1}{2}$. Halle la fracción.

20. Si se suma 3 al numerador y 5 al denominador de una fracción, su valor resulta ser $\frac{4}{5}$. Si se resta 2 tanto al numerador como al denominador, se obtiene $\frac{5}{6}$. Encuentre la fracción.

21. Guillermo invirtió parte de su dinero al 12% y el resto al 15%. El ingreso por ambas inversiones totalizó $3000. Si hubiera intercambiado sus inversiones, el ingreso habría totalizado $2940. ¿Qué cantidad tenía en cada inversión?

22. Una señora invirtió parte de su dinero al 9%, y el resto al 13%. El ingreso por ambas inversiones dió un total de $3690. Si hubiera intercambiado sus inversiones, el ingreso habría sido de $3570 en total. ¿Qué cantidad tenía en cada inversión?

23. El interés total de dos inversiones de $20,000 y $25,000 fue de $4,900. Si las inversiones se intercambiaran, el interés total sería de $5,000. Determine la tasa de interés de cada inversión.

24. El interés total de dos inversiones de \$4,000 y \$6,000 fue de \$1,320. Si las inversiones se intercambiaran, el interés total sería de \$1,280. Obtenga la tasa de interés de cada inversión.

25. Si 5 libras de almendras y 4 de nueces cuestan \$30.30 dólares, mientras que 8 libras de almendras y 6 de nueces cuestan \$47.20 dólares, encuentre el precio por libra de cada producto.

26. Si 6 libras de naranja y 5 de manzanas cuestan \$4.19 dólares, mientras que 5 libras de naranjas y 7 de manzanas cuestan \$4.88 dólares, determine el precio por libra de cada fruta.

27. Si 10 paquetes de maíz y 7 de chícharos cuestan \$12.53, mientras que 7 de maíz y 9 de chícharos cuestan \$12.52 dólares, halle el precio por paquete de cada producto.

28. Si 12 libras de papas y 6 de arroz cuestan \$7.32 dólares, mientras que 9 libras de papas y 13 de arroz cuestan \$9.23 dólares, ¿cuál es el precio por libra de cada producto?

29. Si una solución de ácido al 20% se agrega a otra al 50%, resulta una mezcla al 38%. Si hubiera 10 galones más de la solución al 50%, la nueva mezcla resultaría al 40% de ácido. ¿Cuántos galones se tienen de cada solución?

30. Si una aleación de plata al 8% se combinara con otra al 20%, la mezcla contendría 10.4% de plata. Si hubiera 10 libras menos de la aleación al 8% y 10 más de la aleación al 20%, la mezcla resultaría al 12.8% de plata. ¿Cuántas libras de cada aleación se tienen?

31. Un joyero combina oro de 24 y de 8 quilates y obtiene oro de 12. Si tuviera 6 onzas más de oro de 24 quilates, obtendría oro de 14.4. ¿Cuántas onzas de cada clase tiene?

32. Una bolsa contiene \$3 dólares en monedas de 5 y 10 centavos. Si las monedas de 10₡ fueran de 5₡ y viceversa, el valor total de las monedas sería de \$3.30 dólares. ¿Cuántas hay de cada clase en la bolsa?

33. Una bolsa contiene \$13.80 dólares en monedas de 10₡ y 25₡. Si las de 25₡ fueran de 10₡ y viceversa, el valor total resultaría ser de \$15.60 dólares. ¿Cuántas monedas de cada clase hay en la bolsa?

34. Un hombre remó 8 millas en un río contra corriente durante 2 horas, y de regreso hizo una hora. Encuentre la velocidad de la corriente y la del hombre remando en aguas tranquilas.

35. Un avión demoró 5 horas en recorrer 3,500 millas volando en dirección del viento, mientras que en contra de él, demoró 7 horas. Determine la velocidad del viento y la del avión con el viento en calma.

36. Un avión voló 640 millas en dirección del viento en una hora y 36 minutos. De regreso, voló contra el viento y demoró 2 horas en realizar el vuelo. Obtenga la velocidad del viento y la del avión con el viento en calma.

37. Cuando una persona maneja de su casa al trabajo a 60 millas por hora, arriba 4 minutos antes de lo normal, y cuando lo hace a 40 millas por hora, llega 6 minutos después de lo usual. Halle la distancia de la casa a su oficina y la velocidad a la que normalmente conduce.

38. Hace 5 años la edad de un muchacho era $\frac{1}{5}$ de la que tenía su papá, y dentro de 10 años el hijo tendrá la mitad de la edad del papá. Determine las edades actuales.

39. Hace 30 años la edad de una señora era $\frac{1}{2}$ de la edad de su esposo, y dentro de 15 años ella tendrá $\frac{4}{5}$ de la edad de él. Halle las edades actuales.

40. Un punto de apoyo se sitúa, de tal manera, que dos cargas de 80 y 120 libras quedan en equilibrio. Si se agregan 100 libras a la carga de 80, el punto de apoyo debe recorrerse un pie hacia la carga de 80 libras para preservar el equilibrio. Encuentre la distancia entre las cargas originales.

41. El punto de apoyo de una palanca está situado, de tal manera, que dos cargas de 36 y 48 libras colocadas en sus extremos quedan en equilibrio. Si se agregan 28 libras a la carga de 36, el punto de apoyo debe recorrerse un pie hacia la carga de 36 libras para preservar el equilibrio. Obtenga la longitud de la palanca.

42. Un punto de apoyo está situado, de tal manera, que 2 cargas de 60 y 90 libras quedan en equilibrio. Si se agregan 15 libras a la carga de 60, la de 90 debe recorrerse 2 pies más lejos del punto de apoyo para preservar el equilibrio. Halle la distancia original entre las cargas de 60 y 90 libras.

43. Si la base de un rectángulo aumenta 2 pulgadas y la altura disminuye 2, el área disminuye 16 pulgadas cuadradas. Si la base disminuye 1 pulgada y la altura aumenta 2, el área se incrementa en 20 pulgadas cuadradas. Determine el área original del rectángulo.

44. Si la longitud de un lote rectangular disminuye 10 pies y la anchura aumenta 10, el área del lote se incrementa en 400 pies cuadrados. Si la longitud crece 10 pies y la anchura disminuye 5, el área del lote permanece constante. Halle el área del lote original.

45. A y B juntos pueden realizar un trabajo en 24 horas. Si A trabaja solo durante 6 horas y luego B completa el trabajo en 36 horas, ¿cuántas horas demorará cada uno en hacer el trabajo solo?

46. A y B juntos pueden efectuar un trabajo en 36 horas. Si A trabaja solo durante 10 horas y luego B completa el trabajo en 75 horas, ¿cuántas horas demorará cada uno desarrollando el trabajo solo?

47. A y B juntos pueden realizar un trabajo en 24 horas. Después de que A trabajó solo durante 7 horas, B se unió al trabajo y juntos terminaron el resto en 20 horas. ¿Cuánto tiempo demora cada uno en hacer el trabajo solo?

48. Un tanque puede ser llenado por dos tuberías abiertas simultáneamente durante 80 minutos. Si la primera tubería estuvo abierta durante solamente 1 hora y la segunda llenó el resto del tanque en 105 minutos, ¿cuánto tardaría cada tubería en llenar el tanque separadamente?

49. Un edificio de oficinas con un área total de piso de 60,000 pies cuadrados está dividida en 3 oficinas A, B y C. La renta por pie cuadrado de área de piso es de \$4 dólares para la oficina A, \$3 dólares para la oficina B y \$2.50 para la oficina C. La renta de la oficina B es el dobla de la de C. Si la renta total del edificio es de \$192,500, ¿cuál es el valor de la renta de cada oficina?

50. Un edificio de oficinas con un área total de piso de 8000 pies cuadrados está dividido en 3 oficinas A, B y C. La renta por pie cuadrado de área de piso es de \$5 dólares para la oficina A, \$3 dólares para la B y \$2 para la C. La renta de la oficina A es \$1,500 más que el cuádruplo de la renta de C. Si la renta total es de \$27,900, ¿cuál es el valor de la renta de cada oficina?

8.10 Gráficas de desigualdades lineales en dos variables

El conjunto solución de una desigualdad lineal en dos variables, por ejemplo $y - x > 3$, es un conjunto infinito de parejas ordenadas de números, $\{(x, y) \mid y - x > 3\}$. Para graficar el conjunto solución de la desigualdad $y - x > 3$ se considera primeramente la ecuación lineal $y - x = 3$.

La gráfica del conjunto solución de esta ecuación es una recta, como se muestra en la Figura 8.19. Si $x = 1$, entonces $y = 4$; o sea, (1, 4) es un elemento del conjunto solución de la ecuación. También (2, 5), (−1, 2) y (−2, 1) son elementos del conjunto solución.

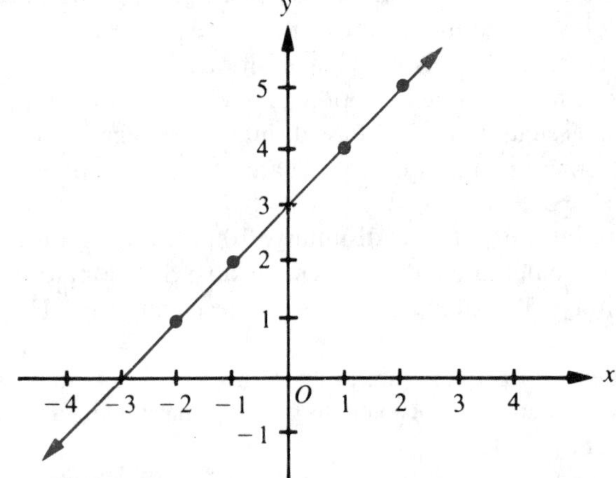

FIGURA 8.19

Consideremos ahora la desigualdad $y - x > 3$.

Cuando $x = 1$, se tiene $y - 1 > 3$; es decir, $y > 4$. Así que para $x = 1$, cualquier número real y mayor que 4 satisface la desigualdad. Las coordenadas de todos los puntos de la recta $x = 1$ que se encuentran arriba de la recta $y - x = 3$ son elementos del conjunto solución de la desigualdad.

Cuando $x = 2$, se tiene $y - 2 > 3$; esto es $y > 5$. Así que para $x = 2$, todo número real y mayor que 5 satisface la desigualdad. Las coordenadas de todos los puntos de la recta $x = 2$ que se encuentran arriba de la recta $y - x = 3$ son elementos del conjunto solución de la desigualdad. Lo mismo se cumple para las coordenadas de todos los puntos de las rectas $x = -1$ y $x = -2$ que se hallan arriba de la recta $y - x = 3$, como aparece en la Figura 8.20.

De modo que para $x = a$, las coordenadas de todos los puntos de la recta $x = a$ que se encuentran arriba de la recta $y - x = 3$ son elementos del conjunto solución de la desigualdad. **Las coordenadas de cada punto del plano que se halla arriba de la recta $y - x = 3$, satisfacen la desigualdad $y - x > 3$.**

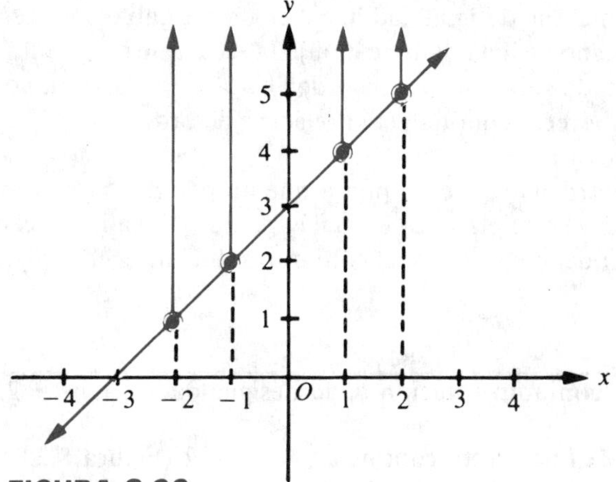

FIGURA 8.20

Por consiguiente, la solución gráfica de la desigualdad $y - x > 3$ es el **semiplano** que se encuentra arriba de la recta $y - x = 3$. **La gráfica de esta desigualdad se muestra en la Figura 8.21 mediante el semiplano sombreado.** La recta punteada $y - x = 3$ indica que la recta no es parte del conjunto solución de la desigualdad.

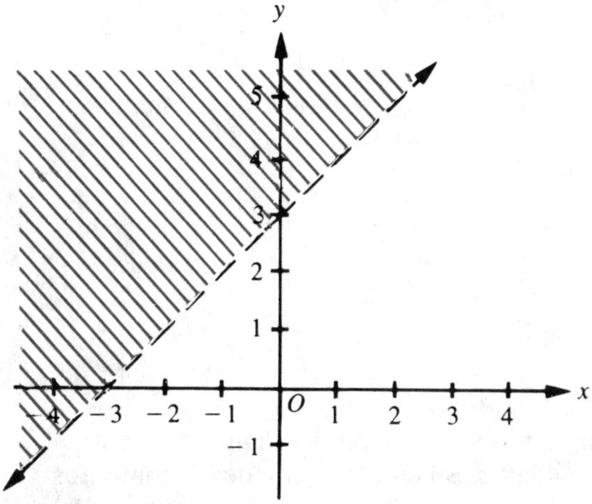

FIGURA 8.21

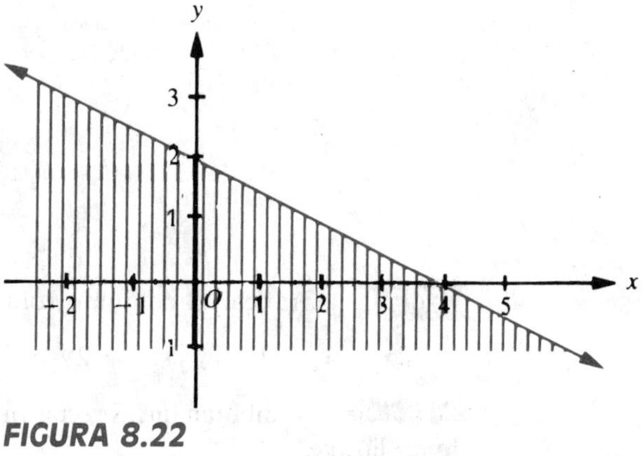

FIGURA 8.22

La gráfica de la desigualdad $x + 2y \leq 4$ **es el semiplano sombreado que se halla bajo la recta $x + 2y = 4$ mostrado en la Figura 8.22**. La línea recta contínua indica que la recta es parte del conjunto solución de la desigualdad.

Para resolver gráficamente una desigualdad lineal en dos variables, se reemplaza la relación de orden por un signo de igualdad. Se dibuja la recta que representa la ecuación. Se traza una recta punteada si la relación de orden es $>$ o $<$ (la recta no es parte del conjunto solución), y una recta continua si la relación de orden es $\geq$ o $\leq$ (la recta es parte del conjunto solución).

Se consideran las coordenadas de un punto que no pertenezca a la recta. Si éstas satisfacen la desigualdad, el semiplano en el cual el punto se localiza es el conjunto solución de la desigualdad; de lo contrario, el conjunto solución es el semiplano complementario.

EJEMPLO Graficar el conjunto solución de la desigualdad $x + y \geq 2$.

SOLUCIÓN Se dibuja la línea recta continua $x + y = 2$ (Figura 8.23).

El punto (0, 0) no satisface la desigualdad.

Por consiguiente, el semiplano que se encuentra arriba de la recta es la gráfica de la desigualdad. La propia recta es parte de la solución.

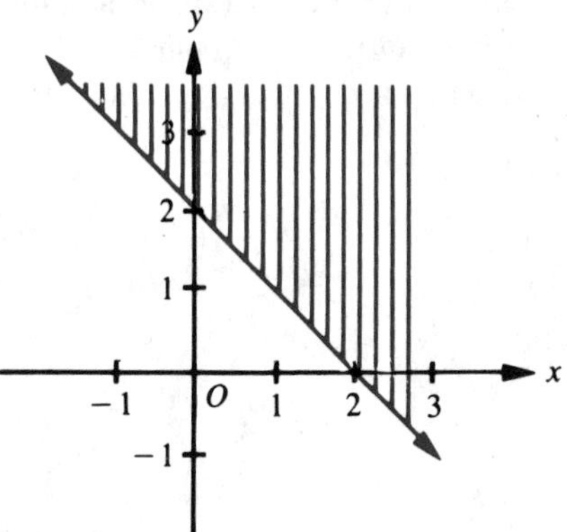

FIGURA 8.23

Nota

> El conjunto solución de un sistema de desigualdades es la intersección de los conjuntos solución de cada una de las desigualdades del sistema.

EJEMPLO Graficar el conjunto solución del sistema de desigualdades

$$2x + y > 4 \quad \text{y} \quad x - 2y > 2.$$

SOLUCIÓN Se dibujan líneas rectas punteadas que representan las gráficas de las ecuaciones lineales

$$2x + y = 4 \quad \text{y} \quad x - 2y = 2.$$

Se sombrea el conjunto solución de cada desigualdad.

La región del plano con doble sombreado es el conjunto solución del sistema (Figura 8.24).

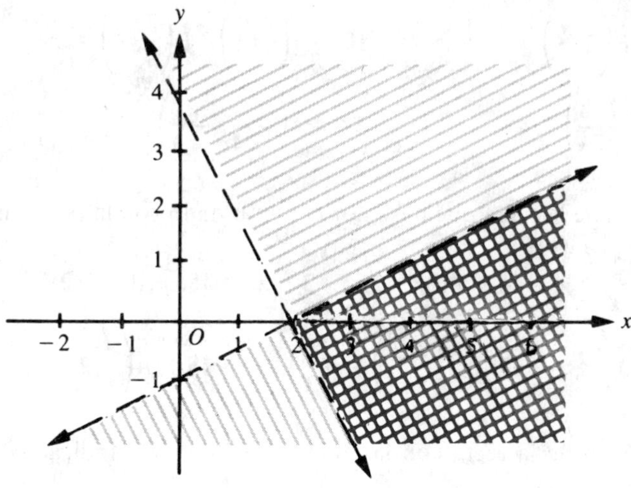

FIGURA 8.24

Ejercicios 8.10

Grafique el conjunto solución de cada una de las desigualdades siguientes:

1. $x > 1$	**2.** $x > -3$	**3.** $x < -2$	**4.** $x < 4$
5. $x \geq 2$	**6.** $x \geq -1$	**7.** $x \leq 3$	**8.** $x \leq 5$
9. $y > -1$	**10.** $y > -2$	**11.** $y < 2$	**12.** $y < \frac{3}{2}$

13. $y \geq 2$	**14.** $y \geq -3$	**15.** $y \leq 4$
16. $y \leq 6$	**17.** $x + y > 0$	**18.** $x - y > 0$
19. $x - 2y < 0$	**20.** $x + 2y < 0$	**21.** $x + y \geq 1$
22. $x - 3y \geq 3$	**23.** $2x - y \leq 2$	**24.** $3x + y \leq 4$

Grafique el conjunto solución de cada uno de los sistemas de desigualdades siguientes:

25. $x > 1$, $y < 2$	**26.** $x \leq 2$, $y \geq -3$	**27.** $x > 3$, $x < 1$	**28.** $y > 2$, $y < 0$
29. $x < 2$, $x + y \geq 1$	**30.** $x - y > 1$, $x + 2y \leq 0$	**31.** $x - y > 3$, $2x + y \geq 2$	**32.** $2x + y > 3$, $2x - y < -3$

Repaso del Capítulo 8

Sin hacer gráfica, halle las intersecciones x y y y las pendientes de cada una de las rectas:

1. $2x - 3y = 4$	**2.** $6x - 8y = 7$	**3.** $5x + 2y = 8$
4. $3x + 9y = 11$	**5.** $2x = 5$	**6.** $y + 10 = 0$

Determine la ecuación de la recta que pasa por los puntos dados:

7. $A(2, -5), B(-3, 4)$
8. $A(-2, -1), B(-4, 1)$
9. $A\left(3, -\frac{1}{2}\right), B\left(5, \frac{7}{2}\right)$
10. $A\left(\frac{2}{3}, 1\right), B\left(\frac{5}{3}, 3\right)$
11. $A\left(\frac{1}{2}, \frac{2}{3}\right), B\left(\frac{7}{2}, \frac{8}{3}\right)$
12. $A\left(-\frac{5}{4}, -\frac{1}{3}\right), B\left(\frac{3}{4}, \frac{2}{3}\right)$

Obtenga la ecuación de la recta que pasa por el punto dado con la pendiente indicada:

13. $A(-4, -3);\ \frac{2}{3}$
14. $A(3, -2);\ -3$
15. $A(-7, 2);\ -4$
16. $A\left(1, \frac{1}{2}\right);\ \frac{2}{5}$
17. $A\left(\frac{2}{5}, \frac{4}{3}\right);\ -\frac{5}{3}$
18. $A\left(-2, \frac{5}{6}\right);\ -\frac{7}{6}$

Encuentre la ecuación de la recta con las intersecciones x y y indicadas:

19. $4; 6$
20. $-3; 5$
21. $\frac{1}{2}; 3$
22. $\frac{2}{3}; \frac{3}{2}$
23. $\frac{5}{2}; -\frac{3}{7}$
24. $-\frac{5}{6}; -\frac{4}{3}$

Resuelva gráficamente los siguientes sistemas de ecuaciones:

25. $x + y = 3$
$x - y = 3$
26. $2x - y = 5$
$2x + y = 3$
27. $3x + 2y = 4$
$5x - 4y = 3$
28. $2x + y = 1$
$x + 2y = 5$

Encuentre los siguientes sistemas de ecuaciones por el método de eliminación:

29. $3x - 2y = 7$
$2x - 3y = 3$
30. $2x + 3y = 6$
$6x - 7y = 2$
31. $x + 3y = 3$
$2x + 9y = 5$
32. $4x - 5y = 1$
$3x - 4y = 1$
33. $2x + y = 3$
$3x - 4y = -12$
34. $3x + y = 2$
$8x - 3y = 28$
35. $3x + 4y = 2$
$6x - 12y = -1$
36. $5x - 3y = -15$
$7x + 11y = 17$
37. $x - 3y = 1$
$2x - 6y = 3$
38. $2x + y = 4$
$4x + 2y = 7$
39. $x + 2y = 8$
$3x + 6y = 11$
40. $x - y = 5$
$3x - 3y = 13$
41. $2x - y = 1$
$4x - 2y = 2$
42. $2x + y = 3$
$6x + 3y = 9$
43. $3x + 2y = 4$
$6x + 4y = 8$
44. $x - 2y = 5$
$3x - 6y = 15$

Halle los siguientes sistemas de ecuaciones por el método de sustitución:

45. $3x - y = -9$
$2x + 3y = 5$

46. $x - 4y = 17$
$3x + y = -1$

47. $3x + 14y = 2$
$x - 2y = -1$

48. $2x + 3y = -1$
$4x + y = 1$

49. $7x + 2y = 3$
$6x + y = -1$

50. $x - 3y = 1$
$5x - 11y = 9$

51. $5x - 2y = 9$
$4x - 5y = -3$

52. $7x - 5y = -5$
$9x - 8y = -19$

Determine los sistemas de ecuaciones siguientes:

53. $\frac{3}{2}x + \frac{5}{2}y = 13$
$\frac{1}{4}x - \frac{7}{8}y = -3$

54. $\frac{2}{5}x + \frac{1}{4}y = \frac{3}{10}$
$\frac{2}{3}x + \frac{5}{6}y = 3$

55. $\frac{3}{4}x - \frac{5}{6}y = -4$
$\frac{7}{8}x - \frac{1}{3}y = 3$

56. $\frac{3}{8}x - \frac{4}{3}y = \frac{9}{4}$
$\frac{5}{2}x + \frac{2}{3}y = \frac{2}{3}$

57. $\frac{x - 3y}{5} - \frac{2x - y}{4} = -\frac{1}{4}$
$\frac{3x - 2y}{3} + \frac{x + 2y}{4} = \frac{8}{3}$

58. $\frac{2x + y}{3} + \frac{3x + y}{2} = \frac{11}{6}$
$\frac{3x - 5y}{7} - \frac{2x - 3y}{4} = -\frac{1}{4}$

59. $\frac{5x + y}{3} + \frac{2x - y}{6} = \frac{3}{2}$
$\frac{x - 2y}{4} - \frac{3x - y}{3} = -\frac{1}{4}$

60. $\frac{y + x}{3} - \frac{3y + x}{6} = -\frac{1}{2}$
$\frac{2y - x}{5} - \frac{4y + 5x}{7} = \frac{4}{7}$

61. $5(4x + y) - (x - 3y) = -5$
$2(x - 2y) + (2x - y) = 19$

62. $3(2x - y) - (x - y) = -6$
$5(3x - 2y) + (x - 2y) = -8$

63. $2(x + y) - (x + 3y) = -1$
$5(2x - 3y) + 2(3x + y) = -1$

64. $3(x + y) - 2(2x - y) = 7$
$4(x - 2y) + 3(x + 3y) = -13$

65. $\frac{3}{x} + \frac{2}{y} = 1$
$\frac{2}{x} - \frac{1}{y} = 10$

66. $\frac{4}{x} + \frac{3}{y} = -\frac{1}{6}$
$\frac{5}{x} - \frac{2}{y} = \frac{8}{3}$

67. $\frac{5}{x} - \frac{2}{y} = -\frac{13}{2}$
$\frac{2}{x} + \frac{1}{y} = 1$

68. $\frac{7}{x} + \frac{3}{y} = \frac{15}{2}$
$\frac{3}{x} + \frac{4}{y} = \frac{1}{2}$

69. El quíntuplo de un número es 2 unidades menor que el triple de otro, mientras que el óctuplo del primero es 11 menos que el quíntuplo del segundo. Encuentre ambos números.

70. La tercera parte de un número excede en 5 a $\frac{1}{6}$ de otro número, mientras que $\frac{2}{3}$ del primero es 6 unidades menor que $\frac{3}{5}$ del segundo. Halle ambos números.

71. La suma de los recíprocos de dos números es $\frac{13}{6}$ y su diferencia es $\frac{1}{2}$. ¿Cuáles son esos números?

72. Un número de dos cifras supera en 3 al cuadrúplo de la suma de sus dígitos. Si los dígitos se intercambian el nuevo número es 3 unidades menor que 11 veces el dígito de las unidades del número original. Determine dicho número.

73. Si se suma 2 al numerador y 7 al denominador de una fracción, su valor resulta ser $\frac{3}{5}$. Si se resta 3 tanto al numerador como al denominador, el valor de la fracción resultante es $\frac{2}{3}$. Halle la fracción original.

74. Una persona invirtió parte de su dinero al 12% y el resto al 15%. El interés total por ambas inversiones fue de $3930 dólares. Si se hubieran intercambiado las inversiones, el interés total sería de $4440 dólares. ¿Qué cantidad tenía en cada inversión?

75. El interés total de dos inversiones de $18 000 y $8 000 fue de $3 960. Si se intercambiaran las inversiones, el interés total sería de $4 360. Obtenga la tasa de interés de cada inversión.

76. Si una solución de ácido al 30% se agraga a otra al 45%, la mezcla es una solución de ácido al 36%. Si hubiera 10 galones más de la solución al 30%, la nueva mezcla sería una solución de ácido al 34.5%. ¿Cuántos galones de cada solución se tienen?

77. Una bolsa contiene $9.80 dólares en monedas de 10 y 25 centavos. Si las monedas de 25₡ fueran de 10₡ y viceversa, el valor total de las monedas sería de $7.70. ¿Cuántas monedas de cada clase hay en la bolsa?

78. Un avión voló 1 920 millas con el viento a favor en 2 horas y 40 minutos. De regreso voló contra el viento y empleó 3 horas en realizar el viaje. Encuentre la velocidad del viento y la del avión con el viento en calma.

79. Un avión voló 1 890 milas con el viento a favor en 3½ horas. De regreso lo hizo contra el viento y tardó 4½ horas en realizar el viaje. Determine la velocidad del viento y la del avión con el viento en calma.

80. Cuando una persona maneja de su casa a trabajo a 60 millas por hora, llega 6 minutos antes de lo usual. Cuando lo hace a 36 millas por hora, llega 10 minutos más tarde de lo normal. Halle la distancia de la casa a su oficina y la velocidad a la que normalmente conduce.

81. Hace 3 años una niña tenía $\frac{1}{4}$ de la edad que tenía su papá y dentro de 9 años tendrá $\frac{2}{5}$ de la edad de su papá. Encuentre sus edades actuales.

82. Un punto de apoyo se sitúa, de tal manera, que 2 cargas de 80 y 120 libras quedan en equilibrio. Si se agregan 20 libras a la carga de 80, la carga de 120 debe recorrerse un pie más lejos del punto de apoyo para preservar el equilibrio. Obtenga la distancia original entre las cargas de 80 y 120 libras.

83. Si la longitud de un lote rectangular disminuye 20 pies y la anchura aumenta 16 pies, el área del lote permanece constante. Si la longitud crece 10 pies y la anchura disminuye 5, el área lo hace en 150 pies cuadrados. Obtenga el área del lote original.

84. A y B pueden realizar un trabajo en 24 horas trabajando juntos. Después de que A trabajó sólo durante 20 horas, 3 se unió al trabajo y juntos terminaron el resto en 16 horas. ¿Cuánto tiempo tardaría cada uno en hacer el trabajo solo?

Grafique el conjunto solución de cada uno de los siguientes sistemas de desigualdades:

85. $y \geq -1$, $y \leq 3$

86. $x \geq -2$, $x \leq 5$

87. $x > 3$, $x + y > 1$

88. $y \leq 3$, $x - 2y < 0$

89. $x + y < 3$, $x - y > 3$

90. $3x - y \leq 4$, $x + 3y < -1$

91. $x - y < -2$, $x - y \leq -4$

92. $x - 2y > 2$, $x + 2y < 4$

CAPÍTULO 9

Exponentes y aplicaciones

El propósito de este capítulo es extender el campo de acción de las reglas de los exponentes tratadas en el Capítulo 3, y estudiar alguna de sus aplicaciones en álgebra.

Si a, $b \in R$, $a \neq 0$, $b \neq 0$, y m, $n \in N$, tenemos los siguientes teoremas del Capítulo 3:

TEOREMA 1 $a^m \cdot a^n = a^{m+n}$ (página 79)

TEOREMA 2 $(a^m)^n = a^{mn}$ (página 80)

TEOREMA 3 $(ab)^m = a^m b^m$ (página 81)

TEOREMA 4

$$\frac{a^m}{a^n} = \begin{cases} a^{m-n}, & \text{cuando} \quad m > n; \\ 1, & \text{cuando} \quad m = n; \\ \dfrac{1}{a^{n-m}}, & \text{cuando} \quad m < n. \end{cases}$$

(página 92)

TEOREMA 5 $\left(\dfrac{a}{b}\right)^m = \dfrac{a^m}{b^m}.$ (página 93)

9.1 Exponentes fraccionarios positivos

Con el fin de que el Teorema 2 para exponentes sea válido para exponentes fraccionarios positivos, se debe tener la siguiente definición:

DEFINICIÓN Si $a \in R$ y m, $n \in N$, se define

$$\left(a^m\right)^{\frac{1}{n}} = \left(a^{\frac{1}{n}}\right)^m = a^{\frac{m}{n}}$$

De la definición se tiene

$$\left(a^{\frac{1}{n}}\right)^n = a^{\frac{n}{n}} = a$$

Cuando m es un número par, a^m es positiva tanto si a es positivo como negativo; por ejemplo,

$$(+2)^4 = 16 \quad \text{y} \quad (-2)^4 = 16.$$

Cuando m es un número impar, a^m es positivo si a lo es, y es negativo si a lo es; por ejemplo,

$$(+3)^3 = 27 \quad \text{y} \quad (-3)^3 = -27.$$

DEFINICIÓN La notación $a^{\frac{1}{n}}$ representa un número cuya potencia n-ésima es a $\left(\text{si } a^{\frac{1}{n}} = b, \text{ entonces } b^n = a\right)$, con las condiciones siguientes:

1. Si n es par y $a > 0$, $a^{\frac{1}{n}} > 0$.

$$(16)^{\frac{1}{4}} = 2$$

Si n es par y $a < 0$, $a^{\frac{1}{n}}$ no es un número real.

$$(-4)^{\frac{1}{2}} \quad \text{no es real.}$$

2. Si n es impar y $a > 0$, $a^{\frac{1}{n}} > 0$.

$$(27)^{\frac{1}{3}} = 3$$

Si n es impar y $a < 0$, $a^{\frac{1}{n}} < 0$.

$$(-32)^{\frac{1}{5}} = -2$$

DEFINICIÓN Para $a \in R$ y m, $n \in N$, siempre que $a^{\frac{1}{n}}$ esté definido, definimos

$$a^{\frac{m}{n}} \quad \text{como} \quad \left(a^{\frac{1}{n}}\right)^m$$

De acuerdo a las definiciones anteriores, se puede demostrar que los Teoremas 1 a 3 de la página 346 son válidos cuando $a > 0$, $b > 0$, y m, n son exponentes fraccionarios positivos.

Nota

> Los Teoremas 1-3 son ciertos para exponentes fraccionarios positivos cuando a y b lo son. Por consiguiente, no se puede asignar valores específicos negativos a los números literales.

Las siguientes son aplicaciones directas de los teoremas:

1. $2^2 \cdot 2^{\frac{1}{2}} = 2^{2+\frac{1}{2}} = 2^{\frac{5}{2}}$

2. $x \cdot x^{\frac{1}{3}} = x^{1+\frac{1}{3}} = x^{\frac{4}{3}}$

3. $3^{\frac{1}{2}} \cdot 3^{\frac{3}{2}} = 3^{\frac{1}{2}+\frac{3}{2}} = 3^2 = 9$

4. $x^{\frac{1}{2}} \cdot x^{\frac{1}{3}} = x^{\frac{1}{2}+\frac{1}{3}} = x^{\frac{5}{6}}$

5. $(2^3)^{\frac{2}{3}} = 2^{3 \cdot \frac{2}{3}} = 2^2 = 4$

6. $(81)^{\frac{3}{4}} = (3^4)^{\frac{3}{4}} = 3^{4 \cdot \frac{3}{4}} = 3^3 = 27$

7. $(x^3)^{\frac{5}{9}} = x^{3 \cdot \frac{5}{9}} = x^{\frac{5}{3}}$

8. $\left(5^{\frac{1}{2}}\right)^4 = 5^{\frac{1}{2} \cdot 4} = 5^2 = 25$

9. $\left(x^{\frac{4}{5}}\right)^{10} = x^{\frac{4}{5} \cdot 10} = x^8$

10. $\left(2^{\frac{3}{2}}\right)^{\frac{4}{9}} = 2^{\frac{3}{2} \cdot \frac{4}{9}} = 2^{\frac{2}{3}}$

11. $\left(x^{\frac{2}{3}}\right)^{\frac{6}{5}} = x^{\frac{2}{3} \cdot \frac{6}{5}} = x^{\frac{4}{5}}$

12. $(3x)^{\frac{3}{4}} = 3^{\frac{3}{4}} x^{\frac{3}{4}}$

13. $(xy)^{\frac{1}{3}} = x^{\frac{1}{3}} y^{\frac{1}{3}}$

Nota

Cuando $a, b \in R$, $a > 0$, $b > 0$, y $p, q, r, s, u, v \in N$, se tiene

$$\left(a^{\frac{p}{q}} b^{\frac{r}{s}}\right)^{\frac{u}{v}} = a^{\frac{pu}{qv}} b^{\frac{ru}{sv}}$$

EJEMPLO

Multiplicar $3x^2$ y $2x^{\frac{1}{2}}y$.

SOLUCIÓN $3x^2\left(2x^{\frac{1}{2}}y\right) = (3 \cdot 2)\left(x^2 \cdot x^{\frac{1}{2}}\right)y = 6x^{2 + \frac{1}{2}}y = 6x^{\frac{5}{2}}y$

EJEMPLO

Multiplicar $2x^{\frac{1}{3}}y^{\frac{1}{2}}$ y $3x^{\frac{2}{3}}y^{\frac{5}{2}}$.

SOLUCIÓN

$$\left(2x^{\frac{1}{3}}y^{\frac{1}{2}}\right)\left(3x^{\frac{2}{3}}y^{\frac{5}{2}}\right) = (2 \cdot 3)\left(x^{\frac{1}{3}}\, x^{\frac{2}{3}}\right)\left(y^{\frac{1}{2}}y^{\frac{5}{2}}\right)$$
$$= 6x^{\frac{1}{3} + \frac{2}{3}}y^{\frac{1}{2} + \frac{5}{2}} = 6xy^3$$

EJEMPLO

Evaluar $(324)^{\frac{1}{2}}$.

SOLUCIÓN $(324)^{\frac{1}{2}} = (2^2 \cdot 3^4)^{\frac{1}{2}} = 2^{2 \cdot \frac{1}{2}} \cdot 3^{4 \cdot \frac{1}{2}} = 2 \cdot 3^2 = 18$

EJEMPLO

Simplificar $\left(x^{\frac{1}{4}}y^{\frac{3}{2}}\right)^4$.

SOLUCIÓN $\left(x^{\frac{1}{4}}y^{\frac{3}{2}}\right)^4 = x^{\frac{1}{4}\cdot 4}y^{\frac{3}{2}\cdot 4} = xy^6$

EJEMPLO

Simplificar $(x^4y^5)^{\frac{1}{2}}$.

SOLUCIÓN $(x^4y^5)^{\frac{1}{2}} = x^{4\cdot\frac{1}{2}}y^{5\cdot\frac{1}{2}} = x^2y^{\frac{5}{2}}$

EJEMPLO

Multiplicar $(x^3y^6)^{\frac{2}{3}}$ y $(x^8y^4)^{\frac{3}{4}}$.

SOLUCIÓN $(x^3y^6)^{\frac{2}{3}}(x^8y^4)^{\frac{3}{4}} = (x^2y^4)(x^6y^3) = x^8y^7$

EJEMPLO

Multiplicar $\left(x^{\frac{7}{6}}y^{\frac{5}{8}}\right)^{\frac{8}{7}}$ y $\left(x^{\frac{4}{3}}y^{\frac{4}{7}}\right)^{\frac{1}{2}}$.

SOLUCIÓN $\left(x^{\frac{7}{6}}y^{\frac{5}{8}}\right)^{\frac{8}{7}}\left(x^{\frac{4}{3}}y^{\frac{4}{7}}\right)^{\frac{1}{2}} = \left(x^{\frac{4}{3}}y^{\frac{5}{7}}\right)\left(x^{\frac{2}{3}}y^{\frac{2}{7}}\right) = x^{\frac{4}{3}+\frac{2}{3}}y^{\frac{5}{7}+\frac{2}{7}} = x^2y$

EJEMPLO

Multiplicar $x^{\frac{3}{2}}\left(2x^{\frac{1}{2}} - 3\right)$.

$$x^{\frac{3}{2}}\left(2x^{\frac{1}{2}} - 3\right) = x^{\frac{3}{2}}\cdot 2x^{\frac{1}{2}} - x^{\frac{3}{2}}\cdot 3 = 2x^2 - 3x^{\frac{3}{2}}$$

EJEMPLO

Multiplicar $\left(3x^{\frac{1}{2}} - 2\right)\left(x^{\frac{1}{2}} + 3\right)$.

SOLUCIÓN

$$\begin{array}{l} 3x^{\frac{1}{2}} - 2 \\ \underline{\;\;x^{\frac{1}{2}} + 3\;\;} \end{array}$$

$$\begin{array}{r} 3x - 2x^{\frac{1}{2}} \\ + 9x^{\frac{1}{2}} - 6 \\ \hline 3x + 7x^{\frac{1}{2}} - 6 \end{array}$$

Por consiguiente, $\left(3x^{\frac{1}{2}} - 2\right)\left(x^{\frac{1}{2}} + 3\right) = 3x + 7x^{\frac{1}{2}} - 6$

EJEMPLO Multiplicar $(x^{1/2} - 4)^2$.

SOLUCIÓN $\left(x^{\frac{1}{2}} - 4\right)^2 = \left(x^{\frac{1}{2}} - 4\right)\left(x^{\frac{1}{2}} - 4\right)$

$$\begin{array}{l} x^{\frac{1}{2}} - 4 \\ x^{\frac{1}{2}} - 4 \\ \hline x \quad - 4x^{\frac{1}{2}} \\ \quad\; - 4x^{\frac{1}{2}} + 16 \\ \hline x \quad - 8x^{\frac{1}{2}} + 16 \end{array}$$

Por lo tanto $\left(x^{\frac{1}{2}} - 4\right)^2 = x - 8x^{\frac{1}{2}} + 16$

Nota

$(x^{1/2}y^{1/2})^2 = xy$

$(x^{1/2} + y^{1/2})^2 = x + 2x^{1/2}y^{1/2} + y$, no $(x + y)$.

Ejercicios 9.1A

Efectúe las operaciones indicadas y simplifique:

1. $3^{\frac{1}{3}} \cdot 3^{\frac{5}{3}}$ **2.** $3^{\frac{2}{5}} \cdot 3^{\frac{3}{5}}$ **3.** $5^{\frac{1}{2}} \cdot 5^{\frac{1}{2}}$ **4.** $2 \cdot 2^{\frac{1}{2}}$

5. $2^2 \cdot 2^{\frac{1}{3}}$ **6.** $2^{\frac{1}{3}} \cdot 2^{\frac{1}{6}}$ **7.** $2^{\frac{1}{2}} \cdot 2^{\frac{1}{4}}$ **8.** $7^{\frac{1}{2}} \cdot 7^{\frac{2}{3}}$

9. $4 \cdot 2^{\frac{1}{2}}$ **10.** $8 \cdot 2^{\frac{1}{3}}$ **11.** $9 \cdot 3^{\frac{1}{3}}$ **12.** $27 \cdot 3^{\frac{1}{2}}$

13. $x \cdot x^{\frac{2}{3}}$ **14.** $3x \cdot x^{\frac{3}{4}}$ **15.** $x^2 \cdot x^{\frac{3}{2}}$ **16.** $x^3 \cdot x^{\frac{2}{3}}$

17. $x^{\frac{4}{3}} \cdot x^{\frac{1}{6}}$ **18.** $5x^{\frac{1}{2}} \cdot 2x^{\frac{1}{3}}$ **19.** $-3x^{\frac{3}{5}} \cdot 3x^{\frac{4}{5}}$

20. $-2x^{\frac{5}{6}} \cdot 4x^{\frac{1}{2}}$ **21.** $2x \cdot x^{\frac{2}{3}}y$ **22.** $3x^2 \cdot 2x^{\frac{1}{2}}y^2$

23. $x^{\frac{2}{3}} \cdot x^{\frac{4}{3}}y^{\frac{1}{3}}$ **24.** $x^{\frac{1}{4}} \cdot x^{\frac{1}{2}}y^{\frac{3}{4}}$ **25.** $x^{\frac{1}{2}}y^{\frac{2}{3}} \cdot x^{\frac{3}{2}}y^{\frac{1}{3}}$

26. $x^{\frac{4}{3}}y^{\frac{3}{2}} \cdot x^{\frac{2}{3}}y^{\frac{3}{2}}$ **27.** $x^{\frac{5}{4}}y^2 \cdot x^{\frac{1}{4}}y^{\frac{1}{2}}$ **28.** $x^3y^{\frac{3}{7}} \cdot x^{\frac{2}{3}}y^{\frac{4}{7}}$

29. $\left(2^{\frac{3}{4}}\right)^4$ **30.** $\left(2^{\frac{5}{3}}\right)^3$ **31.** $\left(3^{\frac{1}{6}}\right)^6$ **32.** $\left(5^{\frac{2}{3}}\right)^{\frac{3}{2}}$

33. $\left(7^{\frac{4}{5}}\right)^{\frac{5}{2}}$ **34.** $\left(2^{\frac{2}{3}}\right)^{\frac{9}{2}}$ **35.** $\left(3^{\frac{3}{4}}\right)^{\frac{2}{3}}$ **36.** $\left(7^{\frac{5}{6}}\right)^{\frac{3}{5}}$

37. $(x^2)^{\frac{3}{2}}$ **38.** $(x^3)^{\frac{2}{3}}$ **39.** $(x^6)^{\frac{1}{2}}$ **40.** $(x^4)^{\frac{3}{2}}$

41. $\left(x^{\frac{4}{3}}\right)^3$ **42.** $\left(x^{\frac{5}{2}}\right)^3$ **43.** $\left(x^{\frac{5}{6}}\right)^3$ **44.** $\left(x^{\frac{5}{2}}\right)^{\frac{4}{5}}$

45. $9^{\frac{1}{2}}$ **46.** $4^{\frac{3}{2}}$ **47.** $(-8)^{\frac{1}{3}}$ **48.** $(-27)^{\frac{1}{3}}$

49. $(-4)^{\frac{1}{2}}$ **50.** $(-9)^{\frac{1}{2}}$ **51.** $16^{\frac{3}{4}}$ **52.** $8^{\frac{2}{3}}$

53. $125^{\frac{1}{3}}$ **54.** $32^{\frac{2}{5}}$ **55.** $81^{\frac{3}{4}}$ **56.** $27^{\frac{4}{3}}$

57. $64^{\frac{5}{6}}$ **58.** $36^{\frac{3}{2}}$ **59.** $100^{\frac{5}{2}}$ **60.** $216^{\frac{2}{3}}$

61. $\left(x^{\frac{7}{3}}y^{\frac{7}{2}}\right)^{\frac{6}{7}}$ **62.** $\left(x^{\frac{2}{5}}y^{\frac{3}{2}}\right)^{\frac{10}{3}}$ **63.** $(x^3y^9)^{\frac{2}{3}}(x^2y^4)^{\frac{1}{2}}$

64. $(x^6y^4)^{\frac{1}{3}}(x^6y^4)^{\frac{1}{6}}$ **65.** $(x^2y^3)^{\frac{3}{2}}(x^4y^5)^{\frac{1}{2}}$

66. $\left(x^{\frac{1}{4}}y^{\frac{3}{8}}\right)^{\frac{4}{3}}\left(x^{\frac{8}{3}}y^6\right)^{\frac{1}{4}}$ **67.** $\left(x^{\frac{10}{3}}y^{\frac{5}{6}}\right)^{\frac{2}{5}}\left(x^{\frac{4}{9}}y^{\frac{10}{9}}\right)^{\frac{3}{2}}$

68. $\left(x^{\frac{2}{7}}y^{\frac{3}{2}}\right)^{\frac{1}{2}}\left(x^2y^{\frac{7}{4}}\right)^{\frac{3}{7}}$ **69.** $\left(x^{\frac{3}{2}}y^{\frac{7}{4}}\right)^{\frac{4}{9}}\left(x^{\frac{5}{2}}y^{\frac{1}{3}}\right)^{\frac{2}{3}}$

70. $\left(27a^{\frac{3}{4}}b^{\frac{6}{7}}\right)^{\frac{2}{3}}\left(16a^{\frac{8}{9}}b^{\frac{4}{7}}\right)^{\frac{3}{4}}$ **71.** $\left(36a^{\frac{2}{9}}b^{\frac{2}{3}}\right)^{\frac{3}{2}}\left(a^{\frac{3}{8}}b^{\frac{9}{8}}c^6\right)^{\frac{4}{3}}$

72. $x\left(x^{\frac{1}{3}} - 1\right)$ **73.** $x^2\left(x^{\frac{1}{2}} - 2\right)$

74. $x^{\frac{1}{3}}(x^2 + 1)$ **75.** $x^{\frac{1}{2}}(x^3 + 2)$

76. $x^{\frac{1}{2}}\left(x^{\frac{1}{2}} + 3\right)$ **77.** $x^{\frac{2}{3}}\left(x^{\frac{1}{3}} + 4\right)$

78. $x^{\frac{3}{4}}\left(x^{\frac{1}{4}} - 2\right)$ **79.** $x^{\frac{1}{3}}\left(x^{\frac{1}{6}} - 3\right)$

80. $x^{\frac{1}{2}}y^{\frac{1}{2}}\left(x^{\frac{1}{2}} - y^{\frac{1}{2}}\right)$

81. $x^{\frac{1}{4}}y^{\frac{1}{3}}\left(x^{\frac{3}{4}} - y^{\frac{2}{3}}\right)$

82. $(2x + 1)\left(x^{\frac{1}{2}} - 1\right)$

83. $(3x - 1)\left(2x^{\frac{1}{2}} - 3\right)$

84. $\left(x^{\frac{1}{2}} + 2\right)\left(x^{\frac{1}{2}} - 2\right)$

85. $\left(x^{\frac{1}{2}} + 4\right)\left(x^{\frac{1}{2}} - 4\right)$

86. $\left(2x^{\frac{1}{2}} - 1\right)\left(2x^{\frac{1}{2}} + 1\right)$

87. $\left(x^{\frac{1}{2}} + 3\right)\left(x^{\frac{1}{2}} + 2\right)$

88. $\left(x^{\frac{1}{2}} - 2\right)\left(x^{\frac{1}{2}} + 4\right)$

89. $\left(2x^{\frac{1}{2}} - 3\right)\left(3x^{\frac{1}{2}} + 1\right)$

90. $\left(x^{\frac{1}{2}} + 1\right)^2$

91. $\left(x^{\frac{1}{2}} - 3\right)^2$

92. $\left(x^{\frac{1}{2}} + 4\right)^2$

93. $\left(2x^{\frac{1}{2}} - 1\right)^2$

94. $\left(3x^{\frac{1}{2}} - 2\right)^2$

95. $\left(x^{\frac{1}{2}} - 2y^{\frac{1}{2}}\right)^2$

96. $\left(x^{\frac{3}{2}} + 1\right)^2$

97. $\left(x^{\frac{1}{4}} + 1\right)^2$

98. $\left(x^{\frac{1}{2}} + y^{\frac{1}{2}}\right)\left(x^{\frac{1}{2}} - y^{\frac{1}{2}}\right)$

99. $\left(3x^{\frac{1}{2}} + y^{\frac{1}{2}}\right)\left(3x^{\frac{1}{2}} - y^{\frac{1}{2}}\right)$

100. $\left(2x^{\frac{1}{2}} + 3y^{\frac{1}{3}}\right)\left(x^{\frac{1}{2}} - 2y^{\frac{1}{3}}\right)$

101. $\left(x^{\frac{1}{3}} + 1\right)\left(x^{\frac{2}{3}} - x^{\frac{1}{3}} + 1\right)$

102. $\left(x^{\frac{1}{3}} - 2\right)\left(x^{\frac{2}{3}} + 2x^{\frac{1}{3}} + 4\right)$

De acuerdo a las definiciones dadas en las páginas 346 y 347, los Teoremas 4 y 5 de la página 346 son válidas cuando $a > 0$, $b > 0$, y m, n son exponentes fraccionarios positivos.

Las siguientes son aplicaciones directas de los teoremas:

1. $\dfrac{2^3}{2^{\frac{1}{2}}} = 2^{3-\frac{1}{2}} = 2^{\frac{5}{2}}$

2. $\dfrac{x^4}{x^{\frac{2}{5}}} = x^{4-\frac{2}{5}} = x^{\frac{18}{5}}$

3. $\dfrac{5^{\frac{2}{3}}}{5^2} = \dfrac{1}{5^{2-\frac{2}{3}}} = \dfrac{1}{5^{\frac{4}{3}}}$

4. $\dfrac{x^{\frac{7}{3}}}{x^4} = \dfrac{1}{x^{4-\frac{7}{3}}} = \dfrac{1}{x^{\frac{5}{3}}}$

5. $\dfrac{2^{\frac{7}{4}}}{2^{\frac{3}{4}}} = 2^{\frac{7}{4}-\frac{3}{4}} = 2$

6. $\dfrac{x^{\frac{2}{3}}}{x^{\frac{1}{2}}} = x^{\frac{2}{3}-\frac{1}{2}} = x^{\frac{1}{6}}$

7. $\dfrac{7^{\frac{1}{6}}}{7^{\frac{5}{6}}} = \dfrac{1}{7^{\frac{5}{6}-\frac{1}{6}}} = \dfrac{1}{7^{\frac{2}{3}}}$

8. $\dfrac{x^{\frac{5}{2}}}{x^{\frac{9}{2}}} = \dfrac{1}{x^{\frac{9}{2}-\frac{5}{2}}} = \dfrac{1}{x^2}$

9. $\left(\frac{5}{x}\right)^{\frac{1}{4}} = \frac{5^{\frac{1}{4}}}{x^{\frac{1}{4}}}$

10. $\left(\frac{x}{4}\right)^{\frac{1}{2}} = \frac{x^{\frac{1}{2}}}{4^{\frac{1}{2}}} = \frac{x^{\frac{1}{2}}}{2}$

EJEMPLO

Simplificar $\frac{x^{\frac{5}{3}}y^{\frac{2}{5}}}{x^{\frac{2}{3}}y}$.

SOLUCIÓN

$$\frac{x^{\frac{5}{3}}y^{\frac{2}{5}}}{x^{\frac{2}{3}}y} = \frac{x^{\frac{5}{3}-\frac{2}{3}}}{y^{1-\frac{2}{5}}} = \frac{x}{y^{\frac{3}{5}}}$$

EJEMPLO

Simplificar $\left(\frac{a^{\frac{5}{4}}b^{\frac{3}{8}}}{a^{\frac{3}{8}}b^{\frac{3}{2}}}\right)^{\frac{4}{3}}$

SOLUCIÓN

$$\left(\frac{a^{\frac{5}{4}}b^{\frac{3}{8}}}{a^{\frac{3}{8}}b^{\frac{3}{2}}}\right)^{\frac{4}{3}} = \frac{a^{\frac{5}{4}\cdot\frac{4}{3}}b^{\frac{3}{8}\cdot\frac{4}{3}}}{a^{\frac{3}{8}\cdot\frac{4}{3}}b^{\frac{3}{2}\cdot\frac{4}{3}}} = \frac{a^{\frac{5}{3}}b^{\frac{1}{2}}}{a^{\frac{1}{2}}b^{2}} = \frac{a^{\frac{5}{3}-\frac{1}{2}}}{b^{2-\frac{1}{2}}} = \frac{a^{\frac{7}{6}}}{b^{\frac{3}{2}}}$$

EJEMPLO

Simplificar $\frac{(16)^{\frac{3}{2}}}{(32)^{\frac{3}{5}}}$.

SOLUCIÓN

$$\frac{(16)^{\frac{3}{2}}}{(32)^{\frac{3}{5}}} = \frac{(2^4)^{\frac{3}{2}}}{(2^5)^{\frac{3}{5}}} = \frac{2^6}{2^3} = 2^3 = 8$$

EJEMPLO

Simplificar $\frac{\left(16x^{\frac{4}{3}}y^{\frac{7}{6}}\right)^3}{\left(8x^{\frac{3}{2}}y^{\frac{5}{8}}\right)^4}$.

SOLUCIÓN

$$\frac{\left(16x^{\frac{4}{3}}y^{\frac{7}{6}}\right)^3}{\left(8x^{\frac{3}{2}}y^{\frac{5}{8}}\right)^4} = \frac{\left(2^4x^{\frac{4}{3}}y^{\frac{7}{6}}\right)^3}{\left(2^3x^{\frac{3}{2}}y^{\frac{5}{8}}\right)^4}$$

$$= \frac{2^{12}x^4y^{\frac{7}{2}}}{2^{12}x^6y^{\frac{5}{2}}} = \frac{y}{x^2}$$

EJEMPLO

Simplificar $\dfrac{(9x^2y^4z^6)^{\frac{3}{2}}}{(8x^6y^9z^{12})^{\frac{2}{3}}}$.

SOLUCIÓN

$$\frac{(9x^2y^4z^6)^{\frac{3}{2}}}{(8x^6y^9z^{12})^{\frac{2}{3}}} = \frac{(3^2x^2y^4z^6)^{\frac{3}{2}}}{(2^3x^6y^9z^{12})^{\frac{2}{3}}}$$

$$= \frac{3^3x^3y^6z^9}{2^2x^4y^6z^8} = \frac{27z}{4x}$$

EJEMPLO

Simplificar $\dfrac{\left(x^{\frac{2}{3}}y^{\frac{5}{12}}\right)^{\frac{6}{5}}}{\left(x^{\frac{3}{4}}y^{\frac{1}{2}}\right)^{\frac{4}{3}}}$.

SOLUCIÓN

$$\frac{\left(x^{\frac{2}{3}}y^{\frac{5}{12}}\right)^{\frac{6}{5}}}{\left(x^{\frac{3}{4}}y^{\frac{1}{2}}\right)^{\frac{4}{3}}} = \frac{x^{\frac{4}{5}}y^{\frac{1}{2}}}{xy^{\frac{2}{3}}} = \frac{1}{x^{\frac{1}{5}}y^{\frac{1}{6}}}$$

Ejercicios 9.1B

Efectúe las operaciones indicadas y simplifique:

1. $\dfrac{2^2}{2^{\frac{3}{2}}}$
2. $\dfrac{3^3}{3^{\frac{2}{3}}}$
3. $\dfrac{5^{\frac{3}{2}}}{5^4}$
4. $\dfrac{7^{\frac{2}{5}}}{7}$
5. $\dfrac{3^{\frac{4}{3}}}{3^{\frac{1}{3}}}$
6. $\dfrac{5^{\frac{5}{6}}}{5^{\frac{1}{6}}}$
7. $\dfrac{7^{\frac{3}{2}}}{7^{\frac{3}{4}}}$
8. $\dfrac{2^{\frac{1}{2}}}{2^{\frac{1}{6}}}$

9. $\dfrac{3^{\frac{2}{3}}}{3^{\frac{1}{2}}}$ 10. $\dfrac{4}{2^{\frac{1}{2}}}$ 11. $\dfrac{8}{2^{\frac{3}{2}}}$ 12. $\dfrac{3^{\frac{4}{3}}}{9}$

13. $\dfrac{3^{\frac{5}{3}}}{27}$ 14. $\dfrac{x^{\frac{1}{2}}}{x^{2}}$ 15. $\dfrac{x^{3}}{x^{\frac{1}{3}}}$ 16. $\dfrac{x^{\frac{2}{3}}}{x^{\frac{5}{3}}}$

17. $\dfrac{x^{\frac{7}{3}}}{x^{\frac{4}{3}}}$ 18. $\dfrac{x^{\frac{2}{5}}}{x^{\frac{7}{5}}}$ 19. $\dfrac{x^{\frac{1}{2}}}{x^{\frac{7}{6}}}$ 20. $\dfrac{x^{\frac{2}{3}}}{x^{\frac{5}{6}}}$

21. $\dfrac{x^{\frac{3}{2}}}{x^{\frac{2}{3}}}$ 22. $\dfrac{x^{\frac{5}{6}}}{x^{\frac{7}{3}}}$ 23. $\dfrac{x^{\frac{1}{2}}y^{\frac{5}{2}}}{x^{\frac{1}{4}}y^{\frac{7}{2}}}$ 24. $\dfrac{x^{\frac{3}{2}}y^{\frac{2}{3}}}{xy^{\frac{5}{3}}}$

25. $\dfrac{x^{\frac{5}{6}}y^{\frac{1}{4}}}{x^{\frac{1}{2}}y^{\frac{3}{8}}}$ 26. $\dfrac{x^{\frac{2}{3}}y^{\frac{7}{4}}}{x^{\frac{2}{9}}y^{\frac{1}{4}}}$ 27. $\dfrac{x^{\frac{1}{3}}y^{\frac{3}{2}}z^{\frac{1}{5}}}{x^{\frac{7}{3}}y^{\frac{1}{2}}z^{\frac{4}{5}}}$ 28. $\dfrac{x^{\frac{3}{2}}y^{\frac{5}{8}}z}{x^{\frac{1}{3}}y^{\frac{1}{8}}z^{\frac{2}{3}}}$

29. $\left(\dfrac{a^{\frac{1}{4}}}{a^{\frac{1}{2}}}\right)^{2}$ 30. $\left(\dfrac{a^{\frac{2}{3}}}{a^{\frac{1}{6}}}\right)^{3}$ 31. $\left(\dfrac{a^{\frac{3}{4}}}{a^{\frac{5}{2}}}\right)^{4}$ 32. $\left(\dfrac{a^{\frac{2}{5}}}{a^{\frac{4}{3}}}\right)^{\frac{1}{4}}$

33. $\left(\dfrac{a^{\frac{3}{4}}}{a^{\frac{3}{2}}}\right)^{\frac{2}{3}}$ 34. $\left(\dfrac{a^{\frac{3}{10}}}{a^{\frac{6}{5}}}\right)^{\frac{5}{3}}$ 35. $\left(\dfrac{a^{\frac{3}{2}}\,b^{\frac{5}{8}}}{a^{\frac{3}{4}}\,b^{\frac{1}{4}}}\right)^{4}$ 36. $\left(\dfrac{a^{\frac{5}{6}}\,b^{\frac{3}{4}}}{a^{\frac{2}{3}}\,b^{\frac{1}{3}}}\right)^{6}$

37. $\left(\dfrac{a^{\frac{1}{4}}\,b^{\frac{5}{6}}}{a^{\frac{1}{3}}\,b^{\frac{3}{4}}}\right)^{12}$ 38. $\left(\dfrac{a^{\frac{4}{7}}\,b^{\frac{1}{4}}}{a^{\frac{3}{7}}\,b^{\frac{1}{8}}}\right)^{14}$ 39. $\left(\dfrac{a^{\frac{1}{2}}\,b^{\frac{1}{4}}}{a^{\frac{3}{4}}\,b^{\frac{5}{8}}}\right)^{\frac{4}{3}}$ 40. $\left(\dfrac{a^{\frac{1}{6}}\,b^{\frac{3}{4}}}{a^{\frac{2}{3}}\,b^{\frac{1}{3}}}\right)^{\frac{6}{5}}$

41. $\dfrac{4^{\frac{2}{3}}}{2^{\frac{2}{3}}}$ 42. $\dfrac{3^{\frac{2}{3}}}{9^{\frac{1}{6}}}$ 43. $\dfrac{81^{\frac{3}{8}}}{27^{\frac{1}{2}}}$ 44. $\dfrac{16^{\frac{1}{4}}}{8^{\frac{2}{3}}}$

45. $\dfrac{\left(x^{\frac{1}{4}}y^{\frac{3}{2}}\right)^{4}}{\left(x^{\frac{2}{3}}y^{\frac{5}{6}}\right)^{6}}$ 46. $\dfrac{\left(x^{\frac{3}{2}}y^{\frac{2}{3}}\right)^{6}}{\left(x^{\frac{3}{4}}y^{\frac{5}{8}}\right)^{8}}$ 47. $\dfrac{(16x^{4}y^{12})^{\frac{1}{4}}}{(8x^{6}y^{3})^{\frac{2}{3}}}$

48. $\dfrac{(4x^2y^4)^{\frac{3}{2}}}{(8x^3y^9)^{\frac{2}{3}}}$ **49.** $\dfrac{(2x^2y^3)^{\frac{3}{2}}}{(4x^4y^6)^{\frac{1}{4}}}$ **50.** $\dfrac{(81x^8y^6z^2)^{\frac{3}{4}}}{(9x^2y^3z)^{\frac{5}{2}}}$

51. $\dfrac{\left(x^{\frac{4}{3}}y^{\frac{2}{3}}\right)^{\frac{3}{8}}}{\left(x^{\frac{3}{4}}y^{\frac{3}{5}}\right)^{\frac{1}{6}}}$ **52.** $\dfrac{\left(x^{\frac{5}{3}}y^{\frac{5}{6}}\right)^{\frac{3}{10}}}{\left(x^{\frac{7}{2}}y^{\frac{7}{4}}\right)^{\frac{4}{7}}}$ **53.** $\dfrac{\left(x^{3}y^{\frac{2}{5}}\right)^{\frac{5}{6}}}{\left(x^{\frac{8}{3}}y^{\frac{2}{3}}\right)^{\frac{3}{4}}}$ **54.** $\dfrac{\left(x^{\frac{3}{4}}y^{\frac{6}{5}}\right)^{\frac{5}{6}}}{\left(x^{\frac{3}{8}}y^{\frac{7}{2}}\right)^{\frac{4}{3}}}$

9.2 Exponente cero y exponentes negativos

Con el fin de que la primera y la segunda partes del Teorema 4 para exponentes (página 346) sean congruentes, se debe tener, para $n = m$ y $a \neq 0$,

$$a^{m-m} = 1, \qquad \text{o bien} \qquad a^0 = 1$$

Por consiguiente, se define

$$\text{si} \qquad a \neq 0,\ a^0 = 1.$$

Cuando $a = 0$, se tiene 0^0, lo cual es indeterminado.

De acuerdo a esta definición, puede demostrarse que los teoremas anteriores para exponentes son válidos cuando se presenta un exponente cero.

EJEMPLOS

1. $2^0 = 1$
2. $(-20)^0 = 1$
3. $(a^2b^3)^0 = 1$

Notas

1. $2a^0 = 2(1) = 2$.
2. Si $a \neq -b$, $(a + b)^0 = 1$.
3. $a^0 + b^0 = 1 + 1 = 2$.

Nuevamente, con el fin de que las partes primera y tercera del Teorema 4 para exponentes sean congruentes, se debe tener, cuando $m = 0$ y $a \neq 0$,

$$a^{0-n} = \frac{1}{a^{n-0}}$$

De modo que definimos

$$\text{si} \quad a \neq 0, \qquad a^{-n} = \frac{1}{a^n}$$

Con base en la definición de exponentes negativos, $\left(\text{si } a \neq 0,\ a^{-n} = \frac{1}{a^n}\right)$, se puede probar que los teoremas para exponentes son aún válidos.

EJEMPLOS

1. $3^{-2} = \frac{1}{3^2} = \frac{1}{9}$

2. $-5^{-3} = -\frac{1}{5^3} = -\frac{1}{125}$

3. $x^{-4} = \frac{1}{x^4}$

4. $x^{-\frac{3}{2}} = \frac{1}{x^{\frac{3}{2}}}$

Observación

> Los Teoremas 1-5 de la página 346 son verdaderos cuando $a > 0$, $b > 0$, y m, n son números racionales.

Ahora el Teorema 4 puede escribirse como

$$\frac{a^m}{a^n} = a^{m-n}$$

las siguientes son aplicaciones directas de los teoremas:

1. $x^{-2} \cdot x^5 = x^{-2+5} = x^3$

2. $x^{-2} \cdot x^{-3} = x^{-2-3} = x^{-5} = \frac{1}{x^5}$

3. $(x^2)^{-3} = x^{2(-3)} = x^{-6} = \frac{1}{x^6}$

4. $(x^{-3})^4 = x^{-3(4)} = x^{-12} = \frac{1}{x^{12}}$

5. $(x^{-2})^{-5} = x^{-2(-5)} = x^{10}$

6. $(xy)^{-2} = x^{-2}y^{-2} = \frac{1}{x^2y^2}$

7. $\frac{x^3}{x^{-6}} = x^{3-(-6)} = x^{3+6} = x^9$

8. $\frac{x^{-4}}{x} = \frac{1}{x^{1-(-4)}} = \frac{1}{x^5}$

9. $\left(\frac{x}{y}\right)^{-6} = \frac{x^{-6}}{y^{-6}} = \frac{y^6}{x^6}$

10. $.004 = \frac{4}{1000} = \frac{4}{10^3} = 4 \times 10^{-3}$

Notas

1. $-a^{-n} = -\dfrac{1}{a^n}$

2. $\dfrac{1}{a^{-n}} = \dfrac{1}{\dfrac{1}{a^n}} = a^n$

3. $\left(\dfrac{a}{b}\right)^{-n} = \dfrac{a^{-n}}{b^{-n}} = \dfrac{b^n}{a^n} = \left(\dfrac{b}{a}\right)^n$

4. $(a + b)^{-n} = \dfrac{1}{(a + b)^n} \qquad a \neq -b$

5. $a^{-n} + b^{-n} = \dfrac{1}{a^n} + \dfrac{1}{b^n} = \dfrac{b^n + a^n}{a^n b^n}$

EJEMPLO Expresar xy^{-2} con exponentes positivos.

SOLUCIÓN

$$xy^{-2} = x \cdot \frac{1}{y^2} = \frac{x}{y^2}$$

EJEMPLO Multiplicar $x^{-1}y^{-3}$ y x^2y^{-2} y escribir la respuesta con exp

SOLUCIÓN

$$\begin{aligned}(x^{-1}y^{-3})(x^2y^{-2}) &= (x^{-1}x^2)(y^{-3}y^{-2}) \\ &= x^{-1+2}y^{-3-2} \\ &= xy^{-5} = \frac{x}{y^5}\end{aligned}$$

EJEMPLO Simplificar $(3x^{-2}y)^3$ y escribir la respuesta con exponentes positivos.

SOLUCIÓN

$$(3x^{-2}y)^3 = 3^3x^{-6}y^3 = 3^3 \cdot \frac{1}{x^6} \cdot y^3 = \frac{27y^3}{x^6}$$

EJEMPLO Simplificar $(2x^2y^{-3})^{-2}$ y escribir la respuesta con exp positivos.

SOLUCIÓN

$$\begin{aligned}(2x^2y^{-3})^{-2} &= 2^{-2}x^{-4}y^6 \\ &= \frac{1}{2^2} \cdot \frac{1}{x^4} \cdot y^6 = \frac{y^6}{4x^4}\end{aligned}$$

EJEMPLO Simplificar $(xy^{-1}z^{-2})^2(2^{-1}x^{-2}yz^{-3})^{-3}$ y escribir la respuesta con exponentes positivos.

SOLUCIÓN

$$(xy^{-1}z^{-2})^2(2^{-1}x^{-2}yz^{-3})^{-3} = (x^2y^{-2}z^{-4})(2^3x^6y^{-3}z^9)$$
$$= 2^3(x^2x^6)(y^{-2}y^{-3})(z^{-4}z^9)$$
$$= 8x^8y^{-5}z^5 = \frac{8x^8z^5}{y^5}$$

EJEMPLO

Simplificar $\dfrac{x^{-3}y^2z^{-2}}{x^2y^{-4}z^{-3}}$ y escribir la respuesta con exponentes

SOLUCIÓN

$$\frac{x^{-3}y^2z^{-2}}{x^2y^{-4}z^{-3}} = \frac{x^{-3}}{x^2}\cdot\frac{y^2}{y^{-4}}\cdot\frac{z^{-2}}{z^{-3}} = \frac{1}{x^2x^3}\cdot\frac{y^2y^4}{1}\cdot\frac{z^3}{z^2} = \frac{y^6z}{x^5}$$

Nota

$\dfrac{ab^{-2}}{c^{-3}d^4} = \dfrac{ac^3}{b^2d^4}$; es decir, cuando se tiene un factor en el numerador de una fracción y se escribe en el denominador, o bien un factor en el denominador y se escribe en el numerador, se toma dicho factor con el negativo de su exponente.

EJEMPLO

Simplificar $\dfrac{(x^2y^{-4}z^3)^{-2}}{(x^{-3}y^{-2}z^{-1})^2}$ y escribir la respuesta con exponentes

SOLUCIÓN

$$\frac{(x^2y^{-4}z^3)^{-2}}{(x^{-3}y^{-2}z^{-1})^2} = \frac{x^{-4}y^8z^{-6}}{x^{-6}y^{-4}z^{-2}} = \frac{x^{-4+6}}{1}\cdot\frac{y^{8+4}}{1}\cdot\frac{1}{z^{-2+6}} = \frac{x^2y^{12}}{z^4}$$

EJEMPLO

Simplificar $\dfrac{2a^{-1} - 3b^{-2}}{a^{-1} + 2b^{-2}}$ y escribir la respuesta con exponentes positivos.

SOLUCIÓN

$$\frac{2a^{-1} - 3b^{-2}}{a^{-1} + 2b^{-2}} = \frac{\dfrac{2}{a} - \dfrac{3}{b^2}}{\dfrac{1}{a} + \dfrac{2}{b^2}}$$

Al multiplicar numerador y denominador de la fracción compleja por ab^2, obtenemos

$$= \frac{2b^2 - 3a}{b^2 + 2a}$$

Se puede llegar al último resultado, multiplicando tanto el numerador como el denominador de la fracción original por ab^2.

$$\frac{2a^{-1} - 3b^{-2}}{a^{-1} + 2b^{-2}} = \frac{ab^2(2a^{-1} - 3b^{-2})}{ab^2(a^{-1} + 2b^{-2})} = \frac{2b^2 - 3a}{b^2 + 2a}$$

EJEMPLO

Escribir con exponentes positivos y simplificar $\dfrac{2 + 3a^{-1}}{4 - 9a^{-2}}$.

SOLUCIÓN

$$\frac{2 + 3a^{-1}}{4 - 9a^{-2}} = \frac{a^2(2 + 3a^{-1})}{a^2(4 - 9a^{-2})} = \frac{a(2a + 3)}{4a^2 - 9}$$

$$= \frac{a(2a + 3)}{(2a + 3)(2a - 3)} = \frac{a}{2a - 3}$$

Todo número positivo en notación decimal se puede escribir como el producto de un número entre 1 y 10 y una potencia de 10. Por ejemplo:

1. $32.5 = 3.25 \times 10^1$
2. $738.6 = 7.386 \times 100 = 7.386 \times 10^2$
3. $6.78 = 6.78 \times 10^0$
4. $0.967 = \dfrac{9.67}{10} = 9.67 \times 10^{-1}$
5. $0.064 = \dfrac{6.4}{100} = \dfrac{6.4}{10^2} = 6.4 \times 10^{-2}$
6. $0.008 = \dfrac{8.0}{1000} = \dfrac{8.0}{10^3} = 8.0 \times 10^{-3}$

El punto decimal se sitúa siempre después del primer dígito distinto de cero contando desde la izquierda. Esta se conoce como **notación científica** de un número.

Ejercicios 9.2

Simplifique las siguientes expresiones y escriba las respuestas con exponentes positivos:

1. 1^0
2. -3^0
3. $(-4)^0$
4. $\dfrac{2}{3^0}$
5. $\dfrac{7^0}{9}$
6. $\left(\dfrac{3}{2}\right)^0$
7. $\left(\dfrac{25}{17}\right)^0$
8. $2x^0$
9. 3^0x
10. $(2^0)^{100}$
11. $(x^0)^8$
12. $(3^{20})^0$

13. $(2 + 7^0)^4$
14. $(9^0 + 1)^6$
15. $(3 - 5^0)^5$
16. $(4 - 3^0)^3$
17. $(5x^0)^2$
18. $(2^0x)^8$
19. $(3x^4)^0$
20. $(7x^5)^0$
21. $2x^0(x - 2)$
22. $4x(x^2 + 12)^0$
23. $(2 + x^0)^3$
24. $(2 - x^0)^{20}$
25. 4^{-1}
26. 5^{-2}
27. $\dfrac{1}{20^{-1}}$
28. $\dfrac{1}{37^{-1}}$
29. $3 \cdot 5^{-1}$
30. $7^{-1} \cdot 4$
31. $2 \cdot 3^{-2}$
32. $3^{-1} \cdot 8$
33. $2^4 \cdot 2^{-2}$
34. $3^{-1} \cdot 3^3$
35. $5^{-1} \cdot 5^{-2}$
36. $2^{-3} \cdot 2^{-4}$
37. 3.6×10^{-2}
38. 2.17×10^{-3}
39. 4×10^{-1}
40. 7.83×10^0
41. x^{-2}
42. $3x^{-4}$
43. $\dfrac{5}{x^{-3}}$
44. $\dfrac{2}{x^{-2}}$
45. $x^3 \cdot x^{-1}$
46. $x^{-5} \cdot x^7$
47. $x^{-6} \cdot x^2$
48. $2x^5 \cdot x^{-7}$
49. $3x^{-1} \cdot x^{-3}$
50. $2x^{-3} \cdot x^{-4}$
51. $x^{-2}y^4 \cdot x^{-1}y^{-3}$
52. $x^2y^{-3} \cdot x^{-3}y^5$
53. $3x^2y^{-2} \cdot 2x^{-3}y$
54. $2xy^2z^{-1} \cdot x^{-3}y^{-1}z^2$
55. $2^{-1}x^{-2}y^2 \cdot 2^3x^{-2}y^{-4}$
56. $4x^{-1}y^{-4} \cdot 3^{-2}x^2y^{-1}$
57. $2^{-2}x^3y^{-1} \cdot 2^3x^{-3}y^3$
58. $3^{-3}x^{-2}y^4 \cdot 3^4xy^{-2}$
59. $(x^2)^{-3}$
60. $(x^{-1})^4$
61. $(x^{-3})^{-2}$
62. $(2x^{-2})^{-2}$
63. $(x^2y^{-1})^2$
64. $(x^{-2}y^{-3})^3$
65. $(x^{-1}y^2)^{-3}$
66. $(x^{-3}y^{-1})^{-2}$
67. $(x^4y^{-2}z^{-4})^{-\frac{1}{2}}$
68. $(x^{-6}y^3z^{-9})^{-\frac{2}{3}}$
69. $(x^{-1}y^2)^3(x^{-2}y^2)^{-3}$
70. $(x^2y^{-1})^2(xy^2)^{-2}$
71. $(x^{-3}y^{-1})^{-2}(x^2y)^{-1}$
72. $(x^4y^{-2})^{-2}(x^{-4}y^{-3})^{-1}$
73. $(2x^{-1}y^3)^2(2^{-1}x^{-2}y)^{-3}$
74. $(2^{-2}xy^{-3})^{-2}(2^{-3}x^{-1}y)^2$
75. $(2^3a^{-3}b^{-1})^{\frac{1}{2}}(2a^{-1}b^{-3})^{-\frac{1}{2}}$
76. $(3^{-2}a^3b^{-2})^{-\frac{1}{3}}(3a^{-6}b^4)^{\frac{1}{3}}$
77. $(3x^{-1} + 2)(x^{-1} - 3)$
78. $(2x^{-1} + y^{-2})(x^{-1} - y^{-2})$
79. $(x^{-1} + 2)^2$
80. $(2x^{-1} - y^{-1})^2$
81. $\dfrac{2^{-1}}{2^2}$
82. $\dfrac{3^{-2}}{3}$
83. $\dfrac{2^{-2}}{2^3}$
84. $\dfrac{3^{-1}}{3^3}$
85. $\dfrac{5}{5^{-1}}$
86. $\dfrac{2}{2^{-4}}$
87. $\dfrac{2^3}{2^{-1}}$
88. $\dfrac{3^2}{3^{-2}}$
89. $\dfrac{7^{-4}}{7^{-6}}$

90. $\frac{5^{-3}}{5^{-5}}$ **91.** $\frac{2^{-8}}{2^{-4}}$ **92.** $\frac{3^{-9}}{3^{-6}}$

93. $\frac{x^{-3}y}{xy^{-2}}$ **94.** $\frac{xy^{-4}}{x^{-5}y^2}$ **95.** $\frac{x^5y^{-1}}{x^{-1}y^6}$

96. $\frac{x^{-2}y^4}{x^2y^{-4}}$ **97.** $\frac{x^{-3}y^2}{x^{-2}y^{-2}}$ **98.** $\frac{x^2y^{-4}}{x^{-3}y^{-6}}$

99. $\frac{x^{-4}y^{-8}}{x^{-7}y^{-2}}$ **100.** $\frac{x^{-6}y^{-2}}{x^{-3}y^{-4}}$ **101.** $\frac{(x^{-1}y^2)^{-3}}{(x^3y^{-2})^2}$

102. $\frac{(xy^{-3})^{-2}}{(x^{-2}y)^3}$ **103.** $\frac{(x^4y^{-1})^{-1}}{(x^{-3}y^{-2})^2}$ **104.** $\frac{(2x^2y^{-3})^{-3}}{(2^{-4}x^{-5}y^7)^{-1}}$

105. $\frac{(x^{-1}y^3z^{-2})^3}{(x^4y^{-3}z^{-3})^{-2}}$ **106.** $\frac{(x^2y^{-3}z^{-1})^{-4}}{(x^{-3}y^{-2}z^2)^3}$ **107.** $\frac{a^{-2}+1}{a^{-2}-3}$

108. $\frac{2a^{-1}+3}{a^{-1}-2}$ **109.** $\frac{a^{-1}-b}{a^{-1}+b}$ **110.** $\frac{2a^{-1}+b^{-2}}{3a^{-1}-b^{-2}}$

111. $\frac{3a^{-1}-6a^{-2}}{1-4a^{-2}}$ **112.** $\frac{1-a^{-1}}{1-a^{-2}}$

113. $\frac{1+3a^{-1}}{1-9a^{-2}}$ **114.** $\frac{a^{-1}+3a^{-2}}{1+2a^{-1}-3a^{-2}}$

Escriba los siguientes números en notación científica:

115. 26.7	**116.** 11.6	**117.** 384	**118.** 2000
119. 98,600	**120.** 25,138	**121.** 2	**122.** 7
123. 0.645	**124.** 0.524	**125.** 0.0163	**126.** 0.098
127. 0.0059	**128.** 0.00314	**129.** 0.00081	**130.** 0.00014

Repaso del Capítulo 9

Efectúe las operaciones indicadas y simplifique:

1. $x \cdot x^{\frac{1}{2}}$ **2.** $x \cdot x^{\frac{1}{4}}$ **3.** $x^2 \cdot x^{\frac{1}{3}}$ **4.** $x^2 \cdot x^{\frac{1}{5}}$

5. $x^{\frac{1}{3}} \cdot x^{\frac{1}{6}}$ **6.** $x^{\frac{1}{2}} \cdot x^{\frac{5}{3}}$ **7.** $x^{\frac{2}{3}} \cdot x^{\frac{5}{6}}$ **8.** $x^{\frac{1}{2}} \cdot x^{\frac{3}{8}}$

9. $x^{\frac{1}{8}}y^{\frac{5}{6}} \cdot x^{\frac{3}{4}}y^{\frac{2}{3}}$ **10.** $x^{\frac{2}{3}}y^{\frac{1}{2}} \cdot x^{\frac{1}{6}}y^{\frac{5}{4}}$ **11.** $x^{\frac{1}{3}}y^{\frac{1}{2}} \cdot x^{\frac{2}{9}}y^{\frac{3}{8}}$

12. $x^{\frac{1}{3}}y^{\frac{5}{9}} \cdot x^{\frac{1}{4}}y^{\frac{1}{9}}$ **13.** $x^2y^{\frac{1}{2}} \cdot x^{\frac{1}{3}}y^2$ **14.** $x^{\frac{1}{2}}y^{\frac{2}{3}} \cdot x^{\frac{1}{4}}y^{\frac{1}{6}}$

15. $x^{\frac{3}{4}}y^{\frac{5}{6}} \cdot x^{\frac{1}{8}}y^{\frac{1}{2}}$ **16.** $x^{\frac{2}{3}}y^{\frac{5}{4}} \cdot x^{\frac{5}{6}}y^{\frac{7}{8}}$

17. $16^{\frac{1}{2}}$ **18.** $9^{\frac{3}{2}}$ **19.** $8^{\frac{4}{3}}$ **20.** $25^{\frac{3}{2}}$

21. $27^{\frac{2}{3}}$ **22.** $32^{\frac{3}{5}}$ **23.** $128^{\frac{5}{7}}$ **24.** $81^{\frac{5}{4}}$

25. $\left(x^{\frac{5}{8}}y^{\frac{3}{2}}\right)^4$ **26.** $\left(x^{\frac{5}{6}}y^{\frac{2}{3}}\right)^3$ **27.** $\left(x^{\frac{7}{4}}y^{\frac{1}{6}}\right)^2$ **28.** $\left(x^{\frac{1}{4}}y^{\frac{2}{9}}\right)^6$

29. $(x^4y^6)^{\frac{3}{2}}$ **30.** $(x^3y^4)^{\frac{5}{6}}$ **31.** $\left(x^{\frac{3}{4}}y^{\frac{1}{8}}\right)^{\frac{4}{3}}$ **32.** $\left(x^{\frac{5}{6}}y^{\frac{2}{3}}\right)^{\frac{3}{2}}$

33. $\left(x^{\frac{3}{2}}y^{\frac{5}{3}}\right)^{\frac{6}{5}}$ **34.** $\left(x^{\frac{1}{2}}y^{\frac{3}{2}}\right)^2\left(x^{\frac{2}{3}}y^{\frac{1}{3}}\right)^3$ **35.** $\left(x^3y^{\frac{3}{2}}\right)^2\left(x^{\frac{1}{8}}y^{\frac{3}{4}}\right)^4$ **36.** $\left(x^{\frac{1}{6}}y^{\frac{2}{3}}\right)^3\left(x^{\frac{3}{8}}y^{\frac{1}{2}}\right)^4$

37. $(x^2y^3)^{\frac{1}{4}}(x^4y^2)^{\frac{1}{8}}$ **38.** $\left(x^{\frac{1}{2}}y^{\frac{2}{3}}\right)^{\frac{6}{5}}\left(x^{\frac{2}{3}}y^2\right)^{\frac{3}{5}}$

39. $\left(x^{\frac{5}{4}}y^{\frac{3}{2}}\right)^{\frac{4}{3}}(x^2y^{18})^{\frac{1}{6}}$ **40.** $\left(x^{\frac{1}{4}} + 1\right)\left(x^{\frac{1}{4}} - 1\right)$

41. $\left(x^{\frac{1}{3}} + 2\right)\left(x^{\frac{1}{3}} - 2\right)$ **42.** $\left(2x^{\frac{1}{2}} + 1\right)\left(3x^{\frac{1}{2}} - 4\right)$

43. $\left(x^{\frac{2}{3}} + 3\right)\left(x^{\frac{2}{3}} - 2\right)$ **44.** $\left(3x^{\frac{1}{2}} + 1\right)^2$

45. $\left(2x^{\frac{1}{2}} + 3\right)^2$ **46.** $\left(2x^{\frac{3}{2}} - 1\right)^2$

47. $\left(x^{\frac{1}{4}} - 3\right)^2$ **48.** $\left(x^{\frac{1}{3}} - 1\right)\left(x^{\frac{2}{3}} + x^{\frac{1}{3}} + 1\right)$

49. $\left(2x^{\frac{1}{3}} + 1\right)\left(4x^{\frac{2}{3}} - 2x^{\frac{1}{3}} + 1\right)$ **50.** $\dfrac{x^2y^{\frac{2}{3}}}{x^{\frac{3}{4}}y^2}$ **51.** $\dfrac{x^{\frac{5}{3}}y^3}{x^3y^{\frac{5}{4}}}$ **52.** $\dfrac{x^{\frac{4}{7}}y^{\frac{7}{9}}}{x^{\frac{2}{7}}y^{\frac{4}{3}}}$

53. $\dfrac{x^{\frac{5}{4}}y^{\frac{5}{6}}}{x^{\frac{1}{2}}y^{\frac{3}{2}}}$ **54.** $\dfrac{(4x^6y^4)^{\frac{3}{2}}}{\left(x^{\frac{3}{2}}y^3\right)^{\frac{2}{3}}}$ **55.** $\dfrac{\left(16x^{\frac{2}{3}}y^{\frac{4}{3}}\right)^{\frac{3}{4}}}{(4x^5y^2)^{\frac{1}{2}}}$ **56.** $\dfrac{\left(x^{\frac{5}{3}}y^{\frac{15}{4}}\right)^{\frac{2}{5}}}{\left(x^2y^{\frac{9}{4}}\right)^{\frac{2}{3}}}$ **57.** $\dfrac{\left(x^{\frac{3}{2}}y^{\frac{1}{3}}\right)^4}{\left(x^{\frac{1}{6}}y^{\frac{1}{9}}\right)^6}$

58. $(4x^0 - 3)^{10}$ **59.** $(5^0x - 4)^2$ **60.** $(6^0x + 1)^2$

61. $(20^0 - 3)^6$ **62.** $3x^0(5x - 2)$ **63.** $6x(x^3 + 4)^0$

Efectúe las operaciones indicadas y escriba las respuestas con exponentes positivos:

64. $x^{-2}y^3 \cdot x^{-1}y^{-2}$ **65.** $x^3y^{-1} \cdot x^{-4}y^2$ **66.** $4^{-1}x^{-3}y \cdot 2^3x^{-1}y^{-4}$

67. $(2^{-3}x^{-1}y^2)^2$ **68.** $(3^{-2}x^{-5}y^3)^{-1}$ **69.** $(2x^{-2}y^{-3})^{-2}$

70. $(2x^{-1}y^{-2})^3(4x^{-3}y^4)^{-1}$ **71.** $(x^3y^{-4})^{-1}(2^{-3}x^{-1}y^{-3})^2$

72. $(x^{-2}y^{-6})^{\frac{1}{2}}(27x^9y^{-3})^{-\frac{1}{3}}$ **73.** $(8x^3y^{-3})^{-\frac{2}{3}}(x^{-8}y^{-4})^{\frac{3}{4}}$

74. $\dfrac{x^2y^{-3}}{x^{-2}y^{-2}}$ **75.** $\dfrac{x^{-3}yz^{-1}}{x^{-5}y^{-3}z^3}$ **76.** $\dfrac{x^{-6}y^{-4}z^3}{x^{-3}y^{-8}z^{-3}}$

77. $\dfrac{2^{-3}x^{-7}y^5}{2^{-4}x^{-10}y^{-1}}$ **78.** $\dfrac{(2^{-1}x^{-2}y)^3}{(2^{-2}xy^{-1})^{-2}}$ **79.** $\dfrac{(3^2xy^{-4})^{-2}}{(3x^{-2}y^{-2})^{-3}}$

80. $\dfrac{3a^{-2} + b^{-1}}{2a^{-1} + b^{-2}}$ **81.** $\dfrac{2a^{-2} - 3b^{-3}}{2a^{-2} + b^{-3}}$ **82.** $\dfrac{3a^{-2} - 4a^{-1} + 1}{6a^{-2} - 5a^{-1} + 1}$

CAPÍTULO 10

Radicales

10.1 Definiciones y notación

Las potencias n-ésimas de 2, a, 3^2 y b^3 son, respectivamente, 2^n, a^n, 3^{2n} y b^{3n}. Los números 2, a, 3^2 y b^3 se llaman raíces n-ésimas de 2^n, a^n, 3^{2n} y b^{3n}.

Nota

Cuando n es un número par, a^n es un número positivo si a es positivo o negativo. Por ejemplo,

$$(+3)^4 = +81 \text{ y } (-3)^4 = +81.$$

Cuando n es un número impar, a^n es un número positivo si a es positivo, y un número negativo si a es negativo. Por ejemplo,

$$(+2)^5 = +32 \text{ y } (-2)^5 = -32.$$

DEFINICIÓN La **raíz n-ésima de un número real** a se denota por el símbolo $\sqrt[n]{a}$, el cual se llama *radical*. La raíz n-ésima de a es un número cuya potencia n-ésima es a; esto es, $(\sqrt[n]{a})^n = a$, con las condiciones siguientes:

1. Cuando n es par y $a > 0$, $\sqrt[n]{a} > 0$, llamada **raíz principal**.

Cuando n es par y $a < 0$, $\sqrt[n]{a}$ no es número real.

2. Cuando n es impar y $a > 0$, $\sqrt[n]{a} > 0$.

Cuando n es impar y $a < 0$, $\sqrt[n]{a} < 0$.

El número natural n presente en el radical $\sqrt[n]{a}$ se llama **índice** u **orden del radical**, y a se denomina **radicando**. Cuando no se escribe ningún índice, como en $\sqrt{a}$, se sobreentiende que el índice es 2 y se lee "**raíz cuadrada** de a". Si el índice es 3, como en como en $\sqrt[3]{a}$, se lee "**raíz cúbica** de a".

La expresión $\sqrt[n]{a^m}$ se define como $(\sqrt[n]{a})^m$, siempre que $\sqrt[n]{a}$ esté definida.

Observación

El índice de un radical siempre es un número natural mayor que uno.

EJEMPLOS

1. $\sqrt{49} = \sqrt{(7)^2} = (\sqrt{7})^2 = 7$

2. $-\sqrt{25} = -\sqrt{(5)^2} = -(\sqrt{5})^2 = -5$

3. $\sqrt{-4}$ no es un número real.

4. $\sqrt[3]{8} = \sqrt[3]{(2)^3} = (\sqrt[3]{2})^3 = 2$

5. $\sqrt[5]{-32} = \sqrt[5]{(-2)^5} = (\sqrt[5]{-2})^5 = -2 = -\sqrt[5]{32}$

6. $\sqrt[4]{x^8} = \sqrt[4]{(x^2)^4} = (\sqrt[4]{x^2})^4 = x^2$

7. $\sqrt[5]{x^{15}} = \sqrt[5]{(x^3)^5} = (\sqrt[5]{x^3})^5 = x^3$

De la definición de exponentes fraccionarios (página 347) y de la de radicales, para $a \in R$, m, $n \in N$, tenemos

$$\sqrt[n]{a} = a^{\frac{1}{n}} \quad \text{y} \quad \sqrt[n]{a^m} = a^{\frac{m}{n}}$$

siempre que $\sqrt[n]{a}$ y $a^{\frac{1}{n}}$ estén definidos.

Las relaciones anteriores nos permiten expresar radicales como potenccias fraccionarias y viceversa.

EJEMPLOS

1. $\sqrt[5]{3} = 3^{\frac{1}{5}}$
2. $\sqrt[3]{2^2} = 2^{\frac{2}{3}}$
3. $\sqrt{x+3} = (x+3)^{\frac{1}{2}}$
4. $x^{\frac{4}{5}} = \sqrt[5]{x^4}$
5. $3x^{\frac{3}{4}} = 3\sqrt[4]{x^3}$
6. $x^{\frac{1}{2}}y^{\frac{2}{3}} = \sqrt{x}\sqrt[3]{y^2}$

Cuando el valor de un radical es un número racional, se dice que es una **raíz perfecta**.
Puesto que $\sqrt[n]{a^{nk}} = a^k$, un radical es raíz perfecta si el radicando se puede expresar como un producto de factores, cada uno de los cuales con un exponente que sea un múltiplo entero del índice del radical.

El valor del radical se obtiene formando el producto de los factores, donde el exponente de cada factor es su exponente original dividido por el índice del radical.

EJEMPLOS

1. $\sqrt{5^6} = 5^{\frac{6}{2}} = 5^3$

2. $\sqrt{x^{10}} = x^{\frac{10}{2}} = x^5$

3. $\sqrt[3]{8x^6y^9} = \sqrt[3]{2^3x^6y^9} = 2^{\frac{3}{3}}x^{\frac{6}{3}}y^{\frac{9}{3}} = 2x^2y^3$

Nota

Las raíces que no son perfectas, como por ejemplo $\sqrt{2}$, $\sqrt[3]{2}$, $\sqrt{3}$, $\sqrt[4]{5}$, $\sqrt[5]{4}$, $1+\sqrt{2}$, y $5-\sqrt[3]{9}$ son números irracionales. Un **número irracional** es aquel que no puede expresarse en la forma $\frac{p}{q}$, donde $p, q \in I$, $q \neq 0$.

Nota

1. Puesto que para todo $a > 0$, $a \in R$, y $m, n \in N$, $k \in Q$, $k > 0$, se tiene $\sqrt[n]{a^m} = \sqrt[nk]{a^{mk}}$, siempre que nk y $mk \in N$.

$$\sqrt[3]{a} = \sqrt[6]{a^2} \quad \text{y} \quad \sqrt[4]{a^2} = \sqrt{a}$$

2. $1^n = 1$ y $\sqrt[n]{1} = 1$.

Ejercicios 10.1

Escriba las siguientes expresiones en forma de radical.

1. $2^{\frac{1}{2}}$ **2.** $5^{\frac{1}{2}}$ **3.** $3^{\frac{2}{3}}$ **4.** $7^{\frac{3}{4}}$

5. $4^{\frac{2}{5}}$ **6.** $x^{\frac{3}{5}}$ **7.** $x^{\frac{2}{7}}$ **8.** $x^{\frac{3}{2}}$

9. $x^{\frac{7}{3}}$ **10.** $3x^{\frac{1}{2}}$ **11.** $5x^{\frac{2}{3}}$ **12.** $2^{\frac{1}{2}}x$

13. $5^{\frac{1}{3}}x^2$ **14.** $xy^{\frac{1}{3}}$ **15.** $x^{\frac{1}{2}}y^2$ **16.** $x^{\frac{1}{2}}y^{\frac{1}{2}}$

17. $x^{\frac{1}{3}}y^{\frac{3}{4}}$ **18.** $(2x)^{\frac{1}{2}}$ **19.** $(3x)^{\frac{1}{4}}$ **20.** $(xy)^{\frac{1}{2}}$

21. $(xy)^{\frac{3}{2}}$ **22.** $(x+3)^{\frac{1}{3}}$ **23.** $(x-2)^{\frac{1}{2}}$ **24.** $(x+y)^{\frac{1}{2}}$

25. $(x-y)^{\frac{1}{3}}$ **26.** $x^{\frac{1}{2}} + y^{\frac{1}{2}}$ **27.** $x^{\frac{1}{3}} - y^{\frac{1}{3}}$ **28.** $x^{\frac{1}{2}} - 2y^{\frac{1}{3}}$

Escriba las expresiones siguientes empleando exponentes:

29. $\sqrt{7}$ **30.** $\sqrt[3]{6}$ **31.** $\sqrt[3]{x^3}$ **32.** $\sqrt{x^2}$

33. $\sqrt{x^4}$ **34.** $\sqrt[9]{x^3}$ **35.** $\sqrt{x^3}$ **36.** $\sqrt[3]{x^2}$

37. $\sqrt[4]{x^2}$ **38.** $\sqrt[6]{x^4}$ **39.** $\sqrt[8]{x^6}$ **40.** $\sqrt[3]{2x}$

41. $\sqrt[4]{5x^3}$ **42.** $3\sqrt[5]{x^2}$ **43.** $7\sqrt[6]{x^5}$ **44.** $\sqrt{x^2y^2}$

45. $\sqrt[3]{x^3y^3}$ **46.** $\sqrt[3]{x^3y^6}$ **47.** $\sqrt{xy^2}$ **48.** $\sqrt[4]{x^4y^8}$

49. $\sqrt{x+2}$ **50.** $\sqrt{x-3}$ **51.** $\sqrt{x^2+9}$ **52.** $\sqrt{x^4-4}$

53. $\sqrt{x^2 + y^2}$ **54.** $\sqrt[3]{x^3 - y^3}$ **55.** $\sqrt{x^3 + y^3}$ **56.** $\sqrt{(x+1)^2}$

57. $\sqrt{(x-1)^2}$ **58.** $\sqrt[3]{(x-2)^3}$ **59.** $\sqrt[4]{(x+2)^2}$ **60.** $\sqrt[6]{(x+3)^2}$

61. $\sqrt{x} + \sqrt{3}$ **62.** $\sqrt{x} - \sqrt{5}$ **63.** $\sqrt{x} + \sqrt{y}$ **64.** $\sqrt{x} - \sqrt{y}$

Evalúe los radicales siguientes:

65. $\sqrt{4}$ **66.** $\sqrt{9}$ **67.** $\sqrt{16}$ **68.** $\sqrt{25}$

69. $\sqrt{36}$ **70.** $\sqrt{49}$ **71.** $\sqrt{64}$ **72.** $\sqrt{121}$

73. $\sqrt{144}$ **74.** $\sqrt[3]{8}$ **75.** $\sqrt[3]{27}$ **76.** $\sqrt[3]{64}$

77. $\sqrt{x^4}$ **78.** $\sqrt{x^6}$ **79.** $\sqrt{x^{12}}$ **80.** $\sqrt{x^{16}}$

81. $\sqrt{x^4y^2}$ **82.** $\sqrt{(x+1)^2}$ **83.** $\sqrt{(x-2)^4}$ **84.** $\sqrt{(x+2)^6}$

85. $\sqrt[3]{x^3y^6}$ **86.** $\sqrt[3]{(x+1)^3}$ **87.** $\sqrt[4]{16x^4}$ **88.** $\sqrt[4]{81x^8}$

10.2 Forma estándar de radicales

TEOREMA 1 Si $a, b \in R$, $a > 0$, $b > 0$ y $n \in N$, entonces $\sqrt[n]{ab} = \sqrt[n]{a}\,\sqrt[n]{b}$.

DEMOSTRACIÓN $\sqrt[n]{ab} = (ab)^{\frac{1}{n}} = a^{\frac{1}{n}}b^{\frac{1}{n}} = \sqrt[n]{a}\,\sqrt[n]{b}$

EJEMPLOS

1. $\sqrt{32} = \sqrt{2^5} = \sqrt{2^4 \cdot 2^1}$
$= \sqrt{2^4}\,\sqrt{2}$
$= 2^2\sqrt{2} = 4\sqrt{2}$

2. $\sqrt{16x^3y} = \sqrt{2^4x^3y} = \sqrt{2^4x^2xy}$
$= \sqrt{2^4x^2}\,\sqrt{xy}$
$= 2^2x\sqrt{xy} = 4x\sqrt{xy}$

3. $\sqrt[3]{27x^2y^4} = \sqrt[3]{3^3x^2y^4} = \sqrt[3]{3^3x^2y^3y}$
$= \sqrt[3]{3^3y^3}\,\sqrt[3]{x^2y} = 3y\sqrt[3]{x^2y}$

La expresión $3y\sqrt[3]{x^2y}$ se llama **forma estándar** de $\sqrt[3]{27x^2y^4}$. Se dice que un radical está en forma estándar si se cumplen las condiciones siguientes:

1. El radicando es positivo.
2. El índice del radical es el menor posible.

3. El exponente de cada factor del radicando es un número natural menor que el índice del radical.
4. No hay fracciones en el radicando.
5. No hay radicales en el denominador de ninguna fracción.

Simplificar un radical significa expresarlo en forma estándar. Cuando el radicando es negativo, la definición da lugar a lo siguiente:

Si n es par y $a > 0$, $\sqrt[n]{-a}$ no es número real.

Si n es impar y $a > 0$, $\sqrt[n]{-a} = -\sqrt[n]{a}$.

EJEMPLOS

1. $\sqrt[3]{-5} = -\sqrt[3]{5}$

2. $\sqrt[5]{-x^2y^3} = -\sqrt[5]{x^2y^3}$

Cuando el índice del radical y los exponentes de todos los factores del radicando poseen un factor común, tanto el índice del radical como los exponentes de los factores del radicando se dividen entre su factor común. Es decir, se aplica $\sqrt[nk]{a^{mk}} = \sqrt[n]{a^m}$ para obtener el mínimo índice del radical posible.

EJEMPLO

$$\sqrt[6]{a^2b^4} = \sqrt[3]{ab^2}$$

Cuando los exponentes de algunos factores del radicando son mayores que el índice del radical, pero no múltiplos enteros de éste, cada uno de dichos factores se escriben como producto de dos factores: uno con exponente múltiplo entero del índice del radical y el otro con exponente menor que el índice del radical. Por ejemplo,

$$\sqrt[3]{x^7} = \sqrt[3]{x^6 \cdot x}$$

Luego se aplica el teorema $\sqrt[n]{ab} = \sqrt[n]{a}\,\sqrt[n]{b}$. Se escriben los factores que tienen exponentes que son múltiplos enteros del índice dentro de un radical, obteniéndose así una raíz perfecta y los demás factores con exponentes menores que el índice, dentro del otro radical.

EJEMPLO

$$\sqrt[3]{x^7} = \sqrt[3]{x^6 \cdot x} = \sqrt[3]{x^6}\,\sqrt[3]{x} = x^2\sqrt[3]{x}$$

Los casos en los que hay fracciones en el radicando y radicales en el denominador de una fracción, se tratarán posteriormente.

EJEMPLO Expresar $\sqrt{2^3x^5}$ en forma estándar.

SOLUCIÓN

$$\begin{aligned}\sqrt{2^3x^5} &= \sqrt{(2^2\cdot 2)(x^4\cdot x)}\\ &= \sqrt{2^2x^4}\,\sqrt{2x}\\ &= 2x^2\sqrt{2x}\end{aligned}$$

EJEMPLO Expresar $\sqrt{8x^3y^2z^5}$ en forma estándar.

SOLUCIÓN

$$\begin{aligned}\sqrt{8x^3y^2z^5} &= \sqrt{2^3x^3y^2z^5}\\ &= \sqrt{(2^2\cdot 2)(x^2\cdot x)y^2(z^4\cdot z)}\\ &= \sqrt{2^2x^2y^2z^4}\,\sqrt{2xz}\\ &= 2xyz^2\sqrt{2xz}\end{aligned}$$

EJEMPLO Expresar $\sqrt[3]{2^4x^6y^5z^{10}}$ en forma estándar.

SOLUCIÓN

$$\begin{aligned}\sqrt[3]{2^4x^6y^5z^{10}} &= \sqrt[3]{(2^3\cdot 2)x^6(y^3\cdot y^2)(z^9\cdot z)}\\ &= \sqrt[3]{2^3x^6y^3z^9}\,\sqrt[3]{2y^2z}\\ &= 2x^2yz^3\,\sqrt[3]{2y^2z}\end{aligned}$$

EJEMPLO Expresar $\sqrt[3]{-2x^{11}y^4}$ en forma estándar.

SOLUCIÓN

$$\begin{aligned}\sqrt[3]{-2x^{11}y^4} &= -\sqrt[3]{2(x^9\cdot x^2)(y^3\cdot y)}\\ &= -\sqrt[3]{x^9y^3}\,\sqrt[3]{2x^2y}\\ &= -x^3y\sqrt[3]{2x^2y}\end{aligned}$$

EJEMPLO Expresar $\sqrt[4]{64x^4y^{10}}$ en forma estándar.

SOLUCIÓN

$$\begin{aligned}\sqrt[4]{64x^4y^{10}} &= \sqrt[4]{2^6x^4y^{10}} = \sqrt{2^3x^2y^5}\\ &= \sqrt{(2^2\cdot 2)x^2(y^4\cdot y)}\\ &= \sqrt{2^2x^2y^4}\,\sqrt{2y}\\ &= 2xy^2\,\sqrt{2y}\end{aligned}$$

Nota

$$\sqrt[n]{a^nb^n} = ab$$

$$\sqrt[n]{(a+b)^n} = (a+b)$$

$$\sqrt[n]{a^n+b^n} \neq (a+b) \quad \bullet$$

Ejercicios 10.2

Exprese los siguientes radicales en forma estándar:

1. $\sqrt{8}$	**2.** $\sqrt{12}$	**3.** $\sqrt{18}$	**4.** $\sqrt{20}$
5. $2\sqrt{24}$	**6.** $-\sqrt{27}$	**7.** $-\sqrt{28}$	**8.** $3\sqrt{32}$
9. $\sqrt{45}$	**10.** $3\sqrt{48}$	**11.** $\sqrt{50}$	**12.** $2\sqrt{54}$
13. $5\sqrt{60}$	**14.** $\sqrt{63}$	**15.** $\sqrt{72}$	**16.** $\sqrt{75}$
17. $\sqrt{80}$	**18.** $\sqrt{96}$	**19.** $\sqrt{98}$	**20.** $\sqrt{108}$
21. $\sqrt{162}$	**22.** $\sqrt{243}$	**23.** $\sqrt{675}$	**24.** $\sqrt{4 + 9}$
25. $\sqrt{9 - 4}$	**26.** $\sqrt{16 - 4}$	**27.** $\sqrt{25 + 16}$	**28.** $\sqrt{64 - 16}$
29. $\sqrt{x^3}$	**30.** $\sqrt{x^5}$	**31.** $\sqrt{x^2y}$	**32.** $\sqrt{x^5y}$
33. $\sqrt{x^2y^3}$	**34.** $\sqrt{x^4y}$	**35.** $\sqrt{x^3y^5}$	**36.** $\sqrt{32x^6}$
37. $\sqrt{9x^3y^4}$	**38.** $\sqrt{50x^2y^5}$	**39.** $\sqrt{8x^2y^3z^5}$	**40.** $\sqrt{48x^3y^2z}$

41. $\sqrt{16x^2y^5z^7}$	**42.** $\sqrt{12xy^6z^3}$	**43.** $\sqrt{27x^4y^3z^3}$
44. $\sqrt{20x^3yz^6}$	**45.** $\sqrt{x^3 + 8}$	**46.** $\sqrt{x^3 - y^3}$
47. $\sqrt{4x^3(x^2 - y^2)}$	**48.** $\sqrt{x^4y^5(x + y)^2}$	**49.** $\sqrt{x^2y^4(y - 2)^3}$
50. $\sqrt{xy^2(x + 2)^3}$	**51.** $\sqrt[3]{16}$	**52.** $\sqrt[3]{24}$

53. $\sqrt[3]{81}$	**54.** $\sqrt[3]{-40}$	**55.** $\sqrt[3]{-54}$	**56.** $\sqrt[3]{-32}$
57. $\sqrt[4]{32}$	**58.** $\sqrt[4]{64}$	**59.** $\sqrt[4]{144}$	**60.** $\sqrt[5]{-64}$
61. $\sqrt[3]{x^3 + y^3}$	**62.** $\sqrt[3]{-x^4}$	**63.** $\sqrt[3]{-32x^3}$	**64.** $\sqrt[3]{-x^3y}$
65. $\sqrt[3]{-x^4y^5}$	**66.** $\sqrt[3]{-x^7y^3}$	**67.** $\sqrt[3]{x^3yz^6}$	**68.** $\sqrt[3]{125xy^3}$
69. $\sqrt[3]{x^6y^3z^8}$	**70.** $\sqrt[3]{8x^4y^3}$	**71.** $\sqrt[3]{16x^6y^4}$	**72.** $\sqrt[3]{54x^6y^5}$
73. $\sqrt[4]{8x^5y^4}$	**74.** $\sqrt[4]{81x^2y^6}$	**75.** $\sqrt[4]{4x^2y^4}$	**76.** $\sqrt[6]{64x^2y^6}$
77. $\sqrt[6]{9x^6y^8}$	**78.** $\sqrt[6]{8x^3y^6}$		

10.3 Combinación de radicales

DEFINICIÓN Se dice que dos o más radicales son **semejantes** si tienen el mismo índice y el mismo radicando.

EJEMPLOS

1. Los radicales $3\sqrt{2}$ y $5\sqrt{2}$ son semejantes.

2. Se puede demostrar que los radicales $\sqrt{24}$ y $\sqrt{54}$ son semejantes.

$$\sqrt{24} = \sqrt{2^3 \cdot 3} = \sqrt{2^2 \cdot 2 \cdot 3} = 2\sqrt{6}$$

y

$$\sqrt{54} = \sqrt{2 \cdot 3^3} = \sqrt{2 \cdot 3^2 \cdot 3} = 3\sqrt{6}$$

3. Los radicales $\sqrt{18}$ y $\sqrt{27}$ no son semejantes.

$$\sqrt{18} = \sqrt{2 \cdot 3^2} = 3\sqrt{2}$$

y

$$\sqrt{27} = \sqrt{3^3} = \sqrt{3^2 \cdot 3} = 3\sqrt{3}$$

Es posible combinar los radicales solamente cuando son semejantes. Primero se escriben los radicales en forma estándar y luego se combinan radicales semejantes empleando la ley distributiva.

EJEMPLO Simplificar $\sqrt{54} - \sqrt{24} + \sqrt{150}$ y combinar radicales semejantes.

SOLUCIÓN

$$\begin{aligned}\sqrt{54} - \sqrt{24} + \sqrt{150} &= \sqrt{2 \cdot 3^3} - \sqrt{2^3 \cdot 3} + \sqrt{2 \cdot 3 \cdot 5^2}\\ &= 3\sqrt{6} - 2\sqrt{6} + 5\sqrt{6}\\ &= (3 - 2 + 5)\sqrt{6}\\ &= 6\sqrt{6}\end{aligned}$$

EJEMPLO Simplificar $x\sqrt{147y^3} + y\sqrt{75x^2y} - \sqrt{48x^2y^3}$ y combinar radicales semejantes.

SOLUCIÓN

$$\begin{aligned}&x\sqrt{147y^3} + y\sqrt{75x^2y} - \sqrt{48x^2y^3}\\ &= x\sqrt{3 \cdot 7^2y^3} + y\sqrt{3 \cdot 5^2x^2y} - \sqrt{2^4 \cdot 3x^2y^3}\\ &= 7xy\sqrt{3y} + 5xy\sqrt{3y} - 4xy\sqrt{3y}\\ &= (7xy + 5xy - 4xy)\sqrt{3y} = 8xy\sqrt{3y}\end{aligned}$$

EJEMPLO Simplificar $3\sqrt{8} - \sqrt[3]{81} - \sqrt{128} + \sqrt[3]{375}$ y combinar radicales semejantes.

SOLUCIÓN

$$\begin{aligned}3\sqrt{8} - \sqrt[3]{81} - \sqrt{128} + \sqrt[3]{375} &= 3\sqrt{2^3} - \sqrt[3]{3^4} - \sqrt{2^7} + \sqrt[3]{3 \cdot 5^3}\\ &= 3 \cdot 2\sqrt{2} - 3\sqrt[3]{3} - 2^3\sqrt{2} + 5\sqrt[3]{3}\\ &= 6\sqrt{2} - 3\sqrt[3]{3} - 8\sqrt{2} + 5\sqrt[3]{3}\\ &= (6 - 8)\sqrt{2} + (-3 + 5)\sqrt[3]{3}\\ &= -2\sqrt{2} + 2\sqrt[3]{3}\end{aligned}$$

Ejercicios 10.3

Simplifique y combine radicales semejantes:

1. $6\sqrt{2} - 5\sqrt{2} + \sqrt{2}$

2. $\sqrt{3} + 7\sqrt{3} - 2\sqrt{3}$

3. $7\sqrt{5} - 10\sqrt{5} - 4\sqrt{5}$

4. $3\sqrt{7} - 4\sqrt{7} + \sqrt{7}$

5. $3\sqrt[3]{2} + 4\sqrt[3]{2} - 2\sqrt[3]{2}$

6. $2\sqrt[3]{4} - 5\sqrt[3]{4} + \sqrt[3]{4}$

7. $8\sqrt[3]{6} - 3\sqrt[3]{6} - 5\sqrt[3]{6}$

8. $3\sqrt[4]{2} + 5\sqrt[4]{2} - 6\sqrt[4]{2}$

9. $6\sqrt{x} - 2\sqrt{x} - 4\sqrt{x}$

10. $3\sqrt{xy} - 4\sqrt{xy} + 2\sqrt{xy}$

11. $x\sqrt{2} + 2y\sqrt{2} - 4x\sqrt{2}$

12. $3x\sqrt{y} - 2x\sqrt{y} + x\sqrt{y}$

13. $3x\sqrt[3]{2} - 6y\sqrt[3]{2} + 4y\sqrt[3]{2}$

14. $8\sqrt{3} - 4\sqrt[3]{2} + 6\sqrt[3]{2} - 7\sqrt{3}$

15. $7\sqrt[3]{6} - 3\sqrt{6} + 5\sqrt{6} - \sqrt[3]{6}$

16. $6\sqrt[3]{4} - 2\sqrt{2} + \sqrt[3]{4} - 3\sqrt{2}$

17. $4\sqrt{8} + \sqrt{81} - \sqrt{32}$

18. $\sqrt{12} - \sqrt{27} + \sqrt{25}$

19. $2\sqrt{24} + \sqrt{54} - \sqrt{36}$

20. $\sqrt{8} + \sqrt{12} - \sqrt{49}$

21. $\sqrt{75} - \sqrt{48} + \sqrt{108}$

22. $\sqrt{45} - \sqrt{80} + \sqrt{125}$

23. $\sqrt{294} - 2\sqrt{216} - \sqrt{150}$

24. $\sqrt{20} - \sqrt{125} + \sqrt{180}$

25. $\sqrt{4} + \sqrt{8} + \sqrt{18}$

26. $\sqrt{9} + \sqrt{12} + \sqrt{48}$

27. $\sqrt{20} + \sqrt{25} + \sqrt{45}$

28. $\sqrt{24} + \sqrt{36} + \sqrt{96}$

29. $\sqrt{8} + \sqrt{16} - \sqrt{72}$

30. $\sqrt{49} - \sqrt{27} - \sqrt{48}$

31. $\sqrt{81} - \sqrt{32} - \sqrt{50}$

32. $\sqrt{98} + \sqrt{128} - \sqrt{121}$

33. $\sqrt{48} - \sqrt{8} + \sqrt{12}$

34. $\sqrt{27} - \sqrt{18} + \sqrt{108}$

35. $\sqrt{24} - \sqrt{54} + \sqrt{98}$

36. $\sqrt{75} - \sqrt{32} - \sqrt{48}$

37. $\sqrt{18} + \sqrt{12} - \sqrt{96}$

38. $\sqrt{20} - \sqrt{18} - \sqrt{75}$

39. $6x\sqrt{x} - 7\sqrt{x^3} + \frac{1}{x}\sqrt{x^5}$

40. $5x\sqrt{x^3} + 3\sqrt{x^5} - \frac{2}{x}\sqrt{x^7}$

41. $\sqrt{48x} + \frac{1}{x}\sqrt{12x^3} - \frac{3}{x^2}\sqrt{32x^5}$

42. $2x\sqrt{xy^2} - 3y\sqrt{x^3} + 4\sqrt{x^3y^2}$

43. $3x\sqrt{x^3y} + 2y\sqrt{xy^3} + 2\sqrt{x^5y}$

44. $2\sqrt{x^5y} + \frac{x}{y}\sqrt{25x^3y^3} - \frac{3}{x}\sqrt{x^7y}$

45. $\sqrt{75} + \sqrt[3]{81} - \sqrt{12} - \sqrt[3]{192}$

46. $\sqrt[3]{128} + \sqrt{18} - \sqrt{98} - \sqrt[3]{16}$

47. $\sqrt{20} - \sqrt[3]{2} + \sqrt{45} - \sqrt[3]{54}$

48. $\sqrt{108} + \sqrt[3]{4} - \sqrt[3]{32} - \sqrt{75}$

49. $\sqrt{9x} + \sqrt{25x} - \sqrt[3]{8x} - \sqrt[3]{27x}$

50. $\sqrt{24x^2} + \sqrt[3]{24x^4} - \sqrt{54x^2} + \sqrt[3]{81x^4}$

51. $x\sqrt[3]{8xy^3} - \frac{1}{x}\sqrt[3]{x^7y^3} - \frac{1}{y}\sqrt[3]{64x^4y^6}$

52. $\sqrt[3]{54x^7y^3} + \frac{1}{y}\sqrt[3]{16x^7y^6} - \frac{1}{x}\sqrt[3]{128x^{10}y^3}$

53. $\sqrt[4]{64} + \sqrt{18} + \sqrt{50}$

54. $\sqrt[3]{16} - \sqrt[3]{-54} + \sqrt[6]{256}$

55. $\sqrt[3]{24} + \sqrt[3]{-81} - \sqrt[6]{9}$

56. $\sqrt[4]{16a^2} + \sqrt[4]{81a^2} - \sqrt{36a}$

57. $\sqrt{75a^3} + \sqrt[3]{-24a^4} + \sqrt[4]{729a^6}$

58. $\sqrt[6]{a^8b^8} - a\sqrt[3]{8ab^4} - b\sqrt[3]{27a^4b}$

59. $\sqrt[3]{125a^5} - a\sqrt[3]{-27a^2} + \sqrt[6]{64a^{10}}$

60. $\sqrt{9a^3b^3} + a\sqrt[4]{16a^2b^6} - b\sqrt[6]{a^9b^3}$

10.4 Multiplicación de radicales

La multiplicación de radicales es posible aplicando la regla

$$\sqrt[n]{a}\,\sqrt[n]{b} = \sqrt[n]{ab} \qquad \text{para} \qquad a, b \in R, a > 0, b > 0$$

EJEMPLOS

1. $\sqrt{2}\,\sqrt{3} = \sqrt{2 \cdot 3} = \sqrt{6}$
2. $\sqrt{6}\,\sqrt{33} = \sqrt{6 \cdot 33} = \sqrt{2 \cdot 3 \cdot 3 \cdot 11} = 3\sqrt{22}$
3. $2\sqrt{x}\,\sqrt{xy} = 2\sqrt{x \cdot xy} = 2\sqrt{x^2y} = 2x\sqrt{y}$
4. $3\sqrt[3]{2} \cdot 2\sqrt[3]{5} = (3 \cdot 2)\sqrt[3]{2 \cdot 5} = 6\sqrt[3]{10}$
5. $\sqrt[3]{4}\,\sqrt[3]{6} = \sqrt[3]{24} = \sqrt[3]{2^3 \cdot 3} = 2\sqrt[3]{3}$

Nota El radical final debe estar en forma estándar.

Para multiplicar un radical por una expresión que contiene más de un término, se emplea la ley distributiva: $a(b + c) = ab + ac$.

EJEMPLO Multiplicar $3\sqrt{2}(5\sqrt{6} - 2\sqrt{10})$ y simplificar.

SOLUCIÓN

$$\begin{aligned} 3\sqrt{2}(5\sqrt{6} - 2\sqrt{10}) &= 3\sqrt{2} \cdot 5\sqrt{6} - 3\sqrt{2} \cdot 2\sqrt{10} \\ &= 15\sqrt{12} - 6\sqrt{20} \\ &= 30\sqrt{3} - 12\sqrt{5} \end{aligned}$$

EJEMPLO Multiplicar $2\sqrt{3xy}(4\sqrt{x} - 3\sqrt{y})$ y simplificar.

SOLUCIÓN

$$2\sqrt{3xy}(4\sqrt{x} - 3\sqrt{\ } \quad = 8\sqrt{3x^2y} - 6\sqrt{3xy^2} = 8x\sqrt{3y} - 6y\sqrt{3x}$$

Para multiplicar dos expresiones radicales, cada una con más de un término, se sigue el mismo orden que se emplea en la multiplicación de polinomios.

EJEMPLO Multiplicar $(1 + \sqrt{5})$ por $(3 - 2\sqrt{5})$ y simplificar.

SOLUCIÓN

$$\begin{array}{l} 1 + \sqrt{5} \\ \underline{3 - 2\sqrt{5}} \\ 3 + 3\sqrt{5} \\ \underline{\quad - 2\sqrt{5} - 2\sqrt{25}} \\ 3 + \sqrt{5} - 2\sqrt{25} \end{array}$$

Por lo tanto $\quad (1+\sqrt{5})(3-2\sqrt{5}) = 3+\sqrt{5}-2\sqrt{25}$

$$= 3+\sqrt{5}-10$$
$$= -7+\sqrt{5}$$

EJEMPLO Multiplicar $(2\sqrt{3}-4\sqrt{2})$ por $(3\sqrt{3}+\sqrt{2})$ y simplificar.

SOLUCIÓN

$$\begin{array}{l} 2\sqrt{3} - 4\sqrt{2} \\ \underline{3\sqrt{3} + \quad \sqrt{2}\qquad\qquad} \\ 6\sqrt{9} - 12\sqrt{6} \\ \underline{\qquad + \; 2\sqrt{6} - 4\sqrt{4}} \\ 6\sqrt{9} - 10\sqrt{6} - 4\sqrt{4} \end{array}$$

Por consiguiente,

$$\begin{aligned}(2\sqrt{3}-4\sqrt{2})(3\sqrt{3}+\sqrt{2}) &= 6\sqrt{9}-10\sqrt{6}-4\sqrt{4} \\ &= 18-10\sqrt{6}-8 \\ &= 10-10\sqrt{6}\end{aligned}$$

EJEMPLO Multiplicar $\sqrt{3x}-\sqrt{2y}$ por $5\sqrt{3x}+2\sqrt{2y}$ y simplificar.

SOLUCIÓN

$$\begin{array}{l} \sqrt{3x} \; - \sqrt{2y} \\ \underline{5\sqrt{3x} \; + 2\sqrt{2y}\qquad\qquad\qquad} \\ 5\sqrt{9x^2} - 5\sqrt{6xy} \\ \underline{\qquad\quad + 2\sqrt{6xy} - 2\sqrt{4y^2}} \\ 5\sqrt{9x^2} - 3\sqrt{6xy} - 2\sqrt{4y^2} \end{array}$$

Por lo tanto,

$$\begin{aligned}(\sqrt{3x}-\sqrt{2y})(5\sqrt{3x}+2\sqrt{2y}) \\ &= 5\sqrt{9x^2}-3\sqrt{6xy}-2\sqrt{4y^2} \\ &= 15x-3\sqrt{6xy}-4y \\ &= 15x-4y-3\sqrt{6xy}\end{aligned}$$

EJEMPLO Desarrollar $(\sqrt{x+3}+\sqrt{x-2})^2$ y simplificar.

SOLUCIÓN

$$\begin{array}{l} \sqrt{x+3} \quad + \quad \sqrt{x-2} \\ \underline{\sqrt{x+3} \quad + \quad \sqrt{x-2}\qquad\qquad\qquad\qquad\qquad} \\ \sqrt{(x+3)^2} + \quad \sqrt{(x+3)(x-2)} \\ \underline{\qquad\qquad\quad + \quad \sqrt{(x+3)(x-2)} + \sqrt{(x-2)^2}} \\ \sqrt{(x+3)^2} + 2\sqrt{(x+3)(x-2)} + \sqrt{(x-2)^2} \end{array}$$

Por consiguiente,

$$\begin{aligned}(\sqrt{x+3}+\sqrt{x-2})^2 &\\ &= \sqrt{(x+3)^2}+2\sqrt{(x+3)(x-2)}+\sqrt{(x-2)^2}\\ &= x+3+2\sqrt{x^2+x-6}+x-2\\ &= 2x+1+2\sqrt{x^2+x-6}\end{aligned}$$

Nota

$$(\sqrt{a}+\sqrt{b})^2 \neq a+b$$
$$\begin{aligned}(\sqrt{a}+\sqrt{b})^2 &= (\sqrt{a}+\sqrt{b})(\sqrt{a}+\sqrt{b})\\ &= a+2\sqrt{ab}+b\end{aligned}$$

Cuando los radicales tienen índices diferentes, aplicamos la regla $\sqrt[n]{a^m} = \sqrt[nk]{a^{mk}}$ para hacer los índices iguales a su mínimo común múltiplo, y luego aplicamos $\sqrt[n]{a}\sqrt[n]{b} = \sqrt[n]{ab}$.

EJEMPLOS

1. $\sqrt{3}\sqrt[3]{3^2} = \sqrt[6]{3^3}\sqrt[6]{3^4} = \sqrt[6]{3^7} = 3\sqrt[6]{3}$

2. $\sqrt[3]{a^2}\sqrt[4]{a^3} = \sqrt[12]{a^8}\sqrt[12]{a^9} = \sqrt[12]{a^{17}} = a\sqrt[12]{a^5}$

Ejercicios 10.4

Efectúe las multiplicaciones indicadas y simplifique:

1. $\sqrt{2}\sqrt{3}$
2. $3\sqrt{2}\sqrt{5}$
3. $\sqrt{3}\sqrt{7}$
4. $5\sqrt{2}(-4\sqrt{7})$
5. $3\sqrt{6}(-2\sqrt{7})$
6. $2\sqrt{6}(-3\sqrt{5})$
7. $2\sqrt{2}(-3\sqrt{2})$
8. $3\sqrt{6}(4\sqrt{6})$
9. $\sqrt{5}(-2\sqrt{5})$
10. $5\sqrt{7}(2\sqrt{7})$
11. $\sqrt{2}\sqrt{6}$
12. $\sqrt{3}\sqrt{6}$
13. $\sqrt{2}\sqrt{10}$
14. $3\sqrt{5}\sqrt{10}$
15. $\sqrt{5}\sqrt{15}$
16. $\sqrt{10}\sqrt{6}$
17. $\sqrt{2}\sqrt{14}$
18. $\sqrt{14}\sqrt{21}$
19. $\sqrt{26}\sqrt{39}$
20. $3\sqrt{x}\sqrt{y}$
21. $\sqrt{2x}\sqrt{y}$
22. $2\sqrt{x}(3\sqrt{x})$
23. $4\sqrt{x}(3\sqrt{x})$
24. $5\sqrt{2x}(6\sqrt{x})$
25. $7\sqrt{3x}\sqrt{2x}$
26. $8\sqrt{xy}\sqrt{x}$
27. $3\sqrt{xy}\sqrt{y}$
28. $\sqrt{x}\sqrt{x+1}$
29. $\sqrt{x}\sqrt{x-1}$
30. $\sqrt{2}\sqrt{x+2}$
31. $\sqrt{3}\sqrt{x+3}$
32. $\sqrt{x+3}\sqrt{x+3}$
33. $\sqrt{x-2}\sqrt{x-2}$
34. $\sqrt{x+1}\sqrt{x-1}$
35. $\sqrt{x+2}\sqrt{x+3}$
36. $\sqrt{x-2}\sqrt{x-8}$
37. $\sqrt{3}\sqrt{6x-3}$
38. $\sqrt{x}\sqrt{xy+x}$
39. $\sqrt{x}\sqrt{xy-x}$
40. $\sqrt{xy}\sqrt{xy+x}$
41. $\sqrt[3]{2}\sqrt[3]{4}$
42. $\sqrt[3]{9}\sqrt[3]{3}$
43. $\sqrt[3]{5}\sqrt[3]{25}$
44. $\sqrt[3]{4}\sqrt[3]{16}$
45. $\sqrt[3]{4}\sqrt[3]{-6}$

46. $\sqrt[3]{-12}\,\sqrt[3]{9}$
47. $\sqrt[3]{-15}\,\sqrt[3]{-18}$
48. $\sqrt[3]{-14}\,\sqrt[3]{-49}$
49. $\sqrt[3]{4}\,\sqrt[3]{2x}$
50. $\sqrt[3]{6}\,\sqrt[3]{9x}$
51. $\sqrt[3]{2x}\,\sqrt[3]{x^2}$
52. $\sqrt[3]{3x^2y}\,\sqrt[3]{9x}$
53. $\sqrt[3]{4xy^2}\,\sqrt[3]{-10y}$
54. $\sqrt[3]{-6x^2}\,\sqrt[3]{18xy}$
55. $\sqrt[4]{3a^3}\,\sqrt[4]{27a^2}$
56. $\sqrt[4]{6a^2}\,\sqrt[4]{8a^3}$
57. $\sqrt[5]{4a^2}\,\sqrt[5]{8a^4}$
58. $\sqrt[5]{10a^4}\,\sqrt[5]{16a^3}$
59. $\sqrt{2}\,\sqrt[3]{4}$
60. $\sqrt{5}\,\sqrt[3]{5}$
61. $\sqrt{2a}\,\sqrt[3]{4a}$
62. $\sqrt{3a}\,\sqrt[3]{9a^2}$
63. $\sqrt{3a}\,\sqrt[4]{9a}$
64. $\sqrt{2a}\sqrt[4]{4a^3}$
65. $\sqrt{2}(\sqrt{2}+\sqrt{3})$
66. $\sqrt{3}(\sqrt{3}-\sqrt{2})$
67. $\sqrt{5}(\sqrt{5}-2\sqrt{2})$
68. $\sqrt{7}(2\sqrt{7}+\sqrt{3})$
69. $\sqrt{6}(\sqrt{6}-\sqrt{22})$
70. $\sqrt{5}(3\sqrt{10}+2\sqrt{15})$
71. $\sqrt{14}(3\sqrt{6}+2\sqrt{21})$
72. $\sqrt{6}(5\sqrt{30}-\sqrt{42})$
73. $\sqrt{x}(\sqrt{x}+\sqrt{y})$
74. $\sqrt{x}(2\sqrt{x}-\sqrt{y})$
75. $\sqrt{x}(\sqrt{xy}+\sqrt{3x})$
76. $\sqrt{5x}(\sqrt{10xy}-\sqrt{15x})$
77. $\sqrt{10xy}(\sqrt{5x}-\sqrt{2y})$
78. $\sqrt{21xy}(\sqrt{14x}-\sqrt{3y})$
79. $(3+\sqrt{2})(3-\sqrt{2})$
80. $(2+\sqrt{3})(2-\sqrt{3})$
81. $(1+\sqrt{2})(1-\sqrt{2})$
82. $(2+\sqrt{2})(2-\sqrt{2})$
83. $(3+\sqrt{5})(3-\sqrt{5})$
84. $(2+\sqrt{3})(4-3\sqrt{3})$
85. $(5+\sqrt{2})(7-6\sqrt{2})$
86. $(\sqrt{2}+\sqrt{3})(\sqrt{2}-\sqrt{3})$
87. $(\sqrt{5}+\sqrt{2})(\sqrt{5}-\sqrt{2})$
88. $(\sqrt{5}-\sqrt{3})(\sqrt{5}+\sqrt{3})$
89. $(\sqrt{2}-2\sqrt{3})(\sqrt{2}+2\sqrt{3})$
90. $(3\sqrt{6}+\sqrt{2})(\sqrt{6}-4\sqrt{2})$
91. $(3\sqrt{2}-4\sqrt{3})(\sqrt{2}-3\sqrt{3})$
92. $(\sqrt{5}+2\sqrt{7})(3\sqrt{5}+\sqrt{7})$
93. $(1+\sqrt{2})^2$
94. $(2-\sqrt{3})^2$
95. $(3-2\sqrt{2})^2$
96. $(1+2\sqrt{3})^2$
97. $(\sqrt{3}+5\sqrt{2})^2$
98. $(\sqrt{3}+2\sqrt{2})^2$
99. $(2\sqrt{6}-\sqrt{3})^2$
100. $(\sqrt{6}-2\sqrt{5})^2$
101. $(2+\sqrt{x})(3-\sqrt{x})$
102. $(\sqrt{x}-3)(\sqrt{x}+4)$
103. $(\sqrt{2}+x)(\sqrt{2}-3x)$
104. $(\sqrt{3}-2x)(2\sqrt{3}+x)$
105. $(x+\sqrt{2})(x-\sqrt{2})$
106. $(x+\sqrt{3})(x-\sqrt{3})$
107. $(x+\sqrt{y})(x-\sqrt{y})$
108. $(2x+\sqrt{y})(2x-\sqrt{y})$
109. $(x+2\sqrt{y})(x-2\sqrt{y})$
110. $(3x+\sqrt{2y})(3x-\sqrt{2y})$
111. $(\sqrt{x}-\sqrt{y})(\sqrt{x}+\sqrt{y})$
112. $(\sqrt{2x}+\sqrt{3y})(\sqrt{2x}-\sqrt{3y})$
113. $(\sqrt{x}+3\sqrt{y})(2\sqrt{x}-\sqrt{y})$
114. $(\sqrt{2x}+\sqrt{y})(\sqrt{2x}+3\sqrt{y})$
115. $(\sqrt{2}+x)^2$
116. $(x-\sqrt{3})^2$
117. $(\sqrt{x}-\sqrt{2})^2$
118. $(\sqrt{x}-2\sqrt{5})^2$
119. $(\sqrt{2x}+\sqrt{3y})^2$
120. $(\sqrt{5x}-2\sqrt{y})^2$
121. $(\sqrt{x-1}+2)^2$
122. $(\sqrt{x+2}+4)^2$
123. $(\sqrt{x-3}-2)^2$
124. $(\sqrt{x+9}-3)^2$
125. $(3-\sqrt{x+1})^2$
126. $(6-\sqrt{2x+1})^2$
127. $(4-\sqrt{2x-3})^2$
128. $(\sqrt{x}+\sqrt{x+1})^2$

129. $(\sqrt{2x} - \sqrt{x + 1})^2$
130. $(2\sqrt{x} + \sqrt{x - 1})^2$
131. $(\sqrt{3x} + 2\sqrt{x - 1})^2$
132. $(\sqrt{x + 2} - \sqrt{x - 2})^2$
133. $(\sqrt{x + 2} - \sqrt{x - 3})^2$
134. $(\sqrt{x + 1} + \sqrt{2x - 3})^2$
135. $(\sqrt{x + 3} + 2\sqrt{x + 2})^2$
136. $(\sqrt{2x + 1} - 3\sqrt{x - 2})^2$

10.5 División de radicales

TEOREMA 1 Si $a, b \in R$, $a > 0$, $b > 0$, y $n \in N$, entonces $\dfrac{\sqrt[n]{a}}{\sqrt[n]{b}} = \sqrt[n]{\dfrac{a}{b}}$.

DEMOSTRACIÓN

$$\frac{\sqrt[n]{a}}{\sqrt[n]{b}} = \frac{a^{\frac{1}{n}}}{b^{\frac{1}{n}}} = \left(\frac{a}{b}\right)^{\frac{1}{n}} = \sqrt[n]{\frac{a}{b}}$$

Los radicales pueden dividirse de acuerdo al teorema anterior solamente cuando los índices de los radicales son los mismos. Para índices diferentes, se debe realizar el paso preliminar de hacerlos iguales.

EJEMPLOS

1. $\dfrac{\sqrt{15}}{\sqrt{5}} = \sqrt{\dfrac{15}{5}} = \sqrt{3}$

2. $\dfrac{\sqrt{x^3y^5}}{\sqrt{x^2y}} = \sqrt{\dfrac{x^3y^5}{x^2y}} = \sqrt{xy^4} = y^2\sqrt{x}$

Algunas veces el numerador de un radicando fraccionario no es un múltiplo exacto del denominador. Cuando hay fracciones en el radicando, se multiplican el numerador y el denominador del radicando por el número mínimo que haga que el denominador sea una raíz perfecta.

Nota

> El denominador es raíz perfecta si el exponente de cada uno de sus factores es un múltiplo entero del índice del radical.

EJEMPLOS

1. $\sqrt{\dfrac{3}{2}} = \sqrt{\dfrac{3 \cdot 2}{2 \cdot 2}} = \dfrac{\sqrt{6}}{2}$ o $\dfrac{1}{2}\sqrt{6}$

2. $\sqrt{\frac{a}{b}} = \sqrt{\frac{a \cdot b}{b \cdot b}} = \frac{\sqrt{ab}}{b}$

3. $\sqrt[3]{\frac{2}{3}} = \sqrt[3]{\frac{2 \cdot 3^2}{2 \cdot 3^2}} = \frac{\sqrt[3]{18}}{3}$

Cuando aparece un radical en el denominador de una fracción, como por ejemplo $\frac{a}{b\sqrt[n]{a^m}}$ donde $m < n$, se multiplican numerador y denominador por $\sqrt[n]{a^{n-m}}$.

EJEMPLOS

1. $\frac{2}{\sqrt{3}} = \frac{2}{\sqrt{3}} \cdot \frac{\sqrt{3}}{\sqrt{3}} = \frac{2\sqrt{3}}{3}$

2. $\frac{4}{\sqrt{50}} = \frac{4}{5\sqrt{2}} = \frac{4}{5\sqrt{2}} \cdot \frac{\sqrt{2}}{\sqrt{2}} = \frac{4\sqrt{2}}{10} = \frac{2\sqrt{2}}{5}$

3. $\frac{a}{\sqrt{9a^3}} = \frac{a}{\sqrt{3^2a^3}} = \frac{a}{3a\sqrt{a}} = \frac{a\sqrt{a}}{3a\sqrt{a}\,\sqrt{a}}$
$= \frac{a\sqrt{a}}{3a^2} = \frac{\sqrt{a}}{3a}$

4. $\frac{2}{\sqrt[4]{2}} = \frac{2\sqrt[4]{2^3}}{\sqrt[4]{2}\,\sqrt[4]{2^3}} = \frac{2\sqrt[4]{8}}{2} = \sqrt[4]{8}$

5. $\frac{3}{2\sqrt[3]{a}} = \frac{3\sqrt[3]{a^2}}{2\sqrt[3]{a}\,\sqrt[3]{a^2}} = \frac{3\sqrt[3]{a^2}}{2a}$

EJEMPLO Dividir $\sqrt{15}$ entre $\sqrt{21}$ y expresar el resultado en forma estándar.

SOLUCIÓN

$$\frac{\sqrt{15}}{\sqrt{21}} = \sqrt{\frac{15}{21}} = \sqrt{\frac{5}{7}}$$
$$= \sqrt{\frac{5 \cdot 7}{7 \cdot 7}} = \frac{1}{7}\sqrt{35}$$

EJEMPLO Dividir $\sqrt{3xy}$ entre $\sqrt{4a^3b}$ y expresar el resultado en forma estándar.

SOLUCIÓN

$$\frac{\sqrt{3xy}}{\sqrt{4a^3b}} = \sqrt{\frac{3xy}{2^2a^3b}} = \sqrt{\frac{3xy}{2^2a^3b} \cdot \frac{ab}{ab}}$$
$$= \sqrt{\frac{3xyab}{2^2a^4b^2}}$$
$$= \frac{1}{2a^2b}\sqrt{3xyab}$$

EJEMPLO

Expresar $\sqrt{\dfrac{3a^2b^3}{20xy^5}}$ en forma estándar.

SOLUCIÓN

$$\sqrt{\frac{3a^2b^3}{20xy^5}} = \sqrt{\frac{3a^2b^3}{2^2 \cdot 5xy^5} \cdot \frac{5xy}{5xy}}$$
$$= \sqrt{\frac{15a^2b^3xy}{2^2 \cdot 5^2x^2y^6}}$$
$$= \frac{ab}{10xy^3}\sqrt{15bxy}$$

EJEMPLO Dividir $\sqrt[3]{3}$ entre $\sqrt[3]{20}$ y expresar el resultado en forma estándar.

SOLUCIÓN

$$\frac{\sqrt[3]{3}}{\sqrt[3]{20}} = \sqrt[3]{\frac{3}{2^2 \cdot 5}} = \sqrt[3]{\frac{3}{2^2 \cdot 5} \cdot \; 5^2}$$
$$= \sqrt[3]{\frac{3 \cdot 2 \cdot 5^2}{2^3 \cdot 5^3}}$$
$$= \frac{1}{10}\sqrt[3]{150}$$

EJEMPLO

Expresar $\sqrt[3]{\dfrac{81x^6y^7}{8a^8b^{10}}}$ en forma estándar.

SOLUCIÓN

$$\sqrt[3]{\frac{81x^6y^7}{8a^8b^{10}}} = \sqrt[3]{\frac{3^4x^6y^7}{2^3a^8b^{10}}} = \sqrt[3]{\frac{3^4x^6y^7}{2^3a^8b^{10}} \cdot \frac{ab^2}{ab^2}}$$
$$= \sqrt[3]{\frac{3^4x^6y^7ab^2}{2^3a^9b^{12}}}$$
$$= \frac{3x^2y^2}{2a^3b^4}\sqrt[3]{3yab^2}$$

La definición de adición de fracciones $\dfrac{a+b}{c} = \dfrac{a}{c} + \dfrac{b}{c}$, se utiliza para dividir una expresión radical con más de un término entre un radical de un término.

EJEMPLO

Dividir y simplificar $\dfrac{3\sqrt{6} - 6\sqrt{10}}{3\sqrt{2}}$.

SOLUCIÓN

$$\frac{3\sqrt{6}-6\sqrt{10}}{3\sqrt{2}} = \frac{3\sqrt{6}}{3\sqrt{2}} - \frac{6\sqrt{10}}{3\sqrt{2}}$$
$$= \frac{\sqrt{6}}{\sqrt{2}} - \frac{2\sqrt{10}}{\sqrt{2}}$$
$$= \sqrt{\frac{6}{2}} - \frac{2}{1}\sqrt{\frac{10}{2}}$$
$$= \sqrt{3} - 2\sqrt{5}$$

EJEMPLO

Dividir y simplificar $\dfrac{\sqrt{7x}-\sqrt{2y}}{\sqrt{14xy}}$.

SOLUCIÓN

$$\frac{\sqrt{7x}-\sqrt{2y}}{\sqrt{14xy}} = \frac{\sqrt{7x}}{\sqrt{14xy}} - \frac{\sqrt{2y}}{\sqrt{14xy}}$$
$$= \sqrt{\frac{7x}{14xy}} - \sqrt{\frac{2y}{14xy}}$$
$$= \sqrt{\frac{1}{2y}} - \sqrt{\frac{1}{7x}}$$
$$= \sqrt{\frac{2y}{2^2y^2}} - \sqrt{\frac{7x}{7^2x^2}}$$
$$= \frac{1}{2y}\sqrt{2y} - \frac{1}{7x}\sqrt{7x}$$

Si se multiplican las expresiones de radicales $(\sqrt{a}+\sqrt{b})$ y $(\sqrt{a}-\sqrt{b})$, se obtiene la expresión racional $(a-b)$. Cada una de las expresiones $(\sqrt{a}+\sqrt{b})$ y $(\sqrt{a}-\sqrt{b})$ se llama **factor racionalizador** de la otra.

EJEMPLOS

1. $\sqrt{2}-\sqrt{3}$ es factor racionalizador de $\sqrt{2}+\sqrt{3}$.

2. $2+3\sqrt{2}$ es factor racionalizador de $2-3\sqrt{2}$.

3. $\sqrt{5}-1$ es factor racionalizador de $\sqrt{5}+1$.

Cuando se tiene una fracción con más de un radical en el denominador, por ejemplo $\dfrac{a}{\sqrt{b}+\sqrt{c}}$ se cambia la fracción a una equivalente con denominador racional. Esto se puede lograr multiplicando numerador y denominador por el factor racionalizador del denominador, $\sqrt{b}-\sqrt{c}$.

Nota El factor racionalizador de $\sqrt[3]{a} + \sqrt[3]{b}$ no es $\sqrt[3]{a} - \sqrt[3]{b}$, ya que $(\sqrt[3]{a} + \sqrt[3]{b})(\sqrt[3]{a} - \sqrt[3]{b}) = \sqrt[3]{a^2} - \sqrt[3]{b^2}$, el cual no es número racional.

EJEMPLO

Racionalizar el denominador de $\dfrac{\sqrt{2}}{2 - \sqrt{3}}$.

SOLUCIÓN

$$\frac{\sqrt{2}}{2 - \sqrt{3}} = \frac{\sqrt{2}(2 + \sqrt{3})}{(2 - \sqrt{3})(2 + \sqrt{3})} = \frac{2\sqrt{2} + \sqrt{6}}{4 - 3} = 2\sqrt{2} + \sqrt{6}$$

EJEMPLO

Racionalizar el denominador de $\dfrac{\sqrt{2} + \sqrt{3}}{2\sqrt{2} + \sqrt{3}}$.

SOLUCIÓN

$$\frac{\sqrt{2} + \sqrt{3}}{2\sqrt{2} + \sqrt{3}} = \frac{(\sqrt{2} + \sqrt{3})(2\sqrt{2} - \sqrt{3})}{(2\sqrt{2} + \sqrt{3})(2\sqrt{2} - \sqrt{3})}$$

$$= \frac{1 + \sqrt{6}}{8 - 3}$$

$$= \frac{1}{5}(1 + \sqrt{6})$$

Ejercicios 10.5

Dividir y simplificar las siguientes expresiones de radicales:

1. $\sqrt{8} \div \sqrt{2}$	**2.** $\sqrt{27} \div \sqrt{3}$	**3.** $\sqrt{32} \div \sqrt{8}$
4. $\sqrt{12} \div \sqrt{3}$	**5.** $\sqrt{18} \div \sqrt{6}$	**6.** $\sqrt{14} \div \sqrt{7}$
7. $\sqrt{6} \div \sqrt{3}$	**8.** $\sqrt{15} \div \sqrt{5}$	**9.** $1 \div \sqrt{2}$
10. $1 \div \sqrt{3}$	**11.** $1 \div 3\sqrt{5}$	**12.** $2 \div \sqrt{10}$
13. $3 \div \sqrt{6}$	**14.** $7 \div \sqrt{21}$	**15.** $4 \div \sqrt{8}$
16. $9 \div \sqrt{27}$	**17.** $10 \div \sqrt{45}$	**18.** $8 \div \sqrt{32}$
19. $\sqrt{2} \div \sqrt{3}$	**20.** $4\sqrt{3} \div 2\sqrt{2}$	**21.** $6\sqrt{5} \div 4\sqrt{3}$
22. $7\sqrt{3} \div 3\sqrt{7}$	**23.** $3\sqrt{2} \div \sqrt{15}$	**24.** $\sqrt{15} \div \sqrt{35}$
25. $\sqrt{3} \div \sqrt{24}$	**26.** $\sqrt{6} \div \sqrt{18}$	**27.** $\sqrt{27} \div \sqrt{32}$
28. $\sqrt{8} \div \sqrt{125}$	**29.** $\sqrt{10} \div \sqrt{96}$	**30.** $\sqrt{45} \div \sqrt{28}$
31. $\sqrt[3]{16} \div \sqrt[3]{2}$	**32.** $\sqrt[3]{81} \div \sqrt[3]{3}$	**33.** $\sqrt[3]{12} \div \sqrt[3]{3}$
34. $\sqrt[3]{36} \div \sqrt[3]{4}$	**35.** $\sqrt[3]{5} \div \sqrt[3]{10}$	**36.** $\sqrt[3]{7} \div \sqrt[3]{21}$

37. $\sqrt[3]{10} \div \sqrt[3]{15}$ **38.** $\sqrt[3]{14} \div \sqrt[3]{28}$ **39.** $\sqrt[3]{6} \div \sqrt[3]{24}$
40. $\sqrt[3]{15} \div \sqrt[3]{45}$ **41.** $2 \div \sqrt{x}$ **42.** $3 \div \sqrt{2x}$
43. $7 \div \sqrt{6x}$ **44.** $4 \div \sqrt{4x}$ **45.** $3 \div \sqrt{75x}$
46. $10 \div \sqrt{12x}$ **47.** $1 \div \sqrt[3]{2x}$ **48.** $2 \div \sqrt[3]{4x}$
49. $3 \div \sqrt[3]{9x^2}$ **50.** $4 \div \sqrt[4]{2x^3}$ **51.** $2 \div \sqrt[4]{8x^2}$
52. $3 \div \sqrt[4]{4x}$ **53.** $\sqrt{2} \div \sqrt{x}$ **54.** $\sqrt{5} \div \sqrt{10x}$
55. $\sqrt{6} \div \sqrt{3x}$ **56.** $\sqrt{x} \div \sqrt{y}$ **57.** $\sqrt{x} \div \sqrt{15y}$
58. $\sqrt{3x} \div \sqrt{2x^2y}$ **59.** $\sqrt{5x} \div \sqrt{8x^2y^3}$ **60.** $\sqrt{2ab} \div \sqrt{9x^3y}$

61. $\sqrt{4a^2b^5} \div \sqrt{3xy^3}$ **62.** $\sqrt{18a^4} \div \sqrt{20x^2y^5}$
63. $\sqrt{5ab} \div \sqrt{7x^5y^7}$ **64.** $\sqrt{8a^2b^3} \div \sqrt{3x^3y^2}$
65. $\sqrt[3]{xy^3} \div \sqrt[3]{4a}$ **66.** $\sqrt[3]{3x^2} \div \sqrt[3]{2a^2}$
67. $\sqrt[3]{xy^2} \div \sqrt[3]{9a^2b^3}$ **68.** $\sqrt[3]{2x^4y^2} \div \sqrt[3]{a^3b}$
69. $\sqrt[3]{x^3y^2} \div \sqrt[3]{27ab^2}$ **70.** $\sqrt[3]{2x^3y^4} \div \sqrt[3]{16a^6b^5}$
71. $\sqrt[3]{3x^5y} \div \sqrt[3]{6a^4b}$ **72.** $\sqrt[3]{5x^4y^6} \div \sqrt[3]{15a^3b^7}$
73. $\sqrt[4]{2a^4b} \div \sqrt[4]{32x^3y^5}$ **74.** $\sqrt[4]{a^6b^2} \div \sqrt[4]{x^6y^{10}}$
75. $\sqrt{2} \div \sqrt{x+2}$ **76.** $\sqrt{x} \div \sqrt{x-1}$
77. $\sqrt{x} \div \sqrt{x+5}$ **78.** $\sqrt{x+3} \div \sqrt{x-3}$
79. $\sqrt{x-2} \div \sqrt{x+2}$ **80.** $(\sqrt{32} - \sqrt{18}) \div \sqrt{2}$
81. $(2\sqrt{12} + 4\sqrt{18}) \div \sqrt{3}$ **82.** $(\sqrt{6} + \sqrt{15}) \div \sqrt{3}$
83. $(5\sqrt{10} - 2\sqrt{15}) \div \sqrt{5}$ **84.** $(4 + \sqrt{6}) \div \sqrt{2}$
85. $(12 + \sqrt{15}) \div \sqrt{3}$ **86.** $(2 - \sqrt{10}) \div \sqrt{5}$
87. $(3 - \sqrt{21}) \div \sqrt{7}$ **88.** $(\sqrt{2} + \sqrt{3}) \div \sqrt{6}$
89. $(\sqrt{5} + \sqrt{3}) \div \sqrt{15}$ **90.** $(3\sqrt{5} - 2\sqrt{6}) \div \sqrt{30}$
91. $(3\sqrt{6} - 2\sqrt{21}) \div \sqrt{14}$ **92.** $(\sqrt{x} + y) \div \sqrt{x}$
93. $(\sqrt{x} + \sqrt{y}) \div \sqrt{xy}$ **94.** $(\sqrt{5x} - \sqrt{2y}) \div \sqrt{10xy}$
95. $(\sqrt{14x} - \sqrt{3y}) \div \sqrt{21xy}$ **96.** $(\sqrt{3x} - \sqrt{5y}) \div \sqrt{15xy}$
97. $(\sqrt{6x} + \sqrt{15y}) \div \sqrt{30xy}$ **98.** $2 \div (1 + \sqrt{2})$
99. $4 \div (1 + \sqrt{3})$ **100.** $1 \div (1 - \sqrt{3})$
101. $3 \div (1 - \sqrt{2})$ **102.** $\sqrt{3} \div (2 + \sqrt{3})$
103. $\sqrt{5} \div (3 + \sqrt{2})$ **104.** $\sqrt{7} \div (1 - \sqrt{7})$
105. $\sqrt{3} \div (3 - \sqrt{6})$ **106.** $\sqrt{2} \div (\sqrt{2} + \sqrt{3})$
107. $\sqrt{6} \div (\sqrt{3} - \sqrt{2})$ **108.** $\sqrt{14} \div (\sqrt{7} - \sqrt{2})$
109. $\sqrt{3} \div (2\sqrt{2} + 3\sqrt{3})$ **110.** $(1 + \sqrt{2}) \div (1 - \sqrt{2})$
111. $(2 + \sqrt{3}) \div (2 - \sqrt{3})$ **112.** $(\sqrt{2} + \sqrt{3}) \div (\sqrt{3} - \sqrt{2})$
113. $(\sqrt{6} - \sqrt{5}) \div (\sqrt{6} + \sqrt{5})$ **114.** $(2\sqrt{3} + 3\sqrt{2}) \div (4\sqrt{3} + \sqrt{2})$
115. $(5\sqrt{2} + \sqrt{10}) \div (3\sqrt{2} - \sqrt{5})$ **116.** $(\sqrt{15} - \sqrt{6}) \div (4\sqrt{5} + \sqrt{3})$
117. $(\sqrt{x} + 2\sqrt{y}) \div (3\sqrt{x} - 2\sqrt{y})$ **118.** $(\sqrt{2x} + \sqrt{y}) \div (\sqrt{x} - \sqrt{2y})$
119. $(\sqrt{3x} + \sqrt{6y}) \div (2\sqrt{6x} - \sqrt{3y})$

10.6 Introducción a los números complejos

Cuando el índice n del radical $\sqrt[n]{a}$ es par, el número a se restringe a los reales positivos. En el sistema de los números reales $\sqrt{-2}$ no está definida. Para que la raíz cuadrada de un número negativo tenga significado se introduce una nueva unidad llamada **unidad imaginaria**, $\sqrt{-1}$, denotada por i. Puesto que $(\sqrt{a})^2$ se definió como a, por conformidad i se define de manera que $i^2 = -1$.

DEFINICIÓN Si $a \in R$, $a > 0$, se define $\sqrt{-a} = \sqrt{-1}\sqrt{a} = i\sqrt{a}$.

Todo número de la forma ai, $a \in R$, $i = \sqrt{-1}$, se llama **número imaginario puro**.

EJEMPLOS

1. $\sqrt{-4} = \sqrt{-1}\,\sqrt{4} = i\sqrt{4} = 2i$

2. $\sqrt{-7} = \sqrt{-1}\,\sqrt{7} = i\sqrt{7}$

3. $\sqrt{-12} = \sqrt{-1}\,\sqrt{12} = i(2\sqrt{3}) = 2i\sqrt{3}$

Nota Se escribe $i\sqrt{7}$ en lugar de $\sqrt{7}i$ para indicar claramente que el número i no está incluido dentro del signo radical.

Cuando a, b y c son número reales, $a \cdot b + c$ también es real. Sin embargo, la expresión $ai \cdot bi + ci = abi^2 + ci = -ab + ci$ no es número real ni imaginario puro.

DEFINICIÓN Un **número complejo** es un número de la forma $a + bi$, donde a y b son números reales e $i = \sqrt{-1}$. El número a se llama **parte real** del número complejo y b se denomina **parte imaginaria**.

El conjunto de números complejos, denotado por C, es

$$C = \{a + bi \mid a, b \in R, i = \sqrt{-1}\}.$$

Cuando un número complejo se escribe en la forma $a + bi$, se dice que está en **forma simplificada** o **estándar**.

La forma $a + bi$ se denomina a veces **forma cartesiana** o **rectangular** de un número complejo.

Nota

1. El número complejo $a + 0i = a$ es un número real. Es decir, el conjunto de los números reales **R** es un subconjunto del conjunto de los números complejos **c**.

2. El número complejo $0 + bi$, $b \neq 0$, es un número imaginario puro. Es decir, el conjunto de los números imaginarios puros es un subconjunto del conjunto de los números complejos.

Ejercicios 10.6

Exprese los siguientes radicales en forma estándar:

1. $\sqrt{-2}$	**2.** $\sqrt{-3}$	**3.** $\sqrt{-5}$	**4.** $\sqrt{-6}$
5. $\sqrt{-10}$	**6.** $\sqrt{-11}$	**7.** $\sqrt{-14}$	**8.** $\sqrt{-30}$
9. $\sqrt{-9}$	**10.** $\sqrt{-16}$	**11.** $\sqrt{-25}$	**12.** $\sqrt{-36}$
13. $\sqrt{-49}$	**14.** $\sqrt{-64}$	**15.** $\sqrt{-81}$	**16.** $\sqrt{-100}$
17. $\sqrt{-8}$	**18.** $\sqrt{-18}$	**19.** $\sqrt{-20}$	**20.** $\sqrt{-24}$
21. $\sqrt{-27}$	**22.** $\sqrt{-28}$	**23.** $\sqrt{-32}$	**24.** $\sqrt{-45}$
25. $\sqrt{-48}$	**26.** $\sqrt{-50}$	**27.** $\sqrt{-54}$	**28.** $\sqrt{-60}$
29. $\sqrt{-72}$	**30.** $\sqrt{-80}$	**31.** $\sqrt{-108}$	**32.** $\sqrt{-243}$

Repaso del Capítulo 10

Exprese los siguientes radicales en forma estándar:

1. $\sqrt{128}$	**2.** $\sqrt{150}$	**3.** $\sqrt{180}$	**4.** $\sqrt{392}$
5. $\sqrt[3]{48}$	**6.** $\sqrt[3]{56}$	**7.** $\sqrt[3]{-72}$	**8.** $\sqrt[3]{-135}$
9. $\sqrt[4]{36}$	**10.** $\sqrt[4]{162}$	**11.** $\sqrt[5]{96}$	**12.** $\sqrt[6]{192}$
13. $\sqrt{12x^3y^4}$	**14.** $\sqrt{8x^2y^7}$	**15.** $\sqrt{18x^7y^4}$	**16.** $\sqrt{2x^4y^5}$
17. $\sqrt[3]{16x^3y^5}$	**18.** $\sqrt[3]{8x^2y^4}$	**19.** $\sqrt[3]{81x^5y^6}$	**20.** $\sqrt[3]{-x^{12}y^8}$

Simplifique y combine las expresiones de radicales semejantes:

21. $\sqrt{54} + \sqrt{150} - \sqrt{96}$ **22.** $\sqrt{63} - \sqrt{28} + \sqrt{112}$

23. $\sqrt{32} + \sqrt{243} - \sqrt{45}$

24. $\frac{1}{x}\sqrt{75x^4y^3} + \frac{1}{y}\sqrt{3x^2y^5} - \sqrt{27x^2y^3}$

25. $\frac{1}{y}\sqrt{18xy^3} - \frac{1}{xy}\sqrt{32x^3y^5} + \frac{1}{x}\sqrt{72x^5y}$

26. $\frac{1}{x}\sqrt{4x^5y^3} - \frac{1}{y}\sqrt{36x^3y^5} + \sqrt{x^3y^3}$

27. $\sqrt{x^3 + x^2y} + \sqrt{xy^2 + y^3} - \sqrt{(x + y)^3}$

28. $\sqrt[3]{54} - \sqrt[3]{16} + \sqrt[3]{2}$ **29.** $\sqrt[3]{24} - \sqrt[3]{3} + \sqrt[3]{81}$

30. $\sqrt[3]{2x^4} + \frac{1}{x}\sqrt[3]{54x^7} - x\sqrt[3]{16x}$

31. $\sqrt[3]{8x^4y} + \frac{1}{y}\sqrt[3]{27x^4y^4} - \frac{1}{x}\sqrt[3]{x^7y}$

32. $y\sqrt{4x^5y^3} - x\sqrt{25x^3y^5} + \sqrt[4]{x^6y^6}$

33. $x\sqrt{50xy^3} + y\sqrt{18x^3y} - \sqrt[6]{8x^9y^9}$

Realice las operaciones indicadas y simplifique:

34. $\sqrt{21}\sqrt{48}$

35. $\sqrt{5x}\sqrt{15xy}$

36. $\sqrt{6xy}\sqrt{21y}$

37. $\sqrt{12x}\sqrt{3xy}$

38. $\sqrt{5}\sqrt{2x+5}$

39. $\sqrt{x}\sqrt{x+2}$

40. $\sqrt{3x}\sqrt{3x+3}$

41. $\sqrt{2x}\sqrt{6x+8}$

42. $\sqrt{xy}\sqrt{2xy+y}$

43. $\sqrt[3]{6}\sqrt[3]{9}$

44. $\sqrt[3]{10}\sqrt[3]{25}$

45. $\sqrt[3]{12}\sqrt[3]{36}$

46. $\sqrt[3]{9x}\sqrt[3]{6x^2}$

47. $\sqrt[3]{4x}\sqrt[3]{4x^2}$

48. $\sqrt[3]{21x^2}\sqrt[3]{49x}$

49. $(2+\sqrt{5})(2-\sqrt{5})$

50. $(2\sqrt{2}+3)(2\sqrt{2}-3)$

51. $(\sqrt{2}-2\sqrt{3})(3\sqrt{2}-\sqrt{3})$

52. $(4\sqrt{6}+\sqrt{3})(\sqrt{6}-2\sqrt{3})$

53. $(\sqrt{x+3}+3)^2$

54. $(2+\sqrt{2x+3})^2$

55. $(\sqrt{x-2}+2)^2$

56. $(\sqrt{2x}-\sqrt{x-1})^2$

57. $(\sqrt{x-4}+\sqrt{3x-2})^2$

58. $(\sqrt{x+3}-\sqrt{2x-1})^2$

59. $4 \div \sqrt{3}$

60. $5 \div \sqrt[3]{2}$

61. $3 \div \sqrt[4]{9x^3}$

62. $2 \div \sqrt[5]{8x^2}$

63. $3 \div \sqrt[5]{27x^9}$

64. $\sqrt{3} \div \sqrt{20}$

65. $\sqrt{7} \div \sqrt{27}$

66. $\sqrt{2a} \div \sqrt{9x^2y^3}$

67. $\sqrt{9a} \div \sqrt{4x^3y^4}$

68. $\sqrt{3a^3} \div \sqrt{8x^2y^5}$

69. $\sqrt[3]{2} \div \sqrt[3]{25}$

70. $\sqrt[3]{3} \div \sqrt[3]{4}$

71. $\sqrt[3]{2} \div \sqrt[3]{x}$

72. $\sqrt[3]{4} \div \sqrt[3]{x^2}$

73. $\sqrt[3]{5} \div \sqrt[3]{36x}$

74. $\sqrt[3]{x} \div \sqrt[3]{49y^5}$

75. $\sqrt{\frac{9x^2}{yz}} - \frac{y}{x}\sqrt{\frac{25x^4}{y^3z}} - z\sqrt{\frac{4x^2}{yz^3}}$

76. $y\sqrt{\frac{3z^2}{x^2y^3}} + \frac{x}{z}\sqrt{\frac{12z^4}{x^4y}} - z^2\sqrt{\frac{75}{x^2yz^2}}$

77. $\sqrt{9x^2y} + \frac{1}{x}\sqrt{16x^4y} - \frac{y^2}{x}\sqrt{\frac{4x^4}{y^3}}$

78. $2x\sqrt{\frac{18x}{y^2}} - \frac{4y}{x}\sqrt{\frac{8x^5}{y^4}} + y^2\sqrt{\frac{50x^3}{y^6}}$

79. $xy\sqrt{\frac{48y}{x^3}} + y^2\sqrt{\frac{108}{xy}} - 3x^2\sqrt{\frac{49y^3}{3x^5}}$

80. $\frac{1}{x}\sqrt{\frac{20x^4}{y}} + y\sqrt{\frac{45x^2}{y^3}} - \frac{2y^2}{x^2}\sqrt{\frac{125x^6}{4y^5}}$

81. $3x\sqrt{\frac{32}{3x^3y}} - 2\sqrt{\frac{243}{2xy}} + 4x^2y\sqrt{\frac{27}{2x^5y^3}}$

82. $x\sqrt{\dfrac{9y^3}{x}} + y\sqrt{\dfrac{x}{y}} - \sqrt{4xy^3}$

83. $\dfrac{3y}{2}\sqrt{\dfrac{64x^2}{3y}} + \dfrac{1}{x^2}\sqrt{27x^4y^3} - \dfrac{x^3y^2}{3}\sqrt{\dfrac{108}{x^6y^3}}$

84. $\dfrac{x^2}{y^2}\sqrt{\dfrac{6y^2}{x}} - \dfrac{3y^3}{x^2}\sqrt{\dfrac{2x^3}{3y^4}} - x^2y^4\sqrt{\dfrac{6}{x^5y^{10}}}$

85. $\dfrac{2}{2 - \sqrt{3}}$ **86.** $\dfrac{3}{3 - \sqrt{2}}$ **87.** $\dfrac{4}{\sqrt{5} + 1}$ **88.** $\dfrac{3 - \sqrt{2}}{3 + \sqrt{2}}$

89. $\dfrac{5 + \sqrt{3}}{5 - \sqrt{3}}$ **90.** $\dfrac{\sqrt{3} + \sqrt{5}}{\sqrt{3} - \sqrt{5}}$ **91.** $\dfrac{2\sqrt{7} + \sqrt{2}}{\sqrt{14} - \sqrt{2}}$ **92.** $\dfrac{\sqrt{10} + \sqrt{15}}{\sqrt{15} - \sqrt{10}}$

93. $\dfrac{\sqrt{2} + 2\sqrt{3}}{3\sqrt{2} - \sqrt{3}}$ **94.** $\dfrac{2\sqrt{x} - 3\sqrt{y}}{3\sqrt{x} + \sqrt{y}}$ **95.** $\dfrac{\sqrt{10x} - \sqrt{5y}}{2\sqrt{5x} - \sqrt{10y}}$

Exprese los siguientes radicales en forma estándar:

96. $\sqrt{-44}$ **97.** $\sqrt{-56}$ **98.** $\sqrt{-68}$ **99.** $\sqrt{-76}$

100. $\sqrt{-84}$ **101.** $\sqrt{-96}$ **102.** $\sqrt{-98}$ **103.** $\sqrt{-180}$

CAPÍTULO 11

Ecuaciones cuadráticas en una variable

11.1 Introducción

11.2 Solución de ecuaciones cuadráticas por factorización

11.3 Solución de ecuaciones cuadráticas completando el cuadrado

11.4 Solución de ecuaciones cuadráticas por la fórmula general

11.5 Ecuaciones que dan lugar a ecuaciones cuadráticas

11.5 Problemas planteadas con palabras

11.6 Gráficas de ecuaciones cuadráticas

11.1 Introducción

Un **polinomio** en una variable x es una expresión de la forma

$$a_0x^n + a_1x^{n-1} + a_2x^{n-2} + \cdots + a_n$$

donde $a_0, a_1, a_2, \ldots, a_n$ son números reales y $n \in W$, (es decir, n es entero no negativo).

Si $a_0 \neq 0$, el polinomio es de **grado** n. Cuando $n = 0$, el polinomio es de la forma a_0, se llama **polinomio constante** y su grado es cero. Cuando $n = 1$, el polinomio tiene la forma $a_0x + a_1$ y se denomina **polinomio lineal**. Cuando $n = 2$, el polinomio es de la forma $a_0^2x + a_1x + a_2$, y se llama **polinomio cuadrático**. El número a_0 se denomina **coeficiente del término de mayor grado**, y a_n es el **término constante**.

Una **ecuación polinomial** (o **polinómica**) en x es un polinomio en x, con $n \in N$, igualado a cero. Una ecuación polinomial de la forma $ax^2 + bx + c = 0$, donde $a \neq 0$, $a, b, c \in R$ y x es la variable, se llama **ecuación de segundo grado** o **ecuación cuadrática** en la variable x. La expresión $ax^2 + bx + c = 0$ se denomina **forma estándar de la ecuación cuadrática**. Los valores de x que satisfacen la ecuación son las **raíces** de la ecuación o los elementos del **conjunto solución** de la ecuación.

TEOREMA 1 Si P y Q son polinomios y $P \cdot Q = 0$, entonces $P = 0$ o bien $Q = 0$.

DEMOSTRACIÓN Si $P \neq 0$, se divide la ecuación entre $P \cdot Q = 0$ entre P.

$$\frac{P \cdot Q}{P} = \frac{0}{P} \qquad \text{Esto es} \qquad Q = 0$$

Por consiguiente, si $P \cdot Q = 0$, entonces $P = 0$ o bien $Q = 0$.

11.2 Solución de ecuaciones cuadráticas por factorización

Cuando el polinomio $ax^2 + bx + c$ se puede factorizar en el producto de dos factores lineales, la ecuación cuadrática $ax^2 + bx + c = 0$ puede resolverse igualando separadamente cada uno de los factores a cero. De esta manera, la ecuación cuadrática queda expresada como dos ecuaciones lineales. El conjunto solución de la ecuación cuadrática es la unión de los conjuntos solución de las dos ecuaciones lineales.

EJEMPLO Encontrar el conjunto solución de la ecuación $3x^2 + 6x = 0$.

SOLUCIÓN $3x^2 + 6x = 3x(x + 2) = 0$.

Por consiguiente, $3x = 0$ o sea, $x = 0$

o bien $x + 2 = 0$ es decir, $x = -2$.

Por lo tanto, el conjunto solución de la ecuación cuadrática $3x^2 + 6x = 0$ es la unión del conjunto solución de la ecuación $x = 0$ con el de la ecuación $x = -2$.

El conjunto solución de la ecuación cuadrática es $\{-2, 0\}$.

EJEMPLO Hallar el conjunto solución de la ecuación $x^2 - x - 12 = 0$.

SOLUCIÓN $x^2 - x - 12 = (x - 4)(x + 3) = 0$.

Por consiguiente, $x - 4 = 0$ esto es, $x = 4$

o bien $x + 3 = 0$ es decir, $x = -3$.

El conjunto solución de la ecuación cuadrática es $\{-3, 4\}$.

EJEMPLO Encontrar el conjunto solución de $6x^2 + x = 12$.

SOLUCIÓN Primeramente se escribe la ecuación en forma estándar.

$$\begin{cases} 6x^2 + x - 12 = 0 \\ 6x^2 + x - 12 = (3x - 4)(2x + 3) \end{cases}$$

Por lo tanto, $3x - 4 = 0$ es decir, $x = \frac{4}{3}$ o bien $2x + 3 = 0$ o sea, $x = -\frac{3}{2}$

El conjunto solución es $\left\{-\frac{3}{2}, \frac{4}{3}\right\}$.

EJEMPLO Resolver para x la ecuación $x^2 - ax + 2bx - 2ab = 0$.

SOLUCIÓN
$$x^2 - ax + 2bx - 2ab = 0$$
$$x^2 + (-a + 2b)x - 2ab = 0$$
$$(x - a)(x + 2b) = 0$$

Por lo tanto $x - a = 0$, esto es, $x = a$
o $x + 2b = 0$, esto es, $x = -2b$.

El conjunto solución es $\{a, -2b\}$.

DEFINICIÓN Cuando las dos raíces de una ecuación cuadrática son iguales, se dice que la ecuación tiene una **raíz doble**, o de **multiplicidad dos**.

EJEMPLO Encontrar el conjunto solución de $4x^2 + 4x + 1 = 0$.

SOLUCIÓN $4x^2 + 4x + 1 = (2x + 1)(2x + 1) = 0$.

Por consiguiente, $2x + 1 = 0$ o sea, $x = -\frac{1}{2}$

o bien $2x + 1 = 0$ es decir, $x = -\frac{1}{2}$

El conjunto solución es $\left\{-\frac{1}{2}, -\frac{1}{2}\right\}$.

Nota

El conjunto solución se escribe como $\left\{-\frac{1}{2}, -\frac{1}{2}\right\}$, y no $\left\{-\frac{1}{2}\right\}$, para indicar que $-\frac{1}{2}$ es una raíz doble. Lo anterior también expresa que la ecuación original es la ecuación cuadrática $4x^2 + 4x + 1 = 0$ y no la ecuación lineal $2x + 1 = 0$.

DEFINICIÓN Una **ecuación cuadrática pura** es aquella que tiene la forma $x^2 - a^2 = 0$.

Resolviendo $x^2 - a^2 = 0$ por factorización, se obtiene

$$x^2 - a^2 = (x - a)(x + a) = 0$$

Por consiguiente,	$x - a = 0$	es decir,	$x = a$
o bien	$x + a = 0$	o sea,	$x = -a$.

El conjunto solución de la ecuación cuadrática pura $x^2 - a^2 = 0$ es la unión del conjunto solución de la ecuación $x = +a$ y el de la $x = -a$. Ambas ecuaciones lineales se escriben, a menudo, como una sola ecuación en la forma $x = \pm a$.

El conjunto solución es $\{-a, a\}$.

Por consiguiente,	si $x^2 = a^2$,	se escribe	$x = \pm a$
o bien	si $x^2 = a^2$,	entonces,	$\sqrt{x^2} = \pm\sqrt{a^2}$

EJEMPLO Encontrar el conjunto solución de la ecuación $x^2 - 3 = 0$.

SOLUCIÓN $x^2 - 3 = 0$.

$$x^2 - 3 = 0$$
$$x^2 = 3$$
$$x = \pm\sqrt{3}$$

El conjunto solución es $\{-\sqrt{3}, \sqrt{3}\}$.

EJEMPLO Hallar el conjunto solución de la ecuación $3x^2 - 2 = 0$.

SOLUCIÓN $3x^2 - 2 = 0$.

$$3x^2 - 2 = 0$$
$$x^2 = \frac{2}{3}$$

$$x = \pm\sqrt{\frac{2}{3}} = \pm\sqrt{\frac{2 \cdot 3}{3 \cdot 3}} = \pm\frac{1}{3}\sqrt{6}$$

El conjunto solución es $\left\{-\frac{1}{3}\sqrt{6}, \frac{1}{3}\sqrt{6}\right\}$.

EJEMPLO Encontrar el conjunto solución de la ecuación $x^2 + 4 = 0$.

SOLUCIÓN

$$x^2 + 4 = 0.$$
$$x^2 = -4$$
$$x = \pm\sqrt{-4} = \pm 2i$$

El conjunto solución es $\{2i, -2i\}$.

EJEMPLO Resolver para x la siguiente ecuación: $(x + 3a)^2 - 16b^2 = 0$.

SOLUCIÓN

$$(x + 3a)^2 - 16b^2 = 0$$
$$(x + 3a)^2 = 16b^2$$
$$(x + 3a) = \pm\sqrt{16b^2} = \pm 4b$$
$$x = -3a \pm 4b$$

El conjunto solución es $\{-3a + 4b, -3a - 4b\}$.

EJEMPLO Resolver para x la ecuación $x^2 = 4a^2 - 12ab + 9b^2$.

SOLUCIÓN

$$x^2 = 4a^2 - 12ab + 9b^2$$
$$x^2 = (2a - 3b)^2$$
$$x = \pm\sqrt{(2a - 3b)^2}$$
$$= \pm(2a - 3b)$$

El conjunto solución es $\{(2a - 3b); -(2a - 3b)\}$.

Ejercicios 11.2

Resuelva para x las siguientes ecuaciones:

1. $x^2 - x = 0$ **2.** $x^2 - 3x = 0$ **3.** $x^2 + 2x = 0$

4. $x^2 + 7x = 0$ **5.** $4x^2 + x = 0$ **6.** $5x^2 + x = 0$

7. $2x^2 - 3x = 0$ **8.** $3x^2 - 2x = 0$ **9.** $3x^2 + 6x = 0$

10. $2x^2 + 4x = 0$ **11.** $10x^2 - 15x = 0$ **12.** $6x^2 - 4x = 0$

13. $x^2 - 1 = 0$ **14.** $x^2 - 4 = 0$ **15.** $x^2 - 9 = 0$

16. $x^2 - 36 = 0$ **17.** $x^2 - 2 = 0$ **18.** $x^2 - 12 = 0$

19. $4x^2 - 3 = 0$
20. $9x^2 - 2 = 0$
21. $25x^2 - 3 = 0$
22. $16x^2 - 7 = 0$
23. $3x^2 - 4 = 0$
24. $3x^2 - 8 = 0$
25. $x^2 + 2 = 0$
26. $x^2 + 3 = 0$
27. $x^2 + 9 = 0$
28. $x^2 + 12 = 0$
29. $x^2 + 18 = 0$
30. $2x^2 + 1 = 0$
31. $3x^2 + 4 = 0$
32. $2x^2 + 3 = 0$
33. $3x^2 + 16 = 0$
34. $5x^2 - a = 0$
35. $7x^2 - b = 0$
36. $x^2 - a + b = 0$
37. $x^2 - (a + b)^2 = 0$
38. $x^2 - (a - b)^2 = 0$
39. $x^2 - a^2 - b^2 = 0$
40. $x^2 - a^2 + b^2 = 0$
41. $(x - 1)^2 - \frac{1}{2} = 0$
42. $(x - 4)^2 - \frac{2}{3} = 0$
43. $(x + 1)^2 - \frac{3}{2} = 0$
44. $(x + 2)^2 - \frac{5}{3} = 0$
45. $(x + a)^2 - b = 0$
46. $(x + 5a)^2 - 9b = 0$
47. $(x - a)^2 - 4b = 0$
48. $(x - 2a)^2 - 3b = 0$
49. $x^2 + x - 2 = 0$
50. $x^2 - 5x + 4 = 0$
51. $x^2 + 7x + 12 = 0$
52. $x^2 + 3x = 10$
53. $x^2 + 4x = 12$
54. $x^2 - 4x = 21$
55. $x^2 - 6x + 8 = 0$
56. $x^2 + 2x - 15 = 0$
57. $x^2 - 5x = 36$
58. $x^2 + 10x = 24$
59. $x^2 - 9x = -18$
60. $x^2 + 4x + 4 = 0$
61. $x^2 + 6x + 9 = 0$
62. $x^2 - 8x + 16 = 0$
63. $x^2 - 10x + 25 = 0$
64. $x^2 - 2x + 1 = 0$
65. $x^2 - 4x + 4 = 0$
66. $3x^2 - 3x = 18$
67. $2x^2 - 6x - 8 = 0$
68. $4x^2 - 4x - 8 = 0$
69. $3x^2 - 12x + 9 = 0$
70. $2x^2 - 3x - 2 = 0$
71. $3x^2 - 5x = -2$
72. $4x^2 - 3x = 1$
73. $4x^2 + 4x = 3$
74. $3x^2 + 8x = 3$
75. $6x^2 + x = 1$
76. $6x^2 - 35x = 6$
77. $4x^2 + 4x = 15$
78. $6x^2 = 6 + 5x$
79. $3x^2 = 12 - 5x$
80. $6x^2 = 12 - x$
81. $9x^2 + 4 = 12x$
82. $4x^2 - 4x + 1 = 0$
83. $4x^2 - 12x + 9 = 0$
84. $9x^2 - 6x + 1 = 0$
85. $x^2 + 6ax + 8a^2 = 0$
86. $x^2 - ax - 12a^2 = 0$
87. $x^2 + 2ax - 3a^2 = 0$
88. $x^2 - 9ax + 18a^2 = 0$
89. $2x^2 - ax - 6a^2 = 0$
90. $2x^2 - 7ax - 4a^2 = 0$
91. $6x^2 - 11ax + 3a^2 = 0$
92. $6x^2 - 19ax + 3a^2 = 0$
93. $x^2 + ax + bx + ab = 0$
94. $x^2 + ax - bx - ab = 0$
95. $x^2 - ax - bx + ab = 0$
96. $x^2 - ax - 4bx + 4ab = 0$
97. $x^2 - 2ax + 3bx - 6ab = 0$
98. $x^2 = a^2 + 2ab + b^2$
99. $x^2 = a^2 - 4ab + 4b^2$
100. $x^2 = 4a^2 + 4ab + b^2$
101. $x^2 = 9a^2 - 6ab + b^2$
102. $x^2 + 2ax + a^2 = b^2$
103. $x^2 - 2ax + a^2 = b^2$
104. $x^2 + 2ax + a^2 = 4b^2$

11.3 Solución de ecuaciones cuadráticas completando el cuadrado

La cantidad $(x + a)^2$ es un **cuadrado perfecto**. Puesto que $(x + a)^2 = x^2 + 2ax + a^2$, la expresión $x^2 + 2ax + a^2$ es un **trinomio cuadrado perfecto**. La expresión $x^2 + 2ax$ no es un cuadrado perfecto, sin embargo, si se suma a^2, el resultado es un trinomio cuadrado perfecto.

Obsérvese que el término a^2 es el cuadrado de la mitad del coeficiente de x.

Del mismo modo, $x^2 - 2ax$ se puede convertir en un trinomio cuadrado perfecto sumándole a^2, puesto que $(x - a)^2 = x^2 - 2ax + a^2$.

Nota El término que al sumarse a la expresión $x^2 + bx$ la convierte en un trinomio cuadrado perfecto es $\left(\frac{b}{2}\right)^2 = \frac{b^2}{4}$.

EJEMPLO Encontrar el término que debe sumarse a $x^2 + 4x$, para obtener un trinomio cuadrado perfecto y expresar éste en forma factorizada.

SOLUCIÓN La mitad del coeficiente de x es $\frac{4}{2} = 2$.

El término buscado es $(2)^2 = 4$.

$x^2 + 4x + 4 = (x + 2)^2$.

EJEMPLO Hallar el término que debe sumarse a $x^2 - 7x$ para obtener un trinomio cuadrado perfecto y expresar éste en forma factorizada.

SOLUCIÓN La mitad del coeficiente de x es $-\frac{7}{2}$.

El término buscado es $\left(-\frac{7}{2}\right)^2 = \frac{49}{4}$.

$$x^2 - 7x + \frac{49}{4} = \left(x - \frac{7}{2}\right)^2$$

EJEMPLO

Determinar el término que debe sumarse a $x^2 - \frac{5}{3}x$ para obtener un trinomio cuadrado perfecto y expresar éste en forma factorizada.

SOLUCIÓN La mitad del coeficiente de x es $\frac{1}{2}\left(-\frac{5}{3}\right) = -\frac{5}{6}$.

El término buscado es $\left(-\frac{5}{6}\right)^2 = \frac{25}{36}$.

$$x^2 - \frac{5}{3}x + \frac{25}{36} = \left(x - \frac{5}{6}\right)^2$$

El método de completar el cuadrado permite expresar cualquier ecuación cuadrática en la forma de una cuadrática pura y, por consiguiente, obtener fácilmente el conjunto solución.

Consideremos la ecuación

$$ax^2 + bx + c = 0, \qquad a \neq 0$$
$$ax^2 + bx = -c$$

Se dividen ambos miembros de la ecuación entre a:

$$x^2 + \frac{b}{a}x = -\frac{c}{a}$$

El cuadrado de la mitad del coeficiente de x es

$$\left[\frac{1}{2}\left(\frac{b}{a}\right)\right]^2 = \left[\frac{b}{2a}\right]^2 = \frac{b^2}{4a^2}$$

De modo que $\frac{b^2}{4a^2}$ es el término que hará que el primer miembro de la ecuación se convierta en un trinomio cuadrado perfecto. Sumamos $\frac{b^2}{4a^2}$ a ambos miembros de la ecuación y se obtiene

$$x^2 + \frac{b}{a}x + \frac{b^2}{4a^2} = \frac{b^2}{4a^2} - \frac{c}{a}$$

Se factoriza luego el primer miembro y resulta

$$\left(x + \frac{b}{2a}\right)^2 = \frac{b^2 - 4ac}{4a^2}$$

La ecuación anterior es la forma cuadrática pura de la ecuación $ax^2 + bx + c = 0$. Ahora se puede resolver la ecuación como cuadrática pura.

Nota

El método de factorización proporciona el conjunto solución de una ecuación cuadrática solamente cuando se puede factorizar el polinomio cuadrático. El método de completar el cuadrado, en cambio, proporciona el conjunto solución de cualquier ecuación cuadrática.

EJEMPLO Resolver $x^2 - 5x + 6 = 0$ completando el cuadrado.

SOLUCIÓN $x^2 - 5x + 6 = 0.$

$$x^2 - 5x = -6$$

Se suma $\left[-\frac{5}{2}\right]^2 = \frac{25}{4}$ a ambos miembros de la ecuación.

$$x^2 - 5x + \frac{25}{4} = -6 + \frac{25}{4}$$

$$\left(x - \frac{5}{2}\right)^2 = \frac{1}{4}$$

$$x - \frac{5}{2} = \pm\sqrt{\frac{1}{4}}$$

$$x = \frac{5}{2} \pm \frac{1}{2}$$

El conjunto solución es $\left\{\frac{5}{2} + \frac{1}{2}, \frac{5}{2} - \frac{1}{2}\right\}$, o $\{3, 2\}$.

EJEMPLO Resolver $2x^2 + 3x - 2 = 0$ completando el cuadrado.

SOLUCIÓN

$$2x^2 + 3x - 2 = 0$$

$$2x^2 + 3x = 2$$

$$x^2 + \frac{3}{2}x = 1$$

Se suma $\left[\frac{1}{2}\left(\frac{3}{2}\right)\right]^2 = \left[\frac{3}{4}\right]^2 = \frac{9}{16}$ a ambos miembros de la ecuación.

$$x^2 + \frac{3}{2}x + \frac{9}{16} = 1 + \frac{9}{16}$$

$$\left(x + \frac{3}{4}\right)^2 = \frac{25}{16}$$

$$x + \frac{3}{4} = \pm\frac{5}{4}$$

$$x = -\frac{3}{4} \pm \frac{5}{4}$$

El conjunto solución es $\left\{-\frac{3}{4} + \frac{5}{4}, -\frac{3}{4} - \frac{5}{4}\right\}$, o bien $\left\{\frac{1}{2}, -2\right\}$.

EJEMPLO Resolver $3x^2 - 7x - 3 = 0$ completando el cuadrado.

SOLUCIÓN

$$3x^2 - 7x - 3 = 0$$
$$x^2 - \frac{7}{3}x = 1$$
$$x^2 - \frac{7}{3}x + \frac{49}{36} = 1 + \frac{49}{36}$$
$$\left(x - \frac{7}{6}\right)^2 = \frac{85}{36}$$
$$x - \frac{7}{6} = \pm\frac{\sqrt{85}}{6}$$
$$x = \frac{7}{6} \pm \frac{\sqrt{85}}{6}$$

El conjunto solución es $\left\{\frac{7}{6} + \frac{\sqrt{85}}{6}, \frac{7}{6} - \frac{\sqrt{85}}{6}\right\}$.

EJEMPLO Resolver $2x^2 + x + 4 = 0$ completando el cuadrado.

SOLUCIÓN

$$2x^2 + x + 4 = 0$$
$$2x^2 + x = -4$$
$$x^2 + \frac{1}{2}x = -2$$
$$x^2 + \frac{1}{2}x + \frac{1}{16} = -2 + \frac{1}{16}$$
$$\left(x + \frac{1}{4}\right)^2 = -\frac{31}{16}$$
$$x + \frac{1}{4} = \pm\sqrt{-\frac{31}{16}}$$
$$x = -\frac{1}{4} \pm i\sqrt{\frac{31}{16}}$$
$$= -\frac{1}{4} \pm \frac{1}{4}i\sqrt{31}$$

El conjunto solución es $\left\{-\frac{1}{4} + \frac{1}{4}i\sqrt{31}, -\frac{1}{4} - \frac{1}{4}i\sqrt{31}\right\}$.

EJEMPLO Resolver para x la ecuación $3x^2 - 4ax - 2a^2 = 0$ completando el cuadrado.

SOLUCIÓN

$$3x^2 - 4ax - 2a^2 = 0$$
$$3x^2 - 4ax = 2a^2$$
$$x^2 - \frac{4a}{3}x = \frac{2a^2}{3}$$

Se suma $\frac{4a^2}{9}$ a ambos miembros de la ecuación.

$$x^2 - \frac{4a}{3}x + \frac{4a^2}{9} = \frac{2a^2}{3} + \frac{4a^2}{9}$$
$$\left(x - \frac{2a}{3}\right)^2 = \frac{10a^2}{9}$$
$$x - \frac{2a}{3} = \pm\sqrt{\frac{10a^2}{9}}$$
$$x = \frac{2a}{3} \pm \frac{\sqrt{10}a}{3}$$

El conjunto solución es $\left\{\frac{2a}{3} + \frac{\sqrt{10}a}{3}, \frac{2a}{3} - \frac{\sqrt{10}a}{3}\right\}$.

Ejercicios 11.3

Encuentre el término que debe sumarse a cada una de las siguientes expresiones para obtener un trinomio cuadrado perfecto y exprese éste en forma factorizada:

1. $x^2 + 6x$ **2.** $x^2 + 10x$ **3.** $x^2 - 30x$

4. $x^2 - 12x$ **5.** $x^2 + x$ **6.** $x^2 + 3x$

7. $x^2 - 9x$ **8.** $x^2 - 13x$ **9.** $x^2 + \frac{2}{3}x$

10. $x^2 + \frac{2}{7}x$ **11.** $x^2 - \frac{4}{5}x$ **12.** $x^2 - \frac{4}{9}x$

13. $x^2 + \frac{1}{2}x$ **14.** $x^2 + \frac{1}{6}x$ **15.** $x^2 + \frac{3}{4}x$

16. $x^2 - \frac{5}{2}x$ **17.** $x^2 - \frac{7}{3}x$ **18.** $x^2 - \frac{9}{5}x$

Resuelva para x las siguientes ecuaciones completando el cuadrado:

19. $x^2 + 2x - 3 = 0$ **20.** $x^2 + 7x + 6 = 0$ **21.** $x^2 - 3x - 10 = 0$

22. $x^2 - x - 12 = 0$ **23.** $x^2 - 7x - 30 = 0$ **24.** $x^2 - 3x - 18 = 0$

25. $x^2 + 14 = 15x$
26. $x^2 + 4x = 21$
27. $x^2 + 14x = -24$
28. $x^2 = x + 72$
29. $x^2 + 4x = -4$
30. $x^2 = 6x - 9$
31. $x^2 + 3x + 5 = 0$
32. $x^2 + 3 = 2x$
33. $x^2 + 7 = 5x$
34. $x^2 + 8 = -4x$
35. $x^2 + x = 0$
36. $2x^2 - 3x = 0$
37. $3x^2 + 5x = 0$
38. $2x^2 = 7x$
39. $2x^2 + 3x + 1 = 0$
40. $2x^2 = 1 + x$
41. $2x^2 + 5x = -2$
42. $4x^2 + 1 = 5x$
43. $3x^2 = 32 + 20x$
44. $3x^2 + 8 = 14x$
45. $5x^2 + 13x + 6 = 0$
46. $4x^2 + 24 = 35x$
47. $4x^2 = -3 - 8x$
48. $9x^2 = 2 + 3x$
49. $4x^2 + 9 + 12x = 0$
50. $x^2 - 1 + 2x = 0$
51. $x^2 + 3x - 2 = 0$
52. $2x^2 - 6x + 3 = 0$
53. $4x^2 + 20x = -25$
54. $9x^2 - 24x + 16 = 0$
55. $3x^2 - 2x - 2 = 0$
56. $3x^2 = 1 + 5x$
57. $5x^2 + 3 = 10x$
58. $2x^2 - 7x + 4 = 0$
59. $3x^2 + 8x + 3 = 0$
60. $6x^2 - 9x + 2 = 0$
61. $2x^2 - 3x - 4 = 0$
62. $2x^2 = 5x - 1$
63. $x^2 - 6x + 10 = 0$
64. $x^2 + 3x + 11 = 0$
65. $2x^2 = 3x - 4$
66. $3x^2 - 5x + 3 = 0$
67. $x^2 + ax - 3a^2 = 0$
68. $x^2 - ax - 4a^2 = 0$
69. $x^2 + 3ax + a^2 = 0$
70. $x^2 + 7ax + 3a^2 = 0$
71. $x^2 - 3ax - 5a^2 = 0$
72. $x^2 - 3ax - 2a^2 = 0$
73. $2x^2 - ax - 4a^2 = 0$
74. $2x^2 + 3ax - a^2 = 0$
75. $2x^2 + 5ax + a^2 = 0$
76. $3x^2 + ax - 3a^2 = 0$
77. $3x^2 + 7ax + 3a^2 = 0$
78. $2x^2 + ax - 2a^2 = 0$
79. $2x^2 - ax + a^2 = 0$
80. $2x^2 + ax + 4a^2 = 0$
81. $3x^2 + 2ax + 2a^2 = 0$
82. $3x^2 - 4ax + 2a^2 = 0$

11.4 Solución de ecuaciones cuadráticas por la fórmula general

La forma cuadrática pura de la ecuación $ax^2 + bx + c = 0$ es

$$\left(x + \frac{b}{2a}\right)^2 = \frac{b^2 - 4ac}{4a^2}$$

Resolviendo esta ecuación para x, se obtiene

$$x + \frac{b}{2a} = \pm\sqrt{\frac{b^2 - 4ac}{4a^2}}$$

$$x = -\frac{b}{2a} \pm \sqrt{\frac{b^2 - 4ac}{4a^2}}$$

$$x = -\frac{b}{2a} \pm \frac{\sqrt{b^2 - 4ac}}{2a} = \frac{-b \pm \sqrt{b^2 - 4ac}}{2a}$$

Por consiguiente, si $ax^2 + bx + c = 0$, $a \neq 0$,

$$x = \frac{-b \pm \sqrt{b^2 - 4ac}}{2a}$$

Esta expresión se conoce como **fórmula cuadrática** (o **fórmula de las cuadráticas**).

De la fórmula cuadrática resulta que el conjunto solución de la ecuación $ax^2 + bx + c = 0$ es

$$\left\{\frac{-b + \sqrt{b^2 - 4ac}}{2a}, \frac{-b - \sqrt{b^2 - 4ac}}{2a}\right\}$$

Para resolver una ecuación cuadrática dada mediante la fórmula cuadrática, se compara la ecuación con la forma estándar, $ax^2 + bx + c = 0$, con el fin de encontrar los valores de a, b y c. Luego se sustituyen dichos valores en la fórmula.

Obsérvese que a es el coeficiente de x^2, b es el de x, y c es el término constante cuando la ecuación se escribe en forma estándar.

En la ecuación $3x^2 + 2x - 5 = 0$, $a = 3$, $b = 2$ y $c = -5$.

En la ecuación $7x^2 - 2x = 0$, $a = 7$, $b = -2$ y $c = 0$.

En la ecuación $4x^2 - 9 = 0$, $a = 4$, $b = 0$ y $c = -9$.

EJEMPLO Resolver $x^2 - 2x = 24$ mediante la formula cuadrática.

SOLUCIÓN

$$x^2 - 2x = 24$$

$$x^2 - 2x - 24 = 0$$

$$a = 1 \quad b = -2 \quad c = -24$$

Sustituyendo a por 1, b por -2 y c por -24 en la fórmula, se obtiene

$$x = \frac{-(-2) \pm \sqrt{(-2)^2 - 4(1)(-24)}}{2(1)}$$

$$= \frac{2 \pm \sqrt{4 + 96}}{2}$$

$$= \frac{2 \pm \sqrt{100}}{2} = \frac{2 \pm 10}{2}$$

$$= \frac{2(1 \pm 5)}{2}$$

$$= 1 \pm 5$$

$$x_1 = 1 + 5 = 6$$

$$x_2 = 1 - 5 = -4$$

El conjunto solución es $\{-4, 6\}$.

EJEMPLO Resolver $3x^2 + 5x = 0$ mediante la fórmula cuadrática.

SOLUCIÓN $3x^2 + 5x = 0$

$a = 3 \quad b = 5 \quad c = 0$

Al sustituir a por 3, b por 5 y c por 0 en la fórmula, resulta

$$x = \frac{-(5) \pm \sqrt{(5)^2 - 4(3)(0)}}{2(3)}$$

$$= \frac{-5 \pm \sqrt{25}}{6}$$

$$= \frac{-5 \pm 5}{6}$$

$$x_1 = \frac{-5 + 5}{6} = 0$$

$$x_2 = \frac{-5 - 5}{6} = \frac{-10}{6} = -\frac{5}{3}$$

El conjunto solución es $\left\{-\frac{5}{3}, 0\right\}$.

EJEMPLO Resolver $3x^2 - 6x + 2 = 0$ mediante la fórmula cuadrática.

SOLUCIÓN $3x^2 - 6x + 2 = 0$

$a = 3 \quad b = -6 \quad c = 2$

$$x = \frac{-(-6) \pm \sqrt{(-6)^2 - 4(3)(2)}}{2(3)}$$

$$= \frac{6 \pm \sqrt{36 - 24}}{6}$$

$$= \frac{6 \pm \sqrt{12}}{6}$$

$$= \frac{6 \pm 2\sqrt{3}}{6}$$

$$= \frac{2(3 \pm \sqrt{3})}{6}$$

$$= \frac{3 \pm \sqrt{3}}{3}$$

El conjunto solución es $\left\{\frac{3 + \sqrt{3}}{3}, \frac{3 - \sqrt{3}}{3}\right\}$.

EJEMPLO Resolver $2x^2 - 3x + 6 = 0$ mediante la fórmula cuadrática.

SOLUCIÓN $2x^2 - 3x + 6 = 0$

$$a = 2 \qquad b = -3 \qquad c = 6$$

$$x = \frac{-(-3) \pm \sqrt{(-3)^2 - 4(2)(6)}}{2(2)}$$

$$= \frac{3 \pm \sqrt{9 - 48}}{4}$$

$$= \frac{3 \pm \sqrt{-39}}{4} = \frac{3 \pm i\sqrt{39}}{4}$$

El conjunto solución es $\left\{\dfrac{3 + i\sqrt{39}}{4}, \dfrac{3 - i\sqrt{39}}{4}\right\}$.

EJEMPLO Resolver $2x^2 - \sqrt{11}x - 3 = 0$ por la fórmula cuadrática.

SOLUCIÓN $2x^2 - \sqrt{11}x - 3 = 0$

$$a = 2, \qquad b = -\sqrt{11}, \qquad c = -3$$

$$x = \frac{-(-\sqrt{11}) \pm \sqrt{(-\sqrt{11})^2 - 4(2)(-3)}}{2(2)}$$

$$= \frac{\sqrt{11} \pm \sqrt{11 + 24}}{4} = \frac{\sqrt{11} \pm \sqrt{35}}{4}$$

El conjunto solución es $\left\{\dfrac{\sqrt{11} - \sqrt{35}}{4}, \dfrac{\sqrt{11} + \sqrt{35}}{4}\right\}$.

Ejercicios 11.4

Resuelva las siguientes ecuaciones mediante la fórmula cuadrática:

1. $x^2 + 2x = 0$
2. $x^2 - 3x = 0$
3. $3x^2 - 5x = 0$
4. $8x^2 + 3x = 0$
5. $6x^2 + x = 0$
6. $4x^2 - 3x = 0$
7. $x^2 - 4 = 0$
8. $x^2 - 36 = 0$
9. $x^2 - 2 = 0$
10. $x^2 - 8 = 0$
11. $x^2 + 3 = 0$
12. $x^2 + 9 = 0$
13. $4x^2 - 1 = 0$
14. $9x^2 - 25 = 0$
15. $2x^2 - 3 = 0$
16. $3x^2 - 1 = 0$
17. $5x^2 - 6 = 0$
18. $3x^2 - 7 = 0$
19. $2x^2 - 9 = 0$
20. $4x^2 + 9 = 0$
21. $5x^2 + 3 = 0$

22. $x^2 - 8x + 7 = 0$
23. $x^2 + 3x - 4 = 0$
24. $x^2 - 5x - 24 = 0$
25. $x^2 + 7x + 12 = 0$
26. $x^2 - x - 6 = 0$
27. $x^2 - 9x + 20 = 0$
28. $x^2 + 6x - 16 = 0$
29. $x^2 - 2x - 8 = 0$
30. $x^2 - 4x = 32$
31. $x^2 - 3x = 18$
32. $x^2 - 2x = 2$
33. $x^2 + 2x = 4$
34. $x^2 - 4 = 4x$
35. $x^2 = 2 - 3x$
36. $x^2 = 4x - 4$
37. $x^2 + 6x + 9 = 0$
38. $x^2 + 36 = -12x$
39. $x^2 - x + 1 = 0$
40. $x^2 + 2x + 2 = 0$
41. $x^2 - 3x + 4 = 0$
42. $x^2 - 2x + 5 = 0$
43. $x^2 + 2x + 3 = 0$
44. $x^2 - x + 7 = 0$
45. $6x^2 + 10 = 19x$
46. $18x^2 - 27x + 4 = 0$
47. $6x^2 + x - 2 = 0$
48. $8x^2 = 14x + 15$
49. $9x^2 = 3x + 20$
50. $2x^2 = 17x - 36$
51. $12x^2 + 9 = 31x$
52. $10x^2 + 9x - 9 = 0$
53. $24x^2 + 21 = 65x$
54. $8x^2 = 30x + 27$
55. $3x^2 + 10x + 6 = 0$
56. $2x^2 - 4x - 3 = 0$
57. $3x^2 + 6x - 2 = 0$
58. $5x^2 - 9 + 3x = 0$
59. $9x^2 + 1 - 6x = 0$
60. $4x^2 + 9 + 12x = 0$
61. $2x^2 - 5x + 6 = 0$
62. $2x^2 - x + 1 = 0$
63. $3x^2 - 2x + 2 = 0$
64. $4x^2 + 2x + 1 = 0$
65. $5x^2 + 6x + 3 = 0$
66. $x^2 + \sqrt{2}x = 5$
67. $x^2 + \sqrt{3}x = 4$
68. $x^2 - \sqrt{5}x = 2$
69. $x^2 - \sqrt{7}x = 5$
70. $x^2 - 2\sqrt{3}x = 1$
71. $x^2 + 3\sqrt{2}x = 8$
72. $x^2 - 5\sqrt{2}x = -8$
73. $x^2 - 6\sqrt{2}x = -1$
74. $2x^2 + \sqrt{5}x = 8$
75. $3x^2 - 4\sqrt{7}x + 1 = 0$
76. $3\sqrt{2}x^2 + 7x + \sqrt{2} = 0$
77. $\sqrt{3}x^2 + 5x - 2\sqrt{3} = 0$
78. $\sqrt{5}x^2 - 3x - 2\sqrt{5} = 0$
79. $\sqrt{6}x^2 + 4x - 2\sqrt{6} = 0$

11.5 Ecuaciones que dan lugar a ecuaciones cuadráticas

Cuando una ecuación contiene fracciones puede escribirse en una forma más simple si ambos miembros de la ecuación se multiplican por el mínimo común denominador (m.c.d.) de las fracciones presentes en la ecuación.

Si una ecuación se multiplica por un polinomio en la variable, la ecuación resultante podría no ser equivalente a la original. Esto significa que la ecuación resultante puede poseer raíces que no satisfacen la ecuación original. Los valores obtenidos para la variable que satisfagan la ecuación original, son las raíces de ésta.

EJEMPLO

Resolver la ecuación $2x - \dfrac{14}{x - 2} = 1$.

SOLUCIÓN Se multiplican ambos miembros de la ecuación por $(x - 2)$.

$$2x(x - 2) - 14 = (x - 2)$$
$$2x^2 - 4x - 14 = x - 2$$
$$2x^2 - 5x - 12 = 0$$
$$(2x + 3)(x - 4) = 0$$
$$2x + 3 = 0, \text{ esto es, } x = -\frac{3}{2}$$
$$\text{o bien } \quad x - 4 = 0, \text{ es decir, } x = 4$$

El conjunto solución es $\left\{-\frac{3}{2}, 4\right\}$. La comprobación se deja como ejercicio.

EJEMPLO

Resolver $\dfrac{10x}{x^2 + x - 6} - \dfrac{3}{x^2 + 2x - 8} = \dfrac{12}{x^2 + 7x + 12}$.

SOLUCIÓN

$$\frac{10x}{x^2 + x - 6} - \frac{3}{x^2 + 2x - 8} = \frac{12}{x^2 + 7x + 12}$$
$$\frac{10x}{(x - 2)(x + 3)} - \frac{3}{(x - 2)(x + 4)} = \frac{12}{(x + 3)(x + 4)}$$

Se multiplican ambos miembros de la ecuación por $(x - 2)(x + 3)(x + 4)$.

$$10x(x + 4) - 3(x + 3) = 12(x - 2)$$
$$10x^2 + 40x - 3x - 9 = 12x - 24$$
$$10x^2 + 25x + 15 = 0$$
$$2x^2 + 5x + 3 = 0$$
$$(2x + 3)(x + 1) = 0$$
$$2x + 3 = 0, \text{ es decir, } x = -\frac{3}{2}$$
$$\text{o bien } \quad x + 1 = 0, \text{ esto es, } x = -1$$

El conjunto solución es $\left\{-\frac{3}{2}, -1\right\}$.

La comprobación se deja como ejercicio.

Ejercicios 11.5

Resuelva las ecuaciones siguientes:

1. $x - \dfrac{8}{x} = 2$

2. $3x + \dfrac{1}{x} = 4$

3. $6x - \frac{4}{x} = 5$

4. $12x - \frac{15}{x} + 8 = 0$

5. $\frac{x}{2} + 1 = \frac{1}{x}$

6. $x + 3 = \frac{1}{x}$

7. $4x - \frac{7}{x - 2} = 5$

8. $6x - \frac{15x}{x + 3} = 4$

9. $5x + \frac{21}{x + 4} = 6$

10. $\frac{x - 15}{4x - 3} = 2x + 9$

11. $\frac{7}{2 - 3x} = 3x + 8$

12. $\frac{19}{2x + 5} = 2x + 7$

13. $\frac{2}{x + 1} = 3x - 2$

14. $\frac{9}{x - 3} = 2x + 1$

15. $\frac{4}{x - 2} - \frac{2}{x + 1} = 1$

16. $\frac{7}{x + 2} + \frac{5}{x - 4} = 6$

17. $\frac{2x}{x - 1} + \frac{4}{x + 2} = 5$

18. $\frac{1}{x - 2} + \frac{24}{x + 3} = 5$

19. $\frac{5x}{2x - 1} + \frac{2x}{3x + 2} = 3$

20. $\frac{45x}{3x - 4} - \frac{40x}{2x - 3} = 1$

21. $\frac{2x}{3x - 1} - \frac{3}{2x + 1} = 1$

22. $\frac{21}{x - 4} + \frac{17x}{2x + 3} + 8 = 0$

23. $\frac{3x}{x^2 + x - 2} - \frac{22}{x^2 + 5x + 6} = \frac{2}{x^2 + 2x - 3}$

24. $\frac{x}{x^2 - 6x + 8} + \frac{18}{x^2 - 3x - 4} = \frac{12}{x^2 - x - 2}$

25. $\frac{5x}{x^2 - x - 6} + \frac{2}{x^2 + x - 2} = \frac{2}{x^2 - 4x + 3}$

26. $\frac{3x}{x^2 + 5x + 4} + \frac{22}{x^2 + x - 12} = \frac{10}{x^2 - 2x - 3}$

27. $\frac{18}{x^2 - 4x - 5} = \frac{x}{x^2 - 9x + 20} + \frac{14}{x^2 - 3x - 4}$

28. $\frac{x}{x^2 + x - 2} + \frac{2}{x^2 + 3x + 2} = \frac{2}{x^2 - 1}$

29. $\frac{19x}{2x^2 - 5x + 2} - \frac{18x}{2x^2 - 3x + 1} = \frac{12}{x^2 - 3x + 2}$

30. $\frac{9x}{x^2 + x - 12} - \frac{11x}{3x^2 + 11x - 4} = \frac{8}{3x^2 - 10x + 3}$

31. $\frac{2x}{6x^2 - 5x - 6} - \frac{10}{8x^2 - 14x + 3} = \frac{19x}{12x^2 + 5x - 2}$

32. $\frac{13}{2x^2 - 3x - 20} + \frac{7x}{x^2 - x - 12} + \frac{38x}{2x^2 + 11x + 15} = 0$

33. $\dfrac{18x}{6x^2 + x - 1} + \dfrac{1}{6x^2 + 5x + 1} = \dfrac{25x}{9x^2 - 1}$

34. $\dfrac{20}{3x^2 - 2x - 8} + \dfrac{4x}{4x^2 - 9x + 2} + \dfrac{33x}{12x^2 + 13x - 4} = 0$

35. $\dfrac{x + 4}{2x^2 - x - 3} - \dfrac{x + 3}{3x^2 + 2x - 1} = \dfrac{7}{6x^2 - 11x + 3}$

36. $\dfrac{4x + 10}{2x^2 - x - 6} - \dfrac{3x + 1}{2x^2 - 5x + 2} = \dfrac{2}{4x^2 + 4x - 3}$

37. $\dfrac{2x + 1}{3x^2 - 13x + 4} - \dfrac{4x - 1}{1 - x - 6x^2} = \dfrac{3x - 3}{2x^2 - 7x - 4}$

38. $\dfrac{3x - 1}{12x^2 + x - 20} - \dfrac{2x + 4}{4 - x - 3x^2} = \dfrac{x - 4}{4x^2 - 9x + 5}$

39. $\dfrac{x + 5}{x^2 - 2x - 3} + \dfrac{x - 3}{x^2 - 3x - 4} = \dfrac{x - 5}{x^2 - 7x + 12}$

40. $\dfrac{x}{x^2 + 3x + 2} + \dfrac{x - 5}{x^2 - 2x - 3} = \dfrac{x - 8}{x^2 - x - 6}$

41. $\dfrac{x + 7}{x^2 + 2x - 3} + \dfrac{x - 9}{x^2 + x - 6} = \dfrac{x - 3}{x^2 - 3x + 2}$

42. $\dfrac{x - 6}{x^2 - 6x + 8} + \dfrac{x + 2}{x^2 - 3x - 4} = \dfrac{x + 4}{x^2 - x - 2}$

11.6 Problemas planteados con palabras

EJEMPLO La suma de dos números naturales es 48 y la diferencia de sus cuadrados supera en 36 al producto de los números. Encontrar ambos números.

SOLUCIÓN *Primer número* *Segundo número*

x $(48 - x)$

$$x^2 - (48 - x)^2 - 36 = x(48 - x)$$
$$x^2 - 2304 + 96x - x^2 - 36 = 48x - x^2$$
$$x^2 + 48x - 2340 = 0$$
$$(x + 78)(x - 30) = 0$$

$x + 78 = 0$, esto es, $x = -78$

o bien $x - 30 = 0$, es decir, $x = 30$

Los números son 30 y $48 - 30 = 18$.

Se elimina -78 porque no es número natural.

EJEMPLO La diferencia de dos números naturales es 8 y la diferencia de sus recíprocos es $\frac{2}{77}$. Hallar los números.

SOLUCIÓN *Primer número* *Segundo número*

x $(x + 8)$

$$\frac{1}{x} - \frac{1}{x+8} = \frac{2}{77} \qquad \left(\text{Nota: } \frac{1}{x} > \frac{1}{x+8}\right)$$

$$77(x + 8) - 77x = 2x(x + 8)$$
$$77x + 616 - 77x = 2x^2 + 16x$$
$$2x^2 + 16x - 616 = 0$$
$$x^2 + 8x - 308 = 0$$
$$(x + 22)(x - 14) = 0$$

$x + 22 = 0$, esto es, $x = -22$

o bien $x - 14 = 0$, es decir, $x = 14$

Los números son 14 y $14 + 8 = 22$.

Se elimina -22, puesto que no es número natural.

EJEMPLO Una persona realizó un trabajo por $192 dólares. El trabajo le llevó 4 horas más de lo que se suponía y entonces ganó $2.40 menos por hora de lo previsto. ¿En cuánto tiempo se suponía que llevaría a cabo ese trabajo?

SOLUCIÓN Sea x horas el tiempo esperado para efectuar el trabajo.

La tarifa horaria que esperaba recibir, menos $2.40 es igual a la tarifa horaria real que ganó la persona.

$$\frac{192}{x} - 2.40 = \frac{192}{x+4}$$
$$192(x + 4) - 2.4x(x + 4) = 192x$$
$$192x + 768 - 2.4x^2 - 9.6x = 192x$$
$$2.4x^2 + 9.6x - 768 = 0$$
$$x^2 + 4x - 320 = 0$$
$$(x + 20)(x - 16) = 0$$

$x + 20 = 0$, es decir, $x = -20$

o bien $x - 16 = 0$, o sea, $x = 16$

El tiempo esperado para realizar el trabajo es 16 horas. Se elimina -20 porque carece de sentido.

EJEMPLO La base de un rectángulo mide 4 pies más que el doble de su altura. El área del rectángulo es de 448 pies cuadrados. Encontrar las dimensiones del rectángulo.

SOLUCIÓN Altura Base

x pies $(2x + 4)$ pies

$$x(2x + 4) = 448$$
$$2x^2 + 4x - 448 = 0$$
$$x^2 + 2x - 224 = 0$$
$$(x + 16)(x - 14) = 0$$

$x + 16 = 0$, esto es, $x = -16$

o bien $x - 14 = 0$, es decir, $x = 14$

La altura del rectángulo es 14 pies y su base es $2(14) + 4 = 32$ pies.

EJEMPLO Un equipo de remeros puede viajar 16 millas río abajo y regresar en un total de 6 horas. Si la velocidad de la corriente es de 2 millas por hora, hallar la velocidad a la que el equipo puede remar en aguas tranquilas.

SOLUCIÓN Sea x millas por hora la velocidad a la que puede remar el equipo en aguas tranquilas. El tiempo para remar río abajo más el tiempo para remar río arriba es igual a 6 horas.

$$\frac{16}{x + 2} + \frac{16}{x - 2} = 6$$
$$16(x - 2) + 16(x + 2) = 6(x + 2)(x - 2)$$
$$16x - 32 + 16x + 32 = 6x^2 - 24$$
$$6x^2 - 32x - 24 = 0$$
$$3x^2 - 16x - 12 = 0$$
$$(3x + 2)(x - 6) = 0$$

$3x + 2 = 0$, esto es, $x = -\frac{2}{3}$

o bien $x - 6 = 0$, es decir, $x = 6$

La velocidad de remo en aguas tranquilas es de 6 millas por hora.

Ejercicios 11.6

1. El producto de dos números naturales consecutivos supera en 2 al séxtuplo del siguiente número consecutivo. Encuentre los dos primeros números.
2. El producto de dos números pares consecutivos es 10 unidades menor que 13 veces el siguiente número par. Halle los dos números.
3. La suma de dos números es 21 y de sus cuadrados es 225. Obtenga los dos números.
4. La suma de dos números es 25 y la de sus cuadrados es 317. Encuentre los números.
5. La diferencia de dos números naturales es 8 y la suma de sus cuadrados es 194. Halle los números.

6. La diferencia de dos números naturales es 9 y la suma de sus cuadrados es 305. Obtenga los números.
7. La suma de dos números naturales es 17. La diferencia de sus cuadrados supera en 19 al producto de los números. Determine dichos números.
8. La suma de dos números es 28 y la de sus cuadrados es 16 menos que el triple del producto de los números. Halle los números.
9. La suma de dos números es 14 y la de sus recíprocos es $\frac{7}{24}$. Obtenga los números.
10. La diferencia de dos números naturales es 4 y la suma de sus recíprocos es $\frac{4}{15}$. Encuentre los números.
11. La diferencia de dos números naturales es 6 y la de sus recíprocos es $\frac{1}{36}$. Halle los números.
12. Una excursión geológica costó \$120 dólares. Si hubieran ido 3 estudiantes más, el costo por estudiante habría sido de \$2 menos. ¿Cuántos estudiantes fueron a la excursión?
13. Una excursión a esquiar costó \$300 dólares. Si hubieran sido 3 miembros menos en el club, el costo por persona habría sido de \$5 más. ¿Cuántos miembros hay en el club?
14. Un hombre pintó una casa por \$800 dólares. El trabajo le llevó 20 horas menos de lo que se suponía y entonces ganó \$2 más por hora de lo previsto. ¿En cuánto tiempo se suponía que pintaría la casa?
15. Una persona realizó un trabajo por \$90 dólares. Empleó 3 horas más de lo que se suponía y entonces ganó \$5 menos por hora de lo que esperaba. ¿En cuánto tiempo se suponía que llevaría a cabo el trabajo?
16. La base de un rectángulo mide 4 pies más que su altura y el área es de 192 pies cuadrados. Encuentre las dimensiones del rectángulo.
17. La base de un rectángulo mide 3 pies más que el doble de su altura y el área es de 189 pies cuadrados. Halle las dimensiones del rectángulo.
18. Un hombre desea construir una caja metálica abierta. La caja debe tener una base cuadrada, los lados de 9 pulgadas de altura y una capacidad de 5 184 pulgadas cúbicas. Determine el tamaño de la pieza cuadrada de metal que debe comprar para construir la caja.
19. Si cada uno de dos lados opuestos de un cuadrado se duplica y cada uno de los otros lados opuestos se disminuye 2 pies, el área del rectángulo resultante supera en 32 pies cuadrados al área del cuadrado original. Encuentre la longitud del lado del cuadrado.
20. Si cada uno de dos lados opuestos de un cuadrado se incrementa 5 pulgadas más que el doble del lado del cuadrado, y cada uno de los otros lados opuestos se disminuye en 7 pulgadas, el área del rectángulo resultante supera en 55 pulgadas cuadradas al área del cuadrado inicial. Halle la longitud del lado del cuadrado.
21. Un equipo de remeros puede recorrer 12 millas río abajo y regresar en un total de 5 horas. Si la velocidad de la corriente es de 1 milla por hora, encuentre la velocidad a la que puede remar el equipo en aguas tranquilas.
22. Un equipo de remeros puede viajar 18 millas río abajo y regresar en un total de 9 horas. Si la velocidad de la corriente es de $1\frac{1}{2}$ millas por hora, halle la velocidad a la que el equipo puede remar en aguas tranquilas.
23. Un avión vuela entre dos ciudades separadas 300 millas. Cuando el viento sopla

a favor a 30 millas por hora, el avión alcanza su destino ½ hora antes. ¿Cuál es la velocidad del avión?

24. Un avión vuela entre dos ciudades separadas 3 200 millas. Cuando el viento sopla en contra a 40 millas por hora, el avión alcanza su destino 20 minutos más tarde. ¿Cuál es la velocidad del avión?

25. Paulina vive a 30 millas de su oficina. Si maneja su automóvil a 5 millas por hora más de lo usual, llega a su oficina 5 minutos más temprano. ¿A qué velocidad maneja normalmente?

26. Incrementando la velocidad de un automóvil en 3 millas por hora, fue posible realizar un viaje de 360 millas en ½ hora menos de tiempo. ¿Cuál era la velocidad original?

27. Un muchacho desea cortar el césped de un prado rectangular de 60 por 45 yardas en dos períodos iguales de tiempo. Determine la anchura de la franja que debe cortar alrededor del prado en el primer periodo.

28. La base de un triángulo mide 4 pies menos que la altura. El área es de 48 pies cuadrados. Encuentre la base y la altura del triángulo.

29. La altura de un triángulo mide 2 pies menos que el doble de la base. El área es de 56 pies cuadrados. Halle la base y la altura del triángulo.

30. El porcentaje de utilidad de un traje fue igual al precio de costo en dólares. Si el traje se vendió a $144, ¿cuál fue el precio de costo del traje?

31. A demora 5 horas más en realizar un trabajo de lo que demora B. Si A y B trabajando juntos pueden efectuarlo en 6 horas, ¿cuánto tarda cada uno en hacerlo sólo?

32. A demora 7 horas más en realizar un trabajo de lo que demora B. Si A y B trabajando juntos pueden efectuarlo en 12 horas, ¿cuánto tarda cada uno en hacerlo sólo?

33. A demora 11 horas menos del doble del tiempo que tarda B en realizar un mismo trabajo. Si A y B trabajando juntos pueden terminarlo en 28 horas, ¿cuánto tarda cada uno en hacerlo sólo?

34. A demora 14 horas menos del doble del tiempo que emplea B en realizar un mismo trabajo. Si A y B trabajando juntos pueden terminarlo en 45 horas, ¿cuánto tarda cada uno en hacerlo sólo?

11.7 Gráficas de ecuaciones cuadráticas

La gráfica de una ecuación cuadrática $y = ax^2 + bx + c$, $a \neq 0$, $a, b, c \in R$, es el conjunto de puntos cuyas coordenadas son las parejas ordenadas (x, y) que satisfacen la ecuación. La representación gráfica de la ecuación cuadrática es una curva llamada **parábola**. Las parejas ordenadas se pueden encontrar asignando valores arbitrarios a x, y determinando los valores correspondientes de y.

Consideremos la ecuación $y = x^2 - 2x - 3$.

Cuando $x = -3$, $y = (-3)^2 - 2(-3) - 3 = 12$; por consiguiente, la pareja ordenada $(-3, 12)$ es una solución de la ecuación.

Cuando $x = -2$, $y = (-2)^2 - 2(-2) - 3 = 5$; por lo tanto, la pareja ordenada $(-2, 5)$ es una solución de la ecuación.

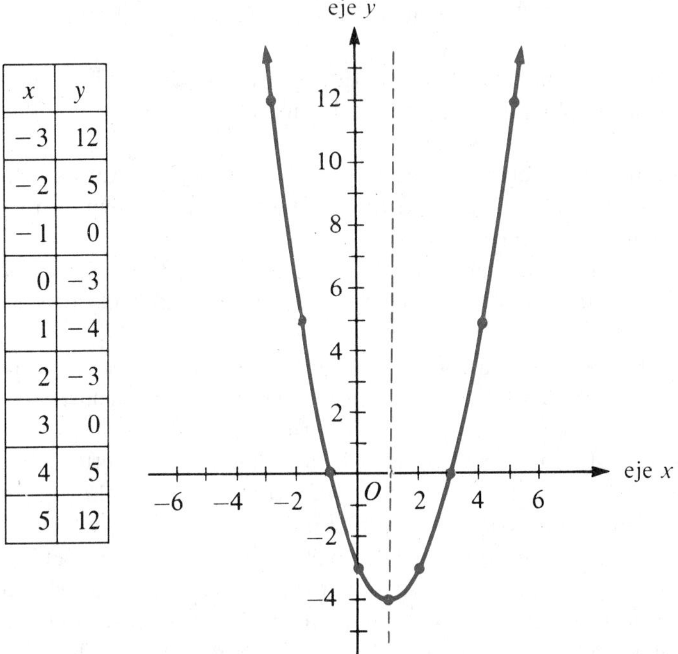

x	y
−3	12
−2	5
−1	0
0	−3
1	−4
2	−3
3	0
4	5
5	12

FIGURA 11.1

Del mismo modo, las parejas (−1, 0), (0, −3), (1, −4), (2, −3), (3, 0), (4, 5) y (5, 12) son soluciones de la ecuación.

Se construye una tabla con las parejas ordenadas.

Al localizar estas parejas ordenadas de números y conectarlas con una curva suave, se obtiene la gráfica de la ecuación, como aparece en la Figura 11.1.

Nota

A medida que x aumenta, la curva desciende (es decir, y disminuye) hasta que $x = 1$, $y = -4$, la curva deja de descender y empieza a elevarse cuando x aumenta. El punto donde la curva deja de descender y empieza a ascender se llama **punto mínimo de la curva**; también se denomina **vértice de la parábola**.

Nota

La recta vertical que pasa por el vértice divide a la curva en dos ramas simétricas. Esta recta se llama **recta de simetría** o **eje de la parábola**. Cualquier par de puntos de la parábola cuyas abscisas x_1 y x_2 son simétricas con respecto al eje de la parábola (equidistantes de él) tienen ordenadas iguales.

Coordenadas del vértice y ecuación de la recta de simetría

Considérese la ecuación $y = ax^2 + bx + c$, $a \neq 0$, $a, b, c \in R$.

$$\begin{aligned} y &= (ax^2 + bx) + c \\ &= a\left[x^2 + \frac{b}{a}x\right] + c \\ &= a\left[x^2 + \frac{b}{a}x + \frac{b^2}{4a^2} - \frac{b^2}{4a^2}\right] + c \\ &= a\left[\left(x + \frac{b}{2a}\right)^2 - \frac{b^2}{4a^2}\right] + c \\ &= a\left(x + \frac{b}{2a}\right)^2 - \frac{b^2}{4a} + c \\ &= a\left(x + \frac{b}{2a}\right)^2 - \frac{b^2 - 4ac}{4a} \end{aligned}$$

Para $a > 0$, puesto que $\left(x + \dfrac{b}{2a}\right)^2 \geq 0$, el valor mínimo de $y = -\dfrac{b^2 - 4ac}{4a}$ se adquiere cuando $x + \dfrac{b}{2a} = 0$, o $x = \dfrac{-b}{2a}$.

De esta manera las coordenadas del punto mínimo, el vértice de la parábola, son

$$\left(-\frac{b}{2a}, -\frac{b^2 - 4ac}{4a}\right)$$

La ecuación del eje de la parábola es $x = -\dfrac{b}{2a}$.

Observación

Cuando $a < 0$, el vértice de una parábola es su **punto máximo**, y la parábola se extiende hacia abajo.

Nota

Cuando se construye una tabla, se colocan las coordenadas del vértice de la parábola como la pareja central de la tabla. Puesto que los valores de x que son simétricos con respecto a $\dfrac{-b}{2a}$, dan lugar a valores de y iguales, el trabajo se reduce a la mitad. Se toman valores de x simétricos a $\dfrac{-b}{2a}$ y los valores de y correspondientes a ellos, son iguales.

EJEMPLO Encontrar las coordenadas del vértice y la ecuación del eje de la parábola cuya ecuación es $y = 2x^2 - 3$.

SOLUCIÓN $y = 2x^2 - 3 = 2(x - 0)^2 - 3$.

Las coordenadas del vértice son $(0, -3)$.

La ecuación del eje es $x = 0$.

EJEMPLO Hallar las coordenadas del vértice y la ecuación del eje de la parábola $y = 2x^2 - 3x + 1$.

SOLUCIÓN

$$\begin{aligned} y &= 2x^2 - 3x + 1 \\ &= 2\left(x^2 - \frac{3}{2}x\right) + 1 \\ &= 2\left(x^2 - \frac{3}{2}x + \frac{9}{16} - \frac{9}{16}\right) + 1 \\ &= 2\left[\left(x - \frac{3}{4}\right)^2 - \frac{9}{16}\right] + 1 \\ &= 2\left(x - \frac{3}{4}\right)^2 - \frac{9}{8} + 1 \\ &= 2\left(x - \frac{3}{4}\right)^2 - \frac{1}{8} \end{aligned}$$

Haciendo $x - \frac{3}{4} = 0$, obtenemos $x = \frac{3}{4}$.

Las coordenadas del vértice son $\left(\frac{3}{4}, -\frac{1}{8}\right)$.

La ecuación del eje es $x = \frac{3}{4}$.

EJEMPLO Graficar $y = 4x^2 - 4x - 3$.

SOLUCIÓN

$$\begin{aligned} y &= 4x^2 - 4x - 3 \\ &= 4(x^2 - x) - 3 \\ &= 4\left(x^2 - x + \frac{1}{4} - \frac{1}{4}\right) - 3 \\ &= 4\left[\left(x - \frac{1}{2}\right)^2 - \frac{1}{4}\right] - 3 \\ &= 4\left(x - \frac{1}{2}\right)^2 - 1 - 3 \\ &= 4\left(x - \frac{1}{2}\right)^2 - 4 \end{aligned}$$

Las coordenadas del vértice son $\left(\frac{1}{2}, -4\right)$.

Se construye ahora una tabla con $\left(\frac{1}{2}, -4\right)$ como pareja central.

Se toman valores de x simétricos a $\frac{1}{2}$ y se obtienen los correspondientes valores de y.

Obsérvese que $x = 0$ y $x = 1$ son simétricos con respecto a $x = \frac{1}{2}$ y entonces los valores de y son iguales, $y = -3$.

Para $x = -\frac{1}{2}$ y $x = \frac{3}{2}$, $y = 0$.

Para $x = -1$ y $x = 2$, $y = 5$.

Para $x = -\frac{3}{2}$ y $x = \frac{5}{2}$, $y = 12$.

Al localizar las parejas ordenadas de números y conectarlas con una curva suave, obtenemos la gráfica deseada como se muestra en la Figura 11.2.

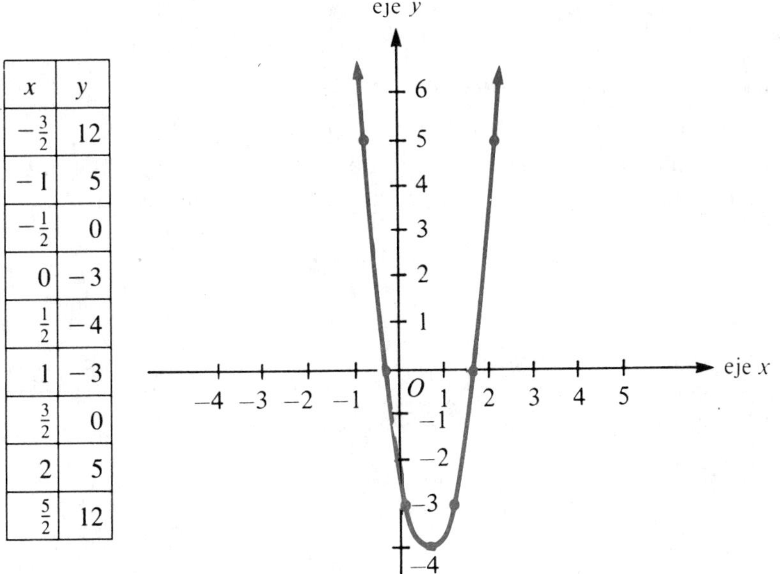

x	y
$-\frac{3}{2}$	12
-1	5
$-\frac{1}{2}$	0
0	-3
$\frac{1}{2}$	-4
1	-3
$\frac{3}{2}$	0
2	5
$\frac{5}{2}$	12

FIGURA 11.2

EJEMPLO Dibujar la gráfica de $y = x^2 + 2x + 2$.

SOLUCIÓN

$$\begin{aligned} y &= x^2 + 2x + 2. \\ &= (x^2 + 2x + 1) + 1 \\ &= (x + 1)^2 + 1 \end{aligned}$$

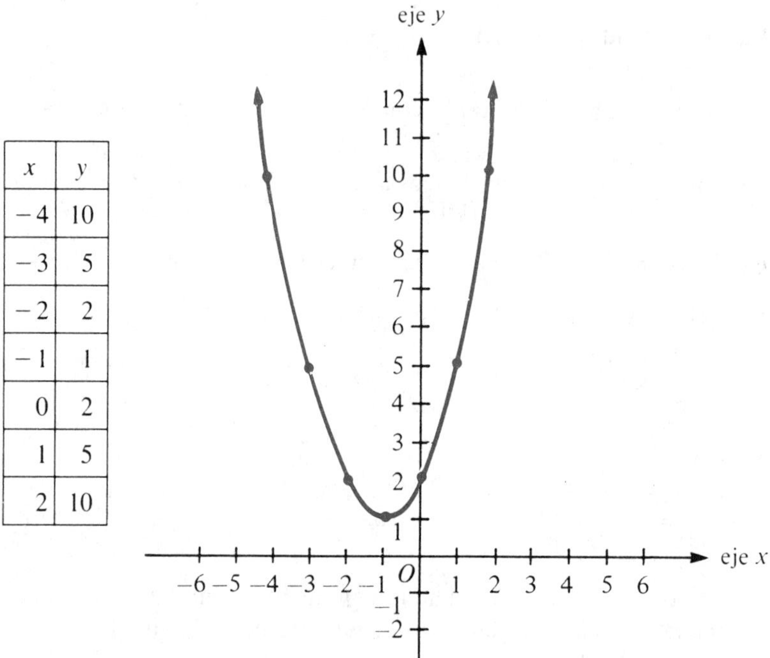

x	y
−4	10
−3	5
−2	2
−1	1
0	2
1	5
2	10

FIGURA 11.3

Las coordenadas del vértice son $(-1, 1)$.

Se construye una tabla con $(-1, 1)$ como pareja central.

Localizando las parejas ordenadas de números y uniéndolas con una curva suave, se obtiene la gráfica buscada, tal como se ilustra en la Figura 11.3.

EJEMPLO Trazar la gráfica de $y = -x^2 + 2x + 8$.

SOLUCIÓN

$$\begin{aligned} y &= -x^2 + 2x + 8 \\ &= -(x^2 - 2x) + 8 \\ &= -(x^2 - 2x + 1 - 1) + 8 \\ &= -[(x - 1)^2 - 1] + 8 \\ &= -(x - 1)^2 + 9 \end{aligned}$$

Las coordenadas del vértice son $(1, 9)$.

Construimos una tabla con $(1, 9)$ como pareja central.

Al localizar las parejas ordenadas de números y conectarlas con una curva suave, obtenemos la gráfica deseada (Figura 11.4).

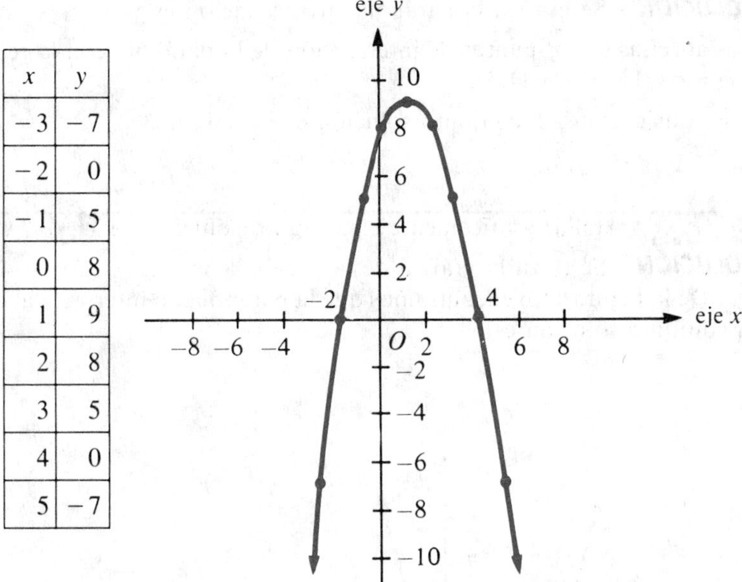

x	y
−3	−7
−2	0
−1	5
0	8
1	9
2	8
3	5
4	0
5	−7

FIGURA 11.4

Solución gráfica de ecuaciones cuadráticas

Si existen las abscisas de los puntos de intersección en las gráficas de la parábola cuya ecuación es $y = ax^2 + bx + c$ y la recta cuya ecuación es $y = 0$ (el eje x), son las raíces reales de la ecuación $ax^2 + bx + c = 0$.

EJEMPLO Encontrar gráficamente el conjunto solución de $x^2 + x - 2 = 0$.

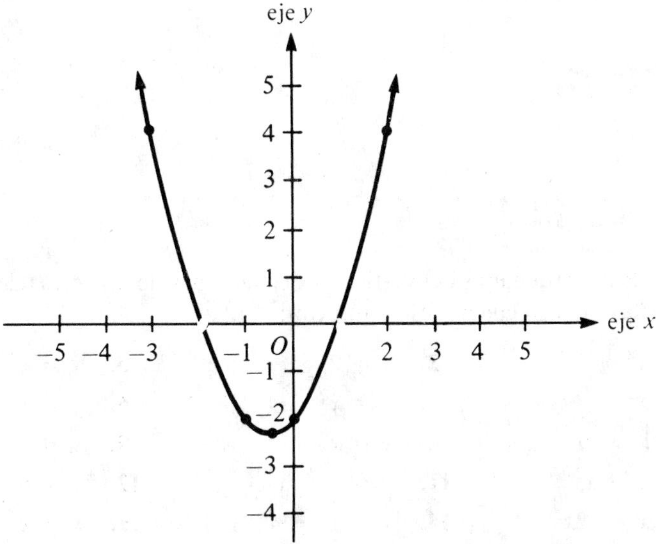

SOLUCIÓN Se grafica la parábola cuya ecuación es $y = x^2 + x - 2$.

Las abscisas de los puntos de intersección de la parábola con la recta $y = 0$, el eje x, son -2 y 1 (Figura 11.5).

Por consiguiente, el conjunto solución es $\{-2, 1\}$.

EJEMPLO Hallar gráficamente el conjunto solución de $x^2 + 2x + 4 = 0$.

SOLUCIÓN Se traza la gráfica de la parábola $y = x^2 + 2x + 4$.

De la Figura 11.6 encontramos que la parábola no intersecta al eje x. De modo que el conjunto solución es

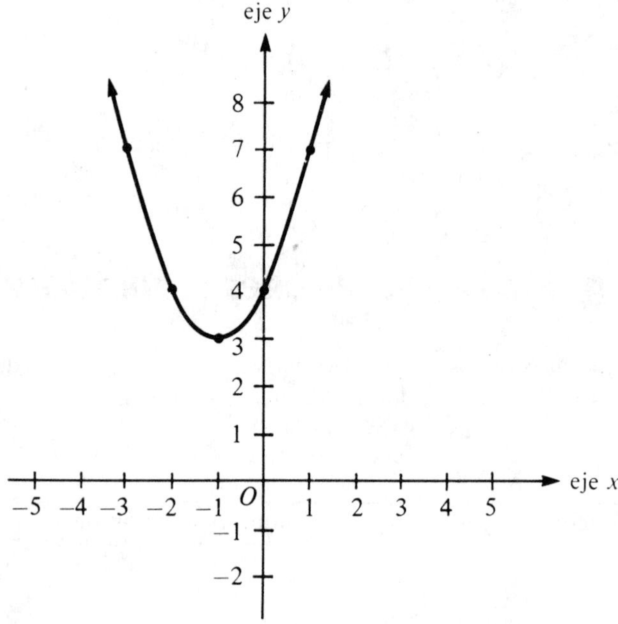

FIGURA 11.6

Ejercicios 11.7

Encuentre las coordenadas del vértice, las ecuaciones de las rectas de simetría, y dibuje las parábolas cuyas ecuaciones se indican:

1. $y = x^2$
2. $y = 2x^2$
3. $y = x^2 - 1$
4. $y = x^2 - 3$
5. $y = x^2 - 4$
6. $y = x^2 - 5$
7. $y = x^2 + 1$
8. $y = x^2 + 2$
9. $y = x^2 + 3$
10. $y = 1 - x^2$
11. $y = 3 - x^2$
12. $y = 6 - x^2$
13. $y = x^2 - 2x + 1$
14. $y = x^2 - 4x + 4$
15. $y = x^2 + 6x + 9$

16. $y = x^2 + 8x + 16$ **17.** $y = x^2 - 3x + 2$ **18.** $y = x^2 - 4x + 3$
19. $y = x^2 + 2x - 3$ **20.** $y = x^2 + 3x - 4$ **21.** $y = x^2 + 2x + 3$
22. $y = x^2 - 3x + 6$ **23.** $y = 3 + 2x - x^2$ **24.** $y = 8 + 2x - x^2$
25. $y = (2x - 3)^2$ **26.** $y = (3x - 2)^2$ **27.** $y = (3x + 2)^2$
28. $y = (3x + 4)^2$ **29.** $y = x^2 + 2x$ **30.** $y = x^2 + 4x$
31. $y = x^2 + x$ **32.** $y = x^2 + 3x$ **33.** $y = x^2 - 6x$
34. $y = x^2 - 8x$ **35.** $y = x^2 - 5x$ **36.** $y = x^2 - 7x$
37. $y = 2x^2 - 10x + 5$ **38.** $y = 2x^2 + 9x + 4$
39. $y = 6 + x - 2x^2$ **40.** $y = 4 + 7x - 2x^2$ **41.** $y = 2x^2 + 2x + 1$
42. $y = 3x^2 - 4x + 2$ **43.** $2y = x^2 + 3x - 5$ **44.** $3y = x^2 - x + 2$

Determine gráficamente los conjuntos solución de las siguientes ecuaciones:

45. $x^2 - 2x = 0$ **46.** $x^2 - 3 = 0$ **47.** $x^2 + 1 = 0$
48. $x^2 + 4 = 0$ **49.** $x^2 - 4x + 3 = 0$ **50.** $x^2 - 2x - 8 = 0$
51. $x^2 - 8x + 12 = 0$ **52.** $x^2 + 2x - 15 = 0$ **53.** $x^2 - 3x - 10 = 0$
54. $x^2 - x - 12 = 0$ **55.** $x^2 - 2x - 1 = 0$ **56.** $x^2 + 2x - 1 = 0$
57. $x^2 - x - 2 = 0$ **58.** $x^2 - 3x - 1 = 0$ **59.** $x^2 - 4x + 2 = 0$
60. $x^2 + 2x + 3 = 0$ **61.** $x^2 - 2x + 4 = 0$ **62.** $x^2 - 3x + 3 = 0$
63. $9x^2 - 6x + 1 = 0$ **64.** $4x^2 - 8x + 3 = 0$ **65.** $2x^2 - 3x - 2 = 0$
66. $3x^2 + 7x - 6 = 0$ **67.** $6x^2 - 5x - 6 = 0$ **68.** $4x^2 + 4x - 15 = 0$
69. $4x^2 + 4x - 3 = 0$ **70.** $3x^2 - 5x + 4 = 0$ **71.** $2x^2 + 3x + 2 = 0$

Repaso del Capítulo 11

Resuelva las siguientes ecuaciones por factorización:

1. $x^2 + x - 12 = 0$ **2.** $x^2 - 9x + 8 = 0$ **3.** $x^2 + 5x - 6 = 0$
4. $x^2 - 13x - 48 = 0$ **5.** $20x^2 - x - 30 = 0$
6. $12x^2 - 19x = 21$ **7.** $12x^2 + 35x = 52$
8. $24x^2 + 2x = 15$ **9.** $54x^2 - 17x = 96$
10. $6x^3 + x^2 - 15x = 0$ **11.** $12x^3 + 5x^2 - 3x = 0$
12. $x^4 - 10x^2 + 9 = 0$ **13.** $x^4 - 5x^2 + 4 = 0$
14. $(x - a)^2 + (x - a) - 6 = 0$ **15.** $(x + a)^2 - (x + a) - 12 = 0$

Resuelva las siguientes ecuaciones por el método de completar el cuadrado:

16. $x^2 + 6x = 0$ **17.** $2x^2 - 7x = 0$ **18.** $3x^2 - 5x = 0$
19. $x^2 - 5x + 4 = 0$ **20.** $x^2 - 8x + 16 = 0$ **21.** $x^2 - 3x - 4 = 0$
22. $x^2 - 8x - 9 = 0$ **23.** $2x^2 - 5x - 1 = 0$ **24.** $3x^2 + 4x - 2 = 0$
25. $3x^2 + 2x = -1$ **26.** $4x^2 - 7x = -5$ **27.** $5x^2 - 3x + 2 = 0$
28. $a^2x^2 + 6ax - 27 = 0$ **29.** $a^2x^2 - 4ax - 21 = 0$

30. $a^2x^2 - 2ax - 8 = 0$

31. $x^2 + ax - 30a^2 = 0$

32. $x^2 - 2ax - 35a^2 = 0$

33. $x^2 - 13ax + 40a^2 = 0$

Resuelva las siguientes ecuaciones por medio de la fórmula cuadrática:

34. $2x^2 - 7 = 0$

35. $12x^2 - 13 = 0$

36. $3x^2 - 4x = 0$

37. $6x^2 + 11x = 0$

38. $3x^2 - 20x = 32$

39. $8x^2 + 11x = 54$

40. $25x^2 + 30x = -1$

41. $5x^2 + 7x = 4$

42. $16x^2 + 9 = 24x$

43. $36x^2 + 49 = 84x$

44. $7x^2 - 6x + 4 = 0$

45. $9x^2 + 7x + 2 = 0$

46. $x^2 + 2ax - 3a^2 = 0$

47. $x^2 - 12ax + 32a^2 = 0$

48. $x^2 + \sqrt{3}x - 6 = 0$

49. $x^2 - \sqrt{2}x - 12 = 0$

50. $\sqrt{2}x^2 - 8x + 3\sqrt{2} = 0$

51. $\sqrt{5}x^2 - 2x - 2\sqrt{5} = 0$

Resuelva las ecuaciones siguientes:

52. $\dfrac{3x}{x+1} + \dfrac{1}{x-3} = 1$

53. $\dfrac{6x}{x-1} - \dfrac{2x}{x-2} = 3$

54. $\dfrac{3x}{x^2+x-6} + \dfrac{2}{x^2+4x+3} = \dfrac{x}{x^2-x-2}$

55. $\dfrac{5x}{x^2+x-20} - \dfrac{4x}{x^2+2x-15} = \dfrac{3}{x^2-7x+12}$

56. $\dfrac{2x}{3x^2-5x-2} - \dfrac{x}{2x^2-5x+2} = \dfrac{2}{6x^2-x-1}$

57. $\dfrac{6x}{6x^2-x-2} + \dfrac{7}{2x^2+9x+4} = \dfrac{10x}{3x^2+10x-8}$

58. $\dfrac{9x}{8x^2-2x-3} + \dfrac{2}{2x^2-x-1} = \dfrac{4x}{4x^2-7x+3}$

59. $\dfrac{9x}{12x^2+11x-5} + \dfrac{2}{15x^2-11x+2} = \dfrac{35x}{20x^2+17x-10}$

60. $\dfrac{15x}{6x^2-13x-5} - \dfrac{11x}{6x^2-x-1} = \dfrac{8}{4x^2-12x+5}$

61. $\dfrac{25x}{2x^2-3x-9} + \dfrac{14}{2x^2-x-6} = \dfrac{2x}{x^2-5x+6}$

62. $\dfrac{x+1}{3x^2-4x+1} - \dfrac{x+1}{2x^2+x-3} = \dfrac{2}{6x^2+7x-3}$

63. $\dfrac{x+6}{4x^2-9x-9} - \dfrac{x+2}{2x^2-5x-3} = \dfrac{1}{8x^2+10x+3}$

64. $\dfrac{x-11}{x^2-2x-3} + \dfrac{x-1}{x^2-5x+6} = \dfrac{x-3}{x^2-x-2}$

65. $\dfrac{x+1}{x^2+5x+6} + \dfrac{x+9}{x^2+x-6} = \dfrac{x+6}{x^2-4}$

Encuentre las coordenadas del vértice, la ecuación de la recta de simetría, y trace la gráfica de cada una de las parábolas indicadas por su ecuación:

66. $y = x^2 - 2$
67. $y = x^2 + 4$
68. $y = x^2 + 6x$
69. $y = x^2 - 4x$
70. $y = x^2 - 3x - 4$
71. $y = x^2 - 5x + 4$
72. $y = x^2 + 5x + 4$
73. $y = (2x + 1)^2$
74. $y = 3 + 2x - x^2$
75. $y = 2x^2 + 5x - 3$
76. $y = 2 + x - 3x^2$

77. El producto de dos números naturales pares consecutivos es 24 unidades menor que 12 veces el siguiente número par. Halle los dos números.
78. La suma de dos números naturales es 48 y la diferencia entre sus cuadrados es 36 unidades más que su producto. Encuentre los dos números.
79. La suma de dos números naturales es 20 y la de sus recíprocos es $\frac{5}{24}$. Determine los dos números.
80. Una excursión geológica costó $288 dólares. Si hubieran ido 4 estudiantes más, el costo por estudiante habría sido $1 menos. ¿Cuántos estudiantes fueron a la excursión?
81. Un hombre pintó una casa por $1200 dólares. El trabajo le llevó 10 horas más de lo que se suponía y entonces ganó 50₡ menos por hora de lo previsto. ¿En cuánto tiempo se suponía que pintaría la casa?
82. La base de un rectángulo mide 6 pies más que la altura. El área es de 216 pies cuadrados. Encuentre las dimensiones del rectángulo.
83. Si cada uno de los dos lados opuestos de un cuadrado se duplica y los otros dos se disminuyen 3 pies, el área del rectángulo resultante es de 27 pies cuadrados más que el área del cuadrado. Halle la longitud del lado del cuadrado.
84. Un hombre rema en un bote 20 millas río abajo y regresa en 11 horas y 20 minutos en total. Si puede remar 4¼ millas por hora en aguas tranquilas, ¿cuál es la velocidad de la corriente del río?
85. La base de un triángulo mide 6 pies menos que la altura. El área es de 216 pies cuadrados. Encuentre la base y la altura del triángulo.
86. La altura de un triángulo mide 10 pies menos que el doble de la base. El área es de 1116 pies cuadrados. Determine la base y la altura del triángulo.
87. El gerente de un teatro encontró que con un cobro de admisión de $2.50 dólares por persona, la asistencia diaria promedio era de 4000, mientras que por cada aumento de 25₡ la asistencia disminuía en 200 personas. ¿Cuál debe ser el precio de admisión para que el ingreso económico diario sea el máximo posible?
88. Un nuevo contrato de trabajo estipulaba un incremento salarial de $1 dólar por hora y una reducción de 5 horas en la semana laboral. Un trabajador que había estado recibiendo $240 dólares semanales obtendría $5 dólares de aumento a la semana según el nuevo contrato. Determine de cuántas horas era la semana laboral antes del nuevo contrato.

Repaso acumulativo

Capítulo 6 Factorice completamente:

1. $x(x + 1) + y(x + 1)$
2. $3x(x - 4) + y(x - 4)$
3. $2x(x - 2) + 4y(2 - x)$
4. $6x(x - 3) - 3y(3 - x)$
5. $x^2 - 36$
6. $4x^2 - 16$
7. $9x^4 - x^2y^2$
8. $x^6 - x^2y^4$
9. $(x + y)^2 - 1$
10. $(x - y)^2 - 9$
11. $(2x - 1)^2 - 4y^2$
12. $(3x + 1)^2 - 9y^2$
13. $x^2 - (y + 2)^2$
14. $4x^2 - 4(y - 1)^2$
15. $(x + y)^2 - (x - 1)^2$
16. $(x - y)^2 - (x + 2)^2$
17. $x^2 + 10x + 24$
18. $x^2 + 11x + 18$
19. $x^2 + 11x + 28$
20. $x^2 + 6x + 9$
21. $x^2 - 17x + 42$
22. $x^2 - 11x + 30$
23. $x^2 - 14x + 48$
24. $x^2 - 14x + 24$
25. $x^2 + 5x - 36$
26. $x^2 + 3x - 18$
27. $x^2 + 5x - 24$
28. $x^2 + 13x - 48$
29. $x^2 - 5x - 36$
30. $x^2 - 3x - 18$
31. $x^2 - 2x - 48$
32. $x^2 - 12x - 45$
33. $x^4 - x^2 - 12$
34. $x^4 - 18x^2 + 81$
35. $(x - y)^2 - 3(x - y) - 10$
36. $(x + y)^2 + 4(x + y) - 32$
37. $6x^2 + 15x + 6$
38. $3x^2 + 13x + 12$
39. $4x^2 + 12x + 9$
40. $4x^2 + 19x + 12$
41. $24x^2 - 44x + 16$
42. $4x^2 - 11x + 6$
43. $6x^2 - 23x + 15$
44. $12x^2 - 17x + 6$
45. $9x^2 + 6x - 24$
46. $8x^2 - 6x - 54$
47. $36x^2 - 19x - 6$
48. $12x^2 + 23x - 24$
49. $18x^2 - 11x - 24$
50. $18x^2 - 9x - 20$
51. $36x^2 - 23x - 8$
52. $24x^2 - 23x - 12$
53. $9 + 6x - 8x^2$
54. $36 + 3x - 3x^2$
55. $24 - 29x - 4x^2$
56. $16 + 6x - 27x^2$
57. $4x^4 + 11x^2 - 3$
58. $4x^4 - 15x^2 - 4$
59. $9x^4 - 13x^2 + 4$
60. $4x^4 - 25x^2 + 36$
61. $2(x + y)^2 - 5(x + y) - 3$
62. $8(x - y)^2 + 2(x - y) - 3$

Capítulo 7 Efectúe las operaciones indicadas y simplifique:

63. $\dfrac{x^2y^5}{x^4y^3}$ **64.** $\dfrac{x^9y^2}{x^3y^6}$ **65.** $\dfrac{x^2yz^3}{xy^2z^3}$ **66.** $\left(\dfrac{6x^3y}{4x^2y^3}\right)^3$

67. $\left(\dfrac{5x^5y^3}{10x^4y^4}\right)^4$ **68.** $\dfrac{(6x^2y^4)^3}{(9x^2y^3)^4}$ **69.** $\dfrac{x^4(x-1)^3}{x^2(1-x)^4}$ **70.** $\dfrac{6x^2-24x}{x^2-10x+24}$

71. $\dfrac{4x^2-12x}{x^2-6x+9}$ **72.** $\dfrac{2x^2+4x}{x^2-4}$ **73.** $\dfrac{4x^2+12x+9}{4x^2-9}$

74. $\dfrac{x^2-6x-16}{x^2-5x-24}$ **75.** $\dfrac{x^2-2x-24}{x^2-10x+24}$ **76.** $\dfrac{2x^2-5x-3}{6x^2-5x-4}$

77. $\dfrac{9+6x-8x^2}{2x^2+5x-12}$ **78.** $\dfrac{4x^2-15x-4}{12+5x-2x^2}$

79. $\dfrac{x+4}{4x}+\dfrac{x-3}{3x}$ **80.** $\dfrac{x-2}{6x}+\dfrac{x+1}{8x}$

81. $\dfrac{2x-1}{9x}-\dfrac{x-1}{6x}$ **82.** $\dfrac{x}{x+1}+\dfrac{2}{x-2}$

83. $\dfrac{2x}{4x-3}-\dfrac{3x}{6x-1}$ **84.** $\dfrac{2x+1}{x^2+x-6}-\dfrac{1}{x^2-3x+2}$

85. $\dfrac{2x-7}{x^2-7x+12}-\dfrac{5}{x^2-3x-4}$ **86.** $\dfrac{3x+3}{2x^2+5x+2}+\dfrac{x-3}{2x^2+9x+4}$

87. $\dfrac{4}{4x^2+4x-3}+\dfrac{3x+1}{2x^2-x-6}$

88. $\dfrac{2x+1}{3x^2-7x+2}+\dfrac{3}{x^2-x-2}+\dfrac{4x}{3x^2+2x-1}$

89. $\dfrac{3x+5}{x^2+4x+3}+\dfrac{5}{x^2+x-6}-\dfrac{2x-1}{x^2-x-2}$

90. $\dfrac{3x-4}{2x^2-7x+3}-\dfrac{x-3}{2x^2+3x-2}-\dfrac{5}{x^2-x-6}$

91. $\dfrac{5x-4}{2x^2+x-6}+\dfrac{4x+1}{3x^2+5x-2}-\dfrac{5x-4}{6x^2-11x+3}$

92. $\dfrac{2x-1}{x^2-x-6}+\dfrac{2x-4}{x^2-4x+3}-\dfrac{2x+1}{x^2+x-2}$

93. $\dfrac{2x^2-x-3}{3x^2+7x+4}\cdot\dfrac{3x^2-8x-16}{2x^2-5x+3}$

94. $\dfrac{3x^2-4x-4}{x^2+x-6}\cdot\dfrac{4x^2+11x-3}{3x^2+14x+8}$

95. $\dfrac{3x^2 - 10x + 3}{2 - 5x - 3x^2} \cdot \dfrac{2x^2 + 7x + 6}{x^2 - 8x + 15}$

96. $\dfrac{1 + 2x - 3x^2}{3x^2 + 19x + 6} \cdot \dfrac{2x^2 + 13x + 6}{2x^2 - 3x + 1}$

97. $\dfrac{4x^2 - 7x - 2}{2x^2 - 7x + 6} \div \dfrac{4x^2 - 11x - 3}{3x^2 - 11x + 6}$

98. $\dfrac{2x^2 - 11x + 12}{4x^2 - 8x + 3} \div \dfrac{2x^2 - x - 6}{4x^2 + 4x - 3}$

99. $\dfrac{4x^2 - 7x + 3}{2x^2 - x - 1} \div \dfrac{8 - 2x - 3x^2}{2x^2 + 5x + 2}$

100. $\dfrac{3x^2 + 10x + 3}{4x^2 + 11x - 3} \div \dfrac{3x^2 - 8x - 3}{4x^2 - 9x + 2}$

101. $\dfrac{2x^2 + 7x - 9}{3x^2 + 5x - 12} \cdot \dfrac{2x^2 + 5x - 3}{2x^2 + x - 36} \div \dfrac{2x^2 + x - 3}{3x^2 - 16x + 16}$

102. $\dfrac{4x^2 + 11x + 6}{4x^2 - 21x - 18} \cdot \dfrac{4x^2 - 27x + 18}{2x^2 - x - 10} \div \dfrac{4x^2 - 7x + 3}{2x^2 - 3x - 5}$

103. $\dfrac{3x^2 - 20x + 12}{x^2 + 4x - 32} \div \dfrac{4x^2 + 21x - 18}{x^2 + 2x - 24} \cdot \dfrac{4x^2 + 29x - 24}{x^2 - 8x + 12}$

104. $\dfrac{2x^2 - 3x + 1}{2x^2 - 15x - 8} \div \dfrac{3x^2 + 11x + 6}{3x^2 + 5x + 2} \cdot \dfrac{x^2 - 5x - 24}{x^2 - 1}$

105. $\dfrac{x^2 + 2x - 8}{x^2 - 6x + 8} \cdot \dfrac{2x - 8}{3x^2 + 10x - 8} - \dfrac{3}{2x - 3}$

106. $\dfrac{9x^2 + 3x - 2}{6x^2 - 11x - 10} \cdot \dfrac{6x - 15}{3x^2 + 8x - 3} - \dfrac{4}{x + 5}$

107. $\dfrac{3}{x - 2} + \dfrac{x^2 - x - 12}{2x^2 + 5x - 3} \div \dfrac{x^2 - 3x - 4}{4x - 2}$

108. $\dfrac{4}{2x - 1} - \dfrac{4x^2 - 3x - 1}{4x^2 + 9x + 2} \div \dfrac{3x^2 - x - 2}{3x + 6}$

109. $\left(x - \dfrac{6}{x + 1}\right)\left(x - \dfrac{3}{x - 2}\right)$

110. $\left(x - \dfrac{4}{x - 3}\right)\left(x - \dfrac{12}{x + 1}\right)$

111. $\left(x - \dfrac{4}{x + 3}\right)\left(x + 6 + \dfrac{12}{x - 1}\right)$

112. $\left(x - \dfrac{24}{x + 2}\right) \div \left(x + 2 - \dfrac{16}{x + 2}\right)$

113. $\left(x + \dfrac{6}{x-5}\right) \div \left(x + 10 + \dfrac{36}{x-5}\right)$

114. $\left(x - 2 - \dfrac{5}{2x-1}\right) \div \left(2x - 3 + \dfrac{14}{x+4}\right)$

115. $\dfrac{3x+2}{3x - 10 + \dfrac{28}{x+3}}$

116. $\dfrac{2x-1}{x - 1 + \dfrac{1}{6x-1}}$

117. $\dfrac{x - \dfrac{24}{x-2}}{x + 8 + \dfrac{24}{x-2}}$

118. $\dfrac{4x - 9 + \dfrac{34}{x+4}}{4x - 13 + \dfrac{51}{x+4}}$

119. $\dfrac{x - 4 + \dfrac{2}{x-1}}{x - \dfrac{8}{x+2}}$

120. $\dfrac{x - \dfrac{3}{2x+1}}{2x + 1 + \dfrac{3}{x+3}}$

Resuelva las siguientes ecuaciones para x:

121. $ax + 2a = 2x + a^2$

122. $2ax + a = 2x + a^2$

123. $x + 2a = ax + 2a^2$

124. $4x + 12a = 3a^2 + ax$

125. $a(x - a) = 5a - 3(x - 2)$

126. $a(x - a) = 3a - 2(x - 1)$

127. $a(2x - a) = 5a - 2(x - 2)$

128. $2a(3x - a) = 3(x + 1) - 7a$

129. $\dfrac{3}{x-3} - \dfrac{2}{x-4} = 0$

130. $\dfrac{5}{x-1} - \dfrac{3}{x-2} = 0$

131. $\dfrac{1}{2x-1} + \dfrac{3}{12x-8} = \dfrac{2}{3x-2}$

132. $\dfrac{2}{x+1} - \dfrac{3}{x+2} = \dfrac{1}{3x+3}$

133. $\dfrac{6}{x+3} + \dfrac{20}{x^2+x-6} = \dfrac{5}{x-2}$

134. $\dfrac{7}{x+2} + \dfrac{2}{x+3} = \dfrac{1}{x^2+5x+6}$

135. $\dfrac{2x+3}{x^2+3x+2} + \dfrac{5}{x^2-x-6} = \dfrac{2x-1}{x^2-2x-3}$

136. $\dfrac{2x-3}{x^2-3x+2} - \dfrac{6}{x^2+2x-8} = \dfrac{2x+1}{x^2+3x-4}$

137. $\dfrac{x+1}{2x^2+7x-4} - \dfrac{x}{2x^2-7x+3} = \dfrac{1}{x^2+x-12}$

138. $\dfrac{3x}{6x^2 - 7x - 3} - \dfrac{x - 2}{2x^2 - 5x + 3} = \dfrac{3}{3x^2 - 2x - 1}$

139. ¿Qué número debe sumarse tanto al numerador como al denominador de la fracción $\dfrac{23}{47}$ para obtener una fracción igual a $\dfrac{3}{5}$?

140. El denominador de una fracción simple excede al numerador en 29. Si se suma 6 al numerador y 22 al denominador, el valor de la nueva fracción es $\dfrac{7}{12}$. Encuentre la fracción original.

141. Un número supera en 57 a otro. Si el número mayor se divide entre el menor, el cociente es 3 y el residuo es 5. Halle los números.

142. El dígito de las decenas de un número de dos cifras supera en 4 al de las unidades. Si el número se divide entre la suma de sus dígitos, el cociente es 6 y el residuo es 11. Encuentre el número.

143. El dígito de las unidades de un número de dos cifras supera en 2 al de las decenas. Si el número se divide entr el doble del dígito de las unidades, el cociente es 4 y el residuo es 1. Obtenga el número.

144. Si A puede hacer un trabajo en 42 horas y B en 56 horas, ¿cuánto demorarán en hacer el trabajo juntos?

145. Si A puede realizar un trabajo en 60 horas y A y B haciéndolo juntos lo efectúan en 35 horas, ¿cuánto tardará B en hacer el trabajo solo?

146. Juan tardó en manejar 14 millas el mismo tiempo que empleó en volar 45. La velocidad media del helicóptero fue 9 mph superior al triple de la del automóvil. ¿Cuál fue la velocidad media del auto?

Capítulo 8 Encuentre las pendientes de las rectas representadas por las siguientes ecuaciones, de dos maneras distintas:

147. $x - 2y = 0$ **148.** $y - 3x = 0$ **149.** $2x + 5y = 0$

150. $x + 1 = 0$ **151.** $y - 2 = 0$ **152.** $2x - y = 3$

153. $3x - 4y = 7$ **154.** $4x + 7y = 11$ **155.** $2x - 8y = 5$

156. $5x + 4y = 13$ **157.** $9x - 8y = 1$ **158.** $6x - 5y = -4$

Obtenga las ecuaciones de las rectas que pasan por los puntos dados:

159. $A(0, 0)$, $B(1, -1)$ **160.** $A(0, 1)$, $B(3, 0)$

161. $A(-1, 1)$, $B(2, -4)$ **162.** $A(1, -2)$, $B(2, 7)$

163. $A(3, 1)$, $B(-7, -3)$ **164.** $A(2, 6)$, $B(-4, -1)$

Encuentre la ecuación de la recta que pasa por el punto dado con la pendiente prescrita:

165. $A(2, 1)$; 0 **166.** $A(1, -3)$; 0 **167.** $A(1, 1)$; 3

168. $A(3, -2)$; 4 **169.** $A(-1, -2)$; -1 **170.** $A(5, 2)$; -2

171. $A(1, 4)$; $\dfrac{1}{2}$ **172.** $A(-2, 5)$; $-\dfrac{2}{3}$ **173.** $A(-4, 2)$; $\dfrac{3}{2}$

Determine la ecuación de la recta con las intersecciones x y y indicadas:

174. 2; 2 **175.** 1; 4 **176.** -2; 3 **177.** -3; 6
178. 1; -2 **179.** 2; -5 **180.** -3; -7 **181.** -4; -8

Resuelva gráficamente los siguientes sistemas de ecuaciones:

182. $x = 1,\; 2x + y = 1$ **183.** $y = 2,\; x - y = 2$ **184.** $x + 2y = 0,\; 2x - y = 5$
185. $2x - y = 2,\; x + 3y = 8$ **186.** $x + y = 2,\; 2x + 3y = 3$ **187.** $x - 3y = 3,\; 2x - 6y = 9$

Solucione por eliminación los siguientes sistemas de ecuaciones:

188. $2x - y = 6,\; 3x + y = 4$ **189.** $x - y = 5,\; 2x + y = 4$ **190.** $2x - y = 3,\; x + 2y = 9$
191. $x - 3y = 5,\; 2x + y = 3$ **192.** $x + 2y = 3,\; 2x + 3y = 3$ **193.** $3x - 4y = 10,\; 5x + 3y = 7$
194. $2x + 3y = 1,\; 4x + 6y = 5$ **195.** $x - 2y = 4,\; 2x - 4y = 9$ **196.** $x - 3y = 2,\; 3x - 9y = 4$
197. $x + 5y = 2,\; 2x + 10y = 4$ **198.** $x + 3y = -2,\; 3x + 9y = -6$ **199.** $3x - y = -1,\; 6x - 2y = -2$

Despeje los siguientes sistemas de ecuaciones mediante el método de sustitución:

200. $x - y = 0,\; 2x + y = 6$ **201.** $2x - y = 0,\; 3x + y = 10$ **202.** $x + y = 2,\; 2x + y = 3$
203. $x - y = 5,\; x - 2y = 7$ **204.** $2x - 3y = -1,\; 3x - 2y = 6$ **205.** $2x + 3y = 2,\; 3x + 5y = 2$

Resuelva los sistemas de ecuaciones siguientes:

206. $x + 4(y + 3) = 5,\; 3(x - 1) - 2(y + 2) = 0$
207. $2x - 3(y + 1) = 8,\; 3(x + 2) + 5y = -6$
208. $2(3x - y) - 5(x - y) = 5,\; 4(2x - 3y) - 7(x - 2y) = 4$
209. $3(3x - 2y) - 4(2x - 3y) = 11,\; 6(x - 4y) - 5(x - 5y) = 1$

210. $\dfrac{3x}{4} + \dfrac{5y}{2} = 2,\; \dfrac{3x}{2} + \dfrac{7y}{2} = 1$
211. $\dfrac{2x}{3} + \dfrac{3y}{2} = 8,\; \dfrac{5x}{3} - \dfrac{3y}{4} = 2$

212. $\dfrac{5x}{4} - \dfrac{y}{3} = \dfrac{7}{2},\; \dfrac{3x}{4} + \dfrac{2y}{3} = -\dfrac{1}{2}$
213. $\dfrac{3x}{8} + \dfrac{2y}{3} = -\dfrac{5}{4},\; \dfrac{3x}{5} + \dfrac{5y}{3} = -\dfrac{19}{5}$

214. $\dfrac{x - y}{2} - \dfrac{x - 2y}{3} = \dfrac{5}{6},\; \dfrac{x + y}{4} - \dfrac{x - 3y}{3} = \dfrac{11}{12}$
215. $\dfrac{4x - y}{4} - \dfrac{2x - y}{3} = \dfrac{1}{12},\; \dfrac{2x - y}{3} - \dfrac{4x + y}{2} = \dfrac{7}{6}$

216. $\frac{5}{x} + \frac{6}{y} = 3,$ $\frac{10}{x} + \frac{9}{y} = 5$

217. $\frac{3}{x} + \frac{2}{y} = 13,$ $\frac{4}{x} - \frac{5}{y} = 2$

218. $\frac{5}{2x} - \frac{7}{3y} = \frac{1}{3},$ $\frac{1}{2x} + \frac{4}{3y} = \frac{11}{3}$

219. $\frac{1}{3x} - \frac{1}{y} = -\frac{2}{3},$ $\frac{4}{x} + \frac{3}{2y} = \frac{49}{4}$

220. $\frac{1}{4x} + \frac{2}{3y} = \frac{11}{12},$ $\frac{3}{5x} - \frac{1}{2y} = \frac{1}{10}$

221. $\frac{3}{4x} + \frac{2}{3y} = \frac{35}{36},$ $\frac{4}{3x} - \frac{3}{5y} = \frac{17}{15}$

222. El doble de un número supera en 7 al triple de otro, mientras que 11 veces el segundo número es 6 unidades menor que el séptuplo del primero. Encuentre ambos números.

223. Un número de dos cifras supera en 5 a 8 veces la suma de sus dígitos. Si los dígitos se intercambian, el resultado excede en 4 al doble del dígito de las decenas del número original. Halle este número.

224. Si se suma 1 al numerador y 4 al denominador de una fracción, su valor se convierte en $\frac{2}{3}$. Si se resta 4 del numerador y se suma 9 al denominador, el valor resultante es $\frac{1}{2}$. Determine la fracción original.

225. Un hombre invirtió parte de su dinero al 6% y el resto al 7.5%. El ingreso por ambas inversiones totalizó \$3 600 dólares. Si hubiera intercambiado sus inversiones el ingreso habría totalizado \$3 420. ¿Qué cantidad tenía en cada inversión?

226. Si una aleación de cobre al 60% se combinara con otra al 90%, la mezcla contendría 66% de cobre. Si hubiera 20 libras más de la aleación al 60%, la mezcla resultaría al 65% de cobre. ¿Cuántas libras hay de cada aleación?

227. Un punto de apoyo está situado, de tal manera, que dos cargas de 90 y 120 libras quedan en equilibrio. Si se agregan 30 libras a la carga de 120, la de 90 debe moverse 2 pies más lejos del punto de apoyo para mantener el equilibrio. Encuentre la distancia original entre las cargas de 90 y 120 libras.

228. Si la base de un rectángulo se incrementa 4 pulgadas y su altura disminuye 2, su área aumenta 6 pulgadas cuadradas. Si la base disminuye 3 pulgadas y la altura aumenta 2, el área disminuye 6 pulgadas cuadradas. Obtenga el área del rectángulo original.

229. A y B pueden realizar un trabajo juntos en 18 horas. Si A trabaja sólo durante 6 horas y luego B lo completa en 36 horas, ¿cuántas horas demorará cada uno en hacer el trabajo solo?

Grafique el conjunto solución de cada uno de los siguientes sistemas de desigualdades:

230. $x + y < 3,$ $3x - y < 1$

231. $x - y \leq 0,$ $x + 2y \geq 3$

232. $2x - y \geq 5,$ $x + 2y > 0$

233. $x - 2y > 2,$ $2x + y \leq 4$

234. $x - 3y < -1,$ $x + 2y > 4$

235. $2x - y \leq 2,$ $x + 3y \leq 8$

Capítulo 9 Efectúe las operaciones indicadas y simplifique:

236. $2^{\frac{1}{2}} \cdot 2^{\frac{3}{2}}$ **237.** $27 \cdot 3^{\frac{1}{3}}$ **238.** $x^{2} \cdot x^{\frac{1}{2}}$ **239.** $x^{\frac{1}{6}} \cdot x^{\frac{1}{3}}$

240. $x^{\frac{2}{3}}y^{\frac{1}{2}} \cdot x^{\frac{1}{6}}y^{\frac{3}{2}}$ **241.** $x^{\frac{3}{4}}y^{\frac{1}{2}} \cdot x^{\frac{3}{2}}y^{\frac{5}{4}}$ **242.** $x^{\frac{1}{2}}y^{\frac{7}{8}} \cdot x^{\frac{1}{8}}y^{\frac{1}{4}}$

243. $\left(2^{\frac{1}{4}}\right)^{2}$ **244.** $\left(2^{3}\right)^{\frac{1}{9}}$ **245.** $\left(5^{\frac{1}{2}}\right)^{\frac{4}{3}}$ **246.** $\left(x^{2}\right)^{\frac{3}{4}}$

247. $\left(x^{\frac{1}{2}}\right)^{6}$ **248.** $\left(x^{\frac{4}{5}}\right)^{\frac{5}{2}}$ **249.** $8^{\frac{4}{3}}$ **250.** $(-125)^{\frac{1}{3}}$

251. $\left(x^{\frac{1}{4}}y^{\frac{1}{2}}\right)^{2}\left(x^{\frac{1}{2}}y^{\frac{2}{3}}\right)^{6}$ **252.** $\left(x^{\frac{3}{8}}y^{\frac{1}{4}}\right)^{8}\left(x^{\frac{1}{6}}y^{\frac{1}{3}}\right)^{6}$

253. $(x^{3}y^{6})^{\frac{1}{3}}(x^{8}y^{2})^{\frac{1}{2}}$ **254.** $(x^{4}y^{2})^{\frac{3}{2}}(x^{6}y^{3})^{\frac{1}{3}}$

255. $\left(x^{\frac{5}{6}}y^{\frac{2}{3}}\right)^{\frac{3}{5}}\left(x^{\frac{2}{3}}y^{\frac{2}{5}}\right)^{\frac{3}{4}}$ **256.** $\left(x^{\frac{5}{8}}y^{\frac{7}{6}}\right)^{\frac{8}{7}}\left(x^{\frac{4}{7}}y^{\frac{4}{3}}\right)^{\frac{1}{2}}$

257. $x^{3}\left(x^{\frac{1}{3}} + 1\right)$ **258.** $x^{2}\left(x^{\frac{1}{4}} - 1\right)$ **259.** $x^{\frac{1}{2}}\left(x^{2} - 2\right)$

260. $x^{\frac{1}{3}}(x^{3} + 2)$ **261.** $x^{\frac{1}{2}}\left(x^{\frac{1}{2}} - y^{\frac{1}{2}}\right)$ **262.** $x^{\frac{1}{4}}\left(x^{\frac{3}{4}} + y^{\frac{1}{4}}\right)$

263. $(x - 1)\left(x^{\frac{1}{2}} + 1\right)$ **264.** $(x + 2)\left(x^{\frac{1}{2}} - 1\right)$

265. $\left(x^{\frac{1}{2}} - 1\right)\left(x^{\frac{1}{2}} + 1\right)$ **266.** $\left(3x^{\frac{1}{2}} + 2\right)\left(3x^{\frac{1}{2}} - 2\right)$

267. $\left(x^{\frac{1}{2}} + 2\right)\left(x^{\frac{1}{2}} - 3\right)$ **268.** $\left(3x^{\frac{1}{2}} - 1\right)\left(2x^{\frac{1}{2}} + 3\right)$

269. $\left(x^{\frac{1}{2}} + y^{\frac{1}{2}}\right)^{2}$ **270.** $\left(x^{\frac{1}{2}} - y^{\frac{1}{2}}\right)^{2}$

271. $\dfrac{2^{\frac{3}{2}}}{2^{\frac{1}{2}}}$ **272.** $\dfrac{3^{\frac{2}{3}}}{27}$ **273.** $\dfrac{x^{\frac{4}{5}}}{x^{\frac{1}{5}}}$ **274.** $\dfrac{x^{\frac{1}{6}}}{x^{\frac{4}{3}}}$

275. $\dfrac{x^{\frac{5}{6}}y^{\frac{3}{4}}}{x^{\frac{1}{3}}y^{\frac{7}{4}}}$ **276.** $\dfrac{x^{\frac{1}{2}}y^{\frac{1}{3}}}{x^{2}y^{\frac{1}{6}}}$ **277.** $\left(\dfrac{x^{\frac{1}{3}}y^{\frac{3}{2}}}{x^{\frac{5}{6}}y^{\frac{4}{3}}}\right)^{6}$ **278.** $\left(\dfrac{x^{\frac{3}{4}}y^{\frac{3}{8}}}{x^{\frac{1}{2}}y^{\frac{1}{4}}}\right)^{4}$

279. $\left(\dfrac{x^{\frac{3}{2}}y^{\frac{1}{4}}}{x^{\frac{3}{4}}y^{\frac{1}{8}}}\right)^{\frac{4}{3}}$ **280.** $\dfrac{\left(x^{\frac{1}{2}}y^{\frac{3}{4}}\right)^{\frac{2}{3}}}{\left(x^{\frac{4}{3}}y^{\frac{1}{2}}\right)^{\frac{3}{4}}}$ **281.** $\dfrac{\left(x^{\frac{2}{9}}y^{\frac{4}{3}}\right)^{\frac{3}{2}}}{\left(x^{\frac{3}{2}}y^{\frac{9}{4}}\right)^{\frac{2}{9}}}$ **282.** $\dfrac{\left(x^{\frac{8}{3}}y^{\frac{5}{6}}\right)^{\frac{3}{2}}}{\left(x^{\frac{4}{3}}y^{\frac{2}{3}}\right)^{\frac{3}{8}}}$

Simplifique las siguientes expresiones y escriba las respuestas con exponentes positivos, dado que $x \neq 0$, $y \neq 0$:

283. 3^{0} **284.** $(-6)^{0}$ **285.** $\left(\dfrac{1}{2}\right)^{0}$ **286.** $2^{0}x^{2}$

287. $(-x^{3})^{0}$ **288.** $(x^{0} - 1)^{0}$ **289.** $(2x^{0} - 1)^{7}$ **290.** $(x - 3y^{0})^{2}$

291. $3 \cdot 4^{-1}$ **292.** $4x^{-1}$ **293.** xy^{-2} **294.** $3^{-2}x^{-3}$

295. $2^3 \cdot 2^{-1}$ **296.** $2^{-1} \cdot 2^{-3}$ **297.** $x^2y^{-3} \cdot x^{-4}y^5$
298. $x^{-3}y^{-1} \cdot x^3y^{-2}$ **299.** $xy^{-4} \cdot x^{-2}y^4$
300. $x^{-1}y \cdot x^{-3}y^{-2}$ **301.** $x^3y^{-1} \cdot x^{-2}y^{-4}$
302. $x^{-2}y^3 \cdot x^{-1}y^{-2}$ **303.** $(x^3)^{-1}$ **304.** $(x^{-2})^{-2}$
305. $(xy^{-2})^2(x^2y^{-3})^{-2}$ **306.** $(x^{-2}y)^2(xy^{-3})^{-1}$
307. $(x^{-1}y^2)^{-2}(x^{-1}y)^3$ **308.** $\dfrac{2^{-3}}{2^2}$

309. $\dfrac{3^{-3}}{3^{-2}}$ **310.** $\dfrac{x^{-3}}{x}$ **311.** $\dfrac{x^2}{x^{-3}}$ **312.** $\dfrac{x^{-1}}{x^{-6}}$

313. $\dfrac{x^{-5}}{x^{-3}}$ **314.** $\dfrac{x^{-2}y^2}{x^4y^{-6}}$ **315.** $\dfrac{x^{-8}y^7}{x^{-4}y^{-1}}$ **316.** $\dfrac{x^{-3}y^{-5}}{x^{-6}y^2}$

317. $\dfrac{(x^{-2}y^2z^{-1})^{-2}}{(xy^{-2}z^{-1})^{-3}}$ **318.** $\dfrac{(x^{-1}y^{-2}z)^{-4}}{(x^2y^{-1}z^{-3})^{-3}}$

319. $\dfrac{(x^{-2}yz^{-3})^5}{(x^3y^{-1}z^2)^{-4}}$ **320.** $\dfrac{2x^{-2} - 2x^{-1}}{1 - x^{-2}}$

321. $\dfrac{x^{-1} - 3x^{-2}}{1 - 5x^{-1} + 6x^{-2}}$ **322.** $\dfrac{x^{-1} + 4x^{-2}}{1 + x^{-1} - 12x^{-2}}$

Escriba los números siguientes en notación científica:

323. 3.78 **324.** 6.32 **325.** 98.6 **326.** 121.8
327. 0.413 **328.** 0.573 **329.** 0.0391 **330.** 0.00338

Capítulo 10 Escriba los siguientes radicales en forma estándar:

331. $\sqrt{40}$ **332.** $\sqrt{52}$ **333.** $\sqrt{68}$ **334.** $\sqrt{128}$

335. $\sqrt[3]{32}$ **336.** $\sqrt[3]{-72}$ **337.** $\sqrt[4]{162}$ **338.** $\sqrt[5]{-96}$
339. $\sqrt{16x^4y}$ **340.** $\sqrt{x^6y^3}$ **341.** $\sqrt{9x^3y^5}$ **342.** $\sqrt{(x+1)^3}$
343. $\sqrt{(x-1)^5}$ **344.** $\sqrt{x^3+1}$ **345.** $\sqrt[3]{16x^5}$ **346.** $\sqrt[3]{8x^4y^6}$

347. $\sqrt[3]{81x^3y^7}$ **348.** $\sqrt[4]{x^4y^6}$ **349.** $\sqrt[5]{x^7y^3}$ **350.** $\sqrt[6]{x^2y^8}$

Simplifique y combine radicales semejates:

351. $\sqrt{75} - \sqrt{12} - \sqrt{9}$ **352.** $\sqrt{98} - \sqrt{72} + \sqrt{28}$
353. $\sqrt[3]{162} - \sqrt[3]{-54} - \sqrt[3]{16}$ **354.** $\sqrt[4]{36} + \sqrt{96} - \sqrt{54}$
355. $x\sqrt{4xy^3} + y\sqrt{9x^3y} - \sqrt{49x^3y^3}$
356. $x^2\sqrt{36x^3} - x\sqrt{16x^5} + \sqrt{25x^7}$
357. $x^2\sqrt[3]{8x} - 5x\sqrt[3]{-x^4} - \sqrt[3]{343x^7}$
358. $y\sqrt{48x^3y^2} - x\sqrt[4]{144x^2y^8} + xy\sqrt{108xy^2}$

Efectúe las multiplicaciones indicadas y simplifique:

359. $\sqrt{3}\,\sqrt{21}$ **360.** $\sqrt{6}\,\sqrt{15}$ **361.** $\sqrt[3]{4}\,\sqrt[3]{6}$ **362.** $\sqrt[3]{-15}\,\sqrt[3]{25}$
363. $\sqrt[3]{-10}\,\sqrt[3]{-75}$ **364.** $\sqrt[4]{9}\,\sqrt[4]{27}$ **365.** $\sqrt{6x}\,\sqrt{15xy}$

366. $\sqrt[3]{4xy^2}\,\sqrt[3]{6x^2y}$ **367.** $\sqrt[5]{x^2}\,\sqrt[5]{x^4}$ **368.** $\sqrt{x+1}\,\sqrt{x+1}$
369. $\sqrt{3}\,\sqrt{6x+9}$ **370.** $\sqrt{2}\,\sqrt[4]{8}$ **371.** $\sqrt{3}\,\sqrt[4]{27}$

372. $\sqrt{6}\,\sqrt[6]{32}$ **373.** $\sqrt{14}\,\sqrt[3]{49}$ **374.** $\sqrt{2}(2 + \sqrt{2})$
375. $\sqrt{3}(\sqrt{15} - \sqrt{21})$ **376.** $\sqrt[3]{6}(\sqrt[3]{4} - \sqrt[3]{9})$ **377.** $\sqrt{6xy}(\sqrt{2x} + \sqrt{3y})$
378. $(1 + \sqrt{2})(1 - \sqrt{2})$ **379.** $(2 + \sqrt{7})(2 - \sqrt{7})$
380. $(\sqrt{3} + \sqrt{2})(\sqrt{3} - \sqrt{2})$ **381.** $(2\sqrt{3} + \sqrt{2})(2\sqrt{3} - \sqrt{2})$
382. $(4\sqrt{2} - \sqrt{3})(3\sqrt{2} - \sqrt{3})$ **383.** $(\sqrt{3} + \sqrt{5})^2$
384. $(2\sqrt{3} - \sqrt{2})^2$ **385.** $(\sqrt{x} + 4\sqrt{y})(2\sqrt{x} + \sqrt{y})$
386. $(\sqrt{x - 1} + 2)(\sqrt{x - 1} - 2)$ **387.** $(\sqrt{x + 2} + 3)(\sqrt{x + 2} - 3)$
388. $(\sqrt{x - 1} + 1)^2$ **389.** $(3\sqrt{x + 2} - 4)^2$ **390.** $(\sqrt{x} + 3\sqrt{x - 3})^2$
391. $(\sqrt{2x} + 2\sqrt{3x - 2})^2$ **392.** $(2\sqrt{x + 3} - \sqrt{x - 1})^2$
393. $(\sqrt{x + 3} - \sqrt{x - 4})^2$ **394.** $(\sqrt{2x + 1} - 2\sqrt{2x - 1})^2$

Divida y simplifique las siguientes expresiones de radicales:

395. $\dfrac{10}{\sqrt{12}}$ **396.** $\dfrac{2}{\sqrt[3]{3}}$ **397.** $\dfrac{3}{\sqrt[3]{4}}$ **398.** $\dfrac{\sqrt{24}}{\sqrt{18}}$

399. $\dfrac{3}{\sqrt{3x}}$ **400.** $\dfrac{\sqrt{3x^3y^2}}{\sqrt{6xy^3}}$ **401.** $\dfrac{\sqrt{12xy^3}}{\sqrt{27x^3y^6}}$ **402.** $\dfrac{\sqrt{2xy^2}}{\sqrt{3a^2b}}$

403. $\dfrac{\sqrt{4x^3}}{\sqrt{27a^3b^2}}$ **404.** $\dfrac{\sqrt{6xy^5}}{\sqrt{7a^4b^3}}$ **405.** $\dfrac{\sqrt{12x^2y}}{\sqrt{15ab^4}}$ **406.** $\dfrac{2}{\sqrt[3]{xy^2}}$

407. $\dfrac{\sqrt[3]{4x^2y}}{\sqrt[3]{2x^5y^2}}$ **408.** $\dfrac{\sqrt[3]{12xy^2}}{\sqrt[3]{18x^2y^4}}$ **409.** $\dfrac{6 - \sqrt{14}}{\sqrt{2}}$ **410.** $\dfrac{4 - \sqrt{x}}{\sqrt{2x}}$

411. $\dfrac{\sqrt{x} + \sqrt{y}}{\sqrt{2xy}}$ **412.** $\dfrac{1}{4 + \sqrt{5}}$ **413.** $\dfrac{3}{2 + \sqrt{3}}$

414. $\dfrac{\sqrt{3}}{\sqrt{3} + \sqrt{2}}$ **415.** $\dfrac{3\sqrt{5}}{\sqrt{5} - \sqrt{2}}$ **416.** $\dfrac{2 - \sqrt{3}}{\sqrt{3} - \sqrt{2}}$

417. $\dfrac{\sqrt{5} - \sqrt{2}}{\sqrt{5} + 2\sqrt{2}}$ **418.** $\dfrac{\sqrt{x}}{\sqrt{x} + \sqrt{y}}$

419. $\dfrac{2 + \sqrt{x}}{2\sqrt{x} - \sqrt{y}}$ **420.** $\dfrac{\sqrt{3x} - \sqrt{2y}}{\sqrt{3x} + \sqrt{2y}}$

Escriba los siguientes radicales en forma estándar:

421. $\sqrt{-13}$ **422.** $\sqrt{-15}$ **423.** $\sqrt{-121}$ **424.** $\sqrt{-144}$
425. $\sqrt{-40}$ **426.** $\sqrt{-52}$ **427.** $\sqrt{-63}$ **428.** $\sqrt{-88}$
429. $\sqrt{-90}$ **430.** $\sqrt{-92}$ **431.** $\sqrt{-99}$ **432.** $\sqrt{-125}$

Capítulo 11 Resuelva para x las siguientes ecuaciones por factorización:

433. $3x^2 + 6x = 0$ **434.** $2x^2 - 32 = 0$ **435.** $4x^2 - 36 = 0$
436. $x^2 + 4 = 0$ **437.** $2x^2 + 5 = 0$ **438.** $3x^2 + 2 = 0$

439. $x^2 - (a - b)^2 = 0$ **440.** $(x + 2a)^2 - 3b = 0$
441. $x^2 + 4x + 3 = 0$ **442.** $x^2 - 8x + 12 = 0$ **443.** $x^2 + 5x - 24 = 0$
444. $x^2 - 2x - 8 = 0$ **445.** $9x^2 - 3x - 2 = 0$
446. $3x^2 + 10x - 8 = 0$ **447.** $12x^2 + 5x - 3 = 0$

Solucione las siguientes ecuaciones completando el cuadrado:

448. $x^2 - 2x - 5 = 0$ **449.** $x^2 - 2x = 6$ **450.** $x^2 + 3x + 1 = 0$
451. $x^2 + 7x + 3 = 0$ **452.** $x^2 - 2x + 4 = 0$
453. $x^2 - 3x + 3 = 0$ **454.** $2x^2 + 5x + 1 = 0$
455. $2x^2 - x - 4 = 0$ **456.** $2x^2 + 3x - 1 = 0$
457. $3x^2 + x - 3 = 0$ **458.** $3x^2 + 7x + 3 = 0$
459. $4x^2 + 9x + 4 = 0$ **460.** $5x^2 - 2x - 1 = 0$
461. $2x^2 + x + 4 = 0$ **462.** $3x^2 + 2x + 2 = 0$

Resuelva las siguientes ecuaciones con la fórmula cuadrática:

463. $x^2 - 3 = 0$ **464.** $3x^2 - 2 = 0$ **465.** $x^2 - 2x = 0$
466. $3x^2 - 4 = 0$ **467.** $x^2 + x - 4 = 0$
468. $x^2 + x - 1 = 0$ **469.** $x^2 + x - 5 = 0$
470. $x^2 - 2x + 5 = 0$ **471.** $x^2 + 2x + 2 = 0$
472. $2x^2 - 3x - 1 = 0$ **473.** $3x^2 + 7x + 1 = 0$
474. $2x^2 + 5x + 1 = 0$ **475.** $2x^2 - 2x + 1 = 0$
476. $2x^2 + 3x + 2 = 0$ **477.** $2x^2 + 4x + 3 = 0$

Resuelva las siguientes ecuaciones:

478. $\dfrac{9}{4x + 3} = 4 - 2x$ **479.** $\dfrac{x + 16}{4x + 1} = x + 1$

480. $\dfrac{5}{x + 1} - \dfrac{2}{3x - 1} = 1$ **481.** $\dfrac{5}{x - 3} - \dfrac{6}{x - 1} = 1$

482. $\dfrac{x - 6}{x^2 - x - 2} + \dfrac{8}{x^2 - 3x + 2} + \dfrac{4}{x^2 - 1} = 0$

483. $\dfrac{x - 3}{x^2 + 2x - 3} + \dfrac{1}{x^2 + x - 2} = \dfrac{1}{x^2 + 5x + 6}$

484. $\dfrac{x + 8}{x^2 + 2x - 8} + \dfrac{1}{x^2 + 5x + 4} = \dfrac{9}{x^2 - x - 2}$

485. $\dfrac{x - 2}{x^2 + x - 20} - \dfrac{2}{x^2 + 8x + 15} = \dfrac{1}{x^2 - x - 12}$

486. $\dfrac{x + 4}{x^2 + 4x - 12} - \dfrac{2}{x^2 - x - 2} = \dfrac{10}{x^2 + 7x + 6}$

487. $\dfrac{5x}{x^2 + x - 20} - \dfrac{4x}{x^2 + 2x - 15} = \dfrac{3}{x^2 - 7x + 12}$

488. $\dfrac{x + 4}{2x^2 - x - 3} - \dfrac{x + 3}{3x^2 + 2x - 1} = \dfrac{7}{6x^2 - 11x + 3}$

489. $\dfrac{2x-2}{3x^2-8x+4}-\dfrac{3x+1}{3x^2-4x-4}=\dfrac{9}{9x^2-4}$

490. La suma de dos números naturales es 41 y la de sus cuadrados 853. Encuentre ambos números.

491. La diferencia entre dos números naturales es 11. La que hay entre sus cuadrados supera en 61 al producto de los números. Halle ambos números.

492. La diferencia entre dos números naturales es 8 y la suma de sus recíprocos es $\dfrac{2}{15}$. Determine los números.

493. A tarda 28 horas más que B en hacer un mismo trabajo. Si A y B juntos pueden realizar el trabajo en 48 horas, ¿cuánto tarda cada uno en hacer el trabajo?

494. A demora 8 horas menos del doble del tiempo que tarda B en hacer cierto trabajo. Si A y B juntos pueden realizarlo en 15 horas, ¿cuánto tarda cada uno en efectuar el trabajo?

495. Un hombre hizo un trabajo por \$96 dólares. El trabajo le llevó 2 horas menos de lo que suponía y, por consiguiente, ganó \$4 más por hora de lo que esperaba. ¿En cuánto tiempo se suponía que terminaría el trabajo?

496. Un hombre hizo un trabajo por \$150 dólares. El trabajo le llevó 2 horas más de lo que suponía y, por consiguiente, ganó \$2.50 menos por hora de lo que esperaba. ¿En cuánto tiempo se suponía que terminaría el trabajo?

497. La longitud de un lote rectangular mide 100 pies más que el doble de la anchura. El área del lote es de 6 600 pies cuadrados. Encuentre las dimensiones del lote.

498. Un equipo de remeros puede recorrer 30 millas río abajo y regresar en un total de 8 horas. Si la velocidad de la corriente es de 2 mph, halle la velocidad a la que el equipo puede remar en aguas tranquilas.

499. Un avión vuela entre dos ciudades separadas 2 450 millas. Cuando el viento sopla en contra a 40 mph, el avión alcanza su destino 15 minutos más tarde que cuando no sopla el viento. ¿Cuál es la velocidad del avión con el viento en calma?

Determine las coordenadas del vértice, la ecuación de la recta de simetría y dibuje cada una de las parábolas cuya ecuación se indica:

500. $y = 3x^2$ **501.** $y = x^2 - 6$ **502.** $y = x^2 - 8$

503. $y = 1 - x^2$ **504.** $y = 4 - x^2$ **505.** $y = x^2 + 2x + 1$

506. $y = x^2 - 6x + 9$ **507.** $y = x^2 + 5x$ **508.** $y = x^2 - 2x$

509. $y = x^2 - 2x - 3$ **510.** $y = x^2 - x - 2$

511. $y = x^2 - x - 6$ **512.** $y = x^2 - x - 12$

APÉNDICE

- **A** *Factorización de un binomio*
- **B** *Factorización de polinomios de cuatro términos*
- **C** *Teorema de Pitágoras*
- **D** *Tabla de medidas*

A Factorización de un binomio

En esta sección se consideran otros dos tipos de binomios que se pueden factorizar.

Suma de cubos

Consideremos los siguientes productos:

$$(a + b)(a^2 - ab + b^2) = a^3 + b^3$$
$$(x + 2y)(x^2 - 2xy + 4y^2) = x^3 + 8y^3$$
$$(2 + 3a)(4 - 6a + 9a^2) = 8 + 27a^3$$
$$(3x^2 + 4y^2)(9x^4 - 12x^2y^2 + 16y^4) = 27x^6 + 64y^6$$

En cada caso el producto es la suma de dos términos que son cubos perfectos.

El primer factor es la suma de las raíces cúbicas respectivas de los dos términos cúbicos.

$$a^3 + 27b^3 = (a + 3b)(\qquad)$$

raíz cúbica

raíz cúbica

El segundo factor consta de tres términos y se puede obtener fácilmente a partir del primero.

Los términos del segundo son

el cuadrado del primer término del primer factor,
el negativo del producto de los dos términos del primer factor,
el cuadrado del segundo término del primer factor.

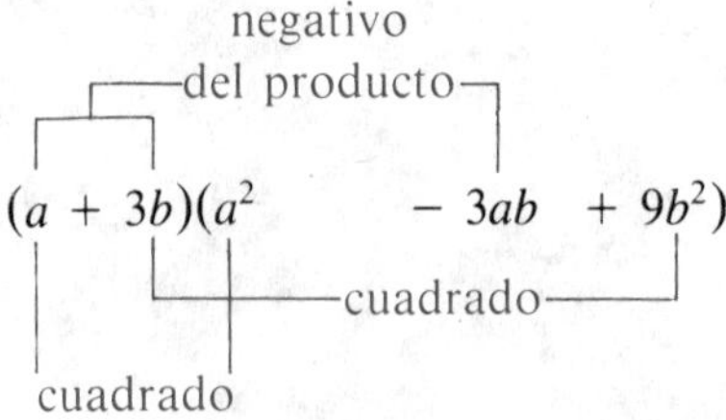

EJEMPLO

1. $8x^3 + 1 = (2x + 1)(4x^2 - 2x + 1)$

2. $64 + b^3 = (4 + b)(16 - 4b + b^2)$

3. $(a + b)^3 + c^3 = [(a + b) + c][(a + b)^2 - c(a + b) + c^2]$

4. $54a^3 + 16b^3 = 2(27a^3 + 8b^3) = 2(3a + 2b)(9a^2 - 6ab + 4b^2)$

5. $x^6 + y^6 = (x^2 + y^2)(x^4 - x^2y^2 + y^4)$

Diferencia de cubos

Consideremos los siguientes productos:

$$(a - b)(a^2 + ab + b^2) = a^3 - b^3$$
$$(2a - b)(4a^2 + 2ab + b^2) = 8a^3 - b^3$$
$$(5a - 3)(25a^2 + 15a + 9) = 125a^3 - 27$$

En cada caso el producto es la diferencia de dos términos que son cubos perfectos.

El primer factor es la diferencia de las raíces cúbicas respectivas de los dos términos cúbicos.

El segundo consta de tres términos y se puede obtener fácilmente a partir del primero.

Los términos del segundo factor son
el cuadrado del primer término del primer factor,
el negativo del producto de los dos términos del primer factor y
el cuadrado del segundo término del primer factor.

EJEMPLO

1. $a^3 - 64 = (a - 4)(a^2 + 4a + 16)$
2. $27x^3 - 1 = (3x - 1)(9x^2 + 3x + 1)$
3. $16x^3 - 250y^3 = 2(8x^3 - 125y^3)$
   $= 2(2x - 5y)(4x^2 + 10xy + 25y^2)$
4. $(a - b)^3 - (c - d)^3$
   $= [(a - b) - (c - d)][(a - b)^2 + (a - b)(c - d) + (c - d)^2]$

Nota

Cuando el polinomio se puede factorizar como diferencia de cuadrados o de cubos, debe factorizarse como diferencia de cuadrados.

EJEMPLO

$$x^6 - y^6 = (x^3 + y^3)(x^3 - y^3) = (x + y)(x^2 - xy + y^2)(x - y)(x^2 + xy + y^2)$$

Ejercicios del Apéndice A

Factorice completamente:

1. $x^3 + 1$ **2.** $x^3 + 8$ **3.** $x^3 + 27$

4. $x^3 + 64$
5. $x^3 + 216$
6. $x^3 - 1$
7. $x^3 - 8y^3$
8. $27 - x^3$
9. $x^3 - 125$
10. $64x^3 - y^3$
11. $8x^3 - 27y^3$
12. $x^4 + 8x$
13. $x^3y + y^4$
14. $4x^3 + 32y^3$
15. $54x^4 + 2xy^3$
16. $16 - 2x^3$
17. $x^4y^2 - xy^5$
18. $250x^3 - 2$
19. $7x^3 - 56y^3$
20. $4x^3 - 32$
21. $x^6 + y^3$
22. $16x^3 + 54y^3$
23. $40x^5 + 5x^2$
24. $81x^3 + 24y^3$
25. $2x^6 + 16y^3$
26. $3x^3y^6 + 81$
27. $54x^4 - 2x$
28. $54x^3 - 16$
29. $x^6 - x^3$
30. $x^6 - 8y^6$
31. $x^6 - 27y^6$
32. $x^6 - 1$
33. $64 - x^6$
34. $x^6 + 1$
35. $64x^6 + 1$
36. $x^8 + x^2y^6$
37. $x^3 + (y + 2)^3$
38. $x^3 + (y - 3)^3$
39. $8x^3 - (2y + 1)^3$
40. $x^3 - (y - 2)^3$
41. $(x + 2)^3 + y^3$
42. $(x - 1)^3 + 8y^3$
43. $(x + 3)^3 - 27y^3$
44. $(x - 2)^3 - 8y^3$
45. $(a + b)^3 + (c - d)^3$
46. $(x + y)^3 - (a - b)^3$.

B Factorización de polinomios de cuatro términos

Los métodos de factorización de polinomios que contienen más de tres términos se llaman *factorización por agrupación*. Hay dos tipos de polinomios de cuatro términos que pueden ser factorizados. En el primer tipo se reúnen tres términos en un grupo, y el cuarto forma el otro grupo. En el segundo tipo los términos se agrupan en parejas.

Agrupación en tres y uno

El polinomio $(x + y)^2 - z^2$ puede factorizarse como diferencia de cuadrados.

Cuando $(x + y)^2 - z^2$ se desarrolla, obtenemos

$$(x + y)^2 - z^2 = x^2 + 2xy + y^2 - z^2$$

Obsérvese que, sin tener en cuenta los signos, tres de los cuatro términos, x^2, y^2, z^2, son cuadrados. El cuarto término, $2xy$, es igual a $2\sqrt{x^2}\sqrt{y^2}$. Este cuarto término y los dos términos cuadrados relacionados forman un grupo que al factorizarse da por resultado una cantidad al cuadrado.

$$x^2 + 2xy + y^2 = (x + y)^2.$$

EJEMPLO Factorizar $x^2 - y^2 + 4z^2 - 4xz$.

SOLUCIÓN Hay tres términos cuadrados x^2, y^2 y $4z^2$.

El cuarto término es $4xz = 2\sqrt{x^2}\sqrt{4z^2}$.

Los dos términos cuadrados relacionados con $4xz$ son x^2 y $4z^2$.

Por consiguiente, x^2, $4xz$ y $4z^2$ forman un grupo.

$$\begin{aligned} x^2 - y^2 + 4z^2 - 4xz &= (x^2 - 4xz + 4z^2) - y^2 \\ &= (x - 2z)^2 - y^2 \\ &= [(x - 2z) + y][(x - 2z) - y] \\ &= (x - 2z + y)(x - 2z - y) \end{aligned}$$

EJEMPLO Factorizar $9x^2 - y^2 - 25z^2 + 10yz$.

SOLUCIÓN

$$\begin{aligned} 9x^2 - y^2 - 25z^2 + 10yz &= 9x^2 - (y^2 - 10yz + 25z^2) \\ &= 9x^2 - (y - 5z)^2 \\ &= [3x + (y - 5z)][3x - (y - 5z)] \\ &= (3x + y - 5z)(3x - y + 5z) \end{aligned}$$

EJEMPLO Factorizar $x^2 - y^2 - 9 - 6y$.

SOLUCIÓN

$$\begin{aligned} x^2 - y^2 - 9 - 6y &= x^2 - (y^2 + 6y + 9) \\ &= x^2 - (y + 3)^2 \\ &= [x + (y + 3)][x - (y + 3)] \\ &= (x + y + 3)(x - y - 3) \end{aligned}$$

Agrupación en parejas

Cuando los términos no pueden agruparse en tres y uno, se agrupan en parejas. Los ejemplos siguientes ilustran el principio en que se basa la agrupación en parejas.

EJEMPLO Factorizar $x^3 + x^2 + 2x + 2$.

SOLUCIÓN Se reúnen los dos primeros términos en un grupo y los dos últimos en otro.

$$\begin{aligned} x^3 + x^2 + 2x + 2 &= (x^3 + x^2) + (2x + 2) \\ &= x^2(x + 1) + 2(x + 1) \end{aligned}$$

Ahora se tiene el factor común $(x + 1)$.

$$x^3 + x^2 + 2x + 2 = (x + 1)(x^2 + 2)$$

EJEMPLO Factorizar $ax + ay + bx + by$.

SOLUCIÓN $ax + ay + bx + by = (ax + ay) + (bx + by)$

$$= a(x + y) + b(x + y)$$
$$= (x + y)(a + b)$$

Nota En algunos problemas es posible una agrupación diferente, pero recuérdese que los factores finales deben ser los mismos, excepto por el orden.

$$ax + ay + bx + by = (ax + bx) + (ay + by)$$
$$= x(a + b) + y(a + b)$$
$$= (a + b)(x + y)$$

EJEMPLO Factorizar $12ax - 20bx - 9ay + 15by$.

SOLUCIÓN $12ax - 20bx - 9ay + 15by = (12ax - 20bx) - (9ay - 15by)$.
Cuando se encierra $-9ay + 15by$ en un paréntesis precedido por un signo menos, se obtiene $-(9ay - 15by)$.

$$12ax - 20bx - 9ay + 15by = 4x(3a - 5b) - 3y(3a - 5b)$$
$$= (3a - 5b)(4x - 3y)$$

Nota Si no hay ningún factor, se agrupan los términos en forma diferente.

EJEMPLO Factorizar $x^3 + x^2 + 2x - 8$.

SOLUCIÓN Reuniendo los dos primeros términos en un grupo y los otros dos en otro, no resulta ningún factor común.

$$x^3 + x^2 - 2x - 8 = (x^3 + x^2) - (2x + 8)$$
$$= x^2(x + 1) - 2(x + 4)$$

Puesto que no hay factor común, se prueba otra agrupación.

$$x^3 + x^2 - 2x - 8 = (x^3 - 8) + (x^2 - 2x)$$
$$= (x - 2)(x^2 + 2x + 4) + x(x - 2)$$
$$= (x - 2)[(x^2 + 2x + 4) + x]$$
$$= (x - 2)(x^2 + 2x + 4 + x)$$
$$= (x - 2)(x^2 + 3x + 4)$$

Nota

> Cuando aparecen dos cubos en el polinomio, se intenta agruparlos.

EJEMPLO Factorizar $27x^3 + 9x^2 + y^2 + y^3$.

SOLUCIÓN

$$\begin{aligned} 27x^3 - 9x^2 + y^2 + y^3 &= (27x^3 + y^3) - (9x^2 - y^2) \\ &= (3x + y)(9x^2 - 3xy + y^2) - (3x + y)(3x - y) \\ &= (3x + y)[(9x^2 - 3xy + y^2) - (3x - y)] \\ &= (3x + y)(9x^2 - 3xy + y^2 - 3x + y) \end{aligned}$$

EJEMPLO Factorizar $8x^3 + 12x - y^3 - y$.

SOLUCIÓN

$$\begin{aligned} 8x^3 + 2x - y^3 - y &= (8x^3 - y^3) + (2x - y) \\ &= (2x - y)(4x^2 + 2xy + y^2) + (2x - y) \\ &= (2x - y)[(4x^2 + 2xy + y^2) + 1] \\ &= (2x - y)(4x^2 + 2xy + y^2 + 1) \end{aligned}$$

Nota

> Cuando se saca un factor común, el segundo factor resulta de dividir cada término del polinomio entre dicho factor común.

Ejercicios del Apéndice B

Factorizar completamente:

1. $x^2 + 2xy + y^2 - z^2$
2. $x^2 - 2xy + y^2 - z^2$
3. $4x^2 - 4xy + y^2 - 4z^2$
4. $x^2 + 4xy + 4y^2 - 16z^2$
5. $x^2 - y^2 + 4x + 4$
6. $y^2 - 4x^2 + 2y + 1$
7. $y^2 - 9x^2 + 6y + 9$
8. $x^2 - 4 + 4y^2 - 4xy$
9. $4x^2 + 4xy - 25 + y^2$
10. $9x^2 + y^2 - 6xy - 36$
11. $4x^2 + 4y^2 + 8xy - 25$
12. $9x^2 - 4 + 9y^2 - 18xy$
13. $2x^2 + 2y^2 - 18 - 4xy$
14. $4x^2 - 1 + 24xy + 36y^2$
15. $x^3 - 16x + 2x^2y + xy^2$
16. $4x^2y - 9y - 4xy^2 + y^3$
17. $x^2 - y^2 - z^2 - 2yz$
18. $4x^2 - 4z^2 - y^2 - 4yz$
19. $9x^2 - 9 - y^2 - 6y$
20. $x^2 - 4y^2 - 16y - 16$
21. $25x^2 - 9y^2 - 9 - 18y$
22. $1 - x^2 - y^2 - 2xy$
23. $4 - 4xy - x^2 - 4y^2$
24. $16 - y^2 - 4x^2 - 4xy$
25. $9 - 4x^2 - 8xy - 4y^2$
26. $49 - 81x^2 - 54xy - 9y^2$
27. $2x^2 - 2y^2 - 16y - 32$
28. $3x^4 - 12y^2 - 3z^2 - 12yz$
29. $x^3 - x - xy^2 - 2xy$
30. $16 - 4x^4 - 4y^2 - 8x^2y$

31. $y^2 - 4z^2 - x^2 + 4xz$
32. $4x^2 - y^2 - z^4 + 2yz^2$
33. $9x^4 - 9y^2 - 4 + 12y$
34. $4x^2 - 9y^2 - 81 + 54y$
35. $16x^2 - y^4 - 16 + 8y^2$
36. $36y^2 - x^4 - 1 + 2x^2$
37. $1 - x^4 - 4y^2 + 4x^2y$
38. $4 - 4x^2 - y^4 + 4xy^2$
39. $9 - 4y^2 - 36x^2 + 24xy$
40. $1 - 16x^2 - 16y^2 + 32xy$
41. $25 - x^2 + 6xy - 9y^2$
42. $4 - 25x^2 - 25y^2 + 50xy$
43. $6xz + 3y^2 - 3x^2 - 3z^2$
44. $8 + 36xy - 18x^2 - 18y^2$
45. $4 + 64xy - 16x^2 - 64y^2$
46. $30xy - 45x^2 + 45 - 5y^2$
47. $2x^2y + 4x - x^3 - xy^2$
48. $36x^2 - x^2y^2 - x^4 + 2x^3y$
49. $3x^2 - xy - 6x + 2y$
50. $x^2 + y + x + xy$
51. $x^2 - 3y - 3x + xy$
52. $2x^2 + 5x - 2xy^2 - 5y^2$
53. $6xy - 3yz - 14x + 7z$
54. $8xy + 3z - 8xz - 3y$
55. $27x^2 + 12x - 18xy - 8y$
56. $2ax + 3by + 2bx + 3ay$
57. $14ax + 7by - 14ay - 7bx$
58. $6a^2x^2 + 3a^2y + 6b^2x^2 + 3b^2y$
59. $12x^3 - 4x^2y - 4y^3 + 12xy^2$
60. $40ax - 45bx + 24ay - 27by$
61. $x^3 - x - y^3 + y$
62. $8x^3 + 27y^3 + 2x + 3y$
63. $x^3 + 5y - 125y^3 - x$
64. $3x + 27x^3 - 2y - 8y^3$
65. $64x^3 - 4x + y^3 - y$
66. $x^3 - 4x + y^3 - 4y$
67. $8x^3 - 6x + y^3 - 3y$
68. $x^3 + 6y - 6x - y^3$
69. $x^3 - 8y^3 - 6y + 3x$
70. $x^3 + x^2 - 8y^3 - 4y^2$
71. $8x^3 - 4x^2 - 27y^3 + 9y^2$
72. $y^3 + y^2 + 216x^3 - 36x^2$
73. $x^2 - 25y^2 + 125y^3 + x^3$
74. $16y^2 + x^3 - x^2 - 64y^3$
75. $x^3 + 3x^2 - 9x - 27$
76. $x^3 + 8 - 2x^2 - 4x$
77. $4x^3 + 2 - x - 8x^2$
78. $18x^3 - 16 - 32x + 9x^2$
79. $x^4 + x^3 + x + 1$
80. $x^4 - 16 + 2x^3 - 8x$
81. $x^4 - 54 - 2x^3 + 27x$
82. $8x^4 + 24x^3 + x + 3$

C Teorema de Pitágoras

TEOREMA El cuadrado de la hipotenusa de un triángulo rectángulo es igual a la suma de los cuadrados de los otros dos lados (catetos).

Consideremos el triángulo rectángulo ABC cuyo ángulo C es recto. El lado opuesto al ángulo recto se denomina **hipotenusa** del triángulo.

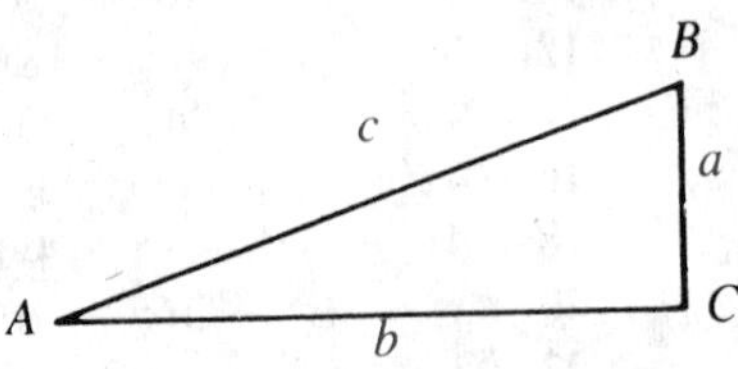

Si se denota el lado opuesto al ángulo A por a, el opuesto al ángulo B por b y la hipotenusa por c, el teorema de Pitágoras establece que

$$c^2 = a^2 + b^2.$$

Dados dos lados de un triángulo rectángulo, se puede encontrar el tercero aplicando la relación anterior.

EJEMPLO Encontrar la longitud de la hipotenusa del triángulo rectángulo cuyos catetos miden 2 y 3.

SOLUCIÓN Longitud de la hipotenusa $= \sqrt{2^2 + 3^2} = \sqrt{4 + 9} = \sqrt{13}$.

EJEMPLO Hallar la longitud del tercer lado de un triángulo rectángulo cuya hipotenusa mide 7 y uno de los catetos 5.

SOLUCIÓN Longitud del tercer lado $= \sqrt{7^2 - 5^2} = \sqrt{49 - 25} = \sqrt{24} = 2\sqrt{6}$.

Ejercicios del Apéndice C

Si a y b denotan las longitudes de los catetos de un triángulo rectángulo y c la de la hipotenusa, calcule la longitud del lado faltante:

1. $a = 3, b = 4$
2. $a = 1, b = 1$
3. $a = 2, b = 1$
4. $a = 5, b = 12$
5. $a = 3, b = 2\sqrt{3}$
6. $a = 1, b = \sqrt{3}$
7. $a = 4, b = \sqrt{2}$
8. $a = \sqrt{7}, b = \sqrt{5}$
9. $c = 3, a = 2$
10. $c = 1, a = \frac{1}{2}$
11. $c = 2, a = \sqrt{2}$
12. $c = \sqrt{22}, a = 2$
13. $c = 2\sqrt{5}, a = \sqrt{2}$
14. $c = 4\sqrt{3}, a = 2\sqrt{2}$

D Tabla de Medidas

PESOS Y MEDIDAS EN EL SISTEMA MÉTRICO

Longitud

10 milímetros (mm)	= 1 centímetro (cm)	10 metros	= 1 decámetro (dam)
10 centímetros	= 1 decímetro (dm)	10 decámetros	= 1 hectómetro (hm)
10 decímetros	= 1 metro (m)	10 hectómetros	= 1 kilómetro (km)
			= 1000 metros

Volumen

10 mililitros (ml)	= 1 centilitro (cl)	10 litros	= 1 decalitro (dal)
10 centilitros	= 1 decilitro (dl)	10 decalitros	= 1 hectolitro (hl)
10 decilitros	= 1 litro (l)	10 hectolitros	= 1 kilolitro (kl)
			= 1000 litros

Peso

10 miligramos (mg)	= 1 centigramo (cg)	10 gramos	= 1 decagramo (dag)
10 centigramos	= 1 decigramo (dg)	10 decagramos	= 1 hectogramo (hg)
10 decigramos	= 1 gramo (g)	10 hectogramos	= 1 kilogramo (kg)
			= 1000 gramos

1000 kilogramos = 1 tonelada métrica (t)

CONVERSIÓN DE MEDIDAS

Longitud

1 pulgada	= 2.5400 cm	1 cm	= 0.3937 pulg.
1 pie	= 0.3048 m	1 m	= 3.2809 pies
1 yarda	= 0.9144 m		= 1.0936 yardas
1 milla	= 1.6093 km	1 km	= 0.6214 millas

Volumen

1 pulgada cúbica	= 0.0164 litros	1 litro	= 61.0250 pulgadas cúbicas
1 pie cúbico	= 28.3162 litros	1 litro	= 0.0353 pies cúbicos
1 galón	= 3.7853 litros	1 litro	= 0.2642 galones
		1 litro	= 1.0567 cuartos de galón

Peso-Masa

1 onza	es el peso de 28.3495 g	1 g pesa 0.0353 onzas (oz)
1 libra	es el peso de 0.4536 kg	1 kg pesa 2.2046 libras (lb)
1 tonelada (corta)	es el peso de 907.1848 kg	1 kg pesa 0.0011 toneladas (cortas)

Respuestas a los ejercicios de número impar

Ejercicios 1.2, página 5

1. 0 4 8 12 16 20 24 28 32

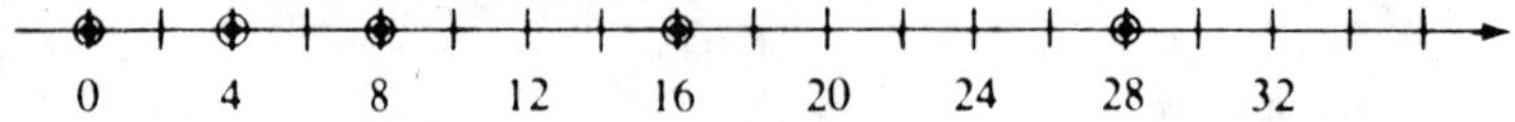

3. 0 2 4 6 8 10 12 14 16 18

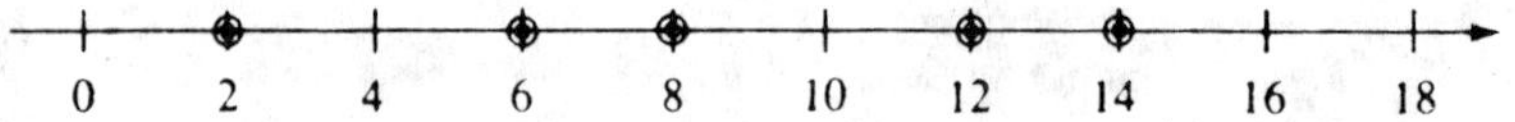

5. 0 7 14 21 28 35 42 49 56

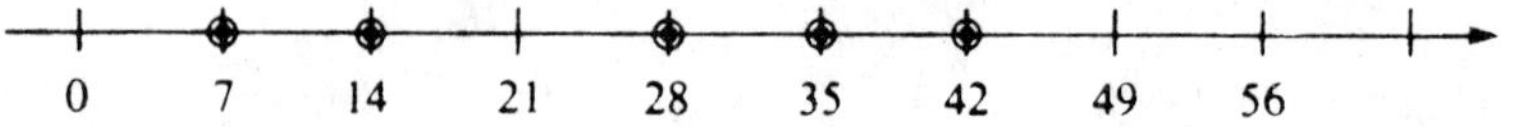

7. 15 20 25 30 35 40 45 50 55

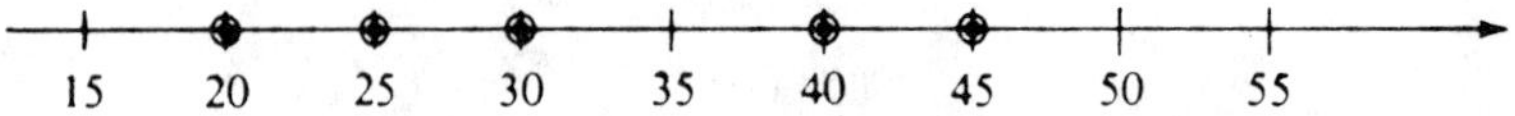

9. 96 98 100 102 104 106 108 110

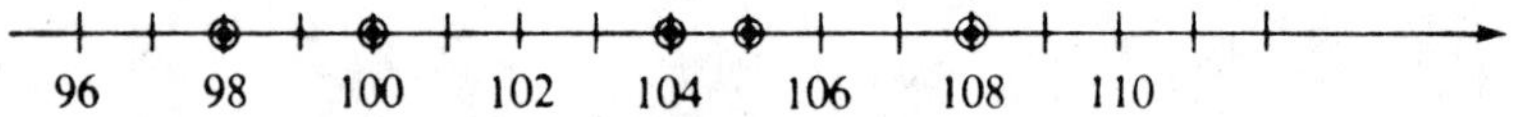

11. 2, 5, 7, 10, 11
13. 6, 16, 28, 46, 56
15. 36, 42, 54, 63, 72
17. 26, 42, 66, 74, 114, 122
19. 77, 91, 112, 119, 133, 140
21. 100 km
23. 180 km
25. 255 km

Ejercicios 1.3, página 8

1. {lunes, martes, miércoles, jueves, viernes, sábado, domingo}
3. {enero, marzo, mayo, julio, agosto, octubre, diciembre}
5. {África, América, Antártida, Asia, Europa, Oceanía}
7. {Alabama, Alaska, Arizona, Arkansas}
9. {California, Colorado, Connecticut}
11. {2, 4, 6, 8, 10, 12, 14}
13. {1, 2, 3, 4, 5, 6, . . .}
15. {5, 10, 15, 20, 25, . . .}
17. {10, 20, 30, 40, . . .}
19. {45}
21. ∅
23. {4, 5, 7}
25. {la Luna}
27. {8, 9, 10, 11, . . .}
29. {0, 5, 10, 15, . . .}
31. {2, 7, 12, 17, . . .}
33. {4, 11, 18, 25, . . .}
35. {1, 6, 11, 16, . . .}
37. {3, 9, 15, 21, . . .}
39. {16, 12, 8, 4, 0}
41. ∅
43. {6, 9, 12, 15, 18}
45. {4, 8, 12, 16, 20, 24, 28, 32, 36, 40}

Ejercicios 1.4, página 10

1. Sí **3.** No necesariamente. **5.** No necesariamente. **7.** $\{1\}, \varnothing$
9. $a \in A$ **11.** $c \notin A$ **13.** $\{a\} \subset A$ **15.** $\{a, b\} \subset A$
17. $\{a, c\} \not\subset A$ **19.** F **21.** V **23.** V
25. F **27.** V **29.** V

Ejercicios 1.5, página 12

1. Sí **3.** No necesariamente. **5.** No
7. Sí **9.** No necesariamente. **11.** Sí
13. $\{1, 2, 3, 4, 5, 6, 7, 8\}$ **15.** $\{2, 4, 6, 7, 8\}$ **17.** $\{5, 6, 7, 8, 9\}$
19. $\varnothing$ **21.** $\{6\}$ **23.** $\{7\}$ **25.** $\varnothing$
27. $\{1, 2, 3, 4, 5, 6, 7, 8, 9, 11\}$
29. $\{2, 5, 8\}$ **31.** $\{5, 11\}$
33. $\{0, 10, 20, 30, \ldots\}$ **35.** $\{0, 14, 28, 42, \ldots\}$
37. $\{1, 2, 3, 4, 5, 7, 9, 10, 14\}$
39. $\{1, 2, 3, 4, 5, 6, 8, 10\}$ **41.** $\{1, 2, 3, 4, 5, 6, 9\}$

Repaso del Capítulo 1, página 13

1. $B \subset A, C \subset A, D \not\subset A, E \subset A, B \subset C, B \subset D, B \subset E, C \not\subset D, C = E, D \not\subset E$
3. $\{5, 11, 17, 23, \ldots\}$ **5.** $\{1, 5, 9, 13, \ldots\}$ **7.** $\{2, 3, 4, 5, 6, 7, 8\}$
9. No necesariamente. **11.** Sí **13.** Sí
15. No **17.** No **19.** $\{a, b, c, d, f\}$
21. $\{a, b, c, d, e, f\}$ **23.** $\{b, d, e, f, g\}$ **25.** $\{b, d\}$
27. $\varnothing$ **29.** $\{f\}$

Ejercicios 2.1, página 20

1. 140 **3.** 42 **5.** 180 **7.** 80
9. 30 **11.** 96 **13.** 56 **15.** 270
17. 2700 **19.** 0 **21.** 0 **23.** 23
25. 61 **27.** 118 **29.** 92 **31.** 45
33. 119 **35.** 66 **37.** 30 **39.** 68
41. 55 **43.** 59 **45.** 147 **47.** 50
49. 132 **51.** 114 **53.** 105 **55.** 88
57. 120 **59.** 23 **61.** 115 **63.** 60
65. 50 **67.** 144 **69.** 80 **71.** 66
73. 57 **75.** 270 **77.** 120 **79.** $2a + 2$
81. $7a + 21$ **83.** $ab + 3a$ **85.** $ab + 5a$ **87.** $6a + 3$
89. $20a + 60$ **91.** $2a + 4b$ **93.** $12a + 18b$

Ejercicios 2.2A, página 24

1. −5	**3.** −4	**5.** 3	**7.** 2
9. −3	**11.** −8	**13.** 0	**15.** 2
17. 4	**19.** −3	**21.** 0	**23.** −4

Ejercicios 2.2B, página 27

1. −9	**3.** −14	**5.** −19	**7.** 9
9. 12	**11.** 3	**13.** −4	**15.** −8
17. −3	**19.** 2	**21.** −18	**23.** −7
25. 5	**27.** 5	**29.** −6	**31.** −11
33. −23	**35.** −15	**37.** 11	**39.** 15
41. −6	**43.** −10	**45.** −22	**47.** −8
49. 3	**51.** 5	**53.** 0	**55.** 19
57. 12	**59.** 17	**61.** 16	**63.** −11
65. −21	**67.** 3	**69.** −6	**71.** −12
73. −18	**75.** 0	**77.** 11	**79.** 276
81. 155	**83.** −293	**85.** −519	**87.** −417
89. 3	**91.** −8	**93.** 14	**95.** 19
97. −11	**99.** −17	**101.** −11	**103.** 12
105. 74	**107.** −617	**109.** 916	**111.** 947
113. −402	**115.** −1221	**117.** −515	**119.** 206

Ejercicios 2.2C, página 31

1. −30	**3.** −56	**5.** 60	**7.** −240
9. −42	**11.** 0	**13.** −126	**15.** −68
17. 48	**19.** 160	**21.** −72	**23.** 101
25. 57	**27.** −8	**29.** −58	**31.** −22
33. −36	**35.** −18	**37.** −17	**39.** 46
41. −1	**43.** −28	**45.** −48	**47.** 60
49. −26	**51.** −24	**53.** −50	**55.** −46
57. −55	**59.** 112	**61.** 0	**63.** −35
65. 4	**67.** 27	**69.** 60	**71.** 79
73. −52	**75.** −5	**77.** 21	**79.** 22
81. 7	**83.** 31	**85.** 6	**87.** 60
89. −74	**91.** 61	**93.** 5	**95.** −25
97. 6	**99.** 132	**101.** $4a - 8$	**103.** $16a - 24$

105. $-2a - 12$ **107.** $-36 + 12a$ **109.** $-8 + 10a$

111. $2a - 2b - 8$ **113.** $6a - 2b - 2$ **115.** $-8a + 8b + 16$

Ejercicios 2.2D, página 34

1. 7	**3.** 3	**5.** −4	**7.** −6
9. −2	**11.** −9	**13.** 2	**15.** 9
17. 4	**19.** 4	**21.** −12	**23.** −9
25. 8	**27.** 6	**29.** −12	**31.** −18
33. 6	**35.** 16	**37.** 2	**39.** 3
41. 7	**43.** 12	**45.** −7	**47.** 0
49. −6	**51.** −21	**53.** 9	**55.** 26
57. 16	**59.** 25	**61.** 7	**63.** 13
65. 8	**67.** 14	**69.** 34	**71.** 46
73. 6	**75.** −5	**77.** −1	**79.** −34
81. 59	**83.** 5	**85.** 13	**87.** −20
89. 18	**91.** 23	**93.** 33	**95.** 47
97. −21	**99.** 38		

Ejercicios 2.2E, página 37

1. $2 \cdot 2 \cdot 3$	**3.** $2 \cdot 3 \cdot 3$	**5.** $2 \cdot 2 \cdot 2 \cdot 3$
7. $2 \cdot 2 \cdot 7$	**9.** $2 \cdot 2 \cdot 3 \cdot 3$	**11.** $2 \cdot 2 \cdot 2 \cdot 5$
13. $2 \cdot 2 \cdot 11$	**15.** $2 \cdot 23$	**17.** $2 \cdot 5 \cdot 5$
19. $2 \cdot 2 \cdot 2 \cdot 7$	**21.** $2 \cdot 2 \cdot 2 \cdot 2 \cdot 2 \cdot 2$	**23.** $2 \cdot 5 \cdot 7$
25. $2 \cdot 3 \cdot 13$	**27.** $2 \cdot 2 \cdot 3 \cdot 7$	**29.** $2 \cdot 2 \cdot 2 \cdot 2 \cdot 2 \cdot 3$
31. $2 \cdot 2 \cdot 2 \cdot 2 \cdot 7$	**33.** 131	**35.** $2 \cdot 2 \cdot 2 \cdot 2 \cdot 3 \cdot 3$
37. 157	**39.** $2 \cdot 2 \cdot 2 \cdot 2 \cdot 11$	**41.** $3 \cdot 3 \cdot 5 \cdot 5$
43. $2 \cdot 2 \cdot 2 \cdot 43$	**45.** $2 \cdot 2 \cdot 3 \cdot 3 \cdot 11$	**47.** $2 \cdot 2 \cdot 2 \cdot 3 \cdot 3 \cdot 7$

Ejercicios 2.3A, página 41

1. 3	**3.** 9	**5.** 8	**7.** 30
9. 64	**11.** 28	**13.** −14	**15.** −36
17. −24	**19.** −25	**21.** 12	**23.** 49
25. 48	**27.** 21	**29.** 16	**31.** 52
33. 9	**35.** 24	**37.** $\frac{1}{3}$	**39.** $\frac{2}{3}$
41. $\frac{2}{5}$	**43.** $\frac{1}{4}$	**45.** $\frac{3}{5}$	**47.** $\frac{5}{4}$
49. $\frac{8}{7}$	**51.** $\frac{6}{13}$	**53.** $\frac{3}{4}$	**55.** $\frac{2}{5}$
57. $\frac{13}{2}$	**59.** $\frac{11}{4}$	**61.** $\frac{-11}{3}$	**63.** $\frac{9}{-2}$
65. −4	**67.** $\frac{1}{3}$	**69.** $\frac{4}{5}$	**71.** $\frac{3}{-2}$

73. $\frac{1}{5}$ 75. 2 77. 1 79. 2

81. 2 83. $\frac{-13}{2}$ 85. $\frac{61}{4}$

Ejercicios 2.3B, página 47

1. 12 3. 36 5. 36 7. 30
9. 30 11. 48 13. 60 15. 72
17. 144 19. 780 21. 4032 23. $\frac{5}{3}$
25. 2 27. $\frac{6}{7}$ 29. 1 31. $\frac{2}{3}$
33. $\frac{6}{7}$ 35. $-\frac{1}{2}$ 37. $-\frac{4}{5}$ 39. $\frac{11}{4}$
41. 2 43. $\frac{5}{13}$ 45. $\frac{5}{16}$ 47. 1
49. 0 51. $-\frac{5}{2}$ 53. $-\frac{2}{3}$ 55. $-\frac{11}{9}$
57. $\frac{4}{3}$ 59. $\frac{5}{8}$ 61. $\frac{34}{15}$ 63. $\frac{21}{20}$
65. $\frac{5}{4}$ 67. $\frac{7}{12}$ 69. $-\frac{1}{24}$ 71. $\frac{17}{28}$
73. $-\frac{31}{18}$ 75. $-\frac{41}{24}$ 77. $-\frac{65}{36}$ 79. $-\frac{183}{40}$
81. $\frac{17}{12}$ 83. $\frac{7}{12}$ 85. $\frac{23}{24}$ 87. $\frac{23}{24}$
89. $-\frac{23}{24}$ 91. $-\frac{29}{30}$ 93. $-\frac{2}{15}$ 95. $-\frac{1}{36}$
97. $\frac{23}{42}$ 99. $\frac{17}{16}$ 101. $\frac{13}{132}$ 103. $-\frac{113}{180}$
105. $\frac{1}{270}$

Ejercicios 2.3C, página 51

1. $\frac{1}{2}$ 3. $\frac{4}{3}$ 5. $\frac{1}{6}$ 7. $-\frac{2}{3}$
9. $-\frac{1}{3}$ 11. 2 13. $\frac{5}{4}$ 15. 1

17. $\frac{1}{2}$ **19.** $\frac{1}{2}$ **21.** $\frac{4}{3}$ **23.** $\frac{10}{3}$
25. $-\frac{1}{4}$ **27.** $-\frac{8}{9}$ **29.** $-\frac{2}{3}$ **31.** $\frac{9}{5}$
33. $\frac{9}{8}$ **35.** 2 **37.** $\frac{1}{2}$ **39.** 2
41. $\frac{1}{7}$ **43.** $\frac{1}{20}$ **45.** 1 **47.** $\frac{9}{8}$
49. $\frac{1}{2}$

Ejercicios 2.3D, página 53

1. 1 **3.** $\frac{15}{8}$ **5.** $\frac{17}{8}$ **7.** $\frac{41}{9}$
9. $-\frac{1}{8}$ **11.** $-\frac{5}{12}$ **13.** $-\frac{22}{9}$ **15.** $-\frac{9}{20}$
17. $\frac{17}{24}$ **19.** $\frac{22}{27}$ **21.** $-\frac{7}{6}$ **23.** $\frac{7}{24}$
25. $\frac{1}{36}$ **27.** $\frac{13}{6}$ **29.** $-\frac{7}{36}$ **31.** $\frac{2}{3}$
33. $\frac{31}{42}$ **35.** $\frac{1}{4}$ **37.** $\frac{4}{3}$ **39.** $\frac{17}{30}$
41. $-\frac{5}{18}$ **43.** $\frac{2}{21}$ **45.** $\frac{1}{12}$ **47.** $\frac{106}{33}$

Ejercicios 2.3E, página 56

1. $\frac{3}{5}$ **3.** $\frac{3}{20}$ **5.** $\frac{1}{25}$ **7.** $\frac{1}{125}$
9. $\frac{81}{25}$ **11.** $\frac{269}{20}$ **13.** $\frac{2292}{125}$ **15.** $\frac{143}{125}$
17. 1.5 **19.** 0.625 **21.** 0.5625 **23.** 0.4
25. 0.44 **27.** 0.024 **29.** $0.83\overline{3}$ **31.** $0.8\overline{8}$
33. $0.583\overline{3}$ **35.** $0.4\overline{848}$ **37.** $0.8\overline{484}$ **39.** $0.567\overline{567}$
41. 74.97 **43.** 7.78 **45.** 4.69 **47.** 68.18
49. 9.45 **51.** 87.79 **53.** 58.64 **55.** 32.12
57. 24.38 **59.** 69.34

Ejercicios 2.3F, página 58

1. $1\frac{1}{2}$	**3.** $4\frac{1}{6}$	**5.** $32\frac{2}{3}$	**7.** $12\frac{4}{7}$
9. $34\frac{7}{8}$	**11.** $12\frac{4}{11}$	**13.** $15\frac{11}{13}$	**15.** $12\frac{9}{16}$
17. $12\frac{13}{21}$	**19.** $25\frac{18}{29}$	**21.** $\frac{5}{3}$	**23.** $\frac{20}{7}$
25. $\frac{111}{4}$	**27.** $\frac{123}{8}$	**29.** $\frac{116}{9}$	**31.** $\frac{64}{15}$
33. $\frac{276}{13}$	**35.** $\frac{315}{17}$	**37.** $\frac{739}{24}$	**39.** $\frac{1155}{32}$

Ejercicios 2.5, página 61

1. 2	**3.** 11	**5.** 6	**7.** 20
9. 9	**11.** 18	**13.** 4	**15.** 9
17. 7	**19.** 0	**21.** 9	**23.** 10
25. 4	**27.** 22	**29.** 12	**31.** 18
33. 10	**35.** 10	**37.** 7	**39.** 14
41. 12	**43.** 1	**45.** 5	**47.** 15

Repaso del Capítulo 2, página 62

1. 50	**3.** 79	**5.** 13	**7.** 18
9. −2	**11.** −6	**13.** 31	**15.** −50
17. −64	**19.** −15	**21.** 33	**23.** −18
25. 0	**27.** −4	**29.** −19	**31.** 17
33. −22	**35.** 71	**37.** 4	**39.** 10
41. −9	**43.** 17	**45.** 13	**47.** 2; 120
49. 3; 180	**51.** 7; 84	**53.** 8; 480	**55.** 34; 204
57. 13; 780	**59.** $\frac{35}{36}$	**61.** $\frac{19}{12}$	**63.** $\frac{13}{30}$
65. $-\frac{13}{24}$	**67.** $-\frac{5}{36}$	**69.** $-\frac{59}{72}$	**71.** $\frac{3}{4}$
73. $\frac{5}{24}$	**75.** $\frac{1}{24}$	**77.** $\frac{7}{9}$	**79.** $\frac{17}{21}$
81. $\frac{35}{48}$	**83.** $\frac{55}{84}$	**85.** $-\frac{53}{144}$	**87.** $-\frac{209}{840}$
89. $-\frac{8}{3}$	**91.** $\frac{2}{5}$	**93.** $-\frac{8}{45}$	**95.** $\frac{4}{3}$

97. $\frac{16}{7}$ **99.** $\frac{7}{20}$ **101.** $\frac{16}{25}$ **103.** $\frac{2}{3}$

105. $\frac{3}{2}$ **107.** $\frac{9}{8}$ **109.** $\frac{29}{9}$ **111.** $\frac{11}{6}$

113. $\frac{5}{18}$ **115.** $\frac{17}{18}$ **117.** $\frac{7}{9}$ **119.** $\frac{28}{9}$

121. $\frac{3}{4}$ **123.** $-\frac{1}{70}$ **125.** $\frac{26}{27}$ **127.** $\frac{137}{210}$

129. $\frac{44}{75}$ **131.** $-\frac{49}{24}$ **133.** 2.86 **135.** 39.13

137. 43.72 **139.** 7.82 **141.** 54.28 **143.** 18.34

145. 8 **147.** 7 **149.** 9 **151.** 14

153. 11 **155.** 12 **157.** 16 **159.** 18

161. 6 **163.** 12 **165.** \$14.5 **167.** \$9

169. \$14.8

Ejercicios 3.2, página 68

1. -2 **3.** 9 **5.** -1 **7.** -1

9. 4 **11.** 10 **13.** -12 **15.** 3

17. 9 **19.** 9 **21.** 29 **23.** -10

25. 5 **27.** 1 **29.** 6 **31.** 4

33. -8 **35.** -13 **37.** -22 **39.** -8

41. -5 **43.** 0 **45.** 17 **47.** -14

49. 4 **51.** 0 **53.** 1 **55.** 0

57. 0 **59.** $-\frac{1}{8}$ **61.** $-\frac{8}{3}$ **63.** $-\frac{1}{6}$

Ejercicios 3.3—3.4, página 72

1. $6a$ **3.** $8 - 15y$ **5.** $8ab - b$

7. $-19bx$ **9.** $9a + 4b$ **11.** $-4x - y$

13. $3x - 8$ **15.** $x - y + 2$ **17.** $x - 2$

19. $-3x + 2y$ **21.** $4x - 2$ **23.** $-11x + 5y + 6$

25. $4a + 6b + 6c - 15$ **27.** $6b + 4bc + 4c$ **29.** $2a$

31. $-8a$ **33.** $9a$ **35.** $-5a$

37. a **39.** $2a - 2$ **41.** $-2x - 9$

43. $-x + 4$ **45.** $-2y + 2$ **47.** $2x + y - 3$

49. $a - 5b - 5c$ **51.** $-a + 17b - 9c$ **53.** $a + b + 5$

55. $2x + 5y - 3z - 3$ **57.** $4a$ **59.** $10a - 10$

61. $x - 2$ **63.** $2x - 8y$ **65.** $2x + 8y + 32$

67. $-4x + 7y - 1$ **69.** $-x + 2y - z$ **71.** $8x - 8y + 3$

73. $-a - 4b - 9c$

Ejercicios 3.5, página 75

1. $8a + 2$ **3.** $a + 8$ **5.** $6a - 7$ **7.** $-x + 4$
9. $8x - 1$ **11.** $6x - 2$ **13.** $23 - 6x$ **15.** $16 - 15x$
17. $-2x + 17y$ **19.** $2a - 7b$ **21.** $-2a + 3b$ **23.** $a - b$
25. $a + 16$ **27.** $23x - 20$ **29.** $2x + 5$ **31.** $x + 2y$
33. $2x + 12$ **35.** $7x - 19$ **37.** 3 **39.** $2x - 18$
41. $2y + 6x$ **43.** $-4x + 10$ **45.** $2 - 6x$ **47.** $12x + 25$
49. 7 **51.** $3a - 1$ **53.** $-3b - 5$ **55.** $11b - 2a - 14$
57. $-5a - 10b - 14$ **59.** $3a + 12b - 16$
61. $-a + (b + c - 2); -a - (-b - c + 2)$
63. $-x + (y - 3z - 6); -x - (-y + 3z + 6)$
65. $3x + (-2y - z + 5); 3x - (2y + z - 5)$
67. $-6x + (-3y - 4z - 2); -6x - (3y + 4z + 2)$
69. $2x + 5y$ **71.** $4x + 7y$ **73.** $6x - 2y$ **75.** $2x - 3y$
77. $9y - x$ **79.** $4(x + y)$ **81.** $3z + 2(x + y)$
83. $6z + 11(x + y)$ **85.** $4z - 3(x + y)$ **87.** $11(x + y) - 4z$

Ejercicios 3.6A, página 78

1. 3^2 **3.** 2^5 **5.** 4^4 **7.** b^3
9. $(5c)^2$ **11.** $(3b)^4$ **13.** $(5xy)^3$ **15.** $(-2)^4$
17. $(-x)^2$ **19.** $(-b)^3$ **21.** $3b^4$ **23.** $2^2 \cdot 3^2$
25. $2^2 \cdot 3^3$ **27.** a^3b **29.** -3^3 **31.** $-2^2 \cdot 3^2$
33. $-a^2b^3$ **35.** $a^3(-b^2)$ **37.** $2^2 + 3^2$ **39.** $5^3 - 5^2$
41. $a^3 + a^2$ **43.** $a^2 - b^3$ **45.** $3 \cdot 3 \cdot 3 \cdot 3$
47. $2a \cdot a \cdot a \cdot a$ **49.** $4a \cdot a \cdot a$ **51.** $a \cdot b \cdot b \cdot b$
53. $x \cdot x \cdot y \cdot y$ **55.** $a \cdot a \cdot b \cdot b \cdot b \cdot b$ **57.** $-3 \cdot 3 \cdot 3 \cdot 3$
59. $-5 \cdot 5 \cdot 5$ **61.** $-3x \cdot x \cdot x \cdot x$ **63.** $-3 \cdot 3 \cdot a \cdot a \cdot a \cdot a$
65. $-a \cdot b \cdot b \cdot b$ **67.** $-a \cdot a \cdot a \cdot y \cdot y$ **69.** $(-3)(-3)(-3)(-3)(-3)$
71. $(-a)(-a)(-a)(-a)$ **73.** $a \cdot a \cdot (-b \cdot b)$
75. $(x - 2)(x - 2)$ **77.** $(x - y)(x - y)(x - y)(x - y)$
79. $a \cdot a + b \cdot b \cdot b$ **81.** $x \cdot x - x \cdot x \cdot x \cdot x$
83. 20 **85.** 19 **87.** 256 **89.** 64
91. -27 **93.** 16 **95.** -243 **97.** -16
99. 32 **101.** 36 **103.** 400 **105.** -72
107. -16 **109.** -72 **111.** -144 **113.** -400
115. 108 **117.** $2 \cdot 3^2$ **119.** $2^2 \cdot 3^2$ **121.** $2 \cdot 5^2$
123. $2^5 \cdot 3$ **125.** $2^3 \cdot 3 \cdot 5$ **127.** $2 \cdot 3^4$

Ejercicios 3.6B, página 84

1. $2^5 = 32$ **3.** $2^6 = 64$ **5.** $-2^4 = -16$ **7.** $-2^6 = -64$
9. a^5 **11.** a^5 **13.** b^4 **15.** $7a^2 b^3$

17. $5a^2b^4$ **19.** $2a^5$ **21.** $7a^6$ **23.** $-3x^4$
25. $-5x^6$ **27.** $-2x^8$ **29.** $-ab^2$ **31.** $-a^3b^3$
33. $-ab^3$ **35.** $-a^3b^2$ **37.** $-a^2b^3$ **39.** x^4
41. $-x^7$ **43.** x^6 **45.** $(2x + 1)^6$ **47.** $2(x + y)^7$
49. $x + x^4$ **51.** $x^3 + x^7$ **53.** $x^7 - x^4$ **55.** $x^6 - x^2$
57. $8x^2$ **59.** $10x^2$ **61.** $2x^2$ **63.** $-4x^5$
65. a^3b^3 **67.** a^5b^2 **69.** x^3y^3 **71.** $6x^3y^2$
73. $3a^3b^4$ **75.** $-10a^5b$ **77.** $-6x^6y^4$ **79.** $-18xy^4$
81. $50a^3b^2$ **83.** $200x^4y^3$ **85.** $27x^4y^8$ **87.** $-12x^7y^3$
89. $3x^7y^4$ **91.** $60x^3y^5z$ **93.** $60x^3y^2$ **95.** $108a^6b^6$
97. $3^6 = 729$ **99.** a^6 **101.** a^8 **103.** $-2^6 = -64$
105. $-2^9 = -512$ **107.** a^6 **109.** $-a^{12}$ **111.** $4a^4$
113. $81x^8$ **115.** $64x^4$ **117.** $4x^4y^2$ **119.** $4x^6y^4$
121. $125x^6y^6$ **123.** $-x^3y^6$ **125.** $-x^6y^3$ **127.** a^2b^6
129. $1024a^5b^{10}$ **131.** $4x^5$ **133.** $-4x^5$ **135.** $-8x^8$
137. a^4b^7 **139.** $24a^4b^5$ **141.** $8a^7b^8$ **143.** $16a^5b^8$
145. $5184a^{11}b^{16}$ **147.** $8a^4b^7c^{10}$ **149.** $x^{14}y^6$
151. $-64x^{12}y^5$ **153.** $20x^8y^8z^7$ **155.** $-648a^{10}b^{11}c^{15}$
157. $-5184a^8b^{24}c^{24}$ **159.** $-108a^7(x + 1)^5$ **161.** $x^7(x + 3)^7$
163. $-2a^2b^2 + a^2b^3$ **165.** $5a^2x^2$ **167.** $2a^2b^2$
169. $-26a^9$ **171.** $13a^2b^6$ **173.** 16 **175.** -16
177. 8 **179.** 256 **181.** $\frac{1}{2}$ **183.** $-\frac{3}{16}$
185. 16 **187.** -55 **189.** -24 **191.** 67
193. -8

Ejercicios 3.6C, página 86

1. $6x + 42$ **3.** $7x - 28$ **5.** $-4x - 10$
7. $-4x + 8$ **9.** $xy + 3x$ **11.** $2xy + 5x$
13. $xy - 2x$ **15.** $10xy - 15x$ **17.** $-4xy + 12x$
19. $-4xy + 14x$ **21.** $-24x + 32xy$ **23.** $2x^2 + 8x$
25. $6x^2 - 18x$ **27.** $-6x^2 - 16x$ **29.** $-16x^2 + 8x$
31. $6x^3 - 4x^2$ **33.** $-6x^3 + 24x^2$ **35.** $x^3 + 6x^2$
37. $3x^3 - 2x^4$ **39.** $-3x^3 - x^2$ **41.** $-x^4 + x^2$
43. $-4x^5 + 4x^2$ **45.** $2x^3 - x^2 - x$ **47.** $3x^3 - 9x^2 + 6x$
49. $-6x^3 + 2x^2 + 8x$ **51.** $-9x + 15x^2 + 3x^3$ **53.** $6x^5 + 2x^4 - 10x^3$
55. $-x^7 + x^5 - 2x^4$ **57.** $-2a^3b + 6a^2b^2 - 2ab^3$
59. $-2a^5b - 10a^4b^3 + 6a^2b^5$ **61.** $5a^4b^4 - 5a^3b^3 + 20a^4b^2$
63. $-4a^3b^3 + 6ab^5 + 4ab^3$ **65.** $7x^2$
67. $-10x$ **69.** $5x^3 + 12x$ **71.** x^4
73. $3x + 9$ **75.** $8x - 44$ **77.** $5x - 9$
79. $4x + 13$ **81.** $7x + 34$

Ejercicios 3.6D, página 89

1. $x^2 + 4x + 3$ **3.** $x^2 + 8x + 12$ **5.** $x^2 + 3x - 10$
7. $x^2 - 3x - 18$ **9.** $x^2 + 2x - 3$ **11.** $x^2 - 3x - 28$
13. $x^2 - 1$ **15.** $x^2 - 36$ **17.** $x^2 - 7x + 6$
19. $x^2 - 8x + 15$ **21.** $2x^2 + 7x + 3$ **23.** $2x^2 - 9x - 5$
25. $4x^2 + 27x - 7$ **27.** $2x^2 - 11x + 12$ **29.** $6x^2 + 7x + 2$
31. $9x^2 + 9x - 4$ **33.** $12x^2 + x - 1$ **35.** $8x^2 - 34x - 9$
37. $4x^2 - 1$ **39.** $4x^2 - 25$ **41.** $12x^2 - 13x + 3$
43. $36x^2 - 35x + 6$ **45.** $6 + x - x^2$ **47.** $24 + 2x - x^2$
49. $4 - x^2$ **51.** $3 - 4x + x^2$ **53.** $35 - 12x + x^2$
55. $9 + 6x - 8x^2$ **57.** $56 - 11x - 15x^2$ **59.** $6 + 5x - x^2$
61. $21 - 4x - x^2$ **63.** $8 - 6x - 9x^2$ **65.** $x^2 + 6x + 9$
67. $4x^2 + 12x + 9$ **69.** $x^2 - 8x + 16$ **71.** $9x^2 - 12x + 4$
73. $x^2 + 6xy + 5y^2$ **75.** $x^2 + 2xy - 15y^2$ **77.** $9x^2 - 4y^2$
79. $3x^2 - 16xy + 16y^2$ **81.** $x^2y^2 - xy - 12$ **83.** $x^2y^2 - 12xy + 35$
85. $6x^4 - 19x^2 + 15$ **87.** $2x^3 + x + 3$ **89.** $x^3 - 8x + 8$
91. $x^3 + 1$ **93.** $8x^3 - 1$ **95.** $x^3 - 8y^3$
97. $4x^2 + 8x - 12$ **99.** $3x^2 - 6x - 24$ **101.** $-4x^2 - 4x + 24$
103. $-4x^2 + 14x + 8$ **105.** $-9x^3 + 9x^2 - 2x$ **107.** $x^4 - 4x^2 + 4x - 1$
109. $6x^4 + x^3 - 6x^2 + 5x - 6$ **111.** $x^4 - 2x^3 + 5x^2 - 4x + 4$
113. $x^4 - 4x^3 + 2x^2 + 4x + 1$ **115.** $x^3 - 2x^2 - x + 2$
117. $6x^3 - 19x^2 + 11x + 6$ **119.** $x^3 + 3x^2 + 3x + 1$
121. $x^3 + 3x^2y + 3xy^2 + y^3$ **123.** $x^3 - 3x^2 + 3x - 1$
125. $8x^3 - 12x^2 + 6x - 1$ **127.** $2x^2 + 3$
129. $3x^2 - 2$ **131.** -8 **133.** $7x^2 - 13x$
135. 4 **137.** $2x^2 - 7$ **139.** $2x^2 + 9x$
141. $-7x - 30$ **143.** $-24x$ **145.** $z + xy$
147. $3z - 2xy$ **149.** $z(x + y)$ **151.** $3z(x + y)$
153. $x + 2y^2$ **155.** $z - (x + y)^2$

Ejercicios 3.7A, página 94

1. $2^4 = 16$ **3.** $2^4 = 16$ **5.** $\frac{1}{3^3} = \frac{1}{27}$

7. $\frac{1}{3^4} = \frac{1}{81}$ **9.** $-2^7 = -128$ **11.** $-\frac{1}{5^3} = -\frac{1}{125}$

13. $-\frac{1}{8}$ **15.** 1 **17.** a^3 **19.** x^2

21. $\frac{1}{a^6}$ **23.** $\frac{1}{x^6}$ **25.** 1 **27.** 1

29. $-\frac{1}{a^2}$ 31. $-b^4$ 33. $-\frac{1}{a}$ 35. $\frac{1}{a^3}$

37. $-\frac{1}{a^2}$ 39. 1 41. $(x + 1)^4$ 43. $(x + 3)^2$

45. $\frac{1}{(x - 5)^4}$ 47. $\frac{1}{(x - y)^3}$ 49. $\frac{3}{x}$

51. $\frac{3x^2}{4}$ 53. x 55. $2y$

57. y 59. xy 61. x^3y^2

63. $\frac{b}{a^2}$ 65. $\frac{1}{4a^4b^5}$ 67. $\frac{2a^3}{3b^3c^6}$

69. $-\frac{a^4}{3b^2}$ 71. $-\frac{3a^8}{b}$ 73. $8b^3$

75. $\frac{64}{a^{18}}$ 77. $\frac{x^8}{y^4}$ 79. $\frac{x^3}{8y^3}$

81. $\frac{x^3}{8y^6}$ 83. $\frac{16x^8z^4}{81}$ 85. $\frac{1}{a^{18}}$

87. $64x^6$ 89 $-\frac{x^5}{y^5}$ 91. $\frac{1}{3}$

93. $\frac{3}{4}$ 95. $\frac{8}{3}$ 97. $\frac{320}{243}$

99. $\frac{224}{81}$ 101. $-\frac{16}{25}$ 103. $\frac{64}{27}$

105. $-\frac{64}{27}$ 107. a^4b^2 109. $\frac{b^3}{8a^2}$

111. $\frac{a^5}{32b^5}$ 113. a^6b^2 115. $\frac{4a}{27c^4}$

117. $-\frac{32y^5}{x^2z^5}$ 119. $-\frac{xy^2}{96z^{14}}$ 121. $-3a^3$

123. $3a$ 125. $\frac{a}{b}$ 127. $4a^2b$

Ejercicios 3.7B, página 98

1. $x + 1$ 3. $2x - 1$ 5. $1 - 2x$
7. $x + 2$ 9. $2x + 1$ 11. $x^2 - 3x + 1$

13. $2x + 1$
15. $a - 4b$
17. $x - 2$
19. $2y - 5x$
21. $x^2 - 5x + 6$
23. $-2y - 3x$
25. $-2x^2 - 3x + 1$
27. $-2x + 3y^2$
29. $1 + x - x^2$
31. $3x + 2y$
33. $2x - 1 + \frac{1}{x}$
35. $2x - 5 - \frac{6}{x}$
37. $2x + 3 - \frac{4}{x}$
39. $-x + 2y - \frac{y^2}{2x}$
41. $-\frac{x^3}{3y^3} + \frac{2x}{3y} + \frac{y}{x}$
43. $2(x - a) + 1$
45. $x - a$
47. $x + a$
49. $(2x - a)^2 - (2x - a)$
51. $-2a + a^3$
53. $3a + 2$
55. $4a$
57. $-2a + 4$
59. $-6a - 2$
61. $-16b^2$

Ejercicios 3.7C, página 103

1. $x + 2$
3. $x + 3$
5. $x + 3$
7. $x + 5$
9. $x - 2$
11. $x - 6$
13. $4x + 6$
15. $3x + 1$
17. $3x + 4$
19. $2x + 5$
21. $4x - 1$
23. $2x + 7$
25. $3x - 5$
27. $x - 2$
29. $3x^2 - x + 1$
31. $x - 2 - \frac{2}{x + 5}$
33. $x - 7 + \frac{3}{x - 3}$
35. $3x - 5 + \frac{2}{3x - 2}$
37. $x^2 - 2x + 1 + \frac{4}{3x + 2}$
39. $x^2 - x - 6 - \frac{9}{4x - 3}$
41. $3x^2 + 2x - 2 - \frac{12}{2x - 5}$
43. $x - 3$
45. $3x + 2$
47. $x^2 - x - 1$
49. $2x^2 - 6x - 3$
51. $4x^2 + 2x - 7 + \frac{4}{2x^2 - x + 4}$
53. $2x^2 - 3x - 1 - \frac{x + 6}{2x^2 + x - 4}$
55. $3x^3 - 2x^2 + x - 6$
57. $x^2 + 4x + 8$
59. $3x^3 - x^2 - 4x + 2 + \frac{8}{x^2 + x - 2}$
61. $x^2 + 3x + 5 - \frac{x + 5}{2x^2 - 6x - 3}$
63. $3x^3 + 6x^2 + 9x - 4 - \frac{2x - 9}{x^2 - 2x + 1}$
65. $x^2 + 2xy + 3y^2$
67. $x^2 + xy + 2y^2$
69. $3x^2 - 3xy - y^2$
71. $2x^2 + xy + 3y^2$
73. $4x^2 - 6xy + 9y^2$
75. $x^4 + 2x^2y^2 + 4y^4$
77. $(x - y) - 6$
79. $2(x - 3y) - 7$
81. $2(x - y) - 3$

Repaso del Capítulo 3, página 105

1. $2x + y - 4$
3. $-4y + 6$
5. $-4x^3 - x^2 + 13x + 3$
7. $-2x$
9. $-7x$
11. $4x^2$
13. $-y$
15. $-5x - 3$
17. $-2x^2 + 3x - 1$
19. $-5x - 11y + 5$
21. $2x^2y - 2x^2$
23. $x^2 + x$
25. $4a^2 - 4a$
27. 0
29. $7x - 8$
31. $4x - 7$
33. $14 - 2x$
35. $-9y - 66x - 18$
37. $8y - 5x^2 + 3xy$
39. $-18x - 1$
41. $8x^2 - 22x$
43. $x + (2y - 3z + 1); x - (-2y + 3z - 1)$
45. $x^3 + (-3x^2 + x - 2); x^3 - (3x^2 - x + 2)$
47. -22
49. 2
51. 8
53. -31
55. -8
57. 0
59. $\frac{8}{9}$
61. 1
63. 12
65. -2
67. 0
69. $\frac{29}{12}$
71. $2x^2y^4$
73. $-x^4y^4$
75. $2x^3y^6z^5$
77. $24x^4y^4z$
79. x^8y^{12}
81. $4x^2y^6$
83. $16x^8y^4$
85. $200x^8y^4z^3$
87. $-x^{10}y^{17}$
89. $-25x^{11}y^8z^{11}$
91. a^2b^6
93. $3a^9b^3$
95. $-2a$
97. $a^5 - a^4$
99. $6x^2 + 11x - 10$
101. $24x^2 - 18x + 3$
103. $16x^2 - 81$
105. $49x^2 - 56x + 16$
107. $8a^3 + 1$
109. $3x^4 + 6x^3 - 5x^2 + 6x - 8$
111. $x^4 + 3x^2 + 4$
113. $4x^4 - x^2 - 6x - 9$
115. $4x^4 - 12x^3 + 13x^2 - 6x + 1$
117. $2x^3 - 5x^2 - 4x + 3$
119. $4x^2 - 27$
121. $-x^2 - 13$
123. $7x^3 + 35$
125. $\frac{32x^{10}y^5}{243}$
127. $\frac{x^7}{2}$
129. $\frac{3x^6}{4y^2}$
131. $-\frac{x^4z^7}{81y}$
133. $-\frac{2}{y^2z^4}$
135. $\frac{125y^2z^3}{3072x^7}$
137. $3x - 2$
139. $x^2 + 3x - 2$
141. $3x^2 + x - 3$
143. $x^3 + 4x - 7 + \frac{2}{3x - 4}$
145. $2x^2 + 3x - 8 - \frac{4}{x^2 + 4}$
147. $2x^3 - 4x^2 + x - 4 + \frac{6x + 2}{3x^2 + 6x - 2}$
149. $x^4 + 2x^3 + x^2 - x - 4 - \frac{33x + 2}{5x^2 - 10x + 7}$
151. $x^2 - 4xy - 2y^2$

153. $4x^2 - 4xy + 3y^2$ **155.** $A = \frac{1}{2}bh$

157. $V = 3.14\left(\frac{4}{3}r^3\right)$ **159.** $S = 3.14(4r^2)$

Ejercicios 4.2A, página 114

1. $\{2\}$ **3.** $\{-2\}$ **5.** $\{0\}$ **7.** $\left\{-\frac{1}{4}\right\}$ **9.** $\left\{-\frac{7}{2}\right\}$

11. $\{14\}$ **13.** $\{32\}$ **15.** $\{-81\}$ **17.** $\{-10\}$ **19.** $\{6\}$

21. $\{32\}$ **23.** $\left\{-\frac{1}{27}\right\}$ **25.** $\{21\}$ **27.** $\{32\}$ **29.** $\{64\}$

31. $\left\{\frac{15}{2}\right\}$ **33.** $\left\{-\frac{77}{2}\right\}$ **35.** $\{-8\}$ **37.** $\{7\}$ **39.** $\left\{\frac{32}{7}\right\}$

41. $\left\{\frac{5}{8}\right\}$ **43.** $\left\{\frac{9}{2}\right\}$ **45.** $\left\{\frac{18}{77}\right\}$ **47.** $\left\{-\frac{10}{27}\right\}$ **49.** $\left\{\frac{21}{8}\right\}$

51. $\left\{\frac{72}{245}\right\}$ **53.** $\{30\}$ **55.** $\{-0.2\}$ **57.** $\{-3\}$ **59.** $\{20\}$

Ejercicios 4.2B, página 118

1. $\{1\}$ **3.** $\{2\}$ **5.** $\{10\}$ **7.** $\{8\}$

9. $\left\{\frac{4}{7}\right\}$ **11.** $\left\{\frac{8}{3}\right\}$ **13.** $\left\{\frac{1}{5}\right\}$ **15.** $\{-3\}$

17. $\{-2\}$ **19.** $\{-4\}$ **21.** $\{-4\}$ **23.** $\{-3\}$

25. $\{0\}$ **27.** $\{0\}$ **29.** $\{3\}$ **31.** $\left\{\frac{20}{3}\right\}$

33. $\left\{-\frac{8}{3}\right\}$ **35.** $\left\{\frac{3}{2}\right\}$ **37.** $\{4\}$ **39.** $\{12\}$

41. $\{3\}$ **43.** $\left\{\frac{18}{11}\right\}$ **45.** $\left\{-\frac{45}{2}\right\}$ **47.** $\{12\}$

49. $\left\{\frac{42}{5}\right\}$ **51.** $\{24\}$ **53.** $\{1\}$ **55.** $\{-6\}$

57. $\{-8\}$ **59.** $\{-8\}$ **61.** $\{6\}$ **63.** $\{3\}$

65. $\left\{-\frac{9}{4}\right\}$ **67.** $\{x|x \in R\}$ **69.** $\{x|x \in R\}$ **71.** $\varnothing$

73. $\varnothing$ **75.** $\{0\}$ **77.** $\{0\}$ **79.** $\varnothing$ **81.** $\{x|x \in R\}$

Ejercicios 4.2C, página 121

1. $\{8\}$ 3. $\{3\}$ 5. $\left\{\frac{4}{3}\right\}$ 7. $\{0\}$

9. $\{10\}$ 11. $\{4\}$ 13. $\{2\}$ 15. $\{3\}$

17. $\{3\}$ 19. $\{0\}$ 21. $\{2\}$ 23. $\{-5\}$

25. $\{3\}$ 27. $\{1\}$ 29. $\{-4\}$ 31. $\{-2\}$

33. $\left\{\frac{8}{3}\right\}$ 35. $\left\{-\frac{1}{3}\right\}$ 37. $\left\{-\frac{9}{2}\right\}$ 39. $\left\{-\frac{8}{3}\right\}$

41. $\left\{-\frac{7}{2}\right\}$ 43. $\left\{-\frac{8}{5}\right\}$ 45. $\left\{\frac{3}{4}\right\}$ 47. $\left\{\frac{8}{3}\right\}$

49. $\{2\}$ 51. $\{4\}$ 53. $\{1\}$ 55. $\left\{\frac{4}{3}\right\}$

57. $\{2\}$ 59. $\{1\}$ 61. $\{1\}$ 63. $\{-3\}$

65. $\left\{\frac{1}{2}\right\}$ 67. $\{0\}$ 69. $\{3\}$ 71. $\left\{-\frac{3}{2}\right\}$

73. $\left\{-\frac{1}{6}\right\}$ 75. $\{-1\}$ 77. $\{4\}$ 79. $\left\{-\frac{3}{2}\right\}$

81. $\{-13\}$ 83. $\left\{\frac{7}{22}\right\}$ 85. $\{-2\}$ 87. $\{6\}$

89. $\left\{-\frac{1}{2}\right\}$ 91. $\left\{-\frac{7}{4}\right\}$ 93. $\{-2\}$ 95. $\left\{-\frac{13}{5}\right\}$

97. $\{6\}$ 99. $\{10\}$ 101. $\{-4\}$

Ejercicios 4.2D, página 124

1. $\{2\}$ 3. $\{0\}$ 5. $\{0\}$ 7. $\{3\}$

9. $\left\{-\frac{3}{2}\right\}$ 11. $\left\{\frac{1}{2}\right\}$ 13. $\left\{\frac{5}{2}\right\}$ 15. $\{-1\}$

17. $\left\{-\frac{1}{2}\right\}$ 19. $\{0\}$ 21. $\{-10\}$ 23. $\{4\}$

25. $\{9\}$ 27. $\{0\}$ 29. $\{3\}$ 31. $\{10\}$

33. $\left\{\frac{1}{2}\right\}$ 35. $\{1\}$ 37. $\left\{\frac{3}{2}\right\}$ 39. $\left\{\frac{5}{2}\right\}$

41. $\{-4\}$ 43. $\{1\}$ 45. $\{3\}$ 47. $\{-15\}$

49. $\{-2\}$ 51. $\{-1\}$ 53. $\{5\}$ 55. $\{x|x \in R\}$

57. $\varnothing$ 59. $\{0\}$ 61. $\varnothing$

Ejercicios 4.2E, página 126

1. {6}	**3.** {4}	**5.** {5}	**7.** {1}
9. {3}	**11.** $\left\{\frac{1}{2}\right\}$	**13.** {2}	**15.** {3}
17. {−4}	**19.** {2}	**21.** $\left\{-\frac{1}{2}\right\}$	**23.** {7}
25. {4}	**27.** {−13}	**29.** {−4}	**31.** {−1}
33. {5}	**35.** $\left\{-\frac{1}{3}\right\}$	**37.** {−3}	**39.** {−1}
41. {7}	**43.** $\left\{\frac{3}{2}\right\}$	**45.** $\left\{\frac{1}{4}\right\}$	**47.** $\left\{\frac{15}{2}\right\}$
49. {16}	**51.** {1600}	**53.** {4500}	**55.** {10,000}
57. {1800}			

Ejercicios 4.3A, página 134

1. 6	**3.** 14	**5.** 15	**7.** 12
9. 6	**11.** 42	**13.** 64; 16	**15.** 18; 6
17. 120; 160	**19.** 92; 138	**21.** 8; 11	**23.** 20; 16
25. 7; 12	**27.** 19; 12	**29.** 13; 26; 39	**31.** 45; 53; 38
33. 21; 23; 25	**35.** 12; 13; 14	**37.** 9; 11; 13	**39.** 258
41. 15; 16	**43.** 27; 28	**45.** 6; 8; 10	**47.** 20; 28
49. 34; 39	**51.** 31	**53.** 278	**55.** 478
57. 835			

Ejercicios 4.3B, página 142

1. 12.5%	**3.** 5%	**5.** $6	**7.** $504,000
9. $18,840	**11.** $6470	**13.** $740	**15.** $460
17. 40%	**19.** $90	**21.** $830	

23. $12,000 a 6%; $18,000 a 9%

25. $24,000 — **27.** $16,000

29. $12,000 a 6.2%; $28,000 a 7.4%

31. $18,000

33. $4000 a 8%; $11,000 a 15%

35. $8000 a 24%; $12,000 a 11%

37. 6.75%; 6% — **39.** 6.4%; 8.4%

Ejercicios 4.3C, página 145

1. 3 galones **3.** 4 litros **5.** 45 pintas **7.** 72%
9. 7.4% **11.** 80% **13.** 12% **15.** 50 onzas
17. 600 litros al 16%; 420 litros al 50% **19.** 50%; 87.5%

Ejercicios 4.3D, página 147

1. 26 monedas de 5¢; 21 de 10¢ **3.** 16 monedas de 10¢; 24 de 25¢
5. 26 monedas de 5¢; 18 de 10¢ **7.** 14 de \$1; 7 de \$5; 5 de \$10
9. 13 monedas de 5¢; 10 de 10¢; 26 de 25¢
11. 5¢: 8; 17¢: 24; 22¢: 7 **13.** 54 libras a \$2.39 y 30 libras a \$3.99
15. 144 libras a 139¢; 96 libras a 84¢
17. 5¢: 5; 17¢: 12; 22¢: 45
19. 7 monedas de 5¢; 9 de 10¢; 23 de 25¢
21. 26 500 a \$8; 8 500 a \$11
23. 8 000 a \$14; 32 000 a \$10; 28 000 a \$6

Ejercicios 4.3E, página 151

1. 4 mph; $4\frac{1}{3}$ mph **3.** 6 hr **5.** 3000 millas **7.** 105 millas
9. 48 mph **11.** 20 mph **13.** 10 millas **15.** 1.6 millas

Ejercicios 4.3F, página 153

1. 20 C; 293 K **3.** 65 C; 338 K **5.** −30 C; 243 K **7.** 86 F
9. −58 F **11.** 257 F **13.** 59 F **15.** 800.6 F
17. 25

Ejercicios 4.3G, página 155

1. 16 años **3.** 10 años
5. 29 años **7.** 32 años
9. 42 años; 50 años

Ejercicios 4.3H, página 157

1. 92 libras **3.** 8 pies **5.** A: 100 libras; B: 150 libras
7. 6 pies **9.** 75 libras y 105 libras

Ejercicios 4.3I, página 160

1. 21 pies; 27 pies **3.** 32 pies; 96 pies **5.** 204 pies cuadrados
7. 14 pulgadas **9.** 12 pulgadas **11.** 32 pulgadas; 16 pulgadas
13. 130 pies; 80 pies **15.** \$16 329.60 **17.** 4 pulgadas; 6 pulgadas; 8 pulgadas
19. 476 pies cuadrados **21.** 481 pies cuadrados **23.** 28°; 62°

Repaso del Capítulo 4, página 161

1. $\{4\}$ **3.** $\{5\}$ **5.** $\{9\}$ **7.** $\left\{\frac{3}{2}\right\}$
9. $\{4\}$ **11.** $\{-24\}$ **13.** $\{2\}$ **15.** $\{10\}$
17. $\{3\}$ **19.** $\left\{\frac{1}{3}\right\}$ **21.** $\left\{\frac{5}{2}\right\}$ **23.** $\{2\}$
25. $\{3\}$ **27.** $\left\{\frac{4}{13}\right\}$ **29.** $\{2\}$ **31.** $\{-2\}$
33. $\{3\}$ **35.** $\{-1\}$ **37.** $\left\{-\frac{2}{5}\right\}$ **39.** $\{5\}$
41. $\{3\}$ **43.** $\{7\}$ **45.** $\left\{\frac{3}{2}\right\}$ **47.** $\left\{\frac{19}{5}\right\}$
49. $\{-4\}$ **51.** $\left\{-\frac{4}{3}\right\}$ **53.** $\left\{\frac{10}{3}\right\}$ **55.** $\left\{\frac{15}{4}\right\}$
57. $\{7\}$ **59.** $\left\{-\frac{1}{2}\right\}$ **61.** 14,000 **63.** 15,000
65. $\{x|x \in R\}$ **67.** $\varnothing$ **69.** $\{0\}$ **71.** $\left\{\frac{3}{2}\right\}$
73. $\{2\}$ **75.** $\{3\}$ **77.** $\{-3\}$ **79.** $\left\{-\frac{1}{3}\right\}$
81. $\left\{\frac{5}{2}\right\}$ **83.** 18; 38 **85.** 15; 17; 19 **87.** 158
89. \$120 **91.** \$7600 **93.** \$9
95. 8.4%; 7.6% **97.** 60%
99. 7 a 10₵; 35 a 15₵; 13 a 25₵ **101.** 80 libras a \$1.59; 160 libras a \$2.49
103. 480 cervezas **105.** 540 a \$4.95; 260 a \$6.50 **107.** 12 horas
109. 284 F **111.** 16 años **113.** 200 libras; 280 libras
115. 11 200 pies cuadrados **117.** 13 pulgadas **119.** 567 pies cuadrados

Ejercicios 5.3A, página 177

1. $\{x|x > 8\}$
3. $\{x|x \le 1\}$
5. $\{x|x \ge -8\}$
7. $\{x|x < -4\}$
9. $\{x|x < -10\}$
11. $\{x|x > -2\}$
13. $\{x|x \le 3\}$
15. $\{x|x < 6\}$
17. $\{x|x < -10\}$
19. $\{x|x > -7\}$
21. $\{x|x \ge 15\}$
23. $\{x|x > 0\}$
25. $\{x|x \le 0\}$
27. $\{x|x < -32\}$
29. $\{x|x \ge 3\}$
31. $\{x|x \le 0\}$
33. $\{x|x < 3\}$
35. $\{x|x > 23\}$
37. $\{x|x > 2\}$
39. $\{x|x > -2\}$
41. $\{x|x \ge -2\}$
43. $\{x|x > -10\}$
45. $\{x|x > 7\}$
47. $\{x|x > -6\}$
49. $\{x|x \ge -11\}$
51. $\{x|x > 2\}$
53. $\{x|x \le 6\}$
55. $\{x|x \ge -5\}$
57. $\{x|x < 8\}$
59. $\{x|x \le -3\}$
61. $\{x|x \in R\}$
63. $\{x|x \in R\}$
65. $\varnothing$
67. $\varnothing$
69. $\{x|x \in R\}$
71. $\{x|x \in R\}$
73. $\varnothing$
75. $\varnothing$
77. $\{x|x \in R\}$

Ejercicios 5.3B, página 181

1. $\{x|x \ge 1\}$
3. $\{x|x < 1\}$
5. $\left\{x \middle| x < \frac{4}{5}\right\}$
7. $\{x|x \le 1\}$
9. $\left\{x \middle| x < -\frac{8}{5}\right\}$
11. $\left\{x \middle| x > -\frac{3}{4}\right\}$
13. $\{x|x > 0\}$
15. $\{x|x > -15\}$
17. $\{x|x \le 9\}$
19. $\left\{x \middle| x < \frac{10}{9}\right\}$
21. $\{x|x > 0\}$
23. $\left\{x \middle| x \le \frac{22}{5}\right\}$
25. $\left\{x \middle| x > -\frac{4}{3}\right\}$
27. $\left\{x \middle| x > -\frac{13}{3}\right\}$
29. $\{x|x \le 1\}$
31. $\left\{x \middle| x > \frac{5}{3}\right\}$
33. $\{x|x < -24\}$
35. $\{x|x \ge 2\}$
37. $\{x|x > 4\}$
39. $\left\{x \middle| x < \frac{1}{2}\right\}$
41. $\{x|x \le 2\}$
43. $\left\{x \middle| x < \frac{7}{8}\right\}$
45. $\{x|x > 2\}$
47. $\left\{x \middle| x \le -\frac{1}{2}\right\}$
49. $\left\{x \middle| x \ge -\frac{1}{2}\right\}$
51. $\{x|x > -1\}$
53. $\{x|x \le 2\}$
55. $\{x|x < 0\}$
57. $\left\{x \middle| x \le \frac{2}{5}\right\}$
59. $\left\{x \middle| x \ge -\frac{1}{5}\right\}$

61. $\left\{x \middle| x \geq \frac{1}{2}\right\}$ 63. $\{x|x > -6\}$ 65. $\{x|x > -2\}$
67. $\{x|x > 4\}$ 69. $\{x|x > -1\}$

Ejercicios 5.4, página 184

1. $\{x|1 < x < 4\}$ 3. $\{x|-1 \leq x < 5\}$ 5. $\{x|-2 \leq x \leq 0\}$
7. $\{x|x > 3\}$ 9. $\{x|x \leq -1\}$ 11. $\{7\}$
13. $\varnothing$ 15. $\varnothing$ 17. $\{x|5 \leq x < 11\}$
19. $\{x|-3 < x \leq 2\}$ 21. $\varnothing$ 23. $\{x|x > 3\}$
25. $\{x|1 < x < 2\}$ 27. $\{6\}$ 29. $\{4\}$
31. $\left\{-\frac{2}{3}\right\}$ 33. $\{x|2 \leq x < 4\}$ 35. $\left\{x \middle| x \leq -\frac{3}{5}\right\}$
37. $\{x|x > 5\}$ 39. $\varnothing$

Ejercicios 5.5, página 192

1. $\{0, 2\}$ 3. $\{-5, 11\}$ 5. $\{-12, 2\}$ 7. $\{-9, -3\}$
9. $\{11\}$ 11. $\{-3\}$ 13. $\{-4, 4\}$ 15. $\varnothing$
17. $\varnothing$ 19. $\{-4, 5\}$ 21. $\left\{-2, \frac{10}{3}\right\}$ 23. $\left\{-3, \frac{5}{2}\right\}$
25. $\left\{-3, \frac{3}{7}\right\}$ 27. $\left\{-1, \frac{7}{4}\right\}$ 29. $\left\{-\frac{2}{3}, 0\right\}$ 31. $\left\{\frac{3}{2}, 4\right\}$
33. $\{0, 3\}$ 35. $\{18\}$ 37. $\{3\}$ 39. $\{1\}$
41. $\varnothing$ 43. $\varnothing$ 45. $\{x|x \geq 1\}$ 47. $\left\{x \middle| x \geq \frac{1}{2}\right\}$
49. $\{x|x \leq 3\}$ 51. $\left\{x \middle| x \leq \frac{3}{2}\right\}$

Repaso del Capítulo 5, página 192

1. $\{x|x \geq -5\}$ 3. $\left\{x \middle| x > \frac{10}{3}\right\}$ 5. $\left\{x \middle| x < \frac{7}{3}\right\}$
7. $\left\{x \middle| x > -\frac{8}{3}\right\}$ 9. $\left\{x \middle| x \leq \frac{8}{5}\right\}$ 11. $\{x|x < 2\}$

13. $\left\{x \,\middle|\, x < \frac{4}{3}\right\}$ **15.** $\left\{x \,\middle|\, x > \frac{2}{3}\right\}$ **17.** $\left\{x \,\middle|\, x < -\frac{1}{5}\right\}$

19. $\left\{x \,\middle|\, x < \frac{3}{2}\right\}$ **21.** $\left\{x \,\middle|\, x > -\frac{1}{2}\right\}$ **23.** $\{x|x < -1\}$

25. $\{x|x < -12\}$ **27.** $\{x|x < -15\}$ **29.** $\{x|x > 2\}$

31. $\left\{x \,\middle|\, x > -\frac{1}{3}\right\}$ **33.** $\left\{x \,\middle|\, x \geq -\frac{3}{5}\right\}$ **35.** $\{x|x > 2\}$

37. $\{x|x > 6\}$ **39.** $\left\{x \,\middle|\, \frac{3}{2} \leq x < 7\right\}$ **41.** $\{x|-6 < x < -1\}$

43. $\{x|-3 \leq x < 1\}$ **45.** $\{-3\}$ **47.** $\{-5\}$

49. $\varnothing$ **51.** $\{x|-1 < x < 0\}$ **53.** $\{1\}$

55. $\varnothing$ **57.** $\varnothing$ **59.** $\{x|x \in R\}$

61. $\{1, 9\}$ **63.** $\{4, 12\}$ **65.** $\{-7, -1\}$

67. $\varnothing$ **69.** $\{-7\}$ **71.** $\{-2, 3\}$

73. $\left\{-\frac{7}{2}, 4\right\}$ **75.** $\left\{-1, -\frac{1}{7}\right\}$ **77.** $\{-2, 6\}$

79. $\{-1, 4\}$ **81.** $\{4\}$ **83.** $\left\{\frac{5}{3}\right\}$

85. $\left\{x \,\middle|\, x \geq \frac{7}{2}\right\}$ **87.** $\{x|x \leq 6\}$ **89.** $\varnothing$

Repaso Acumulativo, página 195

Capítulo 2

1. 162 **3.** -13 **5.** 42 **7.** -54

9. 15 **11.** -49 **13.** -13 **15.** 36

17. 14 **19.** 7 **21.** 0 **23.** 50

25. $-\frac{35}{24}$ **27.** $-\frac{49}{24}$ **29.** $-\frac{5}{12}$ **31.** $\frac{13}{8}$

33. $\frac{6}{5}$ **35.** 2 **37.** 3 **39.** $\frac{10}{3}$

41. $\frac{3}{2}$ **43.** $\frac{11}{8}$ **45.** $\frac{9}{8}$ **47.** $\frac{14}{9}$

49. $\frac{3}{20}$ **51.** $\frac{11}{18}$ **53.** $-\frac{3}{4}$ **55.** $-\frac{11}{12}$

57. $\frac{2}{5}$ **59.** $\frac{9}{125}$ **61.** $\frac{5}{4}$ **63.** $\frac{76}{25}$

65. $.\overline{714285}$ **67.** $.63\overline{63}$ **69.** $.26\overline{6}$ **71.** $.30\overline{30}$

73. 8.67 **75.** 15.33 **77.** 2.84 **79.** 9.28

81. 5 **83.** 20 **85.** 18 **87.** 12

Capítulo 3

89. $2x + 10$ **91.** $-9x + 12$ **93.** $4x - 2$ **95.** $40 - 4x$

97. 24 **99.** 36 **101.** -40 **103.** -7

105. 0 **107.** $-12x^2y^3z^4$ **109.** $-64x^3y^6$ **111.** $64x^2y^{10}$

113. $-72x^{11}y^{16}$ **115.** $-2x^8y^{11}z^3$ **117.** $8a^7(x - 2)^8$ **119.** $-7a^7$

121. $2x^3 - 5x^2 + 5x - 3$ **123.** $x^3 - 1$ **125.** $x^3 - 8$

127. $9x^4 - 13x^2 + 4$ **129.** $x^2 + 3$ **131.** $7x - 2$

133. $\frac{27y^6}{8x^3}$ **135.** $\frac{x^3y^6}{z^{12}}$ **137.** $\frac{405}{64}$ **139.** $\frac{1}{a^3b^2}$

141. $\frac{8b^4}{9a^5}$ **143.** $\frac{1701}{16a^2b^3c^3}$ **145.** $3a^4$ **147.** 6

149. $3x^2 + x - 2$ **151.** $2x^2 - x - 4 - \frac{2}{3x + 2}$

153. $x^2 + 4$ **155.** $4x^2 + 2x - 3 - \frac{2x - 1}{2x^2 - x + 1}$

157. $3x^2 + x - 5 - \frac{2x - 3}{3x^2 - x + 3}$ **159.** $3x^2 - xy + 6y^2$

Capítulo 4

161. $\{-2\}$ **163.** $\{-13\}$ **165.** $\{1\}$ **167.** $\{-2\}$

169. $\{-3\}$ **171.** $\{7\}$ **173.** $\left\{-\frac{2}{3}\right\}$ **175.** $\{2\}$

177. $\left\{-\frac{3}{2}\right\}$ **179.** $\left\{-\frac{7}{2}\right\}$ **181.** $\left\{\frac{5}{2}\right\}$ **183.** $\{15{,}000\}$

185. $\{4000\}$ **187.** $\varnothing$ **189.** $\varnothing$ **191.** $\{x \mid x \in R\}$

193. $\{0\}$ **195.** 17; 26 **197.** 22; 29 **199.** 694

201. \$190 **203.** \$375 **205.** \$14,000 **207.** 128 galones

209. 98% **211.** 14 a 10₵; 18 a 15₵; 27 a 25₵

213. 8 millas **215.** 71.6 F **217.** 6 pies **219.** 11 pulgadas

221. 54°; 48°; 78° **223.** 1083 pies cuadrados

Capítulo 5

225. $\{x|x < -2\}$ **227.** $\{x|x \leq 2\}$
229. $\{x|x < 4\}$ **231.** $\{x|x < 3\}$
233. $\{x|x > 0$ **235.** $\{x|x > -2\}$ **237.** $\{x|x > -3\}$
239. $\left\{x \middle| x \geq -\frac{1}{2}\right\}$ **241.** $\{x|x > 2\}$ **243.** $\{x|x > 12\}$
245. $\left\{x \middle| x \leq \frac{4}{5}\right\}$ **247.** $\{x|-2 \leq x < 1\}$ **249.** $\{x|3 < x < 6\}$
251. $\{x|x \geq 7\}$ **253.** $\{x|x > 4\}$ **255.** $\{x|x \leq -4\}$
257. $\{-1\}$ **259.** $\{-2\}$ **261.** $\varnothing$ **263.** $\varnothing$
265. $\{x|x < 5\}$ **267.** $\{x|x \in R\}$ **269.** $\{x|x \in R\}$
271. $\varnothing$ **273.** $\varnothing$ **275.** $\{-5, 13\}$
277. $\{-10, 0\}$ **279.** $\varnothing$ **281.** $\{5\}$
283. $\left\{-\frac{5}{4}, \frac{9}{4}\right\}$ **285.** $\left\{-6, \frac{2}{3}\right\}$ **287.** $\varnothing$ **289.** $\{2\}$
291. $\left\{-\frac{3}{4}\right\}$ **293.** $\left\{x \middle| x \leq \frac{3}{2}\right\}$ **295.** $\varnothing$

Ejercicios 6.1, página 207

1. 2 **3.** 6 **5.** 5
7. x **9.** $3x$ **11.** $5x^2$
13. $4x$ **15.** $6x^2$ **17.** $18x^2y^2$
19. $3(x + 2)$ **21.** $3(x + 1)$ **23.** $x(x + 2)$
25. $(x + 3)$ **27.** $(x + 4)$ **29.** $4(x - 3)$ ó $4(3 - x)$
31. $(x - 2)$ or $(2 - x)$ **33.** $4(x + 1)$ **35.** $3(x + 3)$
37. $3(x - 2)$ **39.** $5(2x - 1)$ **41.** $4(2 - x)$
43. $5(1 - 3x)$ **45.** $4x(x + 1)$ **47.** $3x^2(3x - 2)$
49. $11x^4(1 - x)$ **51.** $3b(x + 1)$ **53.** $xy(1 + xy)$
55. $4xy(1 - 2x)$ **57.** $6xy(3x - 4y)$ **59.** $4x^2y(y + 3)$
61. $9x^2y^2(2x - 1)$ **63.** $9x^2y^2(y + 3x)$ **65.** $4(2x^2 - x + 4)$
67. $6x(x - y - 1)$ **69.** $4x^2(x^2 - 2x + 3)$ **71.** $xy(2x^2 + x - 5)$
73. $2x^2y(x^3 - 5x^2y^2 + 3y^5)$ **75.** $9x^3y(3x^2 - y + 4xy^2)$
77. $(2x + 1)(6 + x)$ **79.** $(3x + 1)(3 + x)$ **81.** $3(x + 4)(x + 6)$
83. $4(2x + 1)(3x + 1)$ **85.** $3(x + 1)(2 - x)$ **87.** $5(x - 4)(9 - 2x)$
89. $x(x - 1)$ **91.** $2(x - 2)(x + 2)$ **93.** $4(x + 2)$

95. $(x-4)(x+1)$
97. $4(x-2)(3x-7)$
99. $2x(3x-1)(8x-3)$
101. $6(3x-4)(11x-12)$
103. $2x(3x-2)^2(2x-1)$
105. $-x(2x-5)^2(x-5)$

Ejercicios 6.2, página 211

1. $(x+1)(x-1)$
3. $(x+4)(x-4)$
5. $(x+7)(x-7)$
7. $(x+10)(x-10)$
9. x^2+25
11. $(2+x)(2-x)$
13. $(9+x)(9-x)$
15. $(3x+1)(3x-1)$
17. $(8x+1)(8x-1)$
19. $(2x+3)(2x-3)$
21. $(2x+9)(2x-9)$
23. $(3x+5)(3x-5)$
25. $(4x+3)(4x-3)$
27. $(4x+9)(4x-9)$
29. $(2+7x)(2-7x)$
31. $(7+11x)(7-11x)$
33. $(2x+y)(2x-y)$
35. $(3x+5y)(3x-5y)$
37. $(3x+2y^2)(3x-2y^2)$
39. $(4x^2+y)(4x^2-y)$
41. $(a^3+b^2)(a^3-b^2)$
43. $2(2x+3)(2x-3)$
45. $4(x+2)(x-2)$
47. $6(x^2+4)$
49. $y(x+2)(x-2)$
51. $8x(x^2+9y^2)$
53. $y^2(3x+y)(3x-y)$
55. $6x(x+2)(x-2)$
57. $3(2xy+5a)(2xy-5a)$
59. $9(2a^4b^6+c^5)(2a^4b^6-c^5)$
61. $(x^2+4)(x+2)(x-2)$
63. $(x^2+y^2)(x+y)(x-y)$
65. $(9x^2+y^2)(3x+y)(3x-y)$
67. $2(x^2+4y^4)(x+2y^2)(x-2y^2)$
69. $3(x^2+4y^2)(x+2y)(x-2y)$
71. $4x^2(x^2+4)(x+2)(x-2)$
73. $(x+3+2y)(x+3-2y)$
75. $(x-1+4y)(x-1-4y)$
77. $(2x+y+3)(2x-y-3)$
79. $(4x+y+5)(4x-y-5)$
81. $(x+y-2)(x-y+2)$
83. $(3x+2y-1)(3x-2y+1)$
85. $x^2(x+y+1)(x-y-1)$
87. $2(x+8y+4)(x-8y-4)$
89. $y^2(x+y-4)(x-y+4)$
91. $(x+2y+4)(x-2y+2)$
93. $(2x+y-3)(2x-y+1)$
95. $(3x-1)(3x-1+y)(3x-1-y)$
97. $(2x-1)(2x-1+3y)(2x-1-3y)$
99. $\left(x+\frac{1}{3}\right)\left(x-\frac{1}{3}\right)$
101. $\left(x+\frac{2}{5}\right)\left(x-\frac{2}{5}\right)$
103. $\left(x+\frac{4}{7}\right)\left(x-\frac{4}{7}\right)$
105. $\left(3x+\frac{1}{5}\right)\left(3x-\frac{1}{5}\right)$
107. $\left(7x+\frac{4}{5}\right)\left(7x-\frac{4}{5}\right)$
109. $\left(x^2+\frac{4}{9}\right)\left(x+\frac{2}{3}\right)\left(x-\frac{2}{3}\right)$

Ejercicios 6.3A, página 216

1. $(x + 2)(x + 1)$
3. $(x + 2)^2$
5. $(x + 3)(x + 4)$
7. $(x + 4)(x + 5)$
9. $(x + 5)(x + 6)$
11. $(x - 1)^2$
13. $(x - 2)(x - 3)$
15. $(x - 3)(x - 5)$
17. $(x - 4)(x - 5)$
19. $(x - 5)(x - 7)$
21. $(x + 3)(x - 1)$
23. $(x - 2)(x + 8)$
25. $(x + 7)(x - 3)$
27. $(x + 9)(x - 4)$
29. $(x + 7)(x - 5)$
31. $(x - 2)(x + 1)$
33. $(x - 4)(x + 2)$
35. $(x - 6)(x + 3)$
37. $(x - 6)(x + 4)$
39. $(x - 8)(x + 5)$
41. $x^2 - x - 3$
43. $x^2 + x + 4$
45. $(x + 4)(x + 2)$
47. $(x + 3)(x + 8)$
49. $(x - 6)(x - 2)$
51. $(x - 12)(x - 3)$
53. $(x + 6)(x - 2)$
55. $(x + 13)(x - 3)$
57. $(x - 10)(x + 2)$
59. $(x - 12)(x + 3)$
61. $x^2 - 3x + 8$
63. $(x + 12)(x + 5)$
65. $(x + 3)(x + 10)$
67. $(x - 5)(x - 8)$
69. $(x - 16)(x - 2)$
71. $(x + 12)(x - 5)$
73. $(x - 2)(x + 9)$
75. $(x + 5)(x - 7)$
77. $(x + 2)(x - 9)$
79. $(x + 6)(x + 7)$
81. $(x - 5)(x - 6)$
83. $(x + 10)(x - 4)$
85. $(x - 8)(x + 3)$
87. $(x + 3y)(x + 9y)$
89. $(x + 8y)(x + 6y)$
91. $(x - 2y)(x - 7y)$
93. $(x - 7y)(x - 4y)$
95. $(x - 3y)(x + 12y)$
97. $(x + 8y)(x - 7y)$
99. $(x + 3y)(x - 10y)$
101. $(x - 9y)(x + 7y)$
103. $4(x + 3)^2$
105. $2(x - 1)(x - 8)$
107. $5(x + 2)(x - 1)$
109. $9(x - 5)(x + 1)$
111. $a(x + 2)(x + 3)$
113. $x(x - 2)(x - 10)$
115. $x^2(x + 4)(x - 2)$
117. $3x(x - 3)(x + 2)$
119. $(xy + 10)(xy + 6)$
121. $(xy - 6)^2$
123. $(xy + 9)(xy - 6)$
125. $(xy + 3)(xy - 14)$
127. $(x^2 + 2)(x^2 + 3)$
129. $(x^2 - 5)(x^2 + 2)$
131. $(x^2 + 4)(x + 1)(x - 1)$
133. $(x^2 + 5)(x + 2)(x - 2)$
135. $(x^2 - 3)(x + 1)(x - 1)$
137. $(x^2 - 2)(x + 2)(x - 2)$
139. $(x + 2)(x - 2)(x + 1)(x - 1)$
141. $(x + 6)(x - 6)(x + 1)(x - 1)$
143. $(x + 4)(x - 4)(x + 2)(x - 2)$
145. $(x + 1)^2(x - 1)^2$
147. $(x + 3)^2(x - 3)^2$
149. $(x + y + 2)(x + y + 1)$
151. $(x + 3y - 3)(x + 3y - 6)$
153. $(x + y + 2)(x + y - 1)$
155. $(x + 2y + 3)(x + 2y - 2)$
157. $(2x - y - 5)(2x - y + 4)$
159. $(3x - y - 8)(3x - y + 4)$

Ejercicios 6.3B, página 221

1. $(2x + 1)(x + 1)$
3. $(3x + 1)(x + 2)$
5. $(2x + 3)(x + 2)$
7. $(3x + 2)(x + 4)$
9. $(2x + 1)^2$
11. $(2x - 1)(x - 2)$
13. $(3x - 1)(x - 1)$
15. $(2x - 3)(x - 3)$
17. $(3x - 2)(x - 3)$
19. $(2x - 3)(2x - 1)$
21. $(2x - 1)(x + 3)$
23. $(x + 8)(2x - 1)$
25. $(2x - 3)(x + 2)$
27. $(3x - 2)(x + 3)$
29. $(4x - 3)(x + 3)$
31. $(2x + 1)(x - 2)$
33. $(x - 7)(2x + 1)$
35. $(3x + 1)(x - 6)$
37. $(2x + 3)(x - 6)$
39. $(3x + 2)(x - 5)$
41. $2x^2 - 3x + 5$
43. $3x^2 + 7x - 4$
45. $(2x + 3)(x + 4)$
47. $(2x - 3)(x - 5)$

49. $(2x + 3)(x - 1)$ **51.** $(4x + 3)(x - 5)$ **53.** $(3x + 2)(x + 6)$
55. $(4x - 3)(x - 2)$ **57.** $(2x + 3)(3x - 1)$ **59.** $(2x + 1)(3x - 4)$
61. $(x + 6)(4x + 3)$ **63.** $(2x - 9)(2x - 1)$ **65.** $(3x - 2)(2x + 9)$
67. $(3x + 1)(2x - 3)$ **69.** $4x^2 + 8x + 5$ **71.** $9x^2 - 6x + 8$
73. $(2x + 3)(3x + 4)$ **75.** $(2x - 3)(3x - 2)$ **77.** $(2x + 9)(3x - 4)$
79. $(3x + 4)(2x - 5)$ **81.** $(2xy + 5)(3xy + 4)$ **83.** $(3xy - 2)(4xy - 1)$
85. $(3xy - 2)(4xy + 3)$ **87.** $(4xy + 3)(3xy - 4)$ **89.** $(2x + 3y)(2x + y)$
91. $(3x + 2y)(2x + 3y)$ **93.** $(2x - 3y)(3x - y)$ **95.** $(3x - 4y)(4x - 3y)$
97. $(2x - y)(3x + 4y)$ **99.** $(3x + 4y)(3x - 2y)$ **101.** $(3x + 2y)(x - 3y)$
103. $(2x - 5y)(2x + y)$ **105.** $3(3x + 1)(x + 4)$ **107.** $5(2x - 1)(x - 4)$
109. $3(2x - 1)(x + 5)$ **111.** $x(2x + 1)(x - 3)$ **113.** $y(2x + 3)(x + 1)$
115. $x^2(2x - 3)(x - 2)$ **117.** $y^2(2x - 3)(x + 3)$ **119.** $2x(2x + 3)(x - 2)$
121. $(2 - 3x)(2 + x)$ **123.** $(3 + 4x)(1 - 2x)$ **125.** $(5 + x)(3 - 2x)$
127. $(2 + 3x)(1 - x)$ **129.** $(4 - x)(1 + 3x)$ **131.** $(3 - 2x)(4 + 3x)$
133. $(2x^2 + 1)(x^2 + 3)$ **135.** $(6x^2 - 1)(x^2 + 4)$ **137.** $(4x^2 - 3)(x^2 - 2)$
139. $(x^2 + 4)(2x + 1)(2x - 1)$ **141.** $(2x^2 + 1)(x + 1)(x - 1)$
143. $(2x^2 + 3)(2x + 3)(2x - 3)$ **145.** $(2x^2 - 3)(3x + 1)(3x - 1)$
147. $(2x + 1)(2x - 1)(3x + 1)(3x - 1)$ **149.** $(2x + 3)(2x - 3)(x + 3)(x - 3)$
151. $(x + 1)(x - 1)(3x + 2)(3x - 2)$ **153.** $(2x + 1)^2(2x - 1)^2$
155. $(3x + 1)^2(3x - 1)^2$ **157.** $(3x + 3y + 1)(x + y + 3)$
159. $(12x - 6y - 1)(2x - y - 4)$ **161.** $(2x + 2y - 1)(x + y - 1)$
163. $(3x - 3y - 2)(x - y + 1)$ **165.** $(4x - 4y - 3)(9x - 9y + 8)$
167. $(6x - 12y + 1)(x - 2y - 2)$ **169.** $(4x - 12y - 3)(3x - 9y + 1)$

Repaso del Capítulo 6, página 223

1. $6(4x + 3)$ **3.** $3x^2(2x - 1)$ **5.** $7xy(4y + 3x)$
7. $8a(2x - 5a)$ **9.** $(x + 2)(x - 2)$ **11.** $(x + 9)(x - 9)$
13. $(1 + x)(1 - x)$ **15.** $(4 + x)(4 - x)$ **17.** $(7 + x)(7 - x)$
19. $(10 + x)(10 - x)$ **21.** $(2x + 5)(2x - 5)$ **23.** $(3x + 7)(3x - 7)$
25. $(2 + 3x)(2 - 3x)$ **27.** $(3 + 4x)(3 - 4x)$ **29.** $(2x + 5y)(2x - 5y)$
31. $(x + 3y^2)(x - 3y^2)$ **33.** $(x^2 + 5y^3)(x^2 - 5y^3)$ **35.** $3(2x + 3)(2x - 3)$
37. $9(x + 4)(x - 4)$ **39.** $y(2x + 1)(2x - 1)$ **41.** $(x + 8)^2$
43. $(x + 4)(x + 12)$ **45.** $(x + 10)(x + 4)$ **47.** $(x - 3)(x - 8)$
49. $(x - 8)(x - 6)$ **51.** $(x - 9)(x - 7)$ **53.** $(x + 5)(x - 4)$
55. $(x + 9)(x - 8)$ **57.** $(x + 12)(x - 7)$ **59.** $(x - 8)(x + 7)$
61. $(x - 9)(x + 3)$ **63.** $(x - 5)(x + 3)$ **65.** $(x + 2y)(x + 15y)$
67. $(x - 4y)(x - 2y)$ **69.** $(x + 18y)(x - 2y)$ **71.** $(x - 10y)(x + 4y)$
73. $(xy + 3)(xy + 16)$ **75.** $(xy - 4)(xy - 12)$ **77.** $(xy + 10)(xy - 3)$
79. $(xy - 16)(xy + 2)$ **81.** $4(x + 3)(x + 2)$ **83.** $7(x - 4)(x - 1)$
85. $2(x + 10)(x - 2)$ **87.** $3(x - 5)(x + 2)$ **89.** $x(x + 3)(x + 15)$
91. $y(x - 6)(x - 12)$ **93.** $x^2(x + 12)(x - 4)$ **95.** $x^3(x + 3)(x - 15)$

97. $(4x + 1)(x + 6)$ **99.** $(4x + 1)(2x + 3)$ **101.** $(3x + 2)(4x + 9)$
103. $(x - 6)(3x - 2)$ **105.** $(2x - 3)(2x - 5)$ **107.** $(3x - 8)(4x - 3)$
109. $(2x - 3)(x + 6)$ **111.** $(2x + 9)(2x - 1)$ **113.** $(4x + 7)(2x - 3)$
115. $(2x + 3)(x - 3)$ **117.** $(3x - 4)(3x + 2)$ **119.** $(3x + 2)(4x - 9)$
121. $(2xy + 3)(3xy + 7)$ **123.** $(2xy - 5)(3xy - 4)$ **125.** $(3xy + 4)(4xy - 3)$
127. $(4xy + 3)(xy - 6)$ **129.** $(3x + 2y)(4x + 3y)$ **131.** $(2x - 3y)(4x - 7y)$
133. $(3x + 8y)(4x - 3y)$ **135.** $(3x + 2y)(4x - 3y)$ **137.** $6(3x + 2)(x + 1)$
139. $2(2x - 3)(x - 4)$ **141.** $5(3x - 2)(x + 1)$ **143.** $7(4x + 1)(2x - 1)$
145. $x(3x + 1)^2$ **147.** $y(2x - 5)(2x - 1)$ **149.** $x^2(4x - 1)(2x + 3)$
151. $4x(3x - 1)(4x + 1)$ **153.** $(5 + x)(1 - 4x)$ **155.** $(2 - 3x)(5 + x)$
157. $(5 + 2x)(1 - 2x)$ **159.** $(8 - x)(1 + 2x)$ **161.** $(4 - x)(2 + 3x)$
163. $(3 + 2x)(5 - 2x)$ **165.** $(x + 2)(3 - x)$ **167.** $2(x + 1)(x + 4)$
169. $(x - 2)(4 - x)$ **171.** $(x - 2)(x - 5)$ **173.** $2(2x - 1)(x + 1)$
175. $(x^2 + 4y^2)(x + 2y)(x - 2y)$ **177.** $(9x^2 + 4y^2)(3x + 2y)(3x - 2y)$
179. $3(4x^2 + 9y^2)(2x + 3y)(2x - 3y)$ **181.** $(x^2 + 16)(x + 1)(x - 1)$
183. $(x^2 + 2)(x + 3)(x - 3)$ **185.** $(x + 4)(x - 4)(x + 1)(x - 1)$
187. $(x + 1)(x - 1)(x + 8)(x - 8)$ **189.** $(x + 5)(x - 5)(x + 2)(x - 2)$
191. $(3x^2 + 1)(x + 3)(x - 3)$ **193.** $(3x^2 - 2)(2x + 3)(2x - 3)$
195. $(x + 3)(x - 3)(2x + 1)(2x - 1)$ **197.** $(x + 4)(x - 4)(3x + 2)(3x - 2)$
199. $(x - 2 + 3y)(x - 2 - 3y)$ **201.** $(x + 3y + 2)(x - 3y - 2)$
203. $(x + y - 2)(x - y + 2)$ **205.** $(x + y + 5)(x + y - 3)$
207. $(2x + y - 6)(2x + y + 3)$ **209.** $(3x + 3y + 1)(x + y - 2)$
211. $(4x + 2y - 3)(4x + 2y - 1)$ **213.** $(4x - 8y - 3)(3x - 6y + 1)$

Ejercicios 7.1, página 232

1. x^3 **3.** $\frac{1}{x^5}$ **5.** $\frac{2x^3}{3}$ **7.** $\frac{3}{8x^3}$

9. $\frac{x^3}{y}$ **11.** $\frac{6a^2}{7b^2c}$ **13.** $\frac{4x^2z^2}{5y^4}$ **15.** $-\frac{2}{3a}$

17. $-\frac{4c^3}{3a}$ **19.** $\frac{3b}{5}$ **21.** $\frac{1}{a^4bc}$ **23.** $\frac{a^{12}}{81b^8}$

25. $\frac{2a^5}{9b}$ **27.** $-\frac{3a^4}{4b^3}$ **29.** -1 **31.** $-x^3$

33. $\frac{x^2(a + b)}{2}$ **35.** $\frac{3x}{4(x - 2)}$ **37.** $\frac{2x^2}{3(x - y)^2}$ **39.** $\frac{x + 4}{x}$

41. -1 **43.** $1 - x$ **45.** $-\frac{2(x - 2)^2}{3}$

47. $\frac{1}{(x-1)^2}$ o $\frac{1}{(1-x)^2}$

49. $-(x-2)^2$ o $-(2-x)^2$

51. $\frac{(x+3)(x-1)}{(x+2)}$

53. $\frac{x+1}{x-3}$

55. $\frac{3x-1}{3(x-1)}$

57. $\frac{2+x}{1-x}$ or $-\frac{2+x}{x-1}$

59. $x+1$

61. $x+1$

63. $\frac{2}{x-1}$

65. $\frac{2x-1}{2}$

67. $\frac{x}{x-2}$

69. $\frac{3}{4}$

71. $\frac{2}{x}$

73. $\frac{1}{2x}$

75. $\frac{b}{2a}$

77. $\frac{x^2+1}{x+1}$

79. $x-3$

81. $\frac{b^2}{b+c}$

83. $\frac{a-3b}{a+3b}$

85. $\frac{x-1}{x+3}$

87. $\frac{x-8}{x-3}$

89. $\frac{x-6}{x+1}$

91. $\frac{x+4}{x-3}$

93. $\frac{x-4}{2x+3}$

95. $\frac{2x-1}{3x+1}$

97. $\frac{2x+3}{3x-4}$

99. $\frac{2x-5}{2x+3}$

101. $\frac{2x+7}{5x+6}$

103. $-\frac{x+3}{x+2}$

105. $-\frac{x+6}{x+8}$

107. $-\frac{3x+2}{2x+3}$

109. $\frac{x^2-4}{2x^2-1}$

111. $\frac{x+y+2}{x+y+4}$

Ejercicios 7.2A, página 236

1. $\frac{3}{x}$

3. $-\frac{2}{x^2}$

5. $\frac{x+3}{x+2}$

7. $\frac{x+4}{2x-1}$

9. $\frac{x-2}{2x+7}$

11. $\frac{1}{x-2}$

13. 1

15. 1

17. 0

19. $\frac{4x}{2x+3}$

21. 1

23. $\frac{7}{5x}$

25. $\frac{3}{4x}$

27. $\frac{2}{x}$

29. $-\frac{1}{x}$

31. x

33. 2

35. $\frac{x}{2x-1}$

37. $\frac{2}{x(x-2)}$

39. $\frac{x}{2x+1}$

41. $\frac{2}{x-4}$

43. $\frac{2x}{x-1}$

45. $\frac{x}{x+3}$

47. $\frac{2}{x-2}$

49. $\frac{2x}{3x - 2}$ 51. $-\frac{x + 4}{x + 2}$ 53. $-\frac{2x}{2x + 3}$ 55. $\frac{x + 3}{x - 6}$

57. $\frac{3x + 2}{x - 3}$ 59. $\frac{4x}{4x - 3}$ 61. $-\frac{4x}{4x + 3}$ 63. $\frac{3}{x + y - 2}$

Ejercicios 7.2B, página 240

1. 72
3. 60
5. 168
7. $4x^2$
9. $30x^2y$
11. x^2y^3
13. $56x^2y^2$
15. $96x^2y^3$
17. $4x^2(x + 1)$
19. $3x^2(x + 3)$
21. $(x + 1)(x - 2)$
23. $4(x - 4)(x - 1)$
25. $(x - 3)(x - 6)(x - 2)$
27. $(3x + 1)^2(x + 3)$
29. $(2x + 3)(3x + 2)(x - 4)$
31. $(2x - 1)(x + 4)(x + 1)$ or $(1 - 2x)(x + 4)(x + 1)$
33. $(x - 2)(x - 6)(x + 2)$ or $(x - 2)(6 - x)(x + 2)$
35. $(2x - 3)(3x + 1)(1 + x)$ or $(3 - 2x)(3x + 1)(x + 1)$
37. $(x - 2)^2(x^2 + 4)$
39. $14x(x - 3)$
41. $12x(x + 1)$
43. $6(x + 4)(x - 4)$
45. $x(x + 2)(x - 2)$
47. $x(x - 12)(x - 4)$
49. $x^2(x - 4)(x + 2)$
51. $(x + 2)(x - 1)(x - 3)$
53. $(x + 3)(x - 2)(x + 4)$
55. $(x - 3)(x - 4)(x - 8)$
57. $(3x + 1)(x + 2)(2x + 1)$
59. $(3x - 1)(x + 4)(x + 2)$ or $(1 - 3x)(x + 4)(x + 2)$
61. $(3x - 7)(x + 2)(x + 5)$ or $(7 - 3x)(x + 2)(x + 5)$

Ejercicios 7.2C, página 245

1. $\frac{25}{24}$ 3. $\frac{13}{8}$ 5. $\frac{7}{10x}$

7. $-\frac{x}{10y}$ 9. $\frac{28x - 60}{15x^2}$ 11. $\frac{15 + 26x}{6x^2}$

13. $\frac{11x - 8}{10x}$ 15. 7/[illegible] 17. $-\frac{x + 3}{6x}$

19. $\frac{1}{48}$ **21.** $\frac{5}{14}$ **23.** $\frac{5x^2 + 3}{15x^2}$

25. $\frac{(x + 3)(x + 1)}{(x - 2)}$ **27.** $\frac{(2x + 3)(x - 4)}{(2x - 1)}$ **29.** $\frac{(2x + 1)(x - 3)}{(2x - 3)}$

31. $\frac{8x + 3}{(x + 3)(x - 4)}$ **33.** $\frac{2x^2 + 6}{(x + 2)(2x - 3)}$ **35.** $\frac{x^2 + 3}{(2x + 3)(x - 2)}$

37. $\frac{5}{(2x - 3)(x + 1)}$ **39.** $\frac{2x^2 + 1}{(2x - 1)(x + 1)}$ **41.** $\frac{3x}{(x + 1)(x - 1)}$

43. $\frac{x}{x - 3}$ **45.** $\frac{x}{x - 1}$ **47.** $\frac{x}{(2x + 1)(x - 4)}$

49. $\frac{3x - 4}{(x - 2)(x - 1)}$ **51.** $\frac{7x - 24}{(x - 4)(x - 3)}$ **53.** $\frac{3x + 1}{(x + 1)(x - 1)}$

55. $\frac{x(x + 7)}{(x + 4)(x - 3)(x + 8)}$ **57.** $\frac{6x - 5}{(2x + 1)(2x - 3)}$ **59.** $\frac{2x}{(x + 1)(x - 1)}$

61. $\frac{5}{x - 2}$ **63.** $\frac{6}{6x + 1}$ **65.** $\frac{2}{x + 5}$

67. $\frac{2}{x - 6}$ **69.** $\frac{4}{(x - 1)(x + 1)}$ **71.** $\frac{6}{x - 6}$

73. $\frac{2}{x - 4}$ **75.** $\frac{2}{3x - 1}$ **77.** $\frac{5}{3x + 1}$

79. $\frac{4}{3x - 2}$ **81.** $\frac{6}{4x - 1}$ **83.** $\frac{6}{3x - 2}$

85. $\frac{3}{2x - 1}$

Ejercicios 7.3, página 250

1. $\frac{1}{2}$ **3.** $\frac{5}{3}$ **5.** $\frac{2}{5}$ **7.** $\frac{9x}{2y}$

9. $\frac{4b^2}{3x^2y^3a^4}$ **11.** $\frac{4x^2}{ay^6}$ **13.** $\frac{2y^3}{9a^5x^4}$ **15.** $-\frac{8x}{9y}$

17. $-\frac{81xy}{2}$ **19.** $\frac{4xy^3}{27}$ **21.** $\frac{27x^2}{4y}$

23. $\frac{x}{6}$ **25.** $\frac{3x}{4}$ **27.** $\frac{y(x + 2)}{x(x + 3)}$

29. $\frac{y(x-1)}{x^2(x+3)}$ **31.** $\frac{x+3}{x-5}$ **33.** $\frac{(x-1)(x-6)}{(x+1)^2}$

35. $\frac{x-8}{x+5}$ **37.** 1 **39.** $\frac{(x-3)(x^2+2x+3)}{(x+3)(x-1)^2}$

41. $\frac{(2x+1)(x+8)}{(x+3)(4x+1)}$ **43.** $\frac{(x+2)(2x+1)}{(x-1)(3x+1)}$ **45.** $\frac{2x-1}{3x-1}$

47. $\frac{2x+3}{2(3x-5)}$ **49.** $\frac{3x-2y}{3x-4y}$ **51.** $\frac{(3x+4y)(4x-y)}{(3x-y)(3x-2y)}$

53. $-\frac{x+6}{x+5}$ **55.** $-\frac{3x-2}{3x+4}$ **57.** $\frac{(x^2+3)(x+2)^2}{(x^2+2)(x-1)(x+3)}$

59. $\frac{x+y-3}{x+y+2}$ **61.** $\frac{x+2}{x-5}$

Ejercicios 7.4, página 254

1. $\frac{1}{2}$ **3.** $\frac{9}{4}$ **5.** $\frac{27}{25}$ **7.** $\frac{2}{5}$

9. $\frac{15y}{2x}$ **11.** $\frac{b^2x^2}{6a}$ **13.** $\frac{3b^2}{5a^2xy^3}$ **15.** $\frac{3y^4}{2a^2b^5x}$

17. a^2xy **19.** $\frac{7b}{5}$ **21.** $\frac{a^2y^3}{b^4x^3}$

23. $\frac{x^3y}{b^2}$ **25.** $\frac{y^4}{a^3x}$ **27.** $\frac{bx^2}{2}$

29. $\frac{4(x+y)}{3}$ **31.** $\frac{x^2+1}{x^2}$ **33.** $\frac{x^2+9}{(x+3)^2}$ **35.** $\frac{x+4}{x+1}$

37. 1 **39.** $\frac{x+5}{x+8}$ **41.** $\frac{x-3}{x+6}$ **43.** $\frac{x+4}{x+6}$

45. 1 **47.** $\frac{x-6}{x+5}$ **49.** $\frac{2x-3}{2x-9}$ **51.** $\frac{2(2x+1)}{x-2}$

53. $\frac{x+6y}{3x-5y}$ **55.** $-\frac{x-2}{x+2}$ **57.** -1 **59.** $-\frac{x-2y}{x-3y}$

61. $\frac{(x+1)^2}{(x-1)(x-2)}$ **63.** $\frac{2x+2y-3}{x+y-6}$ **65.** $\frac{(3x+2)(3x+1)}{(3x-2)(x-5)}$

67. $\frac{(3x - 2)(4x - 3)}{(2x - 9)(3x + 2)}$ 69. $\frac{x + 6}{x + 8}$ 71. $\frac{7x - 6}{2x - 3}$

Ejercicios 7.5, página 261

1. $\frac{5x + 1}{(x + 3)(x - 4)}$ 3. $\frac{x}{(3x - 2)(2x - 1)}$ 5. $\frac{4x^2 + 1}{(4x + 1)(x - 1)}$

7. $\frac{1}{x + 1}$ 9. $\frac{3}{x - 1}$ 11. $\frac{4}{2x + 5}$

13. 3 15. $x - 3$ 17. $x(x - 1)$

19. $x(3x - 2)$ 21. $(x + 6)(x - 6)$ 23. $x(x + 2)$

25. $(x + 2)(2x - 1)$ 27. $(2x + 1)(3x - 8)$ 29. x

31. $\frac{3x - 2}{4x + 1}$ 33. $\frac{2x + 1}{6x - 5}$ 35. $\frac{9x + 2}{12x + 1}$

37. $x + 2$ 39. $\frac{(2x - 1)(x - 1)}{(2x + 5)(x - 4)}$ 41. $\frac{x + 2}{x + 3}$

43. $\frac{x^2 - 4x - 12}{x^2 + 3x - 14}$ 45. $\frac{2x - 3}{2x + 5}$ 47. $\frac{3}{4}$

49. 4 51. $\frac{3}{8}$ 53. $\frac{2x}{2 - x}$

55. $\frac{6 + x}{3x}$ 57. $\frac{2x + 1}{x + 1}$ 59. $\frac{2 + 3x}{1 + 2x}$

61. $-\frac{x + 4}{4x + 1}$ 63. $\frac{x + 4}{x + 1}$ 65. $\frac{x - 3}{x - 4}$

67. $\frac{x - 2}{x - 3}$ 69. $\frac{3x + 1}{3x + 10}$ 71. $\frac{x + 2}{x + 5}$

73. $\frac{x - 3}{x + 3}$ 75. $\frac{2x - 1}{2x + 1}$ 77. $\frac{x + 3}{x - 5}$

79. $\frac{(x - 1)(x + 1)}{(x + 2)(x - 2)}$ 81. $\frac{(x + 4)(x + 5)}{(x - 3)(2x + 3)}$ 83. $\frac{(3x - 2)(x + 3)}{(2x + 1)(3x + 4)}$

85. $-\frac{4x}{4x^2 + 1}$ 87. $\frac{(2x - 3)(x + 1)}{x - 2}$ 89. $2x + 1$

Ejercicios 7.6, página 268

1. $\{2y\}$
3. $\{y - 2\}$
5. $\left\{\frac{3y + 6}{2}\right\}$
7. $\left\{\frac{5 - y}{2}\right\}$
9. $\left\{\frac{14 - 7y}{4}\right\}$
11. $\left\{\frac{-5y - 15}{3}\right\}$
13. $\left\{\frac{2y - 9}{y}\right\}$
15. $\left\{\frac{y - 5}{2}\right\}$
17. $\left\{\frac{y + 4}{3}\right\}$
19. $\left\{\frac{a - 5}{2}\right\}$
21. $\left\{\frac{2a - 3}{2}\right\}$
23. $\left\{\frac{a - 2}{a} \,\middle|\, a \neq 0\right\}$
25. $\left\{\frac{2a + 5}{a} \,\middle|\, a \neq 0\right\}$
27. $\left\{\frac{5a - 2}{5a} \,\middle|\, a \neq 0\right\}$
29. $\left\{\frac{a + 4}{2a} \,\middle|\, a \neq 0\right\}$
31. $\left\{\frac{a + b}{a} \,\middle|\, a \neq 0\right\}$
33. $\left\{\frac{3a + b}{3a} \,\middle|\, a \neq 0\right\}$
35. $\left\{\frac{4 - y}{b} \,\middle|\, b \neq 0\right\}$
37. $\left\{\frac{by + c}{a} \,\middle|\, a \neq 0\right\}$
39. $\left\{\frac{3}{a} \,\middle|\, a \neq 0\right\}$
41. $\left\{\frac{2}{a} \,\middle|\, a \neq 0\right\}$
43. $\left\{\frac{a}{a + 3} \,\middle|\, a \neq -3\right\}$
45. $\left\{\frac{a}{3a - 7} \,\middle|\, a \neq \frac{7}{3}\right\}$
47. $\{5 \mid a \neq -1\}$
49. $\{1 \mid a \neq -3\}$
51. $\{a + 2 \mid a \neq 2\}$
53. $\left\{2a - 1 \,\middle|\, a \neq -\frac{1}{2}\right\}$
55. $\{a - 2 \mid a \neq -4\}$
57. $\left\{a + 2 \,\middle|\, a \neq \frac{2}{3}\right\}$
59. $\{a - 4 \mid a \neq -3\}$
61. $\left\{\frac{3a + 2}{2} \,\middle|\, a \neq 5\right\}$
63. $\left\{-a - 4 \,\middle|\, a \neq \frac{2}{3}\right\}$
65. $\{-a - 3b \mid a \neq 2b\}$
67. $r = \frac{d}{t}$
69. $t = \frac{I}{Pr}$
71. $F = \frac{9}{5}C + 32$

73. $r = \dfrac{A - P}{Pt}$; $P = \dfrac{A}{1 + rt}$

75. $d = \dfrac{a_n - a_1}{n - 1}$; $n = \dfrac{a_n - a_1 + d}{d}$

77. $a_1 = \dfrac{S_n}{n} - \dfrac{(n - 1)d}{2}$; $d = \dfrac{2S_n}{n(n - 1)} - \dfrac{2a_1}{n - 1}$

Ejercicios 7.7, página 272

1. $\left\{\frac{5}{4}\right\}$ **3.** $\left\{\frac{2}{5}\right\}$ **5.** $\{2\}$ **7.** $\{-6\}$

9. $\left\{-\frac{10}{3}\right\}$ **11.** $\left\{\frac{11}{4}\right\}$ **13.** $\left\{\frac{11}{3}\right\}$ **15.** $\{3\}$

17. $\left\{\frac{8}{9}\right\}$ **19.** $\{8\}$ **21.** $\{11\}$ **23.** $\{4\}$

25. $\{-6\}$ **27.** $\{2\}$ **29.** $\{7\}$ **31.** $\{-3\}$

33. $\{2\}$ **35.** $\{-2\}$ **37.** $\{10\}$ **39.** $\{-1\}$

41. $\{-4\}$ **43.** $\{1\}$ **45.** $\left\{\frac{10}{3}\right\}$ **47.** $\{4\}$

49. $\varnothing$ **51.** $\varnothing$ **53.** $\varnothing$ **55.** $\left\{\frac{5}{6}\right\}$

57. $\{-28\}$ **59.** $\left\{-\frac{5}{7}\right\}$ **61.** $\{6\}$ **63.** $\left\{-\frac{4}{3}\right\}$

65. $\left\{\frac{1}{2}\right\}$ **67.** $\{-4\}$

Ejercicios 7.8, página 279

1. 7 **3.** 19 **5.** 23 **7.** $\frac{2}{7}$

9. $\frac{9}{14}$ **11.** $\frac{10}{17}$ **13.** 8; 30 **15.** 17; 96

17. 38 **19.** 35 **21.** 46 **23.** 42 hr

25. 65 hr **27.** A: 6 hr; B: 12 hr **29.** A: 28 hr; B: 21 hr

31. 6 min **33.** 36 min; 18 min **35.** 40 min
37. 15 mph **39.** 24 mph

Repaso del Capítulo 7, página 282

1. $\frac{40x^4}{9y^6}$ **3.** $\frac{1}{2x}$ **5.** $\frac{x+1}{3x+1}$ **7.** $\frac{9x+2}{3x+2}$

9. $\frac{39}{28x}$ **11.** $\frac{27-4x}{6x^2}$ **13.** $-\frac{1}{72x}$

15. $\frac{4x}{3(2x-3)}$ **17.** $\frac{2x}{3(x-4)}$ **19.** $\frac{x^2+2}{(2x+1)(x-4)}$

21. $\frac{x^2-2}{(x+1)(x+2)}$ **23.** $-\frac{13x}{(2x+3)(3x-2)}$ **25.** $\frac{2x+1}{(x+3)(x-2)}$

27. $\frac{2x-7}{(x-4)(x-3)}$ **29.** $\frac{2x+3}{(x+1)(x+2)}$ **31.** $\frac{2}{x-2}$

33. $\frac{4}{x-1}$ **35.** $\frac{3}{x+4}$ **37.** $\frac{3}{2x-1}$ **39.** $\frac{6}{4x-3}$

41. $\frac{3}{4x-1}$ **43.** $\frac{9a^2b^5y^3}{4}$ **45.** $\frac{1}{12}$ **47.** 1

49. $\frac{x-2}{x+2}$ **51.** $\frac{2b^5}{3ay^2}$ **53.** $\frac{cz^2}{a^2y}$ **55.** $\frac{a^2}{30y^2}$

57. $\frac{a^5b^5c^2}{x^4y^5z^4}$ **59.** 1 **61.** $\frac{3x-2}{3x+2}$ **63.** -1

65. $-\frac{x+6}{x+3}$ **67.** $\frac{(x-4)(x+6)}{(x-5)(x-3)}$ **69.** $\frac{4x+9}{3x-8}$

71. $\frac{5x}{(2x-3)(4x-1)}$ **73.** $\frac{5x}{(x-2)(x+3)}$

75. 1 **77.** $(x+2)(x-2)$ **79.** $(x-3)(2x+1)$

81. $(x+4)(2x-3)$ **83.** $\frac{(x-2)(x+9)}{(x+5)(x+2)}$ **85.** $\frac{(3x+2)(x-4)}{(3x-1)(x-3)}$

87. $\frac{(x-8)(4x+3)}{(3x-2)(4x-5)}$ **89.** $\frac{(4x-1)(2x+1)}{(3x-1)(2x-1)}$ **91.** -5

93. $\dfrac{x-2}{x+1}$ **95.** $\dfrac{x-1}{4x-1}$ **97.** $\dfrac{2x-1}{2x-3}$

99. $x-6$ **101.** $\dfrac{x+3}{x-3}$ **103.** $\dfrac{2x-7}{4x-5}$

105. $\dfrac{x+1}{x+2}$ **107.** $\dfrac{x-2}{x-1}$ **109.** $\dfrac{(x-2)(2x+1)}{x+2}$

111. $\dfrac{(x+6)(x+2)}{x+5}$ **113.** $\left\{\dfrac{2y+4}{3}\right\}$

115. $\left\{\dfrac{a-3y}{a}\,\middle|\, a \neq 0\right\}$ **117.** $\left\{\dfrac{36-3y}{2}\right\}$

119. $\left\{\dfrac{21y+108}{20}\right\}$ **121.** $\left\{\dfrac{5y+21}{12}\right\}$

123. $\left\{\dfrac{a-2}{a-1}\,\middle|\, a \neq 1\right\}$ **125.** $\{a-4 \mid a \neq -4\}$

127. $\{a-2 \mid a \neq -3\}$ **129.** $\left\{2a+1 \,\middle|\, a \neq \dfrac{9}{2}\right\}$

131. $\left\{2a+1 \,\middle|\, a \neq -\dfrac{5}{2}\right\}$ **133.** $\left\{\dfrac{a-2}{2}\,\middle|\, a \neq -\dfrac{3}{2}\right\}$

135. $\left\{\dfrac{2a-3}{2}\,\middle|\, a \neq -\dfrac{3}{2}\right\}$ **137.** $\{4\}$ **139.** $\{8\}$

141. $\{3\}$ **143.** $\{-12\}$ **145.** $\{-6\}$ **147.** $\varnothing$

149. $\left\{-\dfrac{1}{4}\right\}$ **151.** $\{5\}$ **153.** $\{12\}$ **155.** $\{-2\}$

157. $\{-6\}$ **159.** $h = \dfrac{V}{lw}$

161. $V_1 = \dfrac{P_2V_2T_1}{P_1T_2}$; $T_1 = \dfrac{P_1V_1T_2}{P_2V_2}$ **163.** $h = \dfrac{2A}{b_1+b_2}$; $b_1 = \dfrac{2A}{h} - b_2$

165. 17 **167.** $\dfrac{31}{36}$ **169.** 9; 52 **171.** 73

173. 180 horas **175.** 72 min; 120 min

Ejercicios 8.1, página 296

1. I **3.** IV **5.** III **7.** II

9–20.

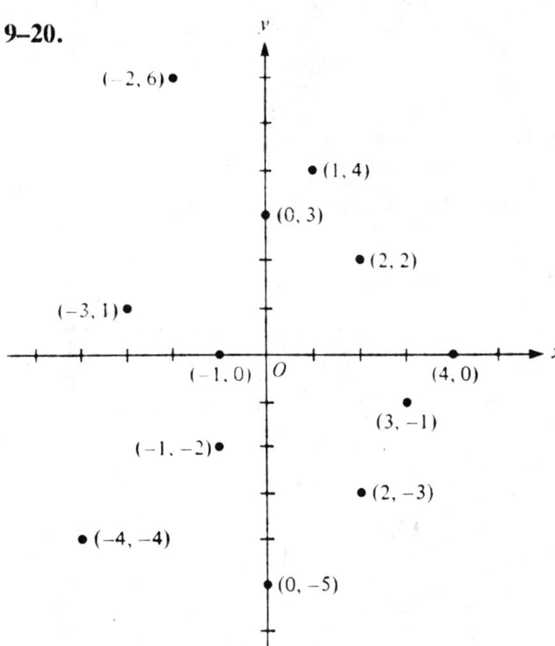

21. (2, 0) **23.** (0, 4) **25.** (−3, −2)
27. (2, 0), (0, −1) **29.** (1, 2)

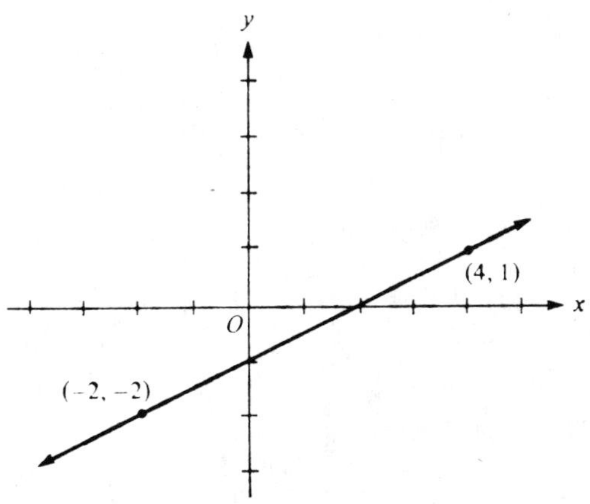

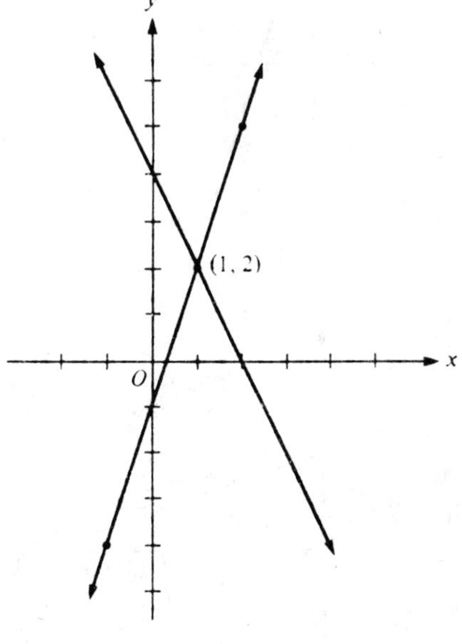

Ejercicios 8.2, páginas 303

1. Sí **3.** Sí **5.** No

7.

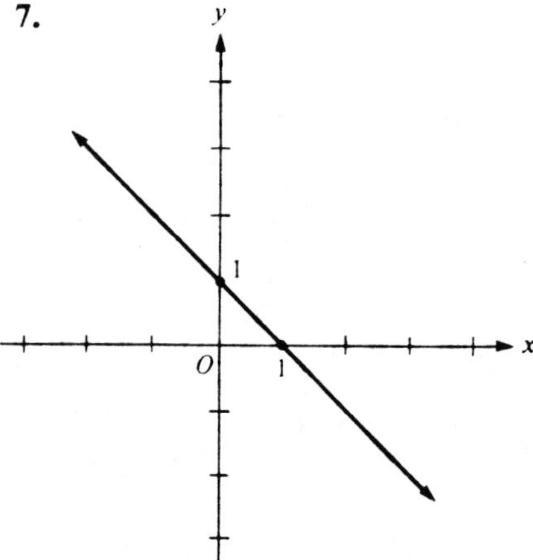

9.

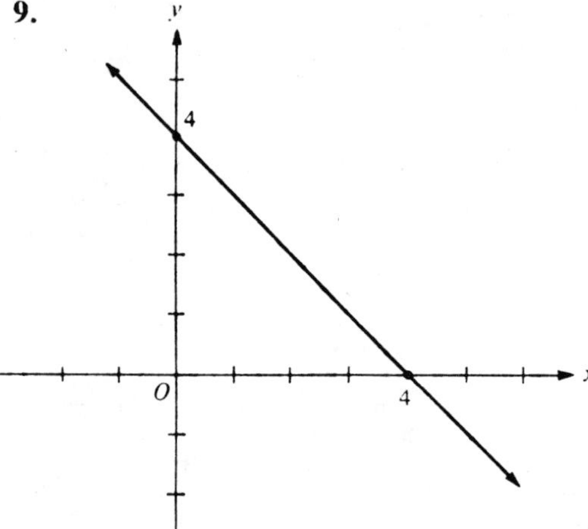

11.

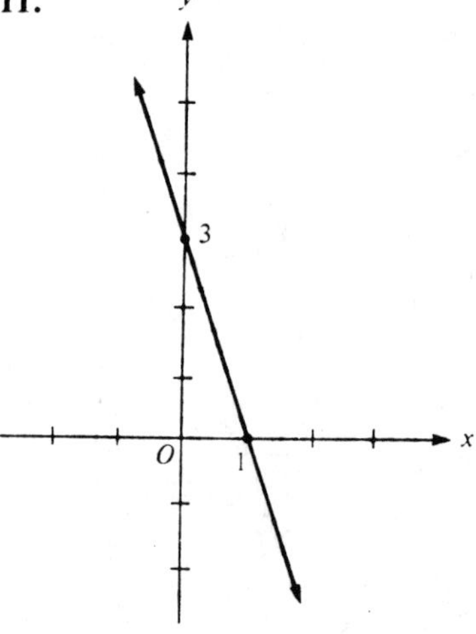

13.

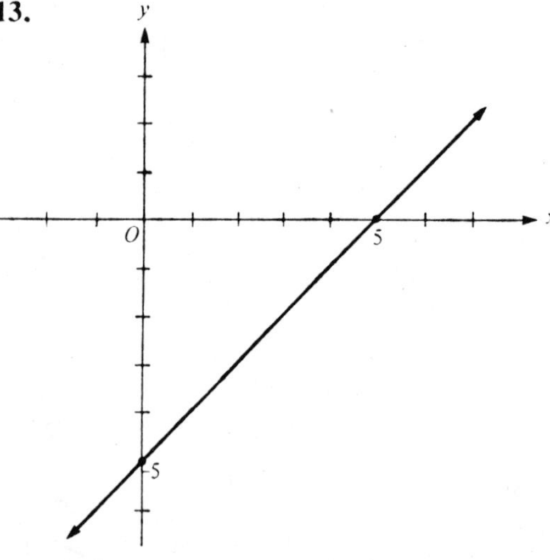

15.

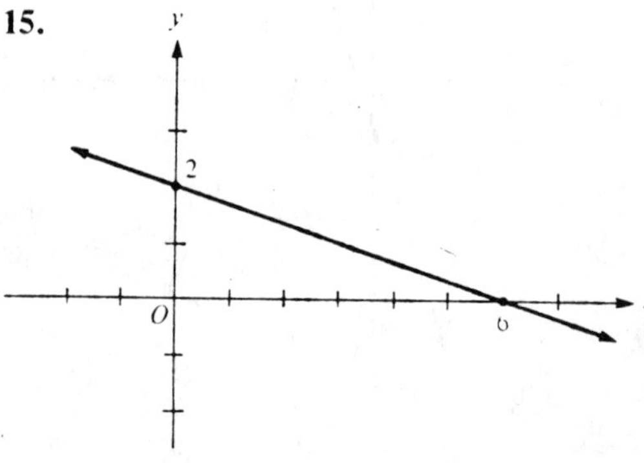

17.

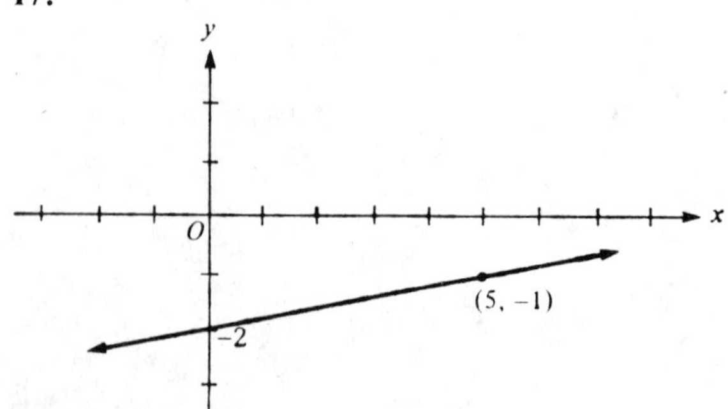

19.

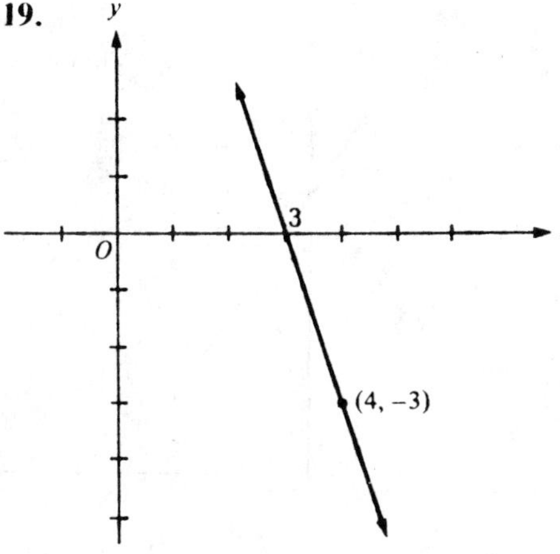

21.

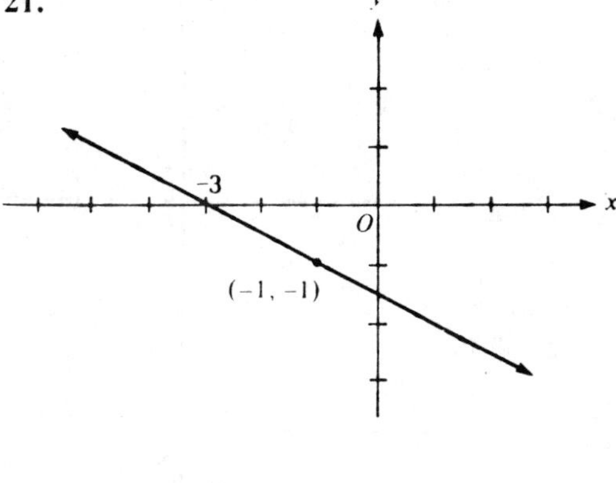

23.

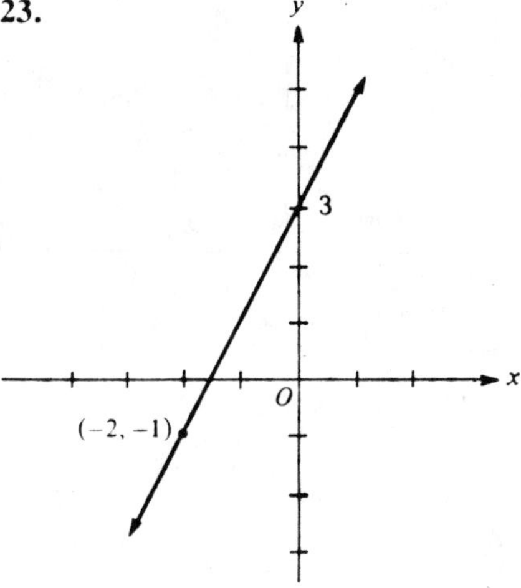

25.

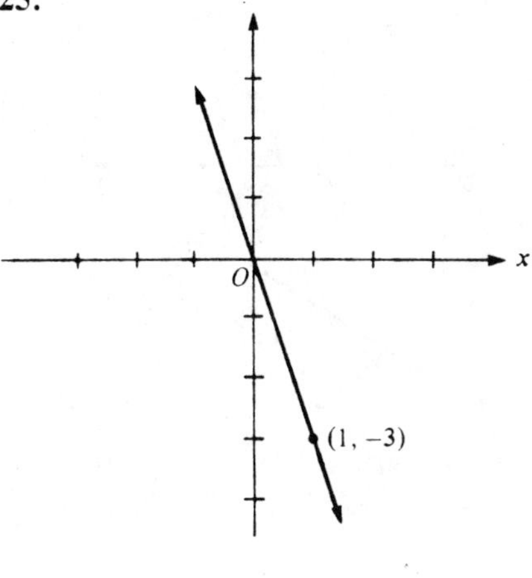

27.

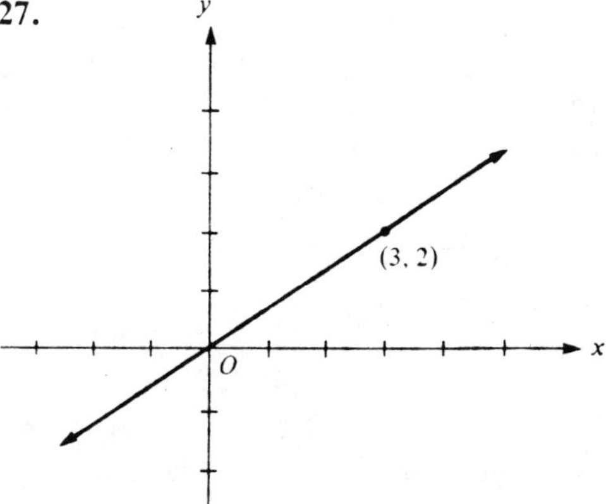

29.

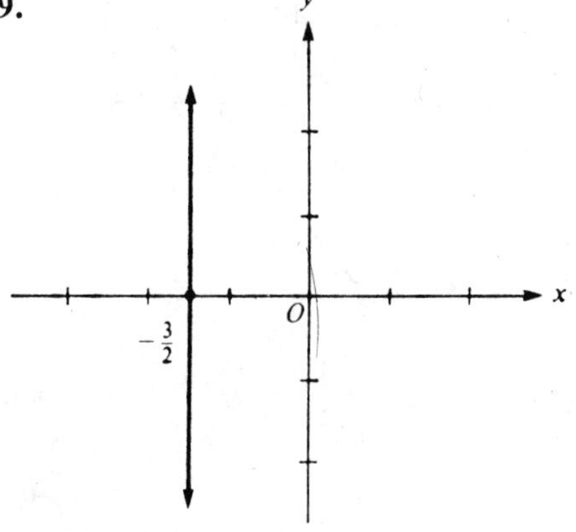

31.

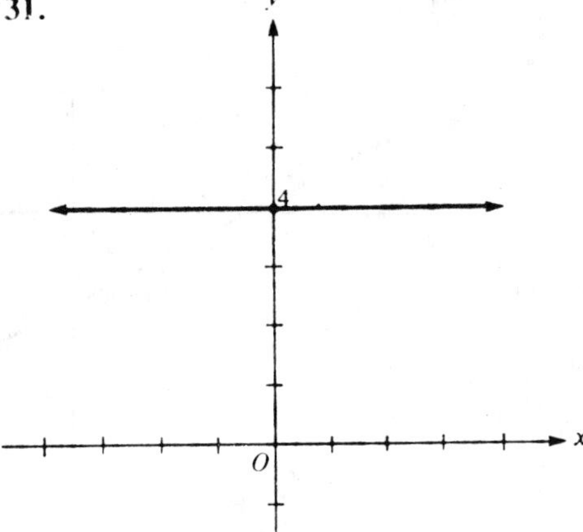

33.

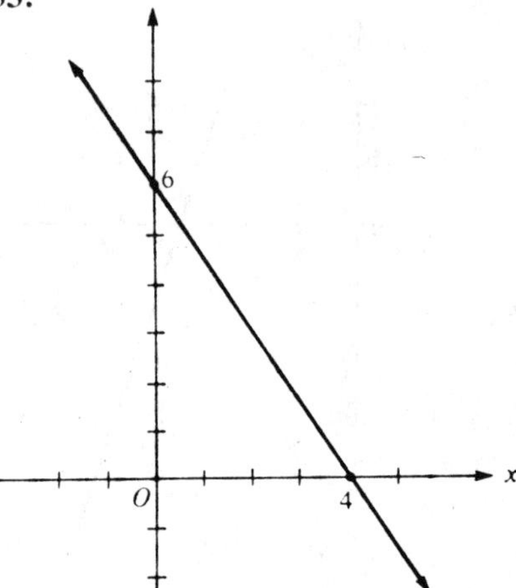

35.

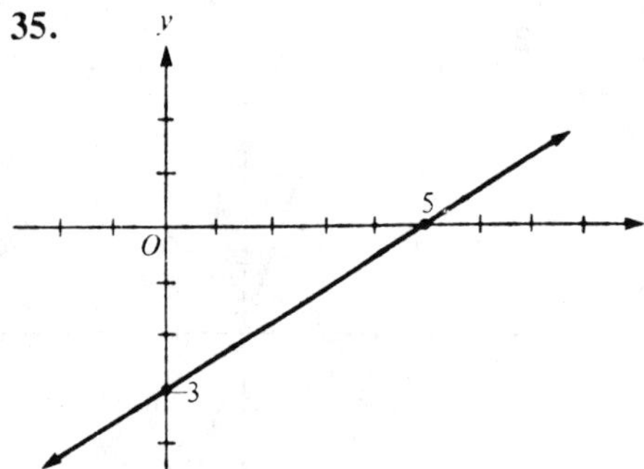

37.

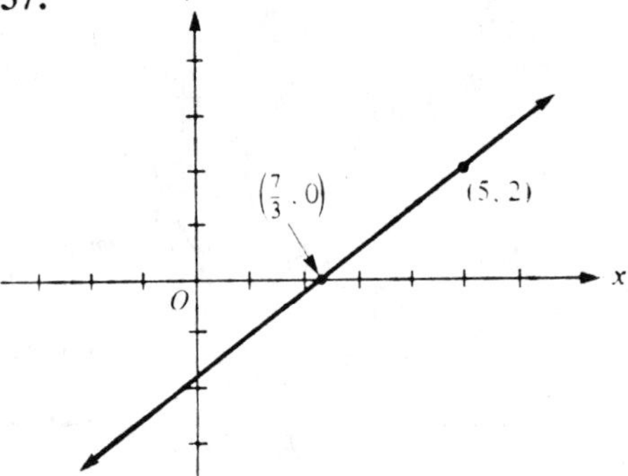

39.

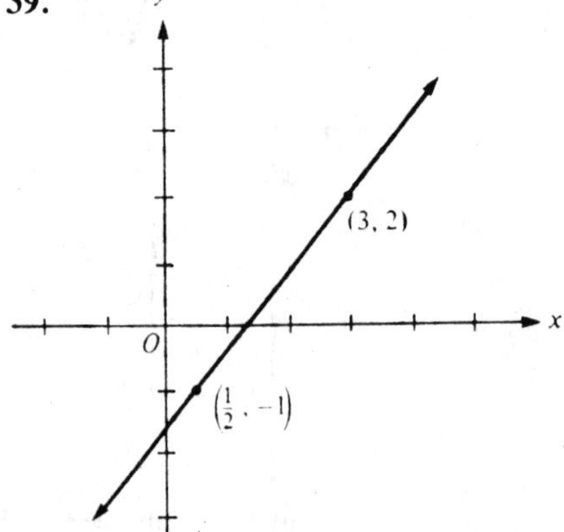

41. $\frac{3}{2}; \frac{3}{5}$ **43.** $\frac{2}{5}; \frac{1}{3}$ **45.** $2; -\frac{4}{3}$

47. $4; -\frac{3}{2}$ **49.** $-\frac{3}{5}$; ninguna **51.** ninguna; $-\frac{8}{11}$

Ejercicios 8.3, página 307

1. 2 3. $\frac{1}{2}$ 5. -2 7. 0

9. 0 11. No definida 13. No definida 15. $-\frac{3}{2}$

17. $\frac{4}{5}$ 19. -2 21. 2 23. $\frac{5}{2}$

25. $-\frac{1}{3}$ 27. $-\frac{4}{5}$ 29. No definida 31. 0

33. -1 35. $-\frac{1}{6}$ 37. $\frac{1}{2}$ 39. $\frac{3}{2}$

41. $\frac{1}{2}$ 43. $\frac{5}{2}$ 45. $-\frac{2}{5}$ 47. $-\frac{9}{4}$

49. $-\frac{1}{3}$

Ejercicios 8.4, página 310

1. $3x - 2y = 0$ 3. $3x + 4y = 12$ 5. $x - 2y = 2$ 7. $3x - 5y = 4$
9. $3x + y = 4$ 11. $x + 6y = 8$ 13. $x = 3$ 15. $y = -1$
17. $y = 1$ 19. $y = -1$ 21. $3x - y = 1$ 23. $2x - y = 5$
25. $2x + y = 5$ 27. $5x + y = 17$ 29. $2x - 3y = -12$
31. $2x - 5y = -22$ 33. $5x + 3y = -11$ 35. $x + y = 1$
37. $4x + 3y = 12$ 39. $2x - y = -2$ 41. $5x - 3y = -15$
43. $2x - 3y = 6$ 45. $2x - 5y = 10$ 47. $x + 2y = -2$
49. $2x + y = -6$ 51. $x + 3y = 2$ 53. $x - 10y = -6$
55. $15x + 8y = 10$ 57. $20x + 6y = -5$

Ejercicios 8.6A, página 313

1. $\{(1, 1)\}$

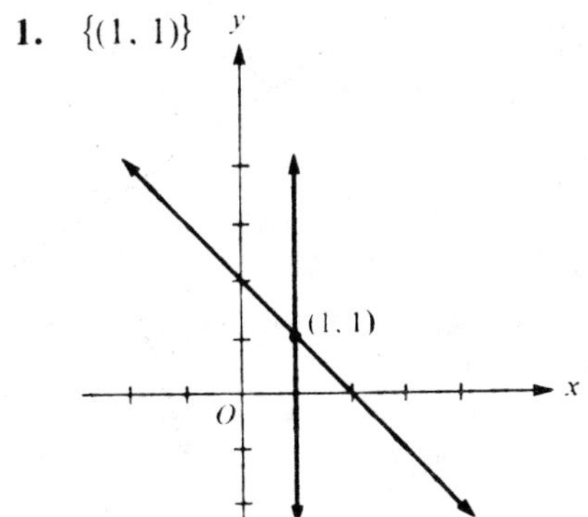

3. $\{(1, -1)\}$

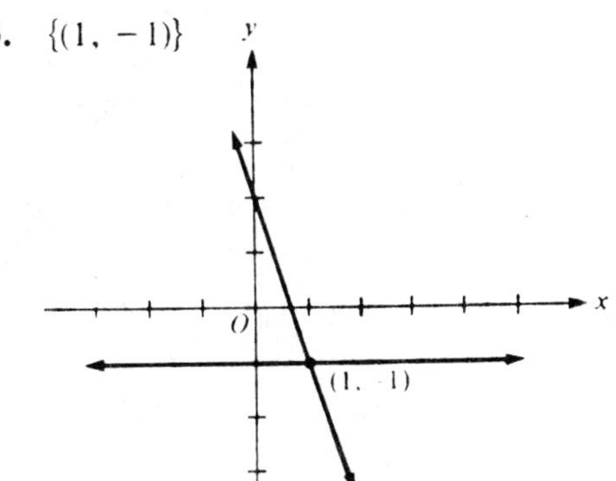

5. $\{(1, 2)\}$

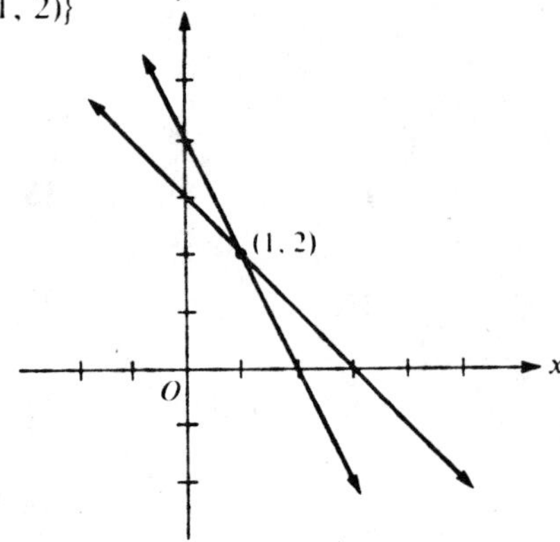

7. $\{(2, -1)\}$

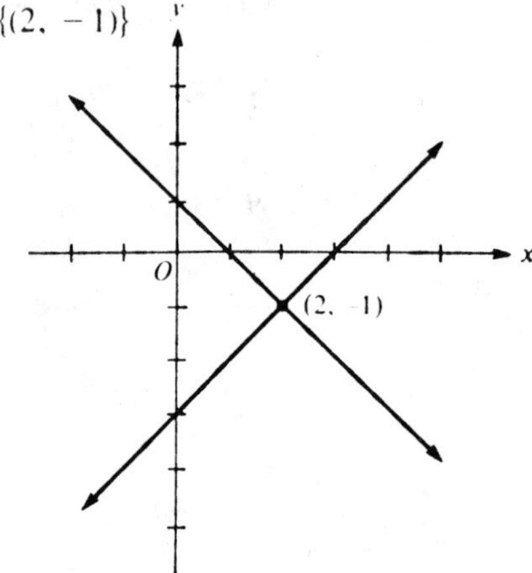

9. $\{(-2, -2)\}$

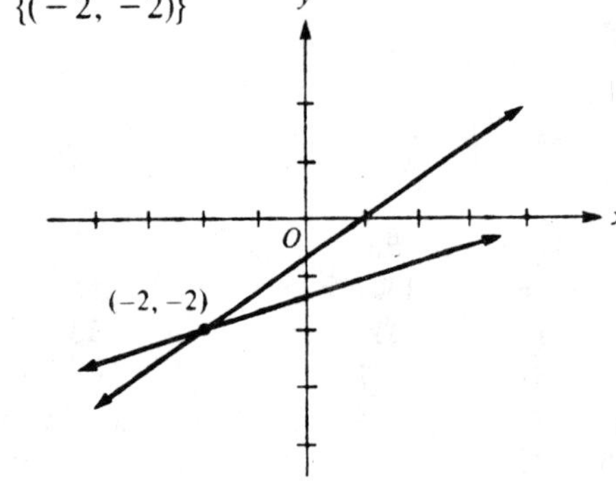

11. $\{(4, 2)\}$

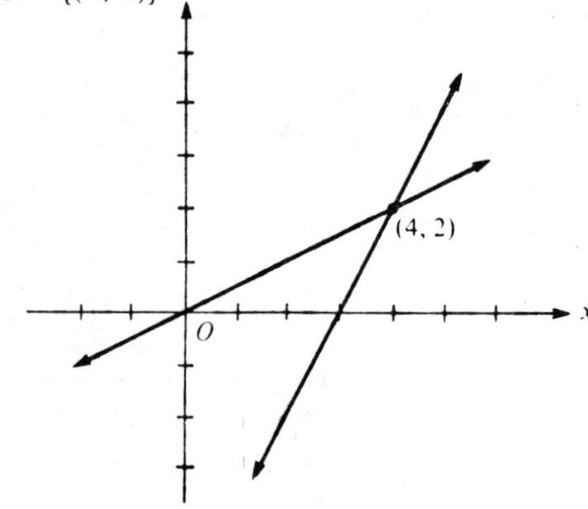

13. $\{(3, -2)\}$

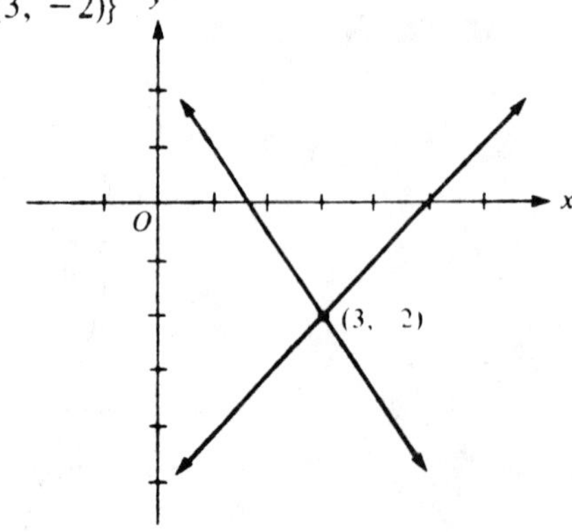

15. $\{(1, 2)\}$

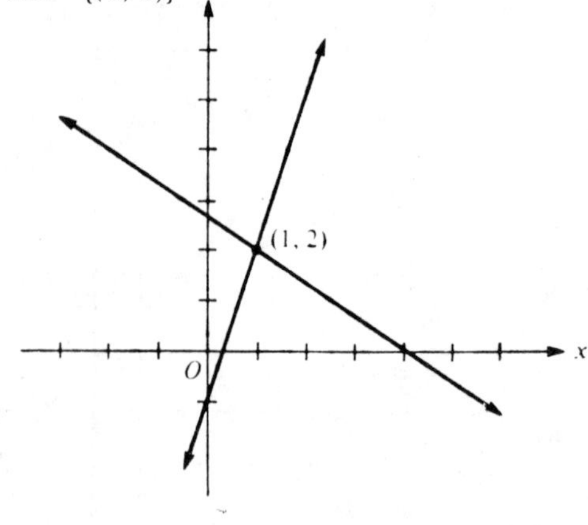

17. $\{(2, 1)\}$

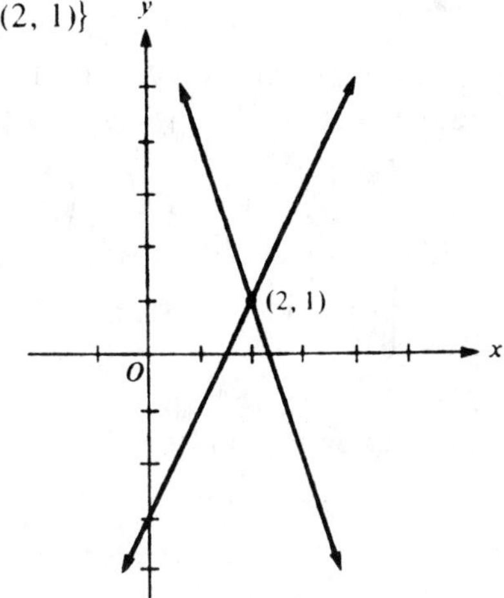

19. $\{(-2, 3)\}$

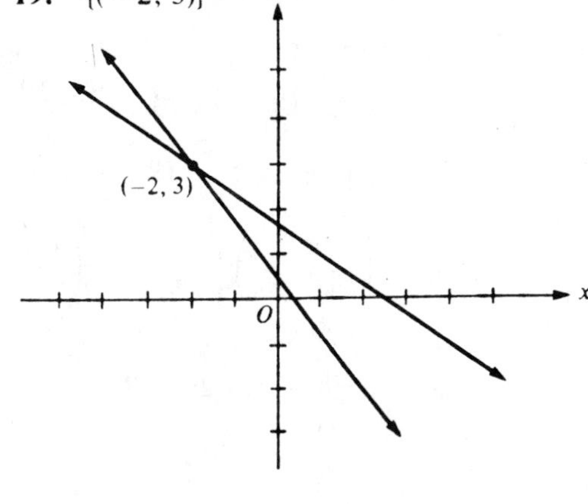

21. $\{(-1, -2)\}$

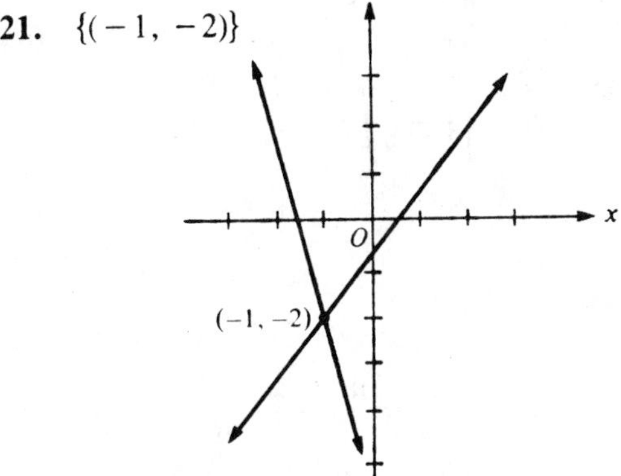

23. $\left\{\left(0, -\frac{3}{2}\right)\right\}$

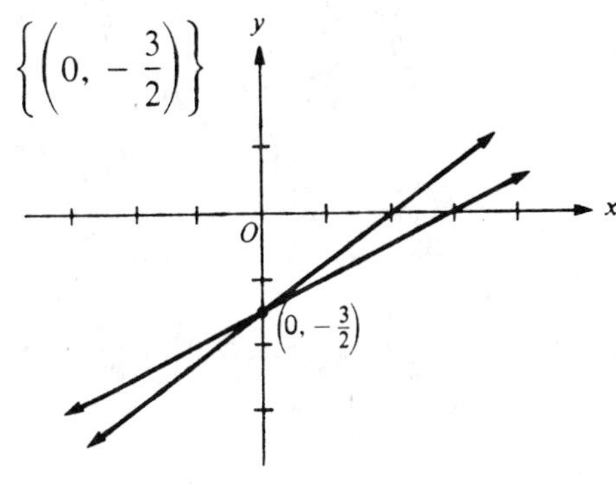

25. ∅

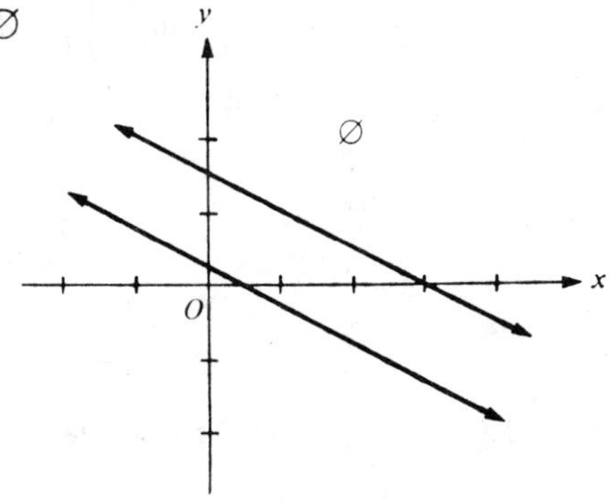

27. ∅

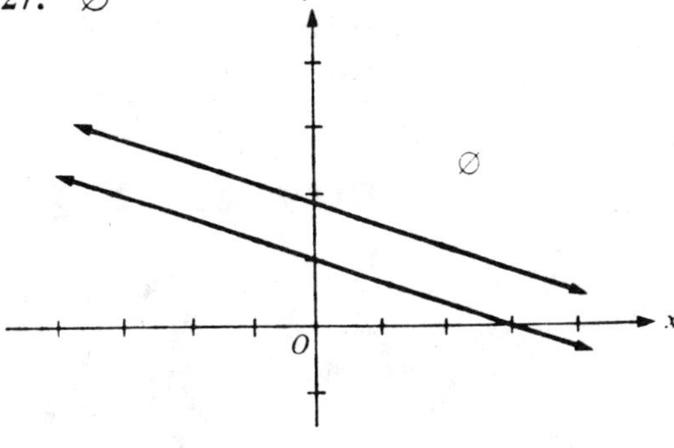

Ejercicios 8.6B, página 318

1. $\{(1, 1)\}$ **3.** $\{(1, -2)\}$ **5.** $\{(2, 2)\}$ **7.** $\{(-1, -2)\}$
9. $\{(2, 1)\}$ **11.** $\{(2, 7)\}$ **13.** $\{(-2, 0)\}$ **15.** $\{(1, 4)\}$
17. $\{(1, -1)\}$ **19.** $\{(3, -2)\}$ **21.** $\left\{\left(-\frac{1}{5}, \frac{8}{5}\right)\right\}$ **23.** $\left\{\left(-\frac{1}{3}, \frac{2}{3}\right)\right\}$
25. $\left\{\left(\frac{2}{5}, -\frac{3}{5}\right)\right\}$ **27.** $\left\{\left(\frac{3}{2}, \frac{5}{3}\right)\right\}$ **29.** $\left\{\left(\frac{2}{3}, \frac{5}{3}\right)\right\}$ **31.** $\varnothing$
33. $\varnothing$ **35.** $\varnothing$
37. $\{(x, y) \mid 3x - 2y = 7\}$ **39.** $\{(x, y) \mid x + 2y = -2\}$
41. $\{(x, y) \mid y - 3x = 1\}$

Ejercicios 8.6C, página 321

1. $\{(1, 1)\}$ **3.** $\{(3, -1)\}$ **5.** $\{(3, 2)\}$ **7.** $\{(-1, -1)\}$
9. $\{(1, 4)\}$ **11.** $\{(2, -2)\}$ **13.** $\{(3, -2)\}$ **15.** $\{(6, 4)\}$
17. $\{(2, -5)\}$ **19.** $\{(-1, 3)\}$ **21.** $\{(7, -5)\}$ **23.** $\{(-3, -4)\}$
25. $\{(6, 3)\}$ **27.** $\{(-2, -3)\}$ **29.** $\left\{\left(\frac{3}{7}, \frac{5}{7}\right)\right\}$

Ejercicios 8.7-8.8, página 325

1. $\{(2, -4)\}$ **3.** $\{(4, -2)\}$ **5.** $\{(1, -2)\}$ **7.** $\{(2, 2)\}$
9. $\{(-1, 4)\}$ **11.** $\{(6, 1)\}$ **13.** $\{(8, 3)\}$ **15.** $\{(15, 15)\}$
17. $\{(3, -1)\}$ **19.** $\{(4, 2)\}$ **21.** $\left\{\left(\frac{1}{6}, \frac{1}{4}\right)\right\}$ **23.** $\{(5, -2)\}$
25. $\{(3, -2)\}$ **27.** $\{(-3, 1)\}$ **29.** $\{(-1, -1)\}$ **31.** $\{(4, 6)\}$
33. $\{(2, 3)\}$ **35.** $\{(4, -2)\}$ **37.** $\{(2, 2)\}$ **39.** $\left\{\left(\frac{1}{3}, \frac{1}{2}\right)\right\}$

Ejercicios 8.9, página 332

1. 6; 17 **3.** 11; 18 **5.** 12; 18 **7.** 15; 21
9. 21; 28 **11.** $\frac{6}{5}; \frac{3}{2}$ **13.** 64 **15.** 94
17. $\frac{7}{12}$ **19.** $\frac{8}{11}$

21. \$10 000 al 12%; 12 000 al 15%

23. \$20 000 al 12%; \$25 000 al 10%

25. Almendras a \$3.50; nueces a \$3.20

27. Maíz a 63₵; chícharos a 89₵

29. 20 galones; 30 galones

31. 6 onzas; 18 onzas

33. 48 monedas de 10₵; 36 de 25₵

35. 100 mph; 600 mph

37. 20 millas; 50 mph

39. 45 años; 60 años

41. 7 pies

43. 160 pulgadas cuadradas

45. 60 hr; 40 hr

47. 42 hr; 56 hr

49. \$80 000; \$75 000; \$37 500

Ejercicios 8.10, página 339

1.

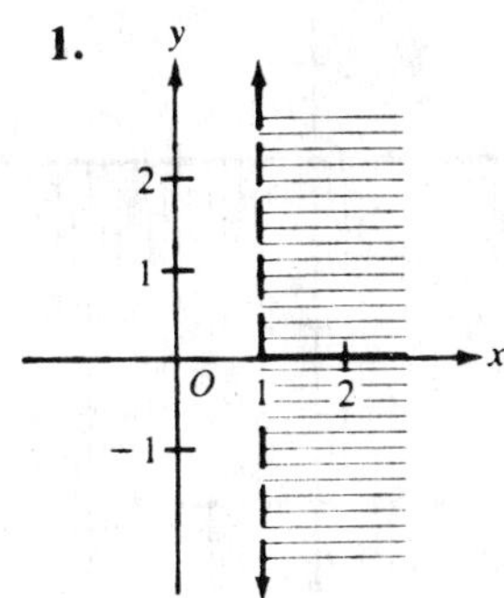

3.

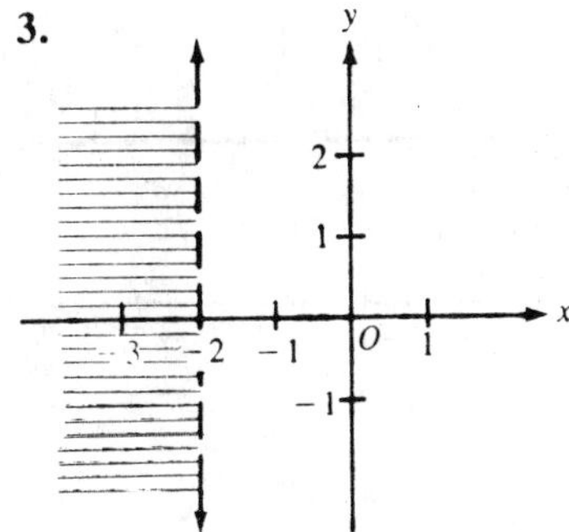

5.

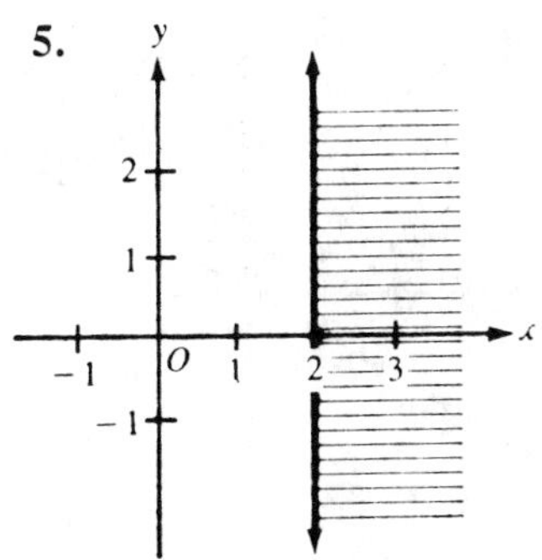

7.

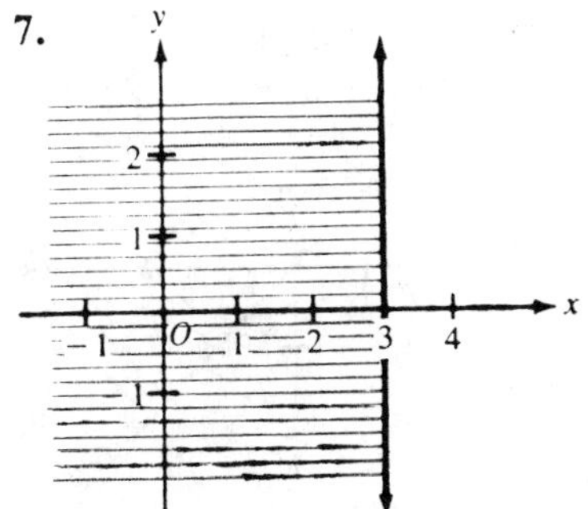

9.

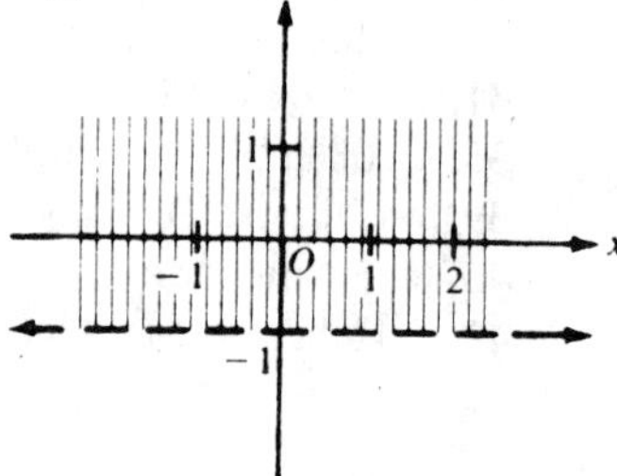

11.

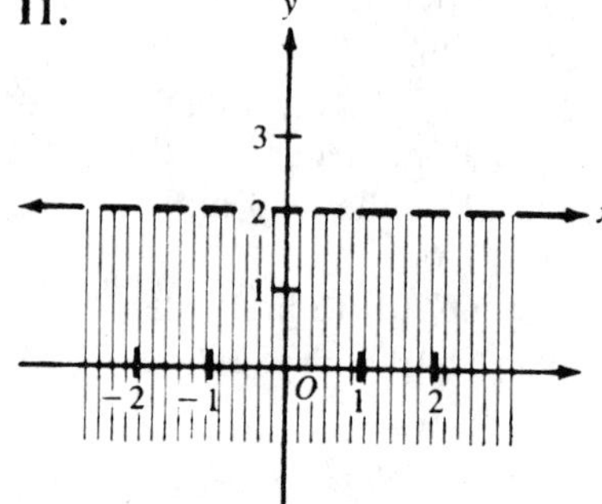

13.

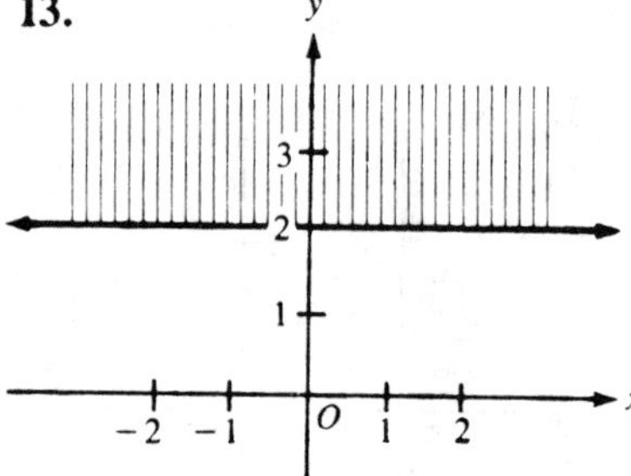

15.

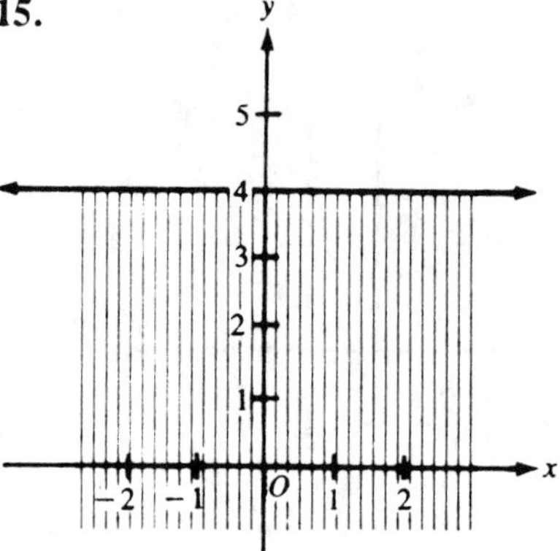

17.

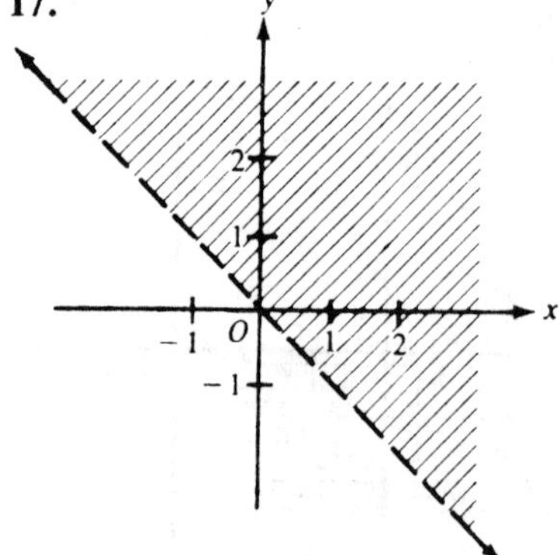

19.

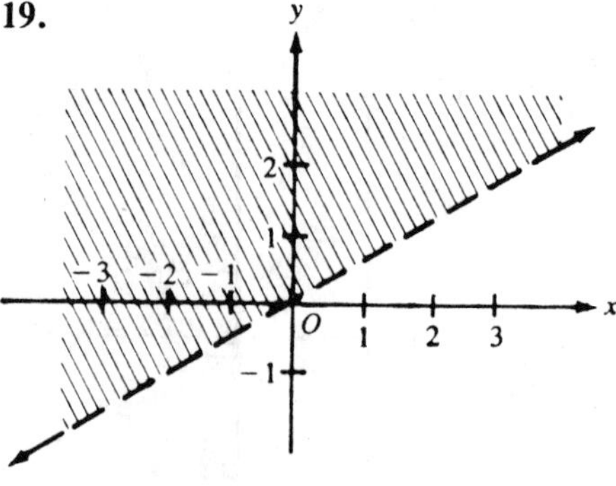

21.

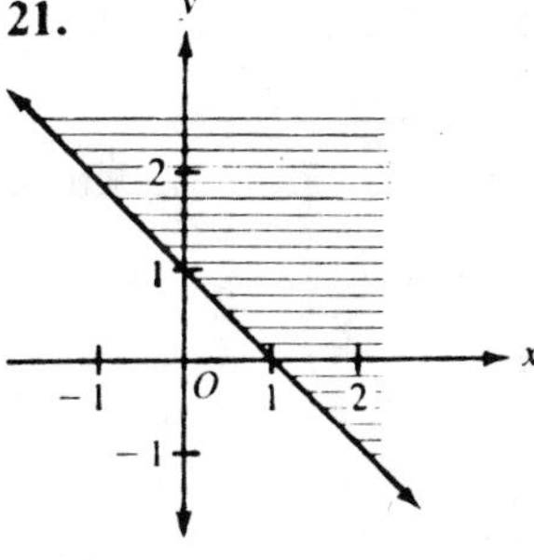

23.

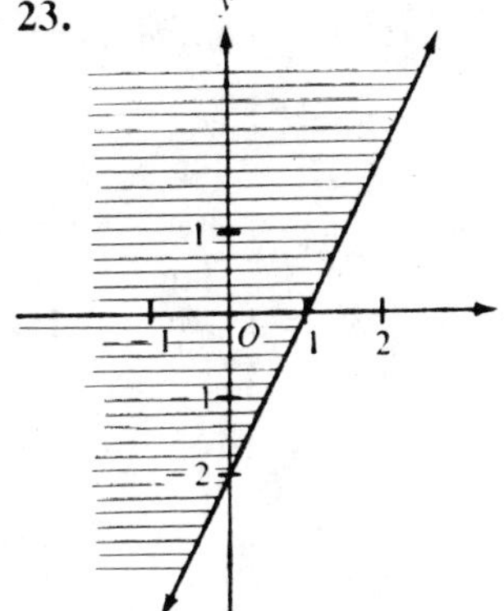

25.

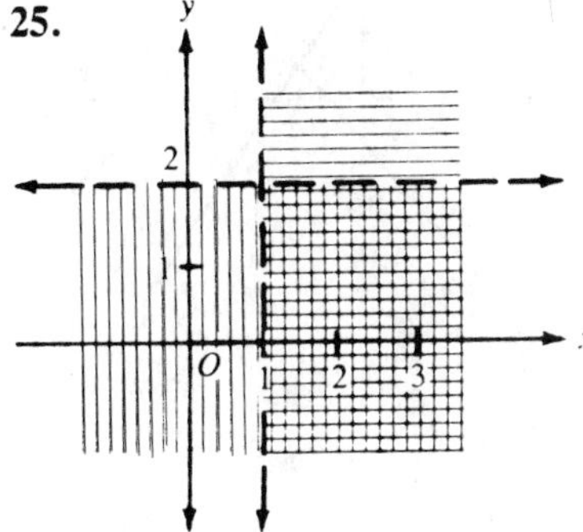

27.

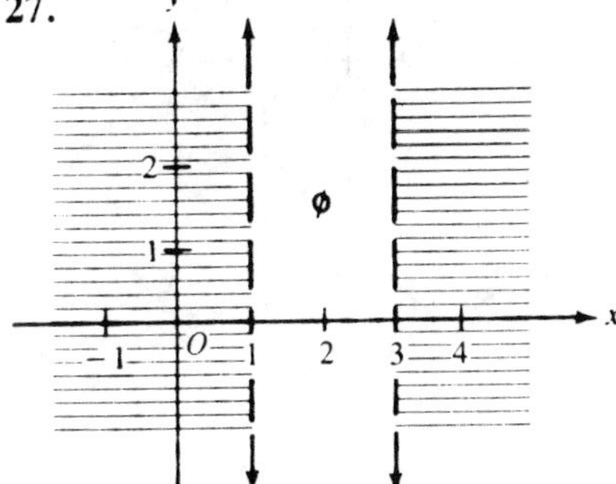

29.

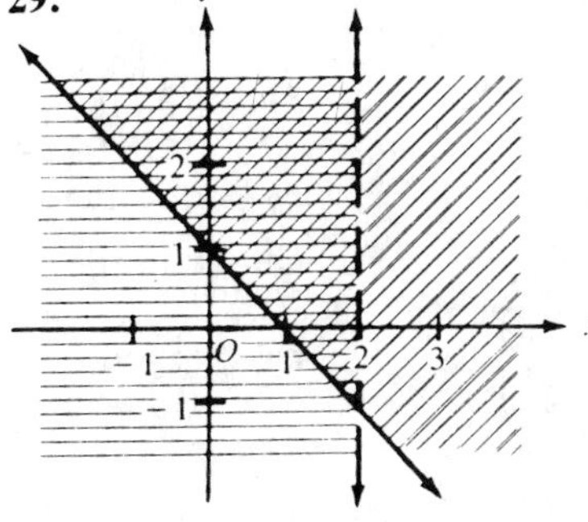

31.

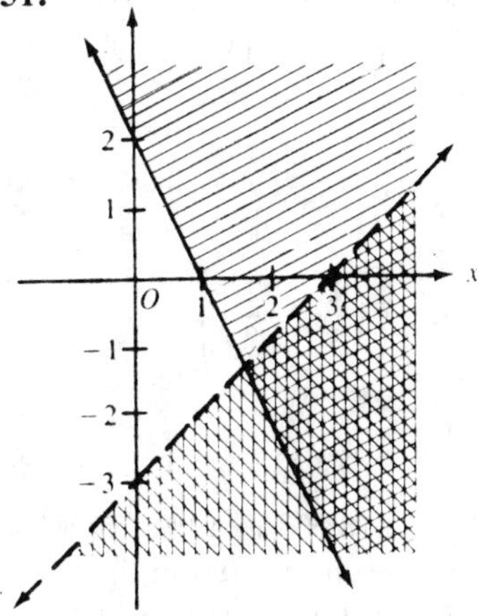

Repaso del Capítulo 8, página 339

1. $2;\ -\frac{4}{3};\ \frac{2}{3}$ **3.** $\frac{8}{5};\ 4;\ -\frac{5}{2}$ **5.** $\frac{5}{2}$; ninguna; no definida

7. $9x + 5y = -7$ **9.** $4x - 2y = 13$ **11.** $2x - 3y = -1$
13. $2x - 3y = 1$ **15.** $4x + y = -26$ **17.** $5x + 3y = 6$
19. $3x + 2y = 12$ **21.** $6x + y = 3$ **23.** $6x - 35y = 15$

25. $\{(3, 0)\}$ **27.** 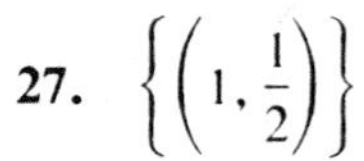 $\left\{\left(1, \frac{1}{2}\right)\right\}$

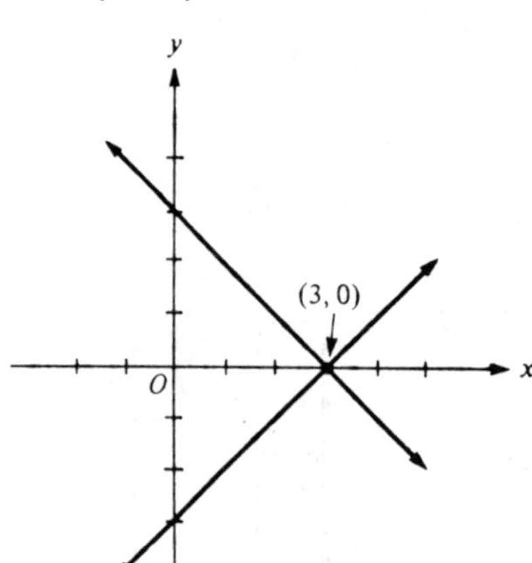

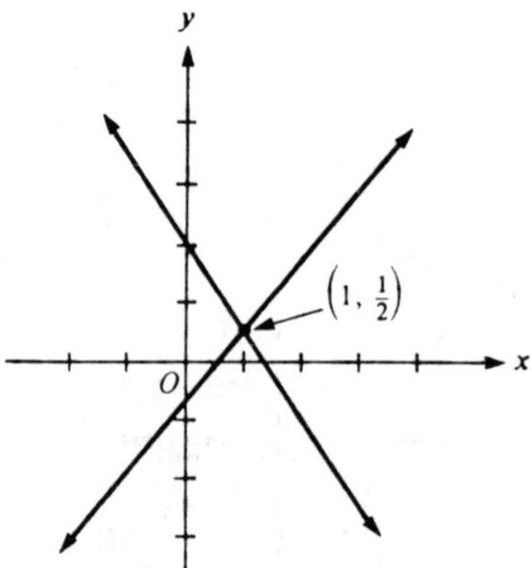

29. $\{(3, 1)\}$ **31.** $\left\{\left(4, -\frac{1}{3}\right)\right\}$ **33.** $\{(0, 3)\}$

35. $\left\{\left(\frac{1}{3}, \frac{1}{4}\right)\right\}$ **37.** $\varnothing$ **39.** $\varnothing$

41. $\{(x, y) \mid 2x - y = 1\}$ **43.** $\{(x, y) \mid 3x + 2y = 4\}$ **45.** $\{(-2, 3)\}$

47. $\left\{\left(-\frac{1}{2}, \frac{1}{4}\right)\right\}$ **49.** $\{(-1, 5)\}$ **51.** $\{(3, 3)\}$

53. $\{(2, 4)\}$ **55.** $\{(8, 12)\}$ **57.** $\{(2, -1)\}$
59. $\{(1, -3)\}$ **61.** $\{(1, -3)\}$ **63.** $\{(4, 5)\}$

65. $\left\{\left(\frac{1}{3}, -\frac{1}{4}\right)\right\}$ **67.** $\left\{\left(-2, \frac{1}{2}\right)\right\}$ **69.** 23; 39

71. $\frac{3}{4};\ \frac{6}{5}$ **73.** $\frac{13}{18}$

75. \$18 000 al 14%; \$8 000 al 18% **77.** 18 de 10¢; 32 de 25¢
79. 60 mph; 480 mph **81.** 15 años; 51 años
83. 9 600 pies cuadrados

85.

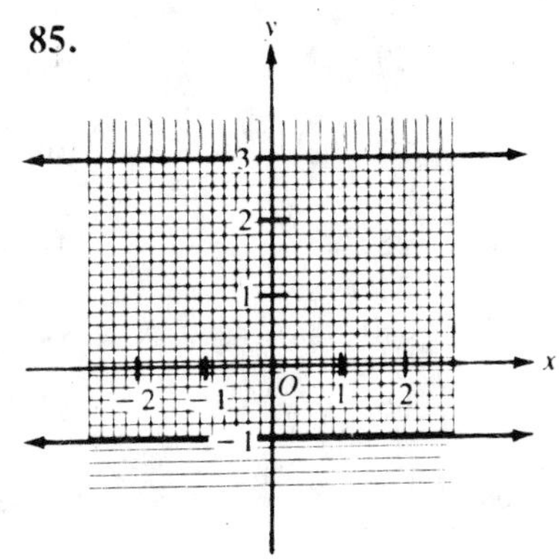

87.

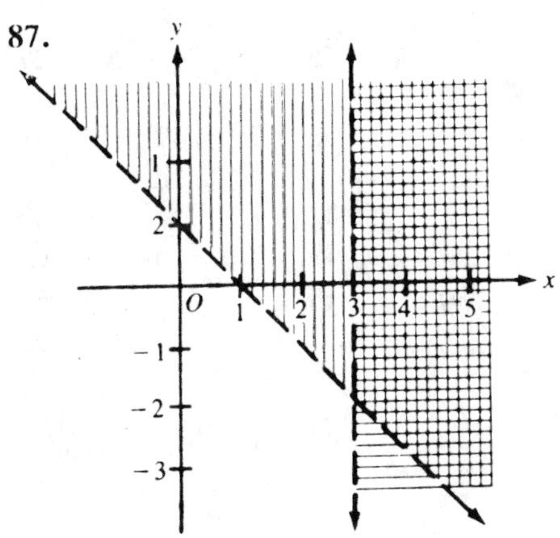

89.

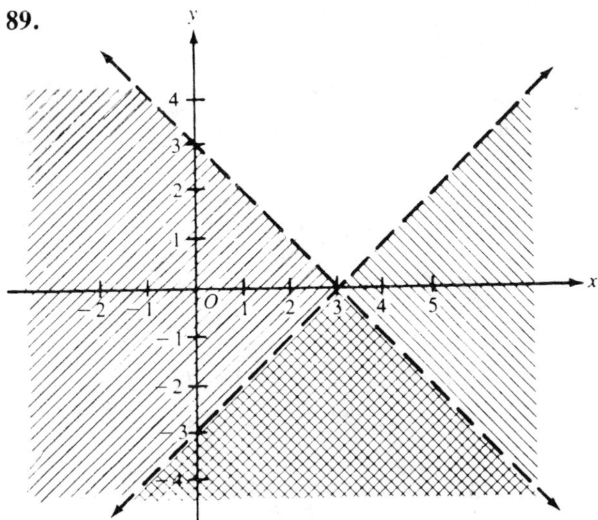

91.

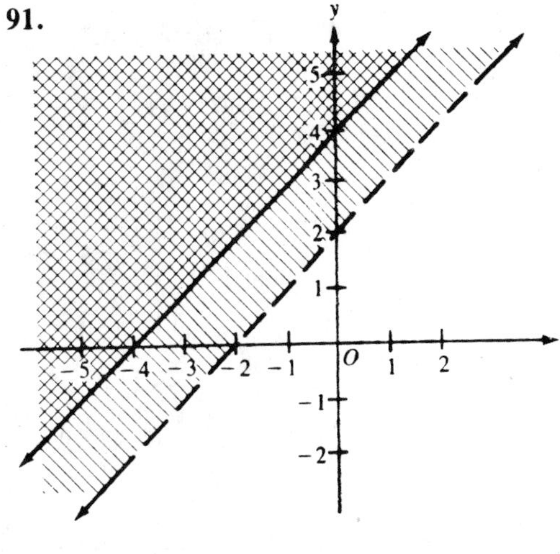

Ejercicios 9.1A, página 350

1. $3^2 = 9$	**3.** 5	**5.** $2^{\frac{7}{3}}$	**7.** $2^{\frac{3}{4}}$
9. $2^{\frac{5}{2}}$	**11.** $3^{\frac{7}{3}}$	**13.** $x^{\frac{5}{3}}$	**15.** $x^{\frac{7}{2}}$
17. $x^{\frac{3}{2}}$	**19.** $-9x^{\frac{7}{5}}$	**21.** $2x^{\frac{5}{3}}y$	**23.** $x^2y^{\frac{1}{3}}$

25. x^2y **27.** $x^{\frac{3}{2}}y^{\frac{5}{2}}$ **29.** $2^3 = 8$ **31.** 3

33. $7^2 = 49$ **35.** $3^{\frac{1}{2}}$ **37.** x^3 **39.** x^3

41. x^4 **43.** $x^{\frac{5}{2}}$ **45.** 3 **47.** -2

49. No es número real. **51.** 8

53. 5 **55.** 27 **57.** 32 **59.** 10^5

61. x^2y^3 **63.** x^3y^8 **65.** x^5y^7 **67.** x^2y^2

69. $x^{\frac{7}{3}}y$ **71.** $216a^{\frac{5}{6}}b^{\frac{5}{2}}c^8$ **73.** $x^{\frac{5}{2}} - 2x^2$

75. $x^{\frac{7}{2}} + 2x^{\frac{1}{2}}$ **77.** $x + 4x^{\frac{2}{3}}$ **79.** $x^{\frac{1}{2}} - 3x^{\frac{1}{3}}$

81. $xy^{\frac{1}{3}} - x^{\frac{1}{4}}y$ **83.** $6x^{\frac{3}{2}} - 9x - 2x^{\frac{1}{2}} + 3$

85. $x - 16$ **87.** $x + 5x^{\frac{1}{2}} + 6$ **89.** $6x - 7x^{\frac{1}{2}} - 3$

91. $x - 6x^{\frac{1}{2}} + 9$ **93.** $4x - 4x^{\frac{1}{2}} + 1$

95. $x - 4x^{\frac{1}{2}}y^{\frac{1}{2}} + 4y$

97. $x^{\frac{1}{2}} + 2x^{\frac{1}{4}} + 1$ **99.** $9x - y$ **101.** $x + 1$

Ejercicios 9.1B, página 354

1. $2^{\frac{1}{2}}$ **3.** $\frac{1}{5^{\frac{5}{2}}}$ **5.** 3 **7.** $7^{\frac{3}{4}}$

9. $3^{\frac{1}{6}}$ **11.** $2^{\frac{3}{2}}$ **13.** $\frac{1}{3^{\frac{4}{3}}}$ **15.** $x^{\frac{8}{3}}$

17. x **19.** $\frac{1}{x^{\frac{2}{3}}}$ **21.** $x^{\frac{5}{6}}$ **23.** $\frac{x^{\frac{1}{4}}}{y}$

25. $\frac{x^{\frac{1}{3}}}{y^{\frac{1}{8}}}$ **27.** $\frac{y}{x^2z^{\frac{3}{5}}}$ **29.** $\frac{1}{a^{\frac{1}{2}}}$ **31.** $\frac{1}{a^7}$

33. $\frac{1}{a^{\frac{1}{2}}}$ **35.** $a^3b^{\frac{3}{2}}$ **37.** $\frac{b}{a}$ **39.** $\frac{1}{a^{\frac{1}{3}}b^{\frac{1}{2}}}$

41. $2^{\frac{2}{3}}$ **43.** 1 **45.** $\frac{y}{x^3}$ **47.** $\frac{y}{2x^3}$

49. $2x^2y^3$ **51.** $x^{\frac{3}{8}}y^{\frac{3}{20}}$ **53.** $\frac{x^{\frac{1}{2}}}{y^{\frac{1}{6}}}$

Ejercicios 9.2, página 360

1. 1 **3.** 1 **5.** $\frac{1}{9}$ **7.** 1

9. x **11.** 1 **13.** 81 **15.** 32

17. 25 **19.** 1 **21.** $2x - 4$ **23.** 27

25. $\frac{1}{4}$ **27.** 20 **29.** $\frac{3}{5}$ **31.** $\frac{2}{9}$

33. 4 **35.** $\frac{1}{125}$ **37.** 0.036 **39.** 0.4

41. $\frac{1}{x^2}$ **43.** $5x^3$ **45.** x^2 **47.** $\frac{1}{x^4}$

49. $\frac{3}{x^4}$ **51.** $\frac{y}{x^3}$ **53.** $\frac{6}{xy}$ **55.** $\frac{4}{x^4y^2}$

57. $2y^2$ **59.** $\frac{1}{x^6}$ **61.** x^6 **63.** $\frac{x^4}{y^2}$

65. $\frac{x^3}{y^6}$ **67.** $\frac{yz^2}{x^2}$ **69.** x^3 **71.** x^4y

73. $32x^4y^3$ **75.** $\frac{2b}{a}$ **77.** $\frac{3}{x^2} - \frac{7}{x} - 6$ **79.** $\frac{1}{x^2} + \frac{4}{x} + 4$

81. $\frac{1}{2^3} = \frac{1}{8}$ **83.** $\frac{1}{2^5} = \frac{1}{32}$ **85.** $5^2 = 25$ **87.** $2^4 = 16$

89. $7^2 = 49$ **91.** $\frac{1}{2^4} = \frac{1}{16}$ **93.** $\frac{y^3}{x^4}$ **95.** $\frac{x^6}{y^7}$

97. $\frac{y^4}{x}$ **99.** $\frac{x^3}{y^6}$ **101.** $\frac{1}{x^3y^2}$ **103.** x^2y^5

105. $\frac{x^5y^3}{z^{12}}$ **107.** $\frac{1 + a^2}{1 - 3a^2}$ **109.** $\frac{1 - ab}{1 + ab}$

111. $\frac{3}{a + 2}$ **113.** $\frac{a}{a - 3}$ **115.** 2.67×10^1

117. 3.84×10^2 **119.** 9.86×10^4 **121.** 2.0×10^0
123. 6.45×10^{-1} **125.** 1.63×10^{-2} **127.** 5.9×10^{-3}
129. 8.1×10^{-4}

Repaso del Capítulo 9, página 362

1. $x^{\frac{3}{2}}$ **3.** $x^{\frac{7}{3}}$ **5.** $x^{\frac{1}{2}}$ **7.** $x^{\frac{3}{2}}$
9. $x^{\frac{7}{8}}y^{\frac{3}{2}}$ **11.** $x^{\frac{5}{9}}y^{\frac{7}{8}}$ **13.** $x^{\frac{7}{3}}y^{\frac{5}{2}}$ **15.** $x^{\frac{7}{8}}y^{\frac{4}{3}}$
17. 4 **19.** 16 **21.** 9 **23.** 32
25. $x^{\frac{5}{2}}y^6$ **27.** $x^{\frac{7}{2}}y^{\frac{1}{3}}$ **29.** x^6y^9 **31.** $xy^{\frac{1}{6}}$
33. $x^{\frac{9}{5}}y^2$ **35.** $x^{\frac{13}{2}}y^6$ **37.** xy **39.** x^2y^5
41. $x^{\frac{2}{3}} - 4$ **43.** $x^{\frac{4}{3}} + x^{\frac{2}{3}} - 6$ **45.** $4x + 12x^{\frac{1}{2}} + 9$
47. $x^{\frac{1}{2}} - 6x^{\frac{1}{4}} + 9$ **49.** $8x + 1$ **51.** $\dfrac{y^{\frac{7}{4}}}{x^{\frac{4}{3}}}$
53. $\dfrac{x^{\frac{3}{4}}}{y^{\frac{2}{3}}}$ **55.** $\dfrac{4}{x^2}$ **57.** $x^5y^{\frac{2}{3}}$
59. $x^2 - 8x + 16$ **61.** 64 **63.** $6x$
65. $\dfrac{y}{x}$ **67.** $\dfrac{y^4}{64x^2}$ **69.** $\dfrac{x^4y^6}{4}$
71. $\dfrac{1}{64x^5y^2}$ **73.** $\dfrac{1}{4x^8y}$ **75.** $\dfrac{x^2y^4}{z^4}$
77. $2x^3y^6$ **79.** $\dfrac{y^2}{3x^8}$ **81.** $\dfrac{2b^3 - 3a^2}{2b^3 + a^2}$

Ejercicios 10.1, página 368

1. $\sqrt{2}$ **3.** $\sqrt[3]{3^2}$
5. $\sqrt[5]{4^2}$ **7.** $\sqrt[7]{x^2}$
9. $\sqrt[3]{x^7}$ **11.** $5\sqrt[3]{x^2}$
13. $\sqrt[3]{5x^2}$ **15.** $\sqrt{xy^2}$
17. $\sqrt[3]{x}\,\sqrt[4]{y^3}$ **19.** $\sqrt[4]{3x}$

21. $\sqrt{(xy)^3}$ **23.** $\sqrt{x-2}$

25. $\sqrt[3]{x-y}$ **27.** $\sqrt[3]{x}-\sqrt[3]{y}$

29. $7^{\frac{1}{2}}$ **31.** $x^{\frac{3}{3}} = x$

33. $x^{\frac{4}{2}} = x^2$ **35.** $x^{\frac{3}{2}}$

37. $x^{\frac{2}{4}} = x^{\frac{1}{2}}$ **39.** $x^{\frac{6}{8}} = x^{\frac{3}{4}}$

41. $(5x^3)^{\frac{1}{4}}$ **43.** $7x^{\frac{5}{6}}$

45. $(x^3y^3)^{\frac{1}{3}} = xy$ **47.** $(xy^2)^{\frac{1}{2}} = x^{\frac{1}{2}}y$

49. $(x+2)^{\frac{1}{2}}$ **51.** $(x^2+9)^{\frac{1}{2}} \neq x+3$

53. $(x^2+y^2)^{\frac{1}{2}} \neq x+y$ **55.** $(x^3+y^3)^{\frac{1}{2}}$

57. $[(x-1)^2]^{\frac{1}{2}} = x-1$ **59.** $[(x+2)^2]^{\frac{1}{4}} = (x+2)^{\frac{1}{2}}$

61. $x^{\frac{1}{2}} + 3^{\frac{1}{2}}$ **63.** $x^{\frac{1}{2}} + y^{\frac{1}{2}}$

65. 2 **67.** 4 **69.** 6 **71.** 8

73. 12 **75.** 3 **77.** x^2 **79.** x^6

81. x^2y **83.** $(x-2)^2$ **85.** xy^2 **87.** $2x$

Ejercicios 10.2, página 372

1. $2\sqrt{2}$ **3.** $3\sqrt{2}$ **5.** $4\sqrt{6}$ **7.** $-2\sqrt{7}$

9. $3\sqrt{5}$ **11.** $5\sqrt{2}$ **13.** $10\sqrt{15}$ **15.** $6\sqrt{2}$

17. $4\sqrt{5}$ **19.** $7\sqrt{2}$ **21.** $9\sqrt{2}$ **23.** $15\sqrt{3}$

25. $\sqrt{5}$ **27.** $\sqrt{41}$ **29.** $x\sqrt{x}$ **31.** $x\sqrt{y}$

33. $xy\sqrt{y}$ **35.** $xy^2\sqrt{xy}$ **37.** $3xy^2\sqrt{x}$

39. $2xyz^2\sqrt{2yz}$ **41.** $4xy^2z^3\sqrt{yz}$ **43.** $3x^2yz\sqrt{3yz}$

45. $\sqrt{x^3+8}$ **47.** $2x\sqrt{x(x^2-y^2)}$ **49.** $xy^2(y-2)\sqrt{y-2}$

51. $2\sqrt[3]{2}$ **53.** $3\sqrt[3]{3}$ **55.** $-3\sqrt[3]{2}$ **57.** $2\sqrt[4]{2}$

59. $2\sqrt{3}$ **61.** $\sqrt[3]{x^3+y^3}$ **63.** $-2x\sqrt[3]{4}$ **65.** $-xy\sqrt[3]{xy^2}$

67. $xz^2\sqrt[3]{y}$ **69.** $x^2yz^2\sqrt[3]{z^2}$ **71.** $2x^2y\sqrt[3]{2y}$

73. $xy\sqrt[4]{8x}$ **75.** $y\sqrt{2x}$ **77.** $xy\sqrt[3]{3y}$

Ejercicios 10.3, página 373

1. $2\sqrt{2}$
3. $-7\sqrt{5}$
5. $5\sqrt[3]{2}$
7. 0
9. 0
11. $(2y - 3x)\sqrt{2}$
13. $(3x - 2y)\sqrt[3]{2}$
15. $6\sqrt[3]{6} + 2\sqrt{6}$
17. $4\sqrt{2} + 9$
19. $7\sqrt{6} - 6$
21. $7\sqrt{3}$
23. $-10\sqrt{6}$
25. $2 + 5\sqrt{2}$
27. $5 + 5\sqrt{5}$
29. $4 - 4\sqrt{2}$
31. $9 - 9\sqrt{2}$
33. $6\sqrt{3} - 2\sqrt{2}$
35. $7\sqrt{2} - \sqrt{6}$
37. $3\sqrt{2} + 2\sqrt{3} - 4\sqrt{6}$
39. 0
41. $6\sqrt{3x} - 12\sqrt{2x}$
43. $(5x^2 + 2y^2)\sqrt{xy}$
45. $3\sqrt{3} - \sqrt[3]{3}$
47. $5\sqrt{5} - 4\sqrt[3]{2}$
49. $8\sqrt{x} - 5\sqrt[3]{x}$
51. $-3xy\sqrt[3]{x}$
53. $10\sqrt{2}$
55. $-2\sqrt[3]{3}$
57. $8a\sqrt{3a} - 2a\sqrt[3]{3a}$
59. $10a\sqrt[3]{a^2}$

Ejercicios 10.4, página 377

1. $\sqrt{6}$
3. $\sqrt{21}$
5. $-6\sqrt{42}$
7. -12
9. -10
11. $2\sqrt{3}$
13. $2\sqrt{5}$
15. $5\sqrt{3}$
17. $2\sqrt{7}$
19. $13\sqrt{6}$
21. $\sqrt{2xy}$
23. $12x$
25. $7x\sqrt{6}$
27. $3y\sqrt{x}$
29. $\sqrt{x(x - 1)}$
31. $\sqrt{3(x + 3)}$
33. $x - 2$
35. $\sqrt{(x + 2)(x + 3)}$
37. $3\sqrt{2x - 1}$
39. $x\sqrt{y - 1}$
41. 2
43. 5
45. $-2\sqrt[3]{3}$
47. $3\sqrt[3]{10}$
49. $2\sqrt[3]{x}$
51. $x\sqrt[3]{2}$
53. $-2y\sqrt[3]{5x}$
55. $3a\sqrt[4]{a}$
57. $2a\sqrt[5]{a}$
59. $2\sqrt[6]{2}$
61. $2\sqrt[6]{2a^5}$
63. $3\sqrt[4]{a^3}$
65. $2 + \sqrt{6}$
67. $5 - 2\sqrt{10}$
69. $6 - 2\sqrt{33}$
71. $6\sqrt{21} + 14\sqrt{6}$
73. $x + \sqrt{xy}$
75. $x\sqrt{y} + x\sqrt{3}$
77. $5x\sqrt{2y} - 2y\sqrt{5x}$
79. 7
81. -1
83. 4
85. $23 - 23\sqrt{2}$
87. 3
89. -10
91. $42 - 13\sqrt{6}$
93. $3 + 2\sqrt{2}$
95. $17 - 12\sqrt{2}$
97. $53 + 10\sqrt{6}$
99. $27 - 12\sqrt{2}$
101. $6 + \sqrt{x} - x$
103. $2 - 2x\sqrt{2} - 3x^2$
105. $x^2 - 2$
107. $x^2 - y$
109. $x^2 - 4y$
111. $x - y$
113. $2x - 3y + 5\sqrt{xy}$
115. $2 + 2x\sqrt{2} + x^2$
117. $x - 2\sqrt{2x} + 2$
119. $2x + 2\sqrt{6xy} + 3y$

121. $x + 3 + 4\sqrt{x - 1}$ **123.** $x + 1 - 4\sqrt{x - 3}$

125. $x + 10 - 6\sqrt{x + 1}$ **127.** $2x + 13 - 8\sqrt{2x - 3}$

129. $3x + 1 - 2\sqrt{2x(x + 1)}$ **131.** $7x - 4 + 4\sqrt{3x(x - 1)}$

133. $2x - 1 - 2\sqrt{(x + 2)(x - 3)}$ **135.** $5x + 11 + 4\sqrt{(x + 3)(x + 2)}$

Ejercicios 10.5, página 383

1. 2 **3.** 2 **5.** $\sqrt{3}$ **7.** $\sqrt{2}$

9. $\frac{\sqrt{2}}{2}$ **11.** $\frac{\sqrt{5}}{15}$ **13.** $\frac{\sqrt{6}}{2}$ **15.** $\sqrt{2}$

17. $\frac{2\sqrt{5}}{3}$ **19.** $\frac{\sqrt{6}}{3}$ **21.** $\frac{\sqrt{15}}{2}$ **23.** $\frac{\sqrt{30}}{5}$

25. $\frac{\sqrt{2}}{4}$ **27.** $\frac{3\sqrt{6}}{8}$ **29.** $\frac{\sqrt{15}}{12}$ **31.** 2

33. $\sqrt[3]{4}$ **35.** $\frac{\sqrt[3]{4}}{2}$ **37.** $\frac{\sqrt[3]{18}}{3}$ **39.** $\frac{\sqrt[3]{2}}{2}$

41. $\frac{2\sqrt{x}}{x}$ **43.** $\frac{7\sqrt{6x}}{6x}$ **45.** $\frac{\sqrt{3x}}{5x}$ **47.** $\frac{\sqrt[3]{4x^2}}{2x}$

49. $\frac{\sqrt[3]{3x}}{x}$ **51.** $\frac{\sqrt[4]{2x^2}}{x}$ **53.** $\frac{\sqrt{2x}}{x}$ **55.** $\frac{\sqrt{2x}}{x}$

57. $\frac{\sqrt{15xy}}{15y}$ **59.** $\frac{\sqrt{10xy}}{4xy^2}$ **61.** $\frac{2ab^2\sqrt{3bxy}}{3xy^2}$ **63.** $\frac{\sqrt{35abxy}}{7x^3y^4}$

65. $\frac{y\sqrt[3]{2a^2x}}{2a}$ **67.** $\frac{\sqrt[3]{3axy^2}}{3ab}$ **69.** $\frac{x\sqrt[3]{a^2by^2}}{3ab}$ **71.** $\frac{x\sqrt[3]{4a^2b^2x^2y}}{2a^2b}$

73. $\frac{a\sqrt[4]{bxy^3}}{2xy^2}$ **75.** $\frac{\sqrt{2(x + 2)}}{x + 2}$ **77.** $\frac{\sqrt{x(x + 5)}}{x + 5}$

79. $\frac{\sqrt{(x - 2)(x + 2)}}{x + 2}$ **81.** $4 + 4\sqrt{6}$ **83.** $5\sqrt{2} - 2\sqrt{3}$

85. $4\sqrt{3} + \sqrt{5}$ **87.** $\frac{3\sqrt{7}}{7} - \sqrt{3}$ **89.** $\frac{\sqrt{3}}{3} + \frac{\sqrt{5}}{5}$

91. $\frac{3\sqrt{21}}{7} - \sqrt{6}$ **93.** $\frac{\sqrt{y}}{y} + \frac{\sqrt{x}}{x}$ **95.** $\frac{\sqrt{6y}}{3y} - \frac{\sqrt{7x}}{7x}$

97. $\frac{\sqrt{5y}}{5y} + \frac{\sqrt{2x}}{2x}$ **99.** $2\sqrt{3} - 2$ **101.** $-3 - 3\sqrt{2}$

103. $\frac{3\sqrt{5} - \sqrt{10}}{7}$ **105.** $\sqrt{3} + \sqrt{2}$ **107.** $3\sqrt{2} + 2\sqrt{3}$

109. $\frac{9 - 2\sqrt{6}}{19}$ **111.** $7 + 4\sqrt{3}$ **113.** $11 - 2\sqrt{30}$

115. $\frac{30 + 5\sqrt{10} + 6\sqrt{5} + 5\sqrt{2}}{13}$ **117.** $\frac{3x + 4y + 8\sqrt{xy}}{9x - 4y}$

119. $\frac{2x\sqrt{2} + y\sqrt{2} + 5\sqrt{xy}}{8x - y}$

Ejercicios 10.6, página 386

1. $i\sqrt{2}$ **3.** $i\sqrt{5}$ **5.** $i\sqrt{10}$ **7.** $i\sqrt{14}$
9. $3i$ **11.** $5i$ **13.** $7i$ **15.** $9i$
17. $2i\sqrt{2}$ **19.** $2i\sqrt{5}$ **21.** $3i\sqrt{3}$ **23.** $4i\sqrt{2}$
25. $4i\sqrt{3}$ **27.** $3i\sqrt{6}$ **29.** $6i\sqrt{2}$ **31.** $6i\sqrt{3}$

Repaso del Capítulo 10, página 386

1. $8\sqrt{2}$ **3.** $6\sqrt{5}$ **5.** $2\sqrt[3]{6}$ **7.** $-2\sqrt[3]{9}$
9. $\sqrt{6}$ **11.** $2\sqrt[5]{3}$ **13.** $2xy^2\sqrt{3x}$ **15.** $3x^3y^2\sqrt{2x}$
17. $2xy\sqrt[3]{2y^2}$ **19.** $3xy^2\sqrt[3]{3x^2}$ **21.** $4\sqrt{6}$
23. $4\sqrt{2} + 9\sqrt{3} - 3\sqrt{5}$ **25.** $(3 - 4y + 6x)\sqrt{2xy}$
27. 0 **29.** $4\sqrt[3]{3}$ **31.** $4x\sqrt[3]{xy}$ **33.** $7xy\sqrt{xy}$
35. $5x\sqrt{3y}$ **37.** $6x\sqrt{y}$ **39.** $\sqrt{x^2 + 2x}$
41. $2\sqrt{3x^2 + 4x}$ **43.** $3\sqrt[3]{2}$ **45.** $6\sqrt[3]{2}$
47. $2x\sqrt[3]{2}$ **49.** -1 **51.** $12 - 7\sqrt{6}$
53. $x + 12 - 6\sqrt{x + 3}$ **55.** $x + 2 + 4\sqrt{x - 2}$
57. $4x - 6 + 2\sqrt{(x - 4)(3x - 2)}$ **59.** $\frac{4}{3}\sqrt{3}$

61. $\frac{\sqrt[4]{9x}}{x}$ **63.** $\frac{\sqrt[5]{9x}}{x^2}$ **65.** $\frac{\sqrt{21}}{9}$ **67.** $\frac{3\sqrt{ax}}{2x^2y^2}$

69. $\frac{\sqrt[3]{10}}{5}$ **71.** $\frac{\sqrt[3]{2x^2}}{x}$ **73.** $\frac{\sqrt[4]{30x^2}}{6x}$ **75.** $-\frac{4x\sqrt{yz}}{yz}$

77. $5x\sqrt{y}$ **79.** $\frac{3y\sqrt{3xy}}{x}$

81. $\frac{\sqrt{6xy}}{xy}$ **83.** $(4x + 3y - 2)\sqrt{3y}$

85. $4 + 2\sqrt{3}$ **87.** $\sqrt{5} - 1$

89. $\frac{14 + 5\sqrt{3}}{11}$ **91.** $\frac{7\sqrt{2} + \sqrt{14} + \sqrt{7} + 1}{6}$

93. $\frac{12 + 7\sqrt{6}}{15}$ **95.** $\frac{2x\sqrt{2} - y\sqrt{2}}{4x - 2y} = \frac{\sqrt{2}}{2}$

97. $2i\sqrt{14}$ **99.** $2i\sqrt{19}$ **101.** $4i\sqrt{6}$ **103.** $6i\sqrt{5}$

Ejercicios 11.2, página 393

1. $\{0, 1\}$ **3.** $\{0, -2\}$ **5.** $\left\{0, -\frac{1}{4}\right\}$ **7.** $\left\{0, \frac{3}{2}\right\}$

9. $\{0, -2\}$ **11.** $\left\{0, \frac{3}{2}\right\}$ **13.** $\{-1, 1\}$ **15.** $\{-3, 3\}$

17. $\{-\sqrt{2}, \sqrt{2}\}$ **19.** $\left\{-\frac{\sqrt{3}}{2}, \frac{\sqrt{3}}{2}\right\}$

21. $\left\{-\frac{\sqrt{3}}{5}, \frac{\sqrt{3}}{5}\right\}$ **23.** $\left\{-\frac{2\sqrt{3}}{3}, \frac{2\sqrt{3}}{3}\right\}$

25. $\{i\sqrt{2}, -i\sqrt{2}\}$ **27.** $\{3i, -3i\}$

29. $\{3i\sqrt{2}, -3i\sqrt{2}\}$ **31.** $\left\{\frac{2i\sqrt{3}}{3}, -\frac{2i\sqrt{3}}{3}\right\}$

33. $\left\{\frac{4i\sqrt{3}}{3}, -\frac{4i\sqrt{3}}{3}\right\}$ **35.** $\left\{-\frac{\sqrt{7b}}{7}, \frac{\sqrt{7b}}{7}\right\}$

37. $\{-a - b, a + b\}$ **39.** $\{-\sqrt{a^2 + b^2}, \sqrt{a^2 + b^2}\}$

41. $\left\{1 - \frac{\sqrt{2}}{2}, 1 + \frac{\sqrt{2}}{2}\right\}$ **43.** $\left\{-1 - \frac{\sqrt{6}}{2}, -1 + \frac{\sqrt{6}}{2}\right\}$

45. $\{-a - \sqrt{b}, -a + \sqrt{b}\}$ **47.** $\{a - 2\sqrt{b}, a + 2\sqrt{b}\}$

49. $\{-2, 1\}$ **51.** $\{-4, -3\}$ **53.** $\{-6, 2\}$ **55.** $\{2, 4\}$

57. $\{-4, 9\}$ **59.** $\{3, 6\}$ **61.** $\{-3, -3\}$ **63.** $\{5, 5\}$

65. $\{2, 2\}$ **67.** $\{-1, 4\}$ **69.** $\{1, 3\}$ **71.** $\left\{\frac{2}{3}, 1\right\}$

73. $\left\{-\frac{3}{2}, \frac{1}{2}\right\}$ **75.** $\left\{-\frac{1}{2}, \frac{1}{3}\right\}$ **77.** $\left\{-\frac{5}{2}, \frac{3}{2}\right\}$ **79.** $\left\{-3, \frac{4}{3}\right\}$

81. $\left\{\frac{2}{3}, \frac{2}{3}\right\}$ 83. $\left\{\frac{3}{2}, \frac{3}{2}\right\}$ 85. $\{-4a, -2a\}$ 87. $\{-3a, a\}$

89. $\left\{-\frac{3a}{2}, 2a\right\}$ 91. $\left\{\frac{a}{3}, \frac{3a}{2}\right\}$ 93. $\{-a, -b\}$ 95. $\{a, b\}$

97. $\{-3b, 2a\}$ 99. $\{a - 2b, -a + 2b\}$

101. $\{-3a + b, 3a - b\}$ 103. $\{a - b, a + b\}$

Ejercicios 11.3, página 399

1. $9; (x + 3)^2$ 3. $225; (x - 15)^2$ 5. $\frac{1}{4}; \left(x + \frac{1}{2}\right)^2$

7. $\frac{81}{4}; \left(x - \frac{9}{2}\right)^2$ 9. $\frac{1}{9}; \left(x + \frac{1}{3}\right)^2$ 11. $\frac{4}{25}; \left(x - \frac{2}{5}\right)^2$

13. $\frac{1}{16}; \left(x + \frac{1}{4}\right)^2$ 15. $\frac{9}{64}; \left(x + \frac{3}{8}\right)^2$ 17. $\frac{49}{36}; \left(x - \frac{7}{6}\right)^2$

19. $\{-3, 1\}$ 21. $\{-2, 5\}$ 23. $\{-3, 10\}$

25. $\{1, 14\}$ 27. $\{-12, -2\}$ 29. $\{-2, -2\}$

31. $\left\{-\frac{3}{2} + \frac{\sqrt{11}}{2}i, -\frac{3}{2} - \frac{\sqrt{11}}{2}i\right\}$ 33. $\left\{\frac{5}{2} + \frac{\sqrt{3}}{2}i, \frac{5}{2} - \frac{\sqrt{3}}{2}i\right\}$

35. $\{-1, 0\}$ 37. $\left\{-\frac{5}{3}, 0\right\}$

39. $\left\{-1, -\frac{1}{2}\right\}$ 41. $\left\{-2, -\frac{1}{2}\right\}$

43. $\left\{-\frac{4}{3}, 8\right\}$ 45. $\left\{-2, -\frac{3}{5}\right\}$

47. $\left\{-\frac{3}{2}, -\frac{1}{2}\right\}$ 49. $\left\{-\frac{3}{2}, -\frac{3}{2}\right\}$

51. $\left\{-\frac{3}{2} + \frac{\sqrt{17}}{2}, -\frac{3}{2} - \frac{\sqrt{17}}{2}\right\}$ 53. $\left\{-\frac{5}{2}, -\frac{5}{2}\right\}$

55. $\left\{\frac{1}{3} + \frac{\sqrt{7}}{3}, \frac{1}{3} - \frac{\sqrt{7}}{3}\right\}$ 57. $\left\{1 + \frac{\sqrt{10}}{5}, 1 - \frac{\sqrt{10}}{5}\right\}$

59. $\left\{-\frac{4}{3} + \frac{\sqrt{7}}{3}, -\frac{4}{3} - \frac{\sqrt{7}}{3}\right\}$ 61. $\left\{\frac{3}{4} + \frac{\sqrt{41}}{4}, \frac{3}{4} - \frac{\sqrt{41}}{4}\right\}$

63. $\{3 + i, 3 - i\}$ 65. $\left\{\frac{3}{4} + \frac{\sqrt{23}}{4}i, \frac{3}{4} - \frac{\sqrt{23}}{4}i\right\}$

67. $\left\{-\frac{a}{2}-\frac{a\sqrt{13}}{2}, -\frac{a}{2}+\frac{a\sqrt{13}}{2}\right\}$

69. $\left\{-\frac{3a}{2}-\frac{a\sqrt{5}}{2}, -\frac{3a}{2}+\frac{a\sqrt{5}}{2}\right\}$

71. $\left\{\frac{3a}{2}-\frac{a\sqrt{29}}{2}, \frac{3a}{2}+\frac{a\sqrt{29}}{2}\right\}$

73. $\left\{\frac{a}{4}-\frac{a\sqrt{33}}{4}, \frac{a}{4}+\frac{a\sqrt{33}}{4}\right\}$

75. $\left\{-\frac{5a}{4}-\frac{a\sqrt{17}}{4}, -\frac{5a}{4}+\frac{a\sqrt{17}}{4}\right\}$

77. $\left\{-\frac{7a}{6}-\frac{a\sqrt{13}}{6}, -\frac{7a}{6}+\frac{a\sqrt{13}}{6}\right\}$

79. $\left\{\frac{a}{4}+\frac{a\sqrt{7}}{4}i, \frac{a}{4}-\frac{a\sqrt{7}}{4}i\right\}$

81. $\left\{-\frac{a}{3}+\frac{a\sqrt{5}}{3}i, -\frac{a}{3}-\frac{a\sqrt{5}}{3}i\right\}$

Ejercicios 11.4, página 403

1. $\{-2, 0\}$

3. $\left\{0, \frac{5}{3}\right\}$

5. $\left\{-\frac{1}{6}, 0\right\}$

7. $\{2, -2\}$

9. $\{\sqrt{2}, -\sqrt{2}\}$

11. $\{i\sqrt{3}, -i\sqrt{3}\}$

13. $\left\{\frac{1}{2}, -\frac{1}{2}\right\}$

15. $\left\{\frac{\sqrt{6}}{2}, -\frac{\sqrt{6}}{2}\right\}$

17. $\left\{\frac{\sqrt{30}}{5}, -\frac{\sqrt{30}}{5}\right\}$

19. $\left\{\frac{3\sqrt{2}}{2}, -\frac{3\sqrt{2}}{2}\right\}$

21. $\left\{\frac{\sqrt{15}}{5}i, -\frac{\sqrt{15}}{5}i\right\}$

23. $\{-4, 1\}$

25. $\{-4, -3\}$

27. $\{4, 5\}$

29. $\{-2, 4\}$

31. $\{-3, 6\}$

33. $\{-1+\sqrt{5}, -1-\sqrt{5}\}$

35. $\left\{\frac{-3+\sqrt{17}}{2}, \frac{-3-\sqrt{17}}{2}\right\}$

37. $\{-3, -3\}$

39. $\left\{\frac{1+i\sqrt{3}}{2}, \frac{1-i\sqrt{3}}{2}\right\}$

41. $\left\{\frac{3+i\sqrt{7}}{2}, \frac{3-i\sqrt{7}}{2}\right\}$

43. $\{-1+i\sqrt{2}, -1-i\sqrt{2}\}$

45. $\left\{\frac{2}{3}, \frac{5}{2}\right\}$

47. $\left\{-\frac{2}{3}, \frac{1}{2}\right\}$

49. $\left\{-\frac{4}{3}, \frac{5}{3}\right\}$

51. $\left\{\frac{1}{3}, \frac{9}{4}\right\}$

53. $\left\{\frac{3}{8}, \frac{7}{3}\right\}$

55. $\left\{\frac{-5+\sqrt{7}}{3}, \frac{-5-\sqrt{7}}{3}\right\}$

57. $\left\{\frac{-3+\sqrt{15}}{3}, \frac{-3-\sqrt{15}}{3}\right\}$

59. $\left\{\frac{1}{3}, \frac{1}{3}\right\}$

61. $\left\{\frac{5+i\sqrt{23}}{4}, \frac{5-i\sqrt{23}}{4}\right\}$

63. $\left\{\frac{1 + i\sqrt{5}}{3}, \frac{1 - i\sqrt{5}}{3}\right\}$

65. $\left\{\frac{-3 + i\sqrt{6}}{5}, \frac{-3 - i\sqrt{6}}{5}\right\}$

67. $\left\{\frac{-\sqrt{3} - \sqrt{19}}{2}, \frac{-\sqrt{3} + \sqrt{19}}{2}\right\}$

69. $\left\{\frac{\sqrt{7} - 3\sqrt{3}}{2}, \frac{\sqrt{7} + 3\sqrt{3}}{2}\right\}$

71. $\{-4\sqrt{2}, \sqrt{2}\}$

73. $\{3\sqrt{2} - \sqrt{17}, 3\sqrt{2} + \sqrt{17}\}$

75. $\left\{\frac{2\sqrt{7} - 5}{3}, \frac{2\sqrt{7} + 5}{3}\right\}$

77. $\left\{-2\sqrt{3}, \frac{\sqrt{3}}{3}\right\}$

79. $\left\{-\sqrt{6}, \frac{\sqrt{6}}{3}\right\}$

Ejercicios 11.5, página 405

1. $\{-2, 4\}$
3. $\left\{-\frac{1}{2}, \frac{4}{3}\right\}$
5. $\{-1 - \sqrt{3}, -1 + \sqrt{3}\}$
7. $\left\{\frac{1}{4}, 3\right\}$
9. $\left\{-3, \frac{1}{5}\right\}$
11. $\{-1 - \sqrt{2}, -1 + \sqrt{2}\}$
13. $\left\{-\frac{4}{3}, 1\right\}$
15. $\{-2, 5\}$
17. $\{-1, 2\}$
19. $\{-3, -2\}$
21. $\{-2 - \sqrt{6}, -2 + \sqrt{6}\}$
23. $\{2, 3\}$
25. $\{-1, 2\}$
27. $\{1, 2\}$
29. $\{3, 4\}$
31. $\left\{\frac{5 + i\sqrt{71}}{12}, \frac{5 - i\sqrt{71}}{12}\right\}$
33. $\left\{\frac{1 - \sqrt{2}}{2}, \frac{1 + \sqrt{2}}{2}\right\}$
35. $\{-2, 1\}$
37. $\{-2, 1\}$
39. $\{-2\}$
41. $\{4\}$

Ejercicios 11.6, página 409

1. 7; 8
3. 9; 12
5. 5; 13
7. 6; 11
9. 6; 8
11. 12; 18
13. 15 miembros
15. 6 hr
17. $a = 9$ pies; $b = 21$ pies
19. 8 pies
21. 5 mph
23. 120 mph
25. 40 mph
27. 7.5 yd
29. $b = 8$ pies; $a = 14$ pies
31. 15 horas; 10 horas
33. 77 horas; 44 horas

Ejercicios 11.7, página 418

1. $V(0, 0)$, $x = 0$

y
(−2, 4)
(2, 4)
(−1, 1)
(1, 1)
O
x

3. $V(0, -1)$, $x = 0$

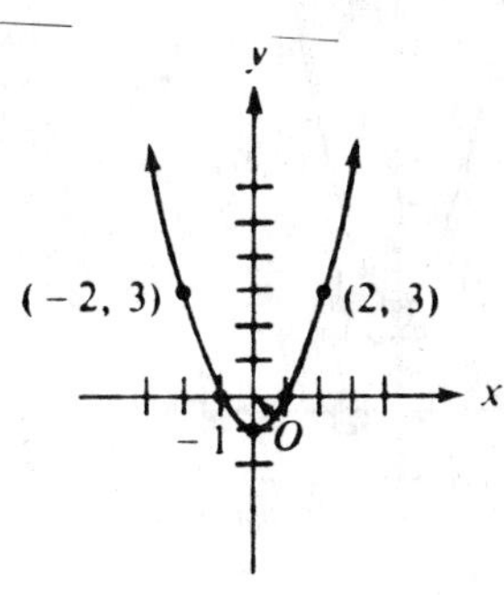

5. $V(0, -4)$, $x = 0$

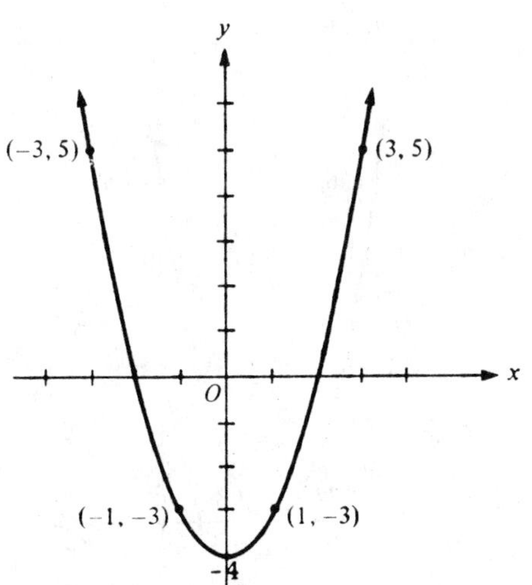

7. $V(0, 1)$, $x = 0$

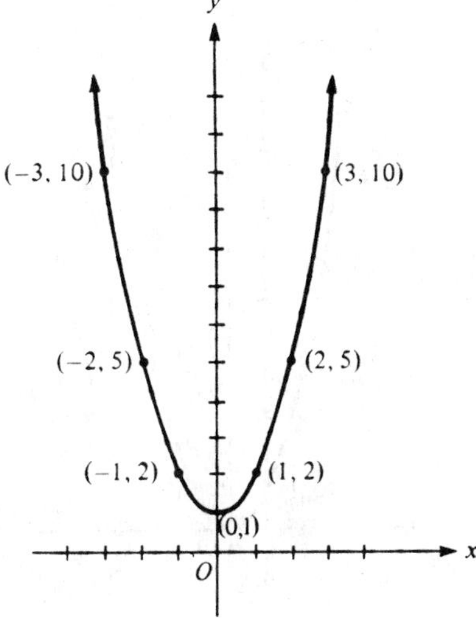

9. $V(0, 3), x = 0$

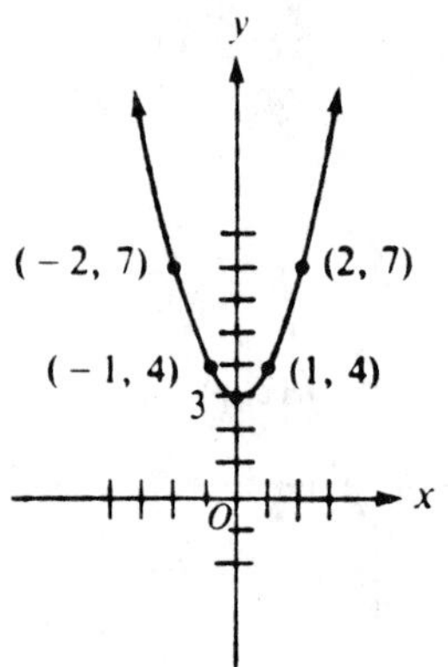

11. $V(0, 3), x = 0$

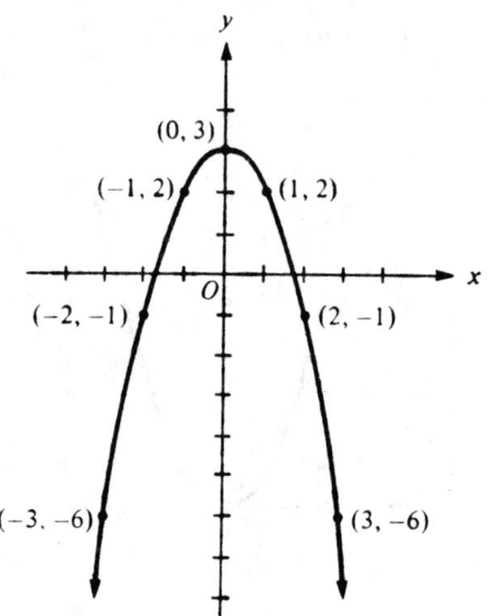

13. $V(1, 0), x = 1$

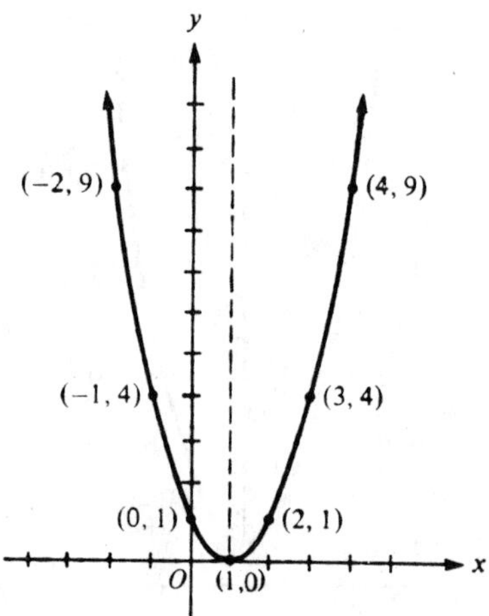

15. $V(-3, 0), x = -3$

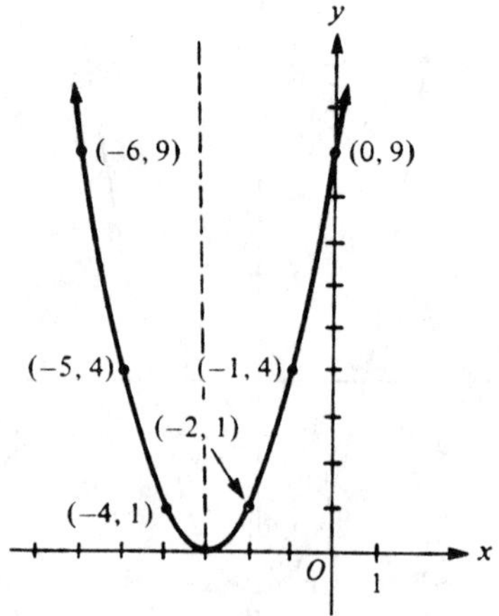

17. $V\left(\frac{3}{2}, -\frac{1}{4}\right), x = \frac{3}{2}$

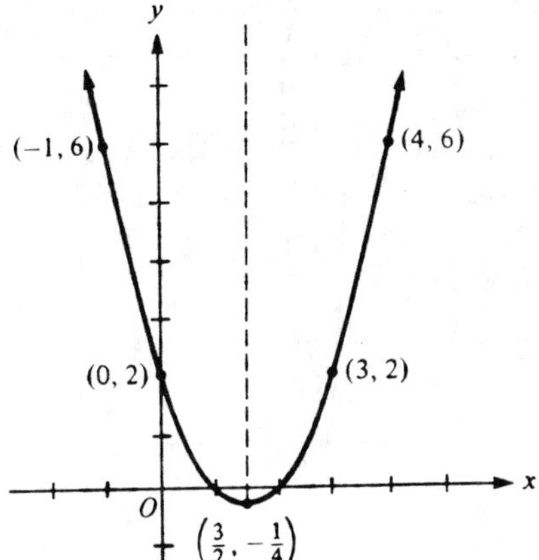

19. $V(-1, -4), x = -1$

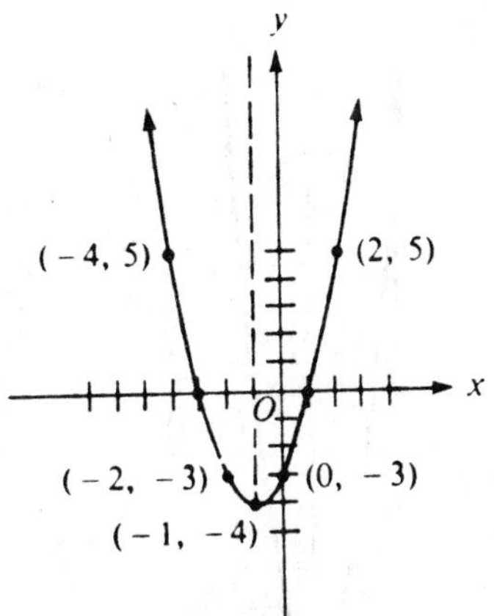

21. $V(-1, 2), x = -1$

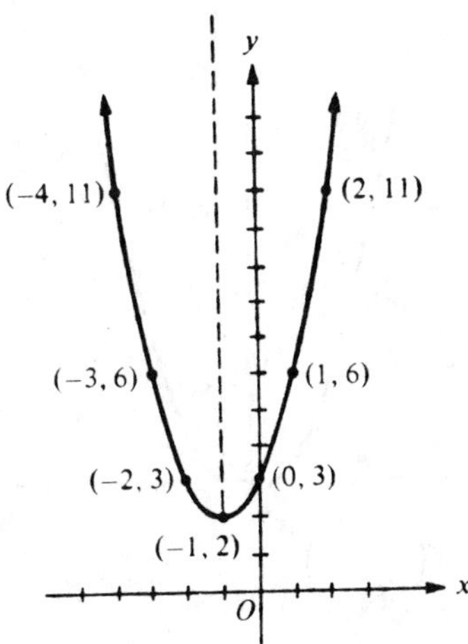

23. $V(1, 4), x = 1$

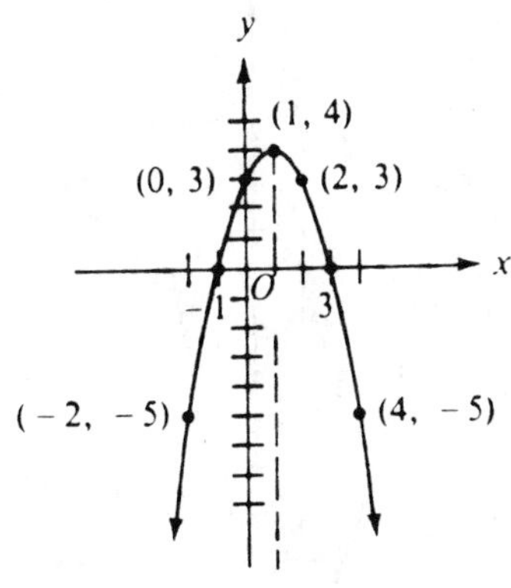

25. $V\left(\frac{3}{2}, 0\right), x = \frac{3}{2}$

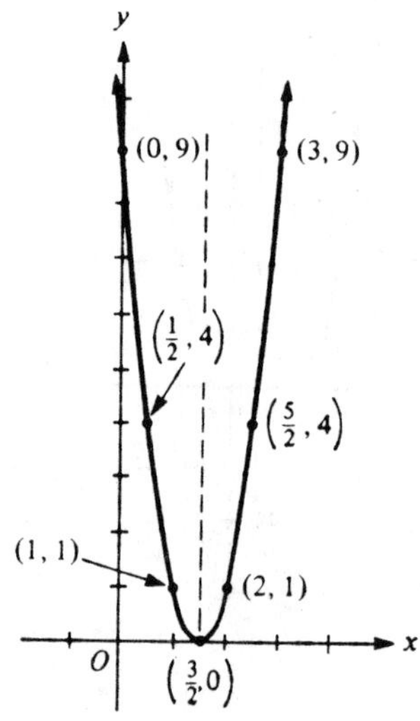

27. $V\left(-\frac{2}{3}, 0\right), x = -\frac{2}{3}$

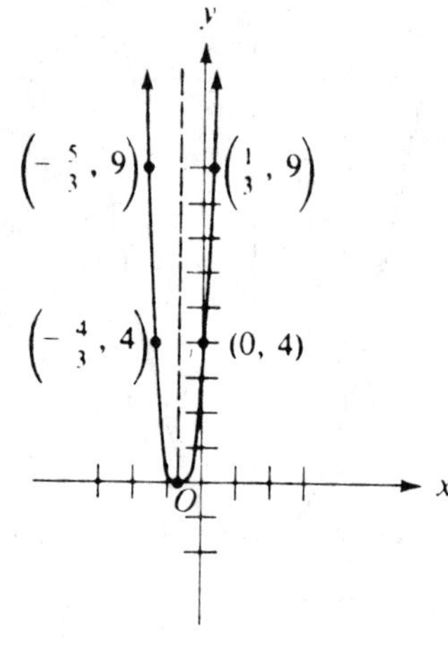

29. $V(-1, -1), x = -1$

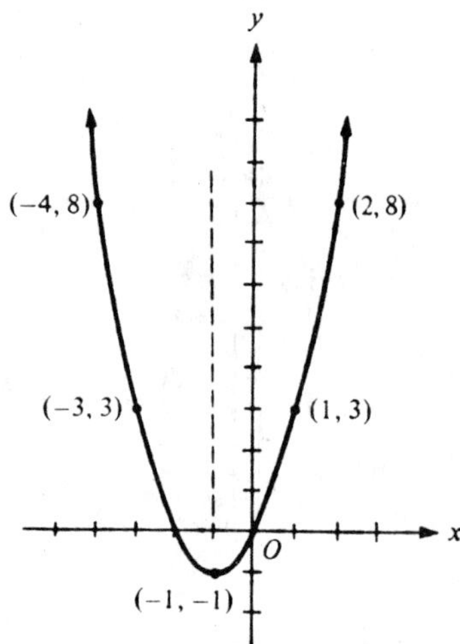

31. $V\left(-\frac{1}{2}, -\frac{1}{4}\right), x = -\frac{1}{2}$

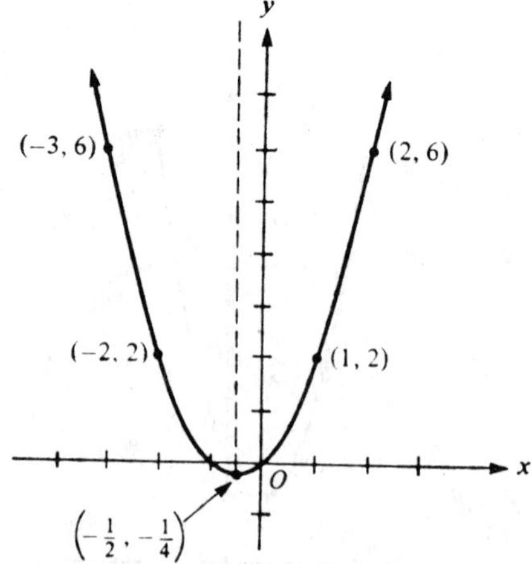

33. $V(3, -9), x = 3$

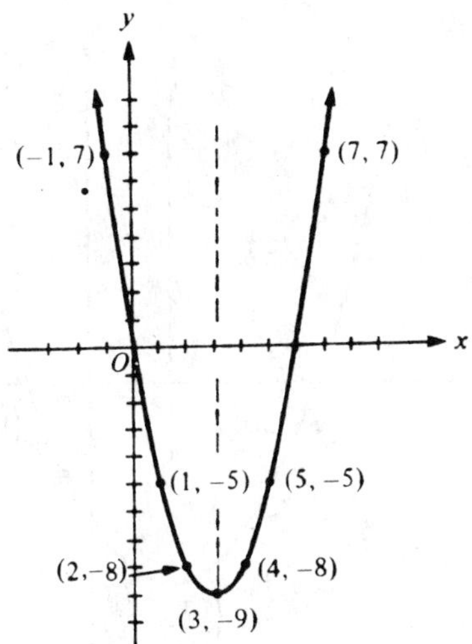

35. $V\left(\frac{5}{2}, -\frac{25}{4}\right), x = \frac{5}{2}$

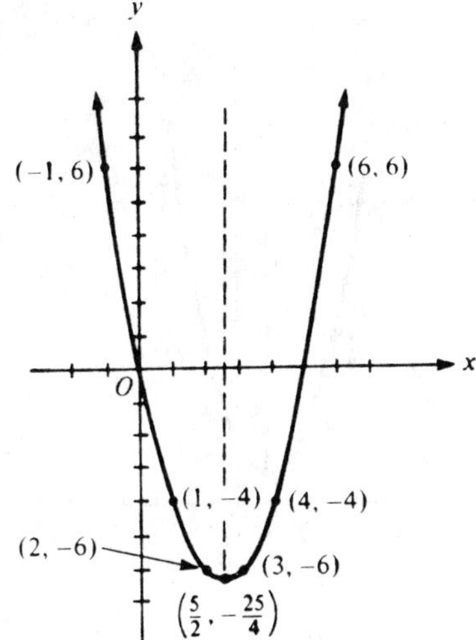

37. $V\left(\frac{5}{2}, -\frac{15}{2}\right), x = \frac{5}{2}$

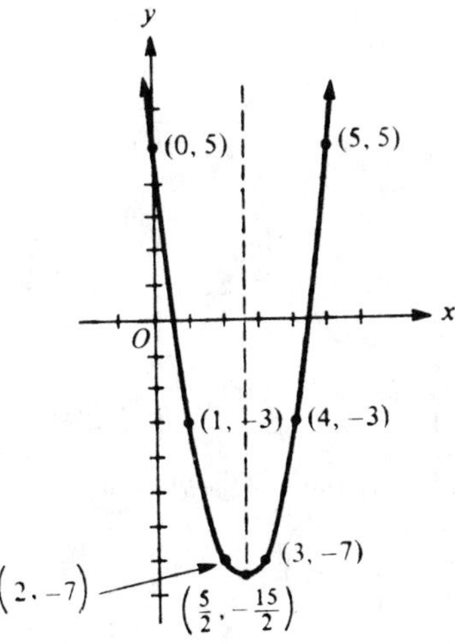

39. $V\left(\frac{1}{4}, \frac{49}{8}\right), x = \frac{1}{4}$

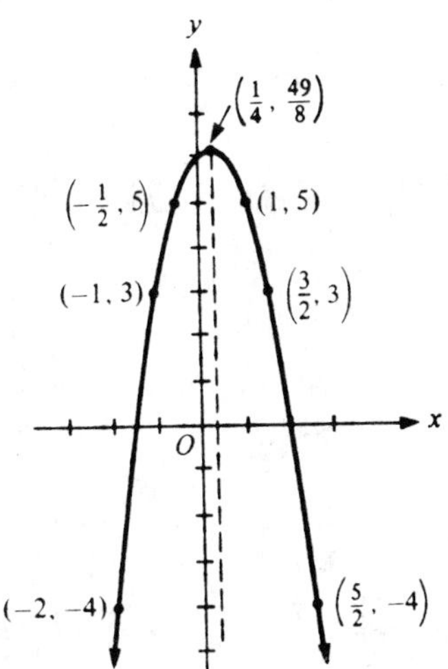

41. $V\left(-\frac{1}{2}, \frac{1}{2}\right)$, $x = -\frac{1}{2}$

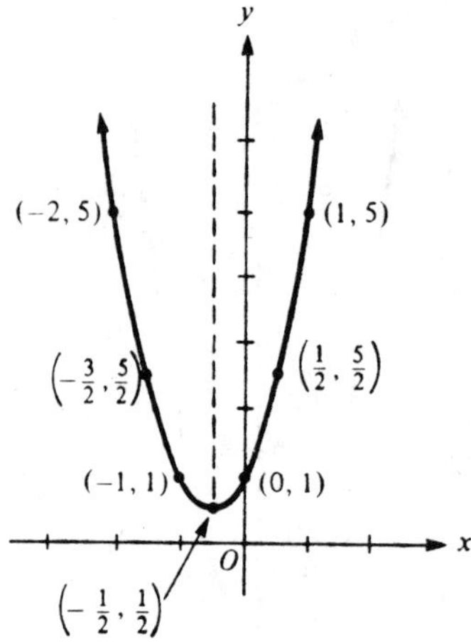

43. $V\left(-\frac{3}{2}, -\frac{29}{8}\right)$, $x = -\frac{3}{2}$

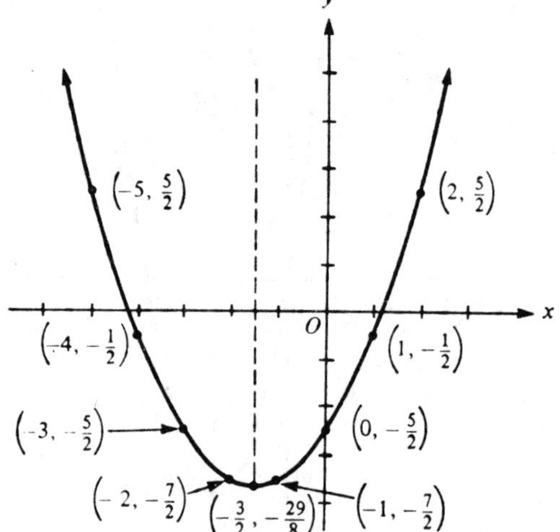

45. $\{0, 2\}$ **47.** $\varnothing$ **49.** $\{1, 3\}$ **51.** $\{2, 6\}$
53. $\{-2, 5\}$ **55.** $\{-0.4, 2.4\}$ **57.** $\{-1, 2\}$ **59.** $\{0.6, 3.4\}$
61. $\varnothing$ **63.** $\left\{\frac{1}{3}, \frac{1}{3}\right\}$ **65.** $\left\{-\frac{1}{2}, 2\right\}$ **67.** $\left\{-\frac{2}{3}, \frac{3}{2}\right\}$
69. $\left\{-\frac{3}{2}, \frac{1}{2}\right\}$ **71.** $\varnothing$

Repaso del Capítulo 11, página 419

1. $\{-4, 3\}$ **3.** $\{-6, 1\}$ **5.** $\left\{-\frac{6}{5}, \frac{5}{4}\right\}$
7. $\left\{-4, \frac{13}{12}\right\}$ **9.** $\left\{-\frac{32}{27}, \frac{3}{2}\right\}$ **11.** $\left\{-\frac{3}{4}, 0, \frac{1}{3}\right\}$
13. $\{-2, -1, 1, 2\}$ **15.** $\{-a - 3, -a + 4\}$
17. $\left\{0, \frac{7}{2}\right\}$ **19.** $\{1, 4\}$
21. $\{-1, 4\}$ **23.** $\left\{\frac{5}{4} - \frac{\sqrt{33}}{4}, \frac{5}{4} + \frac{\sqrt{33}}{4}\right\}$

25. $\left\{-\frac{1}{3}+\frac{\sqrt{2}}{3}i, -\frac{1}{3}-\frac{\sqrt{2}}{3}i\right\}$

27. $\left\{\frac{3}{10}+\frac{\sqrt{31}}{10}i, \frac{3}{10}-\frac{\sqrt{31}}{10}i\right\}$

29. $\left\{-\frac{3}{a}, \frac{7}{a}\right\}$

31. $\{-6a, 5a\}$

33. $\{5a, 8a\}$

35. $\left\{-\frac{\sqrt{39}}{6}, \frac{\sqrt{39}}{6}\right\}$

37. $\left\{-\frac{11}{6}, 0\right\}$

39. $\left\{-\frac{27}{8}, 2\right\}$

41. $\left\{\frac{-7-\sqrt{129}}{10}, \frac{-7+\sqrt{129}}{10}\right\}$

43. $\left\{\frac{7}{6}, \frac{7}{6}\right\}$

45. $\left\{\frac{-7+i\sqrt{23}}{18}, \frac{-7-i\sqrt{23}}{18}\right\}$

47. $\{4a, 8a\}$

49. $\{-2\sqrt{2}, 3\sqrt{2}\}$

51. $\left\{\frac{\sqrt{5}-\sqrt{55}}{5}, \frac{\sqrt{5}+\sqrt{55}}{5}\right\}$

53. $\{-2, 3\}$

55. $\{-3, 5\}$

57. $\left\{\frac{1}{2}, 2\right\}$

59. $\left\{-\frac{1}{4}, \frac{2}{3}\right\}$

61. $\{1-\sqrt{3}, 1+\sqrt{3}\}$

63. $\left\{-1, \frac{3}{2}\right\}$

65. $\{1\}$

67. $V(0, 4)$; $x = 0$

69. $V(2, -4)$; $x = 2$

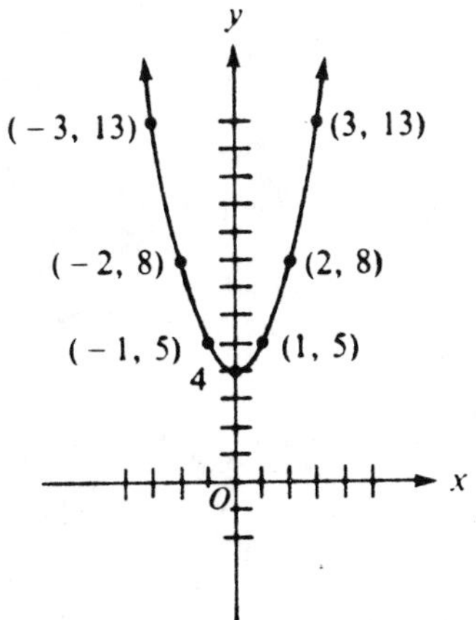

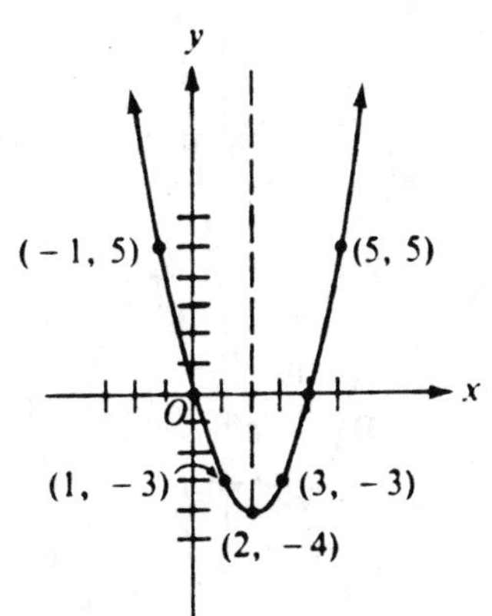

71. $V\left(\frac{5}{2}, -\frac{9}{4}\right); x = \frac{5}{2}$

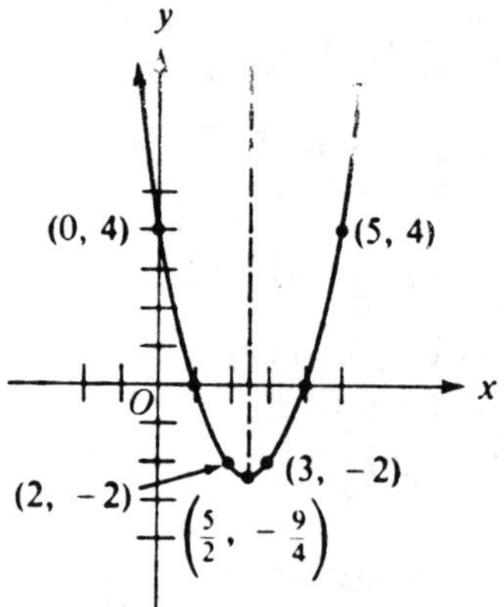

73. $V\left(-\frac{1}{2}, 0\right); x = -\frac{1}{2}$

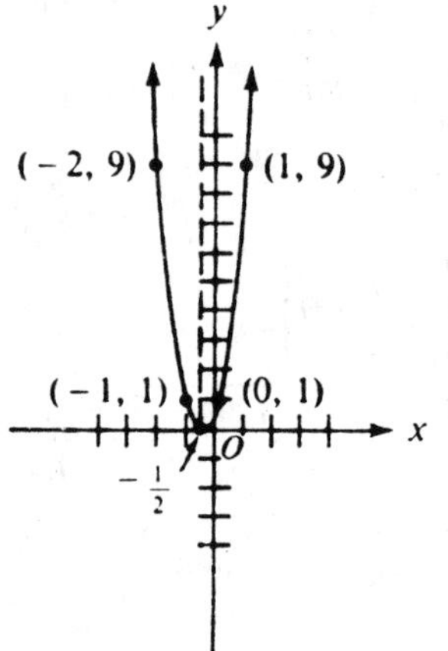

75. $V\left(-\frac{5}{4}, -\frac{49}{8}\right), x = -\frac{5}{4}$

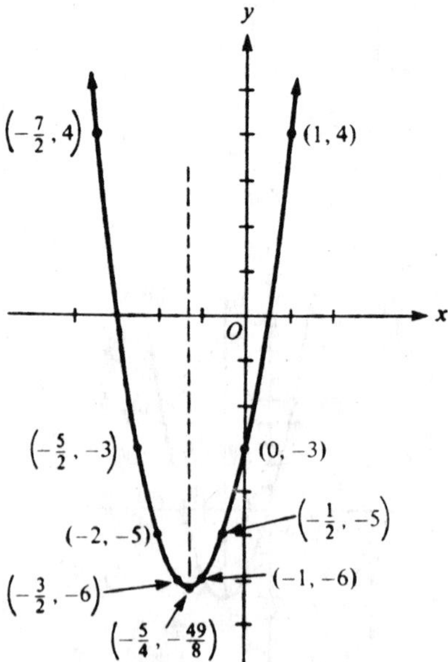

77. 12; 14 **79.** 8; 12 **81.** 150 hr **83.** 9 pies

85. Base 18 pies; altura 24 pies **87.** \$3.75

Repaso Acumulativo, página 422

Capítulo 6

1. $(x + 1)(x + y)$
3. $2(x - 2)(x - 2y)$
5. $(x + 6)(x - 6)$
7. $x^2(3x + y)(3x - y)$
9. $(x + y + 1)(x + y - 1)$
11. $(2x - 1 + 2y)(2x - 1 - 2y)$
13. $(x + y + 2)(x - y - 2)$
15. $(2x + y - 1)(y + 1)$
17. $(x + 4)(x + 6)$
19. $(x + 4)(x + 7)$
21. $(x - 3)(x - 14)$
23. $(x - 6)(x - 8)$
25. $(x + 9)(x - 4)$
27. $(x + 8)(x - 3)$
29. $(x - 9)(x + 4)$
31. $(x - 8)(x + 6)$
33. $(x^2 + 3)(x + 2)(x - 2)$
35. $(x - y - 5)(x - y + 2)$
37. $3(2x + 1)(x + 2)$
39. $(2x + 3)^2$
41. $4(2x - 1)(3x - 4)$
43. $(6x - 5)(x - 3)$
45. $3(3x - 4)(x + 2)$
47. $(9x + 2)(4x - 3)$
49. $(9x + 8)(2x - 3)$
51. $(4x + 1)(9x - 8)$
53. $(3 + 4x)(3 - 2x)$
55. $(3 - 4x)(8 + x)$
57. $(x^2 + 3)(2x + 1)(2x - 1)$
59. $(3x + 2)(3x - 2)(x + 1)(x - 1)$
61. $(2x + 2y + 1)(x + y - 3)$

Capítulo 7

63. $\frac{y^2}{x^2}$
65. $\frac{x}{y}$
67. $\frac{x^4}{16y^4}$
69. $\frac{x^2}{x - 1}$
71. $\frac{4x}{x - 3}$
73. $\frac{2x + 3}{2x - 3}$
75. $\frac{x + 4}{x - 4}$
77. $-\frac{4x + 3}{x + 4}$
79. $\frac{7}{12}$
81. $\frac{x + 1}{18x}$
83. $\frac{7x}{(4x - 3)(6x - 1)}$
85. $\frac{2(x - 1)}{(x - 3)(x + 1)}$
87. $\frac{3(x - 1)}{(2x - 1)(x - 2)}$
89. $\frac{1}{x + 3}$
91. $\frac{3}{x + 2}$
93. $\frac{x - 4}{x - 1}$
95. $-\frac{2x + 3}{x - 5}$
97. $\frac{3x - 2}{2x - 3}$
99. $\frac{4x - 3}{4 - 3x}$
101. $\frac{2x - 1}{2x + 3}$
103. $\frac{3x - 2}{x - 2}$
105. $\frac{-5x}{(3x - 2)(2x - 3)}$
107. $\frac{5x - 1}{(x - 2)(x + 1)}$
109. $(x + 3)(x - 3)$
111. $(x + 4)(x + 2)$
113. $\frac{x - 3}{x + 7}$
115. $\frac{x + 3}{x - 1}$
117. $\frac{x - 6}{x + 2}$
119. $\frac{(x - 3)(x + 2)}{(x - 1)(x + 4)}$
121. $\{a | a \neq 2\}$
123. $\{-2a | a \neq 1\}$
125. $\{a + 2 | a \neq -3\}$
127. $\left\{\frac{a + 4}{2} \middle| a \neq -1\right\}$

129. $\{6\}$ **131.** $\left\{\frac{3}{2}\right\}$ **133.** $\{7\}$ **135.** $\varnothing$ **137.** $\left\{-\frac{1}{4}\right\}$

139. 13 **141.** 83; 26 **143.** 57 **145.** 84 horas

Capítulo 8

147. $\frac{1}{2}$ **149.** $-\frac{2}{5}$ **151.** 0 **153.** $\frac{3}{4}$ **155.** $\frac{1}{4}$

157. $\frac{9}{8}$ **159.** $x + y = 0$ **161.** $5x + 3y = -2$

163. $2x - 5x = 1$ **165.** $y = 1$ **167.** $3x - y = 2$

169. $x + y = -3$ **171.** $x - 2y = -7$ **173.** $3x - 2y = -16$

175. $4x + y = 4$ **177.** $2x - y = -6$ **179.** $5x - 2y = 10$

181. $2x + y = -8$

183. $\{(4, 2)\}$

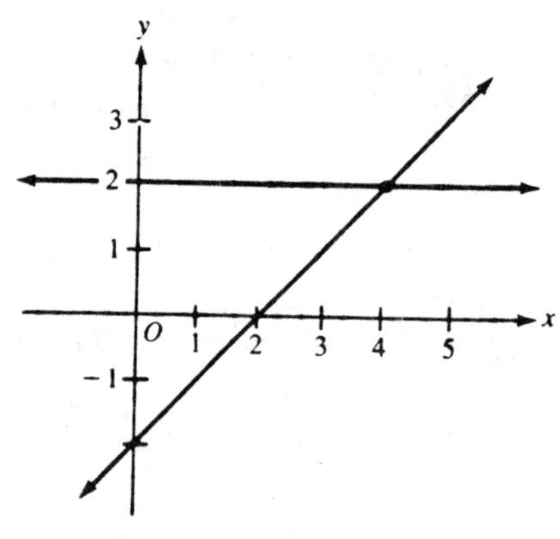

185. $\{(2, 2)\}$

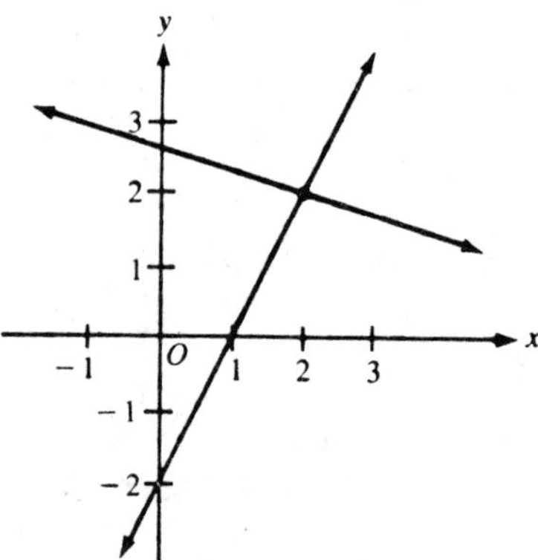

187. $\varnothing$

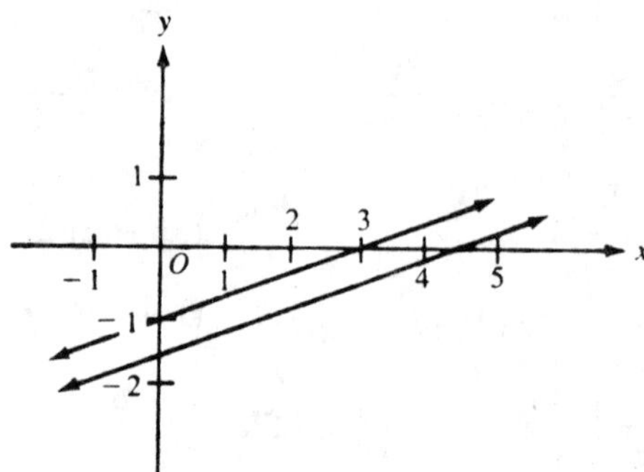

189. $\{(3, -2)\}$ **191.** $\{(2, -1)\}$ **193.** $\{(2, -1)\}$ **195.** $\varnothing$

197. $\{(x, y)|x + 5y = 2\}$ **199.** $\{(x, y)|3x - y = -1\}$

201. $\{(2, 4)\}$
203. $\{(3, -2)\}$
205. $\{(4, -2)\}$
207. $\{(1, -3)\}$
209. $\{(-1, 2)\}$
211. $\{(3, 4)\}$
213. $\{(2, -3)\}$
215. $\{(1, -3)\}$
217. $\left\{\left(\frac{1}{3}, \frac{1}{2}\right)\right\}$
219. $\left\{\left(\frac{2}{5}, \frac{2}{3}\right)\right\}$
221. $\{(1, 3)\}$
223. 61
225. \$20 000 al 6%; \$32 000 al 7.5%
227. 14 pies
229. A: 30 horas; B: 45 horas
231.

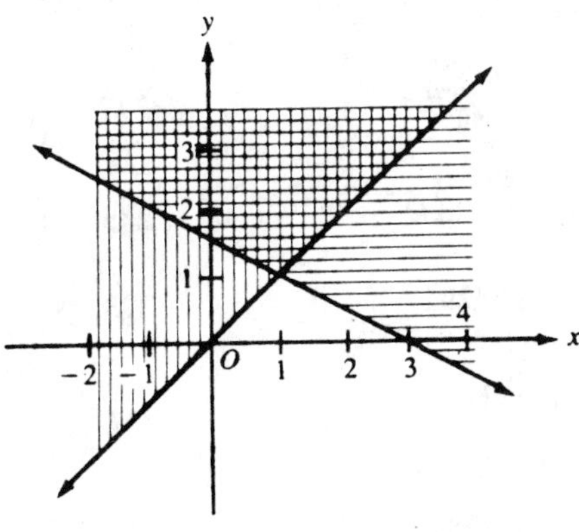

233.

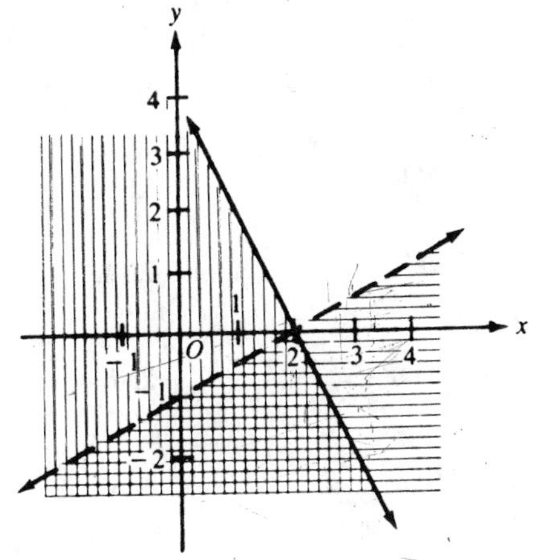

235.

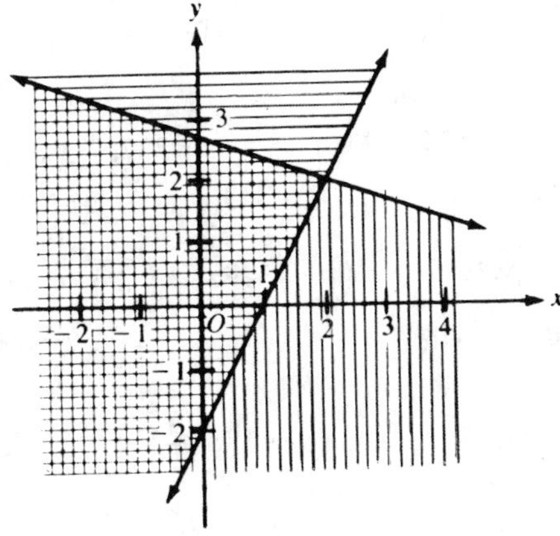

Capítulo 9

237. $3^{\frac{10}{3}}$ **239.** $x^{\frac{1}{2}}$ **241.** $x^{\frac{9}{4}}y^{\frac{7}{4}}$ **243.** $2^{\frac{1}{2}}$

245. $5^{\frac{2}{3}}$ **247.** x^3 **249.** $2^4 = 16$ **251.** $x^{\frac{7}{2}}y^5$

253. x^5y^3 **255.** $xy^{\frac{7}{10}}$ **257.** $x^{\frac{10}{3}} + x^3$

259. $x^{\frac{5}{2}} - 2x^{\frac{1}{2}}$ **261.** $x - x^{\frac{1}{2}}y^{\frac{1}{2}}$ **263.** $x^{\frac{3}{2}} + x - x^{\frac{1}{2}} - 1$

265. $x - 1$ **267.** $x - x^{\frac{1}{2}} - 6$ **269.** $x + 2x^{\frac{1}{2}}y^{\frac{1}{2}} + y$

271. 2 **273.** $x^{\frac{3}{5}}$ **275.** $\frac{x^{\frac{1}{2}}}{y}$ **277.** $\frac{y}{x^3}$

279. $xy^{\frac{1}{6}}$ **281.** $y^{\frac{3}{2}}$ **283.** 1 **285.** 1

287. 1 **289.** 1 **291.** $\frac{3}{4}$ **293.** $\frac{x}{y^2}$

295. $2^2 = 4$ **297.** $\frac{y^2}{x^2}$ **299.** $\frac{1}{x}$ **301.** $\frac{x}{y^5}$

303. $\frac{1}{x^3}$ **305.** $\frac{y^2}{x^2}$ **307.** $\frac{1}{xy}$ **309.** $\frac{1}{3}$

311. x^5 **313.** $\frac{1}{x^2}$ **315.** $\frac{y^8}{x^4}$ **317.** $\frac{x^7}{y^{10}z}$

319. $\frac{x^2y}{z^7}$ **321.** $\frac{1}{x - 2}$ **323.** 3.78×10^0 **325.** 9.86×10^1

327. 4.13×10^{-1} **329.** 3.91×10^{-2}

Capítulo 10

331. $2\sqrt{10}$ **333.** $2\sqrt{17}$ **335.** $2\sqrt[3]{4}$ **337.** $3\sqrt[4]{2}$

339. $4x^2\sqrt{y}$ **341.** $3xy^2\sqrt{xy}$ **343.** $(x - 1)^2\sqrt{x - 1}$

345. $2x\sqrt[3]{2x^2}$ **347.** $3xy^2\sqrt[3]{3y}$ **349.** $x\sqrt[5]{x^2y^3}$

351. $3\sqrt{3} - 3$ **353.** $3\sqrt[3]{6} + \sqrt[3]{2}$ **355.** $-2xy\sqrt{xy}$

357. 0 **359.** $3\sqrt{7}$ **361.** $2\sqrt[3]{3}$

363. $5\sqrt[3]{6}$ **365.** $3x\sqrt{10y}$ **367.** $x\sqrt[5]{x}$

369. $3\sqrt{2x + 3}$ **371.** $3\sqrt[4]{3}$ **373.** $7\sqrt[6]{56}$

375. $3\sqrt{5} - 3\sqrt{7}$ **377.** $2x\sqrt{3y} + 3y\sqrt{2x}$

379. -3 **381.** 10 **383.** $8 + 2\sqrt{15}$

385. $2x + 4y + 9\sqrt{xy}$ **387.** $x - 7$

389. $9x + 34 - 24\sqrt{x + 2}$ **391.** $14x - 12 + 4\sqrt{2x(3x - 2)}$

393. $2x - 1 - 2\sqrt{(x + 3)(x - 4)}$ **395.** $\dfrac{5\sqrt{3}}{3}$ **397.** $\dfrac{3\sqrt[3]{2}}{2}$

399. $\dfrac{\sqrt{3x}}{x}$ **401.** $\dfrac{2\sqrt{y}}{3xy^2}$ **403.** $\dfrac{2x\sqrt{3ax}}{9a^2b}$

405. $\dfrac{2a\sqrt{5ay}}{5ab^2}$ **407.** $\dfrac{\sqrt[3]{2y^2}}{xy}$ **409.** $3\sqrt{2} - \sqrt{7}$

411. $\dfrac{\sqrt{2y}}{2y} + \dfrac{\sqrt{2x}}{2x}$ **413.** $6 - 3\sqrt{3}$ **415.** $5 + \sqrt{10}$

417. $\sqrt{10} - 3$ **419.** $\dfrac{4\sqrt{x} + 2\sqrt{y} + \sqrt{xy} + 2x}{4x - y}$

421. $i\sqrt{13}$ **423.** $11i$ **425.** $2i\sqrt{10}$ **427.** $3i\sqrt{7}$

429. $3i\sqrt{10}$ **431.** $3i\sqrt{11}$

Capítulo 11

433. $\{0, -2\}$ **435.** $\{-3, 3\}$

437. $\left\{\dfrac{i\sqrt{10}}{2}, \dfrac{-i\sqrt{10}}{2}\right\}$ **439.** $\{a - b, -a + b\}$

441. $\{-3, -1\}$ **443.** $\{-8, 3\}$ **445.** $\left\{-\dfrac{1}{3}, \dfrac{2}{3}\right\}$ **447.** $\left\{-\dfrac{3}{4}, \dfrac{1}{3}\right\}$

449. $\{1 - \sqrt{7}, 1 + \sqrt{7}\}$ **451.** $\left\{-\dfrac{7}{2} - \dfrac{\sqrt{37}}{2}, -\dfrac{7}{2} + \dfrac{\sqrt{37}}{2}\right\}$

453. $\left\{\dfrac{3}{2} + \dfrac{i\sqrt{3}}{2}, \dfrac{3}{2} - \dfrac{i\sqrt{3}}{2}\right\}$ **455.** $\left\{\dfrac{1}{4} - \dfrac{\sqrt{33}}{4}, \dfrac{1}{4} + \dfrac{\sqrt{33}}{4}\right\}$

457. $\left\{-\dfrac{1}{6} - \dfrac{\sqrt{37}}{6}, -\dfrac{1}{6} + \dfrac{\sqrt{37}}{6}\right\}$ **459.** $\left\{-\dfrac{9}{8} - \dfrac{\sqrt{17}}{8}, -\dfrac{9}{8} + \dfrac{\sqrt{17}}{8}\right\}$

461. $\left\{-\dfrac{1}{4} + \dfrac{i\sqrt{15}}{4}, -\dfrac{1}{4} - \dfrac{i\sqrt{15}}{4}\right\}$

463. $\{-\sqrt{3}, \sqrt{3}\}$

465. $\{0, 2\}$

467. $\left\{\frac{-1-\sqrt{17}}{2}, \frac{-1+\sqrt{17}}{2}\right\}$

469. $\left\{\frac{-1-\sqrt{21}}{2}, \frac{-1+\sqrt{21}}{2}\right\}$

471. $\{-1+i, -1-i\}$

473. $\left\{\frac{-7-\sqrt{37}}{6}, \frac{-7+\sqrt{37}}{6}\right\}$

475. $\left\{\frac{1+i}{2}, \frac{1-i}{2}\right\}$

477. $\left\{\frac{-2+i\sqrt{2}}{2}, \frac{-2-i\sqrt{2}}{2}\right\}$

479. $\left\{-\frac{5}{2}, \frac{3}{2}\right\}$

481. $\{-2, 5\}$

483. $\{-1, 2\}$

485. $\{-1, 3\}$

487. $\{-3, 5\}$

489. $\left\{-4, \frac{4}{3}\right\}$

491. 15; 26

493. 112 horas; 84 horas

495. 8 horas

497. 55 pies; 120 pies

499. 640 mph

501. $V(0, -6); x = 0$

503. $V(0, 1); x = 0$

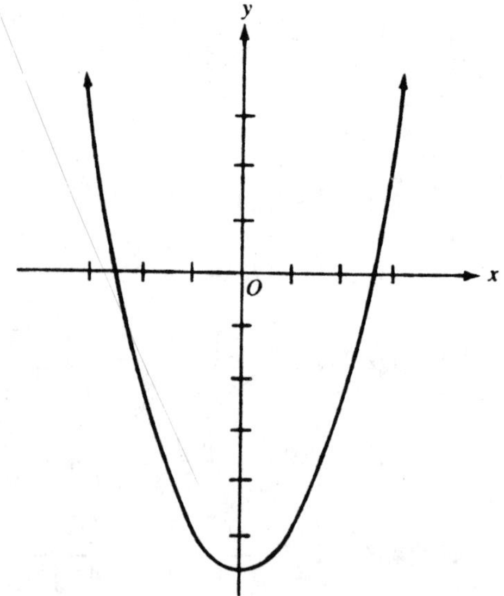

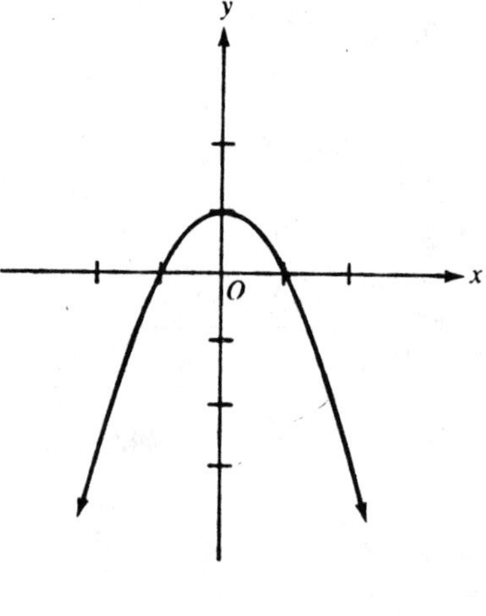

505. $V(-1, 0); x = -1$

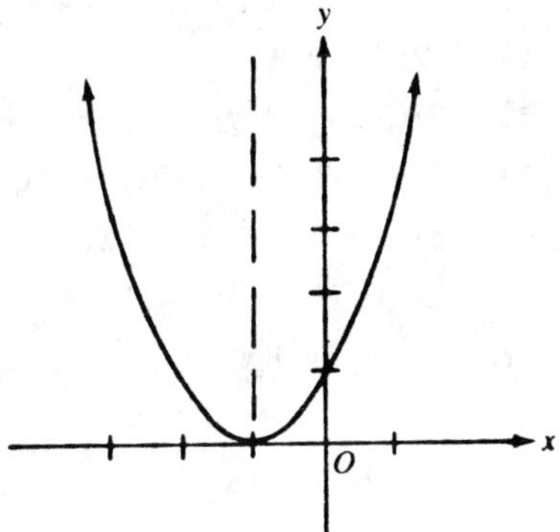

507. $V\left(-\frac{5}{2}, -\frac{25}{4}\right); x = -\frac{5}{2}$

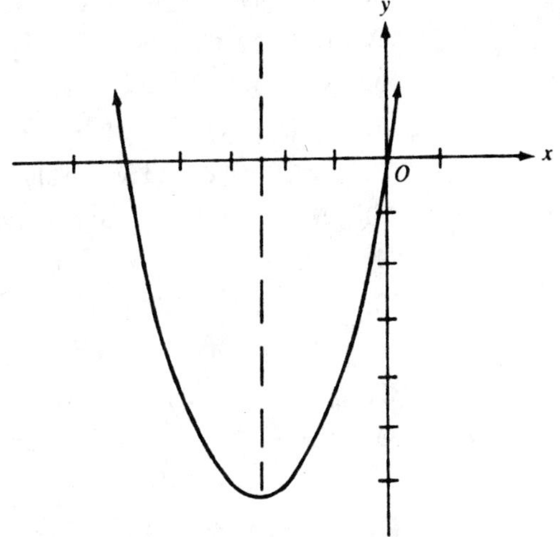

509. $V(1, -4); x = 1$

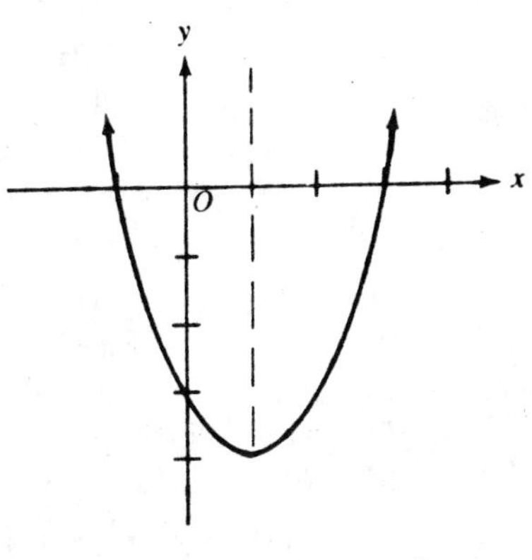

511. 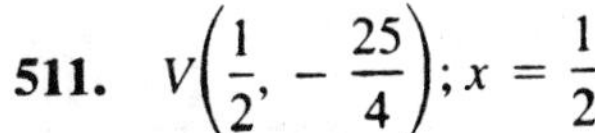
$V\left(\frac{1}{2}, -\frac{25}{4}\right); x = \frac{1}{2}$

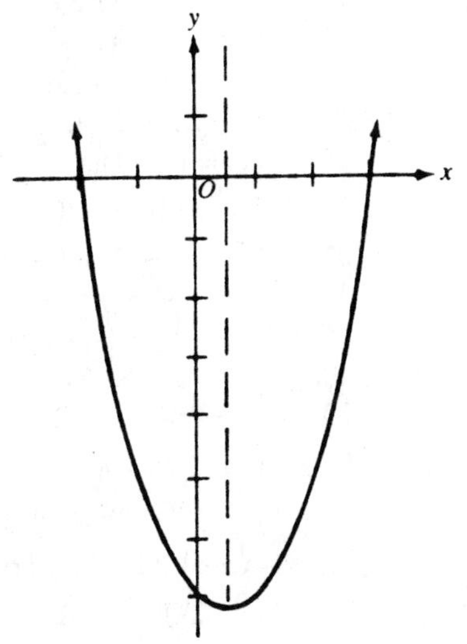

Ejercicios del Apéndice A, página 437

1. $(x + 1)(x^2 - x + 1)$
3. $(x + 3)(x^2 - 3x + 9)$
5. $(x + 6)(x^2 - 6x + 36)$
7. $(x - 2y)(x^2 + 2xy + 4y^2)$
9. $(x - 5)(x^2 + 5x + 25)$
11. $(2x - 3y)(4x^2 + 6xy + 9y^2)$
13. $y(x + y)(x^2 - xy + y^2)$
15. $2x(3x + y)(9x^2 - 3xy + y^2)$
17. $xy^2(x - y)(x^2 + xy + y^2)$
19. $7(x - 2y)(x^2 + 2xy + 4y^2)$
21. $(x^2 + y)(x^4 - x^2y + y^2)$
23. $5x^2(2x + 1)(4x^2 - 2x + 1)$
25. $2(x^2 + 2y)(x^4 - 2x^2y + 4y^2)$
27. $2x(3x - 1)(9x^2 + 3x + 1)$
29. $x^3(x - 1)(x^2 + x + 1)$
31. $(x^2 - 3y^2)(x^4 + 3x^2y^2 + 9y^4)$
33. $(2 + x)(4 - 2x + x^2)(2 - x)(4 + 2x + x^2)$
35. $(4x^2 + 1)(16x^4 - 4x^2 + 1)$
37. $[x + (y + 2)][x^2 - x(y + 2) + (y + 2)^2]$
39. $[2x - (2y + 1)][4x^2 + 2x(2y + 1) + (2y + 1)^2]$
41. $[(x + 2) + y][(x + 2)^2 - y(x + 2) + y^2]$
43. $[(x + 3) - 3y][(x + 3)^2 + 3y(x + 3) + 9y^2]$
45. $[(a + b) + (c - d)][(a + b)^2 - (a + b)(c - d) + (c - d)^2]$

Ejercicios del Apéndice B, página 441

1. $(x + y + z)(x + y - z)$
3. $(2x - y + 2z)(2x - y - 2z)$
5. $(x + 2 + y)(x + 2 - y)$
7. $(y + 3 + 3x)(y + 3 - 3x)$
9. $(2x + y + 5)(2x + y - 5)$
11. $(2x + 2y + 5)(2x + 2y - 5)$
13. $2(x - y + 3)(x - y - 3)$
15. $x(x + y + 4)(x + y - 4)$
17. $(x + y + z)(x - y - z)$
19. $(3x + y + 3)(3x - y - 3)$
21. $(5x + 3y + 3)(5x - 3y - 3)$
23. $(2 + x + 2y)(2 - x - 2y)$
25. $(3 + 2x + 2y)(3 - 2x - 2y)$
27. $2(x + y + 4)(x - y - 4)$
29. $x(x + y + 1)(x - y - 1)$
31. $(y + x - 2z)(y - x + 2z)$
33. $(3x^2 + 3y - 2)(3x^2 - 3y + 2)$
35. $(4x + y^2 - 4)(4x - y^2 + 4)$
37. $(1 + x^2 - 2y)(1 - x^2 + 2y)$
39. $(3 + 6x - 2y)(3 - 6x + 2y)$
41. $(5 + x - 3y)(5 - x + 3y)$
43. $3(y + x - z)(y - x + z)$
45. $4(1 + 2x - 4y)(1 - 2x + 4y)$
47. $x(2 + x - y)(2 - x + y)$
49. $(3x - y)(x - 2)$
51. $(x - 3)(x + y)$
53. $(2x - z)(3y - 7)$
55. $(9x + 4)(3x - 2y)$
57. $7(2a - b)(x - y)$
59. $4(3x - y)(x^2 + y^2)$
61. $(x - y)(x^2 + xy + y^2 - 1)$
63. $(x - 5y)(x^2 + 5xy + 25y^2 - 1)$
65. $(4x + y)(16x^2 - 4xy + y^2 - 1)$
67. $(2x + y)(4x^2 - 2xy + y^2 - 3)$
69. $(x - 2y)(x^2 + 2xy + 4y^2 + 3)$
71. $(2x - 3y)(4x^2 + 6xy + 9y^2 - 2x - 3y)$
73. $(x + 5y)(x - 5y + x^2 - 5xy + 25y^2)$

75. $(x - 3)(x + 3)^2$

77. $(x - 2)(2x + 1)(2x - 1)$

79. $(x + 1)^2(x^2 - x + 1)$

81. $(x - 2)(x + 3)(x^2 - 3x + 9)$

Ejercicios del Apéndice C, página 443

1. 5

3. $\sqrt{5}$

5. $\sqrt{21}$

7. $3\sqrt{2}$

9. $\sqrt{5}$

11. $\sqrt{2}$

13. $3\sqrt{2}$

Índice

La impresión de esta obra se realizó
en los talleres de:

IMPRESORA MMC
Quinta cerrada de Barranca s/n Mz. 4 Lt. 5
Col. El Manto C.P. 09830
México, D.F.

SISTEMA MÉTRICO

Prefijos Básicos

kilo-	$10^3 = 1000$	**kilo** significa 1000 veces la unidad básica
hecto-	$10^2 = 100$	**hecto** significa 100 veces la unidad básica
deca-	$10^1 = 10$	**deca** significa 10 veces la unidad básica
deci-	$10^{-1} = \frac{1}{10} = 0.1$	**deci** significa 0.1 veces la unidad básica
centi-	$10^{-2} = \frac{1}{100} = 0.01$	**centi** significa 0.01 veces la unidad básica
mili-	$10^{-3} = \frac{1}{1000} = 0.001$	**mili** significa 0.001 veces la unidad básica

Longitud

El **metro** es la unidad básica

1 **kiló**metro = 1000 metros	1 km = 1000 m
1 **hectó**metro = 100 metros	1 hm = 100 m
1 **decá**metro = 10 metros	1 dam = 10 m
1 **decí**metro = $\frac{1}{10}$ de metro	1 dm = 0.1 m
1 **centí**metro = $\frac{1}{100}$ de metro	1 cm = 0.01 m
1 **milí**metro = $\frac{1}{1000}$ de metro	1 mm = 0.001 m

Volumen

El **litro** es la unidad básica

1 **kilo**litro = 1000 litros	1 kL = 1000 L
1 **hecto**litro = 100 litros	1 hL = 100 L
1 **deca**litro = 10 litros	1 daL = 10 L
1 **deci**litro = $\frac{1}{10}$ de litro	1 dL = 0.1 L
1 **centi**litro = $\frac{1}{100}$ de litro	1 cL = 0.01 L
1 **mili**litro = $\frac{1}{1000}$ de litro	1 mL = 0.001 L